LMW/MA 74:
Lehrbücher und Monographien
aus dem Gebiete der exakten Wissenschaften
Mathematische Reihe
Band 74

Springer Basel AG

S. Fenyö — H. W. Stolle

Theorie und Praxis der linearen Integralgleichungen

1

Springer Basel AG

CIP-Kurztitelaufnahme der Deutschen Bibliothek

Fenyö, Stefan:
Theorie und Praxis der linearen Integral-
gleichungen / S. Fenyö ; H. W. Stolle. —
Basel ; Boston ; Stuttgart : Birkhäuser.
NE: Stolle, Hans W. :
1 (1982).
  (Lehrbücher und Monographien aus dem Ge-
  biete der exakten Wissenschaften : Mathemat.
  Reihe ; Bd. 74)
  ISBN 978-3-0348-7665-0   ISBN 978-3-0348-7664-3 (eBook)
  DOI 10.1007/978-3-0348-7664-3
NE: Lehrbücher und Monographien aus dem Gebiete
der exakten Wissenschaften / Mathematische Reihe

Vorwort

Die letzte zusammenfassende Darstellung der Theorie der Integralgleichungen ist die heute schon klassische Arbeit von HELLINGER und TOEPLITZ aus dem Jahre 1928 (Integralgleichungen und Gleichungen mit unendlich vielen Unbekannten, Leipzig/ Berlin 1928 — Sonderausgabe aus der Encyklopädie der Mathematischen Wissenschaften).

Seit dem Erscheinen dieses Buches sind über 50 Jahre vergangen. Die von I. FREDHOLM, D. HILBERT, E. SCHMIDT, V. VOLTERRA, F. RIESZ, T. CARLEMAN u. a. ausgearbeitete und in der zitierten Arbeit von HELLINGER und TOEPLITZ dargestellte klassische Theorie der linearen Integralgleichungen lieferte viele Kenntnisse und Erfahrungen für die später entwickelte allgemeine Theorie der linearen Operatoren. Ohne die Benutzung der Ergebnisse dieser modernen Theorie wäre eine Behandlung der Theorie der linearen Integralgleichungen in der heutigen Zeit undenkbar. Auch hat sich in den vergangenen 50 Jahren die Theorie der linearen Integralgleichungen in verschiedenen Richtungen weiterentwickelt, wozu in nicht geringem Maße die Operatorentheorie bzw. die Funktionalanalysis beigetragen haben. So wurde z. B. die für die Anwendungen wichtige Wiener-Hopf-Technik geschaffen, und es entstand die Theorie der singulären Integralgleichungen.

Wir haben uns das Ziel gestellt, eine möglichst einheitliche Darstellung der Theorie der linearen Integralgleichungen auszuarbeiten, mit deren Hilfe der Leser den heutigen Stand dieser für die verschiedensten Anwendungen so wichtigen mathematischen Disziplin erlernen kann. Die Behandlung des Stoffes folgt nicht den historischen Entwicklungen, sondern es wird von der allgemeinen Theorie der linearen Operatoren ausgegangen, es werden speziell die Integraloperatoren charakterisiert und daraus dann die einzelnen Tatsachen der Theorie der linearen Integralgleichungen abgeleitet. Dabei haben wir die Vorteile, die die Funktionalanalysis im Hinblick auf die Vereinheitlichung bietet, gründlich ausgenutzt.

Unser ursprüngliches Bestreben in diesem Buch war, alle Behauptungen, die sich auf Integralgleichungen beziehen, zu beweisen. Im Laufe der Arbeit mußten wir aber aus Umfangsgründen auf einige Beweise verzichten, insbesondere auf solche, die sehr umfangreich sind oder beim Leser weitgehende zusätzliche Kenntnisse voraussetzen. Es wurden aber die große Mehrzahl der Sätze bewiesen und die benutzten Begriffe ausführlich erklärt, so daß der Leser keine speziellen Vorkenntnisse zu besitzen braucht. Dadurch erhält unser Werk einen lehrbuchartigen Charakter und ist deshalb auch für Studenten, die mit einem einfachen mathematischen Grundwissen ausgestattet sind, gut lesbar.

Ebenfalls aus Gründen des Umfangs mußten wir einige Teile des in den Rahmen dieses Buches passenden Stoffes auslassen, obwohl wir sie gern behandelt hätten.

So haben wir auf die Darstellung von Integraloperatoren und Integralgleichungen auf Mannigfaltigkeiten verzichtet, und die Theorie der Volterra-Stieltjesschen Integralgleichungen wurde nur knapp behandelt, um nur einige Beispiele zu nennen.

Wir waren auch bestrebt, ein sehr ausführliches, relativ vollständiges Literaturverzeichnis zusammenzustellen. Die Originalarbeiten, welche vor 1927 erschienen sind, haben wir nur ausnahmsweise erwähnt und i. a. nicht in das Literaturverzeichnis aufgenommen, da das Werk von HELLINGER und TOEPLITZ eine so gut wie vollständige Zusammenstellung der bis dahin erschienenen Literatur enthält. Jedem Band unseres Werkes ist ein abgekürztes Literaturverzeichnis beigegeben, das nur diejenigen Arbeiten und Bücher enthält, die im betreffenden Band zitiert werden. Am Ende des ganzen Werkes wird eine ausführliche Literaturzusammenstellung gegeben.

Unser Werk richtet sich sowohl an den theoretisch interessierten Mathematiker als auch an die Anwender aus Naturwissenschaft, Technik und Ökonomie, soweit sich diese mit solchen Problemstellungen zu beschäftigen haben. Deshalb ist die Darstellungsweise an einigen Stellen etwas ausführlicher, als das für den theoretisch besser vorgebildeten Leser notwendig wäre. Die Darstellung ist so gehalten, daß die einzelnen Teile (Bände) unter Beachtung der Hinweise auf die Ergebnisse des ersten Bandes auch weitgehend unabhängig voneinander gelesen werden können.

Der große Umfang und die ausführliche Behandlung des Stoffes machten eine Aufteilung des Werkes in vier Bände erforderlich. Im ersten Band (Abschnitte 1—4) werden die für die späteren Darlegungen erforderlichen Grundlagen der linearen Operatorentheorie zur Darstellung gebracht. Der zweite Band (Abschnitte 5—10) umfaßt die allgemeine Theorie der linearen Integralgleichungen. Der dritte Band (Abschnitte 11—16) behandelt die Integraltransformationen der mathematischen Physik, spezielle Typen von Integralgleichungen (Wiener-Hopfsche Integralgleichung, Volterrasche Integralgleichungen, duale Integralgleichungssysteme) und die Theorie der singulären Integralgleichungen vom Cauchyschen Typ. Der vierte Band (Abschnitte 17—32) enthält eine Übersicht über die gebräuchlichen numerischen Methoden, allgemeine Aussagen über Fehlerabschätzungen sowie eine repräsentative Auswahl von Anwendungen aus den verschiedensten Gebieten, z. B. den konformen Abbildungen, der Elastizitätstheorie, der Strömungsmechanik, der Elektrodynamik usw.

Trotz der großen räumlichen Entfernung zwischen den Autoren ist das Buch in enger Zusammenarbeit entstanden. Für die Abschnitte 1 bis 14 und 16 ist hauptsächlich der erstgenannte und für die Abschnitte 15 und 17 bis 32 der zweitgenannte Autor verantwortlich.

Wir sind unserem Kollegen, Herrn Prof. Dr. G. WILDENHAIN aus Rostock, zu großem Dank verpflichtet für die sorgfältige Durchsicht des Manuskripts und die vielen wertvollen Hinweise. Dank gebührt auch Herrn Dipl.-Math. R. STRAUSS (Rostock) und Frau Dr. rer. math. EVA V. NAGY (Budapest) für das sorgfältige Lesen der Korrekturen und manchen wichtigen Hinweis. Wir danken ferner dem ungarischen Ministerium für das Bildungswesen und der Wilhelm-Pieck-Universität in Rostock für die großzügige Unterstützung bei der Anfertigung des Manuskripts und die Besorgung von Literatur.

Der erstgenannte Autor möchte an dieser Stelle der italienischen Forschungskommission (CNR) für die finanzielle Unterstützung bei der Vervollständigung des dritten Bandes seinen Dank zum Ausdruck bringen. Dank gebührt auch Herrn Prof. Luigi Paganoni (Università di Milano), der die großartige Bibliothek seines Lehrstuhls zur Verfügung stellte und in dessen Forschungsseminar Gelegenheit gegeben wurde, einige Teile des Buches zur Diskussion zu stellen.

Unseren herzlichen Dank richten wir auch an Frau Brigitte Mai vom VEB Deutscher Verlag der Wissenschaften für die gute Zusammenarbeit und viele wertvolle Hinweise zur Verbesserung des Manuskripts sowie an die Druckerei für den ausgezeichneten Satz des Werkes.

Budapest und Rostock, Frühjahr 1982

S. Fenyö (Budapest)

H. W. Stolle (Rostock)

Inhaltsverzeichnis

I. THEORIE
DER LINEAREN OPERATOREN

1. Spektraltheorie in Banachräumen

1.1. Banachalgebren

Ein reeller (oder komplexer) normierter Raum X heißt eine *normierte Algebra,* wenn für je zwei Elemente x und y ein Produkt $xy \in X$ mit den folgenden Eigenschaften erklärt ist:

Das Produkt ist

$$\text{assoziativ:} \quad (xy)z = x(yz) \qquad (x,\, y,\, z \in X); \tag{1}$$

$$\text{distributiv:} \quad (x + y)z = xz + yz \qquad (x,\, y,\, z \in X), \tag{2}$$
$$x(y + z) = xy + xz;$$

$$\text{homogen:} \quad \alpha(xy) = (\alpha x)y = x(\alpha y) \qquad (\alpha \in \mathbb{C} \text{ bzw. } \mathbb{R}) \tag{3}$$

und genügt der Ungleichung

$$\|xy\| \leqq \|x\|\, \|y\|, \tag{4}$$

wobei $+$ die Additionsoperation und $\|\cdot\|$ die Norm in X bedeutet. (Wenn die Gefahr eines Irrtums vorhanden ist, werden wir die Norm auch mit $\|\cdot\|_X$ bezeichnen.)

Ist außerdem X ein Banachraum, so heißt X eine *Banachalgebra.* Existiert in X ein *Einselement* e mit den Eigenschaften

$$xe = ex = x \quad \text{für alle} \quad x \in X,$$
$$\|e\| = 1, \tag{5}$$

so heißt X eine *normierte Algebra mit Eins* (bzw. eine Banachalgebra mit Eins).

Das Einselement e ist durch (5) *eindeutig bestimmt.* Gäbe es nämlich zwei Einselemente e und e', die (5) genügen, dann würde für ein beliebiges x aus X

$$ex = xe' = x$$

gelten. Für $x = e$ bzw. $x = e'$ ergibt sich daraus

$$ee' = e' \quad \text{und} \quad ee' = e,$$

woraus $e = e'$ folgt. ∎

Im allgemeinen ist die Multiplikation nicht kommutativ, d. h. $xy \neq yx$. Gilt für zwei Elemente x und y die Relation $xy = yx$, dann sagen wir, diese Elemente x und y sind miteinander *vertauschbar.* Ist die Algebra so beschaffen, daß die Vertauschbarkeit für alle Elemente der Algebra gilt, dann nennen wir die normierte Algebra X *kommutativ.*

In den späteren Ausführungen benötigen wir einige Sätze.

Satz 1. *Sind $\{x_n\}$ und $\{y_n\}$ Cauchyfolgen in der normierten Algebra X, so ist auch $\{x_n y_n\}$ eine Cauchyfolge. Aus $x_n \to x$, $y_n \to y$ $(n \to \infty)$ folgt $x_n y_n \to xy$ für $n \to \infty$.*

Beweis. Nach Voraussetzung ist für jedes $\varepsilon > 0$

$$\big| \|x_n\| - \|x_m\| \big| \leq \|x_n - x_m\| < \varepsilon, \qquad n, m > N(\varepsilon);$$

also ist $\{\|x_n\|\}$ konvergent, woraus die Beschränktheit von $\|x_n\|$ (und genau so die von $\|y_n\|$) folgt. Es gilt unter Berücksichtigung von (4)

$$\|x_n y_n - x_m y_m\| = \|x_n y_n - x_m y_n + x_m y_n - x_m y_m\|$$

$$\leq \|x_n - x_m\| \, \|y_n\| + \|x_m\| \, \|y_n - y_m\| \to 0 \text{ für } n, m \to \infty.$$

Konvergieren die Folgen $\{x_n\}$, $\{y_n\}$ in X gegen x bzw. y, so erhält man

$$\|x_n y_n - xy\| = \|x_n y_n - x y_n + x y_n - xy\|$$

$$\leq \|x_n - x\| \, \|y_n\| + \|x\| \, \|y_n - y\| \to 0 \text{ für } n \to \infty. \ \blacksquare$$

Aus dem Satz ergibt sich unmittelbar: Aus $x_n \to x$ in X für $n \to \infty$ folgt $x_n y \to xy$ $n \to \infty$) für jedes Element y aus X.

Satz 2. *Die Vervollständigung $\overline{X}$ einer normierten Algebra X ist eine Banachalgebra.*

Beweis. Es genügt zu beweisen, daß die Produktoperation unter Beibehaltung der Eigenschaften (1) bis (4) auf $\overline{X}$ erweitert werden kann.

Bekanntlich ist $\overline{X}$ die Menge aller Äquivalenzklassen von Cauchyfolgen aus X ($\{x_n\}$ ist mit $\{x_n{}'\}$ äquivalent, wenn $\{x_n - x_n{}'\}$ eine Nullfolge ist). Es seien $x, y \in \overline{X}$, und $\{x_n\}$ bzw. $\{y_n\}$ seien Repräsentanten von x bzw. y. Dann definieren wir xy als diejenige Äquivalenzklasse in $\overline{X}$, die die Folge $\{x_n y_n\}$ enthält. Nach Satz 1 ist auch $\{x_n y_n\}$ eine Cauchyfolge. Sind $\{x_n{}'\}$ bzw. $\{y_n{}'\}$ weitere Repräsentanten von x bzw. y, dann sind $\{x_n y_n\}$ und $\{x_n{}' y_n{}'\}$ miteinander äquivalent, denn es gilt

$$\|x_n y_n - x_n{}' y_n{}'\| = \|x_n y_n - x_n{}' y_n + x_n{}' y_n - x_n{}' y_n{}'\|$$

$$\leq \|x_n - x_n{}'\| \, \|y_n\| + \|x_n{}'\| \, \|y_n - y_n{}'\| \to 0 \text{ für } n \to \infty.$$

Daß die Eigenschaften (1) bis (4) gelten, ist offensichtlich. $\overline{X}$ ist mit der eben eingeführten Produktoperation eine Banachalgebra. $\blacksquare$

Zwei normierte Algebren X und Y heißen *normisomorph*, wenn es eine lineare Abbildung $\mathscr{H}$ von X *auf* Y gibt mit den Eigenschaften

$$\|\mathscr{H}x\|_Y = \|x\|_X, \qquad \mathscr{H}(xx') = (\mathscr{H}x)(\mathscr{H}x') \tag{6}$$

für alle x, x' aus X.

Der folgende Satz behauptet, daß jede normierte Algebra ohne Eins zu einer normierten Algebra mit Eins ergänzt werden kann.

Satz 3. *Jede normierte Algebra ohne Eins ist normisomorph zu einer Teilalgebra einer normierten Algebra mit Eins. Ist die normierte Algebra eine Banachalgebra ohne Eins, so ist sie normisomorph zu einer Teilalgebra einer Banachalgebra mit Eins.*

Beweis. Hat die normierte Algebra X keine Eins, so betrachtet man die Menge $X_1 = \mathbb{C} \times X$ und definiert die algebraischen Operationen auf X_1 durch

$$(\alpha, x) + (\beta, y) = (\alpha + \beta, x + y),$$

$$\gamma(\alpha, x) = (\gamma\alpha, \gamma x),$$

$$(\alpha, x)(\beta, y) = (\alpha\beta, \alpha y + \beta x + xy)$$

und die Norm durch

$$\|(\alpha, x)\|_{X_1} = |\alpha|_{\mathbb{C}} + \|x\|_X \qquad (\alpha, \beta, \gamma \in \mathbb{C}; \quad x, y \in X).$$

Man bestätigt leicht, daß damit X_1 eine normierte Algebra ist. Die Eins ist $e = (1, 0)$ (hier bedeutet 0 das Nullelement von X). Sie besitzt die Eigenschaften (5). Man sieht unmittelbar, daß X_1 eine Banachalgebra ist, wenn X eine Banachalgebra ist. Schließlich ist X normisomorph zu der Teilalgebra aller Elemente der Form $(0, x)$. Die Abbildung $\mathscr{H} : x \to \mathscr{H}x := (0, x)$ ist offensichtlich linear. Es gilt ferner

$$\|\mathscr{H}x\| = \|x\|,$$

$$\mathscr{H}(xx') = (0, xx') = (0, x)(0, x') = (\mathscr{H}x)(\mathscr{H}x'). \quad \blacksquare$$

Man identifiziere die Elemente der Gestalt $(0, x)$ $(x \in X)$ mit x. Dann läßt sich ein jedes Element $(\alpha, x) \in X_1$ nach den oben definierten algebraischen Operationen wie folgt schreiben:

$$(\alpha, x) = (\alpha, 0) + (0, x) = \alpha(1, 0) + (0, x) = x + \alpha e,$$

d. h.

Jedes Element einer normierten, durch Eins erweiterten Algebra X_1 läßt sich in der Form $x + \alpha e$ darstellen, wobei x ein Element der Algebra X ohne Eins und α eine reelle bzw. komplexe Zahl bedeutet.   (7)

Das einfachste Beispiel für eine Banachalgebra ist der Raum $\mathbb{C}$ mit der üblichen Multiplikation der komplexen Zahlen. Auch der Raum $C(\Omega)$ aller im kompaktem Gebiet Ω definierten und dort stetigen Funktionen ist eine Banachalgebra, wenn wir das übliche Produkt $x(t)\, y(t)$ zweier Funktionen einführen und die sogenannte C-Norm

$$\|x\|_C = \sup_{t \in \Omega} |x(t)|$$

betrachten. Das Einselement ist $x(t) = 1$ für $t \in \Omega$.

Man kann in X die *Potenzen* oder *iterierten Elemente* bilden:

$$x^1 = x, \ x^2 = xx, \ ..., \ x^{n+1} = x^n x, \ ...$$

Ist X eine normierte Algebra mit Eins, so definieren wir für jedes Element $x \neq 0$

$$x^0 = e.$$

Für die Potenzen gilt

$$x^n x^m = x^m x^n = x^{n+m};$$

dabei sind m, n beliebige positive (bzw. nichtnegative) ganze Zahlen. Diese Beziehung ist leicht zu beweisen. Sie besagt, daß *die verschiedenen Iterierten miteinander vertauschbar sind.*

Durch wiederholte Anwendung von (4) ergibt sich

$$\|x^n\| \leq \|x\|^n \qquad (n = 0, 1, 2, \ldots). \tag{8}$$

Nach Definition der Iterierten eines Elements x können wir auch Potenzreihen mit Potenzen von $x \in X$ betrachten:

$$\alpha_0 x^0 + \alpha_1 x + \alpha_2 x^2 + \cdots + \alpha_n x^n + \cdots = \sum_{n=0}^{\infty} \alpha_n x^n. \tag{9}$$

(Das erste Glied der Reihe (9) hat allerdings nur dann einen Sinn, wenn X eine normierte Algebra mit Eins ist.)

Es erhebt sich die Frage, unter welchen Voraussetzungen die Reihe (9) konvergent ist. Diese Frage wird durch folgenden Satz beantwortet.

Satz 4. *Ist X eine Banachalgebra mit Eins und ist der Konvergenzradius der (gewöhnlichen) Potenzreihe*

$$\sum_{n=0}^{\infty} \alpha_n \xi^n \tag{10}$$

gleich ϱ_0, dann konvergiert (9) in X für jedes Element $x \in X$, für welches $\|x\| < \varrho_0$ gilt.

Beweis. Der Beweis ist sehr einfach. Ist die Bedingung, die an x gestellt wird, erfüllt, dann bilden die Partialsummen

$$s_m := \sum_{n=0}^{m} \alpha_n x^n \qquad (m = 0, 1, 2, \ldots)$$

eine Cauchyfolge in X. Es gilt nämlich für $k > 0$

$$\|s_{m+k} - s_m\| = \left\| \sum_{n=m+1}^{m+k} \alpha_n x^n \right\| \leq \sum_{n=m+1}^{m+k} |\alpha_n| \, \|x\|^n < \varepsilon$$

für $m > N(\varepsilon)$ und beliebige k. Da X vollständig ist, gibt es ein $s \in X$ mit $s_m \to s$ $(m \to \infty)$. ∎

Stellt die Potenzreihe (10) ein Element einer analytischen Funktion $f(\xi)$ dar, so ist für die Summe von (9), falls diese vorhanden ist, die Bezeichnung $f(x)$ gerechtfertigt. So ist z. B.

$$\exp \xi = \sum_{n=0}^{\infty} \frac{\xi^n}{n!}$$

eine Potenzreihe, die für jedes komplexe ξ konvergiert $(\varrho_0 = \infty)$. Daraus folgt nach Satz 4, daß für jedes Element x einer Banachalgebra mit Eins die Reihe

$$\sum_{n=0}^{\infty} \frac{x^n}{n!}$$

in X konvergiert. Das Grenzelement wird mit $\exp x$ bezeichnet, d. h.

$$\exp x = \sum_{n=0}^{\infty} \frac{x^n}{n!}. \tag{11}$$

Man kann genauso wie im Bereich der komplexen Zahlen beweisen, daß für vertauschbare Elemente $x, y \in X$

$$\exp (x + y) = \exp x \cdot \exp y = \exp y \cdot \exp x \tag{12}$$

gilt. Wir definieren für $x = 0$

$$\exp 0 = e. \tag{13}$$

Wir führen ein weiteres Beispiel an:

$$\log (1 - \xi) = \xi + \frac{\xi^2}{2} + \frac{\xi^3}{3} + \cdots$$

ist eine Potenzreihe mit dem Konvergenzradius $\varrho_0 = 1$. Dann ist für jedes $x \in X$ mit $\|x\| < 1$

$$\log (e - x) = \sum_{n=1}^{\infty} \frac{x^n}{n}. \tag{14}$$

Genau wie im Bereich der komplexen Zahlen gilt auch hier

$$\log [(e - x) (e - y)] = \log (e - x) + \log (e - y), \tag{15}$$

falls $\|x\| < 1$, $\|y\| < 1$ ist.

1.2. Reguläre Elemente

Es sei X eine Banachalgebra mit Eins. Ein Element $x \in X$ heißt *regulär*, wenn es ein $y \in X$ gibt mit $xy = yx = e$. Das Element y ist hierdurch eindeutig bestimmt und wird das zu x *inverse Element* oder die *Inverse von x* genannt und mit x^{-1} bezeichnet. Es gilt sogar die folgende Aussage: Gibt es zu einem $x \in X$ Elemente $u, v \in X$ mit $ux = e$ und $xv = e$ (u und v heißen Linksinverse bzw. Rechtsinverse zu x), so ist x regulär und $u = v = x^{-1}$. Das folgt aus

$$u = u(xv) = (ux)v = v,$$

und somit ist $ux = e = xu$, also $u = x^{-1}$.

Ein nichtreguläres Element heißt *singulär*. Das Einselement ist regulär mit $e^{-1} = e$, denn es ist

$$e^{-1}e = ee = ee^{-1} = e.$$

Dagegen ist das Nullelement singulär, denn nach den Regeln der Multiplikation ist das Produkt von 0 mit jedem Element von X gleich 0.

Man sieht: Mit x ist auch x^{-1} regulär, und es gilt $(x^{-1})^{-1} = x$.

Sind x und y regulär, so ist auch xy regulär, und es gilt $(xy)^{-1} = y^{-1}x^{-1}$. Es ist nämlich

$$(xy)\,(y^{-1}x^{-1}) = x(yy^{-1})x^{-1} = xx^{-1} = e$$

und

$$(y^{-1}x^{-1})\,(xy) = y^{-1}(x^{-1}x)y = y^{-1}y = e.$$

Aus dieser Aussage folgt: *Sind zwei der Elemente x, y, xy regulär, so ist auch das dritte regulär.* Sind nämlich x und y regulär, so ist nach der vorangehenden Behauptung auch xy regulär. Sind dagegen x und xy regulär, so ist $y^{-1} = (xy)^{-1}\,x$, weil $(xy)^{-1}\,xy = e$, und wegen $y = x^{-1}(xy)$ auch $y(xy)^{-1}\,x = e$. Also ist y regulär. Analoges folgt für x, falls y und xy regulär sind. Es ist jedoch wichtig zu bemerken, daß aus der Regularität von xy *nicht* geschlossen werden kann, daß x und y regulär sind.

Wenn x und y vertauschbar sind und x regulär ist, so sind auch x^{-1} und y vertauschbar. Es gilt nämlich $xy = yx$. Daraus ergibt sich $x^{-1}xy = y = x^{-1}yx$ und somit $yx^{-1} = x^{-1}y$.

Als Beispiel für zwei zueinander inverse Elemente sollen $\exp x$ und $\exp(-x)$ dienen. Da x und $-x$ vertauschbar sind, gilt nach (12; 1.1) und (13; 1.1)

$$\exp(x - x) = \exp 0 = e = \exp x \exp(-x) = \exp(-x) \exp x,$$

d. h.

$$(\exp x)^{-1} = \exp(-x).$$

Wichtig für die Bildung von Inversen ist der folgende Satz.

Satz 1. *Es sei X eine Banachalgebra mit Eins. Das Element x von X sei regulär und* Max $(\|yx^{-1}\|, \|x^{-1}y\|) < 1$. *Dann ist $x - y$ regulär, und es gilt*

$$(x - y)^{-1} = \sum_{n=0}^{\infty} x^{-1}(yx^{-1})^n = \sum_{n=0}^{\infty} (x^{-1}y)^n\, x^{-1}.$$

Beide Reihen konvergieren in X.

Beweis. Wir zeigen zunächst, daß die entsprechenden Glieder der obigen Reihen einander gleich sind. Diese Behauptung ist offensichtlich richtig für $n = 0$ und $n = 1$. Es wird angenommen, daß sie für ein positives n besteht:

$$x^{-1}(yx^{-1})^n = (x^{-1}y)^n\, x^{-1}.$$

Wird diese Gleichung von rechts mit yx^{-1} multipliziert, so folgt

$$x^{-1}(yx^{-1})^{n+1} = \big((x^{-1}y)^n\, x^{-1}\big)\, yx^{-1} = (x^{-1}y)^{n+1}\, x^{-1},$$

d. h., die Gleichheit der Glieder der beiden Reihen gilt für alle n.

Es genügt somit, die Konvergenz einer der im Satz angegebenen Reihen nachzuweisen. Es sei z. B. $\|yx^{-1}\| < 1$; dann wenden wir auf die Reihe

$$\sum_{n=0}^{\infty} x^{-1}(yx^{-1})^n = x^{-1} \sum_{n=0}^{\infty} (yx^{-1})^n$$

den Satz 4; 1.1 an, woraus ihre Konvergenz offensichtlich wird. Dabei ist

$$(x - y)\, x^{-1} \sum_{n=0}^{\infty} (yx^{-1})^n = \sum_{n=0}^{\infty} (yx^{-1})^n - \sum_{n=0}^{\infty} (yx^{-1})^{n+1} = e,$$

und genauso folgt

$$\sum_{n=0}^{\infty} x^{-1}(yx^{-1})^n\, (x - y) = e.$$

Es gilt also

$$(x - y)^{-1} = \sum_{n=0}^{\infty} x^{-1}(yx^{-1})^n. \ \blacksquare$$

Sehr wichtig für die künftigen Ausführungen ist der folgende Satz.

Satz 2. *Es sei $x_n \to x$ $(n \to \infty)$ und x regulär. Dann gibt es eine natürliche Zahl N derart, daß x_n^{-1} für alle $n > N$ existiert, und es gilt*

$$x_n^{-1} \to x^{-1} \quad (n \to \infty)$$

(d. h., die Bildung der Inversen ist unter den angegebenen Bedingungen eine stetige Operation).

Beweis. Wir setzen $y_n := x - x_n$, dann gilt $y_n \to 0$ und daher $\|y_n\| \to 0$ $(n \to \infty)$. Es gibt somit ein N, so daß

$$\|x^{-1}\|\, \|y_n\| < \frac{1}{2} \quad \text{für} \quad n > N$$

ist. Dann ist aber (nach Satz 1) $x_n = x - y_n$ regulär für $n > N$, und es gilt

$$\|x_n^{-1} - x^{-1}\| \leq \sum_{k=1}^{\infty} \|x^{-1}(y_n x^{-1})^k\| \leq \|x^{-1}\|^2 \cdot \|y_n\| \sum_{k=1}^{\infty} 2^{1-k} = 2\|x^{-1}\|^2 \cdot \|y_n\| \to 0,$$

d. h. $x_n^{-1} \to x^{-1}$. $\blacksquare$

Bevor wir fortfahren, wollen wir noch eine sehr nützliche Identität herleiten. Sind x und y reguläre Elemente der Banachalgebra X mit Eins, so gilt

$$y^{-1} - x^{-1} = y^{-1}(x - y)\, x^{-1} = x^{-1}(x - y)\, y^{-1}. \tag{1}$$

Der Beweis von (1) ist sehr einfach. Auf Grund der Definition der Inversen ist

$$e - yx^{-1} = (x - y)\, x^{-1}.$$

Wenn wir diese Gleichung von links mit y^{-1} multiplizieren, ergibt sich

$$y^{-1} - x^{-1} = y^{-1}(x - y)\, x^{-1}.$$

Analog sieht man auch die zweite Identität in (1) ein.

Wir verwenden im folgenden noch einige algebraische Begriffe, die hier erläutert werden sollen. Es handelt sich um die Begriffe des Ideals und des Quotientenraumes.

Es sei X eine Algebra mit Eins und I_l ein echter Teilraum von X. Ist für jedes $x \in X$ und $i \in I_l$

$$xi \in I_l, \tag{2}$$

dann heißt I_l *Linksideal* von X. Analog definieren wir I_r als *Rechtsideal* von X, wenn für jedes $x \in X$ und $i \in I_r$

$$ix \in I_r \tag{3}$$

gilt. Ist I zugleich Links- und Rechtsideal, so heißt I *zweiseitiges Ideal* oder einfach *Ideal* von X.

Man sieht leicht den folgenden Satz ein.

Satz 3. *Ein Ideal enthält nur singuläre Elemente von X.*

Beweis. Man erkennt sofort, daß $e \notin I$, wobei I ein Ideal ist. Wir nehmen $e \in I$ an und betrachten ein $x \in X$ mit $x \notin I$. Nach (2) oder (3) müßte $xe = ex \in I$ sein. Andererseits ist aber $ex = xe = x \notin I$. Wir erhalten einen Widerspruch.

Würde nun I ein reguläres Element, z. B. das Element i, enthalten, dann hätte i eine Inverse $i^{-1} \in X$, und es würde $i^{-1}i = ii^{-1} = e$ gelten; nach (2) oder (3) müßte jedoch $i^{-1}i$ oder ii^{-1} in I liegen, was nicht der Fall ist. ∎

Wir betrachten einige Beispiele.

Es sei $X = \mathbb{R}$ versehen mit den üblichen Operationen; dann ist $I = \{0\}$ ein (zweiseitiges) Ideal für $\mathbb{R}$ (nach Satz 3 ist das das einzige Ideal von $\mathbb{R}$).

Es sei $X = \mathbb{N}$ die Menge aller ganzen Zahlen, versehen mit den üblichen Operationen. Dann ist die echte Teilmenge I, bestehend aus allen durch 5 teilbaren Zahlen, ein Ideal für $\mathbb{N}$. Denn ist $a \in I$, dann ist $a = 5k$, wobei k eine ganze Zahl ist. Ist $x \in \mathbb{N}$, dann ist $xa = ax = 5kx \in I$.

Es sei jetzt X die Menge aller quadratischen Matrizen von gegebener Ordnung. Die algebraischen Operationen und die Multiplikation seien wie üblich definiert. I soll jetzt der Teilraum aller singulären $n \times n$-Matrizen sein; dann ist I ein zweiseitiges Ideal für X. Es sei nämlich $i \in I$ und $x \in X$, und man erhält

$$\det(xi) = \det x \cdot \det i = 0,$$

da $\det i = 0$ ist, d. h. $xi \in I$. Das gleiche gilt auch für ix.

Auf Grund der Stetigkeit der Multiplikation in einer Banachalgebra gilt offensichtlich:

Die Abschließung eines Ideals ist ebenfalls ein Ideal. $\qquad\qquad$ (4)

Es sei nun X ein Banachraum (nicht unbedingt eine Banachalgebra) und Z ein abgeschlossener Teilraum von X. Für jedes $x \in X$ definieren wir die *Restklasse*

$$\hat{x} = \{y \mid y \in X : y - x \in Z\}.$$

Die Menge aller Restklassen $\{\hat{x} \mid x \in X\}$ heißt der *Quotientenraum* von X nach Z. Man schreibt für ihn

$$X/Z = \{\hat{x} \mid x \in X\}. \tag{5}$$

Die algebraischen Verknüpfungen werden durch

$$\alpha\hat{x} + \beta\hat{y} = \widehat{(\alpha x + \beta y)} \qquad (x, y \in X; \; \alpha, \beta \in \mathbb{R} \text{ bzw. } \mathbb{C}) \tag{6}$$

definiert.

Wir führen auch eine Norm in X/Z ein:

$$\|\hat{x}\| = \|\hat{x}\|_{X/Z} = \inf_{x \in \hat{x}} \|x\|. \tag{7}$$

Wir zeigen, daß mit (7) eine *Norm in X/Z* definiert wird.

Es sei $\hat{x} = \hat{0}$ (0 ist das Nullelement in X), d. h. $\hat{x} = \{y \mid y \in Z\}$. Z ist ein *Teilraum* von X, also gilt $0 \in Z$. Somit ist

$$\|\hat{x}\| = \inf_{x \in \hat{0}} \|x\| = \|0\| = 0.$$

Umgekehrt folgt aus $\|\hat{x}\| = 0$ die Existenz einer Folge $\{x_n\} \subset \hat{x}$ mit $x_n \to 0$. Da die Klasse $\hat{x}$ eine abgeschlossene Menge bildet, enthält sie mit der Folge $\{x_n\}$ auch den Grenzwert 0, also ist $\hat{x}$ das Nullelement von X/Z.

Die Homogenität der Norm ergibt sich ebenfalls ohne Schwierigkeit. Für $\lambda \neq 0$ erhält man nämlich

$$|\lambda|\,\|\hat{x}\| = |\lambda| \inf_{x \in \hat{x}} \|x\| = \inf_{x \in \hat{x}} \|\lambda x\|.$$

Durchläuft x die Klasse $\hat{x}$, so durchläuft $y = \lambda x$ die Klasse $\lambda\hat{x}$, woraus weiter

$$\inf_{x \in \hat{x}} \|\lambda x\| = \inf_{y \in \lambda\hat{x}} \|y\| = \|\lambda\hat{x}\|$$

folgt.

Schließlich beweisen wir noch die Dreiecksungleichung. Für beliebige $x \in \hat{x}$, $y \in \hat{y}$ ($\hat{x}, \hat{y} \in X/Z$) gilt $x + y \in \hat{x} + \hat{y}$, also auch

$$\|\hat{x} + \hat{y}\| \leqq \|x + y\| \leqq \|x\| + \|y\|.$$

Durch Bildung des Infimums der rechten Seite erhalten wir die gewünschte Ungleichung.

Satz 4. *Der Quotientenraum X/Z ist ein Banachraum (mit der Norm (7)), wenn X ein Banachraum ist.*

Beweis. Wir wählen eine Cauchyfolge $\{\hat{x}_n\}$ des Raumes X/Z und zeigen, daß sie konvergent ist.

Dazu benötigen wir folgende sehr einfache Aussage. Es sei $\hat{x}$ ein beliebiges Element aus X/Z, dann gibt es gewiß ein y aus $\hat{x}$, so daß

$$\|y\| \leqq 2\,\|\hat{x}\| \tag{8}$$

ist. Das sieht man wie folgt ein: Wegen $\|\hat{x}\| = \inf_{x \in \hat{x}} \|x\|$ gibt es in $\hat{x}$ gewiß ein y, für welches $\|y\| - \|\hat{x}\| \geqq 0$ beliebig klein ist, also auch

$$\|y\| - \|\hat{x}\| \leqq \|\hat{x}\|,$$

woraus die Behauptung folgt.

Wir kommen jetzt auf die Cauchyfolge $\{\hat{x}_n\}$ zurück. Es gilt $\|\hat{x}_{n+p} - \hat{x}_n\| \to 0$ (p beliebige natürliche Zahl). Wir können deswegen zu einer Teilfolge $\{\hat{x}_{n_k}\}$ ($k = 1, 2, \ldots$) übergehen, für welche

$$\sum_{k=1}^{\infty} \|\hat{x}_{n_{k+1}} - \hat{x}_{n_k}\|$$

konvergiert. Nach (6) ist aber $\hat{x}_{n_{k+1}} - \hat{x}_{n_k} = \widehat{x_{n_{k+1}} - x_{n_k}}$, und wegen (8) gibt es zu jedem k ein y_k aus der Klasse $\widehat{x_{n_{k+1}} - x_{n_k}}$ so, daß

$$\frac{1}{2} \|y_k\| \leqq \|\widehat{x_{n_{k+1}} - x_{n_k}}\| = \|\hat{x}_{n_{k+1}} - \hat{x}_{n_k}\|$$

gilt. Dann aber ist auch $\sum\limits_{k=1}^{\infty} \|y_k\|$ konvergent, und die Partialsummen von $\sum\limits_{k=1}^{\infty} y_k$ bilden eine Cauchyfolge. Da aber der Raum X vollständig ist, erweist sich

$$u = \sum_{k=1}^{\infty} y_k$$

als ein Element aus X. Es ergibt sich (wegen der Stetigkeit der Abbildung $x \to \hat{x}$)

$$\hat{u} = \sum_{k=1}^{\infty} \hat{y}_k = \sum_{k=1}^{\infty} \widehat{x_{n_{k+1}} - x_{n_k}} = \sum_{k=1}^{\infty} (\hat{x}_{n_{k+1}} - \hat{x}_{n_k}) = \lim_{k \to \infty} \hat{x}_{n_k} - \hat{x}_{n_1},$$

d. h., die Teilfolge $\{\hat{x}_{n_k}\}$ ist konvergent. Es sei $\lim\limits_{k \to \infty} \hat{x}_{n_k} = \hat{x}$. Dann konvergiert auch $\{\hat{x}_n\}$ gegen x. Es ist nämlich

$$\|\hat{x}_n - \hat{x}\| \leqq \|\hat{x}_n - \hat{x}_{n_k}\| + \|\hat{x}_{n_k} - \hat{x}\|.$$

Wenn wir k so groß wählen, daß $\|\hat{x}_{n_k} - \hat{x}\| < \dfrac{\varepsilon}{2}$ ist, und $n > n_k$ so festgelegt wird, daß $\|\hat{x}_n - \hat{x}_{n_k}\| < \dfrac{\varepsilon}{2}$, dann ist $\|\hat{x}_n - \hat{x}\| < \varepsilon$. ∎

1.3.   Resolvente und Spektrum

Es sei wiederum X eine Banachalgebra mit Eins. Wir definieren für jedes $x \in X$ eine Zahlenmenge $\mathfrak{P}(x)$, die wir *Resolventenmenge* nennen: Eine komplexe Zahl λ ist genau dann in $\mathfrak{P}(x)$, wenn $\lambda e - x$ ein reguläres Element von X ist. Ist also $\lambda \in \mathfrak{P}(x)$, dann (und nur dann) existiert $(\lambda e - x)^{-1}$.

Wir führen die Bezeichnung

$$r_\lambda = r(\lambda, x) = (\lambda e - x)^{-1} \tag{1}$$

ein und nennen $r_\lambda = r(\lambda, x)$ die *Resolvente* von x.

Die bezüglich $\mathbb{C}$ gebildete Komplementärmenge von $\mathfrak{P}(x)$ heißt das *Spektrum* von x und wird mit $\mathfrak{S}(x)$ bezeichnet. Das Spektrum ist somit die Menge aller komplexen Zahlen λ, für welche $\lambda e - x$ singulär ist.

Die grundlegenden Eigenschaften der eben eingeführten Mengen kommen im folgenden Satz zum Ausdruck.

Satz 1. *Die Resolventenmenge $\mathfrak{P}(x)$ ist offen, das Spektrum $\mathfrak{S}(x)$ ist nicht leer, abgeschlossen und beschränkt. Genauer: $\mathfrak{P}(x)$ enthält alle $\lambda \in \mathbb{C}$ mit $|\lambda| > \|x\|$. Mit $\lambda_0 \in \mathfrak{P}(x)$ gehört auch jedes λ zu $\mathfrak{P}(x)$, für welches*

$$|\lambda - \lambda_0| \, \|r(\lambda_0; x)\| < 1$$

gilt.

Beweis. Es sei $|\lambda| > \|x\|$, dann ersetze man in Satz 1; 1.2 das Element x durch λe und y durch x. Das Element λe hat eine Inverse, denn es ist $\lambda \neq 0$ und $(\lambda e)^{-1} = \dfrac{1}{\lambda}\, e$; es gilt ferner $\left\| x\,\dfrac{1}{\lambda}\,e \right\| = \left\| \dfrac{1}{\lambda}\,ex \right\| = \dfrac{1}{|\lambda|}\,\|x\| < 1$ (nach der Annahme über λ). Damit sind die Voraussetzungen des Satzes 1; 1.2 erfüllt, d. h., $\lambda e - x$ hat eine Inverse, d. h. $\lambda \in \mathfrak{P}(x)$. Die Reihendarstellungen in Satz 1; 1.2 geben eine explizite Formel für die Inverse:

$$r_\lambda = (\lambda e - x)^{-1} = \sum_{n=0}^{\infty} \lambda^{-n-1} x^n \qquad (|\lambda| > \|x\|). \tag{2}$$

Wir nehmen jetzt an, daß $\lambda_0 \in \mathfrak{P}(x)$ und $|\lambda - \lambda_0| \, \|r_{\lambda_0}\| < 1$ gilt. In Satz 1; 1.2 ersetze man x durch $\lambda_0 e - x$ und y durch $(\lambda_0 - \lambda)\,e$. Auch in diesem Fall sind die Bedingungen des Satzes 1; 1.2 erfüllt, denn $(\lambda_0 e - x)^{-1}$ existiert (wegen $\lambda_0 \in \mathfrak{P}(x)$), und es ist

$$\|(\lambda_0 - \lambda)\,er_{\lambda_0}\| = |\lambda - \lambda_0| \, \|r_{\lambda_0}\| < 1.$$

Dann ist aber nach dem zitierten Satz $(\lambda_0 e - x) - (\lambda_0 - \lambda)\,e = \lambda e - x$ regulär, d. h. $\lambda \in \mathfrak{P}(x)$, wie behauptet. Die Reihendarstellungen in Satz 1; 1.2 liefern einen expliziten Ausdruck für die Resolvente

$$r(\lambda, x) = r_\lambda = \sum_{n=0}^{\infty} (\lambda_0 - \lambda)^n \left(r(\lambda_0; x)\right)^{n+1}. \tag{3}$$

Damit haben wir alle Behauptungen über $\mathfrak{P}(x)$ bewiesen. Es bleibt noch übrig zu zeigen, daß $\mathfrak{S}(x) = \mathbb{C} - \mathfrak{P}(x) \neq \varnothing$ ist. Die Gültigkeit dieser Behauptung nehmen wir vorläufig an, sie wird im Satz 1; 1.4 bewiesen. $\blacksquare$

Satz 2. *Die Resolvente ist eine stetige Funktion auf $\mathfrak{P}(x)$ mit Werten in X, d. h., aus $\lambda_n \to \lambda$ und $\lambda_n, \lambda \in \mathfrak{P}(x)$ folgt $r_{\lambda_n} \to r_\lambda$ (in X). Ist $\lambda \in \mathfrak{P}(x)$, so gilt*

$$\varrho\big(\lambda, \mathfrak{S}(x)\big)\,\|r_\lambda\| \geqq 1$$

$\big(\varrho\big(\lambda, \mathfrak{S}(x)\big)$ bedeutet den Abstand von λ zur Menge $\mathfrak{S}(x)\big)$.

Beweis. Die erste Behauptung des Satzes folgt unmittelbar aus dem Satz 2; 1.2 wegen

$$r_{\lambda_n} = (\lambda_n e - x)^{-1} \quad \text{und} \quad r_\lambda = (\lambda e - x)^{-1}.$$

Für alle $\lambda' \in \mathbb{C}$ mit $|\lambda' - \lambda| \, \|r_\lambda\| < 1$ ist $\lambda' \in \mathfrak{P}(x)$ (nach Satz 1). Ist also $\lambda' \in \mathfrak{S}(x)$, so muß

$$|\lambda' - \lambda| \, \|r_\lambda\| \geqq 1$$

gelten, und diese Ungleichung ist auch für das Infimum der linken Seite richtig. Daraus folgt die zweite Behauptung. ∎

Aus diesem Satz ergibt sich als Folgerung:

Wenn die Zahlenfolge $\{\lambda_n\} \subset \mathfrak{P}(x)$ *so beschaffen ist, daß* $\lambda_n \to \lambda \in \mathfrak{S}(x)$, $\qquad$ (4)
dann ist $\|r_{\lambda_n}\| \to \infty$.

Für die Resolvente gelten zwei bemerkenswerte Funktionalgleichungen, die sogenannten *Resolventengleichungen*:

Satz 3. *Für alle* $\lambda, \mu \in \mathfrak{P}(x)$ *gilt*

$$r_\mu - r_\lambda = (\lambda - \mu)\, r_\mu r_\lambda = (\lambda - \mu)\, r_\lambda r_\mu \tag{5}$$

und

$$r(\lambda; x) - r(\lambda; y) = r(\lambda; x)\,(x - y)\, r(\lambda; y). \tag{6}$$

Beweis. Ersetzen wir in (1; 1.2) das Element x durch $\lambda e - x$ und y durch $\mu e - x$, so ergibt sich (5). Wenn wir für x das Element $\lambda e - x$ und für y den Ausdruck $\lambda e - y$ einsetzen, erhalten wir (6). ∎

Wegen der Anwendung dieser Theorie auf Integralgleichungen benötigen wir einen weiteren Begriff, den wir nun einführen wollen. Wir formen den Ausdruck für die Resolvente bei einem beliebigem Wert $\lambda \in \mathfrak{P}(x)$ wie folgt um:

$$r_\lambda = (\lambda e - x)^{-1} = \lambda^{-1}(e - \lambda^{-1}x)^{-1} = \lambda^{-1}(e - \mu x)^{-1}, \tag{7}$$

wobei $\mu = \dfrac{1}{\lambda}$ gesetzt wurde. Dann schreiben wir weiter

$$\lambda r_\lambda = (e - \mu x)^{-1} = e + \mu l_\mu = e + \mu l(\mu; x). \tag{8}$$

Das Element aus X

$$l_\mu = l(\mu; x) = \lambda(\lambda r_\lambda - e) \qquad \left(\mu = \frac{1}{\lambda}\right) \tag{9}$$

soll *lösendes Element* genannt werden. Wegen $0 \notin \mathfrak{P}(x)$ ist $l_\mu = l_{1/\lambda}$ für jedes $\lambda \in \mathfrak{P}(x)$ definiert. Nach Satz 2 hängt l_μ stetig von μ ab.

Auf Grund von (9) und (5) gilt

$$\begin{aligned}
(\mu - \mu')\, l_\mu l_{\mu'} &= (\mu - \mu')\, \lambda(\lambda r_\lambda - e)\, \lambda'(\lambda' r_{\lambda'} - e) \\
&= (\lambda' - \lambda)\, (\lambda r_\lambda - e)\, (\lambda' r_{\lambda'} - e) \\
&= (\lambda' - \lambda)\, (\lambda\lambda' r_\lambda r_{\lambda'} - \lambda r_\lambda - \lambda' r_{\lambda'} + e) \\
&= \lambda\lambda'(\lambda' - \lambda)\, r_\lambda r_{\lambda'} - \lambda\lambda' r_\lambda + \lambda^2 r_\lambda - \lambda'^2 r_{\lambda'} + \lambda\lambda' r_{\lambda'} + \lambda' - \lambda \\
&= \lambda^2 r_\lambda - \lambda'^2 r_{\lambda'} + \lambda' - \lambda = l_\mu - l_{\mu'}.
\end{aligned}$$

Wir erhalten somit

$$l_\mu - l_{\mu'} = (\mu - \mu')\, l_\mu l_{\mu'} = (\mu - \mu')\, l_{\mu'} l_\mu \tag{10}$$

für alle μ, μ'-Werte, für welche $1/\mu,\ 1/\mu' \in \mathfrak{P}(x)$ ist.

Aus (2) und (9) sieht man sofort, daß $l_0 = l(0, x) = x$ ist. Deswegen folgen aus (10) die Beziehungen

$$l_\mu - x = \mu l_\mu x = \mu x l_\mu. \tag{10'}$$

Die Gleichungen (10) und (10') spielen in der Theorie der Integralgleichungen eine wichtige Rolle.

Diejenigen Elemente u von X, für welche es eine natürliche Zahl m gibt, so daß $u^m = 0$ gilt, heißen *nilpotent*. Für ein nilpotentes Element ist offensichtlich $u^n = 0$ für $n \geq m$.

Die unendliche Reihe (2) reduziert sich für ein nilpotentes Element u auf eine endliche Summe, d. h.

$$r(\lambda; u) = \sum_{n=0}^{m-1} \lambda^{-n-1} u^n. \tag{11}$$

(11) existiert für alle $\lambda \in \mathbb{C} - \{0\}$. Das Spektrum von u enthält nur den Punkt 0: $\mathfrak{S}(u) = \{0\}$.

Ein Element $p \in X$ heißt *idempotent*, wenn $p^2 = p$ ist. Daraus folgt $p^n = p$ ($n = 1$, $2, \ldots$). Die Resolvente von p ist somit nach (2)

$$r(\lambda; p) = \sum_{n=0}^{\infty} \lambda^{-n-1} p^n = \lambda^{-1} e + \lambda^{-1} p \sum_{n=1}^{\infty} \lambda^{-n}.$$

Für $|\lambda| > 1$ ist die auf der rechten Seite stehende Reihe konvergent, und wir erhalten

$$r(\lambda; p) = \lambda^{-1} e + \lambda^{-2} p \frac{1}{1 - \dfrac{1}{\lambda}} = \lambda^{-1} e + \lambda^{-1} p \frac{1}{\lambda - 1}$$

$$= \lambda^{-1}(e - p) + (\lambda - 1)^{-1} p.$$

Diese Formel gilt aber offenbar auch für alle λ mit $|\lambda| \leq 1$, außer für $\lambda = 0$ und $\lambda = 1$, wenn man $p \neq 0$ und $p \neq e$ voraussetzt. Es gilt somit $\mathfrak{S}(p) = \{0, 1\}$.

Schließlich heißt ein Element $a \in X$ *algebraisch*, wenn es ein Polynom

$$P(\lambda) = \sum_{j=0}^{m} \gamma_j \lambda^j \qquad (\gamma_j \in \mathbb{C}; \gamma_m \neq 0)$$

gibt derart, daß

$$P(a) = \sum_{j=0}^{m} \gamma_j a^j = 0$$

ist. Wenn man (2) beachtet, so führt eine leichte Rechnung zu

$$r(\lambda; a) P(\lambda) = \sum_{j=0}^{m-1} \left(\sum_{k=j+1}^{m} \gamma_k a^{k-j-1} \right) \lambda^j.$$

Wenn λ keine Nullstelle von $P(\lambda)$ ist, so haben wir

$$r(\lambda; a) = \frac{1}{P(\lambda)} \sum_{j=0}^{m-1} \left(\sum_{k=j+1}^{m} \gamma_k a^{k-j-1} \right) \lambda^j. \tag{12}$$

$\mathfrak{S}(a)$ ist somit genau die Menge der Nullstellen von $P(\lambda)$.

Wir werden in den späteren Darstellungen den folgenden Satz benötigen:

Satz 4. *Es sei X eine Banachalgebra mit Eins, x sei ein Element aus X und $\alpha \in \mathfrak{P}(x)$. Es gilt*

$$\mathfrak{S}\big(r(\alpha;x)\big) = \left\{ \frac{1}{\alpha - \lambda}; \ \lambda \in \mathfrak{S}(x) \right\}. \tag{13}$$

Beweis. Es sei $\lambda \in \mathfrak{P}(x)$, dann existiert $r(\lambda;x) = r_\lambda$. Wir behaupten: Für $\lambda \neq \alpha$ gilt die Beziehung

$$r\left(\frac{1}{\alpha - \lambda}; r_\alpha \right) = (\alpha - \lambda)\, r_\lambda(\alpha e - x) \qquad \big(r_\alpha = r(\alpha;x) \big). \tag{14}$$

Tatsächlich erhalten wir unter Berücksichtigung von (5):

$$(\alpha - \lambda)\, r_\lambda(\alpha e - x) \left(\frac{1}{\alpha - \lambda}\, e - r_\alpha \right) = (\alpha e - x)\left(r_\lambda - (\alpha - \lambda)\, r_\lambda r_\alpha \right)$$

$$= (\alpha e - x)\, r_\alpha = (\alpha e - x)\,(\alpha e - x)^{-1} = e$$

und analog

$$\left(\frac{1}{\alpha - \lambda}\, e - r_\alpha \right)(\alpha - \lambda)\, r_\lambda(\alpha e - x) = e.$$

Es ist also die rechte Seite von (14) die Inverse von $\dfrac{1}{\alpha - \lambda}\, e - r_\alpha$, womit die Behauptung bezüglich (14) bewiesen ist. (14) gilt aber auch dann, wenn $\lambda = \alpha$ ist (nach der Darstellung (2)). Also ist $\mathfrak{P}(r_\alpha) = \left\{ \dfrac{1}{\alpha - \lambda}; \ \lambda \in \mathfrak{P}(x) \right\}$, und ihre Komplementärmenge ist (13). ∎

1.4. Holomorphe Funktionen mit Werten in einer Banachalgebra. Der Spektralradius

Es sei Ω ein Gebiet (oder die Vereinigung von Gebieten) in der komplexen Zahlenebene. Eine Funktion $f\colon \Omega \to X$, wobei X ein gegebener Banachraum ist, heißt holomorph in Ω, wenn es zu jedem Punkt $\lambda_0 \in \Omega$ eine offene Kreisscheibe $K_{\lambda_0}(\varrho)$ mit dem Mittelpunkt in λ_0 und dem Radius $\varrho > 0$ gibt derart, daß eine Darstellung

$$f(\lambda) = \sum_{n=0}^{\infty} a_n(\lambda - \lambda_0)^n \tag{1}$$

für jedes $\lambda \in \Omega \cap K_{\lambda_0}(\varrho)$ existiert, wobei die Koeffizienten a_n aus X sind. Die Konvergenz von (1) ist selbstverständlich die Normkonvergenz des Raumes X. Wie in der Funktionentheorie zeigt man, daß der Konvergenzradius von (1)

$$\varrho_0 = \left(\overline{\lim_{n \to \infty}} \, \|a_n\|^{1/n} \right)^{-1} \tag{2}$$

ist. Den Beweis bringen wir hier nicht, er verläuft wörtlich so wie in der Funktionentheorie. Man kann ferner zeigen, wieder genau wie in der Funktionentheorie, daß die Reihe (1) in jeder abgeschlossenen Kreisscheibe $\overline{K_{\lambda_0}(\varrho)}$ mit $0 < \varrho < \varrho_0$ absolut und gleichmäßig konvergiert, d. h., die Reihe

$$\sum_{n=0}^{\infty} \|a_n\|\,|\lambda - \lambda_0|^n$$

ist dort gleichmäßig konvergent. Nach Formel (3; 1.3) sieht man, daß die Resolvente von $x \in X$ eine holomorphe Funktion auf $\mathfrak{P}(x)$ ist. (3; 1.3) gibt genau die Potenzreihendarstellung von $r(\lambda; x)$ in der Umgebung eines Punktes $\lambda_0 \in \mathfrak{P}(x)$ an mit dem Konvergenzradius $\varrho_0 = \dfrac{1}{\|r_{\lambda_0}\|}$. Die Reihe (2; 1.3) ist die analoge Darstellung in der Umgebung des unendlich fernen Punktes.

Jetzt werden wir einen Satz beweisen, dessen Behauptung schon in 1.3. angewendet wurde.

Satz 1. *Für jedes $x \in X$ (X eine Banachalgebra) ist $\mathfrak{P}(x)$ eine echte Teilmenge von $\mathbb{C}$, woraus $\mathfrak{S}(x) \neq \emptyset$ folgt.*

Dem Beweis werden wir einen Hilfssatz vorausschicken.

Hilfssatz. *Ist $f: \Omega \to X$ holomorph, wobei Ω einen Bereich in $\mathbb{C}$ und X einen Banachraum bezeichnet, weiter $\Phi: X \to \mathbb{C}$ ein lineares, stetiges Funktional, dann ist $\Phi\big(f(\lambda)\big)$ eine (gewöhnliche) holomorphe Funktion, definiert in Ω.*

Beweis des Hilfssatzes. Es sei $\lambda_0 \in \Omega$ beliebig, und $K_{\lambda_0}(\varrho)$ sei eine Kreisscheibe um λ_0 mit dem Radius ϱ, welche ganz in Ω liegt. Auf Grund der Voraussetzung über f gilt die Potenzreihendarstellung

$$f(\lambda) = \sum_{n=0}^{\infty} a_n(\lambda - \lambda_0)^n, \qquad \lambda \in K_{\lambda_0}(\varrho), \qquad a_n \in X \ (n = 0, 1, 2, \ldots),$$

und wegen der Stetigkeit von Φ ist

$$\Phi\big(f(\lambda)\big) = \sum_{n=0}^{\infty} \Phi(a_n)\,(\lambda - \lambda_0)^n.$$

Diese Reihe ist für jedes λ aus $K_{\lambda_0}(\varrho)$ konvergent. Die Koeffizienten sind die (komplexen) Zahlen $\Phi(a_n)$. ∎

Beweis von Satz 1. Wir nehmen $\mathfrak{P}(x) = \mathbb{C}$ für irgendein $x\ (\in X)$ an und wählen ein beliebiges lineares und stetiges Funktional, definiert auf dem ganzen Raum X. Dann ist $\Phi\big(r(\lambda; x)\big)$ nach dem soeben bewiesenen Hilfssatz eine ganze Funktion. Aus der Reihenentwicklung (2; 1.3) geht aber hervor, daß

$$\Phi\big(r(\lambda; x)\big) = \sum_{n=0}^{\infty} \Phi(x^n)\,\lambda^{-n-1} = \lambda^{-1} \sum_{n=0}^{\infty} \Phi(x^n)\,\lambda^{-n} = \lambda^{-1}F(\lambda)$$

gilt, wobei

$$F(\lambda) = \sum_{n=0}^{\infty} \Phi(x^n)\,\lambda^{-n}$$

ein Element einer im Unendlichen regulären Funktion ist.

Daraus folgt

$$\Phi\big(r(\lambda;x)\big) \to 0 \quad \text{für} \quad |\lambda| \to \infty,$$

d. h., $\Phi\big(r(\lambda;x)\big)$ ist eine solche ganze Funktion, welche im Unendlichen verschwindet. Nach dem klassischen Satz von Liouville ist somit $\Phi\big(r(\lambda;x)\big)$ eine Konstante, deren Wert gleich Null ist. Also ist $\Phi\big(r(\lambda;x)\big) = 0$, wie immer man das lineare und stetige Funktional Φ wählt. Daraus folgt $r(\lambda;x) = 0$ ($\lambda \in \mathbb{C}$) nach einem Korollar des Hahn-Banachschen Satzes (siehe 7; 2.2)). Das steht aber im Widerspruch zur Gleichung $(\lambda e - x)\, r_\lambda = e$, woraus sich die Behauptung des Satzes ergibt. ∎

Wichtig ist folgende Bemerkung:

$$\text{(3)} \qquad \begin{array}{l} \textit{Wenn } f(\lambda) \textit{ eine holomorphe Funktion im Gebiet } \Omega \textit{ mit Werten in } X \textit{ ist} \\ \textit{und } F(\lambda) \textit{ eine in } \Omega \textit{ definierte übliche holomorphe Funktion (mit} \\ \textit{Werten in } \mathbb{C}) \textit{ darstellt, dann ist das Produkt } F(\lambda) \cdot f(\lambda) \textit{ ebenfalls eine} \\ \textit{holomorphe Funktion in } \Omega \textit{ mit Werten in } X. \end{array}$$

Der Beweis der Behauptung (3) verläuft analog zum Beweis des Satzes in der Funktionentheorie, wonach das Produkt von zwei holomorphen Funktionen in einem Gebiet dort ebenfalls holomorph ist.

Wenn $f(\lambda) = \sum\limits_{n=0}^{\infty} a_n(\lambda - \lambda_0)^n$ eine in Ω holomorphe Funktion mit Werten in X ist, so existiert der Grenzwert

$$\frac{df}{d\lambda} = \lim_{\substack{\lambda' \to \lambda \\ (\lambda' \neq \lambda)}} \frac{f(\lambda') - f(\lambda)}{\lambda' - \lambda} \quad \text{für } \lambda \in K_{\lambda_0}(\varrho_0),$$

und es gilt

$$\frac{df}{d\lambda} = f'(\lambda) = \sum_{n=1}^{\infty} n a_n(\lambda - \lambda_0)^{n-1} \qquad \big(\lambda \in K_{\lambda_0}(\varrho_0)\big). \tag{4}$$

Der Konvergenzradius von (4) ist ebenfalls der unter (2) angegebene Wert ϱ_0.

Auch diese Aussage wird genauso bewiesen wie der entsprechende Satz in der Funktionentheorie.

Die bisherigen Ausführungen werden wir nun auf die Resolvente anwenden. Die Reihenentwicklung (2; 1.3) ist in der Umgebung des Punktes ∞ eine Potenzreihe bezüglich $\dfrac{1}{\lambda}$.

Wenn wir nämlich in (2; 1.3) $\lambda = 1/\mu$ setzen, so ergibt sich

$$\sum_{n=0}^{\infty} x^n \mu^{n+1} = \mu \sum_{n=0}^{\infty} x^n \mu^n.$$

Diese Reihe ist eine Potenzreihe in μ, die eine im Nullpunkt analytische Funktion darstellt. Ihr Konvergenzradius ist nach (2)

$$\left(\varlimsup_{n \to \infty} \|x^n\|^{\frac{1}{n}} \right)^{-1}.$$

Somit ist der Konvergenzradius der ursprünglichen Reihe (2; 1.3)

$$\sigma = \sigma(x) = \overline{\lim_{n \to \infty}} \; \|x^n\|^{\frac{1}{n}} . \tag{5}$$

Diese Zahl soll jedem Element $x \in X$ zugeordnet werden; sie wird *Spektralradius* von x genannt.

Wir werden jetzt zeigen, daß in (5) $\overline{\lim}$ durch lim ersetzt werden kann:

Satz 2. *Der Spektralradius* $\sigma = \sigma(x)$ *eines Elements* $x \in X$ *wird durch*

$$\sigma(x) = \lim_{n \to \infty} \|x^n\|^{\frac{1}{n}} \tag{6}$$

dargestellt.

Beweis. Es genügt, den Beweis für $x \neq 0$ zu führen. Es sei m eine beliebige, aber feste natürliche Zahl. Wir zerlegen die natürliche Zahl n in

$$n = mp_n + q_n;$$

p_n, q_n sind ganze Zahlen, und es ist $p_n \geqq 0$ und $0 \leqq q_n \leqq m - 1$. Diese Zerlegung ist eindeutig.

Setzt man $\gamma = \mathrm{Max} \, \{1, \|x\|, \ldots, \|x^{m-1}\|\}$, so gilt

$$\|x^n\| = \|x^{mp_n + q_n}\| = \|x^{mp_n} x^{q_n}\| \leqq \|x^m\|^{p_n} \|x^{q_n}\| \leqq \gamma \, \|x^m\|^{p_n} \qquad (\gamma \neq 0).$$

Daher ist

$$\sigma(x) = \overline{\lim_{n \to \infty}} \; \|x^n\|^{\frac{1}{n}} \leqq \overline{\lim_{n \to \infty}} \; \gamma^{\frac{1}{n}} \, \|x^m\|^{\frac{p_n}{n}}$$

$$= \overline{\lim_{n \to \infty}} \; \|x^m\|^{\frac{n - q_n}{nm}} = \overline{\lim_{n \to \infty}} \; \|x^m\|^{\frac{1}{m} - \frac{q_n}{nm}} = \|x^m\|^{\frac{1}{m}} .$$

Letzteres folgt, weil q_n beschränkt ist und somit $\dfrac{q_n}{nm} \to 0$ für $n \to \infty$. Es ist also

$$\sigma(x) \leqq \|x^m\|^{\frac{1}{m}} \qquad \text{für } m = 1, 2, \ldots$$

Daraus folgt aber auch, daß

$$\sigma(x) = \underline{\lim_{n \to \infty}} \; \|x^n\|^{\frac{1}{n}}$$

ist. Zusammen mit (5) ergibt sich die Behauptung. ∎

Der Name Spektralradius findet seine Erklärung in dem folgenden Satz.

Satz 3. *Es gilt folgende Darstellung für den Spektralradius:*

$$\sigma(x) = \sup \{|\lambda| \mid \lambda \in \mathfrak{S}(x)\} \qquad (x \neq 0). \tag{7}$$

Das bedeutet: $\sigma(x)$ *ist der Radius der kleinsten abgeschlossenen Kreisscheibe mit dem Mittelpunkt in Null, welche die Menge* $\mathfrak{S}(x)$ *enthält.*

Beweis. Die Potenzreihe

$$\sum_{n=0}^{\infty} x^n \mu^n$$

hat nach (5) den Konvergenzradius $[\sigma(x)]^{-1}$. Daraus folgt, daß die Reihe (2; 1.3) für $|\lambda| > \sigma(x)$ konvergiert.

Alle komplexen Zahlen λ mit $|\lambda| > \sigma(x)$ gehören somit zu $\mathfrak{P}(x)$, und folglich ist

$$\sup \{ |\lambda| \mid \lambda \in \mathfrak{S}(x) \} \leqq \sigma(x). \tag{8}$$

Andererseits ist $r(\lambda; x)$ im Gebiet $\mathfrak{P}(x)$ holomorph, daher ist für jedes über X definierte, lineare und stetige Funktional Φ die Funktion $\Phi\big(r(\lambda; x)\big)$ eine in $\mathfrak{P}(x)$ holomorphe Funktion. Das Integral

$$I_m(s) = \frac{1}{2\pi i} \oint_{|\lambda|=s} \Phi\big(r(\lambda; x)\big)\, \lambda^m d\lambda$$

ist für jede natürliche Zahl m und für jedes $s > \sup \{ |\lambda| \mid \lambda \in \mathfrak{S}(x) \}$ erklärt, da der Integrationsweg keinen singulären Punkt der Funktion $\Phi\big(r(\lambda; x)\big)$ durchläuft. Nach dem Cauchyschen Integralsatz ist $I_m(s)$ von s unabhängig und somit eine Konstante. Wenn s größer als $\sigma(x)$ ist, dann gilt die Reihenentwicklung (2; 1.3). Diese Reihendarstellung von $r(\lambda; x)$ soll in das vorangehende Integral eingesetzt werden. Dann gilt wegen der Linearität und Stetigkeit von Φ und der gleichmäßigen Konvergenz bezüglich λ

$$I_m(s) = \sum_{n=0}^{\infty} \Phi(x^n)\, \frac{1}{2\pi i} \oint_{|\lambda|=s} \lambda^{m-n-1} d\lambda = \Phi(x^m).$$

Das gilt natürlich nicht nur für solche Werte von s, für welche $s > \sigma(x)$ ist, sondern für *alle* s mit $s > \sup \{ |\lambda| \mid \lambda \in \mathfrak{S}(x) \}$.

Nach einem wohlbekannten Korollar des Hahn-Banachschen Satzes (siehe Satz 3; 2.2) gibt es zu jedem m ein lineares und stetiges Funktional Φ_m über X mit $\|\Phi_m\| = 1$ und $\Phi_m(x^m) = \|x^m\|$. Also gilt für $\Phi = \Phi_m$

$$\Phi_m(x^m) = \|x^m\| = I_m(s) \leqq \frac{1}{2\pi} \oint_{|\lambda|=s} \big|\Phi_m\big(r(\lambda; x)\big)\big|\, |\lambda|^m\, |d\lambda|$$

$$\leqq \frac{1}{2\pi}\, s^m \oint_{|\lambda|=s} \|r(\lambda; x)\|\, |d\lambda| = s^{m+1} \operatorname*{Max}_{|\lambda|=s} \|r(\lambda; x)\| = \gamma_s s^{m+1},$$

wobei $\gamma_s = \operatorname*{Max}_{|\lambda|=s} \|r(\lambda; x)\|$ eine von m unabhängige und von Null verschiedene Zahl ist. Daraus folgt

$$\|x^m\|^{\frac{1}{m}} \leqq \gamma_s^{\frac{1}{m}}\, s^{1+\frac{1}{m}}.$$

Lassen wir $m \to \infty$ streben, dann ergibt sich

$$\sigma(x) \leqq s.$$

Wenn jetzt $s \to \sup\{|\lambda| \mid \lambda \in \mathfrak{S}(x)\}$ geht, dann ist

$$\sigma(x) \leqq \sup\{|\lambda| \mid \lambda \in \mathfrak{S}(x)\}.$$

Zusammen mit der schon bewiesenen Ungleichung (8) ergibt sich die Behauptung des Satzes. $\blacksquare$

Interessant und für die späteren Ausführungen wichtig sind die folgenden Behauptungen:

Satz 4. *Es sei X eine Banachalgebra mit Eins, und es seien $x, y \in X$. Dann gilt*

$$\sigma(xy) \leqq \sigma(x)\,\sigma(y).$$

Beweis. Nach (6) und (4; 1.1) gilt

$$\sigma(xy) = \lim_{n \to \infty} \sqrt[n]{\|(xy)^n\|} \leqq \lim_{n \to \infty} \sqrt[n]{\|x^n\|}\ \sqrt[n]{\|y^n\|} = \sigma(x)\,\sigma(y). \quad \blacksquare$$

Satz 5. *Es sei x ein reguläres Element der Banachalgebra X mit Eins und $y \in X$ so beschaffen, daß $\sigma(x^{-1}y) < 1$. Behauptung: $x - y$ ist regulär.*

Beweis. Aus $\sigma(x^{-1}y) < 1$ folgt auf Grund von (6), daß für hinreichend großes n

$$\sqrt[n]{\|(x^{-1}y)^n\|} \leqq q < 1$$

ist, also $\|(x^{-1}y)^n\| \leqq q^n$ $(n = n_0 + 1, n_0 + 2, \ldots)$. Deswegen ist die Reihe

$$\sum_{n=0}^{\infty} (x^{-1}y)^n\, x^{-1}$$

absolut konvergent, daher existiert $(x - y)^{-1}$ nach Satz 1; 1.2. $\blacksquare$

Eine wichtige Rolle spielen in der Theorie der Volterraschen Integralgleichungen die sogenannten quasi-nilpotenten Operatoren. Eine Verallgemeinerung dieser Operatoren führt uns zu den quasi-nilpotenten Elementen einer Banachalgebra mit Eins. Ein Element in X heißt *quasi-nilpotent*, wenn $\sigma(x) = 0$ ist. Nach Satz 3 ist in diesem Fall $\mathfrak{S}(x) = \{0\}$, und für ein solches Element gilt

$$r(\lambda; x) = \sum_{n=0}^{\infty} \lambda^{-n-1} x^n \quad \text{für alle } \lambda \neq 0.$$

Man sieht sofort, daß jedes nilpotente Element (vgl. 1.3.) zugleich auch quasi-nilpotent ist, denn nach (11; 1.3) ist die Resolvente eines solchen Elements ein Polynom von λ^{-1}, also ist $\mathfrak{S}(x) = \{0\}$ und somit $\sigma(x) = 0$. (Ein quasi-nilpotentes Element braucht natürlich nicht unbedingt nilpotent zu sein.)

Wenn man für ein quasi-nilpotentes Element entsprechend (9; 1.3) von der Resolvente zu dem lösenden Element übergeht, dann ist

$$l_\mu = \lambda^2 r(\lambda; x) - \lambda e = \sum_{n=1}^{\infty} x^n \lambda^{-n+1} = \sum_{n=1}^{\infty} x^n \mu^{n-1} \qquad \left(\mu = \frac{1}{\lambda}\right). \tag{9}$$

(9) stellt bezüglich μ eine für jedes endliche μ konvergente Reihe dar. Daher ist $l_\mu = l(\mu; x)$ eine ganze Funktion.

Wie in der Funktionentheorie betrachten wir nunmehr auch Funktionen, die in bestimmten Punkten $\lambda = \lambda_0$ Pole besitzen.

Eine Zahl λ_0 heißt ein *Pol* der Funktion $f(\lambda)$ mit Werten in einem Banachraum X, wenn $f(\lambda)$ in einer Umgebung von λ_0 mit Ausnahme von λ_0 holomorph ist und dort eine Darstellung der Form

$$f(\lambda) = \sum_{n=1}^{p} \frac{a_{-n}}{(\lambda - \lambda_0)^n} + g(\lambda) \tag{10}$$

mit $a_{-n} \in X$, $a_{-p} \neq 0$ hat; $g(\lambda)$ ist eine in der Umgebung von λ_0 (einschließlich λ_0) holomorphe Funktion. Genauso wie in der Funktionentheorie heißt p die *Ordnung des Pols* und a_{-1} das zu λ_0 gehörige *Residuum*. Die Summe auf der rechten Seite von (10) wird als *Hauptteil*, $g(\lambda)$ als der *reguläre Teil* von $f(\lambda)$ in bezug auf den Pol λ_0 bezeichnet. Die Darstellung (10) ist eindeutig. Das kann man genauso wie beim Beweis des analogen Satzes der Funktionentheorie durch Vergleich der Koeffizienten zeigen.

1.5.   Pole der Resolvente und des lösenden Elements

Es sei $x \neq 0$ ein Element einer Banachalgebra mit Eins, die Resolvente von x sei $r_\lambda = r(\lambda; x)$.

Satz 1. *Ist λ_0 ein Pol der Ordnung p der Resolvente von x, dann gilt $\lambda_0 \in \mathfrak{S}(x)$, und das Residuum $a_{-1}^{(0)}$ des Pols λ_0 ist idempotent und mit x vertauschbar. Ferner gelten die Beziehungen*

$$(x - \lambda_0 e)^n a_{-1}^{(0)} \neq 0 \quad \text{für } n = 0, 1, 2, \ldots, p-1 \tag{1}$$

und

$$(x - \lambda_0 e)^p a_{-1}^{(0)} = 0. \tag{2}$$

Für alle $\lambda \in \mathfrak{P}(x)$ haben wir die Darstellung

$$r_\lambda = s(\lambda) + t(\lambda), \tag{3}$$

wobei

$$s(\lambda) =: s_\lambda := \sum_{n=1}^{p} \frac{(x - \lambda_0 e)^{n-1} a_{-1}^{(0)}}{(\lambda - \lambda_0)^n} \tag{4}$$

ist und $t(\lambda) =: t_\lambda$ eine in einer gewissen Umgebung von λ_0 (einschließlich λ_0) holomorphe Funktion bedeutet. Falls $a_{-1}^{(1)}$ das Residuum eines Pols von r_λ bezüglich $\lambda_1 \neq \lambda_0$ ist, gilt

$$a_{-1}^{(0)} a_{-1}^{(1)} = a_{-1}^{(1)} a_{-1}^{(0)} = 0. \tag{5}$$

Beweis. Nach der Definition des Pols gestattet r_λ in einer Kreisumgebung K_{λ_0} von λ_0 eine Darstellung der Form (3), wobei $t(\lambda)$ in einer Umgebung von λ_0 (einschließlich λ_0) holomorph ist, und für $\lambda \neq \lambda_0$ gilt

$$s(\lambda) = \sum_{n=1}^{p} \frac{a_{-n}}{(\lambda - \lambda_0)^n} \qquad (a_{-p} \neq 0). \tag{6}$$

Da es sich zunächst immer nur um den festgehaltenen Pol λ_0 handelt, wollen wir vorläufig einfachheitshalber für $a_{-1}^{(0)}$ kurz a_{-1} schreiben.

Für hinreichend kleines $|\lambda - \lambda_0|$ ergibt sich

$$\|s(\lambda)\| \geqq \frac{\|a_{-p}\|}{|\lambda - \lambda_0|^p} - \frac{\|a_{-p+1}\|}{|\lambda - \lambda_0|^{p-1}} - \cdots - \frac{\|a_{-1}\|}{|\lambda - \lambda_0|}$$

$$= \frac{1}{|\lambda - \lambda_0|^p} \left[\|a_{-p}\| - \|a_{-p+1}\| \, |\lambda - \lambda_0| - \cdots - \|a_{-1}\| \, |\lambda - \lambda_0|^{p-1}\right].$$

Wenn $\lambda \to \lambda_0$ strebt, dann bleibt der in der eckigen Klammer stehende Ausdruck beschränkt, und somit strebt die rechte Seite gegen ∞. Das bedeutet, daß auch $\|r(\lambda; x)\| \to \infty$ für $\lambda \to \lambda_0$, da bei diesem Grenzübergang $\|t(\lambda)\|$ beschränkt bleibt (wegen der Holomorphie von $t(\lambda)$ im Punkt λ_0). Aus dieser Feststellung geht nach (4; 1.3) hervor, daß $\lambda_0 \in \mathfrak{S}(x)$ ist.

Auf Grund der Definition der Resolvente haben wir folgende Beziehungen:

$$(\lambda e - x) \, r_\lambda = (\lambda e - x) \big(s(\lambda) + t(\lambda)\big) = e, \tag{7}$$

$$r_\lambda(\lambda e - x) = \big(s(\lambda) + t(\lambda)\big) (\lambda e - x) = e. \tag{8}$$

Diese gelten für jedes λ aus K_{λ_0}. Wir erhalten aus (7)

$$e = (\lambda e - x) \big(s(\lambda) + t(\lambda)\big) = \big((\lambda - \lambda_0) \, e - x + \lambda_0 e\big) s(\lambda) + (\lambda e - x) \, t(\lambda)$$

$$= (\lambda - \lambda_0) \, s(\lambda) + (\lambda_0 e - x) \, s(\lambda) + (\lambda e - x) \, t(\lambda)$$

und daher

$$(\lambda - \lambda_0) \, s(\lambda) + (\lambda_0 e - x) \, s(\lambda) = e - (\lambda e - x) \, t(\lambda)$$

$$= e + (x - \lambda e) \, t(\lambda). \tag{9}$$

Genauso ergibt sich, wenn wir von (8) ausgehen:

$$(\lambda - \lambda_0) \, s(\lambda) + s(\lambda) \, (\lambda_0 e - x) = e + t(\lambda) \, (x - \lambda e). \tag{10}$$

Wir setzen nun in die linken Seiten von (10) bzw. (9) den unter (6) festgelegten Ausdruck für $s(\lambda)$ ein; dadurch erhalten wir

$$\sum_{n=1}^{p} \frac{a_{-n}}{(\lambda - \lambda_0)^{n-1}} + \sum_{n=1}^{p} \frac{a_{-n}(\lambda_0 e - x)}{(\lambda - \lambda_0)^n} = e + t(\lambda) \, (x - \lambda e) \tag{11}$$

bzw.

$$\sum_{n=1}^{p} \frac{a_{-n}}{(\lambda - \lambda_0)^{n-1}} + \sum_{n=1}^{p} \frac{(\lambda_0 e - x) \, a_{-n}}{(\lambda - \lambda_0)^n} = e + (x - \lambda e) \, t(\lambda). \tag{12}$$

In den Gleichungen (11) und (12) sind die rechten Seiten holomorphe Funktionen von λ auf der Kreisscheibe K_{λ_0} (auch an der Stelle λ_0), folglich muß das gleiche für die linken Seiten zutreffen. Das kann aber nur sein, wenn die Koeffizienten von $(\lambda - \lambda_0)^{-n}$ $(n = 1, 2, 3, \ldots, p)$ verschwinden, d. h. wenn

$$a_{-n-1} + a_{-n}(\lambda_0 e - x) = 0 \qquad (n = 1, 2, \ldots, p - 1) \tag{13}$$

und

$$(\lambda_0 e - x) \, a_{-p} = a_{-p}(\lambda_0 e - x) = 0 \tag{14}$$

gilt. Deswegen reduzieren sich die Gleichungen (11) bzw. (12) auf

$$a_{-1} = e + (x - \lambda e)\, t(\lambda) = e + t(\lambda)\, (x - \lambda e) \tag{15}$$

für alle λ aus K_{λ_0}. Die Beziehung (13) liefert für $n = 1$, falls $p > 1$ ist,

$$a_{-2} + a_{-1}(\lambda_0 e - x) = a_{-2} + (\lambda_0 e - x)\, a_{-1} = 0, \tag{16}$$

woraus

$$a_{-1}x = xa_{-1} \tag{16'}$$

folgt, wie im Satz behauptet wurde. Wenn jedoch $p = 1$ ist, folgt (16') unmittelbar aus (14).

Wenn wir (16) von rechts mit $\lambda_0 e - x$ multiplizieren und (13) für $n = 2$ berücksichtigen, ergibt sich

$$-a_{-3} + a_{-1}(\lambda_0 e - x)^2 = 0,$$

und daher ist

$$a_{-3} = a_{-1}(\lambda_0 e - x)^2.$$

Genauso erweist sich, daß

$$a_{-3} = (\lambda_0 e - x)^2\, a_{-1}$$

gilt. Analog kann man beweisen, daß die Beziehungen

$$a_{-n} = (x - \lambda_0 e)^{n-1}\, a_{-1} = a_{-1}(x - \lambda_0 e)^{n-1} \qquad (n = 1, 2, \ldots, p) \tag{17}$$

erfüllt sind.

Wenn wir in (13) $n = p - 1$ setzen, erhalten wir

$$a_{-p} + a_{-p+1}(\lambda_0 e - x) = a_{-p} + (\lambda_0 e - x)\, a_{-p+1} = 0.$$

Da nach Voraussetzung $a_{-p} \neq 0$ ist, folgt

$$a_{-p+1}(\lambda_0 e - x) = (\lambda_0 e - x)\, a_{-p+1} \neq 0$$

und somit auch $a_{-p+1} \neq 0$. Ebenfalls wegen (13) ist

$$a_{-p+1} + a_{-p+2}(\lambda_0 e - x) = a_{-p+1} + (\lambda_0 e - x)\, a_{-p+2} = 0.$$

Da das erste Glied nicht 0 ist, folgt $a_{-p+2} = 0$ usw. Andererseits erhalten wir durch Berücksichtigung von (17)

$$a_{-p} = a_{-1}(x - \lambda_0 e)^{p-1} = (x - \lambda_0 e)^{p-1}\, a_{-1} \neq 0,$$

$$a_{-p+1} = a_{-1}(x - \lambda_0 e)^{p-2} = (x - \lambda_0 e)^{p-2}\, a_{-1} \neq 0$$

usw., d. h.

$$(x - \lambda_0 e)^n\, a_{-1} = a_{-1}(x - \lambda_0 e)^n \neq 0 \qquad (n = 1, 2, \ldots, p - 1).$$

Das ist genau die Behauptung (1).

Wir setzen in (17) $n = p$:

$$a_{-p} = (x - \lambda_0 e)^{p-1}\, a_{-1} = a_{-1}(x - \lambda_0 e)^{p-1}. \tag{18}$$

Dieser Ausdruck für a_{-p} soll in (14) eingesetzt werden. Es ergibt sich

$$a_{-1}(x - \lambda_0 e)^p = (x - \lambda_0 e)^p\, a_{-1} = 0,$$

womit die Behauptung (2) bewiesen ist.

Es bleibt noch nachzuweisen, daß a_{-1} idempotent ist. Dazu gehen wir von der Beziehung (7) aus, welche wir in folgender Gestalt verwenden:

$$e + (x - \lambda e)\, t(\lambda) = (\lambda e - x)\, s(\lambda).$$

Die linke Seite ist nach (15) gleich a_{-1}, somit ergibt sich unter Beachtung von (8)

$$a_{-1} = (\lambda e - x)\, s(\lambda) = s(\lambda)\, (\lambda e - x).$$

Wir multiplizieren mit r_λ:

$$r_\lambda a_{-1} = a_{-1} r_\lambda = r_\lambda(\lambda e - x)\, s(\lambda) = s(\lambda). \tag{19}$$

$s(\lambda)$ hat den Pol λ_0 mit dem Residuum a_{-1}. Andererseits ergibt sich wegen der Darstellung

$$r_\lambda = \frac{a_{-1}}{\lambda - \lambda_0} + \cdots$$

die Gleichung

$$a_{-1} r_\lambda = r_\lambda a_{-1} = \frac{a_{-1}^2}{\lambda - \lambda_0} + \cdots = s(\lambda).$$

Dies besagt, daß $a_{-1} r_\lambda$ das Residuum a_{-1}^2 bezüglich λ_0 besitzt. Nun ist aber andererseits $r_\lambda a_{-1} = s(\lambda)$, und diese Funktion hat das Residuum a_{-1}. Das kann nur sein, wenn $a_{-1}^2 = a_{-1}$ ist, wie behauptet wurde.

Schließlich wollen wir einen weiteren Pol $\lambda_1 \neq \lambda_0$ von r_λ betrachten. Jetzt ist es angemessen, die entsprechenden Residuen mit $a_{-1}^{(0)}$ bzw. $a_{-1}^{(1)}$ zu bezeichnen. Die Funktion $s(\lambda)$ ist in einer Umgebung von λ_1 regulär, während $a_{-1}^{(0)} r_\lambda$ dort einen Pol hat. In der Umgebung von λ_1 hat r_λ nämlich die Gestalt

$$r_\lambda = \frac{a_{-1}^{(1)}}{\lambda - \lambda_1} + \cdots;$$

daraus folgt

$$a_{-1}^{(0)} r_\lambda = \frac{a_{-1}^{(0)}\, a_{-1}^{(1)}}{\lambda - \lambda_1} + \cdots.$$

Nach (19) ist aber $a_{-1}^{(0)} r_\lambda = s_\lambda$, was an der Stelle λ_1 regulär ist; daher muß $a_{-1}^{(0)} a_{-1}^{(1)} = 0$ gelten. Genau so ergibt sich $a_{-1}^{(1)} a_{-1}^{(0)} = 0$. Damit ist Satz 1 bewiesen. ∎

Wegen der Anwendung unserer Theorie auf Integralgleichungen wollen wir jetzt noch auf das lösende Element von x eingehen. Aus diesem Grund betrachten wir einen von null verschiedenen, im Endlichen liegenden Pol λ_0 von $r(\lambda; x)$. Nach (9; 1.3) ist

$$l_\mu = l(\mu; x) = \lambda^2 r(\lambda; x) - \lambda e \qquad \left(\mu = \frac{1}{\lambda} \right)$$

für $\lambda \in \mathfrak{P}(x)$. Wir werden jetzt die Abbildung $\mu = \dfrac{1}{\lambda}$ betrachten, die die komplexe Zahlenkugel in sich abbildet und die Kreise der komplexen λ-Ebene in Kreise der komplexen μ-Ebene überführt (die Geraden der komplexen Ebene werden ebenfalls als Kreise aufgefaßt). Wir werden das Bild von $\mathfrak{P}(x)$ bei dieser Abbildung mit $\hat{\mathfrak{P}}(x)$ und das Bild von $\mathfrak{S}(x)$ mit $\hat{\mathfrak{S}}(x)$ bezeichnen. $\mathfrak{P}(x)$ heißt die *reduzierte Resolventenmenge* und $\hat{\mathfrak{S}}(x)$ die *reduzierte Spektralmenge*. Da nach Satz 1; 1.4 und Satz 1; 1.3 die Spektralmenge abgeschlossen und nicht leer ist, muß auch die *reduzierte Spektralmenge eine abgeschlossene, nichtleere Teilmenge der abgeschlossenen komplexen Ebene* $\mathbb{C}$ sein. Ebenfalls auf Grund von Satz 1; 1.3 gilt $0 \in \hat{\mathfrak{S}}(x)$, weil der Punkt ∞ in der Spektralmenge liegt. *Wenn nun λ_0 ein endlicher, von null verschiedener Pol von $r(\lambda; x)$ ist, dann ist* wegen (9; 1.3) $\mu_0 = 1/\lambda_0$ *ein Pol von $l(\mu; x)$.* Wir zerlegen nämlich $r(\lambda; x) = r_\lambda$ in einen Hauptteil und einen regulären Teil:

$$r_\lambda = s_\lambda + t_\lambda = \sum_{n=1}^{p} \frac{a_{-n}}{(\lambda - \lambda_0)^n} + \sum_{n=0}^{\infty} a_n(\lambda - \lambda_0)^n,$$

wobei t_λ in der Kreisumgebung K_{λ_0} holomorph ist. Die Kreisumgebung K_{λ_0} gehe bei der Abbildung $\mu = \dfrac{1}{\lambda}$ in das Gebiet $\hat{K}_{\mu_0}$ über. Daraus folgt

$$l_\mu = \frac{1}{\mu^2}\left[\sum_{n=1}^{p} \frac{\mu^n \mu_0^{\,n} a_{-n}}{(\mu_0 - \mu)^n} + \sum_{n=0}^{\infty} a_n \frac{(\mu_0 - \mu)^n}{\mu_0^{\,n}\mu^n} \right] - \frac{1}{\mu}\,e \tag{20}$$

für jedes $\mu \in \hat{K}_{\mu_0} - \{\mu_0\}$. Wenn der Radius von K_{λ_0} hinreichend klein ist, enthält $\hat{K}_{\mu_0}$ den Nullpunkt nicht, und deshalb ist die zweite Summe auf der rechten Seite von (20) in $\hat{K}_{\mu_0}$ holomorph. Dagegen ist der erste Teil in diesem Ausdruck eine rationale Funktion, deren Nenner an der Stelle $\mu = \mu_0$ verschwindet, während der Zähler dort von null verschieden ist. Daraus folgt, daß l_μ an der Stelle μ_0 einen Pol hat. Diese Überlegung hat zur Folge, daß für jedes $\mu \in \hat{\mathfrak{P}}(x) \cap \hat{K}_{\mu_0}$ eine Darstellung der Gestalt

$$l_\mu = \sum_{n=1}^{q} \frac{b_{-n}}{(\mu - \mu_0)^n} + \sum_{n=0}^{\infty} b_n(\mu - \mu_0)^n = \hat{s}_\mu + \hat{t}_\mu \tag{20'}$$

gilt.

Wir wollen jetzt den Hauptteil $\hat{s}_\mu$ von l_μ explizit berechnen. Aus (20) ergibt sich

$$\hat{s}_\mu := \sum_{n=1}^{q} \frac{b_{-n}}{(\mu - \mu_0)^n} = \sum_{n=1}^{p} (-1)^n \frac{\mu^n \mu_0^{\,n} a_{-n}}{\mu^2(\mu - \mu_0)^n}. \tag{21}$$

Man sieht sofort, daß $q \neq p$ nicht gelten kann, denn nach Multiplizieren mit $(\mu - \mu_0)^q$ würde eine der beiden Summen in (21) eine ganze, die andere hingegen eine rationale (nicht ganze) Funktion sein. Also ist $q = p$. Wir fassen das Ergebnis in einem Satz zusammen.

Satz 2. *Ist λ_0 ein Pol p-ter Ordnung von $r(\lambda; x)$, so ist $\mu_0 = 1/\lambda_0$ ebenfalls ein Pol p-ter Ordnung von $l(\mu; x)$.* ■

Das erste Glied in der zweiten Summe von (21) lautet

$$-\frac{\mu\mu_0 a_{-1}}{\mu^2(\mu-\mu_0)} = -\frac{\mu_0 a_{-1}}{\mu-\mu_0}\frac{1}{\mu} = -\frac{\mu_0 a_{-1}}{\mu-\mu_0}\frac{1}{\mu-\mu_0+\mu_0}$$

$$= -\frac{\mu_0 a_{-1}}{\mu-\mu_0}\frac{1}{\mu_0}\frac{1}{\dfrac{\mu-\mu_0}{\mu_0}+1} = -\frac{a_{-1}}{\mu-\mu_0}\sum_{k=0}^{\infty}(-1)^k\frac{(\mu-\mu_0)^k}{\mu_0{}^k}$$

$$= -\frac{a_{-1}}{\mu-\mu_0} + \frac{a_{-1}}{\mu_0} - \frac{a_{-1}}{\mu_0{}^2}(\mu-\mu_0) + \cdots \tag{22}$$

für $\left|\dfrac{\mu-\mu_0}{\mu_0}\right| < 1$. Das Erfülltsein dieser Bedingung kann immer von vornherein vorausgesetzt werden. Für $n = 2, 3, \dots$ ergeben sich Ausdrücke, die höhere Potenzen von $\dfrac{1}{\mu-\mu_0}$ enthalten. Dementsprechend gilt für das Residuum von $\hat{s}_\mu$, also auch für das Residuum von l_μ,

$$\operatorname{Res}_{\mu_0} l_\mu = b_{-1} = -a_{-1}. \tag{23}$$

Zur Bestimmung von b_{-2} bilden wir $(\mu-\mu_0)\,\hat{s}_\mu$ und berechnen sein Residuum. Aus (3) und (4) ergibt sich

$$(\lambda-\lambda_0)\,r_\lambda = \sum_{n=1}^{p}\frac{(x-\lambda_0 e)^{n-1}a_{-1}}{(\lambda-\lambda_0)^{n-1}} + (\lambda-\lambda_0)\,t_\lambda$$

$$= \frac{(x-\lambda_0 e)\,a_{-1}}{\lambda-\lambda_0} + \cdots = \frac{\mu(\mu_0 x - e)\,a_{-1}}{\mu_0-\mu} + \cdots$$

oder unter Benutzung von (9; 1.3)

$$\frac{\mu_0-\mu}{\mu_0}\frac{1}{\mu^2}\,r_\lambda - \frac{\mu_0-\mu}{\mu_0\mu}\,e = \frac{\mu_0-\mu}{\mu_0}\,l_\mu$$

$$= \frac{(\mu_0 x - e)\,a_{-1}}{\mu_0-\mu} + \cdots - \frac{\mu_0-\mu}{\mu_0\mu}\,e$$

$$= \frac{(\mu_0 x - e)\,a_{-1}}{\mu_0-\mu} + \cdots.$$

Die mit Punkten markierten Glieder enthalten höhere Potenzen von $\dfrac{1}{\mu_0-\mu}$. Daraus folgt

$$\operatorname{Res}_{\mu_0}[(\mu-\mu_0)\,l_\mu] = \mu_0(\mu_0 x - e)\,a_{-1} = b_{-2}. \tag{24}$$

Durch die Reihenentwicklung von $(\lambda-\lambda_0)^2\,r_\lambda$ und analoge Umformung wie oben ergibt sich

$$\operatorname{Res}_{\mu_0}[(\mu-\mu_0)^2\,l_\mu] = b_{-3} = -\mu_0{}^2(\mu_0 x - e)^2\,a_{-1} \tag{25}$$

usw. Wir finden schließlich

$$b_{-p} = (-1)^p\,\mu_0{}^{p-1}(\mu_0 x - e)^{p-1}\,a_{-1}. \tag{26}$$

Aus (1) und (2) folgt, daß $b_{-1}, b_{-2}, \ldots, b_{-p} = 0$ gilt und b_{-1} idempotent und mit x vertauschbar ist. Falls $b_{-1}^{(0)}$ und $b_{-1}^{(1)}$ die Residuen von l_μ bezüglich der beiden im Endlichen liegenden und von null verschiedenen Pole μ_0 und μ_1 sind, gilt nach (5) und (23)

$$b_{-1}^{(0)} b_{-1}^{(1)} = b_{-1}^{(1)} b_{-1}^{(0)} = 0. \tag{27}$$

Wir haben somit den nachfolgenden Satz bewiesen.

Satz 3. *Ist $\mu_0 \neq 0$ ein im Endlichen liegender Pol von $l_\mu = l(\mu; x)$, dann gilt in einer gewissen Umgebung von μ_0 die Reihenentwicklung*

$$l(\mu; x) = \sum_{n=0}^{p} (-1)^n \frac{\mu_0^{n-1}(\mu_0 x - e)^{n-1} a_{-1}}{(\mu - \mu_0)^n} + \hat{l}(\mu; x),$$

wobei p die Ordnung des Pols, a_{-1} das Residuum der Resolvente $r(\lambda; x)$ an der Stelle $\lambda_0 = 1/\mu_0$ und $\hat{l}(\mu, x)$ eine in obiger Umgebung von μ_0 holomorphe Funktion von μ bedeutet. Dabei sind sämtliche Koeffizienten des Hauptteils von null verschieden. ∎

Wir kommen nochmals auf die Reihenentwicklung (20′) zurück. Wenn wir den Ausdruck des lösenden Elements (20′) in die Gleichung (10; 1.3) einsetzen, wobei μ und μ' beliebige, hinreichend nahe dem Pol μ_0 gelegene (jedoch von μ_0 verschiedene) komplexe Zahlen bedeuten, dann ergibt sich

$$\sum_{n=1}^{p} b_{-n} \left[\frac{1}{(\mu - \mu_0)^n} - \frac{1}{(\mu' - \mu_0)^n} \right] + \sum_{n=0}^{\infty} b_n \left[(\mu - \mu_0)^n - (\mu' - \mu_0)^n \right]$$

$$= (\mu - \mu') \left[\sum_{n=1}^{p} b_{-n} \frac{1}{(\mu - \mu_0)^n} + \sum_{n=0}^{\infty} b_n(\mu - \mu_0)^n \right]$$

$$\times \left[\sum_{m=1}^{p} b_{-m} \frac{1}{(\mu' - \mu_0)^m} + \sum_{m=0}^{\infty} b_m(\mu' - \mu_0)^m \right].$$

Wir führen die Bezeichnungen $\mu - \mu_0 = \alpha$ und $\mu' = \mu_0 = \beta$ ein. Damit kann man die obige Identität in folgender Gestalt erhalten:

$$\sum_{n=1}^{p} b_{-n} \left(\frac{1}{\alpha^n} - \frac{1}{\beta^n} \right) + \sum_{n=0}^{\infty} b_n(\alpha^n - \beta^n)$$

$$= (\alpha - \beta) \left[\sum_{n=1}^{p} b_{-n} \frac{1}{\alpha^n} + \sum_{n=0}^{\infty} b_n \alpha^n \right] \left[\sum_{m=1}^{p} b_{-m} \frac{1}{\beta^m} + \sum_{m=0}^{\infty} b_m \beta^m \right].$$

Es sei jetzt $\alpha \neq \beta$, und wir dividieren durch $\alpha - \beta$:

$$-\sum_{n=1}^{p} \frac{b_{-n}}{\alpha\beta} \left[\frac{1}{\alpha^{n-1}} + \frac{1}{\alpha^{n-2}\beta} + \cdots + \frac{1}{\beta^{n-1}} \right] + \sum_{n=0}^{\infty} b_n[\alpha^{n-1} + \alpha^{n-2}\beta + \cdots + \beta^{n-1}]$$

$$= \left[\sum_{n=1}^{p} b_{-n} \frac{1}{\alpha^n} + \sum_{n=0}^{\infty} b_n \alpha^n \right] \left[\sum_{m=1}^{p} b_{-m} \frac{1}{\beta^m} + \sum_{m=0}^{\infty} b_m \beta^m \right]. \tag{28}$$

Das ist eine Identität, welche für alle dem absoluten Betrag nach hinreichend kleinen von null verschiedenen Werte von α und β gilt. Auf der linken Seite von (28) stehen nur solche Glieder, die mit $\dfrac{1}{\alpha^i \beta^j}$ oder $\alpha^i \beta^j$ (i, j nichtnegative ganze Zahlen) multipliziert sind. Daher müssen alle Glieder auf der rechten Seite, welche mit $\dfrac{\alpha^i}{\beta^j}$ oder $\dfrac{\beta^i}{\alpha^j}$ ($i,\ j$ nichtnegative ganze Zahlen) multipliziert sind, verschwinden, d. h.

$$b_{-n}b_m = b_m b_{-n} = 0 \qquad (m = 0, 1, 2, \ldots;\ n = 1, 2, \ldots, p). \tag{29}$$

Daraus folgt

$$\hat{s}(\mu)\,\hat{t}(\mu) = \hat{t}(\mu)\,\hat{s}(\mu) = 0 \tag{30}$$

für jeden Wert von μ, der hinreichend nahe bei μ_0 liegt, jedoch von μ_0 verschieden ist.

Wir werden jetzt die Koeffizienten der Potenzen von $\dfrac{1}{\alpha}$ und $\dfrac{1}{\beta}$ der Hauptteile beider Seiten von (28) miteinander vergleichen. Es ergibt sich

$$b_{-q-r+1} = b_{-q}b_{-r} \quad (q = 1, 2, \ldots, p;\ r = 1, 2, \ldots, p;\ q + r - 1 \leqq p). \tag{31}$$

Dann ist aber

$$\sum_{q=1}^{p} \sum_{r=1}^{p} \frac{b_{-q}b_{-r}}{\alpha^q \beta^r} = -\sum_{n=1}^{p} \frac{b_{-n}}{\alpha\beta} \left(\frac{1}{\alpha^{n-1}} + \frac{1}{\alpha^{n-2}\beta} + \cdots + \frac{1}{\beta^{n-1}} \right)$$

$$= -\sum_{n=1}^{p} b_{-n} \left(\frac{1}{\alpha^n \beta} + \frac{1}{\alpha^{n-1}\beta^2} + \cdots + \frac{1}{\alpha\beta^n} \right)$$

$$= -\sum_{n=1}^{p} b_{-n} \frac{\alpha^{n-1} + \alpha^{n-2}\beta + \cdots + \beta^{n-1}}{\alpha^n \beta^n} = \frac{1}{\alpha - \beta} \sum_{n=1}^{p} b_{-n} \frac{\beta^n - \alpha^n}{\alpha^n \beta^n}$$

$$= \frac{1}{\alpha - \beta} \left[\sum_{n=1}^{p} b_{-n} \frac{1}{\alpha^n} - \sum_{n=1}^{n} b_{-n} \frac{1}{\beta^n} \right]$$

für $\alpha \neq \beta$ und $\alpha, \beta \neq 0$. Das wiederum bedeutet

$$(\mu - \mu')\,\hat{s}(\mu)\,\hat{s}(\mu') = \hat{s}(\mu) - \hat{s}(\mu'). \tag{32}$$

Der Hauptteil $\hat{s}(\mu)$ von l_μ genügt somit der Gleichung (10; 1.3).

Das Gleiche gilt auch für den regulären Teil. Diesmal müssen wir die entsprechenden Potenzen von $\alpha^q \beta^r$ ($q, r = 0, 1, 2, \ldots$) in (28) miteinander vergleichen:

$$\left[\sum_{n=0}^{\infty} b_n \alpha^n \right] \left[\sum_{m=0}^{\infty} b_m \beta^m \right] = \sum_{n=0}^{\infty} b_n (\alpha^{n-1} + \alpha^{n-2}\beta + \cdots + \beta^{n-1})$$

$$= \frac{1}{\alpha - \beta} \sum_{n=0}^{\infty} b_n (\alpha^n - \beta^n)$$

$$= \frac{1}{\alpha - \beta} \left[\sum_{n=0}^{\infty} b_n \alpha^n - \sum_{n=0}^{\infty} b_n \beta^n \right],$$

d. h.

$$(\mu - \mu')\,\hat{t}(\mu)\,\hat{t}(\mu') = \hat{t}(\mu) - \hat{t}(\mu'). \tag{33}$$

Ein Koeffizientenvergleich zeigt

$$b_{q+r+1} = b_q b_r \qquad (q, r = 0, 1, 2, \ldots). \tag{34}$$

Daraus folgt

$$b_1 = b_0{}^2, \quad b_2 = b_0 b_1 = b_0{}^3, \quad \ldots, \quad b_k = b_0{}^{k+1} \qquad (k = 1, 2, 3, \ldots). \tag{35}$$

1.6.   Pseudoinverse Elemente

Es sei a ein Element der Banachalgebra X mit Eins. Ein Element $x \in X$ heißt *pseudoregulär* bezüglich a, wenn es ein $x' \in X$ gibt derart, daß die Beziehungen

$$xx' = x'x = e - a, \tag{1}$$

$$xa = ax = x'a = ax' = 0 \tag{2}$$

gelten. Wir nennen x' die *Pseudoinverse von x bezüglich a*. Man erkennt unmittelbar folgendes: Wenn x eine Inverse hat, dann ist diese die Pseudoinverse von x bezüglich $a = 0$. Somit ist jedes reguläre Element pseudoregulär (bezüglich $a = 0$).

Aus (1) folgt durch Multiplizieren mit a von links unter Berücksichtigung von (2)

$$ax'x = a(e - a) = a - a^2 = 0,$$

d. h. $a = a^2$. Also ist a idempotent. *Die Pseudoregularität hat nur bezüglich eines idempotenten Elements einen Sinn.*

Nun behaupten wir: Die Pseudoinverse x' von x bezüglich a ist durch a eindeutig bestimmt (falls sie überhaupt existiert). Es soll sogar noch mehr gezeigt werden:

Satz 1. *Gibt es Elemente $'x$ und x' (aus X) mit $'xx = xx' = e - a$ und $'xa = ax' = 0$, dann folgt $'x = x'$.*

Beweis. $'x = {}'x - {}'xa = {}'x(e - a) = {}'xxx' = (e - a)\,x' = x' - ax' = x'.$ ∎

Mit Hilfe des Begriffs der Pseudoinversen werden wir den Satz 1; 1.5 in gewisser Hinsicht umkehren.

Satz 2. *Eine (komplexe) Zahl λ_0 ist dann und nur dann ein Pol der Resolvente von x, wenn es ein idempotentes Element $a \neq 0$ in X gibt derart, daß gilt:*

$$xa = ax,$$

$$s := (x - \lambda_0 e)a \text{ ist nilpotent,}$$

$$t := (x - \lambda_0 e)\,(e - a) \text{ ist pseudoregulär bezüglich } a.$$

Die Ordnung des Pols ist die kleinste natürliche Zahl p, für die $s^p = 0$ erfüllt ist. Das zu λ_0 gehörige Residuum der Resolvente r_λ von x ist a.

Beweis. a) Wir nehmen zunächst an, daß λ_0 ein Pol der Ordnung p der Resolvente von x mit dem Rediduum a_{-1} ist. Dann gilt nach Satz 1; 1.5

$$a_{-1}^2 = a_{-1} \quad \text{und} \quad xa_{-1} = a_{-1}x.$$

Ferner ist $(x - \lambda_0 e)^n\, a_{-1} \neq 0$ für $n = 0, 1, 2, \ldots, p - 1$ und $(x - \lambda_0 e)^p\, a_{-1} = 0$. Das hat aber zur Folge, daß für $s := (x - \lambda_0 e)\, a_{-1}$

$$s^n = (x - \lambda_0 e)^n\, a_{-1}^n = (x - \lambda_0 e)^n\, a_{-1} \neq 0 \qquad (n = 0, 1, \ldots, p - 1) \tag{3}$$

und

$$s^p = (x - \lambda_0 e)^p\, a_{-1}^p = (x - \lambda_0 e)^p\, a_{-1} = 0 \tag{4}$$

ist. Für $t := (x - \lambda_0 e)\,(e - a_{-1})$ gilt offensichtlich

$$a_{-1}t = a_{-1}(x - \lambda_0 e)\,(e - a_{-1}) = (x - \lambda_0 e)\,(a_{-1} - a_{-1}^2) = 0, \tag{5}$$

und genauso ergibt sich auch

$$ta_{-1} = 0. \tag{6}$$

Wir wollen die im Beweis von Satz 1; 1.5 eingeführte Funktion $t_\lambda = t(\lambda)$ betrachten und setzen

$$t' := -t(\lambda_0). \tag{7}$$

Da die Beziehung (15; 1.5) für jedes λ aus einer gewissen Umgebung K_{λ_0} von λ_0 gilt, können wir darin $\lambda = \lambda_0$ setzen. Es ergibt sich

$$a_{-1} = e + (x - \lambda_0 e)\,t(\lambda_0) = e - (x - \lambda_0 e)\,t', \tag{8}$$

woraus

$$e - a_{-1} = (x - \lambda_0 e)\,t' = t'(x - \lambda_0 e) \tag{9}$$

folgt.

Wir zeigen nun, daß auch $e - a_{-1}$ idempotent ist:

$$(e - a_{-1})^2 = e^2 - 2a_{-1} + a_{-1}^2 = e - a_{-1}.$$

Somit folgt unter Berücksichtigung von (9)

$$(e - a_{-1})^2 = e - a_{-1} = (e - a_{-1})\,(x - \lambda_0 e)\,t' = tt'. \tag{10}$$

Genauso sieht man, daß auch

$$e - a_{-1} = t't \tag{11}$$

gilt. Aus (15; 1.5) folgt weiter

$$e - a_{-1} = (\lambda e - x)\,t(\lambda) \qquad \left(\lambda \in \mathfrak{P}(x) \cap K_{\lambda_0}\right)$$

und daher

$$t(\lambda) = (e - a_{-1})\,r_\lambda = r_\lambda(e - a_{-1}) \qquad \left(\lambda \in \mathfrak{P}(x) \cap K_{\lambda_0}\right).$$

Man hat somit

$$t(\lambda)\,a_{-1} = r_\lambda(a_{-1} - a_{-1}^2) = 0 \tag{12}$$

und genauso

$$a_{-1}t(\lambda) = 0. \tag{12'}$$

Da aber $t(\lambda)$ in einer gewissen Umgebung von λ_0 holomorph ist, können wir den Grenzübergang $\lambda \to \lambda_0$ in (12) und (12') durchführen, und es ergibt sich

$$a_{-1}t' = t'a_{-1} = 0. \tag{13}$$

Die Beziehungen (10), (11), (5), (6) und (13) bedeuten, daß t' die Pseudoinverse von t bezüglich a_{-1} ist.

Falls also λ_0 ein Pol von r_λ ist, sind die im Satz behaupteten Eigenschaften mit $a = a_{-1}$, wenn man noch (3) und (4) berücksichtigt, tatsächlich erfüllt.

b) Wir werden jetzt die Umkehrung beweisen und nehmen an, daß ein Element $a \in X$ mit den geforderten Eigenschaften existiert.

Da nach Voraussetzung das im Satz definierte Element s nilpotent ist, erweist sich für $\lambda \neq \lambda_0$ der Ausdruck $(\lambda - \lambda_0) e - s$ als regulär; es existiert die Resolvente von s für $\lambda - \lambda_0 \neq 0$. Nach (11; 1.3) ist

$$r(\lambda - \lambda_0; s) = \sum_{n=1}^{p} \frac{s^{n-1}}{(\lambda - \lambda_0)^n}. \tag{14}$$

Wir setzen

$$s_\lambda = s(\lambda) := ar(\lambda - \lambda_0; s) = \sum_{n=1}^{p} \frac{as^{n-1}}{(\lambda - \lambda_0)^n} = \sum_{n=1}^{p} \frac{(x - \lambda_0 e)^{n-1} a^n}{(\lambda - \lambda_0)^n}$$

$$= \sum_{n=1}^{p} \frac{(x - \lambda_0 e)^{n-1} a}{(\lambda - \lambda_0)^n}. \tag{15}$$

Wegen der Vertauschbarkeit von a und x gelten die Formeln

$$(e - a) s(\lambda) = s(\lambda) (e - a)$$

$$= \sum_{n=1}^{p} \frac{(x - \lambda_0 e)^{n-1} a}{(\lambda - \lambda_0)^n} - \sum_{n=1}^{p} \frac{(x - \lambda_0 e)^{n-1} a^2}{(\lambda - \lambda_0)^n}$$

$$= \sum_{n=1}^{p} \frac{(x - \lambda_0 e)^{n-1} a}{(\lambda - \lambda_0)^n} - \sum_{n=1}^{p} \frac{(x - \lambda_0 e)^{n-1} a}{(\lambda - \lambda_0)^n} = 0; \tag{16}$$

$$ts(\lambda) = s(\lambda) t = \sum_{n=1}^{p} \frac{(x - \lambda_0 e)^{n-1} at}{(\lambda - \lambda_0)^n} = \sum_{n=1}^{p} \frac{(x - \lambda_0 e)^n (a - a^2)}{(\lambda - \lambda_0)^n} = 0; \tag{17}$$

$$s(\lambda) \big((\lambda - \lambda_0) a - s\big) = \big((\lambda - \lambda_0) a - s\big) s(\lambda)$$

$$= s(\lambda) [(\lambda - \lambda_0) e - s + (\lambda - \lambda_0) a - (\lambda - \lambda_0) e]$$

$$= s(\lambda) [(\lambda - \lambda_0) e - s] + (\lambda - \lambda_0) (a - e) s(\lambda)$$

$$= ar(\lambda - \lambda_0; s) [(\lambda - \lambda_0) e - s] = a, \tag{18}$$

weil einerseits $(a - e) s(\lambda) = 0$ gilt (wegen (16)), andererseits nach Definition der Resolvente

$$r(\lambda - \lambda_0; s) [(\lambda - \lambda_0) e - s] = e$$

ist.

Es sei nun t' die Pseudoinverse von t bezüglich a. Für alle λ mit $|\lambda - \lambda_0|\, \|t'\| < 1$ ist $e - (\lambda - \lambda_0) t'$ regulär (Satz 1; 1.2). Wir setzen

$$t_\lambda = t(\lambda) := -t'[e - (\lambda - \lambda_0) t']^{-1} = -\sum_{n=0}^{\infty} (\lambda - \lambda_0)^n (t')^{n+1};$$

$t(\lambda)$ ist eine holomorphe Funktion für alle λ, für die $|\lambda - \lambda_0| \cdot \|t'\| < 1$ gilt. Da t' die Pseudoinverse von t bezüglich a ist, haben wir folgende Zusammenhänge:

$$at(\lambda) = t(\lambda)\, a = -\sum_{n=0}^{\infty} (\lambda - \lambda_0)^n\, (t')^{n+1}\, a = 0; \tag{19}$$

$$\begin{aligned}
st(\lambda) = t(\lambda)\, s &= -\sum_{n=0}^{\infty} (\lambda - \lambda_0)^n\, (t')^{n+1}\, s \\
&= -\sum_{n=0}^{\infty} (\lambda - \lambda_0)^n\, (t')^{n+1}\, (x - \lambda_0 e)\, a \\
&= -\sum_{n=0}^{\infty} (\lambda - \lambda_0)^n\, (t')^{n+1}\, a(x - \lambda_0 e) = 0;
\end{aligned} \tag{20}$$

$$\begin{aligned}
t(\lambda)\, &[(\lambda - \lambda_0)\,(e - a) - t] = [(\lambda - \lambda_0)\,(e - a) - t]\, t(\lambda) \\
&= -t'[e - (\lambda - \lambda_0)\, t']^{-1}\, [(\lambda - \lambda_0)\,(e - a) - t] \\
&= -t'[e - (\lambda - \lambda_0)\, t']\, (\lambda - \lambda_0)\,(e - a) + [e - (\lambda - \lambda_0)\, t']^{-1}\,(e - a) \\
&= \left\{ [e - (\lambda - \lambda_0)\, t']^{-1} - (\lambda - \lambda_0)\,\big(e - (\lambda - \lambda_0)\, t'\big)^{-1}\, t' \right\} (e - a) \\
&= [e - (\lambda - \lambda_0)\, t']^{-1}\, \{e - (\lambda - \lambda_0)\, t'\}\,(e - a) = e - a.
\end{aligned} \tag{21}$$

Aus den Eigenschaften von $s(\lambda)$ und $t(\lambda)$ folgt schließlich, daß $s(\lambda) + t(\lambda)$ für $0 < |\lambda - \lambda_0| < \|t'\|^{-1}$ die Inverse von $\lambda e - a = (\lambda - \lambda_0)\, a - s + (\lambda - \lambda_0)\,(e - a) - t$ ist. Auf Grund von (16) bis (21) gilt nämlich

$$\begin{aligned}
[s(\lambda) &+ t(\lambda)]\, [(\lambda - \lambda_0)\, a - s + (\lambda - \lambda_0)\,(e - a) - t] \\
&= t(\lambda)\, [(\lambda - \lambda_0)\,(e - a) - t] + (\lambda - \lambda_0)\, at(\lambda) - st(\lambda) \\
&\quad + s(\lambda)\, [(\lambda - \lambda_0)\, a - s] - (\lambda - \lambda_0)\,(e - a)\, s(\lambda) - s(\lambda)\, t \\
&= e - a + a = e.
\end{aligned}$$

Somit hat also die Resolvente von x den Pol λ_0 von der Ordnung p mit dem Residuum a. $\blacksquare$

1.7.   Algebren mit Involution

Wir sagen, daß die Banachalgebra X eine Algebra mit Involution (auch B^*-Algebra) ist, wenn in ihr jedem Element x ein „adjungiertes" Element x^* zugeordnet ist. Genauer: Eine Banachalgebra X mit Eins heißt eine *Algebra mit Involution* oder B^*-*Algebra* (oder auch symmetrische Algebra), wenn in ihr eine Abbildung $x \to x^*$ in sich, *Involution* genannt, existiert, die jedem $x \in X$ eindeutig ein $x^* \in X$ so zuordnet, daß

$$(\alpha x + \beta y)^* = \bar{\alpha} x^* + \bar{\beta} y^*, \tag{1}$$

$$(x^*)^* = x, \tag{2}$$

$$(xy)^* = y^* x^* \tag{3}$$

für alle $x, y \in X$ und alle $\alpha, \beta \in \mathbb{C}$ erfüllt ist. Das Element x^* ist das zu x adjungierte Element und wird kurz die *Adjungierte* zu x genannt. Das Element x heißt *selbstadjungiert* oder *hermitesch* (manchmal auch *symmetrisch*), wenn $x^* = x$ gilt.

Das Nullelement 0 und das Einselement e von X sind beispielsweise selbstadjungiert, denn es ist

$$0^* = (0 - 0)^* = 0^* - 0^* = 0$$

und

$$e^* = ee^* = (e^*e)^* = (e^*)^* = e.$$

Als Beispiel für eine B^*-Algebra sei vorläufig folgende Banachalgebra erwähnt: Wir bezeichnen mit $M(X)$ den Raum aller auf dem metrischen Raum X definierten komplexwertigen und beschränkten Funktionen. In $M(X)$ sei die Norm durch $\|f\|_M = \sup\limits_{x \in M} |f(x)| \; \big(x \in X, f \in M(X)\big)$ definiert, und die algebraischen Operationen seien die üblichen. Hier werde die Adjungierte durch $f^*(x) := \overline{f(x)}$ erklärt. Diese Vorschrift genügt den Bedingungen (1), (2), (3).

Wir geben jetzt einige Sätze an, die für B^*-Algebren gelten.

Satz 1. *Ein Element x einer B^*-Algebra X ist genau dann regulär, wenn x^* regulär ist, und zwar ist dann $(x^{-1})^* = (x^*)^{-1}$.*

Beweis. Wir nehmen zunächst an, daß x regulär ist. Aus $x^{-1}x = xx^{-1} = e$ folgt nach (3) durch Anwendung der Involution $x^*(x^{-1})^* = (x^{-1})^* \, x^* = e^* = e$. Also ist x^* regulär und $(x^*)^{-1} = (x^{-1})^*$. Ist andererseits x^* regulär, so ist auch $(x^*)^* = x$ regulär, wie soeben bewiesen. ∎

Wir führen noch den wichtigen Begriff des normalen Elements ein. Ein Element $x \in X$ heißt *normal*, wenn x und x^* vertauschbar sind. Offensichtlich ist jedes selbstadjungierte Element auch normal (nicht aber umgekehrt).

Satz 2. *Für jedes Element x einer B^*-Algebra ist*

$$\mathfrak{S}(x^*) = \{\bar{\lambda} \mid \lambda \in \mathfrak{S}(x)\}. \tag{4}$$

$$r(\lambda; x^*) = r(\bar{\lambda}; x)^* \quad \textit{für} \quad \lambda \in \mathfrak{P}(x^*). \tag{5}$$

Ist x normal, so ist auch $r(\lambda; x)$ normal. $\tag{6}$

Ist x selbstadjungiert, so ist für reelle $\lambda \in \mathfrak{P}(x)$ auch $r(\lambda; x)$ selbstadjungiert. $\tag{7}$

Beweis. Der Satz 2 folgt unmittelbar aus dem Satz 1. Ist nämlich $\lambda \in \mathfrak{P}(x)$, dann ist $\lambda e - x$ regulär, also ist auch $(\lambda e - x)^* = \bar{\lambda}e - x^*$ regulär und somit $\bar{\lambda} \in \mathfrak{P}(x^*)$. Damit ist (4) bewiesen.

Es sei jetzt $\lambda \in \mathfrak{P}(x^*)$, dann gilt

$$(\lambda e - x^*) \, r(\lambda; x^*) = e.$$

Durch Anwendung der Involution (und (3)) ergibt sich

$$r(\lambda; x^*)^* \, (\bar{\lambda}e - x) = e,$$

woraus folgt, daß $r(\lambda; x^*)^*$ die Resolvente von x an der Stelle $\bar{\lambda}$ ist, d. h.

$$r(\lambda; x^*)^* = r(\bar{\lambda}; x) \quad \text{oder} \quad r(\lambda; x^*) = r(\bar{\lambda}; x)^*.$$

Damit ist auch (5) bewiesen.

Die Aussage (6) ist trivial (man beachte die Darstellung (2; 1.3) für $r(\lambda; x)$).

Wenn schließlich x selbstadjungiert ist, d. h. $x^* = x$, dann gilt für ein *reelles* $\lambda \in \mathfrak{P}(x)$

$$r(\bar{\lambda}; x)^* = r(\lambda; x)^* = r(\lambda; x^*) = r(\lambda; x).$$

Damit ist der Satz bewiesen. ∎

Eine Banachalgebra mit Involution heißt *vollregulär* [NEUMARK 1959, p. 240], wenn außer den Bedingungen (1), (2), (3) noch folgendes angenommen wird:

$$\|x^*x\| = \|x\|^2. \tag{8}$$

In einer vollregulären B^*-Algebra ist für jedes normale Element die Beziehung

$$\|x\| = \|x^*\| \tag{9}$$

gültig. Aus (8) folgt nämlich

$$\|x\|^2 = \|x^*x\| = \|xx^*\| = \|x^*\|^2.$$

Ist die vollreguläre B^*-Algebra kommutativ, so ist in ihr jedes Element normal, und somit gilt (9) für jedes $x \in X$. Das bedeutet, daß *in einer kommutativen vollregulären B^*-Algebra die Involution isometrisch ist.*

Über den Spektralradius eines normalen Elements in einer vollregulären B^*-Algebra kann man folgendes aussagen:

Satz 3. *Es sei x ein normales Element einer vollregulären B^*-Algebra. Dann ist*

$$\sigma(x) = \|x\| = \|x^n\|^{\frac{1}{n}} \qquad (n = 1, 2, \ldots). \tag{10}$$

Beweis. Zuerst bemerken wir: Wenn x ein normales Element ist, dann ist jede seiner Potenzen ebenfalls normal. Unter Beachtung von (8) ergibt sich

$$\|x^2\|^2 = \|(x^2)^* x^2\| = \|(x^*)^2 x^2\| = \|(x^*x)^* x^*x\| = \|x^*x\|^2 = \|x\|^4,$$

und genauso erhalten wir mit vollständiger Induktion

$$\|x^{2^n}\|^{2^{-n}} = \|x\| \quad \text{für} \quad n = 1, 2, \ldots \tag{11}$$

Nach (6; 1.4) ist somit der Spektralradius

$$\sigma(x) = \|x\|. \tag{12}$$

In 1.4. haben wir bewiesen, daß $\sigma(x) \leqq \|x^n\|^{\frac{1}{n}}$ $(n = 1, 2, \ldots)$ ist. Da $\|x^n\| \leqq \|x\|^n$ gilt, folgt aus (12)

$$\sigma(x) \leqq \|x^n\|^{\frac{1}{n}} \leqq \|x\| = \sigma(x).$$

Das hat zur Folge $\|x^n\|^{\frac{1}{n}} = \|x\|$ für *alle* natürlichen Zahlen n. ∎

Die Untersuchung der Pole der Resolvente eines normalen Elements führt auch zu interessanten Ergebnissen.

Satz 4. *Es sei λ_0 ein Pol der Resolvente $r(\lambda; x)$ eines normalen Elements x einer vollregulären B^*-Algebra. Dann ist die Ordnung des Pols gleich 1, und das Residuum a_{-1} ist normal.*

Beweis. Es sei p die Ordnung des Pols λ_0. Dann gilt nach der Definition eines Pols

$$r(\lambda; x)^* = \sum_{n=1}^{p} \frac{a_{-n}}{(\bar{\lambda} - \bar{\lambda}_0)^n} + t(\lambda) \tag{13}$$

für alle λ mit $0 < |\lambda - \lambda_0| < \varrho_0$, wobei $a_{-p} \neq 0$ und $t(\lambda)$ holomorph für $|\lambda - \lambda_0| < \varrho_0$ ist. Aus (13) folgt

$$r(\lambda; x) = \sum_{n=1}^{p} \frac{a^*_{-n}}{(\lambda - \lambda_0)^n} + t^*(\lambda). \tag{14}$$

Andererseits ist $r(\lambda; x)$ normal (nach (6)), d. h.

$$r(\lambda; x)\, r(\lambda; x)^* - r(\lambda; x)^*\, r(\lambda; x) = 0 \quad (0 < |\lambda - \lambda_0| < \varrho_0).$$

Wir setzen in diese Identität (13) und (14) ein, danach multiplizieren wir mit $|\lambda - \lambda_0|^{2p}$ und führen den Grenzübergang $\lambda \to \lambda_0$ durch. Es ergibt sich

$$a_{-p} a^*_{-p} - a^*_{-p} a_{-p} = 0,$$

also ist a_{-p} normal. Es wurde in (17; 1.5) gezeigt, daß

$$a_{-p} = (x - \lambda_0 e)^{p-1} a_{-1} = a_{-1}(x - \lambda_0 e)^{p-1}$$

ist. Ferner gilt nach (2; 1.5)

$$(e - \lambda_0 x)^p\, a_{-1} = 0.$$

Wäre nun $p > 1$, so würde $2p - 2 \geqq p$ folgen und damit

$$a^2_{-p} = (x - \lambda_0 e)^{2p-2}\, a_{-1} = 0.$$

Da aber a_{-p} normal ist, müßte nach (11)

$$\|a_{-p}\|^2 = \|a^2_{-p}\| = 0$$

sein. Das bedeutet, es wäre $a_{-p} = 0$ im Widerspruch zu der Annahme, daß p die Ordnung von λ_0 ist. ∎

2. Grundlagen der Theorie der linearen Operatoren

2.1. Definitionen und Bezeichnungen

Es seien X und Y beliebige Mengen. Eine Abbildung $\mathscr{A}$, welche jedem Element x aus X ein bestimmtes Element y aus Y zuordnet, wird *Operator* (manchmal auch *Transformation*) genannt und mit $\mathscr{A} : X \to Y$ bezeichnet. Das dem Element x zugeordnete Element aus Y bezeichnen wir mit $\mathscr{A}(x)$. Manchmal wird die Abbildung auch nur auf einer Teilmenge von X definiert. Für den *Definitionsbereich* von $\mathscr{A}$ werden wir dann das Symbol $D(\mathscr{A})$ verwenden, d. h.

$$D(\mathscr{A}) = \{x \mid x \in X, \exists\, y : y \in Y, y = \mathscr{A}(x)\}. \tag{1}$$

$R(\mathscr{A})$ soll den *Wertebereich* von $\mathscr{A}$ bezeichnen:

$$R(\mathscr{A}) = \{y \mid y \in Y, \exists\, x : x \in X, y = \mathscr{A}(x)\}. \tag{2}$$

Ist $R(\mathscr{A}) = Y$, so sagen wir, $\mathscr{A}$ bildet die Menge X *auf* die Menge Y ab. Wenn dagegen $R(\mathscr{A}) \neq Y$ ist, so stellt $\mathscr{A}$ eine Abbildung von X *in* Y dar.

Es sei $\mathscr{A}_1 : X_1 \to Y$, $\mathscr{A}_2 : X_2 \to Y$, wobei X_1, X_2 und Y beliebige Mengen sind. Falls $X_1 \subset X_2$ und $\mathscr{A}_1(x) = \mathscr{A}_2(x)$ für jedes x aus X_1 gilt, so sagen wir, $\mathscr{A}_2$ ist eine *Fortsetzung von* $\mathscr{A}_1$ *auf* X_2 oder $\mathscr{A}_1$ ist die *Einschränkung von* $\mathscr{A}_2$ *auf* X_1. Für die Einschränkung von $\mathscr{A}_2$ auf X_1 werden wir die Bezeichnung

$$\mathscr{A}_1 = \mathscr{A}_2 | X_1$$

verwenden.

Es seien jetzt X, Y lineare Mengen über dem Körper K. Ein Operator $\mathscr{A} : X \to Y$ heißt *additiv*, falls

$$\mathscr{A}(x_1 + x_2) = \mathscr{A}(x_1) + \mathscr{A}(x_2)$$

für alle x_1, x_2 aus X gilt. Der Operator $\mathscr{A} : X \to Y$ wird *homogen* genannt, falls für jedes Element x aus X und jedes λ aus K die Beziehung

$$\mathscr{A}(\lambda x) = \lambda \mathscr{A}(x)$$

gilt. Ein additiver und homogener Operator wird *linear* genannt. Man sieht leicht: Ist $\mathscr{A} : X \to Y$ ein linearer Operator, so gilt

$$\mathscr{A}(\lambda_1 x_1 + \lambda_2 x_2 + \cdots + \lambda_n x_n) = \lambda_1 \mathscr{A}(x_1) + \cdots + \lambda_n \mathscr{A}(x_n) \tag{3}$$

für alle x_1, x_2, ..., x_n aus X und für alle λ_1, λ_2, ..., λ_n aus K.

Für lineare Operatoren werden wir oft anstelle von $\mathscr{A}(x)$ kurz $\mathscr{A}x$ (manchmal auch $\mathscr{A} \cdot x$) schreiben. Definitions- und Wertebereich eines linearen Operators sind immer lineare Mengen. Das ist unmittelbar aus (3) ersichtlich.

Sind in den Mengen X und Y Topologien (oder nur Folgentopologien) eingeführt, so kann man in üblicher Weise auch die Stetigkeit des Operators $\mathscr{A}$ in gewissen Stellen definieren. Folgende Bemerkung ist besonders wichtig:

Falls X und Y lineare normierte Räume sind und $\mathscr{A} : X \to Y$ ein linearer Operator ist, dann folgt aus der Stetigkeit von $\mathscr{A}$ an einer einzigen Stelle x_0 die Stetigkeit des Operators auf dem ganzen Raum X. (4)

Zum Beweis wählen wir x aus X beliebig und zeigen, daß $\mathscr{A}$ auch in x stetig ist. Zu diesem Zweck werde ein weiteres Element $\tilde{x} \in X$ mit $\|\tilde{x} - x\|_X < \delta$ betrachtet. Da $\tilde{x} - x = \big(\tilde{x} + (x_0 - x)\big) - x_0$ ist, gilt $\big\|\big(\tilde{x} + (x_0 - x)\big) - x_0\big\|_X < \delta$. Dann ist aber wegen der Stetigkeit von $\mathscr{A}$ an der Stelle x_0

$$\big\|\mathscr{A}\big(\tilde{x} + (x_0 - x)\big) - \mathscr{A}x_0\big\|_Y < \varepsilon \quad \big(\varepsilon > 0 \text{ beliebig}, \; \delta = \delta(\varepsilon)\big).$$

Andererseits ist wegen der Linearität von $\mathscr{A}$

$$\mathscr{A}\big(\tilde{x} + (x_0 - x)\big) - \mathscr{A}x_0 = \mathscr{A}(\tilde{x} - x),$$

also

$$\|\mathscr{A}\tilde{x} - \mathscr{A}x\|_Y < \varepsilon. \; \blacksquare$$

In den folgenden Ausführungen sollen X und Y lineare normierte Räume über dem Körper K bedeuten. Wir sagen, daß der Operator $\mathscr{A} : X \to Y$ *beschränkt* ist, wenn eine Konstante $\gamma > 0$ existiert derart, daß

$$\|\mathscr{A}x\|_Y \leqq \gamma \|x\|_X \text{ für jedes } x \text{ aus } X \tag{5}$$

gilt. Die Konstante γ ist selbstverständlich von x unabhängig. Wenn es offensichtlich ist, welche Norm genommen werden muß, wie auch im Falle der Ungleichung (5), dann schreiben wir im folgenden einfach nur das Normzeichen ohne die Kennzeichnung des Raumes.

Grundlegend ist folgender Satz:

Satz 1. *Für die Stetigkeit eines linearen Operators $\mathscr{A} : X \to Y$ ist es notwendig und hinreichend, daß er beschränkt ist.*

Beweis. a) *Hinlänglichkeit.* Es sei $x \in X$ derart gewählt, daß $\|x\| < \delta$ ist. Dann folgt wegen der Beschränktheit

$$\|\mathscr{A}x\| \leqq \gamma \|x\| < \gamma\delta = \varepsilon,$$

d. h., $\mathscr{A}$ ist an der Stelle $x_0 = 0$ stetig und somit nach (4) überall stetig.

b) *Notwendigkeit.* Vorausgesetzt wird jetzt, daß $\mathscr{A}$ auf X stetig ist, und es ist die Existenz einer positiven Konstanten γ entsprechend (5) nachzuweisen.

Wir zeigen zunächst, daß

$$\gamma_0 := \sup_{\|x\|=1} \|\mathscr{A}x\| < \infty \tag{6}$$

gilt. Den Beweis führen wir indirekt. Wäre $\gamma_0 = \infty$, dann gäbe es eine unendliche Folge $\{x_n\} \subset X$ mit $\|x_n\| = 1$ $(n = 1, 2, \ldots)$ so, daß $\varkappa_n := \|\mathscr{A}x_n\| \to \infty$ $(n \to \infty)$.

Dann würde aber für die Elementenfolge

$$\tilde{x}_n := \frac{x_n}{\varkappa_n} \qquad (n = 1, 2, 3, \ldots)$$

aus X die Relation $\|\tilde{x}_n\| \to 0$ $(n \to \infty)$ gelten. Das hätte wegen der Stetigkeit von $\mathscr{A}$

$$\mathscr{A}\tilde{x}_n \to 0 \qquad (n \to \infty)$$

zur Folge. Andererseits ist

$$\|\mathscr{A}\tilde{x}_n\| = \left\|\mathscr{A}\frac{x_n}{\varkappa_n}\right\| = \frac{\|\mathscr{A}x_n\|}{\varkappa_n} = 1 \qquad (n = 1, 2, 3, \ldots),$$

was der Tatsache $\mathscr{A}\tilde{x}_n \to 0$ widerspricht. Also kann $\gamma_0 = \infty$ nicht gelten, und (6) ist richtig.

Es sei jetzt $x \neq 0$ $(x \in X)$ und sonst beliebig. Wenn wir $\tilde{x} = \dfrac{x}{\|x\|}$ setzen, dann ist $\|\tilde{x}\| = 1$ und somit

$$\|\mathscr{A}\tilde{x}\| = \frac{1}{\|x\|}\|\mathscr{A}x\| \leqq \gamma_0,$$

woraus

$$\|\mathscr{A}x\| \leqq \gamma_0\|x\| \tag{7}$$

folgt (für $x = 0$ ist (7) trivialerweise erfüllt). ∎

Wir zeigen jetzt:

> *Die in* (6) *definierte Zahl* γ_0 *ist die kleinste Konstante* γ, *die der Ungleichung* (5) *genügt.* $\tag{8}$

Es sei nämlich $x \in X$ mit $\|x\| = 1$ und γ eine beliebige Konstante, so daß die Ungleichung (5) erfüllt ist. Dann gilt

$$\|\mathscr{A}x\| \leqq \gamma,$$

und folglich erhält man durch Vergleich mit (6)

$$\gamma_0 \leqq \gamma.$$

Andererseits genügt γ_0 der Ungleichung (5) (nach (7)), womit (8) bewiesen ist. ∎

Satz 2. *Es gilt ferner*

$$\gamma_0 = \sup_{\|x\|\leqq 1} \|\mathscr{A}x\|. \tag{9}$$

Beweis. Wegen $\{x \mid x \in X, \|x\| = 1\} \subset \{x \mid x \in X, \|x\| \leqq 1\}$ ist

$$\gamma_0 \leqq \sup_{\|x\|\leqq 1} \|\mathscr{A}x\|.$$

Andererseits ist für ein $x \in X$ mit $x \neq 0$

$$\tilde{x} := \frac{x}{\|x\|}$$

ein Element der Einheitskugeloberfläche in X, und deshalb gilt wegen (6)

$$\|\mathscr{A}\tilde{x}\| = \left\| \mathscr{A} \frac{x}{\|x\|} \right\| = \frac{1}{\|x\|} \|\mathscr{A}x\| \leqq \gamma_0 .$$

Wir erhalten $\|\mathscr{A}x\| \leqq \gamma_0 \|x\|$ und daher

$$\sup_{\|x\| \leqq 1} \|\mathscr{A}x\| \leqq \gamma_0 .$$

Der Vergleich mit (9) ergibt die Behauptung. ∎

Jedem linearen und stetigen Operator $\mathscr{A}$ wird somit eine durch (6) bzw. (9) definierte nichtnegative Zahl γ_0 zugeordnet. Sie wird die *Norm des Operators* $\mathscr{A}$ genannt und mit $\|\mathscr{A}\|$ bezeichnet. (Inwieweit diese Benennung und Bezeichnung gerechtfertigt sind, wird sich in 2.2. herausstellen!) Somit ist also

$$\|\mathscr{A}\| = \sup_{\|x\|=1} \|\mathscr{A}x\| = \sup_{\|x\|\leqq 1} \|\mathscr{A}x\| \quad (x \in X) \tag{10}$$

und daher

$$\|\mathscr{A}x\| \leqq \|\mathscr{A}\| \|x\| \quad (x \in X). \tag{11}$$

Man kann statt (10) auch

$$\|\mathscr{A}\| = \sup_{x \neq 0} \frac{\|\mathscr{A}x\|}{\|x\|} \tag{12}$$

schreiben.

2.2. Die Algebra der beschränkten Operatoren. Der Dualraum

Es seien X und Y normierte Räume über dem Körper K (K wird immer entweder $\mathbb{C}$ oder $\mathbb{R}$ sein), und $\mathfrak{B}(X, Y)$ bezeichne vorläufig die Menge aller linearen und beschränkten Operatoren, definiert in X mit Werten in Y. Nun führen wir in $\mathfrak{B}(X, Y)$ die algebraischen Operationen $\mathscr{A} + \mathscr{B}$ und $\lambda\mathscr{A}$ für alle $\mathscr{A}, \mathscr{B} \in \mathfrak{B}(X, Y)$ und $\lambda \in K$ wie folgt ein:

$$(\mathscr{A} + \mathscr{B})x = \mathscr{A}x + \mathscr{B}x \quad (x \in X),$$

$$(\lambda\mathscr{A})x = \lambda(\mathscr{A}x) = \lambda\mathscr{A}x \quad (x \in X).$$

Der Operator 0, welcher jedes Element x aus X in das Nullelement des Raumes Y überführt, übernimmt die Rolle des Nullelementes in $\mathfrak{B}(X, Y)$.

Mit (10; 2.1) haben wir jedem Operator aus $\mathfrak{B}(X, Y)$ eine Zahl zugeordnet, die wir die Norm des Operators genannt haben. Wir zeigen jetzt, daß diese Benennung gerechtfertigt ist.

Ist nämlich $\mathscr{A} \in \mathfrak{B}(X, Y)$, so ist $\|\mathscr{A}\| \geqq 0$, und aus $\|\mathscr{A}\| = 0$ folgt $\mathscr{A} = 0$. Ferner gilt für ein beliebiges $\lambda \in K$

$$\|(\lambda\mathscr{A})x\| = \|\lambda(\mathscr{A}x)\| = |\lambda| \|\mathscr{A}x\| \leqq |\lambda| \|\mathscr{A}\| \|x\|,$$

und man sieht sofort, daß $|\lambda|\,\|\mathscr{A}\|$ die kleinste Konstante γ ist, für welche

$$\|(\lambda\mathscr{A})\,x\| \leqq \gamma\,\|x\| \quad (x \in X)$$

gilt. Somit ist $\|\lambda\mathscr{A}\| = |\lambda|\,\|\mathscr{A}\|$. Schließlich gilt auch die Dreiecksungleichung:

$$\|(\mathscr{A} + \mathscr{B})\,x\| = \|\mathscr{A}x + \mathscr{B}x\| \leqq \|\mathscr{A}x\| + \|\mathscr{B}x\| \leqq (\|\mathscr{A}\| + \|\mathscr{B}\|)\,\|x\|,$$

d. h.

$$\|\mathscr{A} + \mathscr{B}\| \leqq \|\mathscr{A}\| + \|\mathscr{B}\|.$$

Von jetzt an bedeute $\mathfrak{B}(X,\,Y)$ den linearen und normierten Raum aller beschränkten Operatoren $\mathscr{A}$ von X in Y mit der Norm (10; 2.1). Falls notwendig, bezeichnen wir die Operatorennorm mit $\|\cdot\|_{\mathfrak{B}} = \|\cdot\|_{\mathfrak{B}(X,Y)}$.

Es erhebt sich die Frage: Unter welchen Bedingungen ist $\mathfrak{B}(X,\,Y)$ (bezüglich der Operatorennorm) ein Banachraum? Darauf bezieht sich der folgende Satz.

Satz 1. *Ist der Bildraum Y ein Banachraum, so ist auch $\mathfrak{B}(X,\,Y)$ ein Banachraum.*

Beweis. Zu beweisen ist nur, daß jede Cauchyfolge $\{\mathscr{A}_n\}$ aus $\mathfrak{B}(X,\,Y)$ gegen ein Element aus $\mathfrak{B}(X,\,Y)$ konvergiert. Es sei $\varepsilon > 0$ eine beliebig vorgegebene Zahl, und es existiere eine ganze Zahl $N = N(\varepsilon)$ derart, daß

$$\|\mathscr{A}_n - \mathscr{A}_m\| < \varepsilon \quad \text{für alle } n,\, m > N(\varepsilon).$$

Ist nun x ein beliebiges Element aus X, so gilt

$$\|(\mathscr{A}_n - \mathscr{A}_m)\,x\| = \|\mathscr{A}_n x - \mathscr{A}_m x\| \leqq \|\mathscr{A}_n - \mathscr{A}_m\|\,\|x\| \leqq \varepsilon\,\|x\| \tag{1}$$

für alle $n,\, m > N(\varepsilon)$. Also ist $\{\mathscr{A}_n x\}$ eine Cauchyfolge in Y, und da Y ein Banachraum ist, existiert der Grenzwert

$$\lim_{n \to \infty} \mathscr{A}_n x =: y. \tag{2}$$

Das Element y hängt von x ab, (2) ordnet dementsprechend jedem $x \in X$ ein bestimmtes Element y aus Y zu. Der Grenzwert (2) definiert also eine Abbildung $\mathscr{A}:$ $X \to Y$. Der Leser kann leicht nachprüfen, daß $\mathscr{A}$ linear ist.

Halten wir in (1) $n\ \big(> N(\varepsilon)\big)$ fest und lassen m gegen ∞ streben, dann gilt wegen der Stetigkeit der Norm

$$\|\mathscr{A}_n x - y\| = \|\mathscr{A}_n x - \mathscr{A}x\| < \varepsilon\,\|x\| \quad \big(n > N(\varepsilon)\big). \tag{3}$$

Das bedeutet, daß der Operator $\mathscr{B}_n := \mathscr{A}_n - \mathscr{A}$ beschränkt und somit ein Element von $\mathfrak{B}(X,\,Y)$ ist. Deshalb muß $\mathscr{A} = \mathscr{A}_n - \mathscr{B}_n$ auch in $\mathfrak{B}(X,\,Y)$ enthalten sein, und aus (3) folgt

$$\|\mathscr{A}_n - \mathscr{A}\| < \varepsilon, \quad n > N(\varepsilon). \ \blacksquare$$

Es sei $\mathscr{A} \in \mathfrak{B}(X,\,Y)$ beliebig. Die Menge aller Elemente aus X, welche durch $\mathscr{A}$ in das Nullelement von Y übergeführt werden, heißt der *Nullraum* von $\mathscr{A}$; er wird mit $N(\mathscr{A})$ bezeichnet:

$$N(\mathscr{A}) = \{x \mid x \in X,\ \mathscr{A}x = 0\}. \tag{4}$$

$N(\mathscr{A})$ ist offensichtlich ein Teilraum von X. Die Dimension des Nullraumes wird

Nullzahl von $\mathscr{A}$ genannt. Wir bezeichnen die Nullzahl mit

$$\alpha(\mathscr{A}) = \dim N(\mathscr{A}).$$

$\alpha(\mathscr{A}) = 0$ bedeutet, daß $\mathscr{A}x = 0$ genau dann ist, falls $x = 0$ gilt. Es kann natürlich auch passieren, daß $N(\mathscr{A}) = \infty$ ist. Für den Nulloperator 0 in einem unendlich-dimensionalen Raum gilt offensichtlich $\alpha(0) = \infty$.

Für unsere Zielstellung ist der Sonderfall $Y = X$ besonders wichtig. Durch Einführung des Produkts $\mathscr{A}\mathscr{B}$ in $\mathfrak{B}(X, X)$ mit der Vorschrift

$$(\mathscr{A}\mathscr{B})\,x = \mathscr{A}(\mathscr{B}x) \quad (x \in X) \tag{5}$$

wird aus $\mathfrak{B}(X, X)$ eine normierte Algebra. Sie ist nach Satz 1 eine Banachalgebra, wenn X eine Banachalgebra ist. Allerdings ist das in (5) definierte Produkt $\mathscr{A}\mathscr{B}$ im allgemeinen nicht kommutativ. Gilt für zwei Operatoren $\mathscr{A}$ und $\mathscr{B}$ die Beziehung

$$\mathscr{A}\mathscr{B} = \mathscr{B}\mathscr{A},$$

dann sagen wir, $\mathscr{A}$ und $\mathscr{B}$ sind *vertauschbar*. Es sei dem Leser überlassen nachzuweisen, daß die Eigenschaften (1; 1.1) bis (4; 1.1) für das Operatorenprodukt gelten.

Der in X definierte *Identitätsoperator* (manchmal auch *Einheitsoperator*) $\mathscr{E}$,

$$\mathscr{E}x = x \quad (x \in X),$$

ist das Einselement der Banachalgebra $\mathfrak{B}(X, X)$.

Wie in jeder Banachalgebra kann man auch in $\mathfrak{B}(X, X)$ die Potenzen von $\mathscr{A} \in \mathfrak{B}(X, X)$ bilden:

$$\mathscr{A}^1 := \mathscr{A}, \quad \mathscr{A}^n = \mathscr{A}\mathscr{A}^{n-1} = \mathscr{A}^{n-1}\mathscr{A} \quad (n = 1, 2, \ldots).$$

Diese werden auch als *iterierte Operatoren* bezeichnet. Es sei ferner

$$\mathscr{A}^0 := \mathscr{E}$$

für jeden Operator $\mathscr{A} \neq 0$ aus $\mathfrak{B}(X, X)$.

Spezielle Operatoren sind die *Funktionale*, die einen normierten Raum in den Raum der reellen oder komplexen Zahlen abbilden. Es sei X ein normierter Raum über $\mathbb{C}$ (bzw. $\mathbb{R}$). Dann heißt der normierte Raum (mit der Operatorennorm) aller linearen und stetigen Funktionale auf X der *Dualraum* von X; er wird mit X' bezeichnet; es gilt dementsprechend

$$X' = \mathfrak{B}(X, \mathbb{C}) \quad \big(\text{bzw.} = \mathfrak{B}(X, \mathbb{R})\big).$$

Ist $f \in X'$, dann ist, wie schon gesagt wurde,

$$\|f\| = \|f\|_{\mathfrak{B}(X,\mathbb{C})} \quad \big(\text{bzw.} \ \|f\|_{\mathfrak{B}(X,\mathbb{R})}\big).$$

Da $\mathbb{C}$ (bzw. $\mathbb{R}$) vollständig ist, ergibt sich nach Satz 1 die Aussage:

Der Dualraum eines normierten Raumes ist ein Banachraum. $\hspace{2cm}$ (6)

Grundlegend wichtig ist folgender Satz [BANACH 1923, HAHN 1927].

Satz 2 (HAHN-BANACH). *X sei ein normierter Raum über $\mathbb{R}$ und X_0 ein Teilraum von X. Ferner bezeichne f_0 ein lineares und stetiges Funktional auf X_0 mit reellen*

Werten (d. h. $f_0 \in \mathfrak{B}(X_0, \mathbb{R})$). *Dann existiert ein auf dem ganzen Raum X definiertes lineares und stetiges Funktional f mit reellen Werten derart, daß*

$$f(x) = f_0(x) \quad \text{für jedes} \quad x \in X_0 \quad \text{und} \quad \|f\|_{\mathfrak{B}(X,\mathbb{R})} = \|f_0\|_{\mathfrak{B}(X_0,\mathbb{R})}$$

gilt.

So wichtig dieser Satz auch ist, werden wir seinen Beweis hier nicht bringen. Man findet ihn in jedem einführenden Lehrbuch über Operatorentheorie [s. etwa KANTO-ROWITSCH — AKILOW 1964, p. 116, Satz 1].

Der Hahn-Banachsche Satz behauptet, daß jedes auf einem Teilraum definierte lineare, stetige und reelle Funktional auf den ganzen Raum unter Beibehaltung der Norm fortsetzbar ist. Aus dem Hahn-Banachschen Satz folgt:

Satz 3. *Es sei X ein normierter Raum über $\mathbb{R}$. Dann gibt es zu jedem Element $x_0 \in X$ mit $x_0 \neq 0$ ein lineares und stetiges reellwertiges Funktional mit der Eigenschaft, daß $\|f\| = 1$ und $f(x_0) = \|x_0\|$ gilt, d. h. also, für das Element x_0 steht in der Ungleichung $\|f(x)\|_{\mathbb{R}} \leq \|f\|_{X'} \|x\|_X$ das Gleichheitszeichen.*

Beweis. Es sei

$$X_0 = \{x \mid x \in X: x = \lambda x_0, \lambda \in \mathbb{R}\}.$$

X_0 ist ein Teilraum von X, und wir definieren auf X_0 das Funktional f_0 durch die Vorschrift

$$f_0(x) = \lambda \|x_0\| \quad (x \in X_0);$$

f_0 ist offenbar linear und beschränkt, außerdem gilt $|f_0(x)| = |\lambda| \|x_0\| = \|\lambda x_0\| = \|x\|$, d. h. $\|f_0\| = 1$. Durch Erweiterung von f_0 auf ganz X gemäß Satz 2 erhalten wir das gesuchte Funktional. ∎

Wir führen einige Folgerungen des Satzes 3 an:

$$\text{Gilt } f(x) = 0 \text{ für jedes Funktional } f \in X', \text{ dann ist } x = 0. \tag{7}$$

$$\text{Gilt die Gleichung } f(x_1) = f(x_2) \text{ für jedes } f \in X', \text{ dann ist } x_1 = x_2. \tag{8}$$

Den Beweis der Behauptungen (7) und (8) überlassen wir dem Leser.

Eine Verallgemeinerung von Satz 3 bildet der nachfolgende Satz.

Satz 4. *Ist Γ eine im normierten Raum X (über $\mathbb{R}$) enthaltene lineare Menge und $x_0 \in X$ ein Element mit*

$$d = \varrho(x_0, \Gamma) > 0,$$

dann gibt es ein lineares und stetiges Funktional f auf X mit

$$f(x) = 0 \ (x \in \Gamma), \quad \|f\| = 1, \quad f(x_0) = d.$$

Beweis. Es sei

$$X_0 = \{x \mid x \in X: x = \lambda x_0 + x'; x' \in \Gamma, \lambda \in \mathbb{R}\}.$$

X_0 ist ein Teilraum von X. Wir definieren für $x \in X_0$:

$$f_0(x) = \lambda d.$$

Man kann sich unmittelbar überzeugen, daß $f_0(x)$ linear ist. Wir zeigen jetzt, daß dieses Funktional auch beschränkt, also stetig auf X_0 ist:

$$\|x\| = \|\lambda x_0 + x'\| = |\lambda| \left\| x_0 + \frac{x'}{\lambda} \right\| \geqq |\lambda| \, \varrho(x_0, \Gamma) = |\lambda| \, d = |f_0(x)|,$$

also

$$|f_0(x)| \leqq \|x\|.$$

(Hier wird angenommen, daß $\lambda \neq 0$ ist. Ist $\lambda = 0$, dann gilt $f_0(x) = 0$, und deshalb behält die Ungleichung ihre Gültigkeit.) Damit ist die Beziehung $\|f_0\| \leqq 1$ bewiesen.

Wählen wir $x' \in \Gamma$ derart, daß $\|x_0 - x'\| < d + \varepsilon$ bei einem im voraus gegebenen $\varepsilon > 0$ ausfällt, dann folgt

$$d = f_0(x_0) = f_0(x_0) - f_0(x') = f_0(x_0 - x') \leqq \|f_0\| \, \|x_0 - x'\| < \|f_0\| \, (d + \varepsilon),$$

also

$$\|f_0\| \geqq \frac{d}{d + \varepsilon}.$$

Da ε beliebig gewählt war, erhalten wir zusammen mit der obigen Ungleichung $\|f_0\| = 1$.

Durch Anwendung des Satzes von HAHN-BANACH auf das Funktional f_0 folgt die Existenz des Funktionals f mit den behaupteten Eigenschaften. ∎

In den weiteren Ausführungen spielt die folgende Begriffsbildung eine wichtige Rolle.

Es sei X irgendein linearer Raum über dem Körper K. Man sagt, seine Elemente $x_1, x_2, \ldots, x_n$ sind *linear unabhängig*, wenn die Beziehung

$$\alpha_1 x_1 + \alpha_2 x_2 + \cdots + \alpha_n x_n = 0 \quad (\alpha_i \in K, \, i = 1, \ldots, n)$$

nur dann gilt, falls $\alpha_1 = \alpha_2 = \cdots = \alpha_n = 0$ ist. Gibt es $\alpha_i \in K$ $(i = 1, 2, \ldots, n)$, die nicht alle null sind, so daß die genannte Beziehung erfüllt ist, dann heißen die Elemente x_k $(k = 1, 2, \ldots, n)$ *linear abhängig*.

Jetzt bezeichne X einen normierten Raum. Wir sagen, ein System von Elementen $x_1, x_2, \ldots$ läßt sich *biorthogonalisieren*, falls ein System von linearen und beschränkten Funktionalen $f_1, f_2, \ldots$, definiert in X, existiert, so daß

$$f_m(x_n) = \begin{cases} 0 & \text{für} \quad m \neq n, \\ 1 & \text{für} \quad m = n \end{cases}$$

gilt. Das System $f_1, f_2, \ldots$ heißt biorthogonal zum System $x_1, x_2, \ldots$

Sehr wichtig ist der folgende Satz.

Satz 5. *Es sei $\{x_k\}$ irgendein System von Elementen des normierten Raumes X. Für die Biorthogonalisierbarkeit des Systems $\{x_k\}$ ist notwendig und hinreichend, daß es minimal ist, d. h., daß keines der Elemente x_k zur linearen Abschließung der Menge der übrigen Elemente des Systems gehört.*

Beweis. *Notwendigkeit.* Das System $\{x_k\}$ lasse sich biorthogonalisieren. Gäbe es einen Index k_0 mit

$$x_{k_\bullet} = \lim_{n\to\infty} \sum_{p=1}^{n} \lambda_p^{(n)} x_{k_\nu} \quad (k_0 \neq k_p),$$

dann würde wegen der Linearität und Stetigkeit von f_{k_0}

$$f_{k_0}(x_{k_0}) = \lim_{n\to\infty} \sum_{p=1}^{n} \lambda_p^{(n)} f_{k_0}(x_{k_p}) = 0$$

folgen. Das widerspricht der Beziehung $f_{k_0}(x_{k_0}) = 1$.

Hinlänglichkeit. Es sei $\{x_k\}$ ein minimales System und k_0 irgendein Index. Man betrachte die lineare Abschließung $X_0 = \overline{L(x_k)}$ $(k \neq k_0)$ der von x_{k_0} verschiedenen Elemente des Systems. Da $x_{k_0} \notin \overline{L(x_k)}$ und diese letztere Menge abgeschlossen ist, gibt es nach Satz 4 ein lineares und stetiges Funktional $\tilde{f}_{k_0}$, welches auf X_0 verschwindet und für welches $\tilde{f}_{k_0}(x_{k_0}) = \varrho\big(x_{k_0}, \overline{L(x_k)}\big) = d > 0$ ist. Falls $f_{k_\bullet} := \dfrac{1}{d}\,\tilde{f}_{k_0}$ gesetzt wird, gilt

$$f_{k_0}(x_k) = 0 \quad (k \neq k_0), \quad f_{k_0}(x_{k_0}) = 1.$$

Diese Konstruktion wiederholen wir mit jedem Element x_k. ∎

Wir wissen, daß jedes endliche, linear unabhängige Elementensystem $x_1, x_2, \ldots, x_n$ offensichtlich minimal ist. Deswegen gilt der

Satz 6. *Zu jedem endlichen System linear unabhängiger Elemente existiert ein dazu biorthogonales System von linearen und stetigen Funktionalen.*

Der Satz von HAHN-BANACH gilt nicht für komplexwertige Funktionale über einem reellen normierten Raum. *Ist aber der Grundraum X über dem Körper $\mathbb{C}$ definiert und nehmen die Funktionale ebenfalls komplexe Werte an, dann bleiben der Satz 1 und als Folge davon auch die Sätze 2 bis 6 gültig* [BOHNENBLUST — SOBCZYK 1938]. Für den Beweis verweisen wir auf die diesbezügliche Literatur [etwa KANTOROWITSCH — AKILOW 1964, p. 121, Satz 6].

2.3.   Invertierbare Operatoren

Es sei $\mathscr{A} : X \to Y$ ein linearer Operator, und X und Y seien lineare Räume über dem Körper K. Der Operator $\mathscr{A}$ heißt *invertierbar*, wenn $\alpha(\mathscr{A}) = 0$ ist, d. h., $\mathscr{A}x = 0$ gilt genau dann, wenn $x = 0$ ist.

Satz 1. *Ist $\mathscr{A}$ ein invertierbarer Operator, dann hat die Gleichung*

$$\mathscr{A}x = y \tag{1}$$

für jedes $y \in R(\mathscr{A})$ genau eine Lösung.

Beweis. Daß die Gleichung (1) überhaupt auflösbar in X ist, folgt aus $y \in R(\mathscr{A})$. Es muß nur gezeigt werden, daß nicht zwei verschiedene Lösungen vorhanden sind. Wären x_1 und x_2 ($\in X$) zwei verschiedene Lösungen von (1), dann wäre auch $\mathscr{A}(x_1 - x_2) = 0$, woraus wegen $\alpha(\mathscr{A}) = 0$ unmittelbar $x_1 - x_2 = 0$ folgt. ∎

Sind die Bedingungen des Satzes 1 erfüllt, so wird jedem y aus $R(\mathscr{A})$ genau ein Element x aus X zugeordnet, nämlich die Lösung der Gleichung (1). Dadurch wird eine Abbildung von $R(\mathscr{A})$ auf X definiert. Sie werde mit $\mathscr{A}^{-1}$ bezeichnet und heißt die *Inverse* zu $\mathscr{A}$. Mit dieser Bezeichnung kann die einzige Lösung von (1) für $y \in R(\mathscr{A})$ in der Gestalt

$$x = \mathscr{A}^{-1}y \tag{2}$$

geschrieben werden. Aus der Definition von $\mathscr{A}^{-1}$ folgt

$$D(\mathscr{A}^{-1}) = R(\mathscr{A}) \quad \text{und} \quad R(\mathscr{A}^{-1}) = D(\mathscr{A}) = X.$$

Wenn wir den Ausdruck (2) in (1) einsetzen, ergibt sich

$$\mathscr{A}\mathscr{A}^{-1}y = y \quad \big(y \in R(\mathscr{A})\big),$$

d. h. $\mathscr{A}\mathscr{A}^{-1} = \mathscr{E}|R(\mathscr{A}) = \mathscr{E}_{R(\mathscr{A})}$. Setzt man dagegen y aus (1) in den Ausdruck (2) ein, so ergibt sich

$$x = \mathscr{A}^{-1}\mathscr{A}x \quad \text{für jedes } x \text{ aus } X = D(\mathscr{A}),$$

mit anderen Worten

$$\mathscr{A}^{-1}\mathscr{A} = \mathscr{E}_X = \mathscr{E}_{D(\mathscr{A})}.$$

Man kann sich leicht davon überzeugen, daß mit $\mathscr{A}$ auch $\mathscr{A}^{-1}$ linear ist.

Es seien jetzt X und Y normierte Räume. Falls $\mathscr{A}$ beschränkt ist und die Inverse $\mathscr{A}^{-1}$ existiert, folgt daraus noch nicht, daß auch $\mathscr{A}^{-1}$ beschränkt ist. Sind $\mathscr{A}$ und die Inverse von $\mathscr{A}$ beschränkt, so nennen wir $\mathscr{A}$ *beschränkt invertierbar*.

Satz 2 (BANACH). *Es seien X und Y Banachräume. Ein invertierbarer Operator $\mathscr{A} \in \mathfrak{B}(X, Y)$ ist genau dann beschränkt invertierbar, wenn sein Wertebereich $R(\mathscr{A})$ abgeschlossen ist.*

Beweis. a) Zunächst nehmen wir an, daß $\mathscr{A}$ beschränkt invertierbar ist, d. h. $\mathscr{A}^{-1} \in \mathfrak{B}\big(R(\mathscr{A}), X\big)$. Ist $\{y_n\}$ eine konvergente Folge aus $R(\mathscr{A})$, so ist zu zeigen, daß der Grenzwert y in $R(\mathscr{A})$ liegt. Wir setzen $x_n := \mathscr{A}^{-1}y_n$. Da $\mathscr{A}^{-1}$ beschränkt und somit stetig ist, existiert $x = \lim_{n\to\infty} x_n = \lim_{n\to\infty} \mathscr{A}^{-1}y_n \in X$. Es ist andererseits $y_n = \mathscr{A}x_n \to \mathscr{A}x$ für $n \to \infty$, also $y = \mathscr{A}x \in R(\mathscr{A})$.

b) Jetzt setzen wir voraus, daß $R(\mathscr{A})$ abgeschlossen ist, und beweisen die Beschränktheit von $\mathscr{A}^{-1}$.

Da Y ein Banachraum ist, ist auch $R(\mathscr{A})$ selbst ein Banachraum auf Grund seiner Abgeschlossenheit. Es ist also keine Einschränkung der Allgemeinheit, wenn wir $R(\mathscr{A}) = Y$ setzen. Wir führen den Beweis nun in mehreren Schritten.

1^0. Für jedes $\varrho > 0$ betrachten wir die Kugel $K_\varrho(0)$ in X und ihr Bild $L_\varrho = \mathscr{A}K_\varrho(0)$ in Y. Ein $y \in Y$ liegt genau dann in L_ϱ, wenn $\|\mathscr{A}^{-1}y\|_X < \varrho$ ist. Also liegt jedes $y \in Y$ in einer der Mengen L_n ($n = 1, 2, \ldots$), d. h. $y \in \bigcup_{n=1}^{\infty} L_n$, und es gilt $Y = \bigcup_{n=1}^{\infty} \overline{L_n}$. Nach einem bekannten, von R. BAIRE herrührenden Satz der Mengenlehre

[JÖRGENS 1970, p. 25, Satz 2.16] enthält mindestens eine der Mengen $\overline{L}_n$ einen inneren Punkt, also auch eine Kugel. Nun ist aber $L_\varrho = \{\varrho y \mid y \in L_1\}$ und folglich $\overline{L}_\varrho = \{\varrho y \mid y \in \overline{L}_1\}$. Aus diesem Grund enthält $\overline{L}_1$ eine Kugel $\overline{K_{r_0}(y_0)}$.

2^0. Für $y_1, y_2 \in L_\varrho$ liegen $x_1 = \mathscr{A}^{-1}y_1$ und $x_2 = \mathscr{A}^{-1}y_2$ in $K_\varrho(0)$. Daraus folgt $x_1 - x_2 \in K_{2\varrho}(0)$, d. h. $y_1 - y_2 \in L_{2\varrho}$. Genauso gilt für $y_1, y_2 \in \overline{L}_\varrho$, daß $y_1 - y_2 \in \overline{L}_{2\varrho}$ ist.

3^0. Wir zeigen nun, daß jedes $y \in Y$ mit $\|y\|_Y \leqq \varrho r_0$ in $\overline{L}_\varrho$ enthalten ist.

Ist nämlich $y_1 = y_0 + \dfrac{1}{\varrho}\, y$ und $y_2 = y_0 - \dfrac{1}{\varrho}\, y$, dann ist $y_1 - y_2 = \dfrac{2y}{\varrho}$, und y_1, y_2 liegen in $\overline{K_{r_0}(y_0)} \subset \overline{L}_1$. Daraus folgt $\dfrac{2y}{\varrho} \in \overline{L}_2$ und schließlich $y \in \overline{L}_\varrho$.

4^0. Es sei nun $y \in Y$ mit $\|y\|_Y \leqq r_0$. Dann gilt $y \in \overline{L}_1$, und wenn $\varepsilon > 0$ gegeben ist ($\varepsilon < 1$), gibt es ein $y_1 \in L_1$ mit $\|y - y_1\|_Y \leqq \varepsilon r_0$. Daraus folgt $y - y_1 \in \overline{L}_\varepsilon$; ferner gibt es ein $y_2 \in L_\varepsilon$ mit $\|y - y_1 - y_2\|_Y \leqq \varepsilon^2 r_0$ usw. Wir erhalten eine Folge $\{y_n\}$ mit $y_n \in L_{\varepsilon^{n-1}}$ und $\|y - y_1 - y_2 - \cdots - y_n\|_Y \leqq \varepsilon^n r_0$ ($n = 1, 2, \ldots$). Setzt man $z_n = \sum\limits_{j=1}^{n} y_j$, so ergibt sich $z_n \to y$ für $n \to \infty$.

5^0. Wir beweisen nun, daß die Elemente $\mathscr{A}^{-1}z_n = \sum\limits_{j=1}^{n} \mathscr{A}^{-1}y_j$ eine Cauchyfolge in X bilden. Es ist $\mathscr{A}^{-1}y_j \in K_{\varepsilon^{j-1}}(0)$, also $\|\mathscr{A}^{-1}y_j\|_X < \varepsilon^{j-1}$, und folglich ist

$$\|\mathscr{A}^{-1}z_{n+p} - \mathscr{A}^{-1}z_n\|_X \leqq \sum_{j=n+1}^{n+p} \varepsilon^{j-1} < \frac{\varepsilon^n}{1-\varepsilon} \to 0 \quad (n \to \infty)$$

für alle p. Da X vollständig ist, gibt es ein $x \in X$ mit $\mathscr{A}^{-1}z_n \to x$, und man erhält $z_n = \mathscr{A}\mathscr{A}^{-1}z_n \to \mathscr{A}x$, d. h. $\mathscr{A}x = y$ oder $x = \mathscr{A}^{-1}y$.

6^0. Schließlich ist $\|\mathscr{A}^{-1}y\|_X \leqq \sum\limits_{j=1}^{\infty} \varepsilon^{j-1} = \dfrac{1}{1-\varepsilon}$ für jedes $\varepsilon > 0$, woraus $\|\mathscr{A}^{-1}y\|_X \leqq 1$ folgt für alle y mit $\|y\|_Y \leqq r_0$. Daraus ergibt sich die Beschränktheit von $\mathscr{A}^{-1}$, und es gilt $\|\mathscr{A}^{-1}\| = \dfrac{1}{r_0}$. $\blacksquare$

Eine interessante und wichtige Folgerung aus dem Satz 2 ist eine von S. BANACH stammende Behauptung, die in der Literatur unter den Namen Banachscher Satz vom abgeschlossenen Graphen bekannt ist [HIRZEBRUCH — SCHARLAU 1971, p. 41]. Bevor wir diesen Satz formulieren, müssen wir einiges vorausschicken.

Es seien X und Y normierte Räume (über K). Die Elemente im kartesischen Produktraum $X \times Y$ werden wir mit $\{x, y\}$ ($x \in X, y \in Y$) bezeichnen. Wir führen hier die folgende Norm ein:

$$\|\{x, y\}\| := \|x\|_X + \|y\|_Y. \tag{3}$$

Der Leser kann sich leicht überzeugen, daß (3) den Axiomen der Norm genügt. Sind X, Y Banachräume, so ist auch $X \times Y$ ein Banachraum (mit der Norm (3)).

Nun sei $\mathscr{A}$ ein linearer Operator $\mathscr{A}: X \to Y$. Wir setzen X, Y als Banachräume voraus. Der *Graph* von $\mathscr{A}$, mit $\mathfrak{G}(\mathscr{A})$ bezeichnet, wird durch folgende Teilmenge von $X \times Y$ definiert:

$$\mathfrak{G}(\mathscr{A}) := \big\{\{x, \mathscr{A}x\} \mid x \in D(\mathscr{A})\big\}. \tag{4}$$

$\mathfrak{G}(\mathscr{A})$ ist ein linearer Teilraum von $X \times Y$ mit den folgenden Operationen:

$$\{x, \mathscr{A}x\} + \{x', \mathscr{A}x'\} := \{x + x', \mathscr{A}(x + x')\},$$

$$\lambda\{x, \mathscr{A}x\} = \{\lambda x, \lambda\mathscr{A}x\} \qquad (\lambda \in K).$$

Der Operator $\mathscr{A}$ heißt *graphen-abgeschlossen*, wenn $\mathfrak{G}(\mathscr{A})$ ein abgeschlossener Teilraum (bezüglich der Norm (3)) von $X \times Y$ ist.

Nun kommen wir zum Banachschen Satz vom abgeschlossenen Graphen:

Satz 3. *Ist der lineare Operator $\mathscr{A}: X \to Y$ (X, Y sind Banachräume) graphen-abgeschlossen und ist $D(\mathscr{A})$ abgeschlossen, dann ist $\mathscr{A}$ beschränkt.*

Beweis. Wir betrachten den Operator $\mathscr{F}: \mathfrak{G}(\mathscr{A}) \to X$, definiert durch

$$\mathscr{F}\{x, \mathscr{A}x\} = x \qquad (x \in X).$$

$\mathscr{F}$ ist offensichtlich eine lineare Abbildung von $\mathfrak{G}(\mathscr{A})$ in $D(\mathscr{A})$. Ferner ist $\mathscr{F}$ beschränkt, denn nach (3) gilt

$$\|\mathscr{F}\{x, \mathscr{A}x\}\|_X = \|x\|_X \leqq \|x\|_X + \|\mathscr{A}x\|_Y = \|\{x, \mathscr{A}x\}\|_{X \times Y}.$$

Man sieht sogar, daß $\|\mathscr{F}\| \leqq 1$ ist. Der Wertebereich von $\mathscr{F}$ ist genau $D(\mathscr{A})$ auf Grund der Voraussetzung der Abgeschlossenheit. $\mathscr{F}$ hat also eine eindeutige Inverse: $\mathscr{F}^{-1}x = \{x, \mathscr{A}x\}$. Diese ist nach Satz 2 beschränkt; daher erhalten wir

$$\|\mathscr{F}^{-1}x\|_{X \times Y} = \|\{x, \mathscr{A}x\}\|_{X \times Y} = \|x\|_X + \|\mathscr{A}x\|_Y \leqq \gamma \|x\|_X,$$

wobei γ eine von x unabhängige Konstante ist. Aus der letzten Ungleichung folgt

$$\|\mathscr{A}x\|_Y \leqq \gamma \|x\|_X - \|x\|_X = (\gamma - 1) \|x\|_X. \quad \blacksquare$$

Die bisherigen Kriterien über die beschränkte Invertierbarkeit eines Operators $\mathscr{A} \in \mathfrak{B}(X, Y)$ werden wir durch ein weiteres sehr einfaches Kriterium ergänzen.

Satz 4. *Ein Operator $\mathscr{A} \in \mathfrak{B}(X, Y)$ ist genau dann beschränkt invertierbar, wenn die Gleichung*

$$\mathscr{A}x = y \tag{5}$$

für beliebiges $y \in Y$ eine Lösung hat und wenn eine positive Zahl m mit der Eigenschaft

$$\|\mathscr{A}x\| \geqq m \|x\| \tag{6}$$

für jedes $x \in X$ vorhanden ist.

Wenn die Ungleichung (6) gilt, dann sagen wir, daß $\mathscr{A}$ *von unten beschränkt* ist.

Beweis. Aus (6) folgt $N(\mathscr{A}) = \{0\}$, daher ist $\mathscr{A}$ invertierbar. Aber aus (5) entnehmen wir, daß $R(\mathscr{A}) = Y$ gilt, d. h., $R(\mathscr{A})$ ist abgeschlossen. Somit ist $\mathscr{A}$ nach Satz 2 beschränkt invertierbar.

Aber auch die umgekehrte Schlußweise ist richtig. Für einen beschränkt invertierbaren Operator gilt notwendig (5). Die Bedingung (6) folgt leicht aus $\|x\| = \|\mathscr{A}^{-1}\mathscr{A}x\|$

$\leqq \|\mathscr{A}^{-1}\| \|\mathscr{A}x\|$, wenn man $m = \dfrac{1}{\|\mathscr{A}^{-1}\|}$ setzt. $\blacksquare$

Wenn wir die erste Bedingung in Satz 4 unberücksichtigt lassen und nur die Beschränktheit von unten fordern, dann kann man folgendes behaupten:

Satz 5. *Es sei $\mathscr{A} \in \mathfrak{B}(X, Y)$, und es existiere eine Zahl $m > 0$, so daß (6) für alle $x \in X$ gilt. Dann hat $\mathscr{A}$ eine lineare und beschränkte Linksinverse.*

Beweis. Genau wie beim Beweis von Satz 4 folgt aus (6) die Beziehung $N(\mathscr{A}) = \{0\}$. Es existiert somit $\mathscr{A}^{-1}$. Das bedeutet, daß die Gleichung (5) für jedes $y \in R(\mathscr{A})$ eine eindeutige Lösung $x = \mathscr{A}^{-1}y$ hat. Es ist leicht zu zeigen, daß $\mathscr{A}^{-1}$ linear ist. Ferner ist $\mathscr{A}^{-1}$ eine Linksinverse zu $\mathscr{A}$. Es gilt nämlich

$$x = \mathscr{A}^{-1}y = \mathscr{A}^{-1}(\mathscr{A}x) = \mathscr{A}^{-1}\mathscr{A}x$$

für jedes $x \in X$, somit ist

$$\mathscr{A}^{-1}\mathscr{A} = \mathscr{E}.$$

Wir haben noch zu zeigen, daß $\mathscr{A}^{-1}$ beschränkt ist. Es gilt für $y \in R(\mathscr{A})$ nach (6)

$$\|\mathscr{A}^{-1}y\| = \|x\| \leq \frac{1}{m}\|\mathscr{A}x\| = \frac{1}{m}\|y\|. \ \blacksquare$$

Man sieht, daß $\|\mathscr{A}^{-1}\| \leq \dfrac{1}{m}$ ist.

Zum Abschluß soll ein beschränkt invertierbarer Operator betrachtet werden, der in der Theorie der Integralgleichungen eine besondere Bedeutung hat.

Satz 6. *Es sei $\mathscr{A} \in \mathfrak{B}(X, X)$ mit $\|\mathscr{A}\| < 1$, wobei X ein Banachraum ist. Dann ist $\mathscr{E} + \mathscr{A}$ beschränkt invertierbar.*

Beweis. Wir zeigen zuerst, daß die Reihe

$$\sum_{k=0}^{\infty} (-1)^k \mathscr{A}^k = \mathscr{E} - \mathscr{A} + \mathscr{A}^2 - + \cdots \tag{7}$$

nach der Norm des Raumes $\mathfrak{B}(X, X)$ absolut konvergent ist. Es sei k eine beliebige natürliche Zahl, dann ist nach (4; 1.1), angewendet auf die normierte Algebra $\mathfrak{B}(X, X)$,

$$\|\mathscr{A}^n - \mathscr{A}^{n+1} + \cdots + (-1)^{n+k}\mathscr{A}^{n+k}\| \leq \|\mathscr{A}\|^n + \|\mathscr{A}\|^{n+1} + \cdots + \|\mathscr{A}\|^{n+k}. \tag{8}$$

Wegen $\|\mathscr{A}\| < 1$ können wir zu jedem $\varepsilon > 0$ ein n_0 finden, so daß die rechte Seite von (8) kleiner als ε für jedes $n \geq n_0$ ist, unabhängig von der gewählten Zahl k. Auf Grund von Satz 1; 2.2 ist $\mathfrak{B}(X, X)$ ein Banachraum, somit ist (7) konvergent und stellt einen Operator $\mathscr{B}$ dar.

Man sieht unmittelbar, daß $\mathscr{B} \in \mathfrak{B}(X, X)$ gilt. Es ist nämlich

$$\|\mathscr{B}\| = \|\mathscr{E} - \mathscr{A} + \mathscr{A}^2 + \cdots\| \leq \|\mathscr{E}\| + \|\mathscr{A}\| + \|\mathscr{A}\|^2 + \cdots = \frac{1}{1 - \|\mathscr{A}\|}.$$

Schließlich ist

$$(\mathscr{E} + \mathscr{A})\mathscr{B} = (\mathscr{E} + \mathscr{A})(\mathscr{E} - \mathscr{A} + \mathscr{A}^2 + \cdots)$$

$$= (\mathscr{E} - \mathscr{A} + \mathscr{A}^2 - + \cdots) + (\mathscr{A} - \mathscr{A}^2 + \mathscr{A}^3 - + \cdots) = \mathscr{E},$$

und aus den gleichen Gründen gilt $\mathscr{B}(\mathscr{E} + \mathscr{A}) = \mathscr{E}$. $\blacksquare$

Die Reihe (7) heißt die *Neumannsche Reihe* von $\mathscr{A}$ (nach CARL NEUMANN).
Auch der folgende Satz wird sich als sehr nützlich erweisen.

Satz 7. *Es seien $\mathscr{A}$, $\mathscr{B}$ lineare Operatoren, die einen normierten Raum X in sich abbilden. Sind $\mathscr{A}$ und $\mathscr{B}$ miteinander vertauschbar und hat $\mathscr{C} := \mathscr{A}\mathscr{B}$ eine Inverse, dann existieren auch zu $\mathscr{A}$ und $\mathscr{B}$ inverse Operatoren.*

Beweis. $\mathscr{C}^{-1}$ existiert auf Grund der Annahme, und wir zeigen jetzt, daß $\mathscr{A}$ mit $\mathscr{C}^{-1}$ vertauschbar ist. In der Tat gilt

$$\mathscr{A} = \mathscr{C}^{-1}\mathscr{C}\mathscr{A} = \mathscr{C}^{-1}\mathscr{A}\mathscr{B}\mathscr{A} = \mathscr{C}^{-1}\mathscr{A}(\mathscr{A}\mathscr{B}) = \mathscr{C}^{-1}\mathscr{A}\mathscr{C}.$$

Daraus folgt

$$\mathscr{A}\mathscr{C}^{-1} = \mathscr{C}^{-1}\mathscr{A}.$$

Unter Benutzung der soeben bewiesenen Vertauschbarkeit von $\mathscr{A}$ mit $\mathscr{C}^{-1}$ folgt nun weiter

$$\mathscr{B}(\mathscr{A}\mathscr{C}^{-1}) = \mathscr{B}\mathscr{A}\mathscr{C}^{-1} = \mathscr{A}\mathscr{B}\mathscr{C}^{-1} = \mathscr{C}\mathscr{C}^{-1} = \mathscr{E}$$

und

$$(\mathscr{A}\mathscr{C}^{-1})\,\mathscr{B} = \mathscr{C}^{-1}\mathscr{A}\mathscr{B} = \mathscr{C}^{-1}\mathscr{C} = \mathscr{E}.$$

Damit ist die Existenz von $\mathscr{B}^{-1} = \mathscr{A}\mathscr{C}^{-1}$ nachgewiesen. Entsprechend beweist man, daß $\mathscr{A}^{-1} = \mathscr{B}\mathscr{C}^{-1}$ gilt. ∎

2.4.   Projektoren und Komplementärräume

Es sei X ein linearer Raum (über dem Körper K). Der *lineare* Operator $\mathscr{P}\colon X \to X$ heißt ein *algebraischer Projektor*, falls er idempotent ist, d. h. $\mathscr{P}^2 = \mathscr{P}$. Wenn $R(\mathscr{P}) = U$ und $N(\mathscr{P}) = V$ ist, dann sagen wir, *$\mathscr{P}$ projiziert den Raum X auf* (den Teilraum) *U in der Richtung V.*

Wenn $\mathscr{P}$ ein Projektor ist, dann ist $\mathscr{Q} := \mathscr{E} - \mathscr{P}$ ebenfalls ein Projektor. $\mathscr{Q}$ ist nämlich linear und, wie man unmittelbar sieht, auch idempotent.

Wir zeigen

$$R(\mathscr{P}) = N(\mathscr{Q}). \tag{1}$$

Für ein beliebiges x aus X ist

$$\mathscr{Q}\mathscr{P}x = (\mathscr{E} - \mathscr{P})\,\mathscr{P}x = \mathscr{P}x - \mathscr{P}^2x = \mathscr{P}x - \mathscr{P}x = 0,$$

also ist $\mathscr{P}x \in N(\mathscr{Q})$, woraus $R(\mathscr{P}) \subset N(\mathscr{Q})$ folgt. Andererseits gilt für $y \in N(\mathscr{Q})$

$$0 = \mathscr{Q}y = y - \mathscr{P}y.$$

Also ist $\mathscr{P}y = y$ und damit $y \in R(\mathscr{P})$. Das bedeutet $N(\mathscr{Q}) \subset R(\mathscr{P})$. Aus den abgeleiteten Inklusionen folgt (1).

Da $\mathscr{P} = \mathscr{E} - \mathscr{Q}$ ist, wenden wir (1) auf $\mathscr{Q}$ an, und es ergibt sich

$$R(\mathscr{Q}) = N(\mathscr{P}). \tag{2}$$

Aus (1) und (2) folgt: *$\mathscr{Q}$ ist derjenige Projektor, der den Raum X auf $V = N(\mathscr{P})$ in der Richtung $U = R(\mathscr{P})$ projiziert.* Offensichtlich gilt $\mathscr{P}x = x$ für jedes $x \in R(\mathscr{P})$.

Es sei jetzt U ein algebraischer Teilraum von X. Wir sagen, der Teilraum V von X ist ein *(algebraischer) Komplementärraum* von U, wenn sich jedes Element x aus X *eindeutig* als

$$x = u + v \quad \text{mit} \quad u \in U, \quad v \in V$$

darstellen läßt. Diese Tatsache werden wir in der üblichen Schreibweise

$$X = U \,\dot{+}\, V$$

zum Ausdruck bringen. Wir sagen, daß X die *algebraische direkte Summe* von U und V ist. Die Beziehung zwischen U und V ist symmetrisch: Ist V ein algebraischer Komplementärraum von U (in X), so ist auch U ein algebraischer Komplementärraum von V.

Wohlbekannt ist die Tatsache, daß *jeder algebraische Teilraum U eines linearen Raumes X einen algebraischen Komplementärraum V besitzt* [HALMOS 1958, RAIKOV 1965]. Da wir von diesem Satz in dieser Allgemeinheit keinen Gebrauch machen, verweisen wir bezüglich seines Beweises auf die zitierte Literatur.

Den Begriff der algebraischen direkten Summe kann man leicht auf mehrere Summanden verallgemeinern. Es sei X ein linearer Raum. Wenn die algebraischen Teilräume X_k $(k = 1, 2, \ldots, n)$ von X so beschaffen sind, daß jedes Element x aus X *eindeutig* in der Form

$$x = x_1 + x_2 + \cdots + x_n \quad \text{mit} \quad x_k \in X_k \tag{3}$$

darstellbar ist, dann sagen wir, X ist die algebraische direkte Summe der Teilräume X_k, in Zeichen:

$$X = X_1 \,\dot{+}\, X_2 \,\dot{+}\, \cdots \,\dot{+}\, X_n.$$

Ist dagegen für jedes Element x zwar eine Darstellung der Gestalt (3) vorhanden, ist diese jedoch *nicht eindeutig*, dann verwenden wir die Schreibweise

$$X = X_1 + X_2 + \cdots + X_n = \sum_{k=1}^{n} X_k.$$

Falls $\mathscr{P}$ ein algebraischer Projektor in X ist, gilt offensichtlich

$$X = R(\mathscr{P}) \,\dot{+}\, N(\mathscr{P}).$$

Auch die Umkehrung gilt: Ist U ein algebraischer Teilraum von X und V ein Komplementärraum von U, dann definiert die Zerlegung

$$X = U \,\dot{+}\, V$$

einen Projektor $\mathscr{P}$ mit $R(\mathscr{P}) = U$ und $N(\mathscr{P}) = V$. Man kann nämlich ein beliebiges Element $x \in X$ in der Gestalt $x = u + v$ mit $u \in U$ und $v \in V$ darstellen und definiert den Operator $\mathscr{P}$ durch $\mathscr{P}x = u$. Es ist unmittelbar zu erkennen, daß für jedes Element $u \in R(\mathscr{P})$

$$\mathscr{P}u = u$$

gilt.

Bis jetzt haben wir nur über algebraische lineare Räume und Teilräume ohne eine Topologie gesprochen. Jetzt sei X ein linearer normierter (allgemeiner: ein linearer topologischer) Raum. Unter einem *Projektor* werden wir einen linearen, stetigen und idempotenten Operator verstehen. (Wir machen einen Unterschied zwischen einem algebraischen Projektor und einem Projektor.)

Es sei U ein Teilraum des normierten Raumes und V ein algebraischer Komplementärraum von U. Wenn der algebraische Projektor von X in U in der Richtung V nach der Norm von X stetig ist, dann sagen wir, daß V ein *topologischer Komplementärraum* von U ist, und schreiben

$$X = U \oplus V = R(\mathscr{P}) \oplus N(\mathscr{P}).$$

Diese Summe wird *topologische direkte Summe* genannt.

Ein Projektor $\mathscr{P}$ induziert immer die Zerlegung eines normierten Raumes in zwei topologische Komplementärräume.

Es erhebt sich die Frage, ob ein Teilraum eines normierten Raumes (noch allgemeiner: eines linearen topologischen Raumes) immer einen topologischen Komplementärraum besitzt, wie das bei den algebraischen linearen Räumen der Fall ist. Die Antwort auf diese Frage in voller Allgemeinheit findet man in [BOURBAKI 1953, Ch. I, p. 14—19]. Wir werden uns auf einen spezielleren Fall beschränken, welcher in unseren späteren Ausführungen gebraucht wird.

Satz 1. *Ein abgeschlossener Teilraum U des Banachraumes X hat genau dann einen topologischen Komplementärraum, wenn ein Projektor $\mathscr{P}$ mit $R(\mathscr{P}) = U$ existiert. In diesem Fall ist $N(\mathscr{P}) =: V$ der topologische Komplementärraum von U.*

Beweis. a) Wir setzen zunächst die Existenz eines Projektors $\mathscr{P}$ mit $R(\mathscr{P}) = U$ voraus. Es sei nun $x \in X$ beliebig. Wir behaupten, daß die Darstellung $x = u + v$ mit $u \in U, v \in N(\mathscr{P}) = V$ gilt, wobei diese Zerlegung eindeutig ist. Man setzt $u := \mathscr{P}x$ und hat $v = x - u = x - \mathscr{P}x = (\mathscr{E} - \mathscr{P})\,x \in N(\mathscr{P})$, da $\mathscr{P}v = \mathscr{P}(\mathscr{E} - \mathscr{P})\,x = (\mathscr{P} - \mathscr{P}^2)\,x = (\mathscr{P} - \mathscr{P})\,x = 0$ gilt. Es muß jetzt nur noch die Eindeutigkeit nachgewiesen werden. Ist nämlich $x = u + v$ mit $u \in U$ und $v \in V = N(\mathscr{P})$ eine beliebige Zerlegung von x, so gilt $\mathscr{P}x = \mathscr{P}u + \mathscr{P}v = \mathscr{P}u = u$. Da $\mathscr{P}$ eine eindeutige Abbildung ist, wird u eindeutig bestimmt und damit auch v.

b) Wir setzen jetzt voraus, daß U einen topologischen Komplementärraum V besitzt, d. h., jedes $x \in X$ ist eindeutig in der Gestalt $x = u + v$ mit $u \in U, v \in V$ darstellbar. Wir definieren einen Operator $\mathscr{P}$ in X wie folgt: $\mathscr{P}x = u$. Dann ist offenbar $R(\mathscr{P}) = U$ und $N(\mathscr{P}) = V$. Die Linearität von $\mathscr{P}$ ist trivial. $\mathscr{P}$ ist ferner idempotent: $\mathscr{P}^2x = \mathscr{P}\mathscr{P}x = \mathscr{P}u = \mathscr{P}u + \mathscr{P}v = \mathscr{P}x$ $(x \in X)$. Es bleibt noch übrig nachzuweisen, daß $\mathscr{P}$ beschränkt (bzw. stetig) ist. Nach Satz 3; 2.3 genügt es zu zeigen, daß $\mathscr{P}$ abgeschlossen ist. Dazu wählen wir eine Elementenfolge $\{u_n\}$ aus U, welche gegen das Element u konvergiert, und eine Folge $\{v_n\}$ aus V derart, daß $x_n = u_n + v_n$ gegen ein $x \in X$ für $n \to \infty$ strebt. Die Zerlegung von x_n $(n = 1, 2, \ldots)$ ist nach Voraussetzung eindeutig, und auf Grund der Definition von $\mathscr{P}$ ist $u_n = \mathscr{P}x_n$. Da U abgeschlossen ist, liegt u in U, also ist $\mathscr{P}u = u$. Andererseits gilt $v_n = x_n - u_n \to x - u$ $(n \to \infty)$. Da $v_n \in N(\mathscr{P})$ $(n = 1, 2, \ldots)$ ist, gehört $x - u$ wegen der Abgeschlossenheit von V zu $N(\mathscr{P})$. Daraus folgt $\mathscr{P}(x - u) = \mathscr{P}x - \mathscr{P}u = \mathscr{P}x - u = 0$, d. h. $\mathscr{P}x = u$, also ist $\mathscr{P}$ abgeschlossen. ∎

Besonders häufig werden wir von nachfolgendem Satz Gebrauch machen.

Satz 2. *Jeder endlichdimensionale Teilraum U eines Banachraumes X hat einen topologischen Komplementärraum.*

Beweis. Es sei $\{x_1, x_2, \ldots, x_n\}$ eine Basis von U, dann gibt es nach Satz 6; 2.2 lineare stetige Funktionale $u_1, u_2, \ldots, u_n$ mit $u_j(x_k) = \delta_{jk}$ (Kronecker-Symbol) $(j, k = 1, 2, \ldots, n)$. Die Funktionale sind ebenfalls linear unabhängig. Man setzt

$$\mathscr{P}x := \sum_{k=1}^{n} u_k(x)\, x_k \qquad (x \in X). \tag{4}$$

Der unter (4) definierte Operator ist ein Projektor, denn es ist

$$\mathscr{P}x_j = \sum_{k=1}^{n} u_k(x_j)\, x_k = x_j \qquad (j = 1, 2, \ldots, n)$$

und daher

$$\mathscr{P}^2 x = \mathscr{P}(\mathscr{P}x) = \sum_{k=1}^{n} u_k(x)\, \mathscr{P}(x_k) = \sum_{k=1}^{n} u_k(x)\, x_k = \mathscr{P}x$$

für jedes $x \in X$. Der Projektor $\mathscr{P}$ ist nach (4) stetig, und es gilt ferner $R(\mathscr{P}) = U$. U hat somit nach Satz 1 einen topologischen Komplementärraum. ∎

Wir betrachten im folgenden den Orthogonalraum eines Teilraumes eines normierten Raumes X. Es sei Z eine Teilmenge von X (es muß Z nicht unbedingt ein Teilraum sein). Unter dem zugehörigen *Orthogonalraum $Z^\perp$* verstehen wir den folgenden Teilraum des Dualraumes X' von X:

$$Z^\perp = \{f \mid f \in X' : f(x) = 0, x \in Z\}. \tag{5}$$

Man sieht unmittelbar, daß $Z^\perp$ tatsächlich ein Teilraum (und nicht nur eine Teilmenge) von X' ist (siehe Hilfssatz 1).

Es sei jetzt X ein *reflexiver* Banachraum, d. h. $X'' = (X')' = X$, und Z' sei eine Teilmenge von X'. Dann ist

$$Z'^\perp = \{x \mid x \in X : f(x) = 0, f \in Z'\}. \tag{5'}$$

Wir werden später gewisse Eigenschaften der Orthogonalräume benötigen, die wir in den folgenden Hilfssätzen erläutern.

Hilfssatz 1. *Für jede Teilmenge Z von X ist $Z^\perp$ abgeschlossen.*

Beweis. Es sei $\{f_n\}$ eine unendliche Folge in $Z^\perp$ mit $f_n \to f$ $(n \to \infty)$ (nach der Norm von X'). Ist x ein beliebiges Element aus Z, dann gilt

$$0 = f_n(x) \to f(x) \qquad (n \to \infty),$$

d. h. $f \in Z^\perp$. ∎

Hilfssatz 2. *Es seien Z_1, Z_2 und Z Teilmengen von X mit $Z_1 \subset Z_2$. Dann gilt*

$$\text{a) } Z_2{}^\perp \subset Z_1{}^\perp, \tag{6}$$

b) $L(Z)^\perp = Z^\perp$, $\qquad\qquad\qquad\qquad\qquad\qquad\qquad\qquad$ (7)

c) $\bar{Z}^\perp = Z^\perp$, $\qquad\qquad\qquad\qquad\qquad\qquad\qquad\qquad\qquad$ (8)

wobei $L(Z)$ die lineare Hülle von Z und $\bar{Z}$ die Abschließung (in X) von Z ist.

Beweis. a) Es sei $f_2 \in Z_2{}^\perp$, dann ist $f_2(x_2) = 0$ für jedes x_2 aus Z_2 und also erst recht $f_2(x_1) = 0$ für jedes x_1 aus Z_1. Somit folgt $f_2 \in Z_1{}^\perp$.

b) Da $L(Z) \supset \bar{Z}$ ist, folgt aus (6) $L(Z)^\perp \subset Z^\perp$. Die Umkehrung der letzten Inklusion schließt man wie folgt. Es sei $f \in Z^\perp$, dann ist $f(x) = 0$ für jedes x aus Z, also auch $f(\lambda_1 x_1 + \lambda_2 x_2) = 0$ mit $x_1, x_2 \in Z$ und $\lambda_1, \lambda_2 \in \mathbb{C}$ (bzw. $\mathbb{R}$) wegen der Linearität von f. Hieraus schließt man, daß $f(x) = 0$ für jedes $x \in L(Z)$ gilt, d. h. $f \in L(Z)^\perp$ und somit $Z^\perp \subset L(Z)^\perp$. (7) ist also bewiesen.

c) Da $Z \subset \bar{Z}$ ist, folgt aus (6) $\bar{Z}^\perp \subset Z^\perp$. Es sei jetzt $f \in Z^\perp$, dann ist $f(x) = 0$ für alle x aus Z. Wegen der Stetigkeit von f ist $f(x) = 0$ für alle $x \in \bar{Z}$, also gilt auch $f \in \bar{Z}^\perp$. Demzufolge ist $Z^\perp \subset \bar{Z}^\perp$. Damit ist auch (8) bewiesen. ∎

Hilfssatz 3. *Für jede Teilmenge Z von X gilt*

$$\overline{L(Z)} = \{x \mid x \in X : f(x) = 0, f \in Z^\perp\}. \qquad\qquad (9)$$

Beweis. Nach (7) und (8) ist $\overline{L(Z)}^\perp = Z^\perp$, deshalb ist $f(x) = 0$ für jedes $x \in \overline{L(Z)}$ und jedes $f \in Z^\perp$, also gilt

$$\overline{L(Z)} \subset \{x \mid x \in X : f(x) = 0, f \in Z^\perp\}.$$

Die Umkehrung dieser Inklusion werden wir indirekt beweisen. Gäbe es nämlich ein x_0 aus der Menge auf der rechten Seite von (9), welches nicht in $\overline{L(Z)}$ liegt, so wäre $\varrho\big(x_0, \overline{L(Z)}\big) > 0$. Auf Grund von Satz 4; 2.2 gibt es dann ein lineares und stetiges Funktional $f \in X'$ mit $\|f\|_{\mathfrak{B}(X,\mathbb{C})} = 1$, $f(x_0) = \varrho\big(x_0, \overline{L(Z)}\big)$ und $f(x) = 0$ für alle $x \in \overline{L(Z)}$. Da $\overline{L(Z)} \supset Z$ ist, ist $f \in Z^\perp$. Wir haben also ein f aus $Z^\perp$ gefunden, welches *nicht für jedes* Element der auf der rechten Seite von (9) stehenden Menge verschwindet, im Widerspruch zur Definition dieser Menge. Das heißt aber, daß jeder Punkt x der rechten Seite von (9) auch zu $\overline{L(Z)}$ gehört:

$$\overline{L(Z)} \supset \{x \mid x \in X : f(x) = 0, f \in Z^\perp\}. \quad∎$$

Es sei X ein Banachraum und U ein Teilraum von X. Wir definieren die *Codimension* (manchmal auch *Defekt* genannt) von U durch

$$\operatorname{codim} U = \dim U^\perp. \qquad\qquad\qquad\qquad (10)$$

Satz 3. *U sei ein abgeschlossener Teilraum des Banachraumes X mit endlicher Codimension. Dann ist die Dimension des topologischen Komplementärraumes von U gleich der Codimension von U.*

Beweis. Es sei $\operatorname{codim} U = n$, dann gibt es n linear unabhängige Funktionale $u_1, u_2, \ldots, u_n$ aus X', welche eine Basis für $U^\perp$ bilden. Nach (9) besteht U aus all denjenigen Elementen x ($\in X$), für welche $u_k(x) = 0$ ($k = 1, 2, \ldots, n$) ist. Da die Elemente u_k linear unabhängig sind, gibt es nach Satz 6; 2.2 linear unabhängige Elemente x_k aus X ($k = 1, 2, \ldots, n$) mit $u_j(x_k) = \delta_{jk}$ ($j, k = 1, 2, \ldots, n$).

Wir betrachten jetzt den folgenden Operator:

$$\mathscr{P}x := \sum_{j=1}^{n} u_j(x)\, x_j \qquad (x \in X).$$

Man sieht genau wie im Beweis von Satz 2, daß $\mathscr{P}$ ein Projektor mit $N(\mathscr{P}) = U$ ist. Somit gilt nach (2) die Beziehung $R(\mathscr{E} - \mathscr{P}) = N(\mathscr{P}) = U$. Der topologische Komplementärraum von U ist $V := N(\mathscr{E} - \mathscr{P}) = R(\mathscr{P}) = L(x_1, x_2, \ldots, x_n)$. Da die Elemente $\{x_k\}$ linear unabhängig sind, folgt dim $V = n =$ codim U. ∎

2.5. Die verallgemeinerten Inversen

2.5.1. Die algebraischen verallgemeinerten Inversen

In 1.6. wurden die pseudoinversen Elemente einer Algebra eingeführt. Betrachtet man die Algebra der linearen und stetigen Operatoren, dann bilden die pseudoinversen Operatoren zu einem Operator eine Verallgemeinerung des inversen Operators.

Wir werden jetzt eine weitere Verallgemeinerung des Begriffs des inversen Operators einführen. Dieser spielt in zahlreichen Problemen der Integralgleichungstheorie eine wichtige Rolle und stammt im wesentlichen von L. BERG [BERG 1956, 1975].

Es seien X und Y lineare Räume. $\mathscr{A}$ ist ein *linearer* Operator von X in Y. Ein *linearer* Operator $\mathscr{B}\colon Y \to X$, für welchen

$$\mathscr{A}\mathscr{B}\mathscr{A} = \mathscr{A} \tag{1}$$

gilt, heißt eine *innere Inverse* (manchmal auch partielle oder *l-inverse*) von $\mathscr{A}$. Die Menge aller inneren Inversen zu $\mathscr{A}$ werden wir mit $I(\mathscr{A})$ bezeichnen. Aus (1) folgt, daß für eine innere Inverse $\mathscr{B}$ von $\mathscr{A}$

$$\mathscr{A}\mathscr{B} = \mathscr{E}\,|\,R(\mathscr{A}) \tag{2}$$

gilt.

Satz 1. *Jede lineare Abbildung $\mathscr{A}\colon X \to Y$ hat eine innere Inverse.*

Beweis. Ein algebraischer Komplementärraum von $N(\mathscr{A})$ sei M, und man setze $\tilde{\mathscr{A}} = \mathscr{A}\,|\,M$. Da $\tilde{\mathscr{A}}x = 0$ nur für $x = 0$ erfüllt sein kann, ist $\tilde{\mathscr{A}}$ eine eineindeutige lineare Abbildung von M auf $R(\mathscr{A})$.

Es existiert demzufolge eine lineare Inverse $\tilde{\tilde{\mathscr{B}}}$ von $R(\mathscr{A})$ auf M. Es sei S ein algebraischer Komplementärraum von $R(\mathscr{A})$ in Y, und es bedeute $\mathscr{B}$ eine beliebige lineare Fortsetzung von $\tilde{\tilde{\mathscr{B}}}$ auf $Y = R(\mathscr{A}) \dotplus S$. Jedes $x \in X$ kann eindeutig als $x = x' + x''$ mit $x' \in N(\mathscr{A})$ und $x'' \in M$ dargestellt werden. Also ist wegen (2)

$$\mathscr{A}\mathscr{B}\mathscr{A}x = \mathscr{A}\mathscr{B}\mathscr{A}x'' = \mathscr{A}x'' = \mathscr{A}(x' + x'') = \mathscr{A}x$$

für jedes $\mathscr{A}$, womit die Behauptung bewiesen ist. ∎

Die große Bedeutung des Begriffs der inneren Inversen ist sofort erkennbar, wenn wir seinen Zusammenhang mit der Gleichung

$$\mathscr{A}x = y \tag{3}$$

in den Vordergrund stellen. Angenommen, (3) besitzt eine Lösung der Gestalt $x = \mathscr{B}y$ (d. h. $y \in R(\mathscr{A})$), dann ist $\mathscr{B}$ tatsächlich eine innere Inverse von $\mathscr{A}$.

Satz 2. *Es sei $\mathscr{A}\colon X \to Y$ linear. Dann gilt:*

a) *Ist $\mathscr{B}$ eine innere Inverse von $\mathscr{A}$, dann ist $\mathscr{E} - \mathscr{B}\mathscr{A}$ ein algebraischer Projektor von Y auf $N(\mathscr{A})$. Also ist die allgemeinste Lösung der homogenen Gleichung*

$$\mathscr{A}x = 0 \tag{4}$$

von der Gestalt $x_0 = (\mathscr{E} - \mathscr{B}\mathscr{A})\, x$, wobei x ein beliebiges Element des Raumes X ist.

b) *Für ein $y \in Y$ ist die Gleichung (3) genau dann auflösbar, wenn $\mathscr{A}\mathscr{B}y = y$ gilt, wobei $\mathscr{B}$ eine beliebige innere Inverse von $\mathscr{A}$ ist. $x = \mathscr{B}y$ ist dann eine partikuläre Lösung von (3).*

c) *Falls (3) für ein gegebenes y aus Y eine Lösung besitzt, hat die allgemeine Lösung von (3) die Gestalt*

$$x = \mathscr{B}y + (\mathscr{E} - \mathscr{B}\mathscr{A})\, x,$$

wobei $\mathscr{B}$ eine innere Inverse von $\mathscr{A}$ und x ein beliebiges Element von X ist.

d) *Ist $\mathscr{B}$ eine innere Inverse von $\mathscr{A}$, so ist $x = \mathscr{B}y$ für jedes $y \in Y$ eine Lösung von*

$$\mathscr{A}x = \mathscr{2}y, \tag{5}$$

wobei $\mathscr{2}$ ein (algebraischer) Projektor von Y auf $R(\mathscr{A})$ in der Richtung $N(\mathscr{A}\mathscr{B})$ ist.

Beweis. a) Es ist $(\mathscr{E} - \mathscr{B}\mathscr{A})^2 = \mathscr{E} - 2\mathscr{B}\mathscr{A} + (\mathscr{B}\mathscr{A})^2 = \mathscr{E} - 2\mathscr{B}\mathscr{A} + \mathscr{B}\mathscr{A}\mathscr{B}\mathscr{A}$
$= \mathscr{E} - 2\mathscr{B}\mathscr{A} + \mathscr{B}(\mathscr{A}\mathscr{B}\mathscr{A}) = \mathscr{E} - 2\mathscr{B}\mathscr{A} + \mathscr{B}\mathscr{A} = \mathscr{E} - \mathscr{B}\mathscr{A}$ und

$$\mathscr{A}(\mathscr{E} - \mathscr{B}\mathscr{A}) = \mathscr{A} - \mathscr{A}\mathscr{B}\mathscr{A} = \mathscr{A} - \mathscr{A} = 0,$$

d. h., für jedes $x \in X$ gilt $(\mathscr{E} - \mathscr{B}\mathscr{A})\, x \in N(\mathscr{A})$, also ist

$$R(\mathscr{E} - \mathscr{B}\mathscr{A}) \subset N(\mathscr{A}).$$

Andererseits ist jedoch nach (2; 2.4) $R(\mathscr{E} - \mathscr{B}\mathscr{A}) = N(\mathscr{B}\mathscr{A})$ und somit $N(\mathscr{B}\mathscr{A})$ $\subset N(\mathscr{A})$. Ist aber $z \in N(\mathscr{A})$, so gilt offenbar auch $z \in N(\mathscr{B}\mathscr{A})$. Also erhalten wir $N(\mathscr{A}) \subset N(\mathscr{B}\mathscr{A})$, woraus die Beziehung

$$R(\mathscr{E} - \mathscr{B}\mathscr{A}) = N(\mathscr{A})$$

folgt. Das ist mit der Aussage, daß die allgemeine Lösung von (4) die Gestalt $(\mathscr{E} - \mathscr{B}\mathscr{A})\, x$ hat, gleichwertig.

b) Ist (3) auflösbar, dann ist eine seiner Lösungen von der Gestalt $x = \mathscr{B}y$. Es folgt $\mathscr{A}x = \mathscr{A}\mathscr{B}y = y$. Umgekehrt ist $x = \mathscr{B}y$ tatsächlich eine Lösung von (3), wenn $\mathscr{A}\mathscr{B}y = y$ erfüllt ist.

c) Die im Satz angegebene Behauptung folgt unmittelbar aus a) und b).

d) Man zerlegt $y = y' + y''$ mit $y' \in R(\mathscr{A})$ und $y'' \in N(\mathscr{A}\mathscr{B})$. Dann ist

$$\mathscr{A}x = \mathscr{A}\mathscr{B}y = \mathscr{A}\mathscr{B}y'.$$

Andererseits ist nach (2; 2.4) $R(\mathscr{A}) = R(\mathscr{2}) = N(\mathscr{E} - \mathscr{2})$, also gilt mit $y' \in R(\mathscr{A})$

auch $y' \in N(\mathscr{E} - \mathscr{Q})$, d. h. $\mathscr{Q}y' = y'$. Deshalb ist $y' \in R(\mathscr{Q}) = R(\mathscr{A}) = R(\mathscr{A}\mathscr{B})$, woraus

$$\mathscr{A}x = \mathscr{A}\mathscr{B}y' = y' = \mathscr{Q}y' + \mathscr{Q}y'' = \mathscr{Q}y$$

folgt. ∎

Aus den bisherigen Überlegungen folgt unmittelbar:

Satz 3. *Für jede innere Inverse $\mathscr{B}$ der linearen Abbildung $\mathscr{A}: X \to Y$ sind $\mathscr{A}\mathscr{B}$ und $\mathscr{B}\mathscr{A}$ Projektoren, und es gelten die folgenden Eigenschaften:*

$$R(\mathscr{A}) \cap N(\mathscr{B}) = \{0\}, \tag{6}$$

$$R(\mathscr{B}\mathscr{A}) \subset R(\mathscr{B}), \tag{7}$$

$$R(\mathscr{A}\mathscr{B}) = R(\mathscr{A}), \tag{8}$$

$$N(\mathscr{B}) \subset N(\mathscr{A}\mathscr{B}), \tag{9}$$

$$N(\mathscr{B}\mathscr{A}) = N(\mathscr{A}), \tag{10}$$

$$X = N(\mathscr{A}) \dot{+} R(\mathscr{B}\mathscr{A}), \qquad Y = R(\mathscr{A}) \dot{+} N(\mathscr{A}\mathscr{B}). \ \blacksquare \tag{11}$$

(7) und (9) können unter Umständen echte Inklusionen sein [NASHED — VOTRUBA, 1976, p. 9—10]. Die aufgezählten Eigenschaften charakterisieren die inneren Inversen [RAO — MITRA 1971, BOULLION — ODELL 1971, DEUTSCH 1971].

Wir sagen, die *lineare* Abbildung $\mathscr{C}$ von Y in X ist eine *äußere Inverse* (manchmal auch *Semi-Inverse* oder *Subinverse*) von $\mathscr{A}$, wenn die Eigenschaft

$$\mathscr{C}\mathscr{A}\mathscr{C} = \mathscr{C} \tag{12}$$

erfüllt ist. Ganz analog wie beim Satz 1 läßt sich beweisen, daß *jeder lineare Operator $\mathscr{A}: X \to Y$ eine äußere Inverse hat* [BERG 1956, 1975].

Die Menge aller äußeren Inversen zu $\mathscr{A}$ werden wir mit $A(\mathscr{A})$ bezeichnen. Man sieht sofort aus den Definitionen, daß die Relation $\mathscr{C} \in A(\mathscr{A})$ äquivalent ist mit $\mathscr{A} \in I(\mathscr{C})$.

Satz 4. *Es sei $\mathscr{A}: X \to Y$ linear, und $\mathscr{C}$ sei eine äußere Inverse von $\mathscr{A}$. Dann gelten folgende Behauptungen:*

a) $\mathscr{A}\mathscr{C}$ *und* $\mathscr{C}\mathscr{A}$ *sind Projektoren,*

b) $R(\mathscr{C}\mathscr{A}) = R(\mathscr{C})$ *und* $R(\mathscr{A}\mathscr{C}) \subset R(\mathscr{A})$,

c) $N(\mathscr{C}) = N(\mathscr{A}\mathscr{C})$ *und* $N(\mathscr{C}\mathscr{A}) \subset N(\mathscr{C})$,

d) $X = R(\mathscr{C}) \dot{+} N(\mathscr{C}\mathscr{A})$, $Y = R(\mathscr{A}\mathscr{C}) \dot{+} N(\mathscr{C})$.

Der Beweis ist sehr einfach, wir überlassen ihn dem Leser. ∎

Die im Satz 4 aufgezählten Eigenschaften charakterisieren die äußeren Inversen [NASHED — VOTRUBA 1976, p. 13—14].

Jeder lineare Operator $\mathscr{G}$, welcher gleichzeitig eine innere und äußere Inverse von $\mathscr{A}: X \to Y$ ist, heißt eine (algebraische) *verallgemeinerte* Inverse von $\mathscr{A}$. Für eine solche gilt demzufolge

$$\mathscr{G} \in I(\mathscr{A}) \cap A(\mathscr{A}). \tag{13}$$

Satz 5. *Jede lineare Transformation* $\mathscr{A}: X \to Y$ *besitzt eine algebraische verallgemeinerte Inverse.*

Beweis. Sind $\mathscr{B}_1$ und $\mathscr{B}_2$ beliebige innere Inversen zu $\mathscr{A}$, dann ist

$$\mathscr{A}(\mathscr{B}_1\mathscr{A}\mathscr{B}_2)\,\mathscr{A} = (\mathscr{A}\mathscr{B}_1\mathscr{A})\,\mathscr{B}_2\mathscr{A} = \mathscr{A}\mathscr{B}_2\mathscr{A} = \mathscr{A}\,,$$

also $\mathscr{B}_1\mathscr{A}\mathscr{B}_2 \in I(\mathscr{A})$. Andererseits gilt

$$(\mathscr{B}_1\mathscr{A}\mathscr{B}_2)\,\mathscr{A}(\mathscr{B}_1\mathscr{A}\mathscr{B}_2) = \mathscr{B}_1(\mathscr{A}\mathscr{B}_2\mathscr{A})\,\mathscr{B}_1\mathscr{A}\mathscr{B}_2 = \mathscr{B}_1(\mathscr{A}\mathscr{B}_1\mathscr{A})\,\mathscr{B}_2 = \mathscr{B}_1\mathscr{A}\mathscr{B}_2\,,$$

also $\mathscr{B}_1\mathscr{A}\mathscr{B}_2 \in A(\mathscr{A})$, d. h., $\mathscr{B}_1\,\mathscr{A}\mathscr{B}_2$ ist eine (algebraische) verallgemeinerte Inverse von $\mathscr{A}$. ∎

Wenn $\mathscr{G}$ eine verallgemeinerte Inverse von $\mathscr{A}$ ist, dann ist auch $\mathscr{A}$ eine verallgemeinerte Inverse von $\mathscr{G}$. Für verallgemeinerte Inversen folgt aus Satz 3 und Satz 4

$$R(\mathscr{A}) = R(\mathscr{A}\mathscr{G}), \quad R(\mathscr{G}\mathscr{A}) = R(\mathscr{G}), \quad N(\mathscr{A}\mathscr{G}) = N(\mathscr{G}), \tag{14}$$
$$N(\mathscr{G}\mathscr{A}) = N(\mathscr{A})$$

$$X = R(\mathscr{G}) \dotplus N(\mathscr{A}), \quad Y = R(\mathscr{A}) \dotplus N(\mathscr{G}). \tag{15}$$

$\mathscr{A}$ ist demzufolge eine eineindeutige Abbildung von $R(\mathscr{G})$ *auf* $R(\mathscr{A})$ und $\mathscr{G}$ eine eineindeutige Transformation von $R(\mathscr{A})$ auf $R(\mathscr{G})$. Außerdem ist $\mathscr{A}\mathscr{G}$ ein (algebraischer) Projektor von Y auf $R(\mathscr{A})$ in der Richtung $N(\mathscr{G})$ und $\mathscr{G}\mathscr{A}$ ein Projektor von X auf $R(\mathscr{G})$ in der Richtung $N(\mathscr{A})$. Daraus folgt:

$$\begin{aligned}&\mathscr{A} \text{ ist surjektiv (d. h. eine Abbildung ,,auf'') genau dann, wenn } \mathscr{G}\\ &\text{rechtsinvers zu } \mathscr{A} \text{ ist, und ist injektiv (d. h. eine eineindeutige} \qquad (16)\\ &\text{Abbildung) genau dann, wenn } \mathscr{G} \text{ linksinvers zu } \mathscr{A} \text{ ist.}\end{aligned}$$

Es sei M ein (algebraischer) Komplementärraum von $N(\mathscr{A})$ in X, d. h.

$$X = N(\mathscr{A}) \dotplus M,$$

und S ein (algebraischer) Komplementärraum von $R(\mathscr{A})$ in Y, d. h.

$$Y = R(\mathscr{A}) \dotplus S.$$

Wir bezeichnen mit $\mathscr{P}$ denjenigen Projektor, welcher der obigen Zerlegung von X zugeordnet ist, und mit $\mathscr{Q}$ den (algebraischen) Projektor, welcher der algebraischen Direktsummenzerlegung von Y entspricht, d. h.

$$R(\mathscr{P}) = N(\mathscr{A}), \qquad N(\mathscr{P}) = M,$$
$$R(\mathscr{Q}) = R(\mathscr{A}), \qquad N(\mathscr{Q}) = S.$$

Ferner sollen

$$\mathscr{U}: M \to X, \qquad \mathscr{V}: R(\mathscr{A}) \to Y$$

injektive Abbildungen bedeuten. Dann gibt es eine *einzige (algebraische) verallgemeinerte Inverse* von $\mathscr{A}$ bezüglich $\mathscr{P}$ und $\mathscr{Q}$, die mit $\mathscr{A}^b$ oder $\mathscr{A}^b_{\mathscr{P}\mathscr{Q}}$ bezeichnet wird und für die $R(\mathscr{A}^b_{\mathscr{P}\mathscr{Q}}) = M$ und $N(\mathscr{A}^b_{\mathscr{P}\mathscr{Q}}) = S$ gilt.

Wenn wir mit $\tilde{\mathscr{A}}$ die Einschränkung von $\mathscr{A}$ auf M bezeichnen ($\tilde{\mathscr{A}} = \mathscr{A}\,|\,M$), dann zeigt die folgende Figur die Konstruktion von $\mathscr{A}^b_{\mathscr{P}\mathscr{Q}}$:

$$
\begin{array}{ccccc}
X & \xrightarrow{\;\mathscr{A}\;} & Y & \xrightarrow{\;\mathscr{A}^b_{\mathscr{P}\mathscr{Q}}\;} & X \\[2pt]
\mathscr{U}\Big\updownarrow\mathscr{E}-\mathscr{P} & & \mathscr{V}\Big\updownarrow\mathscr{Q} & & \mathscr{U}\Big\updownarrow\mathscr{E}-\mathscr{P} \\[2pt]
M & \xrightarrow{\;\tilde{\mathscr{A}}\;} & R(\mathscr{A}) & \xrightarrow{\;\tilde{\mathscr{A}}^{-1}\;} & M
\end{array}
$$

Die algebraische verallgemeinerte Inverse $\mathscr{A}^b_{\mathscr{P}\mathscr{Q}}$ ist somit durch

$$\mathscr{A}^b = \mathscr{A}^b_{\mathscr{P}\mathscr{Q}} = \mathscr{U}\tilde{\mathscr{A}}^{-1}\mathscr{Q} \tag{17}$$

gegeben. Man überzeugt sich leicht, daß die Beziehungen

$$\mathscr{A}\mathscr{A}^b\mathscr{A} = \mathscr{A}, \quad \mathscr{A}^b\mathscr{A}\mathscr{A}^b = \mathscr{A}^b, \quad \mathscr{A}^b\mathscr{A} = \mathscr{U}(\mathscr{E}-\mathscr{P}), \quad \mathscr{A}\mathscr{A}^b = \mathscr{V}\mathscr{Q},$$

gelten, und es ist nicht schwer nachzuprüfen, daß eine verallgemeinerte Inverse mit obigen Eigenschaften eindeutig bestimmt ist. Falls $\mathscr{A}^{-1}$ vorhanden ist, sieht man auch sofort, daß

$$R(\mathscr{A}) = Y, \quad \mathscr{V} = \mathscr{E}, \quad \mathscr{Q} = \mathscr{E}, \quad \mathscr{U} = \mathscr{E}, \quad \mathscr{P} = 0$$

gilt, und wir erhalten $\mathscr{A}^{-1} = \mathscr{A}^b$. Wir können immer annehmen, daß $\mathscr{U} = \mathscr{E}\,|\,M$, $\mathscr{V} = \mathscr{E}\,|\,R(\mathscr{A})$ ist, dann gelten die folgenden charakteristischen Gleichungen für $\mathscr{A}^b$:

$$\mathscr{A}\mathscr{A}^b\mathscr{A} = \mathscr{A}, \quad \mathscr{A}^b\mathscr{A}\mathscr{A}^b = \mathscr{A}^b, \quad \mathscr{A}^b\mathscr{A} = \mathscr{E}-\mathscr{P}, \quad \mathscr{A}\mathscr{A}^b = \mathscr{Q} \tag{18}$$

(aus der letzten Gleichung in (18) folgt die erste).

Die Operatorengleichungen

$$\mathscr{A}\mathscr{G} = \mathscr{Q}, \quad \mathscr{G}\mathscr{A} = \mathscr{E}-\mathscr{P}$$

sind immer auflösbar und haben sogar unendlich viele Lösungen. Wenn zusätzlich auch noch die Gleichung

$$\mathscr{G}\mathscr{A}\mathscr{G} = \mathscr{G}$$

erfüllt ist, dann gibt es genau eine Auflösung, und diese ist die algebraische verallgemeinerte Inverse [NASHED — VOTRUBA 1976, p. 17].

Aus der vierten und der zweiten Gleichung in (18) folgt $\mathscr{A}^b\mathscr{A}\mathscr{A}^b = \mathscr{A}^b\mathscr{Q} = \mathscr{A}^b$, somit ist

$$\mathscr{A}^b(\mathscr{E} - \mathscr{Q}) = 0. \tag{19}$$

Analog erhalten wir aus der zweiten und der dritten Beziehung in (18) $\mathscr{A}^b\mathscr{A}\mathscr{A}^b = \mathscr{A}^b - \mathscr{P}\mathscr{A}^b = \mathscr{A}^b$ und daher

$$\mathscr{P}\mathscr{A}^b = 0. \tag{20}$$

Die erste und die dritte Gleichung in (18) führt zu

$$\mathscr{A}\mathscr{P} = 0 \tag{21}$$

und analog die vierte und die erste Gleichung zu

$$(\mathscr{E} - \mathscr{Q})\,\mathscr{A} = 0. \tag{22}$$

Setzt man schließlich für $\mathscr{Q}$ den Projektor $\mathscr{E} - \mathscr{Q}$, so genügt die (algebraische) verallgemeinerte Inverse den Gleichungen

$$\mathscr{A}^{b}\mathscr{A} = \mathscr{E} - \mathscr{P}, \quad \mathscr{A}\,\mathscr{A}^{b} = \mathscr{E} - \mathscr{Q}, \quad \mathscr{P}\mathscr{A}^{b} = 0, \quad \mathscr{A}^{b}\mathscr{Q} = 0, \tag{23}$$

ferner ist

$$\mathscr{A}\mathscr{P} = 0, \quad \mathscr{Q}\mathscr{A} = 0. \tag{24}$$

Im Fall $\mathscr{P} = \mathscr{Q} = 0$ wird aus (23)

$$\mathscr{A}^{b}\mathscr{A} = \mathscr{A}\,\mathscr{A}^{b} = \mathscr{E}\,,$$

d. h., die verallgemeinerte Inverse geht über in die Inverse.

Ist weiter $X = Y$ und $\mathscr{P} = \mathscr{Q}$, dann wird in der Algebra der linearen Operatoren, welche X in sich abbilden, aus der verallgemeinerten Inversen $\mathscr{A}^{b}$ die Pseudoinverse $\mathscr{A}^{\#}$.

In den weiteren Ausführungen (insbesondere in 2.8.) werden wir zusätzlich voraussetzen, daß X und Y Banachräume und $\mathscr{P}$ und $\mathscr{Q}$ beschränkte Operatoren sind. In diesen Fällen werden wir $\mathscr{A}^{b}$ kurz als *verallgemeinerte Inverse* bezeichnen.

2.5.2.   Die topologischen verallgemeinerten Inversen

In 2.5.1. haben wir keine topologischen Betrachtungen angestellt. Es seien diesmal X und Y lineare topologische Räume. $\mathscr{A}$ bezeichne einen linearen Operator $\mathscr{A}: X \to Y$ mit der Eigenschaft, daß $\overline{R(\mathscr{A})}$ (die Abschließung des Wertebereiches von $\mathscr{A}$ in Y) einen topologischen Komplementärraum S in Y besitzt, d. h.

$$Y = \overline{R(\mathscr{A})} \oplus S. \tag{1}$$

Es sei nun $\mathscr{Q}$ ein (topologischer) Projektor, welcher den Raum Y auf $\overline{R(\mathscr{A})}$ in der Richtung S projiziert. Man setze

$$Y_{\mathscr{Q}} := R(\mathscr{A}) \dotplus S = R(\mathscr{A}) \dotplus N(\mathscr{A}). \tag{2}$$

$Y_{\mathscr{Q}}$, betrachtet als ein linearer topologischer Raum, ist in Y dicht. Es sei $\widetilde{\mathscr{Q}} := \mathscr{Q}|Y_{\mathscr{Q}}$; dann kann man $\widetilde{\mathscr{Q}}$ als einen algebraischen Projektor auffassen, welcher $Y_{\mathscr{Q}}$ in $R(\mathscr{A})$ projiziert. Es sei $\mathscr{B}_{\widetilde{\mathscr{Q}}}$ eine algebraische innere Inverse von $\mathscr{A}$, für welche $\mathscr{A}\mathscr{B}_{\widetilde{\mathscr{Q}}} = \widetilde{\mathscr{Q}}$, d. h. $\mathscr{A}\mathscr{B}_{\widetilde{\mathscr{Q}}} = \mathscr{Q}$ auf $Y_{\mathscr{Q}}$ gilt. Einen Operator wie $\mathscr{B}_{\widetilde{\mathscr{Q}}}$ werden wir eine *topologische innere Rechtsinverse zu* $\mathscr{A}$ *bezüglich* $\mathscr{Q}$ nennen und mit $\mathscr{A}_{r}^{-} = \mathscr{A}_{r,\mathscr{Q}}^{-}$ bezeichnen. Mit unserer Überlegung haben wir die folgende Behauptung bewiesen:

Satz 1. *Es sei* $\mathscr{A}: X \to Y$ *ein linearer Operator, welcher den linearen Raum* X *in den linearen topologischen Raum* Y *abbildet.* $\overline{R(\mathscr{A})}$ *besitze einen topologischen Komplementärraum, und derjenige stetige Projektor, welcher* Y *auf* $\overline{R(\mathscr{A})}$ *abbildet, sei* $\mathscr{Q}$. *Dann ist* $N(\mathscr{Q})$ *der topologische Komplementärraum von* $\overline{R(\mathscr{A})}$. *Behauptung: Es existiert ein linearer Operator* $\mathscr{A}_{r}^{-} = \mathscr{A}_{r,\mathscr{Q}}^{-}$ *(die topologische innere Rechtsinverse zu* $\mathscr{A}$ *bezüglich* $\mathscr{Q}$*)*

so, daß

$$\mathscr{A}^-_{r,\mathscr{Q}} : R(\mathscr{A}) \oplus N(\mathscr{Q}) \to X,$$

$$\mathscr{A}\,\mathscr{A}^-_{r,\mathscr{Q}}\mathscr{A} = \mathscr{A} \ \textit{auf}\ X, \tag{3}$$

$$\mathscr{A}\,\mathscr{A}^-_{r,\mathscr{Q}} = \mathscr{Q} \ \textit{auf}\ R(\mathscr{A}) \oplus N(\mathscr{Q}). \ \blacksquare$$

In Satz 1 wurde mit Recht formuliert, daß X ein beliebiger linearer Raum (ohne Topologie) ist, da in den obigen Überlegungen die Topologie in X überhaupt nicht vorkommt.

Es sei jetzt X ein linearer topologischer Raum und Y (vorläufig) ein beliebiger linearer Raum. Ferner sei $D(\mathscr{A}) \subset X$. $\mathscr{B}$ bezeichne diesmal eine innere Inverse von $\mathscr{A}$ mit der Eigenschaft, daß $\mathscr{B}\mathscr{A}$ eine Erweiterung zu einem (stetigen) Projektor $\mathscr{E} - \mathscr{P} \in \mathfrak{B}(X, X)$ besitzt mit

$$R(\mathscr{E} - \mathscr{P}) = \overline{R(\mathscr{B}\mathscr{A})}$$

(die Abschließung ist in X zu verstehen). $\mathscr{B}$ wird eine *topologische innere Linksinverse* genannt und mit $\mathscr{A}_l^- = \mathscr{A}_{l,\mathscr{P}}^-$ bezeichnet.

Es soll darauf hingewiesen sein, daß eine topologische innere Linksinverse nicht immer vorhanden ist. Ein wichtiges Kriterium für die Existenz einer solchen ist in der Arbeit [NASHED — VOTRUBA 1976, p. 32, Theorem 2.7] gegeben. Sein Beweis würde hier zu weit führen. Aus dem zitierten Satz ergibt sich: *Gilt $\mathscr{A} \in \mathfrak{B}(H, Y)$, wobei H ein Hilbertraum und Y ein linearer Raum ist (beide über $\mathbb{R}$ oder beide über $\mathbb{C}$), dann hat $\mathscr{A}$ eine topologisch innere Linksinverse.*

Jetzt seien sowohl X als auch Y lineare topologische Räume und $\mathscr{A} : X \to Y$ ein linearer Operator. Falls der Operator $\mathscr{B}$ gleichzeitig eine topologische innere Rechtsinverse bezüglich $\mathscr{Q}$ und eine topologische innere Linksinverse bezüglich $\mathscr{P}$ mit der Eigenschaft

$$\mathscr{B}\mathscr{A}\mathscr{B} = \mathscr{B}$$

ist, dann sagen wir, $\mathscr{B}$ ist eine *verallgemeinerte topologische Inverse* von $\mathscr{A}$. Bezeichnung: $\mathscr{B} = \mathscr{A}^+_{\mathscr{P},\mathscr{Q}}$.

Wichtig ist der folgende Satz. Dazu erinnern wir daran, daß eine Abbildung $\mathscr{A} \in \mathfrak{B}(X, Y)$ (X, Y sind lineare topologische Räume) ein *topologischer Homomorphismus* genannt wird, wenn das Bild einer beliebigen offenen Menge $\Omega \subset X$ nach der induzierten Topologie in $\mathscr{A}(X)$ offen ist.

Satz 2. *Es sei $\mathscr{A}$ ein topologischer Homomorphismus, dessen Nullraum einen topologischen Komplementärraum in X und dessen Wertebereich einen topologischen Komplementärraum in Y besitzt. Dann hat $\mathscr{A}$ eine auf dem ganzen Raum Y definierte verallgemeinerte topologische Inverse, welche selbst ein topologischer Homomorphismus ist.*

Dieser Satz stammt von VOTRUBA [s. VOTRUBA 1963] und wurde vorher schon für einen wichtigen speziellen Fall von PIETSCH [s. PIETSCH 1960] bewiesen.

Wir gehen jetzt zu einem für unsere Zwecke wichtigen Spezialfall über. Es seien diesmal X und Y Hilberträume (beide über $\mathbb{R}$ oder über $\mathbb{C}$) und $\mathscr{A} \in \mathfrak{B}(X, Y)$. Der zu

$\mathscr{A}$ adjungierte Operator $\mathscr{A}^*\colon Y \to X$ ist durch die Eigenschaft

$$(\mathscr{A}x, y) = (x, \mathscr{A}^*y) \quad \text{für jedes } x \in X \text{ und jedes } y \in Y$$

definiert. Bekanntlich [z. B. TAYLOR 1958] gilt

$$\overline{R(\mathscr{A})} = N(\mathscr{A}^*)^\perp \quad \text{und} \quad \overline{R(\mathscr{A}^*)} = N(\mathscr{A})^\perp, \tag{4}$$

ferner ist

$$X = N(\mathscr{A}) \oplus N(\mathscr{A})^\perp, \qquad Y = N(\mathscr{A}^*) \oplus N(\mathscr{A}^*)^\perp. \tag{5}$$

(Hier bezeichnet $E^\perp$ das Orthogonalkomplement des Teilraumes E.)

Es sei $\mathscr{Q}$ ein (topologischer) Orthogonalprojektor von Y auf den Teilraum $N(\mathscr{A}^*)^\perp$. Wir betrachten gleichzeitig mit

$$\mathscr{A}x = y \quad (y \in Y) \tag{6}$$

auch die Gleichung

$$\mathscr{A}x = \mathscr{Q}y \quad (y \in Y). \tag{7}$$

Man sieht sofort, daß (7) für *jedes* Element y aus $R(\mathscr{A}) \oplus R(\mathscr{A}^*)$ auflösbar ist, denn es ist $\mathscr{Q}y \in R(\mathscr{A})$. Dagegen besitzt (6) nur dann eine Lösung, wenn $y \in R(\mathscr{A})$ ist.

Ist $\overline{R(\mathscr{A})} = Y$, dann sind die Gleichungen (6) und (7) miteinander äquivalent. In diesem Fall ist nämlich $R(\mathscr{A})^\perp = \{0\}$, also haben (6) und (7) gleichzeitig Lösungen oder nicht. Der Leser kann sich leicht davon überzeugen, daß bei Auflösbarkeit der Gleichungen (6) und (7) die Lösungsmannigfaltigkeiten einander gleich sind.

Es sei jetzt $R(\mathscr{A})$ nicht unbedingt dicht in Y, und wir halten das Element y aus $R(\mathscr{A}) \oplus R(\mathscr{A})^\perp$ fest. Man überzeugt sich leicht davon, daß die Menge

$$\mathfrak{M}_y := \{x \mid x \in X, \, \mathscr{A}x = \mathscr{Q}y\}$$

abgeschlossen und konvex ist. Aus diesem Grund gibt es genau ein x aus $\mathfrak{M}_y$, dessen Norm am kleinsten ist. Das bedeutet, daß es zu jedem Element $y \in R(\mathscr{A}) \oplus R(\mathscr{A})^\perp$ genau ein Element x aus X gibt; wir haben mit diesem Verfahren eine Abbildung $\mathscr{A}^+$ gefunden, welche $R(\mathscr{A}) \oplus R(\mathscr{A})^\perp$ in X eindeutig abbildet. $\mathscr{A}^+$ ist linear, wie man sich leicht überlegt, jedoch nicht unbedingt beschränkt. Ist $R(\mathscr{A})$ abgeschlossen, so ist $\mathscr{A}^+$ für jedes Element von Y definiert.

Wir werden für $\mathscr{A}^+$ eine äquivalente Definition geben. Es sei

$$\mathscr{A}_1 := \mathscr{A}|N(\mathscr{A})^\perp \colon N(\mathscr{A})^\perp \to R(\mathscr{A}), \tag{8}$$

und man setze

$$\gamma(\mathscr{A}) = \gamma := \inf_{\substack{x \neq 0 \\ x \in N(\mathscr{A})^\perp}} \frac{\|\mathscr{A}x\|}{\|x\|}. \tag{9}$$

Es gilt dann folgender Satz:

Satz 3 [PETRYSHYN 1967]. *Die folgenden drei Behauptungen sind miteinander äquivalent:*

(a) $\mathscr{A}_1$ *hat eine beschränkte Inverse.*

(b) $R(\mathscr{A})$ *ist abgeschlossen.*

(c) $\gamma > 0$.

Beweis. (a) $\Rightarrow$ (b). $\mathscr{A}_1$ ist beschränkt. Vorausgesetzt wird jetzt, daß $\mathscr{A}_1{}^{-1}$ existiert und beschränkt ist. Daraus folgt aber durch eine bekannte Schlußweise [s. etwa TAYLOR 1958], daß $D(\mathscr{A}_1{}^{-1}) = R(\mathscr{A}_1) = R(\mathscr{A})$ abgeschlossen ist.

(b) $\Rightarrow$ (c). Angenommen wird, daß $R(\mathscr{A})$ abgeschlossen ist. $\mathscr{A}_1$ ist eine eineindeutige Abbildung von $N(\mathscr{A})^\perp = R(\mathscr{A})$ auf den Teilraum $R(\mathscr{A}_1) = R(\mathscr{A}) = N(\mathscr{A}^*)^\perp$. Also ist $\mathscr{A}_1{}^{-1}$ nach dem Banachschen Satz über den abgeschlossenen Graphen beschränkt, und es existiert somit eine positive Konstante C mit $\|\mathscr{A}_1{}^{-1}y\| \leq C \|y\|$ $\big(y \in R(\mathscr{A})\big)$; daraus folgt

$$\frac{\|\mathscr{A}x\|}{\|x\|} = \frac{\|\mathscr{A}_1 x\|}{\|x\|} \geqq \frac{1}{C} \quad \big(x \in N(\mathscr{A})^\perp,\, x \neq 0\big).$$

Bei Berücksichtigung von (9) ergibt sich (c).

(c) $\Rightarrow$ (a). Aus (8) und (9) folgt nach der Annahme $\gamma > 0$ die Ungleichung $\|\mathscr{A}_1 x\|$ $\geqq \gamma \|x\| \big(x \in N(\mathscr{A})^\perp\big)$. Der Operator $\mathscr{A}_1$ ist somit von unten beschränkt. Daraus folgt, daß $\mathscr{A}_1$ beschränkt invertierbar ist. $\blacksquare$

Ist nun $R(\mathscr{A})$ abgeschlossen (d. h. $\gamma > 0$), dann sieht man sofort, daß der oben definierte Operator $\mathscr{A}^+$ mit

$$\mathscr{A}^+ = \begin{cases} \mathscr{A}_1{}^{-1} & \text{auf} \quad R(\mathscr{A}), \\ 0 & \text{auf} \quad R(\mathscr{A})^\perp \end{cases} \tag{10}$$

identisch ist [BEUTLER 1965].

Wenn $\mathscr{P}$ der (topologische) Projektor von X auf $N(\mathscr{A})^\perp$ ist, sieht man auch unmittelbar, daß

$$\mathscr{P} = \mathscr{A}^+\mathscr{A} \quad \text{und} \quad \mathscr{Q} = \mathscr{A}\mathscr{A}^+ \tag{11}$$

gilt [PETRYSHYN 1967]. Diese Zusammenhänge lassen nach (23; 2.5.1) erkennen, daß $\mathscr{A}^+$ eine (algebraische) verallgemeinerte Inverse von $\mathscr{A}$ darstellt.

Aus (11) ergibt sich

$$\mathscr{A}^+\mathscr{A}\mathscr{A}^+ = \mathscr{A}^+\mathscr{Q}, \tag{12}$$

und aus der Definition von $\mathscr{A}^+$ und $\mathscr{Q}$ folgt $\mathscr{A}^+\mathscr{Q}y = \mathscr{A}^+y$ $(y \in Y)$. Dies zusammen mit (12) führt auf

$$\mathscr{A}^+\mathscr{A}\mathscr{A}^+ = \mathscr{A}^+. \tag{13}$$

Dabei ist $\mathscr{A}^+$ gleichzeitig eine topologische innere Rechtsinverse bezüglich $\mathscr{Q}$ und eine topologische innere Linksinverse bezüglich $\mathscr{P}$. *Deshalb ist der unter* (10) *definierte Operator eine verallgemeinerte topologische Inverse von* $\mathscr{A}$. Seine genauere Bezeichnung wäre $\mathscr{A}^+_{\mathscr{P},\mathscr{Q}}$; wir werden diesen Operator jedoch, da ein Irrtum kaum möglich ist, kurz mit $\mathscr{A}^+$ bezeichnen.

2.6.   Homomorphismen

In 2.5.2 haben wir schon allgemein den Begriff des topologischen Homomorphismus eingeführt. Wir wollen jetzt im Interesse einiger späterer Ausführungen eine Reihe von Sonderfällen näher betrachten.

Es sei X ein Banachraum und Z ein abgeschlossener Teilraum von X. Die Elemente des Quotientenraumes X/Z (vgl. 1.2.) werden wir mit $\hat{x}, \hat{y}, \hat{z}, \ldots$ bezeichnen.

Die Zuordnung $x \to \hat{x}$ bildet eine lineare Abbildung von X in X/Z, welche wir als kanonischen Homomorphismus von X in X/Z bezeichnen werden.

$$\text{\textit{Der kanonische Homomorphismus ist eine stetige Abbildung.}} \tag{1}$$

Um das zu zeigen, genügt es, die Beschränktheit der Abbildung nachzuweisen. Die induzierte Norm in X/Z ist nach (7; 1.2)

$$\|\hat{x}_0\|_{X/Z} = \inf_{x \in \hat{x}_0} \|x\|_X = \|x_0\|_X.$$

Man sieht:

$$\text{\textit{Die Norm eines kanonischen Homomorphismus ist nicht größer als 1.}} \tag{2}$$

Wir werden jetzt dem beliebigen Operator $\mathscr{A} \in \mathfrak{B}(X, Y)$, wobei X und Y Banachräume sind, einen Operator $\hat{\mathscr{A}} : X/Z \to Y$ zuordnen. Dabei bedeutet Z einen (nicht unbedingt echten) Teilraum von $N(\mathscr{A})$. $\hat{\mathscr{A}}$ wird durch die Vorschrift

$$\hat{\mathscr{A}}\hat{x} = \mathscr{A}x \quad (x \in X) \tag{3}$$

erklärt. $\hat{\mathscr{A}}$ soll *zugeordneter Operator* genannt werden.

In den folgenden Ausführungen wollen wir den Zusammenhang zwischen dem Operator $\mathscr{A}$ und seinem zugeordneten Operator $\hat{\mathscr{A}}$ untersuchen.

Satz 1. *Der lineare Operator $\mathscr{A} : X \to Y$ ist genau dann beschränkt, wenn der zugeordnete Operator $\hat{\mathscr{A}}$ beschränkt ist. Es gilt dann*

$$\|\mathscr{A}\| = \|\hat{\mathscr{A}}\|. \tag{4}$$

Beweis. a) Zuerst sei $\mathscr{A}$ beschränkt. Wir wählen $x_0 \in X$ und $x \in \hat{x}_0$ beliebig. Dann ist $x - x_0 \in Z \subset N(\mathscr{A})$, woraus $\mathscr{A}(x - x_0) = 0$ folgt. Für jedes $x \in \hat{x}_0$ gilt also

$$\mathscr{A}x = \mathscr{A}x_0. \tag{5}$$

Wir betrachten jetzt die Elementenfolge $\{x_n\}$ mit $x_n \in \hat{x}_0$ ($n = 1, 2, 3, \ldots$), so daß

$$\lim_{n \to \infty} \|x_n\| = \|\hat{x}_0\|$$

ist. Dann gilt nach (5) $\|\hat{\mathscr{A}}\hat{x}_0\| = \|\mathscr{A}x_0\| = \|\mathscr{A}x_n\| \leq \|\mathscr{A}\|\,\|x_n\|$, daher folgt $\|\hat{\mathscr{A}}\hat{x}_0\| \leq \|\mathscr{A}\|\,\|x_0\|$, d. h., $\hat{\mathscr{A}}$ ist beschränkt, und es gilt

$$\|\hat{\mathscr{A}}\| \leq \|\mathscr{A}\|. \tag{6}$$

b) Es sei jetzt $\hat{\mathscr{A}}$ beschränkt. Dann gilt

$$\|\mathscr{A}x_0\| = \|\hat{\mathscr{A}}\hat{x}_0\| \leq \|\hat{\mathscr{A}}\|\,\|x_0\| \leq \|\hat{\mathscr{A}}\|\,\|x\|, \tag{7}$$

da $\|\hat{x}_0\| \leqq \|x\|$ ist. Daraus ergibt sich

$$\|\mathscr{A}\| \leqq \|\tilde{\mathscr{A}}\|. \tag{8}$$

Aus (6) und (8) folgt (4). ∎

Die Gleichung (5) weist darauf hin, daß die Definition (3) eindeutig ist; der Wert von $\mathscr{A}x$ (und damit der von $\hat{\mathscr{A}}\hat{x}$) hängt nicht von der Wahl des Elementes x aus der Klasse $\hat{x}$ ab.

Der Operator $\hat{\mathscr{A}}$ vermittelt eine eineindeutige Abbildung des Raumes $X/N(\mathscr{A})$ in Y. Aus $\hat{\mathscr{A}}\hat{x} = 0$ ergibt sich nämlich $\mathscr{A}x = 0$ für jedes $x \in \hat{x}$, d. h., es gilt $x \in N(\mathscr{A})$, was mit $\hat{x} = \hat{0}$ gleichbedeutend ist. Daher ist $\alpha(\hat{\mathscr{A}}) = 0$, und $\hat{\mathscr{A}}$ ist demzufolge invertierbar (s. 2.3.).

Es sei jetzt $\mathscr{A} \in \mathfrak{B}(X, Y)$ so beschaffen, daß $\mathscr{A}$ den Raum X auf Y abbildet und $\hat{\mathscr{A}}$ beschränkt invertierbar ist. Dann heißt $\mathscr{A}$ ein *Homomorphismus* des Raumes X auf Y, die Räume X und Y *homomorph*.

Ein Homomorphismus zwischen Banachräumen läßt sich auch ohne Heranziehen des Operators $\hat{\mathscr{A}}$ charakterisieren:

Satz 2. *Eine lineare Abbildung $\mathscr{A} : X \to Y$ ist genau dann ein Homomorphismus, falls folgende Bedingungen erfüllt sind:*

$1^0.\ R(\mathscr{A}) = Y,$

$2^0.\ \mathscr{A}$ *ist durch ein $m > 0$ von unten beschränkt.*

Beweis. a) Wir nehmen zunächst an, daß $\mathscr{A}$ ein Homomorphismus ist. Dann hat $\mathscr{A}$ nach Definition die Eigenschaft 1^0. Wir wählen zu einem $y \in Y$ ein Element $x \in \hat{x} = \hat{\mathscr{A}}^{-1}(y)$ so, daß $2\,\|\hat{x}\| \geq \|x\|$ gilt. Die Möglichkeit einer solchen Wahl des Elements x wurde unter (8; 1.2) gezeigt.

Daraus folgt

$$\|x\| \leqq 2\,\|\hat{x}\| = 2\,\|\hat{\mathscr{A}}^{-1}(y)\| = 2\,\|\hat{\mathscr{A}}^{-1}\|\,\|y\|,$$

weshalb wegen $y = \hat{\mathscr{A}}\hat{x} = \mathscr{A}x$ auch 2^0 mit $m = \dfrac{1}{2}\,\|\hat{\mathscr{A}}^{-1}\|$ erfüllt ist.

b) Genügt $\mathscr{A}$ umgekehrt den Bedingungen 1^0 und 2^0, dann ergibt sich aus 1^0 die Beziehung $R(\hat{\mathscr{A}}) = Y$. Wir betrachten ein beliebiges Element $\hat{x} \in X/N(\mathscr{A})$. Zu $y := \hat{\mathscr{A}}\hat{x}$ existiert ein Element $x \in X$ mit $y = \mathscr{A}x$ (auf Grund von 1^0). Aus

$$\hat{\mathscr{A}}\hat{x} = \mathscr{A}x = y$$

folgt aus der Eindeutigkeit von $\hat{\mathscr{A}}$, daß $x \in \hat{x}$ ist. Damit gilt

$$\|\hat{\mathscr{A}}\hat{x}\| = \|y\| \geqq m\,\|x\| \geqq m\,\|\hat{x}\|.$$

$\hat{\mathscr{A}}$ ist demzufolge von unten beschränkt, woraus $\alpha(\hat{\mathscr{A}}) = 0$ folgt. Dies, zusammen mit $R(\hat{\mathscr{A}}) = Y$, sichert die beschränkte Invertierbarkeit von $\hat{\mathscr{A}}$. ∎

Man sieht aus Satz 2, daß $\mathscr{A}^{-1}$ beschränkt, also stetig ist. Somit erweist sich das Bild einer offenen Menge in X im Raum Y als offen in Übereinstimmung mit der n 2.5.2. gegebenen allgemeinen Definition.

Man erkennt auch sofort, daß der kanonische Homomorphismus ein besonderer Homomorphismus ist, wobei sich die Räume X und X/Z als homomorph erweisen (Z ist ein abgeschlossener Teilraum von X). Wenn wir den kanonischen Homomorphismus mit $\mathscr{H}$ bezeichnen, dann ist $\hat{\mathscr{H}} = \mathscr{E}$ im Raum X/Z.

Wir erinnern den Leser an die folgende wohlbekannte Begriffsbildung: Es sei X irgendein metrischer Raum und P eine Teilmenge in X. Die Menge P heißt eine *Menge erster Kategorie*, wenn sie die Vereinigung von abzählbar vielen in X nirgends dichten Mengen ist (z. B. ist die Menge der rationalen Zahlen eine Menge erster Kategorie in $\mathbb{R}$). Jede Menge, die nicht von erster Kategorie ist, heißt eine *Menge zweiter Kategorie*. In einem vollständigen Raum ist die Komplementärmenge einer Menge erster Kategorie von zweiter Kategorie (die Menge aller Irrationalzahlen ist von zweiter Kategorie).

Sehr wichtig ist der folgende, auf S. BANACH zurückgehende Satz.

Satz 3. *Ist für einen linearen Operator* $\mathscr{A} : X \to Y$ *der Wertebereich* $R(\mathscr{A})$ *eine Menge von zweiter Kategorie in* Y, *so ist* $\mathscr{A}$ *ein Homomorphismus des Raumes* X *auf* Y.

Trotz der Bedeutung dieses Satzes müssen wir hier auf seinen Beweis verzichten [s. etwa KANTOROWITSCH — AKILOW 1964, p. 382].

2.7. Duale Operatoren

Es seien X und Y Banachräume; ihre Dualräume werden wir mit X' bzw. Y' bezeichnen. Wir werden dem Operator $\mathscr{A} \in \mathfrak{B}(X, Y)$ durch die Beziehung

$$(\mathscr{A}'g)\,(x) = g(\mathscr{A}x) \quad (g \in Y',\, x \in X) \tag{1}$$

einen weiteren Operator $\mathscr{A}' : Y' \to X'$ zuordnen, den wir den *dualen Operator* nennen. Man sieht sofort, daß

$$\|\mathscr{A}\| \geqq \|\mathscr{A}'\| \tag{2}$$

gilt, woraus $\mathscr{A}' \in \mathfrak{B}(Y', X')$ folgt. Es gilt ferner

$$(\alpha\mathscr{A} + \beta\mathscr{B})' = \alpha\mathscr{A}' + \beta\mathscr{B}' \quad \left(\mathscr{A}, \mathscr{B} \in \mathfrak{B}(X, Y);\, \alpha, \beta \in \mathbb{C}\right). \tag{3}$$

Ist $\mathscr{A} \in \mathfrak{B}(Y, Z)$ und $\mathscr{B} \in \mathfrak{B}(X, Y)$, dann läßt sich leicht beweisen, daß

$$(\mathscr{A}\mathscr{B})' = \mathscr{B}'\mathscr{A}' \tag{4}$$

gilt.

Wir wollen zunächst einige Beispiele betrachten.

Das *Dual* des Nulloperators 0 ist der Nulloperator des Raumes $\mathfrak{B}(Y', X')$, und das Dual des Identitätsoperators $\mathscr{E}$ des Raumes $\mathfrak{B}(X, X)$ ist der Identitätsoperator von $\mathfrak{B}(X', X')$. Von der Richtigkeit dieser Aussagen kann sich der Leser leicht überzeugen.

Jetzt seien X und Y endlichdimensionale Räume mit der Dimension μ bzw. ν.

Bekanntlich läßt sich in diesem Fall jeder Operator $\mathscr{A} \in \mathfrak{B}(X, Y)$ durch eine $\nu \times \mu$-Matrix

$$\mathfrak{a} = \begin{bmatrix} a_{11} & \dots & a_{1\mu} \\ \vdots & & \vdots \\ a_{\nu 1} & \dots & a_{\nu\mu} \end{bmatrix}$$

eindeutig charakterisieren, so daß

$$y = \mathscr{A}(x) = \mathfrak{a}x$$

mit $x = (\xi_1, \dots, \xi_\mu) \in X$ und $y = (\eta_1, \dots, \eta_\nu) \in Y$ gilt. Weiter sei $g \in Y'$. Das Funktional g hat die Gestalt

$$g(y) = \sum_{k=1}^{\nu} g_k \eta_k.$$

Dann ist

$$g(\mathscr{A}x) = \sum_{k=1}^{\nu} g_k \eta_k = \sum_{k=1}^{\nu} g_k \sum_{i=1}^{\mu} a_{ki} \xi_i = \sum_{i=1}^{\mu} \left(\sum_{k=1}^{\nu} a_{ki} g_k \right) \xi_i$$

$$= \sum_{i=1}^{\mu} \left(\sum_{k=1}^{\nu} a'_{ik} g_k \right) \xi_i = (\mathscr{A}'g)\,(x),$$

wobei $\mathscr{A}' : Y' \to X'$ ein linearer Operator ist, der durch die Matrix

$$\mathfrak{a}' = \begin{bmatrix} a_{11} & a_{21} & \dots & a_{\nu 1} \\ \vdots & \vdots & & \vdots \\ a_{1\mu} & a_{2\mu} & \dots & a_{\nu\mu} \end{bmatrix}$$

dargestellt wird.

Aus der Definition des dualen Operators folgt

$$\begin{aligned} R(\mathscr{A})^{\perp} &= \{g \mid g \in Y', g(y) = 0, y \in R(\mathscr{A})\} \\ &= \{g \mid g \in Y', g(\mathscr{A}x) = 0, x \in X\} \\ &= \{g \mid g \in Y', \mathscr{A}'g = 0\} = N(\mathscr{A}'). \end{aligned} \tag{5}$$

Wir definieren nun den *Defekt* $\beta(\mathscr{A})$ eines Operators $\mathscr{A} \in \mathfrak{B}(X, Y)$ als die Co-dimension seines Wertebereiches:

$$\beta(\mathscr{A}) = \dim R(\mathscr{A})^{\perp}. \tag{6}$$

Aus (5) ergibt sich unmittelbar

$$\beta(\mathscr{A}) = \alpha(\mathscr{A}'). \tag{7}$$

Die Differenz

$$\varkappa(\mathscr{A}) = \alpha(\mathscr{A}) - \beta(\mathscr{A}) = \alpha(\mathscr{A}) - \alpha(\mathscr{A}') \tag{8}$$

spielt eine wichtige Rolle in der Theorie der linearen Operatoren. Sie wird der *Index* des Operators $\mathscr{A}$ genannt.

Wir kommen nun zu einigen wichtigen Aussagen über duale Operatoren.

Satz 1. *Es sei $\mathscr{A} \in \mathfrak{B}(X, Y)$ und $\mathscr{A}'$ sein dualer Operator. Für die Lösbarkeit der Gleichung*

$$\mathscr{A}'g = f \tag{9}$$

bei beliebigem $f \in X'$ ist die Existenz einer beschränkten Linksinversen von $\mathscr{A}$, d. h. eines Operators $\mathscr{B} \in \mathfrak{B}(Y, X)$ mit $\mathscr{B}\mathscr{A} = \mathscr{E}$ notwendig und hinreichend.

Beweis. a) Die Gleichung (9) lasse sich für jedes $f \in X'$ auflösen, das bedeutet mit anderen Worten $R(\mathscr{A}') = X'$. Wir betrachten ein beliebiges Element $x \in X$, $x \neq 0$. Dann gibt es nach dem Satz 3; 2.2 ein Funktional $f \in X'$ mit

$$f(x) = \|x\|, \quad \|f\| = 1.$$

Der Operator $\mathscr{A}'$ bildet einen Homomorphismus, deshalb existiert nach Satz 2; 2.6 ein Element $g \in Y'$ mit $\mathscr{A}'g = f$ und $\|g\| \leq m \|f\| = m$, wobei m nicht von f, also auch nicht von x abhängt. Damit erhalten wir

$$\|x\| = f(x) = g(\mathscr{A}x) \leq \|g\| \|\mathscr{A}x\| \leq m \|\mathscr{A}x\|,$$

d. h.

$$\|\mathscr{A}x\| \geq \frac{1}{m} \|x\| \quad (x \in X).$$

$\mathscr{A}$ ist somit von unten beschränkt. Nach Satz 5; 2.3 folgt die Existenz einer linearen, beschränkten Linksinversen von $\mathscr{A}$.

b) Es sei $f_0 \in X'$ beliebig gewählt und $\mathscr{B}$ die nach Voraussetzung existierende beschränkte Linksinverse von $\mathscr{A}$. Wir definieren durch die Gleichung

$$g(y) = f_0(\mathscr{B}y) \quad \big(y \in R(\mathscr{A})\big)$$

auf der Menge $R(\mathscr{A})$ ein offensichtlich lineares und beschränktes Funktional g und erweitern dieses zu einem Funktional $g_0 \in Y'$. Wegen $\mathscr{A}x \in R(\mathscr{A})$ für beliebiges $x \in X$ ergibt sich

$$(\mathscr{A}'g_0)(x) = g_0(\mathscr{A}x) = g(\mathscr{A}x) = f_0(\mathscr{B}\mathscr{A}x) = f_0(x),$$

d. h. $\mathscr{A}'g_0 = f_0$. Die Gleichung (9) ist also für jede rechte Seite auflösbar. ∎

Satz 2. *Es sei $\mathscr{A} \in \mathfrak{B}(X, Y)$. Für die Auflösbarkeit der Gleichung*

$$\mathscr{A}x = y \tag{10}$$

bei beliebigem $y \in Y$ ist notwendig und hinreichend, daß der duale Operator $\mathscr{A}'$ eine beschränkte Linksinverse $\mathscr{C}' \in \mathfrak{B}(X', Y')$ besitzt.

Dem Beweis schicken wir einige Bemerkungen voraus.

Für ein festes $x \in X$ sei $\mathscr{F}_x$ ein lineares und stetiges Funktional über dem Raum X', welches durch folgende Vorschrift erklärt ist:

$$\mathscr{F}_x(f) = f(x). \tag{11}$$

Es gilt also $\mathscr{F}_x \in X''$.

Wir bezeichnen mit $\mathscr{A}''$ das Dual von $\mathscr{A}'$, d. h. $\mathscr{A}'' = (\mathscr{A}')'$. Für ein beliebiges

$g \in Y'$ gilt auf Grund von (11)

$$\mathscr{A}''(\mathscr{F}_x)(g) = \mathscr{F}_x(\mathscr{A}'g) = (\mathscr{A}'g)(x) = g(\mathscr{A}x) = \mathscr{G}_{\mathscr{A}x}(g),$$

wobei analog zu (11)

$$\mathscr{G}_y(g) = g(y) \quad \text{für jedes} \quad g \in Y' \quad \text{und} \quad y \in Y$$

ist. Wir haben damit folgendes Ergebnis erhalten:

$$\mathscr{A}''(\mathscr{F}_x) = \mathscr{G}_{\mathscr{A}x} \quad \text{für jedes} \quad x \in X. \tag{12}$$

Beweis von Satz 2. a) Wir beweisen zunächst die Notwendigkeit. Der Beweis läuft analog zu dem Beweis von Satz 1. Man wähle ein $y \in Y$ mit $\|y\| = 1$. Dann gibt es nach Satz 4; 2.3 ein Element $x \in X$, für das $\mathscr{A}x = y$, $\|x\| \leqq m\|y\| \leqq m$ gilt. Ist weiter $g \in Y'$ und $f = \mathscr{A}'g$, so folgt

$$|g(y)| = |g(\mathscr{A}x)| = |f(x)| \leqq \|f\|\,\|x\| \leqq m\,\|f\|.$$

Durch Bildung des Supremums der linken Seite dieser Beziehung bezüglich aller y mit $\|y\| \leqq 1$ erhalten wir wegen der Unabhängigkeit der Konstanten m von y

$$\|g\| = \sup_{\|y\| \leqq 1} |g(y)| \leqq m\,\|f\| = m\,\|\mathscr{A}'g\|.$$

Daraus folgt $\left[\|\mathscr{A}'g\| \geqq \dfrac{1}{m}\,\|g\|\right]$, was nach der schon früher zitierten Tatsache die Existenz einer Linksinversen $\mathscr{C}'$ sichert.

b) Wir beweisen jetzt die Hinlänglichkeit. Diesen Teil des Beweises führen wir nur für den Fall, daß X reflexiv ist, jedoch gilt die Behauptung auch ohne diese zusätzliche Voraussetzung (einen Beweis für den allgemeinen Fall s. etwa [Kantorowitsch — Akilow 1964, p. 390]). Für unsere Zwecke bedeutet jedoch die eben gemachte Einschränkung keinen Nachteil, da die hier betrachteten Räume immer reflexiv sind.

Durch Anwendung des Satzes 1 auf den Operator $\mathscr{A}'$ folgt dann $R(\mathscr{A}'') = Y''$, d. h., die Gleichung

$$\mathscr{A}''x = y \quad \left(\mathscr{A}'' = (\mathscr{A}')'\right)$$

hat im Raum X'' für jedes $y \in Y''$ eine Lösung. Da X nach Voraussetzung reflexiv ist (d. h. $X'' = X$), finden wir zu jedem Element $\mathscr{G}_y$ $(y \in Y)$ ein Element $x \in X$ mit

$$\mathscr{A}''(\mathscr{F}_x) = \mathscr{G}_y. \tag{13}$$

Also gilt wegen (12) $\mathscr{A}x = y$, womit die Behauptung bewiesen ist. ∎

Aus den Sätzen 1 und 2 ergibt sich:

Satz 3. *Der inverse Operator $\mathscr{A}^{-1} \in \mathfrak{B}(Y, X)$ zu $\mathscr{A} \in \mathfrak{B}(X, Y)$ existiert genau dann, wenn $(\mathscr{A}')^{-1} \in \mathfrak{B}(X', Y')$ existiert. Es besteht die Beziehung*

$$(\mathscr{A}')^{-1} = (\mathscr{A}^{-1})'. \tag{14}$$

Beweis. Nach den Sätzen 1 und 2 bleibt nur noch (14) zu beweisen. Für $f \in X'$

und $g = (\mathscr{A}^{-1})'\,(f)$ folgt

$$g(y) = f(\mathscr{A}^{-1}y) = f(x) \quad (y = \mathscr{A}x \in Y)\,.$$

Andererseits erhalten wir für $g_1 = \mathscr{A}'^{-1}(f)$, d. h. $f = \mathscr{A}'(g_1)$, die Beziehung

$$f(x) = g_1(\mathscr{A}x) = g_1(y) \quad (x = \mathscr{A}^{-1}y \in X)\,.$$

Die Funktionale g und g_1 sind also identisch. Mit anderen Worten gilt

$$(\mathscr{A}^{-1})\,(f) = (\mathscr{A}')^{-1}\,(f)$$

für jedes $f \in X'$. ∎

Wir werden jetzt die folgenden Mengentransformationen einführen:

a) Es sei $U \subseteq X$. Dieser Menge wird durch folgende Vorschrift die Menge $[U]_0''$ $\subset X$ zugeordnet:

$$[U]_0'' = \{g \mid g \in X'' : g(f) = f(x),\, f \in X',\, x \in U\}\,.$$

$U]_0''$ ist also eine Teilmenge aller Funktionale von der Gestalt (11).

b) Der Menge $V \subset X'$ ordnen wir die Menge $V_\perp \subset X$ durch die Vorschrift

$$V_\perp = \{x \mid x \in X : x(f) \equiv f(x) = 0,\, f \in V\} \qquad (\subseteq X)$$

zu. Offensichtlich gilt

$$[V_\perp]_0'' = V^\perp \cap [X]_0''\,. \tag{15}$$

Mit Hilfe dieser Definitionen beweisen wir den folgenden Satz.

Satz 4. *Wenn für einen Operator $\mathscr{A}$ der Raum $R(\mathscr{A}')$ abgeschlossen ist, dann gilt*

$$R(\mathscr{A}') = N(\mathscr{A})^\perp\,. \tag{16}$$

Beweis. Ersetzt man in (5) den Operator $\mathscr{A}$ durch $\mathscr{A}'$, so ergibt sich

$$R(\mathscr{A}')^\perp = N(\mathscr{A}'')\,. \tag{17}$$

Wir bilden den Durchschnitt beider Seiten mit $[X]_0''$. Wegen (12) besteht der Durchschnitt $N(\mathscr{A}'') \cap [X]_0''$ aus Funktionalen der Gestalt (11), wobei das erzeugende Element x aus $N(\mathscr{A})$ ist. Es gilt also

$$N(\mathscr{A}'') \cap [X]_0'' = [N(\mathscr{A})]_0''\,.$$

Nach (15) ergibt sich wiederum

$$R(\mathscr{A}')^\perp \cap [X]_0'' = [R(\mathscr{A}')_\perp]_0''\,.$$

Unter Berücksichtigung von (17) erhalten wir

$$[N(\mathscr{A})]_0'' = [R(\mathscr{A}')_\perp]_0'' \quad \text{oder} \quad N(\mathscr{A}) = R(\mathscr{A}')_\perp\,. \tag{18}$$

Aus (5) und der Definition b) sieht man sofort, daß

$$\big(R(\mathscr{A}')_\perp\big)^\perp = R(\mathscr{A}')$$

ist wegen der Abgeschlossenheit von $R(\mathscr{A}')$. Es gilt somit (16). ∎

Zum Schluß werden wir folgenden Satz beweisen:

Satz 5. $R(\mathscr{A})$ *ist genau dann abgeschlossen, wenn* $R(\mathscr{A}')$ *abgeschlossen ist.*

Beweis. Wir betrachten neben dem Operator $\mathscr{A}$ den zugeordneten Operator $\hat{\mathscr{A}}$ wie in (3; 2.6) mit $Z = N(\mathscr{A})$. Wie in Satz 1; 2.6 bewiesen wurde, ist $\hat{\mathscr{A}}$ gemeinsam mit $\mathscr{A}$ linear und beschränkt. Dabei ist $N(\hat{\mathscr{A}}) = \{0\}$, und $\hat{\mathscr{A}}$ ist somit invertierbar. Wenn $R(\mathscr{A})$ abgeschlossen ist, ist offensichtlich auch $R(\hat{\mathscr{A}})$ abgeschlossen. Dann ist aber $\hat{\mathscr{A}}$ nach Satz 2; 2.3 beschränkt invertierbar, d. h. $\hat{\mathscr{A}}^{-1} \in \mathfrak{B}\big(R(\mathscr{A}), X/N(\mathscr{A})\big)$. Daraus folgt auf Grund von Satz 3 die Existenz von

$$(\hat{\mathscr{A}}^{-1})' = (\hat{\mathscr{A}}')^{-1} \in \mathfrak{B}\big((X/N(\mathscr{A}))', R(\mathscr{A})'\big).$$

Andererseits ist aber genauso wie oben $N\big((\hat{\mathscr{A}}')^{-1}\big) = \{0\}$, und da $R(\mathscr{A})'$ abgeschlossen ist, erweist sich $(\hat{\mathscr{A}}')^{-1}$ als beschränkt invertierbar (Satz 2; 2.3). Daraus ergibt sich die Abgeschlossenheit von $R(\mathscr{A}')$, weil $\mathscr{A}' \in \mathfrak{B}(X', R(\mathscr{A}'))$ ist, und wir wenden nochmals den Satz 2; 2.3 an.

Man sieht, daß der obige Gedankengang umkehrbar ist. Wir können auch von $R(\mathscr{A}')$ ausgehen und damit den obigen Beweis wiederholen. ∎

Abschließend sei noch bemerkt, daß aus (18) die Gleichung

$$\beta(\mathscr{A}') = \alpha(\mathscr{A}), \tag{19}$$

folgt; das ist ein zu (7) analoges Ergebnis.

2.8. Fredholmoperatoren. Der allgemeine Alternativsatz

Es seien X und Y Banachräume. Wir bezeichnen einen Operator $\mathscr{A} \in \mathfrak{B}(X, Y)$ als *Fredholmoperator*, wenn

$1^0.$ $R(\mathscr{A})$ abgeschlossen,

$2^0.$ $\alpha(\mathscr{A})$ und $\beta(\mathscr{A})$ endlich $\tag{1}$

sind.

Für einen Fredholmoperator $\mathscr{A}$ ist $N(\mathscr{A})$ nach Definition von endlicher Dimension und hat somit (nach Satz 2; 2.4) einen topologischen Komplementärraum. Aber da auch $\beta(\mathscr{A})$ endlich ist, gilt $\dim R(\mathscr{A})^{\perp} < \infty$, so daß $R(\mathscr{A})$ ebenfalls einen topologischen Komplementärraum besitzt (Satz 3; 2.4). Es existieren deshalb auf Grund von Satz 1; 2.4 Projektoren $\mathscr{P} \in \mathfrak{B}(X, X)$ und $\mathscr{Q} \in \mathfrak{B}(Y, Y)$ mit

$$R(\mathscr{P}) = N(\mathscr{A}), \quad N(\mathscr{Q}) = R(\mathscr{A}). \tag{2}$$

Eine wichtige Eigenschaft der Fredholmoperatoren kommt im folgenden Satz zum Ausdruck:

Satz 1. *Es sei* $\mathscr{A} \in \mathfrak{B}(X, Y)$ *ein Fredholmoperator. Dann existiert die (eindeutig bestimmte) verallgemeinerte Inverse* $\mathscr{A}^{b}$ *von* $\mathscr{A}$ *bezüglich der Projektoren* $\mathscr{P}$ *und* $\mathscr{Q}$ *mit den Eigenschaften wie in* (2).

Die verallgemeinerte Inverse ist hier im Sinn von 2.5.1. zu verstehen. Dem Beweis schicken wir eine Bemerkung voraus. Wenn $\alpha(\mathscr{A}) = 0$ gilt, d. h.

nach (2) dim $R(\mathscr{P}) = 0$, dann ist $\mathscr{P} = 0$. In diesem Fall hat die Gleichung $\mathscr{A}x = y$ für jedes $y \in R(\mathscr{A})$ eine eindeutige Lösung, d. h., $\mathscr{A}$ ist invertierbar. Da andererseits nach 1^0 von (1) $R(\mathscr{A})$ abgeschlossen ist, muß $\mathscr{A}$ nach Satz 2; 2.3 beschränkt invertierbar sein. Es existiert also $\mathscr{A}^{-1}$ aus $\mathfrak{B}(Y, X)$, und es ergibt sich nach (23; 2.5.1)

$$\mathscr{A}^b = \mathscr{A}^{-1}(\mathscr{E} - \mathscr{Q}). \tag{3}$$

Beweis von Satz 1. Wir führen den Beweis in mehreren Schritten.

a) Nach Satz 1; 2.4 ist $X = R(\mathscr{P}) \oplus N(\mathscr{P})$ und daher wegen (2)

$$X = N(\mathscr{A}) \oplus N(\mathscr{P}). \tag{4}$$

Es sei $\mathscr{A}_0$ die Einschränkung von $\mathscr{A}$ auf $N(\mathscr{P})$. Offensichtlich gilt $\mathscr{A}_0 \in \mathfrak{B}\big(N(\mathscr{P}), Y\big)$. Wir zeigen ferner

$$R(\mathscr{A}_0) = R(\mathscr{A}). \tag{5}$$

Ist nämlich x ein beliebiges Element aus X, dann gilt nach (4)

$$x = x' + x'' \quad \text{mit} \quad x' \in N(\mathscr{A}), x'' \in N(\mathscr{P}).$$

Diese Zerlegung ist eindeutig. Aus ihr folgt

$$\mathscr{A}x = \mathscr{A}x' + \mathscr{A}x'' = \mathscr{A}x'' = \mathscr{A}_0 x'',$$

also ist $R(\mathscr{A}) \subset R(\mathscr{A}_0)$. Genauso sieht man die Gültigkeit von $R(\mathscr{A}_0) \subset R(\mathscr{A})$ ein, womit (5) nachgewiesen ist.

b) Für den Nullraum von $\mathscr{A}_0$ gilt

$$N(\mathscr{A}_0) = \{0\}. \tag{6}$$

Denn ist für ein $x'' \in N(\mathscr{P})$ auch $\mathscr{A}_0 x'' = 0$, so folgt wegen $x'' = x - x'$ und $x' \in N(\mathscr{A})$ die Gleichung

$$0 = \mathscr{A}_0 x'' = \mathscr{A}x'' = \mathscr{A}x - \mathscr{A}x' = \mathscr{A}x,$$

d. h. $x \in N(\mathscr{A})$. Dann ist aber wegen (4) $x = x''$. Da $x \in N(\mathscr{A})$ und auch $x' \in N(\mathscr{A})$ ist, gilt $x'' = 0$. Damit haben wir den Beweis von (6) erbracht.

c) Wir wollen jetzt die Gültigkeit der Beziehung

$$\mathscr{A} = \mathscr{A}_0(\mathscr{E} - \mathscr{P}) \tag{7}$$

nachweisen. Ist $x \in X$ (beliebig), so gilt nach (2)

$$\mathscr{P}x \in R(\mathscr{P}) = N(\mathscr{A}),$$

d. h. $\mathscr{A}\mathscr{P}x = 0$ oder $\mathscr{A}\mathscr{P} = 0$. Nun soll das beliebige Element $x \in X$ nach (4) eindeutig zerlegt werden:

$$x = x' + x'' \quad \big(x' \in N(\mathscr{A}), x'' \in N(\mathscr{P})\big).$$

Wir erhalten dann

$$\mathscr{A}_0(\mathscr{E} - \mathscr{P})\, x = \mathscr{A}_0(\mathscr{E} - \mathscr{P})\, (x' + x'') = \mathscr{A}_0 x' - \mathscr{A}_0 \mathscr{P}x' + \mathscr{A}_0 x'' - \mathscr{A}_0 \mathscr{P}x''$$
$$= \mathscr{A}_0 x'' = \mathscr{A}(x - x') = \mathscr{A}x,$$

und genau das wurde in (7) behauptet.

d) Schließlich soll gezeigt werden, daß $\mathscr{A}_0$ beschränkt invertierbar ist. Auf Grund von (6) hat $\mathscr{A}_0$ eine eindeutige Inverse, und wegen der Abgeschlossenheit von $R(\mathscr{A})$ und (5) ist der Wertebereich von $\mathscr{A}_0$ abgeschlossen. Unsere Behauptung folgt nun unmittelbar aus Satz 2; 2.3. Offensichtlich ist $\mathscr{A}_0^{-1} \in \mathfrak{B}\big(R(\mathscr{A}), N(\mathscr{P})\big)$.

e) Wir setzen jetzt

$$\mathscr{A}^b := \mathscr{A}_0^{-1}(\mathscr{E} - \mathscr{Q}) \tag{8}$$

(die Begründung für diesen Ansatz liefert (3)) und beweisen, daß der unter (8) definierte Operator $\mathscr{A}^b$ tatsächlich eine verallgemeinerte Inverse von $\mathscr{A}$ bezüglich $\mathscr{P}$ und $\mathscr{Q}$ ist.

Man erkennt sofort $\mathscr{A}^b \in \mathfrak{B}\big(Y, N(\mathscr{P})\big) \subset \mathfrak{B}(Y, X)$.
Es gilt ferner

$$\mathscr{A}^b\mathscr{A} = \mathscr{A}_0^{-1}(\mathscr{E} - \mathscr{Q})\,\mathscr{A}_0(\mathscr{E} - \mathscr{P}) = \mathscr{A}_0^{-1}\mathscr{A}_0(\mathscr{E} - \mathscr{P}) = \mathscr{E} - \mathscr{P}, \tag{9}$$

weil $\mathscr{Q}\mathscr{A}_0 = 0$ ist. Diese letzte Aussage ergibt sich aus (5) und aus der zweiten Gleichung von (2), wonach $N(\mathscr{Q}) = R(\mathscr{A}) = R(\mathscr{A}_0)$ ist.

Weiter ist

$$\mathscr{A}\mathscr{A}^b = \mathscr{A}\mathscr{A}_0^{-1}(\mathscr{E} - \mathscr{Q}) = \mathscr{A}_0\mathscr{A}_0^{-1}(\mathscr{E} - \mathscr{Q}) = \mathscr{E} - \mathscr{Q}$$

und

$$\mathscr{P}\mathscr{A}^b = \mathscr{P}\mathscr{A}_0^{-1}(\mathscr{E} - \mathscr{Q}) = 0,$$

da $R(\mathscr{A}_0^{-1}) = N(\mathscr{P})$ ist. Schließlich gilt

$$\mathscr{A}^b\mathscr{Q} = \mathscr{A}_0^{-1}(\mathscr{Q} - \mathscr{Q}^2) = 0.$$

$\mathscr{A}^b$ genügt somit den Gleichungen (23; 2.5.1) und (24; 2.5.1) und stellt also eine verallgemeinerte Inverse von $\mathscr{A}$ dar.

f) Wir zeigen jetzt, daß $\mathscr{A}^b$ eindeutig bestimmt ist. Wenn $\mathscr{A}_1^b$ und $\mathscr{A}_2^b$ verschiedene verallgemeinerte Inversen von $\mathscr{A}$ bezüglich $\mathscr{P}$ und $\mathscr{Q}$ sind, setze man $\mathscr{B} := \mathscr{A}_1^b - \mathscr{A}_2^b$. Es gelten offensichtlich die Gleichungen $\mathscr{B}\mathscr{A} = 0$ und $\mathscr{B}\mathscr{Q} = 0$; für alle $y' \in R(\mathscr{A}) = N(\mathscr{Q})$ (vgl. (2)) ist also $\mathscr{B}y' = 0$, und für alle $y'' \in R(\mathscr{Q})$ ist $\mathscr{B}y'' = 0$. Mit einer ähnlichen Begründung wie (4) ist $Y = N(\mathscr{Q}) \oplus R(\mathscr{Q})$, d. h., für ein $y \in Y$ gilt

$$y = y' + y'' \quad \text{mit} \quad y' \in N(\mathscr{Q}),\ y'' \in R(\mathscr{Q})$$

(diese Zerlegung ist eindeutig). Also folgt $\mathscr{B}y = \mathscr{B}(y' + y'') = 0$ für beliebige $y \in Y$, und wir erhalten $\mathscr{B} = 0$. ∎

Das nächste für unsere Zwecke wichtige Problem ist die Herleitung einer brauchbaren Charakterisierung der Fredholmoperatoren.

Wenn $\mathscr{A}$ ein Fredholmoperator ist, sind die Zahlen $\alpha(\mathscr{A})$ und $\beta(\mathscr{A})$ endlich, woraus nach (2) folgt, daß die vorhandenen Projektoren $\mathscr{P}$ und $\mathscr{Q}$ endlichdimensionale Wertebereiche haben. Es erhebt sich demzufolge die Frage, inwieweit dieser Sachverhalt die Fredholmoperatoren charakterisiert.

Der Einfachheit halber werden wir einen Operator mit endlichdimensionalem Wertebereich einen *endlichdimensionalen Operator* nennen. Dann wird die oben aufgeworfene Frage durch folgende Behauptung beantwortet:

Satz 2. *Ein Operator $\mathscr{A} \in \mathfrak{B}(X, Y)$ (X, Y sind Banachräume) ist genau dann ein Fredholmoperator, wenn er eine verallgemeinerte Inverse $\mathscr{A}^b$ bezüglich endlichdimensionaler Projektoren $\mathscr{P} \in \mathfrak{B}(X, X)$, $\mathscr{Q} \in \mathfrak{B}(Y, Y)$ besitzt.*

Beweis. a) Zuerst sei $\mathscr{A}$ ein Fredholmoperator. Dann wähle man Projektoren $\mathscr{P}$ und $\mathscr{Q}$ so, daß die Beziehungen (2) gelten. Wie man sieht, sind auch die Formeln (24; 2.5.1) gültig. Das folgt aus dem Beweis von Satz 1 (s. insbesondere die Begründungen von (7) und (9)). Daß $\mathscr{P}$ und $\mathscr{Q}$ endlichdimensional sind, haben wir schon gesehen, und daß die verallgemeinerte Inverse von $\mathscr{A}$ bezüglich $\mathscr{P}$ und $\mathscr{Q}$ existiert und eindeutig bestimmt ist, geht aus Satz 1 hervor.

b) Wir nehmen jetzt an, daß endlichdimensionale stetige Operatoren $\mathscr{P}$ und $\mathscr{Q}$ mit der Eigenschaft wie (24; 2.5.1) existieren und daß $\mathscr{A}$ bezüglich dieser eine verallgemeinerte Inverse besitzt. Man überzeugt sich sofort, daß $\mathscr{P}$ und $\mathscr{Q}$ idempotent sind, also Projektoren darstellen. Aus der ersten Gleichung in (23; 2.5.1) folgt für ein $x \in N(\mathscr{A})$

$$\mathscr{A}^b \mathscr{A} x = (\mathscr{E} - \mathscr{P}) x = 0.$$

Das bedeutet $\mathscr{P}x = x$, also $x \in R(\mathscr{P})$, und somit ist $N(\mathscr{A}) \subset R(\mathscr{P})$. Ist aber $y \in N(\mathscr{Q})$, so ergibt sich aus der zweiten Gleichung in (23; 2.5.1) $y = \mathscr{A}\mathscr{A}^b y = \mathscr{A}(\mathscr{A}^b y)$, d. h. $y \in R(\mathscr{A})$, woraus $N(\mathscr{Q}) \subset R(\mathscr{A})$ folgt.

Andererseits ist für irgendein x aus $R(\mathscr{P})$ die Beziehung $\mathscr{A}x = 0$ wegen der ersten Gleichung in (24; 2.5.1) erfüllt; also ist $R(\mathscr{P}) \subset N(\mathscr{A})$. Wählt man ein $y \in R(\mathscr{A})$, so ergibt die zweite Gleichung in (24; 2.5.1) $\mathscr{Q}y = 0$, also $R(\mathscr{A}) \subset N(\mathscr{Q})$. Unsere Überlegungen zeigen, daß die Gleichungen (2) befriedigt sind. Daraus folgt, da $\mathscr{P}$ endlichdimensional ist, unmittelbar, daß $\alpha(\mathscr{A})$ endlich ist.

$R(\mathscr{A}) = N(\mathscr{Q})$ ist abgeschlossen und hat endliche Codimension, d. h., auch $\beta(\mathscr{A})$ ist endlich. $\mathscr{A}$ ist also ein Fredholmoperator. ∎

Man sieht, daß die Gleichungen (23; 2.5.1) und (24; 2.5.1), die die verallgemeinerte Inverse bestimmen, bezüglich $\mathscr{A}$ und $\mathscr{A}^b$ völlig symmetrisch sind, weswegen

$$(\mathscr{A}^b)^b = \mathscr{A}$$

gilt. Auf Grund dieser Bemerkung können wir folgenden Satz aussprechen:

Satz 3. *Die verallgemeinerte Inverse $\mathscr{A}^b$ von $\mathscr{A} \in \mathfrak{B}(X, Y)$ bezüglich $\mathscr{P}$ und $\mathscr{Q}$ ist selbst ein Fredholmoperator, und zwar ist $\mathscr{A}$ die verallgemeinerte Inverse von $\mathscr{A}^b$ bezüglich $\mathscr{Q}$ und $\mathscr{P}$. Es gelten also die Gleichungen*

$$R(\mathscr{Q}) = N(\mathscr{A}^b), \quad N(\mathscr{P}) = R(\mathscr{A}^b), \tag{10}$$

$$\alpha(\mathscr{A}^b) = \beta(\mathscr{A}), \quad \beta(\mathscr{A}^b) = \alpha(\mathscr{A}), \quad \varkappa(\mathscr{A}^b) = -\varkappa(\mathscr{A}). \; \blacksquare \tag{11}$$

Für unsere Zwecke sehr wichtige Aussagen enthält der folgende Satz.

Satz 4. *Ein Operator $\mathscr{A} \in \mathfrak{B}(X, Y)$ (X, Y sind Banachräume) ist genau dann ein Fredholmoperator, wenn sein Dual $\mathscr{A}'$ ein Fredholmoperator ist. Ferner gilt*

$$(\mathscr{A}^b)' = (\mathscr{A}')^b. \tag{12}$$

$(\mathscr{A}')^b$ *ist die algebraische verallgemeinerte Inverse von $\mathscr{A}'$ in bezug auf $\mathscr{Q}'$ und $\mathscr{P}'$.*

Beweis. Es sei $\mathscr{A}$ ein Fredholmoperator. Dann sind nach (7; 2.7) und (19; 2.7) die Zahlen $\alpha(\mathscr{A}')$ und $\beta(\mathscr{A}')$ endlich. Dabei ist mit $R(\mathscr{A})$ auch $R(\mathscr{A}')$ abgeschlossen (auf Grund von Satz 5; 2.7). $\mathscr{A}'$ ist also ein Fredholmoperator.

Umgekehrt sei jetzt $\mathscr{A}'$ ein Fredholmoperator, dann ist $R(\mathscr{A}')$ nach Definition abgeschlossen, und somit ist wegen Satz 5; 2.7 auch $R(\mathscr{A})$ abgeschlossen. Andererseits sind nach (7; 2.7) und (19; 2.7) $\beta(\mathscr{A})$ und $\alpha(\mathscr{A})$ endlich, folglich ist $\mathscr{A}$ ein Fredholmoperator.

Aus den bisherigen Überlegungen ergibt sich, daß aus der Existenz von $\mathscr{A}^b$ die Existenz von $(\mathscr{A}')^b$ folgt und umgekehrt. Wir haben also nur noch (12) zu beweisen. Auf Grund von (4; 2.7) erhalten wir nach (23; 2.5.1)

$$(\mathscr{A}^b\mathscr{A})' = \mathscr{A}'(\mathscr{A}^b)' = \mathscr{E} - \mathscr{P}', \quad (\mathscr{A}\mathscr{A}^b)' = (\mathscr{A}^b)'\,\mathscr{A}' = \mathscr{E} - \mathscr{Q}'$$

und

$$(\mathscr{P}\mathscr{A}^b)' = (\mathscr{A}^b)'\,\mathscr{P}' = 0' = 0, \quad (\mathscr{A}^b\mathscr{Q})' = \mathscr{Q}'(\mathscr{A}^b)' = 0.$$

Demnach ist $(\mathscr{A}^b)'$ die verallgemeinerte Inverse von $\mathscr{A}'$ in bezug auf $\mathscr{Q}'$ und $\mathscr{P}'$, womit die Gültigkeit von (12) nachgewiesen ist. Es ist natürlich leicht zu prüfen, daß $\mathscr{Q}'$ und $\mathscr{P}'$ Projektoren sind. $\blacksquare$

Wir werden jetzt die erhaltenen Ergebnisse wie folgt formulieren.

Satz 5. *Ein Fredholmoperator $\mathscr{A} \in \mathfrak{B}(X, Y)$ wird durch die folgenden beiden Eigenschaften charakterisiert:*

a) *Die Lösungsmannigfaltigkeiten $N(\mathscr{A}) \subset X$ und $N(\mathscr{A}') \subset X'$ der homogenen Gleichungen $\mathscr{A}x = 0$ bzw. $\mathscr{A}'g = 0$ haben endliche Dimension $\alpha(\mathscr{A})$ bzw. $\alpha(\mathscr{A}')$.*

b) *Für gegebene Elemente $y \in Y$ und $f \in X'$ sind die inhomogenen Gleichungen $\mathscr{A}z = y$ bzw. $\mathscr{A}'h = f$ genau dann auflösbar, wenn $g(y) = 0$ für alle g aus $N(\mathscr{A}')$ bzw. wenn $f(x) = 0$ für alle x aus $N(\mathscr{A})$ ist.*

Außerdem gilt:

c) *Es existiert ein Operator $\mathscr{A}^b \in \mathfrak{B}(Y, X)$ derart, daß jede Lösung der unter* b) *stehenden inhomogenen Gleichungen in der Form $z = x + \mathscr{A}^b y$ mit $x \in N(\mathscr{A})$ bzw. $h = g + (\mathscr{A}^b)'\,f$ mit $g \in N(\mathscr{A}')$ dargestellt werden kann.*

Dieser Satz wird aus folgendem Grund als *Alternativsatz* bezeichnet: Hat nämlich die inhomogene Gleichung $\mathscr{A}z = y$ für *jedes* y eine Lösung, so muß nach diesem Satz $g(y) = 0$ für jedes $y \in Y$ und für alle g aus $N(\mathscr{A}')$ sein. Wenn aber $g(y) = 0$ für *alle* $y \in Y$ gilt, ist $g = 0$, d. h., $N(\mathscr{A}')$ besteht nur aus dem Nullfunktional. Dann ist aber nach (18; 2.7) die Beziehung $\{0\} = N(\mathscr{A}) = R(\mathscr{A}')^{\perp}$ gültig und somit wegen (7; 2.7) auch $\beta(\mathscr{A}') = 0$. Wenn wir jetzt von der Beziehung (19; 2.7) Gebrauch machen, so ergibt sich $\alpha(\mathscr{A}) = 0$. Daraus folgt: Ist $\mathscr{A}z = y$ für alle y aus Y auflösbar, dann hat die homogene Gleichung $\mathscr{A}x = 0$ außer der trivialen Lösung keine andere Lösung. In anderer Formulierung lautet dieses Ergebnis:

Entweder ist die inhomogene Gleichung für *alle* y lösbar (dann hat aber die entsprechende homogene Gleichung bis auf die triviale Lösung keine Lösungen), *oder* die homogene Gleichung hat auch nichttriviale Lösungen (dann ist die inhomogene Gleichung im allgemeinen nicht auflösbar). Analog dasselbe gilt für das Paar der Gleichungen $\mathscr{A}'g = 0$, $\mathscr{A}'h = f$.

Wie wir sehen werden, spielt dieser Satz eine zentrale Rolle in der Theorie der linearen Integralgleichungen.

2.9.　Vollstetige Operatoren

Es seien X und Y Banachräume. Ein Operator $\mathscr{A}$ heißt *kompakt*, wenn er jede beschränkte Teilmenge von X in eine relativ kompakte Teilmenge von Y überführt. Ist $\mathscr{A}$ zusätzlich stetig, so nennen wir den Operator *vollstetig*.

Bei normierten Räumen X und Y folgt aus der Linearität und Kom-paktheit von $\mathscr{A} : X \to Y$ die Vollstetigkeit. $\hspace{2cm}$ (1)

Ist nämlich $\mathscr{A}$ ein linearer und kompakter Operator und betrachtet man das Bild der Einheitskugel in X, so ist dieses eine relativ kompakte Teilmenge in Y, also erst recht eine beschränkte Teilmenge, d. h., es gilt $\sup_{\|x\|\leqq 1} \|\mathscr{A}x\| < \infty$. Daraus folgt die Beschränktheit und damit die Stetigkeit von $\mathscr{A}$.

Wir bemerken:

Im Falle eines linearen Operators genügt es, bei der Definition der Kompaktheit zu fordern, daß $\mathscr{A}$ die Einheitskugel in eine kompakte Menge überführt. $\hspace{2cm}$ (2)

Jeder endlichdimensionale lineare Operator ist offensichtlich vollstetig. Daraus folgt, daß jedes lineare und stetige Funktional ebenfalls vollstetig ist.

Wir wollen nun einige wichtige Eigenschaften der vollstetigen Operatoren zusammenstellen:

Satz 1. *Der Wertebereich eines vollstetigen Operators $\mathscr{A} \in \mathfrak{B}(X, Y)$ $(X,\ Y$ sind normierte Räume) ist separabel.*

Beweis. Es sei wie üblich $K_n(0) = \{x \mid x \in X, \|x\| < n\}$ $(n = 1, 2, 3, \ldots)$ und $L_n = \mathscr{A}K_n(0)$. Nach Voraussetzung sind die Mengen L_n kompakt. Da $X = \bigcup\limits_{n=1}^{\infty} K_n(0)$ ist, gilt

$$R(\mathscr{A}) = \bigcup_{n=1}^{\infty} L_n,$$

weil ja L_n die Menge derjenigen Elemente bedeutet, die sich in der Form $y = \mathscr{A}x$ mit $x \in K_n(0)$ darstellen lassen. Bekanntlich [s. etwa KANTOROWITSCH — AKILOW 1964, p. 18] sind die Mengen L_n separabel, also auch ihre abzählbare Vereinigung. ∎

Satz 2. *Jede Linearkombination vollstetiger Operatoren $\mathscr{A}_1,\ \mathscr{A}_2$ aus $\mathfrak{B}(X, Y)$ $(X,\ Y$ sind normierte Räume) ist ebenfalls vollstetig.*

Beweis. Es sei $U \subset X$ irgendeine beschränkte Menge und $\{x_n\}$ eine unendliche Elementenfolge aus U. Man kann aus $\{x_n\}$ eine Teilfolge $\{x_n'\}$ aussondern, so daß $\{\mathscr{A}_1 x_n\}$ konvergent ist. Da $\{x_n'\}$ auch beschränkt ist, enthält sie eine Teilfolge $\{x_n''\}$, für welche $\{\mathscr{A}_2 x_n''\}$ konvergent ist. Ist $\mathscr{A} := \alpha\mathscr{A}_1 + \beta\mathscr{A}_2$ $(\alpha, \beta \in \mathbb{R}$ bzw. $\mathbb{C})$, dann ist

$$\mathscr{A}x_n'' = \alpha\mathscr{A}_1 x_n'' + \beta\mathscr{A}_2 x_n'' \quad (n = 1, 2, \ldots)$$

konvergent. ∎

Satz 3. *Es sei $\{\mathscr{A}_n\}$ eine unendliche Folge vollstetiger Operatoren aus $\mathfrak{B}(X, Y)$, so daß $\mathscr{A}_n \to \mathscr{A}$ für $n \to \infty$ stark (das heißt im Sinne der Operatorennorm) konvergiert. Dann ist auch $\mathscr{A}$ vollstetig.*

Beweis. Es genügt auf Grund von (2) zu zeigen, daß die Einheitskugel $K_1(0)$ von X durch $\mathscr{A}$ in eine relativ kompakte Menge übergeführt wird. Zu $\varepsilon > 0$ soll ein $n_0 = n_0(\varepsilon)$ derart gewählt werden, daß

$$\|\mathscr{A}_n - \mathscr{A}\| < \varepsilon \quad \text{für} \quad n \geq n_0(\varepsilon)$$

gilt. Man setze $L_n := \mathscr{A}_n K_1(0)$, $L := \mathscr{A} K_1(0)$ und für irgendein $x \in K_1(0)$

$$y_n := \mathscr{A}_n x, \quad y := \mathscr{A} x \quad (n = 1, 2, 3, \ldots).$$

Dann ist

$$\|y - y_n\| = \|\mathscr{A}x - \mathscr{A}_n x\| \leq \|\mathscr{A} - \mathscr{A}_n\| \, \|x\| \leq \|\mathscr{A} - \mathscr{A}_n\| < \varepsilon$$
$$\text{für} \quad n \geq n_0(\varepsilon).$$

Das bedeutet, daß die kompakte Menge $L_n \big(n = n_0(\varepsilon)\big)$ ein sogenanntes ε-Netz für L ist [s. etwa KANTOROWITSCH — AKILOW 1964, p. 17—18]. Deshalb ist nach einem bekannten Satz von HAUSDORFF [ebenda] L relativ kompakt. ∎

Satz 4. *Wenn $\mathscr{A}$ ein vollstetiger Operator aus $\mathfrak{B}(X, Y)$ ist, dann ist auch sein Dual $\mathscr{A}'$ vollstetig.*

Es sei bemerkt, daß auch die Umkehrung dieser Behauptung gilt [z. B. KANTOROWITSCH — AKILOW 1964, p. 250, Satz 3.IX]; davon werden wir jedoch keinen Gebrauch machen.

Beweis. $\mathscr{A}$ sei also vollstetig und bilde die Einheitskugel des Raumes X in die kompakte Menge L ab. Wir betrachten den Banachraum $\mathfrak{B}(\bar{L}, \mathbb{R})$ und wählen eine Folge von Funktionalen $g_n \in \mathfrak{B}(\bar{L}, \mathbb{R})$ mit $\|g_n\| = 1$ $(n = 1, 2, 3, \ldots)$. Es gilt

$$|g_n(y) - g_n(y')| = |g_n(y - y')| \leq \|g_n\| \, \|y - y'\| \leq \|y - y'\| \quad (n = 1, 2, 3 \ldots)$$

für alle $y, y' \in \bar{L}$. Die Voraussetzungen des Satzes von ARZELÀ-ASCOLI [s. KANTOROWITSCH — AKILOW 1964, p. 20] sind also erfüllt, und g_n enthält eine Teilfolge $\{g_{n_k}\}$, welche in $\mathfrak{B}(\bar{L}, \mathbb{R})$ konvergiert. Zu jedem $\varepsilon > 0$ gibt es also ein $n_0(\varepsilon)$ mit

$$|g_{n_k}(y) - g_{n_j}(y)| < \varepsilon, \quad y \in \bar{L}; n_j, n_k > n_0(\varepsilon).$$

Daraus folgt

$$\|\mathscr{A}' g_{n_k} - \mathscr{A}' g_{n_j}\| = \|\mathscr{A}'(g_{n_k} - g_{n_j})\| = \sup_{\|x\| \leq 1} |(g_{n_k} - g_{n_j})\,(\mathscr{A}x)|$$
$$\big(n_j, n_k > n_0(\varepsilon)\big),$$

d. h., $\{\mathscr{A}' g_{n_k}\}$ konvergiert in X'. ∎

Wir behaupten nun:

Ein Projektor $\mathscr{P} \in \mathfrak{B}(X, X)$ ist genau dann vollstetig, wenn er endlichdimensional ist.

(3)

Ist $\mathscr{P}$ endlichdimensional, dann ist $\mathscr{P}$ sicher auch vollstetig (das gilt nämlich für alle endlichdimensionalen linearen und stetigen Operatoren). Wir haben demzufolge nur die Umkehrung zu beweisen. $\mathscr{P}$ sei ein Projektor ($\mathscr{P}^2 = \mathscr{P}$) und vollstetig. Wir nehmen an, er sei nicht endlichdimensional, d. h., dim $R(\mathscr{P})$ ist nicht endlich. Es sei $x_1 \in R(\mathscr{P})$ mit $\|x_1\| = 1$. $L(\{x_1\})$ ist ein *echter* Teilraum von $R(\mathscr{P})$.

Dann gibt es ein x_2 mit $\|x_2\| = 1$, so daß $\|x_1 - x_2\| > \dfrac{1}{2}$ nach einem wohlbekannten

Satz ist [s. KANTOROWITSCH — AKILOW 1964, p. 50, Lemma]. Aber auch $L(\{x_1, x_2\})$ ist ein *echter* Teilraum von $R(\mathscr{P})$; somit können wir ein $x_3 \in R(\mathscr{P})$ wählen, für das

$\|x_3\| = 1$ und $\|x_3 - x_2\| > \dfrac{1}{2}$, $\|x_3 - x_1\| > \dfrac{1}{2}$ ist, usw. Da $R(\mathscr{P})$ nach Voraus-

setzung unendlichdimensional ist, bricht dieses Verfahren nicht nach endlich vielen Schritten ab. Es gibt also eine unendliche Folge $\{x_n\} \subset R(\mathscr{P})$ mit $\|x_n\| = 1$ ($n = 1, 2, \ldots$)

und $\|x_n - x_m\| > \dfrac{1}{2}$ ($n \neq m$). Die Menge $\{x_n\}$ ist selbstverständlich beschränkt.

Wegen $\{x_n\} \subset R(\mathscr{P})$ gibt es eine Folge $t_n \in X$ mit $x_n = \mathscr{P}t_n$ ($n = 1, 2, \ldots$). Dann ist aber $\mathscr{P}x_n = \mathscr{P}^2 t_n = \mathscr{P}t_n = x_n$, und da die Menge $\{x_n\}$ keine konvergente Teilfolge enthält, ist das Bild der Teilmenge $\{x_n\}$ der Einheitskugel nicht kompakt, im Gegensatz zur Annahme der Vollstetigkeit von $\mathscr{P}$. ∎

Es sei X ein Banachraum und Y die Menge aller vollstetigen linearen Operatoren von X in X. Dann gilt folgende Behauptung, die eine tiefere Einsicht in gewisse Erscheinungen bei linearen Integralgleichungen vermittelt:

Satz 5. *Es sei Y die Menge aller vollstetigen Operatoren von $\mathfrak{B}(X, X)$, wobei X ein unendlichdimensionaler Banachraum ist. Dann ist Y ein abgeschlossenes zweiseitiges Ideal in $\mathfrak{B}(X, X)$.*

Beweis. Es sei $\mathscr{A} \in \mathfrak{B}(X, X)$ und $\mathscr{B} \in Y$. Zu beweisen ist, daß dann $\mathscr{A}\mathscr{B}$ und $\mathscr{B}\mathscr{A}$ ebenfalls Operatoren aus Y sind. Ist Ω ein beschränktes Gebiet in X, so ist $\mathscr{B}(\Omega)$ wegen der Definition eines vollstetigen Operators relativ kompakt, d. h., $\mathscr{B}(\Omega)$ enthält eine konvergente Teilfolge $\{x_n\}$. Wegen der Stetigkeit von $\mathscr{A}$ ist auch $\{\mathscr{A}x_n\}$ konvergent. $\mathscr{A}\mathscr{B}(\Omega)$ enthält somit immer eine konvergente Teilfolge.

Wieder sei Ω ein beschränktes Gebiet in X. Wegen der Beschränktheit von $\mathscr{A}$ ist auch $\Omega' = \mathscr{A}(\Omega)$ beschränkt, deshalb ist $\mathscr{B}(\Omega') = \mathscr{B}\mathscr{A}(\Omega)$ relativ kompakt. Die Abgeschlossenheit von Y folgt aus Satz 3. ∎

Ganz ähnlich läßt sich der folgende Satz beweisen:

Satz 6. *Die Menge Y_0 aller endlichdimensionalen Operatoren ist ein Ideal in $\mathfrak{B}(X, X)$.*

Den Beweis überlassen wir dem Leser. ∎

Wir betrachten nun noch das Produkt zweier linearer stetiger Operatoren, wobei einer der Faktoren vollstetig ist.

Satz 7. *Ist einer der beiden Operatoren $\mathscr{A} \in \mathfrak{B}(X, Y)$ und $\mathscr{B} \in \mathfrak{B}(Y, Z)$ vollstetig, so ist auch der Operator $\mathscr{B}\mathscr{A} \in \mathfrak{B}(X, Z)$ vollstetig.*

Beweis. Wenn $\mathscr{A}$ vollstetig ist, dann ist die Aussage trivial. Falls nämlich $\{x_n\}$ eine Folge mit $x_n \in X$ und $\|x_n\| = 1$ ($n = 1, 2, \ldots$) ist, gibt es eine unendliche Teilfolge $\{x_{n_k}\}$ so, daß $\{\mathscr{A}x_{n_k}\}$ konvergent in Y ist. Wegen der Stetigkeit von $\mathscr{B}$ ist auch $\mathscr{B}\mathscr{A}x_{n_k} = \mathscr{B}(\mathscr{A}x_{n_k})$ konvergent.

Wenn aber $\mathscr{B}$ kompakt ist, so ist nach Satz 4 auch der Operator $\mathscr{B}'$ kompakt und folglich $(\mathscr{B}\mathscr{A})' = \mathscr{A}'\mathscr{B}'$ vollstetig, wie eben bewiesen wurde. Aber dann ist, wieder nach Satz 4, $\mathscr{B}\mathscr{A}$ vollstetig. ∎

2.10. Produkt und Summe von Fredholmoperatoren

Ziel dieses Abschnittes ist es zu zeigen, daß die Summe von zwei Operatoren ein Fredholmoperator ist, wenn einer der Summanden ein Fredholmoperator ist und der zweite Summand der Norm nach genügend klein ist. Um das nachzuweisen, benötigen wir folgenden Satz:

Satz 1. *Es seien X, Y, Z Banachräume und $\mathscr{A} \in \mathfrak{B}(X, Y)$, $\mathscr{B} \in \mathfrak{B}(Y, Z)$. $\mathscr{A}$ und $\mathscr{B}$ seien Fredholmoperatoren. Dann ist $\mathscr{B}\mathscr{A} \in \mathfrak{B}(X, Z)$ ein Fredholmoperator mit*

$$\varkappa(\mathscr{B}\mathscr{A}) = \varkappa(\mathscr{A}) + \varkappa(\mathscr{B}), \tag{1}$$

$$\alpha(\mathscr{A}) \leq \alpha(\mathscr{B}\mathscr{A}) \leq \alpha(\mathscr{A}) + \alpha(\mathscr{B}), \tag{2}$$

$$\beta(\mathscr{B}) \leq \beta(\mathscr{B}\mathscr{A}) \leq \beta(\mathscr{A}) + \beta(\mathscr{B}). \tag{3}$$

Beweis. a) Zuerst beweisen wir (2). Da $\mathscr{A}$ ein Fredholmoperator ist, gibt es nach Satz 1; 2.8 eine verallgemeinerte Inverse von $\mathscr{A}$ bezüglich zweier Projektoren mit den Eigenschaften (2; 2.8). Es sei dementsprechend $\mathscr{P}$ ein Projektor mit $R(\mathscr{P}) = N(\mathscr{A})$. Dann ist nach (4; 2.8) genau $N(\mathscr{P})$ der topologische Komplementärraum von $N(\mathscr{A})$, dessen Existenz somit auf Grund von Satz 1; 2.4 gesichert ist.

Nach Satz 1; 2.4 und (2; 2.8) ist

$$X = R(\mathscr{P}) \oplus N(\mathscr{P}) = N(\mathscr{A}) \oplus N(\mathscr{P}),$$

d. h., für ein beliebiges $x \in X$ gilt die eindeutige Zerlegung

$$x = x' + x'' \quad \text{mit} \quad x' \in N(\mathscr{A}), x'' \in N(\mathscr{P}).$$

Hieraus folgt $\mathscr{A}x = \mathscr{A}x''$, oder, anders ausgedrückt, $\mathscr{A}$ bildet $N(\mathscr{P})$ auf $R(\mathscr{A})$ ab.

Andererseits ist $N(\mathscr{B}\mathscr{A}) = \{x \mid x \in X,\ \mathscr{A}x \in N(\mathscr{B})\}$, also

$$N(\mathscr{B}\mathscr{A}) = N(\mathscr{A}) \oplus X_0,$$

wobei $X_0 = \{x \mid x \in N(\mathscr{P}),\ \mathscr{A}x \in N(\mathscr{B})\} \subset N(\mathscr{P})$ ist. Das besagt, daß jedes x aus $N(\mathscr{B}\mathscr{A})$ in der Form $x = x' + x''$ eindeutig darstellbar ist mit $x' \in N(\mathscr{A})$, $x'' \in X_0$, woraus $\mathscr{A}x = \mathscr{A}x'' \in N(\mathscr{B})$ folgt. Also bildet $\mathscr{A}$ den Raum X_0 auf $R(\mathscr{A}) \cap N(\mathscr{B}) \subset Y$ eineindeutig ab.

Da $\mathscr{A}$ ein Fredholmoperator ist, muß $\dim N(\mathscr{A}) < \infty$ sein; auch $R(\mathscr{A}) \cap N(\mathscr{B})$ ist daher von endlicher Dimension. Daraus folgt

$$\dim X_0 = \dim\big(R(\mathscr{A}) \cap N(\mathscr{B})\big) \leq \dim N(\mathscr{A}) = \alpha(\mathscr{A})$$

und

$$\alpha(\mathscr{A}) \leq \alpha(\mathscr{B}\mathscr{A}) = \alpha(\mathscr{A}) + \dim\big(R(\mathscr{A}) \cap N(\mathscr{B})\big) \leq \alpha(\mathscr{A}) + \alpha(\mathscr{B}). \tag{2'}$$

Damit ist (2) bewiesen.

b) Beweis von (3). $R(\mathscr{A})$ ist abgeschlossen, da $\mathscr{A}$ ein Fredholmoperator ist. Daher hat $R(\mathscr{A})$ einen abgeschlossenen Teilraum Y_1, so daß $R(\mathscr{A}) = Y_1 \oplus [R(\mathscr{A}) \cap N(\mathscr{B})]$ gilt. Ferner hat $N(\mathscr{B})$ einen endlichdimensionalen Teilraum Y_2 mit

$$N(\mathscr{B}) = [R(\mathscr{A}) \cap N(\mathscr{B})] \oplus Y_2 .$$

Offensichtlich gilt $R(\mathscr{A}) \cap Y_2 = \{0\}$, denn für $y \in N(\mathscr{B})$ ist die eindeutige Zerlegung $y = y' + y''$ mit $y' \in R(\mathscr{A}) \cap N(\mathscr{B})$, $y'' \in Y_2$ gültig. Das Element $y'' = y - y'$ kann nur dann in $R(\mathscr{A})$ liegen, wenn $y'' = 0$ ist. $R(\mathscr{A}) \oplus Y_2$ ist ein abgeschlossener Teilraum von Y und hat endliche Codimension, da $R(\mathscr{A}) \oplus Y_2 \supset R(\mathscr{A})$ ist und codim $R(\mathscr{A}) < \infty$ gilt. Folglich hat $R(\mathscr{A}) \oplus Y_2$ einen topologischen Komplementärraum. Es gilt nach den Bezeichnungen und Festlegungen von 2.4.

$$Y = Y_1 \oplus [R(\mathscr{A}) \cap N(\mathscr{A})] \oplus Y_2 \oplus Y_3 , \tag{4}$$

wobei Y_3 den topologischen Komplementärraum von $R(\mathscr{A}) \oplus Y_2$ bedeutet. Ferner ist $Y_2 \oplus Y_3$ der topologische Komplementärraum von $R(\mathscr{A})$. Durch Anwendung von Satz 3; 2.4 ergibt sich daher dim $Y_2 + $ dim $Y_3 = \beta(\mathscr{A})$, woraus

$$\dim Y_3 \leqq \beta(\mathscr{A}) \tag{5}$$

folgt. Wegen dim $\big(R(\mathscr{A}) \cap N(\mathscr{B})\big) + $ dim $Y_2 = $ dim $N(\mathscr{B}) = \alpha(\mathscr{B})$ ist

$$\dim \big(R(\mathscr{A}) \cap N(\mathscr{B})\big) - \dim Y_3 = \alpha(\mathscr{B}) - \beta(\mathscr{A}) . \tag{6}$$

Wir setzen nun $U = Y_1 \oplus Y_3$. Dann ist nach (4)

$$Y = U \oplus N(\mathscr{B}) .$$

$\mathscr{B}$ bildet U eineindeutig auf $R(\mathscr{B})$ ab. $R(\mathscr{B}\mathscr{A})$ ist das Bild des abgeschlossenen Teilraumes Y_1, denn zu jedem $z \in R(\mathscr{B}\mathscr{A})$ gibt es ein $y \in R(\mathscr{A})$ mit $\mathscr{B}y = z$ und eine eindeutige Zerlegung $y = y' + y''$ mit $y' \in Y_1$, $y'' \in R(\mathscr{A}) \cap N(\mathscr{B}) \subset N(\mathscr{B})$ derart, daß $z = \mathscr{B}y'$ gilt. Da $\mathscr{B}|Y_1$ beschränkt invertierbar ist (die Inverse ist gerade $\mathscr{B}^b|R(\mathscr{B}\mathscr{A}))$, ist auf Grund von Satz 2; 2.3 der Wertebereich $R(\mathscr{B}\mathscr{A})$ abgeschlossen. Es gilt $R(\mathscr{B}) = R(\mathscr{B}\mathscr{A}) \oplus \mathscr{B}(Y_3)$. Ist V der topologische Komplementärraum von $R(\mathscr{A})$, dann ist $V \oplus \mathscr{B}(Y_3)$ ein topologischer Komplementärraum von $R(\mathscr{B}\mathscr{A})$ der Dimension

$$\dim V + \dim Y_3 = \beta(\mathscr{B}) + \dim Y_3 < \infty .$$

Also hat $\mathscr{B}\mathscr{A}$ endlichen Defekt und ist deshalb ein Fredholmoperator, wie behauptet wurde.

Es gilt ferner auf Grund von (5)

$$\beta(\mathscr{B}) \leqq \beta(\mathscr{B}\mathscr{A}) = \beta(\mathscr{B}) + \dim Y_3 \leqq \beta(\mathscr{B}) + \beta(\mathscr{A}) .$$

Damit haben wir auch (3) nachgewiesen.

c) Aus (2') und (6) ergibt sich schließlich

$$\varkappa(\mathscr{B}\mathscr{A}) = \alpha(\mathscr{A}) + \dim \big(R(\mathscr{A}) \cap N(\mathscr{B})\big) - \beta(\mathscr{B}) - \dim Y_3$$
$$= \varkappa(\mathscr{A}) + \varkappa(\mathscr{B}) .$$

Das ist genau die Behauptung (1). ∎

In späteren Abschnitten spielt der folgende Satz eine Rolle:

Satz 2. *Es sei $\mathscr{A} \in \mathfrak{B}(X, Y)$ ein Fredholmoperator mit $\beta(\mathscr{A}) = 0$, $\mathscr{P}$ sei ein Projektor in $\mathfrak{B}(X, X)$ mit $R(\mathscr{P}) = N(\mathscr{A})$ und $\mathscr{A}^b$ die verallgemeinerte Inverse von $\mathscr{A}$ bezüglich $\mathscr{P}$ und $\mathscr{Q} = 0$. Für jeden Operator $\mathscr{B} \in \mathfrak{B}(X, Y)$ mit $\|\mathscr{B}\| < \|\mathscr{A}^b\|^{-1}$ ist $\mathscr{A} + \mathscr{B}$ ein Fredholmoperator mit*

$$\alpha(\mathscr{A} + \mathscr{B}) = \alpha(\mathscr{A}) \quad und \quad \beta(\mathscr{A} + \mathscr{B}) = 0. \tag{7}$$

Beweis. Wir stellen zuerst fest, daß $\mathscr{B}$ beschränkt ist. Da $\mathscr{Q} = 0$ ist, folgt nach $(23; 2.5.1)$ die Beziehung $\mathscr{A}\mathscr{A}^b = \mathscr{E}$ und somit $\mathscr{A}^b \neq 0$. Also ist $\|\mathscr{A}^b\|^{-1}$ endlich. Es folgt aus $\mathscr{A}\mathscr{A}^b = \mathscr{E}$ außerdem

$$\mathscr{A}(\mathscr{E} + \mathscr{A}^b\mathscr{B}) = \mathscr{A} + \mathscr{A}\mathscr{A}^b\mathscr{B} = \mathscr{A} + \mathscr{B},$$

und wegen der Voraussetzung über $\mathscr{B}$ ist

$$\|\mathscr{A}^b\mathscr{B}\| \leqq \|\mathscr{A}^b\| \, \|\mathscr{B}\| < 1.$$

Also ist $\mathscr{E} + \mathscr{A}^b\mathscr{B}$ ein reguläres Element der Banachalgebra $\mathfrak{B}(X, X)$ (vgl. Satz $6; 2.3$). Dann ist aber nach Satz $2; 2.3$ der Bildraum $R(\mathscr{E} + \mathscr{A}^b\mathscr{B})$ abgeschlossen und entsprechend der Definition des invertierbaren Operators (vgl. 2.3.) $N(\mathscr{E} + \mathscr{A}^b\mathscr{B}) = \{0\}$, d. h. $\alpha(\mathscr{E} + \mathscr{A}^b\mathscr{B}) = 0$. Andererseits finden wir, wenn wir zu den dualen Operatoren übergehen und $(2; 2.7)$, $(4; 2.7)$ $(7; 2.7)$, $(11; 2.8)$ berücksichtigen,

$$\|(\mathscr{A}^b\mathscr{B})'\| \leqq \|\mathscr{B}'\| \, \|(\mathscr{A}^b)'\| < 1,$$

woraus die Regularität von $\mathscr{E} + (\mathscr{A}^b\mathscr{B})'$ folgt.

Es ergibt sich $\alpha\big((\mathscr{E} + \mathscr{A}^b\mathscr{B})'\big) = 0$ und somit $\beta(\mathscr{E} + \mathscr{A}^b\mathscr{B}) = 0$. Also ist $\mathscr{E} + \mathscr{A}^b\mathscr{B}$ ein Fredholmoperator. Jetzt können wir den Satz 1 auf das Produkt $\mathscr{A}(\mathscr{E} + \mathscr{A}^b\mathscr{B})$ anwenden. Auf diese Weise folgt, daß auch dieses Produkt und somit schließlich die Summe $\mathscr{A} + \mathscr{B}$ einen Fredholmoperator mit $\beta(\mathscr{A} + \mathscr{B}) = 0$ darstellt. Ferner gilt

$$\alpha(\mathscr{A} + \mathscr{B}) = \varkappa(\mathscr{A} + \mathscr{B}) = \varkappa(\mathscr{A}) = \alpha(\mathscr{A}). \ \blacksquare$$

Wir werden jetzt den wichtigen Begriff der Erweiterung eines Operators $\mathscr{A}$ aus $\mathfrak{B}(X, Y)$ durch einen anderen einführen.

Es seien X und Z Banachräume. Der Produktraum $\tilde{X} = X \times Z$ ist ebenfalls ein Banachraum, wenn wir die Operationen

$$(x_1, z_1) + (x_2, z_2) = (x_1 + x_2, z_1 + z_2),$$

$$\lambda(x_0, z_0) = (\lambda x_0, \lambda z_0)$$

$$(x_i \in X; z_i \in Z; (x_i, z_i) \in \tilde{X} \ (i = 0, 1, 2); \lambda \in \mathbb{C})$$

und die Norm

$$\|(x, z)\|_{\tilde{X}} = \|x\|_X + \|z\|_Z$$

einführen. Alle Elemente von der Gestalt $(x, 0)$ aus $\tilde{X}$ werden mit $x \in X$ identifiziert und die Elemente von der Form $(0, z)$ mit z aus Z. Mit dieser Vereinbarung gelten die Inklusionen $X \subset \tilde{X}$, $Z \subset \tilde{X}$, und X, Z sind sogar Teilräume von $\tilde{X}$. Man erkennt unmittelbar, daß jedes Element $(x, z) \in \tilde{X}$ eindeutig in der Form (x, z)

$= (x, 0) + (0, z)$ zerlegbar ist; somit gilt

$$\tilde{X} = X \dotplus Z.$$

Der Projektor $\mathscr{P}$ von $\tilde{X}$ auf X ist beschränkt. Aus $\mathscr{P}(x, z) = x$ folgt nämlich $\|\mathscr{P}(x, z)\|_X = \|x\|_X \leq \|x\|_X + \|z\|_Z = \|(x, z)\|_{\tilde{X}}$; daher ist $\|\mathscr{P}\| \leq 1$. Aus diesem Grund können wir sogar

$$\tilde{X} = X \oplus Z$$

schreiben.

Wir betrachten nun zwei Operatoren $\mathscr{A} \in \mathfrak{B}(X, Y)$ und $\mathscr{B} \in \mathfrak{B}(Z, Y)$. Dann können wir durch die Vorschrift

$$\tilde{\mathscr{A}}\tilde{x} = \mathscr{A}x + \mathscr{B}z \quad \left(\tilde{x} = (x, z) \in \tilde{X}\right)$$

einen Operator $\tilde{\mathscr{A}}$ definieren. Offensichtlich ist $\tilde{\mathscr{A}} \in \mathfrak{B}(\tilde{X}, Y)$. Wir nennen $\tilde{\mathscr{A}}$ die *Erweiterung des Operators $\mathscr{A}$ durch den Operator $\mathscr{B}$* und schreiben

$$\tilde{\mathscr{A}} = \mathscr{A} \oplus \mathscr{B}. \tag{8}$$

Ist Z endlichdimensional, so ist (8) eine *endlichdimensionale Erweiterung von $\mathscr{A}$*.

Satz 3. *Jede endlichdimensionale Erweiterung $\tilde{\mathscr{A}}$ eines Fredholmoperators $\mathscr{A}$ ist wieder ein Fredholmoperator und umgekehrt. Dabei gilt*

$$\varkappa(\tilde{\mathscr{A}}) = \varkappa(\mathscr{A}) + n,$$

$$\alpha(\mathscr{A}) \leq \alpha(\tilde{\mathscr{A}}) \leq \alpha(\mathscr{A}) + n,$$

$$\beta(\tilde{\mathscr{A}}) \leq \beta(\mathscr{A}) \leq \beta(\tilde{\mathscr{A}}) + n.$$

Hierbei bedeutet n die Dimension des erweiternden Raumes.

Beweis. Es sei $\tilde{X} = X \oplus Z$ mit dim $Z = n$ und $\tilde{\mathscr{A}} = \mathscr{A} \oplus \mathscr{B}$.

a) Zunächst nehmen wir an, daß $\mathscr{A}$ ein Fredholmoperator ist. Wir bezeichnen mit Z_1 den Teilraum aller $z \in Z$ mit $\mathscr{B}z \in R(\mathscr{A})$ und wählen einen weiteren Teilraum $Z_2 \subset Z$ so, daß $Z = Z_1 \oplus Z_2$ ist. Das ist immer möglich, denn da für den Fredholmoperator $\mathscr{A}$ der Bildraum $R(\mathscr{A})$ abgeschlossen ist, muß auch Z_1 abgeschlossen sein. Z ist von endlicher Dimension, mithin gilt das ebenfalls für Z_1, und somit existiert der Komplementärraum Z_2. Dann ist aber dim Z_1 + dim $Z_2 = n$. Für ein $\tilde{x} = (x, z) \in N(\tilde{\mathscr{A}})$ ist

$$\tilde{\mathscr{A}}\tilde{x} = \mathscr{A}x + \mathscr{B}z = 0,$$

d. h.

$$\mathscr{B}z = \mathscr{A}(-x), \tag{9}$$

woraus $z \in Z_1$ folgt.

Da $\mathscr{A}$ ein Fredholmoperator ist, hat $\mathscr{A}$ eine verallgemeinerte Inverse $\mathscr{A}^b$ bezüglich eines gewissen Projektors $\mathscr{P}$. Wir betrachten nun den Ausdruck $x' = -\mathscr{A}^b\mathscr{B}z$ und berücksichtigen (23; 2.5.1):

$$-\mathscr{A}^b\mathscr{B}z = \mathscr{A}^b\mathscr{A}x = (\mathscr{E} - \mathscr{P})x = x - \mathscr{P}x = x'.$$

Daraus folgt auf Grund der ersten Gleichung von (24; 2.5.1)

$$\mathscr{A}x = \mathscr{A}x' \quad \text{oder} \quad \mathscr{A}(x - x') = 0,$$

was mit $x_0 = x - x' \in N(\mathscr{A})$ gleichbedeutend ist. Daher ist $x' = x - x_0$, und so gilt

$$x = x_0 - \mathscr{A}^b\mathscr{B}z \quad \big(x_0 \in N(\mathscr{A})\big). \tag{10}$$

Wenn wir die Bezeichnung

$$\tilde{X}_1 = \{\tilde{x} = (-\mathscr{A}^b\mathscr{B}z; z) \mid z \in Z_1\}$$

einführen, gilt nach (10)

$$N(\tilde{\mathscr{A}}) = N(\mathscr{A}) \oplus \tilde{X}_1.$$

Folglich erhalten wir

$$\alpha(\mathscr{A}) \leq \alpha(\tilde{\mathscr{A}}) = \alpha(\mathscr{A}) + \dim \tilde{X}_1 = \alpha(\mathscr{A}) + \dim Z_1$$
$$\leq \alpha(\mathscr{A}) + n.$$

Es sei $\mathscr{B}(Z_2) = Y_1$, dann ist offenbar $\dim Y_1 = \dim Z_2$ und $R(\tilde{\mathscr{A}}) = R(\mathscr{A}) \oplus Y_1$. Also ist $R(\tilde{\mathscr{A}})$ abgeschlossen und hat endliche Codimension, d. h., $\tilde{\mathscr{A}}$ ist ein Fredholmoperator. Es gilt

$$\beta(\tilde{\mathscr{A}}) = \beta(\mathscr{A}) - \dim Z_2 \leq \beta(\mathscr{A}) \leq \beta(\tilde{\mathscr{A}}) + n$$

und

$$\varkappa(\tilde{\mathscr{A}}) = \alpha(\mathscr{A}) + \dim Z_1 - \beta(\mathscr{A}) + \dim Z_2 = \varkappa(\mathscr{A}) + n.$$

b) Wir nehmen jetzt an, daß $\tilde{\mathscr{A}}$ ein Fredholmoperator ist. Dann gilt $N(\mathscr{A}) \subset N(\tilde{\mathscr{A}})$ und daher $\alpha(\mathscr{A}) \leq \alpha(\tilde{\mathscr{A}}) < \infty$ (nach Voraussetzung). Genau wie im Teil a) des Beweises zeigt man, daß jedes Element $y \in R(\tilde{\mathscr{A}})$ eine eindeutige Zerlegung $y = y_1 + y_2$ mit $y_1 \in R(\mathscr{A})$ und $y_2 \in Y_1$ gestattet. Da $\dim Y_1 = n$ ist und $R(\tilde{\mathscr{A}})$ abgeschlossen ist, erweist sich auch $R(\mathscr{A})$ als abgeschlossen und hat eine endliche Codimension. Also ist $\mathscr{A}$ ein Fredholmoperator. ∎

Von großer Bedeutung für spätere Anwendungen ist der folgende Satz:

Satz 4. *Zu jedem Fredholmoperator $\mathscr{A} \in \mathfrak{B}(X, Y)$ gibt es eine Zahl $\gamma(\mathscr{A}) > 0$ derart, daß für jedes $\mathscr{B} \in \mathfrak{B}(X, Y)$ mit $\|\mathscr{B}\| < \gamma(\mathscr{A})$ die Summe $\mathscr{A} + \mathscr{B}$ ein Fredholmoperator ist mit*

$$\alpha(\mathscr{A} + \mathscr{B}) \leq \alpha(\mathscr{A}), \quad \beta(\mathscr{A} + \mathscr{B}) \leq \beta(\mathscr{A}), \quad \varkappa(\mathscr{A} + \mathscr{B}) = \varkappa(\mathscr{A}).$$

Beweis. Da $\mathscr{A}$ ein Fredholmoperator ist, muß $\beta(\mathscr{A}) = n$ endlich sein. Wir setzen $\tilde{X} = X \oplus \mathbb{C}^n$. Nun wählen wir einen Operator $\mathscr{C} \in \mathfrak{B}(\mathbb{C}^n, Y)$ derart, daß $R(\mathscr{C})$ ein topologischer Komplementärraum von $R(\mathscr{A})$ ist. Diese Wahl ist nach unseren Voraussetzungen immer möglich. Jetzt bilden wir

$$\tilde{\mathscr{A}} = \mathscr{A} \oplus \mathscr{C},$$

also wird $R(\tilde{\mathscr{A}}) = R(\mathscr{A}) \oplus R(\mathscr{C}) = Y$. Nach Satz 3 ist $\tilde{\mathscr{A}}$ ein Fredholmoperator mit $\beta(\tilde{\mathscr{A}}) = 0$ (das ergibt sich aus $R(\tilde{\mathscr{A}})^{\perp} = Y^{\perp} = \{0\}$, deswegen ist $\beta(\tilde{\mathscr{A}}) = \dim\{0\} = 0$) und $\alpha(\tilde{\mathscr{A}}) = \varkappa(\tilde{\mathscr{A}}) = \varkappa(\mathscr{A}) + n = \alpha(\mathscr{A})$. Der Operator $\tilde{\mathscr{A}}$ hat eine verallgemeinerte Inverse $\tilde{\mathscr{A}}^b$, und da $\beta(\tilde{\mathscr{A}}) = 0$ ist, folgt $\tilde{\mathscr{A}}^b \neq 0$ nach Satz 2.

Es sei $\gamma(\mathscr{A}) = \|\mathscr{A}^{b}\|^{-1}$. Wir betrachten jetzt einen Operator $\mathscr{B} \in \mathfrak{B}(X, Y)$ mit $\|\mathscr{B}\| < \gamma(\mathscr{A})$ und setzen $\tilde{\mathscr{B}} = \mathscr{B} \oplus 0$. Dann ist $\|\tilde{\mathscr{B}}\| = \|\mathscr{B}\| < \gamma(\mathscr{A}) = \|\mathscr{A}^{b}\|^{-1}$. Aus dem Satz 2 ergibt sich, daß $\tilde{\mathscr{A}} + \tilde{\mathscr{B}}$ ein Fredholmoperator ist mit $\beta(\tilde{\mathscr{A}} + \tilde{\mathscr{B}}) = 0$ und $\alpha(\tilde{\mathscr{A}} + \tilde{\mathscr{B}}) = \alpha(\tilde{\mathscr{A}}) = \alpha(\mathscr{A})$. Nun ist aber $\tilde{\mathscr{A}} + \tilde{\mathscr{B}}$ eine n-dimensionale Erweiterung von $\mathscr{A} + \mathscr{B}$; deswegen erweist sich $\mathscr{A} + \mathscr{B}$ auf Grund von Satz 3 als ein Fredholmoperator mit

$$\varkappa(\mathscr{A} + \mathscr{B}) = \varkappa(\tilde{\mathscr{A}} + \tilde{\mathscr{B}}) - n = \alpha(\mathscr{A}) - \beta(\mathscr{A}) = \varkappa(\mathscr{A}),$$

$$\alpha(\mathscr{A} + \mathscr{B}) \leqq \alpha(\tilde{\mathscr{A}} + \tilde{\mathscr{B}}) = \alpha(\mathscr{A}),$$

$$\beta(\mathscr{A} + \mathscr{B}) \leqq \beta(\tilde{\mathscr{A}} + \tilde{\mathscr{B}}) + n = \beta(\mathscr{A}). \ \blacksquare$$

Die Bedeutung dieses Satzes liegt darin, daß ein Fredholmoperator, der durch einen hinreichend „kleinen" Operator gestört wird, dennoch ein Fredholmoperator bleibt. Oft wird aber ein Fredholmoperator durch einen „nichtkleinen" Operator gestört. Es erhebt sich die Frage, durch welche Bedingung man die Forderung „kleiner Operator" ersetzen kann, damit die Summe noch ein Fredholmoperator bleibt. Diese Frage wird durch folgenden Satz beantwortet.

Satz 5. *Ist $\mathscr{A} \in \mathfrak{B}(X, Y)$ ein Fredholmoperator und $\mathscr{B} \in \mathfrak{B}(X, Y)$ vollstetig, dann ist $\mathscr{A} + \mathscr{B}$ ein Fredholmoperator mit $\varkappa(\mathscr{A} + \mathscr{B}) = \varkappa(\mathscr{A})$.*

Für den Fall $\mathscr{A} + \mathscr{B} = 0$ ist die Aussage trivial, deshalb setzen wir $\mathscr{A} + \mathscr{B} \neq 0$ voraus.

Der Beweis wird in mehreren Schritten geführt.

a) Wir zeigen zunächst, daß $\alpha(\mathscr{A} + \mathscr{B})$ endlich ist. Den Beweis dieser Aussage führen wir indirekt. Wäre $\alpha(\mathscr{A} + \mathscr{B})$ nicht endlich, so müßte der Banachraum $N(\mathscr{A} + \mathscr{B})$ unendlichdimensional sein. Es sei $x_1 \in N(\mathscr{A} + \mathscr{B})$ mit $\|x_1\| = 1$. Wir betrachten die lineare Hülle $L(\{x_1\})$ von $\{x_1\}$ (d. h. die Menge $\{\alpha x_1 \mid \alpha \in \mathbb{C}\}$). $L(\{x_1\})$ ist ein echter Teilraum von $N(\mathscr{A} + \mathscr{B})$. Nach einem bekannten Satz aus der Theorie der normierten Räume (vgl. etwa KANTOROWITSCH — AKILOW 1964, p. 50, Lemma) gibt es dann ein $x_2 \in N(\mathscr{A} + \mathscr{B})$ mit $\|x_2\| = 1$ und $\|x_2 - x_1\| > \dfrac{1}{2}$. Jetzt soll die lineare Hülle von $\{x_1, x_2\}$ betrachtet werden. Auch $L(\{x_1, x_2\})$ ist ein echter Teilraum von $N(\mathscr{A} + \mathscr{B})$, und es gibt ein x_3 $(\|x_3\| = 1)$ mit $\|x_3 - x_1\| > \dfrac{1}{2}$, $\|x_3 - x_2\| > \dfrac{1}{2}$ usw. Dieses Verfahren bricht nach endlich vielen Schritten nicht ab, denn keine der linearen Hüllen $L(\{x_1, \ldots, x_n\})$ ist mit $N(\mathscr{A} + \mathscr{B})$ identisch. Wir haben somit eine Elementenfolge $\{x_n\}$ aus $N(\mathscr{A} + \mathscr{B})$ mit den Eigenschaften $\|x_n\| = 1$ ($n = 1$, $2, \ldots$) und $\|x_n - x_m\| > \dfrac{1}{2}$ $(n \neq m)$ ausgesondert.

Da $\mathscr{A}$ ein Fredholmoperator ist, hat $\mathscr{A}$ eine verallgemeinerte Inverse $\mathscr{A}^{b}$ bezüglich zweier endlichdimensionaler Projektoren $\mathscr{P}$ und $\mathscr{Q}$ (s. Satz 2; 2.8). $\mathscr{P}$ ist endlichdimensional, d. h., $R(\mathscr{P})$ ist ein endlichdimensionaler Raum. Die (abgeschlossene) Einheitskugel von X wird durch $\mathscr{P}$ in eine beschränkte Menge abgebildet:

$$\|\mathscr{P}x\| \leqq \|\mathscr{P}\| \|x\| \leqq 1 \quad \text{für alle } x \text{ mit} \quad \|x\| \leqq 1.$$

Dann ist aber diese Menge nach einem bekannten Satz [F. RIESZ 1918] kompakt, somit ist $\mathscr{P}$ vollstetig. Die obige Folge $\{x_n\}$ besteht aus Elementen der Einheitskugel von $N(\mathscr{A} + \mathscr{B}) \subset X$, also sind die Mengen $\{\mathscr{P}x_n\}$ und wegen der Voraussetzung des Satzes auch $\{\mathscr{B}x_n\}$ kompakt, und man kann daraus konvergente Folgen $\{\mathscr{P}x_{n_k}\}$ und $\{\mathscr{B}x_{n_k}\}$ aussondern. (Es läßt sich eine *einzige* Teilfolge $\{x_{n_k}\}$ aus $\{x_n\}$ auswählen derart, daß die Folgen $\{\mathscr{P}x_{n_k}\}$ und $\{\mathscr{B}x_{n_k}\}$ konvergent sind. Wegen der Vollstetigkeit von $\mathscr{P}$ gibt es nämlich eine Teilfolge $\{x_{n_j}\} \subset \{x_n\}$, so daß $\{\mathscr{P}x_{n_j}\}$ konvergiert. Dann hat aber $\{\mathscr{B}x_{n_j}\}$ eine Teilfolge $\{x_{n_k}\}$, für die die Folge $\{\mathscr{B}x_{n_k}\}$ konvergent ist; dabei bleibt $\{\mathscr{P}x_{n_k}\}$ offensichtlich konvergent.) Wir setzen

$$y = \lim_{k \to \infty} \mathscr{B}x_{n_k}.$$

Da $x_{n_k} \in N(\mathscr{A} + \mathscr{B})$ für jedes $k = 1, 2, \ldots$ ist, gilt $(\mathscr{A} + \mathscr{B})\, x_{n_k} = 0$ und daher $\lim\limits_{k \to \infty} \mathscr{A}x_{n_k} = -\lim\limits_{k \to \infty} \mathscr{B}x_{n_k} = -y$. Ferner ergibt sich $\mathscr{A}^b \mathscr{A}x_{n_k} = (\mathscr{E} - \mathscr{P})\, x_{n_k} = x_{n_k} - \mathscr{P}x_{n_k} \to -\mathscr{A}^b y$ wegen der Stetigkeit von $\mathscr{A}^b$. Auf Grund der Konvergenz von $\{\mathscr{P}x_{n_k}\}$ folgt die Konvergenz von $\{x_{n_k}\}$. Das steht aber im Widerspruch zu

$$\|x_{n_k} - x_{n_j}\| > \frac{1}{2} \qquad (k \neq j).$$

Also ist $N(\mathscr{A} + \mathscr{B})$ von endlicher Dimension.

b) Als zweiten Schritt des Beweises zeigen wir, daß $R(\mathscr{A} + \mathscr{B})$ abgeschlossen ist. Da $N(\mathscr{A} + \mathscr{B})$ endlichdimensional ist, hat dieser Raum einen topologischen Komplementärraum D.

Ist $\{y_n\}$ eine konvergente Folge in $R(\mathscr{A} + \mathscr{B})$ mit dem Grenzwert $y \in Y$, dann gibt es eine Folge $\{x_n\}$ in D mit $(\mathscr{A} + \mathscr{B})\, x_n = y_n$ $(n = 1, 2, \ldots)$. Nun zeigen wir, daß $\{x_n\}$ beschränkt ist. Wäre das nicht so, dann gäbe es eine Teilfolge $\{x_{n_k}\}$ mit $\|x_{n_k}\| \to \infty$ $(k \to \infty)$. Wir setzen

$$x'_{n_k} = \frac{x_{n_k}}{\|x_{n_k}\|},$$

und es ist $\|x'_{n_k}\| = 1$ $(k = 1, 2, \ldots)$ und $x'_{n_k} \in D$. Es gilt

$$(\mathscr{A} + \mathscr{B})\, x'_{n_k} = \frac{y_{n_k}}{\|x_{n_k}\|} \to 0 \qquad (k \to \infty), \tag{11}$$

da der Zähler konvergent (also beschränkt) ist und der Nenner gegen ∞ strebt.

Da die Elemente x'_{n_k} auf der Einheitskugel liegen $(k = 1, 2, \ldots)$, hat diese Folge eine Teilfolge (wir wollen sie einfachheitshalber ebenfalls mit $\{x'_{n_k}\}$ bezeichnen), so daß die Folgen $\{\mathscr{B}x'_{n_k}\}$ und $\{\mathscr{P}x'_{n_k}\}$ konvergieren (genau so wie im Schritt a)). Ist $\lim\limits_{k \to \infty} \mathscr{B}x'_{n_k} = y_0$, dann gilt wegen (11)

$$\lim_{k \to \infty} \mathscr{A}x'_{n_k} = -y_0,$$

$$\mathscr{A}^b \mathscr{A}x'_{n_k} = x'_{n_k} - \mathscr{P}x'_{n_k} \to -\mathscr{A}^b y_0,$$

woraus die Konvergenz von $\{x'_{n_k}\}$ folgt. Wir setzen

$$\lim_{k \to \infty} x'_{n_k} = x_0,$$

und es ergibt sich $\|x_0\| = 1$, $x_0 \in D$, und

$$(\mathscr{A} + \mathscr{B}) x_0 = \mathscr{A} x_0 + \mathscr{B} x_0 = -y_0 + y_0 = 0.$$

Es ist also $x_0 \in N(\mathscr{A} + \mathscr{B})$. Das steht im Widerspruch zu $x_0 \in D$. Also ist die Folge $\{x_n\}$ beschränkt. Dann enthält sie aber eine Teilfolge $\{x_{n_k}\}$, so daß $\{\mathscr{B} x_{n_k}\}$ und $\{\mathscr{P} x_{n_k}\}$ konvergieren.

Genau wie oben schließen wir daraus, daß $\{x_{n_k}\}$ ebenfalls konvergent ist. Wir setzen $x = \lim\limits_{k \to \infty} x_{n_k}$ und erhalten

$$(\mathscr{A} + \mathscr{B}) x = y.$$

Hierbei ist y das am Anfang von b) definierte Element aus Y. Dieses Ergebnis besagt jedoch, daß $R(\mathscr{A} + \mathscr{B})$ abgeschlossen ist.

c) Nun zeigen wir, daß der Defekt $\beta(\mathscr{A} + \mathscr{B}) = \alpha(\mathscr{A}' + \mathscr{B}')$ des Operators $\mathscr{A} + \mathscr{B}$ endlich ist. Da $\mathscr{A}$ ein Fredholmoperator ist, muß auf Grund von Satz 4; 2.8 auch $\mathscr{A}'$ ein Fredholmoperator sein. Ferner hat $\mathscr{B}'$ wegen der Vollstetigkeit von $\mathscr{B}$ und Satz 4; 2.9 die gleiche Eigenschaft. Dann ist aber $\alpha(\mathscr{A}' + \mathscr{B}')$ endlich, wie das im Teil a) dieses Beweises bereits gezeigt wurde. Also ist $\mathscr{A} + \mathscr{B}$ ein Fredholmoperator.

d) Es bleibt noch die im Satz behauptete Beziehung für den Index des Operators $\mathscr{A} + \mathscr{B}$ zu beweisen.

Mit $\mathscr{B}$ ist natürlich auch $\lambda \mathscr{B}$ für jedes $\lambda \in \mathbb{R}$ kompakt, also ist $\mathscr{A} + \lambda \mathscr{B}$ ein Fredholmoperator. Nach Satz 4 gibt es zu jedem $\lambda \in \mathbb{R}$ eine Zahl $\gamma(\lambda) > 0$ derart, daß $\varkappa(\mathscr{A} + \mu \mathscr{B}) = \varkappa(\mathscr{A} + \lambda \mathscr{B})$ für alle $\mu \in \mathbb{R}$ mit $|\mu - \lambda| < \gamma(\lambda)$ ist. Ein Intervall mit dem Mittelpunkt λ und Gesamtlänge $2\gamma(\lambda)$ soll mit $I(\lambda)$ bezeichnet werden. Das kompakte Intervall $[0, 1]$ kann mit endlich vielen solchen Intervallen überdeckt werden; diese seien $I(\lambda_0)$, $I(\lambda_1)$, ..., $I(\lambda_n)$. Die Numerierung soll so gewählt sein, daß $0 \in I(\lambda_0)$, $1 \in I(\lambda_n)$ gilt und $I(\lambda_0) \cap I(\lambda_1) \neq \emptyset$, $I(\lambda_1) \cap I(\lambda_2) = \emptyset$, usw. ist. Dann gibt es in $I(\lambda_0) \cap I(\lambda_1)$ eine Zahl μ_1, für die $\varkappa(\mathscr{A}) = \varkappa(\mathscr{A} + \mu_1 \mathscr{B})$ gilt. Aber in $I(\lambda_1) \cap I(\lambda_2)$ existiert eine Zahl μ_2 mit $\varkappa(\mathscr{A} + \mu_1 \mathscr{B}) = \varkappa(\mathscr{A} + \mu_2 \mathscr{B})$ usw. Schließlich liegt in $I(\lambda_{n-1}) \cap I(\lambda_n)$ eine Zahl μ_{n-1} mit $\varkappa(\mathscr{A} + \mu_{n-1} \mathscr{B}) = \varkappa(\mathscr{A} + \mathscr{B})$, also gilt $\varkappa(\mathscr{A}) = \varkappa(\mathscr{A} + \mathscr{B})$. Damit ist der Satz bewiesen. ∎

Die Bedeutung des Satzes 5 sieht man sofort, wenn berücksichtigt wird, daß im Fall $X = Y$ (X ist ein Banachraum) der Identitätsoperator $\mathscr{E}$ ein Fredholmoperator ist und demzufolge jeder Operator der Gestalt $\mathscr{E} + \mathscr{A}$ mit vollstetigem $\mathscr{A}$ aus $\mathfrak{B}(X, X)$ ebenfalls ein Fredholmoperator ist.

Daß $\mathscr{E}$ tatsächlich ein Fredholmoperator ist, sieht man wie folgt ein: Wir haben in 2.7. festgestellt, daß $\mathscr{E}'$ der Einheitsoperator von $\mathfrak{B}(X', X')$ ist. Offensichtlich gilt $\alpha(\mathscr{E}) = 0$ und $\beta(\mathscr{E}) = \alpha(\mathscr{E}') = 0$, deswegen ist auch $\varkappa(\mathscr{E}) = 0$. Da außerdem $R(\mathscr{E}) = X$ abgeschlossen ist, erweist sich die Behauptung als richtig.

Nach Satz 5 ist ferner $\varkappa(\mathscr{E} + \mathscr{A}) = \varkappa(\mathscr{E}) = 0$, d. h., jeder Operator von der Gestalt $\mathscr{E} + \mathscr{A}$ mit vollstetigem $\mathscr{A}$ ist vom Index Null. Wegen ihrer besonderen Bedeutung möchten wir diese Schlußfolgerungen als Satz formulieren:

Satz 6. *Ist X ein Banachraum und $\mathscr{A} \in \mathfrak{B}(X, X)$ ein vollstetiger Operator, dann ist $\mathscr{E} + \mathscr{A}$ ein Fredholmoperator mit dem Index Null.* ∎

Wenn aber $\mathscr{E} + \mathscr{A}$ ein Fredholmoperator ist, so können wir den Satz 5; 2.8 anwenden. Danach gilt, daß die homogenen Gleichungen

$$(\mathscr{E} + \mathscr{A})\, x = 0 \quad \text{und} \quad (\mathscr{E} + \mathscr{A}')\, x' = 0$$

die gleiche endliche Anzahl von nichttrivialen linear unabhängigen Lösungen besitzen.

Es gilt ferner, daß für gegebene von Null verschiedene Elemente $y \in X$ und $f \in X'$ die inhomogenen Gleichungen

$$(\mathscr{E} + \mathscr{A})\, z = y, \quad (\mathscr{E} + \mathscr{A}')\, h = f$$

dann und nur dann Lösungen besitzen, wenn $g(y) = 0$ für alle $g \in N(\mathscr{E} + \mathscr{A}')$ bzw. wenn $f(x) = 0$ für alle $x \in N(\mathscr{E} + \mathscr{A})$ erfüllt ist. Das bedeutet: Hat die homogene Gleichung $(\mathscr{E} + \mathscr{A}')\, g = 0$ keine andere Lösung als $g = 0$, dann ist die inhomogene Gleichung $(\mathscr{E} + \mathscr{A})\, z = y$ für alle $y \in X$ lösbar. In diesem Falle hat aber auch $(\mathscr{E} + \mathscr{A})\, z = 0$ die einzige Lösung $z = 0$, woraus die eindeutige Lösbarkeit der inhomogenen Gleichung folgt. Dasselbe gilt für die Gleichung $(\mathscr{E} + \mathscr{A}')\, h = f$. Natürlich ist auch die Umkehrung gültig: Hat $(\mathscr{E} + \mathscr{A})\, z = y$ eine eindeutige Lösung für jedes $y \in X$, so ist das auch für $y = 0 \in X$ der Fall. Da aber $z = 0$ eine Lösung der homogenen Gleichung darstellt, ist dies die einzige. Dann hat aber auch $(\mathscr{E} + \mathscr{A}')\, h = 0$ nur die Lösung $h = 0$, und somit besitzt die entsprechende inhomogene Gleichung eine eindeutige Lösung für alle $f \in X'$.

Schließlich gilt auch hier wörtlich die Behauptung c) im Satz 5; 2.8.

Die hier geführten Überlegungen werden wir wegen ihrer Wichtigkeit als Satz formulieren:

Satz 7 (Fredholmscher Alternativsatz). *Es sei X ein Banachraum und $\mathscr{A}$ ein vollstetiger Operator aus $\mathfrak{B}(X, X)$, dann gilt: Haben die homogenen Gleichungen*

$$(\mathscr{E} + \mathscr{A})\, z = 0, \quad (\mathscr{E} + \mathscr{A}')\, h = 0 \tag{12}$$

nur die Lösungen $z = 0$ bzw. $h = 0$, dann besitzen die inhomogenen Gleichungen

$$(\mathscr{E} + \mathscr{A})\, z = y, \quad (\mathscr{E} + \mathscr{A}')\, h = g \tag{13}$$

für jedes $y \in X$ und $g \in X'$ eindeutige Lösungen und umgekehrt.

Haben aber die homogenen Gleichungen (12) *nichttriviale Lösungen, so sind die Anzahlen ihrer linear unabhängigen Lösungen einander gleich. In diesem Fall haben die inhomogenen Gleichungen* (13) *genau dann Lösungen, wenn die Beziehungen*

$$h(y) = 0 \quad \text{für alle} \quad h \in N(\mathscr{E} + \mathscr{A}')$$

und

$$g(z) = 0 \quad \text{für alle} \quad z \in N(\mathscr{E} + \mathscr{A})$$

gelten.

Ist schließlich die Bedingung für die Lösbarkeit der inhomogenen Gleichungen erfüllt, so haben diese unendlich viele Lösungen. Ist eine Lösung von (13) z_0 *bzw. h_0 und ist z bzw. h eine nichttriviale Lösung von* (12), *dann ist $z_0 + z$ bzw. $h_0 + h$ eine weitere Lösung von* (13). *Jede Lösung von* (13) *kann in dieser Form dargestellt werden.* ∎

2.11. Das Spektrum von Operatoren

Es sei X ein Banachraum (über $\mathbb{C}$ oder $\mathbb{R}$). Wir werden jetzt die in 1.3. eingeführten Begriffe auf die Banachalgebra $\mathfrak{B}(X, X)$ anwenden.

Wir sagen, der Operator $\mathscr{A} \in \mathfrak{B}(X, X)$ (als ein Element der Banachalgebra $\mathfrak{B}(X, X)$) ist regulär, wenn $\mathscr{A}$ eine Inverse in $\mathfrak{B}(X, X)$ besitzt. Das trifft genau dann zu, wenn $R(\mathscr{A}) = X$ und $N(\mathscr{A}) = \{0\}$ gelten.

Wie in 1.3. soll die Resolventenmenge von $\mathscr{A}$ mit $\mathfrak{P}(\mathscr{A})$, das Spektrum mit $\mathfrak{S}(\mathscr{A})$, die *Resolvente* mit $\mathscr{R}(\lambda; \mathscr{A})$, abgekürzt $\mathscr{R}_\lambda$, und der *lösende Operator* mit $\mathscr{L}(\mu; \mathscr{A})$, abgekürzt $\mathscr{L}_\mu$, bezeichnet werden. (Unter dem letztgenannten Operator werden wir das lösende Element von $\mathscr{A}$ in der Banachalgebra $\mathfrak{B}(X, X)$ verstehen.)

Bei Operatoren werden wir außer diesen noch weitere Begriffe einführen. Wir nennen $\lambda \in \mathbb{C}$ einen *Fredholmpunkt* des Operators $\mathscr{A} \in \mathfrak{B}(X, X)$, wenn $\lambda \mathscr{E} - \mathscr{A}$ ein Fredholmoperator ist. Die Menge aller Fredholmpunkte von $\mathscr{A}$ bezeichnen wir mit $\mathfrak{F}(\mathscr{A})$.

Aus Satz 4; 2.10 folgt unmittelbar, daß $\mathfrak{F}(\mathscr{A})$ ($\mathscr{A} \neq 0$) eine *offene Menge* ist. Ist nämlich $\lambda_0 \in \mathfrak{F}(\mathscr{A})$, d. h. ist $\lambda_0 \mathscr{E} - \mathscr{A}$ ein Fredholmoperator, dann gibt es nach dem genannten Satz eine Zahl γ ($\gamma > 0$) derart, daß für $|\lambda| < \gamma$ auch

$$\lambda_0 \mathscr{E} - \mathscr{A} + \lambda \mathscr{E} = (\lambda_0 + \lambda)\, \mathscr{E} - \mathscr{A}$$

ein Fredholmoperator ist. Demnach gehört die ganze offene Kreisscheibe $K_\gamma(\lambda_0)$ zu $\mathfrak{F}(\mathscr{A})$.

Es gilt ferner:

$$\mathfrak{P}(\mathscr{A}) \subset \mathfrak{F}(\mathscr{A}). \tag{1}$$

Ist nämlich $\lambda \in \mathfrak{P}(\mathscr{A})$, so folgt, daß $\mathscr{B} := \lambda \mathscr{E} - \mathscr{A}$ regulär ist, also ergibt sich $N(\lambda \mathscr{E} - \mathscr{A}) = \{0\}$ und $R(\lambda \mathscr{E} - \mathscr{A}) = X$. Es existiert demzufolge $\mathscr{B}^{-1} = \mathscr{B}^b$ (mit $\mathscr{P} = \mathscr{Q} = 0$), also ist nach Satz 2; 2.8 der Operator $\lambda \mathscr{E} - \mathscr{A}$ ein Fredholmoperator, und es gilt $\lambda \in \mathfrak{F}(\mathscr{A})$. Damit ist (1) nachgewiesen.

Die Komplementärmenge von $\mathfrak{F}(\mathscr{A})$ (bezüglich $\overline{\mathbb{C}}$) heißt das *wesentliche Spektrum* von $\mathscr{A}$ und wird mit $\mathfrak{S}_e(\mathscr{A})$ bezeichnet.

Da $\mathfrak{F}(\mathscr{A})$ eine offene Menge ist, ist $\mathfrak{S}_e(\mathscr{A})$ abgeschlossen. Aus (1) folgt $\mathfrak{S}_e(\mathscr{A}) \subset \mathfrak{S}(\mathscr{A})$.

Ein wichtiger Spezialfall liegt vor, wenn $\mathscr{A}$ vollstetig ist. Offenbar ist $\lambda \mathscr{E} (\lambda \in \mathbb{C}, \lambda \neq 0)$ ein Fredholmoperator aus $\mathfrak{B}(X, X)$; deswegen ist nach Satz 5; 2.10 auch $\lambda \mathscr{E} - \mathscr{A}$ ein Fredholmoperator. Demzufolge ist $\mathfrak{F}(\mathscr{A}) = \mathbb{C} - \{0\}$ und daher $\mathfrak{S}_e(\mathscr{A}) = \{0\}$. Wir haben somit den folgenden, auf F. RIESZ [F. RIESZ 1917] zurückgehenden Satz bewiesen:

Satz 1. *Ist $\mathscr{A}$ ein vollstetiger Operator, dann gilt*

$$\mathfrak{F}(\mathscr{A}) = \mathbb{C} - \{0\}, \quad d.\,h. \quad \mathfrak{S}_e(\mathscr{A}) = \{0\}.$$

Aus Satz 5; 2.10 folgt ferner (da $\varkappa(\mathscr{E}) = 0$ ist):

$$\varkappa(\lambda \mathscr{E} - \mathscr{A}) = 0, \quad \lambda \in \mathbb{C} - \{0\}, \tag{2}$$

oder anders ausgedrückt: $\mathscr{E} - \lambda\mathscr{A}$ ist ein Fredholmoperator mit

$$\varkappa(\mathscr{E} - \mu\mathscr{A}) = 0, \quad \mu \in \mathbb{C}. \; \blacksquare \tag{2'}$$

Wir klassifizieren die Punkte des Spektrums wie folgt:

Es sei $\lambda \in \mathfrak{S}(\mathscr{A})$, wobei jetzt $\mathscr{A}$ ein beliebiger Operator aus $\mathfrak{B}(X, X)$ ist. Ist $N(\lambda\mathscr{E} - \mathscr{A}) \neq \{0\}$, dann sagen wir, λ ist ein *Eigenwert* von $\mathscr{A}$; $N(\lambda\mathscr{E} - \mathscr{A})$ heißt der zum Eigenwert λ gehörige *Eigenraum*. Jedes x aus $N(\lambda\mathscr{E} - \mathscr{A})$ mit $\|x\| = 1$ wird ein zum Eigenwert λ gehöriges *Eigenelement* genannt, und die Zahl $\alpha(\lambda\mathscr{E} - \mathscr{A})$ $= \dim N(\lambda\mathscr{E} - \mathscr{A})$ ist die *Vielfachheit* oder *Multiplizität* von λ. Die Menge aller Eigenwerte von $\mathscr{A}$ trägt den Namen *Punktspektrum* von $\mathscr{A}$ und wird mit $\mathfrak{S}_p(\mathscr{A})$ bezeichnet.

In der Theorie der Integralgleichungen wird oft (insbesondere in der älteren Literatur) der reziproke Wert eines oben definierten endlichen Eigenwertes als Eigenwert bezeichnet. Wir werden den reziproken Wert eines Eigenwertes charakteristischen Wert oder *charakteristische Zahl* nennen.

Wenn $N(\lambda\mathscr{E} - \mathscr{A}) = \{0\}$ und $R(\lambda\mathscr{E} - \mathscr{A}) \neq X$ (jedoch dicht in X) ist, so sagen wir, λ ist ein Punkt des *kontinuierlichen Spektrums*. Die Menge der Punkte des kontinuierlichen Spektrums wird mit $\mathfrak{S}_c(\mathscr{A})$ bezeichnet.

Wenn schließlich $N(\lambda\mathscr{E} - \mathscr{A}) = \{0\}$ und $R(\lambda\mathscr{E} - \mathscr{A})$ in X *nicht* dicht ist, d. h., wenn $\alpha(\lambda\mathscr{E} - \mathscr{A}) = 0$ und $\beta(\lambda\mathscr{E} - \mathscr{A}) > 0$ gilt, dann bilden diejenigen Werte λ aus $\mathbb{C}$, für die das zutrifft, eine Menge, die wir *Restspektrum* (Bezeichnung: $\mathfrak{S}_r(\mathscr{A})$) nennen.

Aus der Definition folgt unmittelbar, daß die Mengen $\mathfrak{S}_p(\mathscr{A})$, $\mathfrak{S}_c(\mathscr{A})$ und $\mathfrak{S}_r(\mathscr{A})$ paarweise disjunkt sind, und es gilt

$$\mathfrak{S}(\mathscr{A}) = \mathfrak{S}_p(\mathscr{A}) \cup \mathfrak{S}_c(\mathscr{A}) \cup \mathfrak{S}_r(\mathscr{A}). \tag{3}$$

Wegen $\mathfrak{S}_e(\mathscr{A}) = \overline{\mathbb{C}} - \mathfrak{F}(\mathscr{A})$ folgt

$$\mathfrak{S}(\mathscr{A}) - \mathfrak{S}_e(\mathscr{A}) = \mathfrak{S}(\mathscr{A}) \cap \mathfrak{F}(\mathscr{A}). \tag{4}$$

Zwischen den spektralen Eigenschaften eines Operators $\mathscr{A} \in \mathfrak{B}(X, X)$ und seines Duals $\mathscr{A}' \in \mathfrak{B}(X', X')$ besteht folgender enger Zusammenhang:

Satz 2. *Für jeden Operator $\mathscr{A} \in \mathfrak{B}(X, X)$ gilt*

$$\mathfrak{P}(\mathscr{A}) = \mathfrak{P}(\mathscr{A}') \quad und \quad \mathfrak{S}(\mathscr{A}) = \mathfrak{S}(\mathscr{A}'), \tag{5}$$

$$\mathscr{R}(\lambda; \mathscr{A}') = \mathscr{R}(\lambda; \mathscr{A})' \quad für \quad \lambda \in \mathfrak{P}(\mathscr{A}), \tag{6}$$

$$\mathfrak{F}(\mathscr{A}) = \mathfrak{F}(\mathscr{A}') \quad und \quad \mathfrak{S}_e(\mathscr{A}) = \mathfrak{S}_e(\mathscr{A}'). \tag{7}$$

Beweis. Es gilt nach (3; 2.7)

$$(\lambda\mathscr{E} - \mathscr{A})' = \lambda\mathscr{E}' - \mathscr{A}' = \lambda\mathscr{E} - \mathscr{A}',$$

und auf Grund von Satz 3; 2.7 ist $\lambda\mathscr{E} - \mathscr{A}$ genau dann regulär, wenn $(\lambda\mathscr{E} - \mathscr{A})'$ $= \lambda\mathscr{E} - \mathscr{A}'$ regulär ist. Daraus ergibt sich (5).

Es folgt aus (14; 2.7) für $\lambda \in \mathfrak{P}(\mathscr{A}) = \mathfrak{P}(\mathscr{A}')$ die Gleichung

$$\mathscr{R}(\lambda; \mathscr{A})' = [(\lambda\mathscr{E} - \mathscr{A})^{-1}]' = (\lambda\mathscr{E} - \mathscr{A}')^{-1} = \mathscr{R}(\lambda; \mathscr{A}').$$

Damit ist auch (6) bewiesen.

7*

(7) folgt aus der Tatsache, daß $\lambda\mathcal{E} - \mathcal{A}$ genau dann ein Fredholmoperator ist, wenn $(\lambda\mathcal{E} - \mathcal{A})' = \lambda\mathcal{E} - \mathcal{A}'$ ein solcher ist (Satz 4; 2.8). ∎

Es sei bemerkt, daß die Beziehung (6) auch für den lösenden Operator erfüllt ist:

$$\mathcal{L}(\mu; \mathcal{A})' = \mathcal{L}(\mu; \mathcal{A}') \quad \text{für} \quad \frac{1}{\mu} \in \mathfrak{P}(\mathcal{A}). \tag{6'}$$

Das ergibt sich aus (8; 1.3).

Über das Spektrum eines vollstetigen Operators gibt uns folgender Gedankengang nähere Auskunft:

Wie wir unter (2) gesehen haben, hat $\lambda\mathcal{E} - \mathcal{A}$ den Index Null für jedes λ aus $\mathbb{C} - \{0\}$, falls $\mathcal{A}$ vollstetig ist, d. h. $\alpha(\lambda\mathcal{E} - \mathcal{A}) = \beta(\lambda\mathcal{E} - \mathcal{A})$. Jetzt können zwei Fälle auftreten:

1^0. $\alpha(\lambda\mathcal{E} - \mathcal{A}) = \beta(\lambda\mathcal{E} - \mathcal{A}) = 0$, d. h., $\lambda\mathcal{E} - \mathcal{A}$ ist für jedes von null verschiedene λ regulär, und daher ist $\lambda \in \mathfrak{P}(\mathcal{A})$.

2^0. $\alpha(\lambda\mathcal{E} - \mathcal{A}) = \beta(\lambda\mathcal{E} - \mathcal{A}) > 0$, dann ist $\lambda \in \mathfrak{S}_p(\mathcal{A})$, d. h., jeder Punkt des Spektrums ist ein Eigenwert.

Es sei $\lambda_0 \neq 0$ ein Eigenwert. Die Operatoren $(\lambda_0\mathcal{E} - \mathcal{A})^k$ ($k = 1, 2, 3, \ldots$) sind nach Satz 1; 2.10 Fredholmoperatoren mit dem Index Null (vgl. (1; 2.10)), ihre Nullräume sind endlichdimensional, und es gilt

$$N\big((\lambda_0\mathcal{E} - \mathcal{A})^k\big) \subset N\big((\lambda_0\mathcal{E} - \mathcal{A})^{k+1}\big) \quad (k = 1, 2, \ldots). \tag{8}$$

Ist diese Inklusion echt für ein gewisses $k = m$, dann ist sie es auch für jedes $n < m$. Ist nämlich (8) für ein $k = m$ eine echte Inklusion, dann gibt es ein $x \in X$ mit x aus $N\big((\lambda_0\mathcal{E} - \mathcal{A})^{m+1}\big)$, für welches jedoch x nicht in $N\big((\lambda_0\mathcal{E} - \mathcal{A})^m\big)$ enthalten ist. Wir bilden $y = (\lambda_0\mathcal{E} - \mathcal{A})^{m-n}x$. Dann ist $(\lambda_0\mathcal{E} - \mathcal{A})^{n+1}y = (\lambda_0\mathcal{E} - \mathcal{A})^{m+1}x = 0$, also $y \in N\big((\lambda_0\mathcal{E} - \mathcal{A})^{n+1}\big)$, aber $y \notin N\big((\lambda_0\mathcal{E} - \mathcal{A})^n\big)$ wegen $x \notin N\big((\lambda_0\mathcal{E} - \mathcal{A})^m\big)$. Daraus folgt, daß entweder eine natürliche Zahl p mit $N\big((\lambda_0\mathcal{E} - \mathcal{A})^n\big) = N\big((\lambda_0\mathcal{E} - \mathcal{A})^p\big)$ für alle $n \geq p$ existiert oder daß die Inklusion (8) für alle k echt ist. Im zweiten Fall würde, da $N\big((\lambda_0\mathcal{E} - \mathcal{A})^k\big)$ abgeschlossen ist, zu jedem k ein x_k aus $N\big((\lambda_0\mathcal{E} - \mathcal{A})^{k+1}\big)$ mit $\|x_k\| = 1$ vorhanden sein, für das

$$\varrho\big(x_k, N((\lambda_0\mathcal{E} - \mathcal{A})^k)\big) \geq \frac{1}{2}$$

gilt. Wir werden jetzt zeigen, daß diese Folgerung aus unserer Annahme zu einem Widerspruch führt.

Für $n > m$ wäre nämlich

$$\mathcal{A}x_n - \mathcal{A}x_m = \lambda_0 x_n + (\mathcal{A} - \lambda_0\mathcal{E})x_n - \lambda_0 x_m - (\mathcal{A} - \lambda_0\mathcal{E})x_m = \lambda_0(x_n - y)$$

mit

$$y = x_m - \frac{1}{\lambda_0}(\mathcal{A} - \lambda_0\mathcal{E})x_n + \frac{1}{\lambda_0}(\mathcal{A} - \lambda_0\mathcal{E})x_m \in N\big((\lambda_0\mathcal{E} - \mathcal{A})^n\big).$$

Daraus folgt

$$\|\mathcal{A}x_n - \mathcal{A}x_m\| \geq |\lambda_0|\, \varrho\big(x_n, N((\lambda_0\mathcal{E} - \mathcal{A})^n)\big) \geq \frac{1}{2}\,|\lambda_0|.$$

Diese Ungleichung bedeutet aber, daß die Folge $\{\mathscr{A}x_n\}$ keine konvergente Teilfolge enthält, obwohl $\{x_n\}$ der Oberfläche der Einheitskugel angehört. Das steht im Widerspruch zur Vollstetigkeit von $\mathscr{A}$. Damit ist gezeigt, daß der zweite Fall nicht eintreten kann, und (8) kann dementsprechend nicht für alle k eine echte Inklusion sein. Es gibt also ein natürliches p mit

$$N\big((\lambda_0\mathscr{E} - \mathscr{A})^n\big) = N\big((\lambda_0\mathscr{E} - \mathscr{A})^p\big) \quad \text{für} \quad n = p, p + 1, \ldots$$

Da $(\lambda_0\mathscr{E} - \mathscr{A})^p$ ein Fredholmoperator mit Index Null ist, muß $R\big((\lambda_0\mathscr{E} - \mathscr{A})^p\big)$ ein abgeschlossener Teilraum von X mit endlicher Codimension $\beta\big((\lambda_0\mathscr{E} - \mathscr{A})^p\big)$ sein. Man kann leicht erkennen, daß

$$N\big((\lambda_0\mathscr{E} - \mathscr{A})^p\big) \cap R\big((\lambda_0\mathscr{E} - \mathscr{A})^p\big) = \{0\}$$

gilt. Ist nämlich y ein Element aus dem auf der linken Seite der letzten Gleichung stehenden Durchschnitt, dann kann y in der Gestalt $y = (\lambda_0\mathscr{E} - \mathscr{A})^p x$ dargestellt werden, und es gilt

$$(\lambda_0\mathscr{E} - \mathscr{A})^p\, y = (\lambda_0\mathscr{E} - \mathscr{A})^{2p}\, x = 0.$$

Daraus folgt für x die Beziehung $x \in N\big((\lambda_0\mathscr{E} - \mathscr{A})^{2p}\big) = N\big((\lambda_0\mathscr{E} - \mathscr{A})^p\big)$. Das bedeutet aber $(\lambda_0\mathscr{E} - \mathscr{A})^p x = 0$, d. h., es ist $y = 0$. Damit ist die Behauptung bewiesen.

Nun folgt weiter aus der eben bewiesenen Behauptung, daß

$$X = N\big((\lambda_0\mathscr{E} - \mathscr{A})^p\big) \oplus R\big((\lambda_0\mathscr{E} - \mathscr{A})^p\big) \tag{9}$$

gilt. Es existiert somit in X ein Projektor $\mathscr{P}$ mit

$$R(\mathscr{P}) = N\big((\lambda_0\mathscr{E} - \mathscr{A})^p\big) \quad \text{und} \quad N(\mathscr{P}) = R\big((\lambda_0\mathscr{E} - \mathscr{A})^p\big).$$

Offensichtlich ist $\mathscr{P}$ endlichdimensional, und es gelten die Beziehungen

$$(\lambda_0\mathscr{E} - \mathscr{A})\left[N\big((\lambda_0\mathscr{E} - \mathscr{A})^p\big)\right] \subset N\big((\lambda_0\mathscr{E} - \mathscr{A})^{p-1}\big) \subset N\big((\lambda_0\mathscr{E} - \mathscr{A})^p\big),$$
$$(\lambda_0\mathscr{E} - \mathscr{A})\left[R\big((\lambda_0\mathscr{E} - \mathscr{A})^p\big)\right] = R\big((\lambda_0\mathscr{E} - \mathscr{A})^{p+1}\big) \subset R\big((\lambda_0\mathscr{E} - \mathscr{A})^p\big).$$

Wir haben also für jedes x aus X die Darstellung

$$(\lambda_0\mathscr{E} - \mathscr{A})\, x = (\lambda_0\mathscr{E} - \mathscr{A})\, \mathscr{P}x + (\lambda_0\mathscr{E} - \mathscr{A})\, (\mathscr{E} - \mathscr{P})\, x$$

erhalten, wobei

$$(\lambda_0\mathscr{E} - \mathscr{A})\, \mathscr{P}x \in N\big((\lambda_0\mathscr{E} - \mathscr{A})^p\big)$$

und

$$(\lambda_0\mathscr{E} - \mathscr{A})\, (\mathscr{E} - \mathscr{P})\, x \in R\big((\lambda_0\mathscr{E} - \mathscr{A})^p\big)$$

ist. Daraus folgt

$$\mathscr{P}(\lambda_0\mathscr{E} - \mathscr{A})\, x = (\lambda_0\mathscr{E} - \mathscr{A})\, \mathscr{P}x$$

für jedes x aus X, d. h., $\mathscr{P}$ und $\lambda_0\mathscr{E} - \mathscr{A}$ sind miteinander vertauschbar.

Der Operator $\mathscr{S} := (\lambda_0\mathscr{E} - \mathscr{A})$ ist nilpotent, denn es gilt

$$\mathscr{S}^p = (\lambda_0\mathscr{E} - \mathscr{A})^p\, \mathscr{P} = 0.$$

Dabei ist

$$\mathscr{S}^{p-1} = (\lambda_0 \mathscr{E} - \mathscr{A})^{p-1} \mathscr{P} \neq 0.$$

Der Operator $\mathscr{T} := (\lambda_0 \mathscr{E} - \mathscr{A})(\mathscr{E} - \mathscr{P})$ ist ein Fredholmoperator auf Grund von Satz 1; 2.10. Es gilt

$$N(\mathscr{T}) = N\big((\lambda_0 \mathscr{E} - \mathscr{A})^p\big) \quad \text{und} \quad R(\mathscr{T}) = R\big((\lambda_0 \mathscr{E} - \mathscr{A})^p\big).$$

Somit hat $\mathscr{T}$ eine verallgemeinerte Inverse bezüglich der Projektoren $\mathscr{P}$ und $\mathscr{Q} = \mathscr{P}$, d. h., $\mathscr{T}$ ist bezüglich $\mathscr{P}$ pseudoregulär. Nach Satz 2; 1.6 ist λ_0 ein Pol der Ordnung p der Resolvente von $\mathscr{A}$ mit dem Residuum $\mathscr{P}$. Jeder Punkt $\lambda_0 \neq 0$ des Spektrums von $\mathscr{A}$ ist also ein isolierter Punkt von $\mathfrak{S}(\mathscr{A})$. Andererseits ist das Spektrum eine beschränkte Menge, also kann nur der Nullpunkt ein Häufungspunkt des Spektrums sein.

Das Ergebnis der bisherigen Überlegungen wollen wir im folgenden, ebenfalls von F. Riesz stammenden Satz zusammenfassen [F. Riesz 1917].

Satz 3. *Für einen vollstetigen Operator $\mathscr{A}$ ist $\mathfrak{S}(\mathscr{A}) \cap \mathfrak{F}(\mathscr{A})$ entweder leer oder enthält höchstens abzählbar viele Eigenwerte. Der einzige Häufungspunkt des Spektrums ist, falls vorhanden, der Nullpunkt. Die Eigenwerte sind Pole der Resolvente, deren Residuen endlichdimensionale Operatoren sind.* ∎

Wenn wir die Transformation $\mu = \dfrac{1}{\lambda}$ einführen und die Beziehung zwischen der Resolvente und dem lösenden Operator (9; 1.3) berücksichtigen, können wir auf Grund von Satz 2; 1.5 folgendes aussagen, wenn wir, wie bisher, die reduzierte Spektralmenge mit $\hat{\mathfrak{S}}(\mathscr{A})$ und die Menge, in welche $\mathfrak{F}(\mathscr{A})$ durch unsere Transformation übergeht, mit $\hat{\mathfrak{F}}(\mathscr{A})$ bezeichnen:

Satz 3'. *Für einen vollstetigen Operator $\mathscr{A}$ ist $\hat{\mathfrak{S}}(\mathscr{A}) \cap \hat{\mathfrak{F}}(\mathscr{A})$ entweder leer oder besteht aus höchstens abzählbar vielen charakteristischen Zahlen, die sich im Endlichen nicht häufen. Jede charakteristische Zahl ist Pol des lösenden Operators mit endlichdimensionalem Residuum.* ∎

Es sei $\mathscr{U}$ irgendein linearer Operator: $\mathscr{U} : X \to X$. Für den m-ten iterierten Operator $\mathscr{U}^m$ beweisen wir folgende Aussage:

Satz 4. $\mathfrak{S}(\mathscr{U}) \subset \mathfrak{S}(\mathscr{U}^m)$ $(m = 1, 2, 3, \ldots)$.

Beweis. Es sei $\varepsilon_m = e^{\frac{2\pi i}{m}}$ $(m = 1, 2, 3, \ldots)$ und

$$\mathscr{A} = \mathscr{E}\lambda - \mathscr{U},$$
$$\mathscr{B} = (\lambda \varepsilon_m \mathscr{E} - \mathscr{U})(\lambda \varepsilon_m^2 \mathscr{E} - \mathscr{U}) \cdots (\lambda \varepsilon_m^{m-1} \mathscr{E} - \mathscr{U}),$$
$$\mathscr{C} = \lambda^m \mathscr{E} - \mathscr{U}^m,$$

und wir ziehen den Satz 7; 2.3 heran. Dann gilt

$$\lambda^m \mathscr{E} - \mathscr{U}^m = (\lambda \mathscr{E} - \mathscr{U})(\lambda \varepsilon_m \mathscr{E} - \mathscr{U}) \cdots (\lambda \varepsilon_m^{m-1} \mathscr{E} - \mathscr{U}),$$

also ist $\mathscr{C} = \mathscr{A}\mathscr{B}$. Die Operatoren $\mathscr{A}$ und $\mathscr{B}$ sind miteinander vertauschbar. Ist $\lambda^m \in \mathfrak{P}(\mathscr{U}^m)$, dann hat $\mathscr{C}$ eine Inverse, demzufolge existiert auch $(\lambda \mathscr{E} - \mathscr{U})^{-1}$, d. h. $\lambda \in \mathfrak{P}(\mathscr{U})$, also ist $\mathfrak{P}(\mathscr{U}^m) \subset \mathfrak{P}(\mathscr{U})$. ∎

2.12. Dualsysteme und transponierte Operatoren

Es seien X und Y normierte Räume. Auf $X \times Y$ werden wir ein lineares und beschränktes Funktional $\langle \cdot, \cdot \rangle$ betrachten. Es wird linear genannt, wenn für alle x und x_1 aus X, y und y_1 aus Y und $\lambda, \lambda_1 \in \mathbb{C}$

$$\langle \lambda x + \lambda_1 x_1, y \rangle = \lambda \langle x, y \rangle + \lambda_1 \langle x_1, y \rangle,$$

$$\langle x, \lambda y + \lambda_1 y_1 \rangle = \lambda \langle x, y \rangle + \lambda_1 \langle x, y_1 \rangle$$

gilt. Das Funktional $\langle \cdot, \cdot \rangle$ heißt beschränkt, falls eine positive Zahl c existiert mit

$$|\langle x, y \rangle| \leq c \, \|x\| \, \|y\| \tag{1}$$

für alle $x \in X$, $y \in Y$.

Die normierten Räume X, Y bilden ein *Dualsystem* $\langle X, Y \rangle$, wenn das auf $X \times Y$ definierte lineare und beschränkte Funktional $\langle \cdot, \cdot \rangle$ die folgenden Eigenschaften hat:

1^0. Aus $\langle x_0, y \rangle = 0$ für ein $x_0 \in X$ und *alle* $y \in Y$ folgt

$$x_0 = 0. \tag{2}$$

2^0. Aus $\langle x, y_0 \rangle = 0$ für ein $y_0 \in Y$ und *alle* $x \in X$ folgt

$$y_0 = 0. \tag{3}$$

Als einfachstes Beispiel erwähnen wir das Dualsystem, das aus einem normierten Raum X und seinem Dualraum $Y = X'$ besteht. $\langle X, X' \rangle$ bildet ein Dualsystem bezüglich des Funktionals:

$$\langle x, f \rangle := f(x), \qquad x \in X, \quad f \in X'.$$

Die Linearität und Beschränktheit von $\langle x, f \rangle$ folgt aus dem Begriff des Dualraumes, die Eigenschaften 1^0 und 2^0 sind Folgerungen des Hahn-Banachschen Satzes.

Ein weiteres Beispiel ist das folgende. Es sei Δ ein abgeschlossenes Gebiet im $\mathbb{R}^n$, und wir werden aus $X = Y = C(\Delta, \mathbb{C}) = C(\Delta)$ durch folgendes Funktional

$$\langle x, y \rangle := \int_{\Delta} x(t) \, y(t) \, r(t) \, dt \tag{4}$$

ein Dualsystem $\langle C(\Delta), C(\Delta) \rangle$ bilden, wobei $r(t)$ eine gegebene positive Funktion aus $C(\Delta)$ ist. Offensichtlich ist (4) linear. Die Beschränktheit ist auch leicht einzusehen:

$$|\langle x, y \rangle| \leq \|x\| \, \|y\| \int_{\Delta} r(t) \, dt.$$

Die Eigenschaft 1^0 kann man wie folgt nachweisen: Ist für irgendein $x_0 \in C(\Delta)$ und alle $y \in C(\Delta)$

$$\langle x_0, y \rangle = \int_{\Delta} x_0(t) \, y(t) \, r(t) \, dt = 0,$$

so setze man $y(t) = \overline{x_0(t)}$, und man hat

$$\langle x_0, \overline{x}_0 \rangle = \int\limits_{\Delta} |x_0(t)|^2 \, r(t) \, dt = 0.$$

Daraus folgt $x_0(t) = 0$ für alle t aus Δ.

Das Funktional (4) ist symmetrisch: $\langle x, y \rangle = \langle y, x \rangle$; deshalb gilt auch 2^0. Demzufolge bildet $\langle C(\Delta), C(\Delta) \rangle$ mit (4) ein Dualsystem.

Es sei $\langle X, Y \rangle$ bezüglich des Funktionals $\langle \cdot, \cdot \rangle$ ein Dualsystem und $\mathscr{A} \in \mathfrak{B}(X, X)$. Falls $\mathscr{A}$ einen in bezug auf $\langle \cdot, \cdot \rangle$ adjungierten Operator $\mathscr{A}^\mathsf{T} \in \mathfrak{B}(Y, Y)$ besitzt (was nicht immer der Fall sein muß), dann heißen $\mathscr{A}$ und $\mathscr{A}^\mathsf{T}$ zueinander *transponierte Operatoren*. $\mathscr{A}^\mathsf{T}$ ist also durch die Beziehung

$$\langle \mathscr{A}x, y \rangle = \langle x, \mathscr{A}^\mathsf{T}y \rangle \tag{5}$$

definiert, wobei gefordert wird, daß (5) für alle $x \in X$ und $y \in Y$ gelten soll.

Sind $\mathscr{A}$ und $\mathscr{A}^\mathsf{T}$ zueinander transponierte Operatoren, so ist jeder der beiden Operatoren durch den anderen eindeutig bestimmt. Gäbe es zwei transponierte Operatoren von $\mathscr{A}$, etwa die Operatoren $\mathscr{A}_1^\mathsf{T}$ und $\mathscr{A}_2^\mathsf{T}$, dann wäre

$$\langle \mathscr{A}x, y \rangle = \langle x, \mathscr{A}_1^\mathsf{T}y \rangle = \langle x, \mathscr{A}_2^\mathsf{T}y \rangle$$

für alle $x \in X$, $y \in Y$. Daraus ergibt sich

$$\langle x, (\mathscr{A}_1^\mathsf{T} - \mathscr{A}_2^\mathsf{T}) \, y \rangle = 0$$

für jedes $x \in X$. Dann ist aber auf Grund von 2^0

$$(\mathscr{A}_1^\mathsf{T} - \mathscr{A}_2^\mathsf{T}) \, y = 0$$

für jedes $y \in Y$, woraus $\mathscr{A}_1^\mathsf{T} - \mathscr{A}_2^\mathsf{T} = 0$ folgt.

Ist $X = Y = H$ ein Hilbertraum mit dem Skalarprodukt $(\cdot, \cdot)$, dann bildet $\langle H, H \rangle$ ebenfalls ein Dualsystem mit $\langle x, y \rangle = (x, y)$. In diesem Fall hat jeder Operator $\mathscr{A} \in \mathfrak{B}(H, H)$ einen transponierten Operator, nämlich den adjungierten Operator $\mathscr{A}^\mathsf{T} = \mathscr{A}^*$.

Ein weiteres, für die späteren Ausführungen besonders wichtiges Beispiel ist der durch eine stetige Kernfunktion $K(s, t)$ erzeugte *Integraloperator* $\mathscr{K}$:

$$(\mathscr{K}x) \, (s) = \int\limits_{\Delta} K(s, t) \, x(t) \, dt.$$

Es ist $\mathscr{K} \in \mathfrak{B}\big(C(\Delta), C(\Delta)\big)$, wobei Δ ein beschränktes Gebiet im $\mathbb{R}^n$ ist. Wir erhalten mit (4)

$$\begin{aligned}
\langle \mathscr{K}x, y \rangle &= \langle (\mathscr{K}x) \, (s), y(s) \rangle = \int\limits_{\Delta} \left(\int\limits_{\Delta} K(s, t) \, x(t) \, dt \right) y(s) \, ds \\
&= \int\limits_{\Delta} \left(\int\limits_{\Delta} K(s, t) \, y(s) \, ds \right) x(t) \, dt \\
&= \langle x(t), \int\limits_{\Delta} K(s, t) \, y(s) \, ds \rangle = \langle x, \mathscr{K}^\mathsf{T}y \rangle,
\end{aligned}$$

wobei $\mathscr{K}^\mathsf{T}$ der durch den Kern $K^\mathsf{T}(s, t) = K(t, s)$ erzeugte Integraloperator ist.

Man kann das Schmidtsche Orthogonalisierungsverfahren auch auf $\langle \cdot, \cdot \rangle$ anwenden. Das heißt, sind $x_1, x_2, \ldots, x_n$ linear unabhängige Elemente aus X, so gibt es linear unabhängige Elemente $y_1, y_2, \ldots, y_n \in Y$ mit

$$\langle x_i, y_k \rangle = \delta_{ik} \qquad (i, k = 1, 2, \ldots, n). \tag{6}$$

Es sei wieder $\langle X, Y \rangle$ ein Dualsystem. Wir betrachten die Gesamtheit aller Operatoren aus $\mathfrak{B}(X, X)$, zu denen ein transponierter Operator aus $\mathfrak{B}(Y, Y)$ existiert. Diese Teilmenge von $\mathfrak{B}(X, X)$, die selbstverständlich auch von Y abhängt, werden wir mit $\mathfrak{A}(X, Y)$ bezeichnen.

Man kann sich leicht davon überzeugen, daß $\mathfrak{A}(X, Y)$ ein linearer Raum ist. Es ist $\mathscr{E}_X \in \mathfrak{A}(X, Y)$ und $\mathscr{E}_X{}^{\mathsf{T}} = \mathscr{E}_Y$.

Die Definition von $\mathfrak{A}(X, Y)$ ist in bezug auf X und Y symmetrisch.

Es gelten folgende Beziehungen:

$$(\alpha \mathscr{A} + \beta \mathscr{B})^{\mathsf{T}} = \alpha \mathscr{A}^{\mathsf{T}} + \beta \mathscr{B}^{\mathsf{T}} \tag{7}$$

für alle $\mathscr{A}, \mathscr{B} \in \mathfrak{A}(X, Y)$ und $\alpha, \beta \in \mathbb{C}$ und

$$(\mathscr{A} \mathscr{B})^{\mathsf{T}} = \mathscr{B}^{\mathsf{T}} \mathscr{A}^{\mathsf{T}} \tag{8}$$

für alle $\mathscr{A}, \mathscr{B} \in \mathfrak{A}(X, Y)$.

Wir führen die Norm

$$\|\mathscr{A}\|_{\mathfrak{A}} = \mathrm{Max}\,(\|\mathscr{A}\|_{\mathfrak{B}(X,X)}, \|\mathscr{A}^{\mathsf{T}}\|_{\mathfrak{B}(Y,Y)}) \tag{9}$$

ein. Man überzeugt sich leicht, daß $\|\cdot\|_{\mathfrak{A}}$ eine Norm ist.

Es gelten ferner die Beziehungen

$$\|\mathscr{E}_X\|_{\mathfrak{A}} = 1, \qquad \|\mathscr{A} \mathscr{B}\|_{\mathfrak{A}} \leq \|\mathscr{A}\|_{\mathfrak{A}} \|\mathscr{B}\|_{\mathfrak{A}}. \tag{10}$$

Somit ist $\mathfrak{A}(X, Y)$ eine normierte Algebra. $\mathfrak{A}(X, Y)$ erweist sich darüber hinaus als eine Banachalgebra, wenn X und Y Banachräume sind.

Satz 1. *Es sei X ein normierter Raum, sein Dualraum sei X'. Wir definieren das Dualsystem $\langle X, X' \rangle$ durch $\langle x, f \rangle = f(x)$, $x \in X$, $f \in X'$. Dann ist*

$$\mathfrak{A}(X, X') = \mathfrak{B}(X, X), \tag{11}$$

und für alle $\mathscr{A} \in \mathfrak{A}(X, X')$ gilt

$$\|\mathscr{A}\|_{\mathfrak{A}} = \|\mathscr{A}\|_{\mathfrak{B}(X,X)} = \|\mathscr{A}^{\mathsf{T}}\|_{\mathfrak{B}(X',X')}. \tag{12}$$

Beweis. Es sei $\mathscr{A} \in \mathfrak{B}(X, X)$. Wir ordnen jedem Funktional $f \in X'$ ein weiteres Funktional g aus X' durch die Vorschrift

$$g(x) = f(\mathscr{A}x) \qquad (x \in X) \tag{13}$$

zu. Diese Zuordnung ist offensichtlich linear und werde mit $\mathscr{B}$ bezeichnet: $g = \mathscr{B}f$. Aus (13) folgt

$$|g(x)| = |f(\mathscr{A}x)| \leq \|f\| \, \|\mathscr{A}\| \, \|x\|,$$

woraus sich $\|g\| \leq \|\mathscr{A}\| \, \|f\|$ und somit $\|\mathscr{B}\| \leq \|\mathscr{A}\|$ ergibt. Die Abbildung $\mathscr{B}$ ist also beschränkt. Wir wissen, daß

$$\|\mathscr{A}\|_{\mathfrak{B}(X,X)} = \sup_{\substack{x \in X \\ \|x\|=1}} \|\mathscr{A}x\|$$

ist, d. h., es gibt zu jedem $\varepsilon > 0$ ein $x \in X$ mit $\|x\| = 1$ und $\|\mathscr{A}x\| \geqq \|\mathscr{A}\| - \varepsilon$. Nach dem Hahn-Banachschen Satz gibt es aber ein $f \in X'$ mit $\|f\| = 1$ und $\mathscr{B}f(x) = f(\mathscr{A}x)$ $= \|\mathscr{A}x\|$. Daraus folgt $\|\mathscr{B}f\| \geqq \|\mathscr{A}\| - \varepsilon$ und schließlich $\|\mathscr{B}\| \geqq \|\mathscr{A}\| - \varepsilon$. Das gilt für jedes $\varepsilon > 0$, also erhalten wir $\|\mathscr{B}\| \geqq \|\mathscr{A}\|$. Der Vergleich mit der weiter oben gemachten Feststellung zeigt: $\|\mathscr{B}\| = \|\mathscr{A}\|$. Nach Definition ist

$$\langle \mathscr{A}x, f \rangle = f(\mathscr{A}x) = \mathscr{B}f(x) = \langle x, \mathscr{B}f \rangle$$

für alle $x \in X$ und $f \in X'$, also ist $\mathscr{A} \in \mathfrak{A}(X, X')$ mit $\mathscr{A}^{\mathsf{T}} = \mathscr{B}$ und $\|\mathscr{A}\|_{\mathfrak{A}} = \|\mathscr{A}\|$ $= \|\mathscr{B}\| = \|\mathscr{A}^{\mathsf{T}}\|$, wie behauptet. ∎

Jedem Operator $\mathscr{A} \in \mathfrak{B}(X, X)$ können wir (eindeutig) einen Operator $\mathscr{B} = \mathscr{A}^{\mathsf{T}}$ $\in \mathfrak{B}(X', X')$ durch die Vorschrift (13) zuordnen. Es handelt sich dabei gerade um den zu $\mathscr{A}$ dualen Operator, den wir früher schon mit $\mathscr{A}'$ bezeichnet haben. Der duale Operator ist somit ein spezieller transponierter Operator.

Es seien wieder X und Y normierte Räume, welche mit der Bilinearform $\langle \cdot, \cdot \rangle$ ein Dualsystem $\langle X, Y \rangle$ bilden. Wir sagen ein Operator $\mathscr{A}: X \to Y$ ist von endlicher Dimension, falls sein Wertebereich ein endlichdimensionaler Teilraum von Y ist.

Satz 2. *X und Y seien normierte Räume und mögen ein Dualsystem $\langle X, Y \rangle$ bilden. Ein Operator $\mathscr{B} \in \mathfrak{A}(X, Y)$ ist genau dann endlichdimensional, wenn zwei endliche Elementensysteme, etwa $\{x_1, x_2, \ldots, x_m\} \subset X$ und $\{y_1, y_2, \ldots, y_m\} \subset Y$, existieren, so daß $\mathscr{B}$ die folgende Darstellung hat:*

$$\mathscr{B}x = \sum_{k=1}^{m} \langle x, y_k \rangle\, x_k \quad \text{für jedes } x \text{ aus } X. \tag{14}$$

Beweis. Wenn der Operator $\mathscr{B}$ die Gestalt (14) hat, dann ist er gewiß endlichdimensional.

Umgekehrt: Es sei $\mathscr{B}$ ein endlichdimensionaler Operator aus $\mathfrak{A}(X, Y)$, und $\{x_1, x_2, \ldots, x_m\}$ sei eine Basis für den Wertebereich von $\mathscr{B}$. Demzufolge gilt, falls x ein beliebiges Element aus X ist,

$$\mathscr{B}x = \lambda_1 x_1 + \lambda_2 x_2 + \cdots + \lambda_m x_m \qquad (\lambda_j \in \mathbb{C}, j = 1, 2, \ldots, m). \tag{15}$$

Zur Basis $\{x_1, x_2, \ldots, x_m\}$ wählen wir nach (6) die Elemente $\bar{y}_1, \bar{y}_2, \ldots, \bar{y}_m$ aus Y derart, daß $\langle x_j, \bar{y}_k \rangle = \delta_{jk}$ $(j, k = 1, 2, \ldots, m)$ ist. Aus (15) ergibt sich dann

$$\langle \mathscr{B}x, \bar{y}_j \rangle = \langle x, \mathscr{B}^{\mathsf{T}}\bar{y}_j \rangle = \lambda_j \qquad (j = 1, 2, \ldots, m).$$

Wenn wir diese Werte von λ_j in die Formel (15) einsetzen, finden wir

$$\mathscr{B}x = \sum_{j=1}^{m} \langle x, \mathscr{B}^{\mathsf{T}}\bar{y}_j \rangle\, x_j.$$

Wir führen die Bezeichnung $\mathscr{B}^{\mathsf{T}}\bar{y}_j = y_j$ $(j = 1, 2, \ldots, m)$ ein, womit die Darstellung (14) entsteht. ∎

Man kann auch den transponierten Operator $\mathscr{B}^{\mathsf{T}}$ von $\mathscr{B}$ explizit darstellen. Es gilt

$$\langle \mathscr{B}x, y \rangle = \sum_{j=1}^{m} \langle x, y_j \rangle \langle x_j, y \rangle = \left\langle x, \sum_{j=1}^{m} \langle x_j, y \rangle y_j \right\rangle$$

$$= \langle x, \mathscr{B}^{\mathsf{T}}y \rangle \quad \text{für alle} \quad x \in X \quad \text{und} \quad y \in Y,$$

woraus folgt:

$$\mathscr{B}^{\mathsf{T}}y = \sum_{j=1}^{m} \langle x_j, y \rangle y_j \quad \text{für alle } y \in Y. \tag{16}$$

Der transponierte Operator eines endlichdimensionalen Operators aus $\mathfrak{A}(X, Y)$ *ist ebenfalls endlichdimensional.*

2.13. Der Fredholmsche Alternativsatz

Unser Ziel ist, den Satz 7; 2.10 derart umzuformen, daß er für die Anwendung in der Theorie der Integralgleichungen in einer besonders günstigen Form erscheint. Die normierten Räume X und Y mögen bezüglich des Funktionals $\langle \cdot, \cdot \rangle$ ein Dualsystem bilden.

Falls $\mathscr{A} \in \mathfrak{A}(X, Y)$ ist (die Definition von $\mathfrak{A}(X, Y)$ ist in 2.12. gegeben), folgen aus

$$\langle \mathscr{A}x, y \rangle = \langle x, \mathscr{A}^{\mathsf{T}}y \rangle \qquad (x \in X, y \in Y) \tag{1}$$

die Beziehungen

$$N(\mathscr{A}) \subset R(\mathscr{A}^{\mathsf{T}})^{\perp} \quad \text{und} \quad N(\mathscr{A}^{\mathsf{T}}) \subset R(\mathscr{A})^{\perp}. \tag{2}$$

Diese Inklusionen bedeuten folgendes: Ist $x \in N(\mathscr{A})$, so verschwindet die linke Seite in (1); x ist somit orthogonal bezüglich $\langle \cdot, \cdot \rangle$ zu jedem Element der Gestalt $\mathscr{A}^{\mathsf{T}}y$ und somit zu $R(\mathscr{A}^{\mathsf{T}})$. Eine ähnliche Bedeutung hat auch die zweite Inklusion in (2).

Aus (2) folgt

$$\alpha(\mathscr{A}) \leqq \beta(\mathscr{A}^{\mathsf{T}}) \quad \text{und} \quad \alpha(\mathscr{A}^{\mathsf{T}}) \leqq \beta(\mathscr{A}). \tag{3}$$

In gewissen Fällen gilt in (3) statt des Ungleichungszeichens die Gleichheit. Darauf bezieht sich der folgende Satz:

Satz 1. *Es sei* $\mathscr{A} \in \mathfrak{A}(X, Y)$, *und* $\mathscr{A}$ *und* $\mathscr{A}^{\mathsf{T}}$ *seien Fredholmoperatoren mit* $\varkappa(\mathscr{A})$ $= -\varkappa(\mathscr{A}^{\mathsf{T}})$. *Dann gilt*

$$N(\mathscr{A}) = R(\mathscr{A}^{\mathsf{T}})^{\perp}, \qquad N(\mathscr{A}^{\mathsf{T}}) = R(\mathscr{A})^{\perp}, \tag{4}$$

also auch

$$\alpha(\mathscr{A}) = \beta(\mathscr{A}^{\mathsf{T}}), \qquad \alpha(\mathscr{A}^{\mathsf{T}}) = \beta(\mathscr{A}). \tag{5}$$

Es existieren Projektoren $\mathscr{P}, \mathscr{Q} \in \mathfrak{A}(X, Y)$ *mit*

$$R(\mathscr{P}) = N(\mathscr{A}), \qquad R(\mathscr{A}^{\mathsf{T}}) = N(\mathscr{P}^{\mathsf{T}}),$$
$$N(\mathscr{Q}) = R(\mathscr{A}), \qquad R(\mathscr{Q}^{\mathsf{T}}) = N(\mathscr{A}^{\mathsf{T}}).$$

Die verallgemeinerte Inverse $\mathscr{A}^b$ von $\mathscr{A}$ bezüglich $\mathscr{P}$ und $\mathscr{Q}$ gehört zu $\mathfrak{A}(X, Y)$, und es gilt

$$(\mathscr{A}^b)^{\mathsf{T}} = (\mathscr{A}^{\mathsf{T}})^b \text{ bezüglich } \mathscr{P}^{\mathsf{T}} \text{ und } \mathscr{Q}^{\mathsf{T}}.$$

Beweis. Wir beweisen zunächst (4) und (5). Aus (3) folgt

$$\varkappa(\mathscr{A}) = \alpha(\mathscr{A}) - \beta(\mathscr{A}) \leqq \beta(\mathscr{A}^{\mathsf{T}}) - \varkappa(\mathscr{A}^{\mathsf{T}}) = -\varkappa(\mathscr{A}^{\mathsf{T}}) = \varkappa(\mathscr{A}),$$

also ist

$$\alpha(\mathscr{A}) = \beta(\mathscr{A}^{\mathsf{T}}) \text{ und } \beta(\mathscr{A}) = \alpha(\mathscr{A}^{\mathsf{T}}),$$

wie behauptet wurde. Dann liefert (2) die Beziehungen (4).

Jetzt konstruieren wir geeignete Operatoren $\mathscr{P}$ und $\mathscr{Q}$: Es sei $\alpha(\mathscr{A}) = n$ und $\{x_1, x_2, \ldots, x_n\}$ eine Basis für $N(\mathscr{A})$. Dann gibt es nach (6; 2.12) Elemente $\{y_1, y_2 \ldots, y_n\}$ aus Y mit $\langle x_i, y_j \rangle = \delta_{ij}$. Der durch

$$\mathscr{P}x := \sum_{i=1}^{n} \langle x, y_i \rangle \, x_i$$

definierte endlichdimensionale Operator ist ein Projektor in X mit $R(\mathscr{P}) = N(\mathscr{A})$. Es gilt $\mathscr{P} \in \mathfrak{A}(X, Y)$ und

$$\mathscr{P}^{\mathsf{T}}y = \sum_{i=1}^{n} \langle x_i, y \rangle \, y_i.$$

Wir erhalten

$$N(\mathscr{P}^{\mathsf{T}}) = \{y \mid \langle x_i, y \rangle = 0\} = R(\mathscr{A}^{\mathsf{T}})$$

wegen $N(\mathscr{A}) = R(\mathscr{A}^{\mathsf{T}})^{\perp}$. Ebenso stellt

$$\mathscr{Q}x := \sum_{j=1}^{m} \langle x, y_j' \rangle \, x_j'$$

einen Projektor mit $\mathscr{Q} \in \mathfrak{A}(X, Y)$ dar, wobei $\{y_1', \ldots, y_m'\}$ eine Basis von $N(\mathscr{A}^{\mathsf{T}})$ $\big(m = \alpha(\mathscr{A}^{\mathsf{T}})\big)$ und x_j' Elemente mit $\langle x_i', y_j' \rangle = \delta_{ij}$ sind. Nun können wir die behaupteten Eigenschaften der verallgemeinerten Inversen von $\mathscr{A}$ beweisen.

Es sei $\mathscr{A}^b$ die verallgemeinerte Inverse von $\mathscr{A}$ bezüglich $\mathscr{P}$ und $\mathscr{Q}$. Ebenso sei $(\mathscr{A}^{\mathsf{T}})^b$ die verallgemeinerte Inverse von $\mathscr{A}^{\mathsf{T}}$ bezüglich $\mathscr{Q}^{\mathsf{T}}$ und $\mathscr{P}^{\mathsf{T}}$. Wir setzen $z = \mathscr{A}x$ $(x \in X)$, $w = \mathscr{A}^{\mathsf{T}}y$ $(y \in Y)$; dann gilt

$$\mathscr{A}^b z = x - \mathscr{P}x, \qquad (\mathscr{A}^{\mathsf{T}})^b \, w = y - \mathscr{Q}^{\mathsf{T}}y.$$

Wegen $\langle \mathscr{A}x, y \rangle = \langle x, \mathscr{A}^{\mathsf{T}}y \rangle$ ist also

$$\langle z, (\mathscr{A}^{\mathsf{T}})^b \, w + \mathscr{Q}^{\mathsf{T}}y \rangle = \langle \mathscr{A}^b z + \mathscr{P}x, w \rangle. \qquad (6)$$

Andererseits ist $\mathscr{Q}z = 0$ und $\mathscr{P}^{\mathsf{T}}w = 0$. Deswegen fallen in der Beziehung

$$\langle z, (\mathscr{A}^{\mathsf{T}})^b \, w \rangle + \langle z, \mathscr{Q}^{\mathsf{T}}y \rangle = \langle \mathscr{A}^b z, w \rangle + \langle \mathscr{P}x, w \rangle$$

einige Glieder weg, nämlich

$$\langle \mathscr{P}x, w \rangle = \langle x, \mathscr{P}^{\mathsf{T}}w \rangle = 0, \qquad \langle z, \mathscr{Q}^{\mathsf{T}}y \rangle = \langle \mathscr{Q}z, y \rangle = 0.$$

Somit gilt nach (6)

$$\langle z, (\mathscr{A}^{\mathsf{T}})^b\, w\rangle = \langle \mathscr{A}^b z, w\rangle \quad \text{für} \quad z \in R(\mathscr{A}), \quad w \in R(\mathscr{A}^{\mathsf{T}}). \tag{7}$$

Wir gehen wieder von beliebigen Elementen $x \in X$ und $y \in Y$ aus und wählen $z \in R(\mathscr{A}) = N(\mathscr{Q})$ und $z_0 \in R(\mathscr{Q}) = N(\mathscr{A}^b)$ derart, daß $x = z + z_0$ gilt. Ähnlich seien $w \in R(\mathscr{A}^{\mathsf{T}}) = N(\mathscr{P}^{\mathsf{T}})$ und $w_0 \in R(\mathscr{P}^{\mathsf{T}}) = N\big((\mathscr{A}^{\mathsf{T}})^b\big)$ so beschaffen, daß $y = w + w_0$ ist. Wir erhalten dann wegen $\mathscr{P}\mathscr{A}^b = 0$ und $\mathscr{Q}^{\mathsf{T}}(\mathscr{A}^{\mathsf{T}})^b = 0$ folgende Gleichung:

$$\langle \mathscr{A}^b x, y\rangle = \langle \mathscr{A}^b z, w\rangle + \langle \mathscr{A}^b z, \mathscr{P}w_0\rangle = \langle z, (\mathscr{A}^{\mathsf{T}})^b\, w\rangle$$
$$= \langle x, (\mathscr{A}^{\mathsf{T}})^b\, y\rangle - \langle \mathscr{Q}z_0, (\mathscr{A}^{\mathsf{T}})^b\, w\rangle = \langle x, (\mathscr{A}^{\mathsf{T}})^b\, y\rangle.$$

Also ist $\mathscr{A}^b \in \mathfrak{A}(X,\, Y)$ und zusammen mit dem früheren Ergebnis $(\mathscr{A}^b)^{\mathsf{T}} = (\mathscr{A}^{\mathsf{T}})^b$. ∎

Man kann beweisen, daß die Voraussetzungen im Satz 1 nicht abgeschwächt werden können.

Unmittelbar aus dem bewiesenen Satz ergibt sich die nachfolgende Behauptung:

Satz 2. *Der Fredholmoperator $\mathscr{A} \in \mathfrak{A}(X,\, Y)$ mit $\varkappa(\mathscr{A}) = -\varkappa(\mathscr{A}^{\mathsf{T}})$ ist genau dann ein reguläres Element der Algebra $\mathfrak{A}(X,\, Y)$, wenn $\mathscr{A}$ regulär in $\mathfrak{B}(X,\, X)$ und $\mathscr{A}^{\mathsf{T}}$ regulär in $\mathfrak{B}(Y,\, Y)$ ist. Es gilt dann*

$$(\mathscr{A}^{-1})^{\mathsf{T}} = (\mathscr{A}^{\mathsf{T}})^{-1}.$$

Beweis. Da für die Regularität die Bedingungen

$$N(\mathscr{A}) = \{0\} \quad \text{bzw.} \quad N(\mathscr{A}^{\mathsf{T}}) = \{0\}$$

notwendig und hinreichend sind oder, was auf dasselbe hinausläuft,

$$\alpha(\mathscr{A}) = \alpha(\mathscr{A}^{\mathsf{T}}) = 0,$$

so folgt aus (4) $R(\mathscr{A}) = X$ bzw. $R(\mathscr{A}^{\mathsf{T}}) = Y$. ∎

Wir wenden die Sätze 1 und 2 auf Fredholmoperatoren mit dem Index Null an und erhalten diejenige Form des Fredholmschen Alternativsatzes, welche für die Anwendungen besonders geeignet ist:

Satz 3 (Fredholmscher Alternativsatz). *Es sei $\mathscr{A} \in \mathfrak{A}(X,\, Y)$ so beschaffen, daß $\mathscr{A}$ und $\mathscr{A}^{\mathsf{T}}$ Fredholmoperatoren mit dem Index Null sind. Dann gilt: Entweder haben die homogenen Gleichungen $\mathscr{A}x = 0$ und $\mathscr{A}^{\mathsf{T}}y = 0$ nur die triviale Lösung $x = 0$ bzw. $y = 0$ (in diesem Fall sind die inhomogenen Gleichungen $\mathscr{A}x = x'$ und $\mathscr{A}^{\mathsf{T}}y = y'$ für beliebige $x' \in X$ bzw. $y' \in Y$ eindeutig lösbar) oder die homogenen Gleichungen $\mathscr{A}x = 0$ und $\mathscr{A}^{\mathsf{T}}y = 0$ besitzen auch nichttriviale Lösungen. Diese Lösungen bilden die Teilräume $N(\mathscr{A})$ und $N(\mathscr{A}^{\mathsf{T}})$ von X bzw. Y, und $\dim N(\mathscr{A}) = \dim N(\mathscr{A}^{\mathsf{T}})$ ist endlich. Im Fall nichttrivialer Lösungen der homogenen Gleichungen besitzen die inhomogenen Gleichungen $\mathscr{A}x = x'$ und $\mathscr{A}^{\mathsf{T}}y = y'$ genau dann Lösungen, falls $\langle x', y\rangle = 0$ für alle $y \in N(\mathscr{A}^{\mathsf{T}})$ und $\langle y', x\rangle = 0$ für alle $x \in N(\mathscr{A})$ gilt. Die inhomogenen Gleichungen haben dann unendlich viele Lösungen.*

Beweis. Der Beweis des Satzes ist schon in den Sätzen 1 und 2 enthalten. Wegen $\varkappa(\mathscr{A}) = \varkappa(\mathscr{A}^{\mathsf{T}}) = 0$ sind die Voraussetzungen der Sätze 1 und 2 erfüllt. Wenn also $\mathscr{A}x = 0$ und $\mathscr{A}^{\mathsf{T}}y = 0$ nur triviale Lösungen haben, dann besitzen $\mathscr{A}$ und $\mathscr{A}^{\mathsf{T}}$

nach (4) in $\mathfrak{B}(X, X)$ und $\mathfrak{B}(Y, Y)$ eindeutige Inversen. Also sind die inhomogenen Gleichungen $\mathscr{A}x = x'$ und $\mathscr{A}^{\mathsf{T}}y = y'$ eindeutig lösbar in X bzw. Y. Gelten jedoch die Bedingungen $N(\mathscr{A}) \neq \{0\}$, $N(\mathscr{A}^{\mathsf{T}}) \neq \{0\}$, dann folgt aus (5) und $\varkappa(\mathscr{A}) = \varkappa(\mathscr{A}^{\mathsf{T}}) = 0$, daß

$$\alpha(\mathscr{A}) = \alpha(\mathscr{A}^{\mathsf{T}})$$

sein muß, d. h. dim $N(\mathscr{A})$ = dim $N(\mathscr{A}^{\mathsf{T}})$ = n. Daraus ergibt sich, daß die obigen homogenen Gleichungen beide entweder nur die triviale Lösung haben oder nicht-triviale Lösungen besitzen.

Die letzte Behauptung von Satz 3 sieht man wie folgt ein. Wir nehmen $\alpha(\mathscr{A})$ = $n \neq 0$ an und bezeichnen mit $\{x_1, x_2, \ldots, x_n\}$ eine Basis von $N(\mathscr{A})$. Wir nehmen an, daß

$$\mathscr{A}x = x' \tag{8}$$

eine Lösung hat. Daraus folgt für ein beliebiges y aus Y

$$\langle \mathscr{A}x, y \rangle = \langle x, \mathscr{A}^{\mathsf{T}}y \rangle = \langle x', y \rangle.$$

Ist $y \in N(\mathscr{A}^{\mathsf{T}})$ beliebig, d. h. $\mathscr{A}^{\mathsf{T}}y = 0$, dann ist

$$\langle x', y \rangle = 0 \qquad \big(y \in N(\mathscr{A}^{\mathsf{T}})\big). \tag{9}$$

Die Bedingung (9) ist also notwendig für die Lösbarkeit von (8).

Wir setzen jetzt voraus, daß (9) erfüllt ist. Auf Grund von Satz 1 hat $\mathscr{A}$ eine ein-deutig bestimmte verallgemeinerte Inverse $\mathscr{A}^b$. Wir betrachten das Element

$$x = \mathscr{A}^b x' + \sum_{i=1}^{n} \gamma_i x_i,$$

wobei γ_i beliebige Zahlen sind ($i = 1, 2, \ldots, n$). Dann ist

$$\mathscr{A}x = \mathscr{A}\mathscr{A}^b x'. \tag{10}$$

Wir wissen nach der Definition der verallgemeinerten Inversen, daß $\mathscr{A}\mathscr{A}^b = \mathscr{E} - \mathscr{Q}$ gilt, wobei $\mathscr{Q}$ ein Projektor ist, der nach Satz 1 folgende Gestalt hat:

$$\mathscr{Q}x' = \sum_{j=1}^{n} \langle x', y_j \rangle \, \bar{x}_j. \tag{11}$$

Hier bedeutet $\{y_1, y_2, \ldots, y_n\}$ eine Basis für $N(\mathscr{A}^{\mathsf{T}})$, und das System $\{\bar{x}_1, \ldots, \bar{x}_n\}$ hat die Eigenschaft $\langle \bar{x}_i, y_j \rangle = \delta_{ij}$ ($i, j = 1, 2, \ldots, n$). Aus (10) und (11) ergibt sich also

$$\mathscr{A}x = \mathscr{A}\mathscr{A}^b x' = x' - \mathscr{Q}x' = x' - \sum_{j=1}^{n} \langle x', y_j \rangle \, \bar{x}_i = x',$$

weil wegen der Voraussetzung (9)

$$\langle x', y_j \rangle = 0 \qquad (j = 1, 2, \ldots, n)$$

gilt. Damit ist unser Satz bewiesen. ∎

Der Satz 3 kann noch weiter verallgemeinert werden auf beliebige Dualsysteme $\langle X, Y \rangle$ und auf Operatoren von der Gestalt $\mathscr{E} + \mathscr{K}$, wobei $\mathscr{K}$ kompakt ist [WEND-LAND 1967].

3. Beschränkte Operatoren im Hilbertraum

3.1. Einige Grundlagen

3.1.1. Allgemeine Eigenschaften des Hilbertraumes

Wir rufen uns kurz den Begriff des Hilbertraumes ins Gedächtnis zurück.

Es sei H ein linearer Raum über dem reellen oder komplexen Zahlkörper. Wenn in $H \times H$ ein Funktional $(\cdot, \cdot)$ mit den Eigenschaften

$$(x, y) = \overline{(y, x)},$$
$$(\lambda_1 x_1 + \lambda_2 x_2, y) = \lambda_1(x_1, y) + \lambda_2(x_2, y), \tag{1}$$
$$(x, x) \geqq 0, \quad (x, x) = 0 \Leftrightarrow x = 0 \quad (\lambda_1, \lambda_2 \in \mathbb{C};\, x, y \in H)$$

definiert ist, dann heißt dieses Funktional ein *Skalarprodukt*. Man sieht unmittelbar, daß

$$\sqrt{(x, x)} = \|x\| \tag{2}$$

eine Norm in H ist. Der lineare Raum H, versehen mit dem Skalarprodukt (1) und der Norm (2), heißt ein *unitärer* Raum oder *Prä-Hilbert-Raum*. Falls H bezüglich der Norm (2) vollständig ist, heißt H ein *Hilbertraum*.

Wir setzen voraus, daß der Leser mit den Grundeigenschaften des Hilbertraumes vertraut ist. Was wir hier darüber bringen, soll nur eine knappe Zusammenfassung derjenigen Tatsachen sein, welche wir später anwenden werden. So erinnern wir an die sehr wichtige *Schwarzsche Ungleichung*, wonach

$$|(x, y)| \leqq \|x\|\,\|y\| \qquad (x, y \in H) \tag{3}$$

gilt.

Wenn man die Definition des Skalarproduktes mit der des Dualsystems (in 2.12.) vergleicht, so sieht man, daß das Skalarprodukt bezüglich der reellen Zahlen (d. h., wenn man die Einschränkung von H auf den reellen Zahlkörper betrachtet) ein lineares und (wegen der Schwarzschen Ungleichung) beschränktes Funktional über $H \times H$ ist, welches den Bedingungen (2; 2.12) und (3; 2.12) genügt. Ein *reeller* Hilbertraum H (d. h., H ist ein linearer Raum über dem reellen Zahlkörper) mit dem in (1) eingeführten Skalarprodukt bildet ein Dualsystem $\langle H, H \rangle = (H, H)$. Ist jedoch H ein komplexer Hilbertraum, so ist $\langle H, H \rangle = (H, H)$ mit dem Funktional (1) kein Dualsystem mehr.

Zwei Elemente x und y heißen zueinander *orthogonal*, falls $(x, y) = 0$ ist. Wenn $\mathfrak{A}$ eine Teilmenge von H darstellt und das Element $x \in H$ zu jedem Element von $\mathfrak{A}$ orthogonal ist, dann sagen wir, x ist zur Teilmenge $\mathfrak{A}$ orthogonal. In Zeichen drücken wir das durch $(x, \mathfrak{A}) = 0$ (oder auch $(\mathfrak{A}, x) = 0$ oder $x \perp \mathfrak{A}$) aus. Zwei Teilmengen $\mathfrak{A}$ und $\mathfrak{B}$ von H werden zueinander orthogonal genannt, in Zeichen $(\mathfrak{A}, \mathfrak{B}) = 0$ (oder auch $(\mathfrak{B}, \mathfrak{A}) = 0$ oder $\mathfrak{A} \perp \mathfrak{B}$), falls $(x, y) = 0$ für alle Elemente $x \in \mathfrak{A}$, $y \in \mathfrak{B}$ gilt.

Bekannt ist auch, daß man ein System von linear unabhängigen Elementen $\{x_1,$ $x_2, \ldots, x_n\}$ durch geeignete Linearkombinationen (z. B. mittels des Schmidtschen Verfahrens; s. etwa [KANTOROWITSCH — AKILOW 1964, p. 73]) auf ein orthonormiertes Elementensystem transformieren kann.

Wenn H ein separabler Hilbertraum ist (d. h., wenn H eine bezüglich der Norm (2) überall dichte abzählbare Teilmenge hat), dann gibt es in H ein abzählbares orthonormiertes *vollständiges* Elementensystem $\{x_1, x_2, x_3, \ldots\}$, auch *Basis* genannt, für welches aus $(x, x_k) = 0$ ($k = 1, 2, 3, \ldots$) für ein $x \in H$ notwendig $x = 0$ folgt.

Man kann jedes Element x eines separablen Hilbertraumes in eine *Fourierreihe* entwickeln:

$$x = \gamma_1 x_1 + \gamma_2 x_2 + \cdots + \gamma_n x_n + \cdots$$

mit $\gamma_k = (x, x_k)$ ($k = 1, 2, 3, \ldots$). Die Zahlen γ_k heißen die *Fourierkoeffizienten* von x bezüglich der Basis $\{x_1, x_2, x_3, \ldots\}$. Die Reihe ist nach der Norm von H konvergent, d. h., es gilt

$$\lim_{n \to \infty} \|x - (\gamma_1 x_1 + \gamma_2 x_2 + \cdots + \gamma_n x_n)\| = 0.$$

Die Fourierkoeffizienten haben die Eigenschaft, daß

$$\sum_{k=1}^{\infty} |\gamma_k|^2 < \infty$$

ist und die *Parsevalsche Relation*

$$\|x\|^2 = \sum_{k=1}^{\infty} |\gamma_k|^2 \tag{4}$$

erfüllt ist.

Ist dagegen $\{y_1, y_2, y_3, \ldots\}$ ein nicht notwendig vollständiges orthonormiertes Elementensystem in H und bezeichnet man die Fourierkoeffizienten eines Elements $x \in H$ bezüglich $\{y_1, y_2, y_3, \ldots\}$ mit $\delta_k = (x, y_k)$ ($k = 1, 2, 3, \ldots$), dann gilt

$$\sum_{k=1}^{\infty} |\delta_k|^2 \leqq \|x\|^2. \tag{5}$$

(5) nennt man die *Besselsche Ungleichung*. Falls für ein Element x ($\in H$) die Reihenentwicklung

$$x = \sum_{k=1}^{\infty} \delta_k y_k$$

besteht, dann steht in (5) das Gleichheitszeichen. In diesem Fall sagen wir, x erfüllt bezüglich $\{y_1, y_2, y_3, \ldots\}$ die *Vollständigkeitsrelation*.

Wir werden mit l^2 den linearen Raum aller unendlichen Zahlenfolgen (Vektoren) der Gestalt $\xi = (\xi_1, \xi_2, \xi_3, \ldots)$ bezeichnen, für welche

$$\sum_{k=1}^{\infty} |\xi_k|^2 < \infty \qquad (\xi_k \in \mathbb{C}, k = 1, 2, 3, \ldots)$$

gilt. Die Addition und die Multiplikation mit einer Zahl werden wir ähnlich definieren wie bei endlichdimensionalen Vektoren. Daß die Addition zweier Elemente aus l^2 aus dieser Menge nicht hinausführt, folgt unmittelbar aus der Schwarzschen Ungleichung. Sind nämlich $\xi = (\xi_1, \xi_2, \ldots)$, $\eta = (\eta_1, \eta_2, \ldots)$ zwei Elemente von l^2, dann gilt auf Grund der Schwarzschen Ungleichung

$$\sum_{k=1}^{\infty} |\xi_k + \eta_k|^2 = \sum_{k=1}^{\infty} |\xi_k|^2 + \sum_{k=1}^{\infty} |\eta_k|^2 + \sum_{k=1}^{\infty} \bar{\xi}_k \eta_k + \sum_{k=1}^{\infty} \xi_k \bar{\eta}_k$$

$$= \sum_{k=1}^{\infty} |\xi_k|^2 + \sum_{k=1}^{\infty} |\eta_k|^2 + 2 \operatorname{Re} \sum_{k=1}^{\infty} \xi_k \eta_k$$

$$\leq \sum_{k=1}^{\infty} |\xi_k|^2 + \sum_{k=1}^{\infty} |\eta_k|^2 + 2 \left| \sum_{k=1}^{\infty} \xi_k \eta_k \right|$$

$$\leq \sum_{k=1}^{\infty} |\xi_k|^2 + \sum_{k=1}^{\infty} |\eta_k|^2 + 2 \left(\sum_{k=1}^{\infty} |\xi_k|^2 \right)^{1/2} \left(\sum_{k=1}^{\infty} |\eta_k|^2 \right)^{1/2} < \infty.$$

Mittels der Formel

$$(\xi, \eta) := \sum_{k=1}^{\infty} \xi_k \bar{\eta}_k \qquad (\xi, \eta \in l^2), \tag{6}$$

welche wegen der Schwarzschen Ungleichung immer sinnvoll ist, definieren wir ein Skalarprodukt in l^2. Wenn wir die Norm von $\xi \in l^2$ durch

$$\|\xi\| = \|\xi\|_{l^2} := \left(\sum_{k=1}^{\infty} |\xi_k|^2 \right)^{1/2} \tag{6a}$$

definieren, so sieht man, daß diese mit dem Skalarprodukt (6) verträglich ist. Mit (6) und (6a) wird aus l^2 ein unitärer Raum.

Wir kommen jetzt auf unseren separablen Hilbertraum H zurück. Es seien x und y zwei beliebige Elemente aus H, deren Fourierkoeffizienten bezüglich einer vollständigen Basis $\{x_1, x_2, x_3, \ldots\}$ durch die Folgen $\{\xi_1, \xi_2, \xi_3, \ldots\}$ bzw. $\{\eta_1, \eta_2, \eta_3, \ldots\}$ dargestellt werden. Dann gilt bekanntlich

$$(x, y) = \sum_{k=1}^{\infty} \xi_k \bar{\eta}_k. \tag{7}$$

Aus (4) geht hervor, daß die Fourierkoeffizienten von x und y Vektoren aus l^2 bilden, welche wir mit ξ bzw. η bezeichnen. Dann gilt nach (6) und (7)

$$(x, y) = (\xi, \eta). \tag{7a}$$

Die Fourierreihenentwicklung liefert also eine eindeutige Abbildung von H in l^2, welche nach (7a) das Skalarprodukt und damit die Norm unverändert läßt. Auch die Umkehrung ist richtig; das ist der Inhalt des Riesz-Fischerschen Satzes (s. etwa [KANTOROWITSCH — AKILOW 1964, p. 72]):

Satz 1. *Der separable Hilbertraum H ist mit dem Raum l^2 isomorph und isometrisch*

So wichtig dieser Satz auch ist, wir werden hier einen Beweis nicht bringen. Man kann ihn in jedem Lehrbuch über Funktionalanalysis nachlesen. ∎

Aus dem Riesz-Fischerschen Satz folgt auch, daß l^2 bezüglich der Norm (6a) vollständig, also ein Hilbertraum ist.

Es sei H wieder ein beliebiger Hilbertraum und f ein in H definiertes, lineares und stetiges Funktional. Man kann dem Funktional f eindeutig ein Element $y \in H$ zuordnen derart, daß

$$f(x) = (x, y) \tag{8}$$

ist und außerdem

$$\|f\| = \|y\| \tag{9}$$

gilt. Die hier formulierte Aussage nennt man den *Darstellungssatz* für lineare Funktionale im Hilbertraum (s. etwa [KANTOROWITSCH — AKILOW 1964, p. 99]).

Die Umkehrung ist trivial: Wegen der Eigenschaften (1) des Skalarprodukts und wegen der Schwarzschen Ungleichung definiert (x, y) bei festem $y \in H$ ein lineares und beschränktes Funktional in H. Auf diese Weise ist jedem Funktional f eindeutig ein Element aus H zugeordnet, und jedes Element y stellt ein solches Funktional dar. Dieser Sachverhalt kommt im folgenden Satz zum Ausdruck:

Satz 2. *Der Dualraum H' eines Hilbertraumes H ist isomorph und isometrisch mit sich.* ∎

Ist H' der Dualraum von H, dann gilt $H' = H$, da nach Definition isomorphe Räume gleich sind. Das hat zur Folge, daß *der Hilbertraum reflexiv ist.*

Nun sei U ein Teilraum des Hilbertraumes H. Das *orthogonale Komplement* $U^{\perp}$ von U ist derjenige Teilraum von H, für welchen $(U, U^{\perp}) = 0$ ist. Man sieht leicht ein, daß $U^{\perp}$ abgeschlossen ist, wenn U abgeschlossen ist.

Wir haben schon einmal in $(5; 2.4)$ den Begriff des Orthogonalraumes eines Teilraumes in einem normierten Raum erklärt. Natürlicherweise erhebt sich die Frage, in welchem Verhältnis die in $(5; 2.4)$ gegebene Definition zur jetzigen steht. Nach $(5; 2.4)$ ist

$$U^{\perp} = \{f \mid f \in H', f(x) = 0, x \in U\}.$$

In einem Hilbertraum gilt die Darstellung $f(x) = (x, y)$ mit einem gewissen y, und nach Satz 2 kann f mit y identifiziert werden, d. h.

$$U^{\perp} = \{y \mid y \in H, (x, y) = 0, x \in U\} = U^{\perp}.$$

Bei Banachräumen haben wir den Begriff des topologischen Komplementärraumes und des Orthogonalraumes eingeführt. Das sind i. a. verschiedene Begriffe. Bei Hilberträumen stimmen diese Begriffe jedoch überein.

> *Bei Banachräumen existiert der Orthogonalraum eines Teilraumes immer, hingegen ist der topologische Komplementärraum nicht immer vorhanden.* (10)

Es soll noch daran erinnert werden, daß in einem Hilbertraum H für jeden Teilraum U die Beziehung

$$H = U \dotplus U^{\perp} \tag{11}$$

gilt, d. h., für jedes Element x kann man eindeutig Elemente $x' \in U$, $x'' \in U^{\perp}$ bestimmen derart, daß

$$x = x' + x'' \tag{12}$$

ist. Dabei gilt

$$\|x - x'\| = \inf_{y \in U} \|x - y\|.$$

Wir setzen die Kenntnis dieser Aussage hier voraus.

Da bei Hilberträumen der Orthogonalkomplementärraum gleichzeitig auch der topologische Komplementärraum ist, läßt sich (11) auch in der Form

$$H = U \oplus U^{\perp} \tag{13}$$

schreiben.

3.1.2. Adjungierte Operatoren im Hilbertraum

Um unsere späteren Ausführungen nicht unterbrechen zu müssen, schicken wir einen auch für sich genommen sehr interessanten und nützlichen Hilfssatz voraus [BANACH 1932].

Hilfssatz 1. *Es sei X ein Banachraum und $\{f_n\}$ eine Folge von linearen und stetigen Funktionalen in X. Wenn die Folge $\{f_n(x)\}$ für jedes $x \in X$ mit $\|x\| \leq 1$ konvergiert (oder nur beschränkt bleibt), dann gibt es eine positive Zahl M, so daß für die Norm der Funktionale die Ungleichung $\|f_n\| \leq M$ gilt.*

Beweis. Wir zeigen zunächst: Wenn $\{f_n(x)\}$ für jedes x mit $\|x\| \leq 1$ konvergiert, dann ist $|f_n(x)|$ gleichmäßig beschränkt. Nehmen wir an, diese Behauptung wäre falsch. Dann gibt es ein Element x_1 der Einheitskugel $K_1(0) = \{x \mid x \in X, \|x\| \leq 1\}$ und einen Index n_1 derart, daß $|f_{n_1}(x_1)| > 1$ ist. Wegen der Stetigkeit von f_{n_1} gibt es eine Kugel um x_1, etwa $K_{r_1}(x_1) \subset K_1(0)$, so daß $|f_{n_1}(x)| > 1$ für $x \in K_{r_1}(x_1)$ gilt. Wie vordem gibt es nun eine natürliche Zahl $n_2 > n_1$ und ein Element $x_2 \in K_{r_1}(x_1)$ mit $|f_{n_2}(x_2)| > 2$ usw. Durch dieses Verfahren gewinnen wir eine Indexfolge $n_1 < n_2 < n_3 < \ldots$ und eine Zahlenfolge $\{r_1, r_2, r_3, \ldots\}$ so, daß

$$|f_{n_k}(x)| > k \quad \text{für} \quad x \in K_{r_k}(x_k)$$

gilt. Für $m < n$ ist $\|x_n - x_m\| < r_{m-1}$. Wenn wir die Zahlen r_m so wählen, daß $r_m \to 0$ für $m \to \infty$ gilt (das können wir immer erreichen), dann bilden die Kugelmittelpunkte $\{x_n\}$ eine Cauchyfolge. Da X vollständig ist, gibt es ein Grenzelement x_0 zu dieser Folge mit $\|x_0\| = 1$, so daß

$$|f_{n_k}(x_0)| > k \to \infty$$

im Gegensatz zur Voraussetzung. Es gibt also eine Kugel in X mit dem Mittelpunkt x^* und dem Radius ϱ, in welcher die Folge $\{f_n(x)\}$ gleichmäßig beschränkt ist. Jedes Element aus $K_{\varrho}(x^*)$ kann auf die Form $x^* + \varrho x$ mit $\|x\| < 1$ gebracht werden. Es existiert demnach eine Konstante M_1, für welche

$$|f_n(x^* + \varrho x)| \leq M_1, \quad x \in K_1(0),$$

8*

gilt. Dann ist aber für jedes $x \in K_1(0)$

$$|f_n(x)| = \frac{1}{\varrho}\,|f_n(x^* + \varrho x) - f_n(x^*)|$$

$$\leqq \frac{1}{\varrho}\,|f_n(x^* + \varrho x)| + \frac{1}{\varrho}\,|f_n(x^*)|$$

$$= \frac{M_1}{\varrho} + \frac{M_2}{\varrho} = M\,,$$

wobei M_2 eine obere Schranke für $|f_n(x^*)|$ ist. ∎

Wenn eine Folge $\{f_n\}$ von linearen und stetigen Funktionalen für jedes x aus einer Kugel des Raumes X konvergent ist, dann sagen wir, die Folge $\{f_n\}$ ist *schwach konvergent*. Unser Hilfssatz kann dann auch so formuliert werden:

Wenn eine Folge von linearen und stetigen Funktionalen $\{f_n\}$ schwach konvergent ist, dann ist die Folge normmäßig beschränkt, d. h.

$$\|f_n\|_{\mathfrak{B}(X,\mathbb{C})} \leqq M \quad (n = 1, 2, \ldots). \tag{1}$$

Jetzt betrachten wir Operatoren des Hilbertraumes H. Es sei $\mathscr{A} \in \mathfrak{B}(H, H)$ ein Operator; dann gibt es, wie wir wissen, einen weiteren Operator $\mathscr{A}^* \in \mathfrak{B}(H, H)$, für welchen die Identität

$$(\mathscr{A}x, y) = (x, \mathscr{A}^*y) \tag{2}$$

bei einem beliebigen Elementenpaar x, y aus H gilt. $\mathscr{A}^*$ heißt der zu $\mathscr{A}$ *adjungierte Operator*. Bekanntlich ist $\mathscr{A}^*$ durch $\mathscr{A}$ eindeutig bestimmt.

Da für beliebige Operatoren $\mathscr{A}$ und $\mathscr{B}$ aus $\mathfrak{B}(H, H)$ die Beziehungen

$$(\alpha\mathscr{A} + \beta\mathscr{B})^* = \bar{\alpha}\mathscr{A}^* + \bar{\beta}\mathscr{B}^*\,,$$

$$(\mathscr{A}\mathscr{B})^* = \mathscr{B}^*\mathscr{A}^*\,,$$

$$\mathscr{E}^* = \mathscr{E}\,, \quad 0^* = 0$$

mit $\alpha, \beta \in \mathbb{C}$ gelten, sind die Axiome in 1.7. erfüllt, so daß durch die Zuordnung (2) aus $\mathfrak{B}(H, H)$ eine B^*-Algebra entstanden ist.

Wir bemerken, daß die Beziehungen

$$\|\mathscr{A}\| = \|\mathscr{A}^*\| \tag{3}$$

und

$$\|\mathscr{A}^*\mathscr{A}\| = \|\mathscr{A}\mathscr{A}^*\| = \|\mathscr{A}\|^2 \tag{4}$$

gelten. Wir werden nur Gleichung (4) beweisen, denn die Beziehung (3) ist allgemein bekannt.

Aus (3) folgt

$$\|\mathscr{A}^*\mathscr{A}\| \leqq \|\mathscr{A}^*\|\,\|\mathscr{A}\| = \|\mathscr{A}\|^2\,. \tag{5}$$

Andererseits ergibt sich auf Grund der Schwarzschen Ungleichung

$$0 \leqq (\mathscr{A}^*\mathscr{A}x, x) \leqq \|\mathscr{A}^*\mathscr{A}\|\,\|x\|^2\,,$$

und daher ist

$$\sup_{\|x\|=1} (\mathscr{A}^*\mathscr{A}x, x) \leqq \|\mathscr{A}^*\mathscr{A}\|.$$

Wir erhalten somit

$$\|\mathscr{A}^*\mathscr{A}\| \geqq \sup_{\|x\|=1} (\mathscr{A}^*\mathscr{A}x, x) = \sup_{\|x\|=1} (\mathscr{A}x, \mathscr{A}x) = \sup_{\|x\|=1} \|\mathscr{A}x\|^2 = \|\mathscr{A}\|^2.$$

Ein Vergleich mit (5) gibt (4).

Hier wurde benutzt, daß $(\mathscr{A}^*\mathscr{A}x, x)$ für beliebiges $x \in H$ nichtnegativ ist, da $(\mathscr{A}^*\mathscr{A}x, x) = (\mathscr{A}x, \mathscr{A}x) = \|\mathscr{A}x\|^2$ gilt. ∎

Wieder erhebt sich in natürlicher Weise die Frage: Wenn $\mathscr{A}$ ein linearer Operator von H in H ist und wenn wir wissen, daß er einen adjungierten Operator im Sinne von (2) besitzt, ist dann $\mathscr{A}$ auch beschränkt? Diese Frage wird durch den folgenden dem Wesen nach von HELLINGER und TOEPLITZ stammenden Satz beantwortet [HELLINGER — TOEPLITZ 1910; RIESZ — SZ.-NAGY 1965, p. 293].

Satz 1. *Es sei $\mathscr{A}$ ein linearer Operator, definiert auf dem Hilbertraum H. Wenn dann ein ebenfalls auf dem ganzen Raum H definierter, linearer Operator $\mathscr{A}^*$ existiert, für den $(\mathscr{A}x, y) = (x, \mathscr{A}^*y)$ $(x, y \in H)$ gilt, dann ist $\mathscr{A}$ (und auch $\mathscr{A}^*$) beschränkt.*

Beweis. Wir beweisen zuerst die Behauptung für einen *selbstadjungierten* linearen Operator $\mathscr{B}$, welcher also der Bedingung

$$(\mathscr{B}x, y) = (x, \mathscr{B}y) \quad (x, y \in H) \tag{6}$$

genügt. Den Beweis führen wir indirekt. Angenommen, die Aussage wäre falsch, dann gäbe es ein Elementensystem $\{x_n\}$ mit $\|x_n\| = 1$ $(n = 1, 2, 3, \ldots)$ und $\|\mathscr{B}x_n\| \to \infty$ $(n \to \infty)$. Wir betrachten nun die Folge von Funktionalen

$$f_n(x) = (\mathscr{B}x, x_n) = (x, \mathscr{B}x_n) \quad (n = 1, 2, 3, \ldots).$$

Die Glieder der Folge $\{f_n\}$ sind linear und beschränkt mit der Schranke $\|\mathscr{B}x_n\|$, denn es gilt

$$|f_n(x)| \leqq \|\mathscr{B}x_n\|\,\|x\|.$$

Es ist sogar

$$|f_n(x)| \leqq \|\mathscr{B}x\|\,\|x_n\| = \|\mathscr{B}x\|.$$

Das bedeutet, daß bei festem x die Zahlenfolge $\{f_n(x)\}$ beschränkt ist. Aus dem Hilfssatz 1 folgt dann die Existenz einer positiven Konstanten M, für welche

$$|f_n(x)| \leqq M\,\|x\| \quad (n = 1, 2, 3, \ldots)$$

gilt. Wir setzen $x = \mathscr{B}x_n$ und erhalten

$$\|\mathscr{B}x_n\|^2 = (\mathscr{B}x_n, \mathscr{B}x_n) = f_n(\mathscr{B}x_n) \leqq M\,\|\mathscr{B}x_n\|,$$

woraus $\|\mathscr{B}x_n\| \leqq M$ $(n = 1, 2, \ldots)$ folgt im Gegensatz zur Annahme $\|\mathscr{B}x_n\| \to \infty$ $(n \to \infty)$. Damit ist die Behauptung für diesen Sonderfall bewiesen.

Es sei nun $\mathscr{A}$ ein linearer Operator, zu welchem ein ebenfalls linearer Operator $\mathscr{A}^*$ derart existiert, daß die Identität (2) für alle Elemente x, y des Hilbertraumes H

erfüllt ist. Darin ist schon die Forderung enthalten, daß $\mathscr{A}$ und $\mathscr{A}^*$ auf dem ganzen Raum H definiert sind. Nun kann man den Operator $\mathscr{B} = \mathscr{A}^*\mathscr{A}$ definieren, welcher ebenfalls auf H erklärt ist. Für $\mathscr{B}$ gilt wegen der Identität (2)

$$(\mathscr{B}x, y) = (\mathscr{A}^*\mathscr{A}x, y) = (\mathscr{A}x, \mathscr{A}y) = (x, \mathscr{A}^*\mathscr{A}y) = (x, \mathscr{B}y).$$

$\mathscr{B}$ ist selbstadjungiert und also nach dem ersten Teil des Beweises beschränkt; es existiert $\|\mathscr{B}\|$. Wäre $\mathscr{A}$ nicht beschränkt, so hätten wir eine Elementenfolge $\{x_n\}$ aus H mit $\|x_n\| = 1$, für welche $\|\mathscr{A}x_n\| \to \infty$ $(n \to \infty)$ gilt. Für diese Folge wäre dann

$$\|\mathscr{A}x_n\|^2 = (\mathscr{A}x_n, \mathscr{A}x_n) = (\mathscr{A}^*\mathscr{A}x_n, x_n) = (\mathscr{B}x_n, x_n) \to \infty \quad (n \to \infty).$$

Andererseits ist nach der Schwarzschen Ungleichung und wegen $\|\mathscr{B}x_n\| \leqq \|\mathscr{B}\| \, \|x_n\|$

$$\|\mathscr{A}x_n\|^2 = (\mathscr{B}x_n, x_n) \leqq \|\mathscr{B}x_n\| \, \|x_n\| = \|\mathscr{B}x_n\| \leqq \|\mathscr{B}\|$$

im Widerspruch zur vorherigen Feststellung. ∎

3.2.   Normale Operatoren im Hilbertraum

Es sei H ein Hilbertraum. Wie wir in 3.1.2. gezeigt haben, ist mit der Zuordnung $\mathscr{A} \mapsto \mathscr{A}^*$ die Menge $\mathfrak{B}(H, H)$ zu einer B^*-Algebra geworden. Die normalen Elemente dieser Algebra (s. 1.7.) heißen *normale Operatoren*.

Der Operator $\mathscr{A}$ ist somit normal, wenn die Beziehung $\mathscr{A}\mathscr{A}^* = \mathscr{A}^*\mathscr{A}$ besteht.
Für normale Operatoren $\mathscr{A}$ gilt

$$\|\mathscr{A}x\| = \|\mathscr{A}^*x\| \quad \text{für alle} \quad x \in H. \tag{1}$$

Es ist nämlich

$$\|\mathscr{A}x\|^2 = (\mathscr{A}x, \mathscr{A}x) = (x, \mathscr{A}^*\mathscr{A}x) = (x, \mathscr{A}\mathscr{A}^*x) = (\mathscr{A}^*x, \mathscr{A}^*x) = \|\mathscr{A}^*x\|^2.$$

Die Algebra $\mathfrak{B}(H, H)$ ist außerdem vollregulär (vgl. (8; 1.7)) denn nach (4; 3.1.2.) gilt für jedes $\mathscr{A} \in \mathfrak{B}(H, H)$ die Beziehung $\|\mathscr{A}^*\mathscr{A}\| = \|\mathscr{A}\mathscr{A}^*\| = \|\mathscr{A}\|^2$.
Grundlegend ist der folgende, auf D. HILBERT zurückgehende Satz.

Satz 1. *Es sei $\mathscr{A} \neq 0$ ein vollstetiger und normaler Operator aus $\mathfrak{B}(H, H)$. Dann hat $\mathscr{A}$ einen Eigenwert λ_0 mit $|\lambda_0| = \|\mathscr{A}\|$.*

Beweis. Da $\mathfrak{B}(H, H)$ eine vollreguläre B^*-Algebra ist, ist der Spektralradius von $\mathscr{A}$ nach Satz 3; 1.7 gegeben durch $\sigma(\mathscr{A}) = \|\mathscr{A}\| > 0$. Es gibt somit einen Punkt $\lambda_0 \in \mathfrak{S}(\mathscr{A})$ mit $|\lambda_0| = \|\mathscr{A}\|$. Nach Satz 3; 2.11 ist λ_0 ein Eigenwert. ∎

Zusätzlich kann behauptet werden, daß λ_0 *dem Absolutbetrage nach der größte Eigenwert von $\mathscr{A}$ ist.* Ist nämlich λ ein beliebiger Eigenwert und x ein zu λ gehöriges Eigenelement, dann gilt

$$|\lambda_0| = \|\mathscr{A}\| = \sup_{\|y\|=1} \|\mathscr{A}y\| \geqq \|\mathscr{A}x\| = |\lambda| \, \|x\| = |\lambda|,$$

d. h.

$$|\lambda| \leqq |\lambda_0| = \|\mathscr{A}\|.$$

Diese wichtige Tatsache wird später oft benutzt.

Wenn wir durch die Transformation $\mu = \dfrac{1}{\lambda}$ von den Eigenwerten auf die charakteristischen Zahlen übergehen, so ergibt sich aus Satz 1, daß *jeder vollstetige und normale Operator $\mathscr{A} \neq 0$ aus $\mathfrak{B}(H, H)$ mindestens eine charakteristische Zahl hat. Ferner gilt für die dem Absolutbetrag nach kleinste charakteristische Zahl μ_0 die Gleichung*

$$|\mu_0| = \frac{1}{\|\mathscr{A}\|}.$$

Wichtig ist auch der folgende Satz:

Satz 2. *Es sei $\mathscr{A} \in \mathfrak{B}(H, H)$ ein normaler Operator. Dann gelten folgende Aussagen:*

$$N(\lambda \mathscr{E} - \mathscr{A}) = N(\bar{\lambda} \mathscr{E} - \mathscr{A}^*) \quad (\lambda \in \mathbb{C}), \tag{2}$$

$$\big(N(\lambda_1 \mathscr{E} - \mathscr{A}), N(\lambda_2 \mathscr{E} - \mathscr{A})\big) = 0 \quad \text{für} \quad \lambda_1 \neq \lambda_2 \; (\lambda_1, \lambda_2 \in \mathbb{C}). \tag{3}$$

Beweis. Auf Grund von $(1; 1.7)$ ergibt sich

$$(\lambda \mathscr{E} - \mathscr{A})^* = \bar{\lambda} \mathscr{E} - \mathscr{A}^* \quad (\lambda \in \mathbb{C}).$$

Da $\mathscr{A}$ als normal vorausgesetzt wurde, ist auch $\lambda \mathscr{E} - \mathscr{A}$ normal. Deswegen gilt nach (1)

$$N(\lambda \mathscr{E} - \mathscr{A}) = N(\bar{\lambda} \mathscr{E} - \mathscr{A}^*).$$

Wir werden nun (3) beweisen. Ist $\lambda_1 \neq \lambda_2$ und $x \in N(\lambda_1 \mathscr{E} - \mathscr{A})$, $y \in N(\lambda_2 \mathscr{E} - \mathscr{A})$, so ist $\lambda_1 x = \mathscr{A} x$ und $\lambda_2 y = \mathscr{A} y$. Also gilt wegen (2) die Gleichung $\bar{\lambda}_2 y = \mathscr{A}^* y$, und wir haben

$$(x, y) = \frac{1}{\lambda_1} (\mathscr{A} x, y) = \frac{1}{\lambda_1} (x, \mathscr{A}^* y) = \frac{1}{\lambda_1} (x, \bar{\lambda}_2 y) = \frac{\lambda_2}{\lambda_1} (x, y).$$

Da $\lambda_1 \neq \lambda_2$ ist, erhalten wir

$$(x, y) = 0. \; \blacksquare$$

Über das Spektrum eines normalen Operators gibt uns der folgende Satz Auskunft:

Satz 3. *Es sei $\mathscr{A} \in \mathfrak{B}(H, H)$ ein normaler Operator. Dann ist für alle $\lambda \in \mathbb{C}$ der Operator $\lambda \mathscr{E} - \mathscr{A}$ ein Operator mit dem Index Null. Das Restspektrum $\mathfrak{S}_r(\mathscr{A})$ ist leer. Das nichtwesentliche Spektrum von $\mathscr{A}$ besteht aus höchstens abzählbar unendlich vielen Eigenwerten $\lambda_1, \lambda_2, \ldots$. Jeder Eigenwert ist Pol erster Ordnung der Resolvente. Das dazugehörige Residuum hat die Gestalt*

$$\mathscr{P} x = \sum_{i=1}^{n} (x, a_i)\, a_i, \tag{4}$$

wobei $\{a_i\}_{i=1}^{n}$ eine orthonormale Basis des zum betreffenden Eigenwert gehörigen Eigenraumes ist.

Beweis. Wir betrachten den Teilraum $R(\lambda \mathscr{E} - \mathscr{A})^{\perp}$ von H für irgendein $\lambda \in \mathbb{C}$. Das Element $x \in H$ ist dann und nur dann in $R(\lambda \mathscr{E} - \mathscr{A})^{\perp}$, wenn $\big(x, (\lambda \mathscr{E} - \mathscr{A})\, y\big) = 0$ für alle y aus H ist. Diese Beziehung kann auch wie folgt geschrieben werden:

$$\big(x, (\lambda \mathscr{E} - \mathscr{A})\, y\big) = \big((\bar{\lambda} \mathscr{E} - \mathscr{A}^*)\, x, y\big) = 0.$$

Das Skalarprodukt $\big((\bar\lambda\mathscr{E} - \mathscr{A}^*)\, x, y\big)$ ist jedoch genau dann Null für alle $y \in H$, wenn $(\bar\lambda\mathscr{E} - \mathscr{A}^*)\, x = 0$ ist, d. h., x ist genau dann ein Element von $R(\lambda\mathscr{E} - \mathscr{A})^\perp$, wenn x auch zu $N(\bar\lambda\mathscr{E} - \mathscr{A}^*)$ gehört. Mit anderen Worten gilt:

$$R(\lambda\mathscr{E} - \mathscr{A})^\perp = N(\bar\lambda\mathscr{E} - \mathscr{A}^*).$$

Andererseits ist nach (2)

$$N(\bar\lambda\mathscr{E} - \mathscr{A}^*) = N(\lambda\mathscr{E} - \mathscr{A}).$$

Wir haben somit folgende Beziehung:

$$R(\lambda\mathscr{E} - \mathscr{A})^\perp = N(\lambda\mathscr{E} - \mathscr{A}). \tag{5}$$

Auf Grund von (5) und $\beta(\mathscr{A}) = \dim R(\mathscr{A})^\perp$ erhalten wir

$$\beta(\lambda\mathscr{E} - \mathscr{A}) = \dim R(\lambda\mathscr{E} - \mathscr{A})^\perp = \dim N(\lambda\mathscr{E} - \mathscr{A}) = \alpha(\lambda\mathscr{E} - \mathscr{A}).$$

Damit ist die erste Behauptung bewiesen.

Da die vorangehende Tatsache für jede komplexe Zahl λ gilt, ist das Restspektrum $\mathfrak{S}_r(\mathscr{A})$ leer (vgl. 2.11.).

Es sei nun λ_0 ein Fredholmpunkt von $\mathscr{A}$. Dann ist die Menge $R(\lambda_0\mathscr{E} - \mathscr{A})$ abgeschlossen. Da für jede Menge M die Beziehung $(M^\perp)^\perp = M$ gilt, ist wegen (5)

$$R(\lambda_0\mathscr{E} - \mathscr{A}) = N(\lambda_0\mathscr{E} - \mathscr{A})^\perp. \tag{6}$$

Entweder ist $\lambda_0 \in \mathfrak{P}(\mathscr{A})$, oder λ_0 ist ein Eigenwert von $\mathscr{A}$ von endlicher Vielfachheit. Es sei $\mathscr{P}$ der Projektor mit $R(\mathscr{P}) = N(\lambda_0\mathscr{E} - \mathscr{A})$ und $N(\mathscr{P}) = R(\lambda_0\mathscr{E} - \mathscr{A})$. Dann hat $\lambda_0\mathscr{E} - \mathscr{A}$ eine verallgemeinerte Inverse bezüglich $\mathscr{P}$. Also ist λ_0 nach Satz 2; 1.6 ein Pol erster Ordnung der Resolvente.

Es sei $\{a_1, a_2, \ldots\}$ eine orthonormale Basis von $\mathscr{P}H$; dann hat $\mathscr{P}$ die Gestalt

$$\mathscr{P}x = \sum_{i=1}^{n} u_i(x)\, a_i,$$

wobei u_i Elemente aus $N(\mathscr{P})^\perp$ sind mit der Eigenschaft $u_i(a_k) = \delta_{ki}$. Nach (8; 3.1.1) ist $u_i(x) = (x, y_i)$ mit $y_i \in N(\lambda\mathscr{E} - \mathscr{A}) = N(\mathscr{P})^\perp$ und $(a_k, y_i) = \delta_{ki}$. Daraus folgt $y_i = a_i$ $(i = 1, 2, \ldots, n)$. Damit ist die Darstellung (4) bewiesen.

Bekanntlich ist der Häufungspunkt von Polen einer analytischen Funktion (wie z. B. der Resolvente) kein Pol dieser Funktion mehr. Er ist jedoch ein Punkt des Spektrums, da das Spektrum, wie wir gesehen haben (Satz 1; 1.3), eine abgeschlossene Menge ist. Der Häufungspunkt gehört zu $\mathfrak{S}_e(\mathscr{A})$. Die Resolvente hat höchstens abzählbar viele Pole. ∎

Es ist zweckmäßig, folgende Vereinbarung zu treffen. Wenn $\mathscr{A}$ ein vollstetiger Operator in H ist, dann wissen wir, daß sein Spektrum aus höchstens abzählbar vielen Eigenwerten von endlicher Vielfachheit besteht und daß das Spektrum (falls überhaupt) den einzigen Häufungspunkt 0 hat. *Wir werden jeden Eigenwert in der Aufzählung der Eigenwerte so oft hintereinander vorkommen lassen, wie seine Vielfachheit beträgt, wobei*

$$|\lambda_i| \geq |\lambda_{i+1}| \quad (i = 1, 2, \ldots) \tag{7}$$

sein soll.

Dementsprechend hat ein vollstetiger Operator höchstens abzählbar viele charakteristische Zahlen von endlicher Vielfachheit. Diese häufen sich im Endlichen nicht. Auch für die charakteristischen Zahlen soll die Vereinbarung gelten: *Jede charakteristische Zahl soll so oft in der Aufzählung vorkommen, wie ihre Vielfachheit beträgt, wobei*

$$|\mu_i| \leqq |\mu_{i+1}| \quad (i = 1, 2, \ldots)$$

gilt. (Wenn unendlich viele charakteristische Zahlen vorhanden sind, ist $|\mu_i| \to \infty$ für $i \to \infty$.)

Wir wollen jetzt einen wichtigen, auf D. HILBERT zurückgehenden Satz beweisen [HILBERT 1912].

Satz 4. *Es sei $\mathscr{A}$ ein vollstetiger, normaler, von Null verschiedener Operator in H. Die Folge seiner Eigenwerte soll nach (7) geordnet sein. Dann gibt es eine orthonormale Folge von Eigenelementen $\{x_i\}$ so, daß x_i zum Eigenwert λ_i gehört. Für jedes $x \in H$ gelten die Reihenentwicklungen*

$$x = x_0 + \sum_{(i)} (x, x_i)\, x_i, \tag{8}$$

wobei x_0 ein gewisses Element aus $N(\mathscr{A})$ ist, und

$$\mathscr{A}x = \sum_{(i)} \lambda_i(x, x_i)\, x_i. \tag{9}$$

Falls unendlich viele Eigenwerte existieren, sind die Reihen (8) und (9) im Sinne der Normkonvergenz in H konvergent.

Beweis. Wenn $\lambda_n \neq \lambda_m$ ist, dann sind x_n und x_m nach Satz 2 zueinander orthogonal.

Es sei λ_α der dem Absolutbetrag nach größte Eigenwert von $\mathscr{A}$, und wir betrachten eine orthonormierte Basis $\{x_1, x_2, \ldots, x_{n_1}\}$ von $N(\lambda_\alpha \mathscr{E} - \mathscr{A})$. Wir ordnen jedem dieser Eigenelemente die Eigenwerte $\lambda_1, \lambda_2, \ldots, \lambda_{n_1}$ zu, wobei natürlich $\lambda_1 = \lambda_2 = \cdots = \lambda_{n_1} = \lambda_\alpha$ gilt. Jetzt betrachten wir einen von λ_α verschiedenen Eigenwert λ_β, für den $|\lambda_\beta| \leqq |\lambda_\alpha|$ gilt, so daß aber kein Eigenwert λ_γ mit $|\lambda_\beta| < |\lambda_\gamma| \leqq |\lambda_\alpha|$ existiert. Eine orthonormierte Basis von $N(\lambda_\beta \mathscr{E} - \mathscr{A})$ sei $\{x_{n_1+1}, x_{n_1+2}, \ldots, x_{n_2}\}$. Wieder ordnen wir jedem dieser Eigenelemente die Eigenwerte $\lambda_{n_1+1}, \lambda_{n_1+2}, \ldots, \lambda_{n_2}$ zu. Auch hier gilt selbstverständlich $\lambda_{n_1+1} = \lambda_{n_1+2} = \cdots = \lambda_{n_2} = \lambda_\beta$. Wir setzen dieses Verfahren fort und erhalten dadurch das vollständige System der Eigenwerte $\{\lambda_1, \lambda_2, \ldots\}$, das nach dem Gesichtspunkt (7) geordnet ist, wobei das dazu gehörige System von Eigenelementen $\{x_1, x_2, \ldots\}$ orthonormiert ist. Damit haben wir die erste Behauptung des Satzes bewiesen. Wir werden unter Eigenwerten und Eigenelementen im weiteren Verlauf des Beweises die Elemente der so geordneten Folgen verstehen.

Jetzt wenden wir uns dem Beweis der Aussagen (8) und (9) zu. Wir betrachten für eine beliebige natürliche Zahl n die lineare Hülle $L(x_1, x_2, \ldots, x_n)$ der ersten n Eigenelemente und definieren folgenden, für jedes x aus H erklärten Operator $\mathscr{P}_n$:

$$\mathscr{P}_n x = \sum_{i=1}^{n} (x, x_i)\, x_i. \tag{10}$$

Wir zeigen, daß $\mathscr{P}_n$ ein Projektor ist, welcher H auf $L(x_1, \ldots, x_n)$ projiziert.

Offensichtlich gilt $\mathscr{P}_n x \in L(x_1, \ldots, x_n)$. Dabei ist

$$\mathscr{P}_n{}^2 x = \mathscr{P}_n(\mathscr{P}_n x) = \sum_{i=1}^{n} (\mathscr{P}_n x, x_i)\, x_i$$

$$= \sum_{i=1}^{n} \sum_{k=1}^{n} (x, x_k)\,(x_k, x_i)\, x_i = \sum_{i=1}^{n} (x, x_i)\, x_i$$

$$= \mathscr{P}_n x.$$

$\mathscr{P}_n$ ist somit idempotent. $\mathscr{P}_n$ ist auch selbstadjungiert, denn für beliebige $x, y \in H$ gilt

$$(\mathscr{P}_n x, y) = \sum_{i=1}^{n} (x, x_i)\,(x_i, y) = \sum_{i=1}^{n} \overline{(y, x_i)}\ \overline{(x_i, x)}$$

$$= \overline{(\mathscr{P}_n y, x)} = (x, \mathscr{P}_n y).$$

Dabei ist $R(\mathscr{P}_n) = L(x_1, x_2, \ldots, x_n)$ und $N(\mathscr{P}_n) = L(x_1, \ldots, x_n)^{\perp}$. Diese zuletzt gemachten Aussagen kann jeder leicht prüfen. Es gilt ferner für ein beliebiges x

$$\mathscr{P}_n \mathscr{A} x = \sum_{i=1}^{n} (\mathscr{A} x, x_i)\, x_i = \sum_{i=1}^{n} (x, \mathscr{A}^* x_i)\, x_i$$

$$= \sum_{i=1}^{n} (x, \bar{\lambda}_i x_i)\, x_i = \sum_{i=1}^{n} \lambda_i (x, x_i)\, x_i. \tag{11}$$

Wir werden jetzt einen Operator $\mathscr{A}_n$ $(n = 1, 2, 3, \ldots)$ in folgender Weise einführen:

$$\mathscr{A}_n x := \sum_{i=1}^{n} \lambda_i (x, x_i)\, x_i \quad (x \in H). \tag{12}$$

Ein Vergleich mit (11) zeigt, daß

$$\mathscr{P}_n \mathscr{A} = \mathscr{A}_n \tag{13}$$

sein muß. Andererseits gilt

$$\mathscr{A} \mathscr{P}_n x = \sum_{i=1}^{n} (x, x_i)\, \mathscr{A} x_i = \sum_{i=1}^{n} \lambda_i (x, x_i)\, x_i = \mathscr{A}_n x$$

für jedes $x \in H$), d. h.

$$\mathscr{A} \mathscr{P}_n = \mathscr{A}_n.$$

Ein Vergleich mit (13) ergibt

$$\mathscr{A} \mathscr{P}_n = \mathscr{P}_n \mathscr{A} (= \mathscr{A}_n). \tag{14}$$

Wir zeigen jetzt, daß $\mathscr{A} - \mathscr{A}_n$ normal ist. Aus (13), (14) und der Selbstadjungiertheit von $\mathscr{P}_n$ folgt

$$(\mathscr{A} - \mathscr{A}_n)(\mathscr{A} - \mathscr{A}_n)^* = (\mathscr{A} - \mathscr{P}_n \mathscr{A})(\mathscr{A} - \mathscr{A} \mathscr{P}_n)^*$$

$$= (\mathscr{E} - \mathscr{P}_n)\, \mathscr{A} \mathscr{A}^*(\mathscr{E} - \mathscr{P}_n)$$

$$= (\mathscr{E} - \mathscr{P}_n)\, \mathscr{A}^* \mathscr{A}(\mathscr{E} - \mathscr{P}_n)$$

$$= (\mathscr{A} - \mathscr{P}_n \mathscr{A})^* (\mathscr{A} - \mathscr{A} \mathscr{P}_n)$$

$$= (\mathscr{A} - \mathscr{A}_n)^* (\mathscr{A} - \mathscr{A}_n).$$

Es gilt ferner

$$R(\mathscr{A} - \mathscr{A}_n) \subset L(x_1, \ldots, x_n)^\perp, \tag{15}$$

denn für irgendein $x \in H$ ist

$$y = (\mathscr{A} - \mathscr{A}_n)\, x = \mathscr{A}x - \sum_{i=1}^{n} \lambda_i(x, x_i)\, x_i,$$

und somit haben wir für ein x_k mit $k < n$ die Beziehung

$$(y, x_k) = (\mathscr{A}x, x_k) - \sum_{i=1}^{n} \lambda_i(x, x_i)\, (x_i, x_k)$$

$$= (x, \mathscr{A}^*x_k) - \lambda_k(x, x_k) = \lambda_k(x, x_k) - \lambda_k(x, x_k) = 0.$$

Das heißt, jedes y, welches zu $R(\mathscr{A} - \mathscr{A}_n)$ gehört, ist zu jedem Basiselement von $L(x_1, \ldots, x_n)$ orthogonal. Somit ist (15) gültig.

Offensichtlich gilt für jedes $y \in L(x_1, \ldots, x_n)^\perp$

$$(\mathscr{A} - \mathscr{A}_n)\, y = \mathscr{A}y, \tag{16}$$

denn es ist $\mathscr{A}_n y = 0$. Es sei nun x ein Eigenelement von $\mathscr{A} - \mathscr{A}_n$, welches zum Eigenwert λ gehört, d. h., es gelte $\lambda x = (\mathscr{A} - \mathscr{A}_n)\, x$, woraus $x \in R(\mathscr{A} - \mathscr{A}_n)$ folgt. Auf Grund von (15) ist dann auch

$$x \in L(x_1, \ldots, x_n)^\perp.$$

Das ergibt $\mathscr{A}_n x = 0$, und deshalb gilt

$$\lambda x = \mathscr{A}x.$$

Somit ist λ einer der Eigenwerte λ_k mit $k > n$. Wir haben aber bewiesen, daß $\mathscr{A} - \mathscr{A}_n$ normal ist, ferner ist $\mathscr{A} - \mathscr{A}_n$ vollstetig. Der Spektralradius von $\mathscr{A} - \mathscr{A}_n$ ist aus diesen Gründen gleich $\|\mathscr{A} - \mathscr{A}_n\|$ und stimmt mit dem Absolutbetrag eines seiner Eigenwerte überein. Die Eigenwerte von $\mathscr{A} - \mathscr{A}_n$ sind aber, wie eben gezeigt, die Zahlen $\lambda_{n+1}, \lambda_{n+2}, \ldots$, die schon nach (7) geordnet sind. Somit ist auf Grund von Satz 1

$$\|\mathscr{A} - \mathscr{A}_n\| = |\lambda_{n+1}|. \tag{17}$$

Hat $\mathscr{A}$ nur endlich viele Eigenwerte, dann ist $\mathscr{A} = \mathscr{A}_n$ für hinreichend großes n. Gibt es jedoch unendlich viele Eigenwerte, dann ist im Sinne der starken Konvergenz

$$\lim_{n \to \infty} \mathscr{A}_n = \mathscr{A}$$

wegen $\lambda_n \to 0$ für $n \to \infty$. Damit haben wir die Behauptung (9) bewiesen.

Um die übrigen Aussagen zu beweisen, bemerken wir, daß die Folge $\{\mathscr{P}_n x\}$ für jedes x konvergiert. Daraus folgt, daß $\mathscr{P}_n x$ die Partialsumme der Fourierreihe des Elements x ist. Also existiert

$$y := \lim_{n \to \infty} \mathscr{P}_n x.$$

Dabei gilt nach (13) und (14)

$$\mathscr{A}\mathscr{P}_n x = \mathscr{A}_n x \to \mathscr{A}y \quad \text{für} \quad n \to \infty.$$

Andererseits wissen wir, daß

$$\mathscr{A}_n x \to \mathscr{A} x \quad (n \to \infty)$$

konvergiert. Aus diesen Gründen ist

$$\mathscr{A}(x - y) = \mathscr{A}x - \mathscr{A}y = \lim_{n \to \infty} \mathscr{A}_n x - \mathscr{A}y = 0,$$

und somit wird $x_0 = x - y \in N(\mathscr{A})$, womit auch (8) bewiesen ist. ∎

Aus dem soeben bewiesenen Satz 4 ergibt sich unmittelbar die folgende Feststellung:

Satz 5. *Ist $\mathscr{A}$ ein vollstetiger und normaler Operator aus $\mathfrak{B}(H, H)$ mit $N(\mathscr{A}) = \{0\}$, so bilden die Eigenelemente von $\mathscr{A}$ ein vollständiges Orthonormalsystem in H.*

Ist nämlich $N(\mathscr{A}) = \{0\}$, so ist in (8) das Element x_0 immer gleich 0, d. h., die nach den Eigenelementen fortschreitende Fourierreihe eines beliebigen Elements x aus H konvergiert immer gegen das Element x. Die Abgeschlossenheitsrelation ist also für jedes Element des Hilbertraumes H erfüllt, woraus die Vollständigkeit des Systems der Eigenelemente folgt. ∎

Man kann den Satz 4 in gewisser Hinsicht auch umkehren. Darauf bezieht sich der folgende Satz.

Satz 6. *Ist $\{\lambda_i\}$ eine beliebige Folge von Zahlen mit $\lambda_i \to 0$ $(i \to \infty)$ (falls die Folge unendlich viele Elemente hat) und $\{x_i\}$ ein beliebiges orthonormales Elementensystem des Hilbertraumes (beide Folgen sollen die gleiche Anzahl von Elementen besitzen, falls sie endlich sind), dann definiert die in (9) stehende Reihe einen vollstetigen und normalen Osperator in $\mathfrak{B}(H, H)$.*

Beweis. Die in (12) definierten Operatoren $\mathscr{A}_n$ sind endlichdimensional. Dabei ist die auf der rechten Seite von (9) stehende Reihe unter unseren Voraussetzungen immer konvergent, denn es gilt

$$\left\| \sum_{i=n+1}^{m} \lambda_i (x, x_i)\, x_i \right\|^2 = \sum_{i=n+1}^{m} |\lambda_i|^2\, |(x, x_i)|^2$$
$$\leq \sum_{i=n+1}^{m} |(x, x_i)|^2 \to 0 \quad \text{für} \quad n, m \to \infty,$$

weil (x, x_i) die Fourierkoeffizienten des Elements x sind. Die auf der rechten Seite von (9) stehende Reihe definiert somit einen Operator $\mathscr{A}$.

Der Operator $\mathscr{A}_n$ ist normal, denn für ein beliebiges Element $y \in H$ gilt

$$(\mathscr{A}_n x, y) = \sum_{i=1}^{n} \lambda_i (x, x_i)\,(x_i, y) = \sum_{i=1}^{n} \overline{\bar{\lambda}_i (y, x_i)\,(x_i, x)}$$
$$= \overline{(\mathscr{A}_n {}^* y, x)} = (x, \mathscr{A}_n {}^* y)$$

mit

$$\mathscr{A}_n {}^* y = \sum_{i=1}^{n} \bar{\lambda}_i (y, x_i)\, x_i .$$

Daher ergibt sich

$$\mathscr{A}_n \mathscr{A}_n^* y = \sum_{i=1}^{n} \bar{\lambda}_i (y, x_i)\, \mathscr{A}_n x_i = \sum_{i=1}^{n} |\lambda_i|^2 (y, x_i)\, x_i.$$

Andererseits ist

$$\mathscr{A}_n^* \mathscr{A}_n y = \sum_{i=1}^{n} \lambda_i (y, x_i)\, \mathscr{A}_n^* x_i = \sum_{i=1}^{n} |\lambda_i|^2 (y, x_i)\, x_i,$$

und wir erhalten

$$\mathscr{A}_n \mathscr{A}_n^* = \mathscr{A}_n^* \mathscr{A}_n,$$

da die vorher aufgestellten Beziehungen für alle y aus H gelten. Aus (17) ergibt sich (falls unendlich viele Eigenwerte vorhanden sind) $\mathscr{A}_n \to \mathscr{A}$ (im Sinn der Operatorennorm). Folglich ist auch $\mathscr{A}$ normal. $\mathscr{A}$ ist aber nach Satz 3; 2.9 vollstetig, da jeder endlichdimensionale Operator, und somit auch $\mathscr{A}_n$, vollstetig ist ($n = 1, 2, \ldots$). ∎

Auch die Resolvente von $\mathscr{A}$ kann explizit angegeben werden. Dazu müssen wir die Gleichung

$$\lambda y - \mathscr{A} y = x \quad (\lambda \neq 0) \tag{18}$$

lösen, wobei $\lambda \neq \lambda_i$ ($i = 1, 2, \ldots$) ist und $\mathscr{A}$ den Bedingungen des Satzes 4 genügt.

Aus (18) folgt

$$\lambda (y, x_i) - (\mathscr{A} y, x_i) = (x, x_i)$$

oder

$$(x, x_i) = \lambda (y, x_i) - (y, \mathscr{A}^* x_i) = \lambda (y, x_i) - \lambda_i (y, x_i),$$

d. h.

$$(x, x_i) = (\lambda - \lambda_i)(y, x_i) \quad (i = 1, 2, 3, \ldots). \tag{19}$$

Aus (18), (9) und (19) ergibt sich

$$\lambda y = x + \mathscr{A} y = x + \sum_{(i)} \lambda_i (y, x_i)\, x_i = x + \sum_{(i)} \frac{\lambda_i}{\lambda - \lambda_i} (x, x_i)\, x_i.$$

Nach (9; 1.3) ist

$$\lambda \mathscr{R}(\lambda; \mathscr{A}) = \mathscr{E} + \mu\, \mathscr{L}(\mu; \mathscr{A}) \quad \left(\mu = \frac{1}{\lambda}\right),$$

wobei $\mathscr{L}(\mu; \mathscr{A})$ der lösende Operator von $\mathscr{A}$ ist. Demzufolge gilt

$$\lambda y = \lambda \mathscr{R}(\lambda; \mathscr{A})\, x = x + \sum_{(i)} \frac{\lambda_i}{\lambda - \lambda_i} (x, x_i)\, x_i = x + \mu \mathscr{L}(\mu; \mathscr{A})\, x,$$

woraus sich

$$\mathscr{L}(\mu; \mathscr{A})\, x = \sum_{(i)} \frac{\lambda \lambda_i}{\lambda - \lambda_i} (x, x_i)\, x_i$$

bzw.

$$\mathscr{L}(\mu; \mathscr{A})\, x = \sum_{(i)} \frac{(x, x_i)}{\mu_i - \mu}\, x_i \tag{20}$$

ergibt. In (20) bedeuten μ_i ($i = 1, 2, \ldots$) die charakteristischen Zahlen von $\mathscr{A}$.

Auf Grund von Satz 6 ist $\mathscr{L}(\lambda;\mathscr{A})$ vollstetig und normal. Somit haben wir den folgenden Satz bewiesen:

Satz 7. *Der lösende Operator eines vollstetigen und normalen (von Null verschiedenen) Operators ist vollstetig und normal und wird durch die Formel*

$$\mathscr{L}(\mu;\mathscr{A}) = \sum_{(i)} \frac{(\cdot, x_i)}{\mu_i - \mu}\, x_i \quad \left(\mu \in \hat{\mathfrak{P}}(\mathscr{A})\right) \tag{21}$$

dargestellt. Hierbei bedeutet $\{\mu_i\}$ die geordnete Folge der charakteristischen Zahlen von $\mathscr{A}$, und $\{x_i\}$ ist das vollständige System der Eigenelemente. ∎

Ähnliches gilt für die Resolvente von $\mathscr{A}$. Für ein beliebiges $x \in H$ und $\lambda \in \mathfrak{P}(\mathscr{A})$ gilt

$$\mathscr{R}(\lambda;\mathscr{A})\,x = \lambda^{-1}x + \lambda^{-1} \sum_{(j)} \frac{\lambda_j}{\lambda - \lambda_j}\,(x, x_j)\,x_j. \tag{22}$$

Dabei ist die Resolvente ebenfalls normal und vollstetig. In (22) bedeuten λ_j die geordneten Eigenwerte von $\mathscr{A}$.

Es ist wichtig zu bemerken, daß die Sätze 1 und 2 auch dann gelten, wenn $\mathscr{A}$ ein vollstetiger normaler Operator in einem nicht unbedingt separablen unitären Raum (also auch nicht unbedingt in einem Hilbertraum) ist. Auch in diesem Fall hat $\mathscr{A}$ höchstens abzählbar unendlich viele Eigenwerte und Eigenelemente, und es gilt die Reihenentwicklung (9). Diese doch wesentliche Behauptung, welche zahlreiche Anwendungen auch in der Theorie der Integralgleichungen besitzt (vgl. Satz 9; 3.3.1), stammt von RELLICH [RELLICH 1931].

3.3.   Selbstadjungierte Operatoren im Hilbertraum

3.3.1.   Allgemeine Eigenschaften selbstadjungierter Operatoren

Es sei H ein Hilbertraum und $\mathscr{A} \in \mathfrak{B}(H, H)$. Der Operator $\mathscr{A}$ heißt *selbstadjungiert* oder *symmetrisch*, wenn $\mathscr{A} = \mathscr{A}^*$ gilt. Aus der Definition folgt, daß ein symmetrischer Operator normal ist.

Leicht einzusehen ist die Gültigkeit des folgenden Satzes.

Satz 1. *Der Operator $\mathscr{A}$ ist genau dann symmetrisch, wenn das auf $H \times H$ definierte Funktional*

$$\mathscr{D}(x, y) = (\mathscr{A}x, y) \tag{1}$$

hermitesch ist, d. h. $\mathscr{D}(x, y) = \overline{\mathscr{D}(y, x)}$.

Beweis. Ist $\mathscr{A}$ selbstadjungiert, d. h. $\mathscr{A} = \mathscr{A}^*$, dann ist $\mathscr{D}(x, y) = (\mathscr{A}x, y)$ $= (x, \mathscr{A}^*y) = (x, \mathscr{A}y) = \overline{(\mathscr{A}y, x)} = \overline{\mathscr{D}(y, x)}$.

Die Umkehrung kann wie folgt bewiesen werden: Die Voraussetzung $\mathscr{D}(x, y)$ $= \overline{\mathscr{D}(y, x)}$ bedeutet, daß

$$(\mathscr{A}x, y) = \overline{(\mathscr{A}y, x)} = (x, \mathscr{A}y) = (\mathscr{A}^*x, y)$$

für alle x, y aus H ist und demzufolge $\mathscr{A} = \mathscr{A}^*$ gilt. ∎

Ein weiteres anschauliches Kriterium für die Symmetrie eines Operators ist im folgenden Satz enthalten:

Satz 2. *Ein Operator $\mathscr{A}$ eines komplexen Hilbertraumes H ist dann und nur dann symmetrisch, wenn*

$$\mathscr{D}(x, x) = (\mathscr{A}x, x)$$

reell für alle $x \in H$ ist.

Beweis. Ist $\mathscr{A}$ selbstadjungiert, dann ist nach Satz 1 das Funktional $\mathscr{D}(x, y)$ hermitesch und daher $\mathscr{D}(x, x) = \overline{\mathscr{D}(x, x)}$.

Für die Umkehrung benötigt man die leicht beweisbare Identität

$$(\mathscr{A}x, y) = \frac{1}{4}\left\{\left[\left(\mathscr{A}(x + y), x + y\right) - \left(\mathscr{A}(x - y), x - y\right)\right] \right.$$
$$\left. + i\left[\left(\mathscr{A}(x + iy), x + iy\right) - \left(\mathscr{A}(x - iy), x - iy\right)\right]\right\}.$$

Ist $(\mathscr{A}u, u)$ für alle $u \in H$ reell, dann sind

$$\left(\mathscr{A}(x \pm y), x \pm y\right) \quad \text{und} \quad \left(\mathscr{A}(x \pm iy), (x \pm iy)\right)$$

reell, und

$$4\operatorname{Re}(\mathscr{A}x, y) = \left(\mathscr{A}(x + y), x + y\right) - \left(\mathscr{A}(x - y), x - y\right)$$

ist offensichtlich symmetrisch in x, y. Für den Imaginärteil dagegen gilt

$$4\operatorname{Im}(\mathscr{A}x, y) = \left(\mathscr{A}(x + iy), x + iy\right) - \left(\mathscr{A}(x - iy), x - iy\right)$$
$$+ \left(\mathscr{A}(y - ix), y - ix\right) - \left(\mathscr{A}(y + ix), y + ix\right)$$
$$= -4\operatorname{Im}(\mathscr{A}y, x);$$

er ist also antisymmetrisch. Deshalb erhalten wir

$$(\mathscr{A}x, y) = \overline{(\mathscr{A}y, x)},$$

d. h., das Funktional $\mathscr{D}(x, y) = (\mathscr{A}x, y)$ ist hermitesch. Dann ist aber nach Satz 1 der Operator $\mathscr{A}$ selbstadjungiert. ∎

Aus diesem Satz ergibt sich unmittelbar die folgende Behauptung:

Satz 3. *Wenn der symmetrische Operator $\mathscr{A}$ überhaupt Eigenwerte hat, dann sind diese reell.*

Beweis. Es sei nämlich λ ein Eigenwert und x ein zu λ gehöriges Eigenelement, d. h., es gilt $\lambda x = \mathscr{A}x$. Wenn wir das Skalarprodukt beider Seiten dieser Gleichung mit x bilden, ergibt sich

$$\lambda = \frac{(\mathscr{A}x, x)}{(x, x)}. \tag{2}$$

Da Zähler und Nenner reell sind, ist die Behauptung bewiesen. ∎

Wenn der Operator $\mathscr{A}$ vollstetig und symmetrisch ist, dann besitzt er nach Satz 1; 3.2 mindestens einen Eigenwert, und dieser ist reell.

Wichtig sind diejenigen Operatoren, die *nichtnegative* (oder *nichtnegativ semidefinite*) *Operatoren* genannt werden. Ein symmetrischer Operator $\mathscr{A}$ heißt nichtnegativ (manchmal auch *positiv semidefinit*), falls

$$(\mathscr{A}x, x) \geqq 0 \quad \text{für jedes } x \tag{3}$$

gilt. Aus Satz 2 folgt: Jeder nichtnegative Operator ist symmetrisch, seine Eigenwerte sind, (falls vorhanden) nichtnegativ, wie das aus (2) ersichtlich ist. Gilt das Gleichheitszeichen in (3) genau dann, wenn $x = 0$ ist, so sagen wir, $\mathscr{A}$ ist *positiv* oder *positiv definit*.

Analog definiert man die *nichtpositiven* (oder auch *negativ semidefiniten*, *nicht positiv semidefiniten*) und *negativen* (oder auch *negativ definiten*) Operatoren. Ist $\mathscr{A}$ ein positiv semidefiniter bzw. positiv definiter Operator, so werden wir diese Tatsache durch die Schreibweise $\mathscr{A} \geqq 0$ bzw. $\mathscr{A} > 0$ zum Ausdruck bringen. Eine analoge Bedeutung hat auch $\mathscr{A} \leqq 0$ bzw. $\mathscr{A} < 0$.

Satz 4. *Es sei $\mathscr{B} \in \mathfrak{B}(H, H)$. Dann sind die Operatoren $\mathscr{B}^*\mathscr{B}$ und $\mathscr{B}\mathscr{B}^*$ nichtnegativ. Es gilt*

$$N(\mathscr{B}^*\mathscr{B}) = N(\mathscr{B}), \tag{4}$$

und der Spektralradius von $\mathscr{B}^*\mathscr{B}$ ist

$$\sigma(\mathscr{B}^*\mathscr{B}) = \|\mathscr{B}\|^2. \tag{5}$$

Beweis. Für jedes $x \in H$ ist

$$(\mathscr{B}^*\mathscr{B}x, x) = (\mathscr{B}x, \mathscr{B}x) = \|\mathscr{B}x\|^2 \geqq 0. \tag{6}$$

Das gleiche gilt auch für $\mathscr{B}^*\mathscr{B}$.

Aus (6) ergibt sich, daß $\mathscr{B}^*\mathscr{B}x = 0$ genau dann gilt, wenn $x = 0$ ist, d. h. $N(\mathscr{B}^*\mathscr{B}) = N(\mathscr{B})$. Wenn wir $\mathscr{B}$ und $\mathscr{B}^*$ vertauschen, folgt ebenso

$$N(\mathscr{B}\mathscr{B}^*) = N(\mathscr{B}^*). \tag{7}$$

Nach (4; 3.1.2) ist $\|\mathscr{B}\|^2 = \|\mathscr{B}^*\mathscr{B}\|$. Andererseits ist $\mathscr{B}^*\mathscr{B}$ symmetrisch, also auch normal, und deshalb ist nach Satz 3; 1.7

$$\sigma(\mathscr{B}^*\mathscr{B}) = \|\mathscr{B}^*\mathscr{B}\| = \|\mathscr{B}\|^2.$$

Hier wurde benutzt, daß $\mathfrak{B}(H, H)$ eine vollreguläre B^*-Algebra ist. ∎

Wir benutzen im weiteren die folgende anschauliche Definition: Ein Projektor $\mathscr{P}$ in H heißt *orthogonal*, wenn

$$N(\mathscr{P}) = R(\mathscr{P})^{\perp} \tag{8}$$

gilt.

Es sei Ω ein abgeschlossener Teilraum von H. Dann kann jedes Element x eindeutig in der Form $x = x' + x''$ zerlegt werden, wobei $x' \in \Omega$, $x'' \in \Omega^{\perp}$. Wenn wir

$$\mathscr{P}x = x'$$

setzen, dann ist $\mathscr{P}$ ein orthogonaler Projektor von H auf Ω, denn für $x' = 0$ ist $x = x'' \in \Omega^{\perp}$, also $x \in R(\mathscr{P})^{\perp} = \Omega^{\perp}$. Auch die Umkehrung ist richtig. Hier ist

$$R(\mathscr{P}) = \Omega.$$

Es erhebt sich die Frage: Wie erkennt man, wann ein Projektor orthogonal ist? Darauf bezieht sich die folgende Aussage:

Satz 5. *Ein Projektor $\mathscr{P}$ im Hilbertraum H ist dann und nur dann orthogonal, wenn er selbstadjungiert ist. Jeder orthogonale Projektor ist nichtnegativ. Wenn $\mathscr{P}$ nicht der Nulloperator ist, gilt $\|\mathscr{P}\| = 1$.*

Beweis. Zuerst nehmen wir an, daß $\mathscr{P}$ orthogonal ist. Dann ist ein beliebiges Element $x \in H$ zerlegbar,

$$x = \mathscr{P}x + (\mathscr{E} - \mathscr{P})\, x,$$

wobei $\mathscr{P}x$ zu $(\mathscr{E} - \mathscr{P})\, x$ orthogonal ist. Daher gilt

$$(\mathscr{P}x, x) = \big(\mathscr{P}x,\, \mathscr{P}x + (\mathscr{E} - \mathscr{P})\, x\big) = \|\mathscr{P}x\|^2 \geqq 0;$$

also ist $\mathscr{P}$ nichtnegativ und insbesondere symmetrisch.

Jetzt sei $\mathscr{P}$ ein selbstadjungierter Projektor. Wenn $x \in R(\mathscr{P})$ und $y \in N(\mathscr{P})$ gilt, dann ist $(x, y) = (\mathscr{P}x, y) = (x, \mathscr{P}^*y) = (x, \mathscr{P}y) = 0$, und $\mathscr{P}$ erweist sich als orthogonal.

Da der Operator $\mathscr{P}$ ein Projektor ist, muß $\mathscr{P}$ idempotent sein. Daraus folgt $\|\mathscr{P}\| = \|\mathscr{P}^2\| \leqq \|\mathscr{P}\|^2$, also ist entweder $\mathscr{P} = 0$ oder $\|\mathscr{P}\| \geqq 1$. Andererseits ist für alle $x \in H$

$$\|x\|^2 = \|\mathscr{P}x + (\mathscr{E} - \mathscr{P})\, x\|^2 = \|\mathscr{P}x\|^2 + \|(\mathscr{E} - \mathscr{P})\, x\|^2 \geqq \|\mathscr{P}x\|^2$$

und somit $\|\mathscr{P}\| \leqq 1$. Im Falle $\mathscr{P} \neq 0$ ist folglich $\|\mathscr{P}\| = 1$. ∎

Mit Hilfe des Begriffs der Positivität kann man eine Ungleichungsrelation zwischen selbstadjungierten Operatoren einführen. Es seien $\mathscr{A}$ und $\mathscr{B}$ selbstadjungierte Operatoren, dann soll $\mathscr{A} \geqq \mathscr{B}$ (bzw. $\mathscr{A} > \mathscr{B}$) bedeuten, daß $\mathscr{A} - \mathscr{B} \geqq 0$ (bzw. $\mathscr{A} - \mathscr{B} > 0$) ist.

Wir werden folgenden Satz beweisen [Sz.-Nagy 1942, p. 15]:

Satz 6. *Jede monotone und beschränkte Folge von selbstadjungierten Operatoren konvergiert schwach gegen einen selbstadjungierten Operator, d. h. $\mathscr{A}_n x \to \mathscr{A}x$ für $n \to \infty$ $(x \in H)$.*

Beweis. Es sei $\{\mathscr{A}_n\}$ eine monoton wachsende und von oben beschränkte Folge von Operatoren:

$$\mathscr{A}_1 \leqq \mathscr{A}_2 \leqq \cdots \leqq \mathscr{A}_n \leqq \cdots \leqq \mathscr{M}.$$

Wir werden von der verallgemeinerten Schwarzschen Ungleichung Gebrauch machen: Für jeden symmetrischen Operator $\mathscr{U}$ gilt bei beliebigem x und beliebigem y aus dem betrachteten Hilbertraum

$$|(\mathscr{U}x, y)|^2 \leqq (\mathscr{U}x, x)\, (\mathscr{U}y, y).$$

(Diese Ungleichung läßt sich genauso beweisen wie die Schwarzsche Ungleichung; s. etwa [KANTOROWITSCH — AKILOW 1964, p. 154].)

Man setze $\mathscr{A}_{m,n} := \mathscr{A}_n - \mathscr{A}_m$ für $n > m$. Dann ist $\mathscr{A}_{m,n} \geq 0$, und es gilt nach der verallgemeinerten Schwarzschen Ungleichung

$$\|\mathscr{A}_{m,n}x\|^4 = (\mathscr{A}_{m,n}x, \mathscr{A}_{m,n}x)^2 \leq (\mathscr{A}_{m,n}x, x)(\mathscr{A}_{m,n}^2 x, \mathscr{A}_{m,n}x). \tag{9}$$

Es ist keine Einschränkung der Allgemeinheit, wenn man $\mathscr{A}_1 \geq 0$ annimmt. Dann ist aber $0 \leq \mathscr{A}_{m,n} \leq \mathscr{M}$, denn es gilt

$$\mathscr{M} - \mathscr{A}_n + \mathscr{A}_m = (\mathscr{M} - \mathscr{A}_n) + \mathscr{A}_m \geq 0, \quad \text{also} \quad \|\mathscr{A}_{m,n}\| \leq \|\mathscr{M}\|.$$

Es folgt aus (9):

$$\|\mathscr{A}_n x - \mathscr{A}_m x\|^4 \leq [(\mathscr{A}_n x, x) - (\mathscr{A}_m x, x)] \|\mathscr{M}\|^3 \|x\|^2. \tag{10}$$

Andererseits ist aber die Ungleichung

$$(\mathscr{A}_{m,n}x, x) = (\mathscr{A}_n x, x) - (\mathscr{A}_m x, x) \geq 0, \quad m < n,$$

gültig, also muß die Zahlenfolge $(\mathscr{A}_n x, x)$ monoton wachsend sein. Dabei ist sie auch von oben beschränkt:

$$0 \leq \big((\mathscr{M} - \mathscr{A}_n)x, x\big) = (\mathscr{M}x, x) - (\mathscr{A}_n x, x),$$

d. h.

$$(\mathscr{A}_n x, x) \leq (\mathscr{M}x, x).$$

Daraus ergibt sich die Konvergenz der Zahlenfolge $(\mathscr{A}_n x, x)$. Auf Grund dieses Sachverhalts gilt

$$(\mathscr{A}_n x, x) - (\mathscr{A}_m x, x) \to 0 \quad (n, m \to \infty)$$

und daher nach (10) erst recht

$$\|\mathscr{A}_n x - \mathscr{A}_m x\| \to 0 \quad (n, m \to \infty).$$

$\mathscr{A}_n x$ ist demzufolge konvergent, und man definiert $\mathscr{A}x := \lim\limits_{n\to\infty} \mathscr{A}_n x \; (x \in H)$. $\mathscr{A}$ ist offensichtlich selbstadjungiert. ∎

Man sieht unmittelbar, daß die zweite Iterierte eines selbstadjungierten Operators immer nichtnegativ ist:

$$(\mathscr{A}^2 x, x) = (\mathscr{A}x, \mathscr{A}x) = \|\mathscr{A}x\|^2 \geq 0.$$

Es erhebt sich nun die folgende Frage: Gibt es zu jedem nichtnegativen Operator $\mathscr{B}$ einen selbstadjungierten Operator $\mathscr{A}$, dessen Quadrat $\mathscr{B}$ ist? Ein Operator $\mathscr{A}$ mit $\mathscr{A}^2 = \mathscr{B}$ wird *Quadratwurzel von* $\mathscr{B}$ genannt.

Die gestellte Frage wird durch den folgenden Satz beantwortet [VISSER 1937; Sz.-NAGY 1938; WECKEN 1935].

Satz 7. *Jeder nichtnegative Operator besitzt genau eine nichtnegative Quadratwurzel.*

Beweis. Man kann, ohne die Allgemeinheit einzuschränken, voraussetzen, daß der gegebene positive Operator $\mathscr{B}$ der Bedingung $\mathscr{B} \leq \mathscr{E}$ genügt. (Wäre das nämlich nicht erfüllt, so betrachtet man statt $\mathscr{B}$ den Operator $\dfrac{1}{\|\mathscr{B}\|}\,\mathscr{B}$.) Es sei $\mathscr{B} := \mathscr{E} - \mathscr{C}$, wobei $0 \leqq \mathscr{C} \leqq \mathscr{E}$ gilt, und man sucht die Lösung in der Form $\mathscr{A} := \mathscr{E} - \mathscr{Y}$. Es muß die Gleichung $\mathscr{A}^2 = \mathscr{B}$ oder in der anderen Darstellung $(\mathscr{E} - \mathscr{Y})^2 = \mathscr{E} - \mathscr{C}$ erfüllt werden, woraus

$$\mathscr{Y} = \frac{1}{2}\,(\mathscr{C} + \mathscr{Y}^2) \tag{11}$$

folgt. Diese Gleichung werden wir mit Hilfe der sukzessiven Approximation auf-lösen. Dazu setze man $\mathscr{Y}_0 = 0$, $\mathscr{Y}_1 = \dfrac{1}{2}\,\mathscr{C}$ und

$$\mathscr{Y}_{n+1} = \frac{1}{2}\,(\mathscr{C} + \mathscr{Y}_n^2) \quad (n = 0, 1, 2, \ldots). \tag{12}$$

Wir zeigen, daß die Operatorenfolge $\{\mathscr{Y}_n\}$ eine Lösung von (11) darstellt. Aus (12) folgt

$$\mathscr{Y}_{n+1} - \mathscr{Y}_n = \frac{1}{2}\,(\mathscr{C} + \mathscr{Y}_n^2) - \frac{1}{2}\,(\mathscr{C} + \mathscr{Y}_{n-1}^2) = \frac{1}{2}\,(\mathscr{Y}_n^2 - \mathscr{Y}_{n-1}^2)$$

$$= \frac{1}{2}\,(\mathscr{Y}_n + \mathscr{Y}_{n-1})\,(\mathscr{Y}_n - \mathscr{Y}_{n-1}). \tag{13}$$

Bei dieser Schlußweise haben wir die offensichtliche Tatsache benutzt, daß jeder Operator $\mathscr{Y}_n$ ein Polynom in $\mathscr{C}$ mit nichtnegativen Koeffizienten ist, weshalb die Operatoren $\mathscr{Y}_n$ $(n = 0, 1, 2, \ldots)$ untereinander vertauschbar sind. Da $\mathscr{C} \geqq 0$ ist, gilt auch $\mathscr{C}^n \geqq 0$ $(n = 1, 2, 3, \ldots)$. Das sieht man wie folgt ein: Für $n = 2m$ ist

$$(\mathscr{C}^{2m}x, x) = (\mathscr{C}^m x, \mathscr{C}^m x) = \|\mathscr{C}^m x\|^2 = 0 \quad (x \in H)$$

und für $n = 2m + 1$

$$(\mathscr{C}^{2m+1}x, x) = (\mathscr{C}\mathscr{C}^m x, \mathscr{C}^m x) \geqq 0.$$

Nun kann man durch vollständige Induktion leicht zeigen, daß wegen (12) die Ungleichung $\mathscr{Y}_n \geqq 0$ und wegen (13) sogar $\mathscr{Y}_{n+1} - \mathscr{Y}_n \geqq 0$ $(n = 0, 1, 2, \ldots)$ folgt. Also ist $\{\mathscr{Y}_n\}$ eine monoton wachsende Operatorenfolge. Sie ist aber auch von oben beschränkt, denn nach (12) gilt

$$\mathscr{Y}_1 = \frac{1}{2}\,\mathscr{C}, \quad \|\mathscr{Y}_1\| = \frac{1}{2}\,\|\mathscr{C}\| \leqq \frac{1}{2} < 1,$$

und vollständigen Induktion führt zu $\|\mathscr{Y}_n\| \leqq 1$ $(n = 2, 3, \ldots)$, woraus $\mathscr{Y}_n \leqq \mathscr{E}$ folgt. Man kann also nach Satz 6 die Existenz des schwachen Grenzwertes $\mathscr{Y}$ der Folge $\{\mathscr{Y}_n\}$ behaupten. Dieser befriedigt nach (12) die Gleichung (11). Dabei gilt für diesen Grenzwert noch $\|\mathscr{Y}\| \leqq 1$, also ist $\mathscr{Y} \leqq \mathscr{E}$ und somit $\mathscr{A} = \mathscr{E} - \mathscr{Y} \geqq 0$.

Wir haben somit die Existenz einer nichtnegativen, also auch symmetrischen Quadratwurzel von $\mathscr{B}$ nachgewiesen. Wir werden jetzt zeigen, daß diese die einzige Quadratwurzel von $\mathscr{B}$ mit obigen Eigenschaften ist.

Es sei nämlich $\tilde{\mathscr{A}}$ eine weitere nichtnegative Quadratwurzel von $\mathscr{B}$. Dann ist

$$\mathscr{A}\mathscr{B} = \mathscr{A}\tilde{\mathscr{A}}^2 = \tilde{\mathscr{A}}^3 \quad \text{und} \quad \mathscr{B}\tilde{\mathscr{A}} = \tilde{\mathscr{A}}^2\tilde{\mathscr{A}} = \tilde{\mathscr{A}}^3.$$

$\tilde{\mathscr{A}}$ ist demzufolge mit $\mathscr{B}$ vertauschbar und kann also auch mit jedem Polynom von $\mathscr{B}$ und auch mit dem Grenzwert dieser vertauscht werden. Deswegen ist $\tilde{\mathscr{A}}$ auch mit $\mathscr{A}$ vertauschbar. $\mathscr{A}$ und $\tilde{\mathscr{A}}$ sind nichtnegative Operatoren, sie besitzen nach obigem Verfahren nichtnegative Quadratwurzeln $\mathscr{L}$ bzw. $\tilde{\mathscr{L}}$. Es sei $x \in H$ beliebig, und man setze $y := (\mathscr{A} - \tilde{\mathscr{A}})\,x$. Dann gilt

$$\begin{aligned}
\|\mathscr{L}y\|^2 + \|\tilde{\mathscr{L}}y\|^2 &= (\mathscr{L}^2 y, y) + (\tilde{\mathscr{L}}^2 y, y) = (\mathscr{A}y, y) + (\tilde{\mathscr{A}}y, y) \\
&= \big((\mathscr{A} + \tilde{\mathscr{A}})\,y, y\big) = \big((\mathscr{A} + \tilde{\mathscr{A}})\,(\mathscr{A} - \tilde{\mathscr{A}})\,x, y\big) \\
&= \big((\mathscr{A}^2 - \tilde{\mathscr{A}}^2)\,x, y\big) = \big((\mathscr{B} - \mathscr{B})\,x, y\big) = 0,
\end{aligned}$$

woraus $\mathscr{L}y = \tilde{\mathscr{L}}y = 0$, also $\mathscr{A}y = \mathscr{L}^2 y = \mathscr{L}\mathscr{L}y = 0$ und $\tilde{\mathscr{A}}y = \tilde{\mathscr{L}}\tilde{\mathscr{L}}y = 0$ folgt. Wir erhalten weiter

$$\begin{aligned}
\|(\mathscr{A} - \tilde{\mathscr{A}})\,x\|^2 &= \big((\mathscr{A} - \tilde{\mathscr{A}})\,x, (\mathscr{A} - \tilde{\mathscr{A}})\,x\big) = \big((\mathscr{A} - \tilde{\mathscr{A}})^2\,x, x\big) \\
&= \big((\mathscr{A} - \tilde{\mathscr{A}})\,y, x\big) = 0;
\end{aligned}$$

deshalb ist $\mathscr{A}x = \tilde{\mathscr{A}}x$ für jedes x aus H. ∎

Mit Hilfe des soeben bewiesenen Satzes sieht man leicht den folgenden Satz ein [RIESZ — Sz.-NAGY 1965, p. 263; F. RIESZ 1930; Sz.-NAGY 1942, p. 14]:

Satz 8. *Das Produkt zweier nichtnegativer vertauschbarer Operatoren ist ebenfalls ein nichtnegativer Operator.*

Beweis. Die nichtnegative Quadratwurzel eines nichtnegativen Operators $\mathscr{A}$ werden wir mit $\mathscr{A}^{1/2}$ bezeichnen. Es seien nun $\mathscr{A}$ und $\mathscr{B}$ nichtnegative vertauschbare Operatoren (in Zeichen $\mathscr{A} \cup \mathscr{B}$). Dann ist $\mathscr{A}$ offensichtlich mit $\mathscr{B}^{1/2}$ vertauschbar. Denn setzt man, wie im Beweis von Satz 7, $\mathscr{B} = \mathscr{E} - \mathscr{C}$, dann ist $\mathscr{B}^{1/2}$ durch die Rekursion (12) berechenbar, und aus $\mathscr{A} \cup \mathscr{B}$ folgt $\mathscr{A} \cup \mathscr{C}$. Mittels vollständiger Induktion zeigt man auch die Gültigkeit von $\mathscr{A} \cup \mathscr{Y}_n$ ($n = 1, 2, \ldots$), und das hat $\mathscr{A} \cup \lim\limits_{n \to \infty} \mathscr{Y}_n = \mathscr{E} - \mathscr{B}^{1/2}$ zur Folge. Somit ergibt sich $\mathscr{A} \cup \mathscr{B}^{1/2}$. Für ein beliebiges Element $x \in H$ gilt dann

$$(\mathscr{A}\mathscr{B}x, x) = (\mathscr{A}\mathscr{B}^{1/2}\mathscr{B}^{1/2}x, x) = (\mathscr{B}^{1/2}\mathscr{A}\mathscr{B}^{1/2}x, x) = (\mathscr{A}\mathscr{B}^{1/2}x, \mathscr{B}^{1/2}x) \geqq 0.$$

Daraus folgt die Behauptung. ∎

Aus Satz 8 erhält man sofort als Folgerung:

> *Die Ungleichung $\mathscr{A} \geqq \mathscr{B}$ behält ihre Gültigkeit, falls beide Seiten mit dem nichtnegativen Operator $\mathscr{C}$, welcher mit $\mathscr{A}$ und $\mathscr{B}$ vertauschbar sein soll, multipliziert werden.* (14)

Das heißt, es gilt $\mathscr{A}\mathscr{C} = \mathscr{C}\mathscr{A} \geqq \mathscr{B}\mathscr{C} = \mathscr{C}\mathscr{B}$.

Mit Hilfe der Begriffe, welche wir eben eingeführt haben, können wir kurz auf eine Verallgemeinerung des Begriffs des normalen Operators eingehen.

Es sei U ein (nicht unbedingt separabler) unitärer Raum und $\mathscr{A} \in \mathfrak{B}(U, U)$. Ferner bezeichne $\mathscr{S}$ einen selbstadjungierten, beschränkten, positiv semidefiniten Operator von U in sich und $\mathscr{P}$ den (topologischen) Projektor von U auf $N(\mathscr{S})^\perp$.

Man führt in U die Seminorm $|x|_U := (\mathscr{S}x, x)^{\frac{1}{2}}$ ein. (Wenn $\mathscr{S}$ positiv definit ist, dann gilt $N(\mathscr{S})^\perp = U$ und $\mathscr{P} = \mathscr{E}$. In diesem Fall ist $|\cdot|_U$ genau die Norm in U.)

Wir sagen, der Operator $\mathscr{A}^\triangle$ ist *S-adjungiert* zu $\mathscr{A}$, wenn für beliebige Elemente x, y aus U die Gleichung

$$(\mathscr{S}\mathscr{A}x, y) = (\mathscr{S}x, \mathscr{A}^\triangle y)$$

gilt. Der Operator $\mathscr{A}$ heißt *normierbar* (bezüglich U), wenn

$$\mathscr{S}\mathscr{A}\mathscr{A}^\triangle = \mathscr{S}\mathscr{A}^\triangle\mathscr{A}$$

ist [ZAANEN 1950]. Man führt in U neben dem Skalarprodukt $(\cdot, \cdot)$ auch das innere Produkt $[x, y] := (\mathscr{S}x, y)$ $(x, y \in U)$ ein. Wichtig ist folgender Satz [ZAANEN 1950]:

Satz 9. *Es sei U ein (nicht unbedingt separabler) unitärer Raum. $\mathscr{A}$, $\mathscr{S}$, $\mathscr{P}$ sollen die oben genannten Bedeutungen haben. Wir setzen weiter voraus, daß $\mathscr{A}$ durch $\mathscr{S}$ normierbar ist, daß $\mathscr{B} = \mathscr{P}\mathscr{A}$ vollstetig ist und daß $\mathscr{S}\mathscr{A}$ nicht den Nulloperator darstellt. Dann hat $\mathscr{B}$ mindestens einen von null verschiedenen Eigenwert λ_l mit dem Eigenelement x_l, und x_l ist zugleich ein Eigenelement von $\mathscr{B}^\triangle = \mathscr{P}\mathscr{A}^\triangle$, welches zum Eigenwert $\bar{\lambda}_l$ gehört. Es existiert weiter ein höchstens abzählbares, bezüglich $[\cdot, \cdot]$ orthonormiertes Elementensystem $\{x_i\}$, für welches*

$$\mathscr{B}x_i = \lambda_i x_i, \quad \mathscr{B}^\triangle x_i = \bar{\lambda}_i x_i \qquad (i = 1, 2, \ldots)$$

derart gilt, daß für ein beliebiges Element x aus U

$$\mathscr{A}x = \sum_{i=1}^{\infty} \lambda_i [x, x_i]\, x_i, \quad \mathscr{A}^\triangle x = \sum_{i=1}^{\infty} \bar{\lambda}_i [x, x_i]\, x_i$$

ist. Die Konvergenzen sind nach der Halbnorm $|\cdot|_U$ zu verstehen. Falls $N(\mathscr{S}) \subset N(\mathscr{A})$ gilt, hat $\mathscr{A}$ selbst Eigenelemente y_i, welche zu den Eigenwerten λ_i $(i = 1, 2, 3, \ldots)$ gehören. Die obigen Reihenentwicklungen gelten dann, indem man x_i durch y_i ersetzt $(i = 1, 2, 3, \ldots)$.

Der Beweis des Satzes paßt nicht in den Rahmen des Buches, deswegen verweisen wir auf die angegebene Originalliteratur. Der Satz 9 erweitert wesentlich die Ergebnisse von WILKINS, BLISS und REID [WILKINS 1944; BLISS 1938; REID 1931]. ∎

3.3.2. Das Courantsche Variationsprinzip

Es sei $\mathscr{A} \neq 0$ ein selbstadjungierter und vollstetiger Operator. Nach Satz 3; 3.3.1 sind alle Eigenwerte von $\mathscr{A}$ reell. Die Folge dieser Eigenwerte sei $\{\lambda_k\}$, welche wir dem Absolutbetrag nach monoton abnehmend geordnet voraussetzen (vgl. dazu die Vereinbarung (7; 3.2)). Die dazugehörigen orthonormierten Eigenelemente seien $\{x_k\}$ $(k = 1, 2, \ldots)$. Die positiven Eigenwerte (ebenfalls monoton abnehmend geordnet) werden wir mit $\{\lambda_1^+, \lambda_2^+, \ldots\}$ und die negativen Eigenwerte mit $\{\lambda_1^-, \lambda_2^-, \ldots\}$ $(|\lambda_k^-| \geqq |\lambda_{k+1}^-|)$ bezeichnen. Die dazugehörigen orthonormierten Eigenelemente seien

$\{x_1^+, x_2^+, \ldots\}$ bzw. $\{x_1^-, x_2^-, \ldots\}$. Es kann natürlich auch vorkommen, daß eine der Mengen $\{\lambda_k^+\}$ bzw. $\{\lambda_k^-\}$ leer ist; in diesem Fall hat jeder Eigenwert von $\mathscr{A}$ das gleiche Vorzeichen.

Da jeder selbstadjungierte Operator normal ist, können wir von Satz 4:3.2 Gebrauch machen und nach (9; 3.2) für ein beliebiges Element x aus H

$$\mathscr{A}x = \sum_{(k)} \lambda_k(x, x_k)\, x_k$$

$$= \sum_{(k)} \lambda_k^+(x, x_k^+)\, x_k^+ + \sum_{(k)} \lambda_k^-(x, x_k^-)\, x_k^- \tag{1}$$

schreiben.

Grundlegend zur Bestimmung der Eigenwerte vollstetiger und selbstadjungierter Operatoren und zur Untersuchung ihrer Eigenschaften ist der folgende, im wesentlichen auf R. COURANT zurückgehende Satz [COURANT 1919, 1920, 1922]. Dabei seien $z_1, z_2, \ldots z_n$ beliebige Elemente aus H, und es sollen die folgenden Bezeichnungen eingeführt werden:

$$\lambda^+(z_1, z_2, \ldots, z_n) = \sup\{(\mathscr{A}x, x) \mid \|x\| \leqq 1, (x, z_i) = 0 \ (i = 1, 2, \ldots, n)\},$$
$$\lambda^-(z_1, z_2, \ldots, z_n) = \inf\{(\mathscr{A}x, x) \mid \|x\| \leqq 1, (x, z_i) = 0 \ (i = 1, 2, \ldots, n)\}. \tag{2}$$

Satz 1. *Es sei $\mathscr{A}: H \to H$ ein vollstetiger und selbstadjungierter Operator. Falls $\lambda_1^+, \lambda_2^+, \ldots, \lambda_{n+1}^+$ die ersten $n+1$ positiven Eigenwerte von $\mathscr{A}$ sind, gilt*

$$\lambda_{n+1}^+ = \inf \lambda^+(z_1, z_2, \ldots, z_n), \tag{3}$$

wobei $(z_1, z_2, \ldots, z_n)$ sämtliche Elemente von $H^n = H \times H \times \cdots \times H$ durchläuft.

Analog: Sind $\lambda_1^-, \lambda_2^-, \ldots, \lambda_{n+1}^-$ die ersten $n+1$ negativen Eigenwerte von $\mathscr{A}$, so gilt

$$\lambda_{n+1}^- = \sup \lambda^-(z_1, z_2, \ldots, z_n), \quad (z_1, z_2, \ldots, z_n) \in H^n. \tag{4}$$

B e w e i s. Offensichtlich ist $\lambda^+(z_1, z_2, \ldots, z_n) \geqq 0$. Hat $\mathscr{A}$ genau m positive Eigenwerte, dann setzen wir $\lambda_n^+ = 0$ für $n = m+1, m+2, \ldots$ Wir zeigen jetzt

$$\inf\{\lambda^+(z_1, z_2, \ldots, z_n) \mid (z_1, z_2, \ldots, z_n) \in H^n\} = 0, \qquad n > m.$$

Dazu müssen wir nur $z_1 = x_1^+, z_2 = x_2^+, \ldots, z_n = x_n^+$ setzen. Dann ist nämlich wegen (1)

$$\lambda^+(x_1^+, \ldots, x_n^+) = \sup\{(\mathscr{A}x, x) \mid \|x\| \leqq 1;\ (x, x_i^+) = 0,\ i = 1, 2, \ldots, n\}$$

$$= \sup\left\{\sum_{k=1}^{\infty} \lambda_k^-\, |(x, x_k^-)|^2 \mid \|x\| \leqq 1;\ (x, x_i^+) = 0,\right.$$
$$\left. i = 1, 2, \ldots, n\right\}, \quad (n > m).$$

Dieses Supremum ist tatsächlich gleich null wegen

$$\sum_{k=1}^{\infty} \lambda_k^-\, |(x, x_k)|^2 \leqq 0.$$

Damit ist (3) bewiesen, falls $\mathscr{A}$ endlich viele positive Eigenwerte hat.

Wir werden nun den Fall unendlich vieler Eigenwerte λ_k^+ behandeln. Man kann offensichtlich die Koeffizienten ε_k $(k = 1, 2, \ldots, n + 1)$ derart wählen, daß das Element

$$x := \sum_{k=1}^{n+1} \varepsilon_k x_k^+ \qquad (n = 1, 2, 3, \ldots)$$

bei gewählten Elementen z_i die Eigenschaften

$$(x, z_i = 0) \quad (i = 1, 2, \ldots, n), \quad \|x\| = \sum_{k=1}^{n+1} |\varepsilon_k|^2 = 1$$

besitzt. Auf Grund von (1) und der Monotonie der Zahlenfolge $\{\lambda_k^+\}$ ergibt sich

$$(\mathscr{A}x, x) = \sum_{k=1}^{n+1} \lambda_k^+ |\varepsilon_k|^2 \geq \lambda_{n+1}^+ \sum_{k=1}^{n+1} |\varepsilon_k|^2 = \lambda_{n+1}^+.$$

Daraus folgt

$$\lambda^+(z_1, z_2, \ldots, z_n) \geq \lambda_{n+1}^+.$$

Andererseits wird hier das Gleichheitszeichen durch die Wahl $z_1 = x_1^+, z_2 = x_2^+, \ldots,$ $z_n = x_n^+$ erreicht, und wir haben (3) bewiesen.

Analog verläuft auch der Beweis von (4). ∎

Es ist zu bemerken, daß

die Bedingung $\|x\| \leq 1$ in (2) durch $\|x\| = 1$ ersetzt werden kann. \hfill (5)

Ist nämlich

$$\sup \{(\mathscr{A}x, x) \mid \|x\| = 1; (x, z_i) = 0, i = 1, 2, \ldots, n\} =: C$$

und

$$\sup \{(\mathscr{A}x, x) \mid \|x\| \leq 1, (x, z_i) = 0, i = 1, 2, \ldots, n\} =: C',$$

dann ist einerseits

$$C \leq C'.$$

Andererseits gilt aber für ein $x \neq 0$ mit $\|x\| \leq 1$

$$(\mathscr{A}x, x) = \|x\|^2 \left(\mathscr{A}\, \frac{x}{\|x\|}, \frac{x}{\|x\|}\right) \leq \left(\mathscr{A}\, \frac{x}{\|x\|}, \frac{x}{\|x\|}\right),$$

und wir erhalten beim Übergang zum Supremum $C' \leq C$, womit (5) bewiesen ist.

Aus dem Beweis des Satzes 1 ergibt sich unmittelbar die folgende Aussage:

Satz 2. *Es gelten die folgenden Beziehungen:*

$$\lambda_1^+ = \sup \{(\mathscr{A}x, x) \mid \|x\| = 1\}, \tag{6}$$

$$\lambda_n^+ = \sup \{(\mathscr{A}x, x) \mid \|x\| = 1; (x, x_i^+) = 0, i = 1, 2, \ldots, n - 1\}$$
$$(n = 2, 3, \ldots), \tag{7}$$

$$\lambda_1^- = \inf \{(\mathscr{A}x, x) \mid \|x\| = 1\}, \tag{8}$$

$$\lambda_n^- = \inf \{(\mathscr{A}x, x) \mid \|x\| = 1; (x, x_i^-) = 0, i = 1, 2, \ldots, n-1\} \tag{9}$$
$$(n = 2, 3, \ldots),$$

$$|\lambda_1| = \sup \{|(\mathscr{A}x, x)| \mid \|x\| = 1\}, \tag{10}$$

$$|\lambda_n| = \sup \{|(\mathscr{A}x, x)| \mid \|x\| = 1; (x, x_i) = 0, i = 1, 2, \ldots, n-1\} \tag{11}$$
$$(n = 2, 3, 4, \ldots),$$

angenommen natürlich, daß die Eigenwerte $\lambda_1^+, \lambda_2^+, \ldots; \lambda_1^-, \lambda_2^-, \ldots$ existieren.

Beweis. Wir verabreden folgende Bezeichnungen:

$$\mathscr{A}^+ x := \sum_{(k)} \lambda_k^+(x, x_k^+)\, x_k^+, \quad \mathscr{A}^- x := \sum_{(k)} \lambda_k^-(x, x_k^-)\, x_k^-,$$

$$|\mathscr{A}|\, x := \sum_{(k)} |\lambda_k|\, (x, x_k)\, x_k \qquad (x \in H).$$

Die Operatoren $\mathscr{A}^+$, $\mathscr{A}^-$, $|\mathscr{A}|$ sind vollstetig. Außerdem ist

$$(\mathscr{A}^+ x, y) = \left(\sum_{(k)} \lambda_k^+(x, x_k^+)\, x_k^+, y\right) = \left(x, \sum_{(k)} \lambda_k^+ \overline{(x_k^+, y)}\, x_k^+\right)$$
$$= \left(x, \sum_{(k)} \lambda_k^+(y, x_k^+)\, x_k^+\right) \qquad (x, y \in H),$$

d. h.

$$(\mathscr{A}^+)^*\, y = \sum_{(k)} \lambda_k^+(y, x_k^+)\, x_k^+ = \mathscr{A}^+ y \qquad (y \in H).$$

$\mathscr{A}^+$ ist deshalb selbstadjungiert. Analog ergibt sich auch die Selbstadjungiertheit von $\mathscr{A}^-$ und $|\mathscr{A}|$. Die Anwendung des Zusatzes zu Satz 1; 3.2 liefert (6), (8) und (10).

Im Beweis von Satz 1 wurde gezeigt, daß

$$\lambda^+(x_1^+, x_2^+, \ldots, x_n^+) = \lambda_{n+1}^+ \qquad (n = 2, 3, \ldots)$$

gilt. Daraus folgt bei Beachtung von (2) die Relation (7). Genauso beweist man (9) und (11). ∎

Aus dem Beweis geht hervor, daß man im Satz 2 sup und inf durch max bzw. min ersetzen kann.

In der Theorie der Integralgleichungen spielt der folgende Satz [FAN 1949] eine Rolle:

Satz 3. *Es sei $\mathscr{A}$ ein selbstadjungierter und vollstetiger Operator, dessen Eigenwerte $\lambda_1^+, \lambda_2^+, \ldots, \lambda_m^+$ existieren. Dann ist*

$$\sum_{k=1}^{m} \lambda_k^+ = \sup \sum_{k=1}^{m} (\mathscr{A} y_k, y_k),$$

wobei das Supremum derart zu verstehen ist, daß $(y_1, y_2, \ldots, y_m)$ alle m-gliedrigen orthonormierten Elementensysteme in H durchläuft.

Beweis. Es sei $\{y_1, y_2, \ldots, y_m\}$ ein beliebiges, endliches, orthonormiertes Elementensystem in H, dann gilt bei Beachtung von (1)

$$(\mathscr{A}y_i, y_i) = \sum_{j=1}^{\infty} \lambda_j \, |(y_i, x_j)|^2 \leqq \sum_{j=1}^{\infty} \lambda_j^{+} \, |(y_i, x_j^{+})|^2$$

$$= \lambda_m^{+} \sum_{j=1}^{\infty} |(y_i, x_j^{+})|^2 + \sum_{j=1}^{m} (\lambda_j^{+} - \lambda_m^{+}) \, |(y_i, x_j^{+})|^2$$

$$+ \sum_{j=m+1}^{\infty} (\lambda_j^{+} - \lambda_m^{+}) \, |(y_i, x_j^{+})|^2.$$

Da alle Elemente y_i auf eins normiert sind und $\lambda_j^{+} \leqq \lambda_m^{+}$ für $j > m$ gilt, können wir nach Anwendung der Besselschen Ungleichung

$$(\mathscr{A}y_i, y_i) \leqq \lambda_m^{+} + \sum_{j=1}^{m} (\lambda_j^{+} - \lambda_m^{+}) \, |(y_i, x_j^{+})|^2 \qquad (1 \leqq i \leqq m)$$

schreiben, woraus

$$\sum_{i=1}^{m} \lambda_i^{+} - \sum_{i=1}^{m} (\mathscr{A}y_i, y_i) \geqq \sum_{i=1}^{m} (\lambda_i^{+} - \lambda_m^{+}) - \sum_{i=1}^{m} \sum_{j=1}^{m} (\lambda_j^{+} - \lambda_m^{+}) \, |(y_i, x_j^{+})|^2$$

$$\geqq \sum_{i=1}^{m} (\lambda_i^{+} - \lambda_m^{+}) - \sum_{j=1}^{m} (\lambda_j^{+} - \lambda_m^{+}) = 0$$

folgt, weil

$$\sum_{i=1}^{m} |(y_i, x_j^{+})|^2 \leqq \|x_j^{+}\|^2 = 1$$

ist. Wir wissen demzufolge, daß

$$\sum_{i=1}^{m} \lambda_i^{+} \geqq \sum_{i=1}^{m} (\mathscr{A}y_i, y_i)$$

gilt. Das Gleichheitszeichen kann jedoch für $y_i = x_i^{+}$ $(1 \leqq i \leqq m)$ erreicht werden. Damit ist die Behauptung bewiesen. ∎

Ein ähnliches Resultat gilt auch für die negativen Eigenwerte.

Der Satz 2 gibt Anlaß zum Vergleich der Eigenwerte von vollstetigen und selbstadjungierten Operatoren. Die folgenden Resultate stammen von H. WEYL und R. COURANT [WEYL 1911, 1915; COURANT 1920].

Satz 4. *Es seien $\mathscr{A}_1$ und $\mathscr{A}_2$ zwei selbstadjungierte und vollstetige Operatoren im Hilbertraum H, und man setze $\mathscr{A} := \mathscr{A}_1 + \mathscr{A}_2$. Die n-ten positiven Eigenwerte von $\mathscr{A}_1$, $\mathscr{A}_2$ und $\mathscr{A}$ werden wir mit λ_{1n}^{+}, λ_{2n}^{+} und λ_n^{+}, die n-ten negativen Eigenwerte mit λ_{1n}^{-}, λ_{2n}^{-}, λ_n^{-} bezeichnen. (Die Eigenwerte denken wir uns wieder geordnet.) Dann behaupten wir*

$$\lambda_{n+m-1}^{+} \leqq \lambda_{1n}^{+} + \lambda_{2m}^{+}, \tag{12}$$

$$\lambda_{m+n-1}^{-} \geqq \lambda_{1n}^{-} + \lambda_{2m}^{-}. \tag{13}$$

Wenn $\mathscr{A}_2$ eine endliche Anzahl N^{+} von positiven oder eine endliche Anzahl N^{-} von *negativen Eigenwerten hat, dann gilt*

$$\lambda^+_{n+N^+} \leqq \lambda^+_{1n} \tag{14}$$

bzw.

$$\lambda^-_{n+N^-} \geqq \lambda^-_{1n}. \tag{15}$$

Wenn $\mathscr{A}_2$ positiv semidefinit ist, so ist

$$\lambda_n \geqq \lambda_{1n}, \tag{16}$$

und im Falle, daß $\mathscr{A}_2$ negativ semidefinit ist, gilt

$$\lambda_n \leqq \lambda_{1n}. \tag{17}$$

Beweis. Nach (7) und (3) erhalten wir

$$
\begin{aligned}
\lambda^+_{n+m-1} &= \sup \{(\mathscr{A}x, x) \mid \|x\| = 1;\ (x, x_i^+) = 0,\ i = 1, 2, \ldots, n + m - 2\} \\
&\leqq \sup \{(\mathscr{A}x, x) \mid \|x\| = 1;\ (x, x_{1i}^+) = 0,\ (x, x_{2j}^+) = 0, \\
&\qquad i = 1, 2, \ldots, n - 1;\ j = 1, 2, \ldots, m - 1\} \\
&\leqq \sup \{(\mathscr{A}_1 x, x) \mid \|x\| = 1;\ (x, x_{1i}^+) = 0;\ (x, x_{2j}^+) = 0, \\
&\qquad i = 1, 2, \ldots, n - 1;\ j = 1, 2, \ldots, m - 1\} \\
&\quad + \sup \{\mathscr{A}_2 x, x) \mid \|x\| = 1;\ (x, x_{1i}^+) = 0,\ (x, x_{2j}^+) = 0, \\
&\qquad i = 1, 2, \ldots, n - 1;\ j = 1, 2, \ldots, m - 1\} \\
&\leqq \sup \{\mathscr{A}_1 x, x) \mid \|x\| = 1;\ (x, x_{1i}^+) = 0,\ i = 1, 2, \ldots, n - 1\} \\
&\quad + \sup \{(\mathscr{A}_2 x, x) \mid \|x\| = 1;\ (x, x_{2j}^+) = 0,\ j = 1, 2, \ldots, m - 1\} \\
&= \lambda^+_{1n} + \lambda^+_{2m},
\end{aligned}
$$

womit (12) bewiesen ist.

Genauso kann man (13) nachweisen.

Wenn $\mathscr{A}_2$ endlich viele positive Eigenwerte hat (Anzahl N^+), dann setzt man $\lambda^+_{2m} = 0$ für $m = N^+ + 1,\ N^+ + 2, \ldots$ Auf diese Weise ergibt sich aus (12) die Ungleichung (14).

Es sei dem Leser überlassen, die übrigen Behauptungen des Satzes zu beweisen. ∎

Satz 5. *Die Voraussetzungen und Bezeichnungen seien die gleichen wie im Satz 4. $\mathscr{A}_2$ habe eine endliche Anzahl N von null verschiedener Eigenwerte. Es gilt*

$$|\lambda_{n+N}| \leqq |\lambda_{1n}| \qquad (n = 1, 2, \ldots), \tag{18}$$

wobei $\{\lambda_n\}$ und $\{\lambda_{1n}\}$ die geordneten Systeme von Eigenwerten von $\mathscr{A}$ bzw. $\mathscr{A}_1$ sind.

Beweis. Es sei z. B. $\lambda_{1n} = \lambda^+_{1q}$, dann ist selbstverständlich $\lambda_{1n} \geqq |\lambda^-_{1,n-q+1}|$.
Die Anzahl der λ_k^+ mit $\lambda_k^+ > \lambda^+_{1q}$ ist nach (14) nicht größer als $q + N^+ - 1$; die Anzahl derjenigen λ_k^-, welche kleiner als $\lambda^-_{1,n-q+1}$ sind, ist nicht größer als $n - q + N^-$ auf Grund von (15). Demzufolge ist die Anzahl derjenigen λ_k, für welche $|\lambda_k| > |\lambda_{1n}|$ gilt, nicht größer als

$$(q + N^+ - 1) + (n - q + N^-) = n + N^+ + N^- - 1 = n + N - 1,$$

woraus die Behauptung unmittelbar folgt. ∎

3.4.   Die Schmidtschen Eigenwerte und Eigenelemente

3.4.1.   Reihenentwicklungen nach Schmidtschen Systemen

Es sei $\mathscr{A}$ ein vollstetiger, von null verschiedener Operator im separablen Hilbertraum H. Wir betrachten den Operator $\mathscr{A}^*\mathscr{A}$, welcher ebenfalls von null verschieden ist, denn nach (4; 3.1.2) gilt $\|\mathscr{A}^*\mathscr{A}\| = \|\mathscr{A}\|^2 \neq 0$. Dabei ist $\mathscr{A}^*\mathscr{A}$ nichtnegativ (Satz 4; 3.3) und vollstetig (Satz 7; 2.9) und besitzt demzufolge mindestens einen von null verschiedenen Eigenwert. Jeder dieser Eigenwerte ist eine positive Zahl ($\mathscr{A}^*\mathscr{A}$ ist offensichtlich normal, und die Existenz des Eigenwertes ist durch den Satz 1; 3.2 gesichert).

Es bezeichne $|\varkappa|^2$ einen von null verschiedenen Eigenwert von $\mathscr{A}^*\mathscr{A}$, weiter sei y ein zu $|\varkappa|^2$ gehöriges und auf eins normiertes Eigenelement von $\mathscr{A}^*\mathscr{A}$. Wir setzen $z := \mathscr{A}y$ und sehen, daß

$$\|z\| = (\mathscr{A}y, \mathscr{A}y)^{1/2} = (\mathscr{A}^*\mathscr{A}y, y)^{1/2} = (|\varkappa|^2 y, y)^{1/2} = |\varkappa|$$

ist. Man kann demzufolge ein Element $x \in H$ mit $\|x\| = 1$ derart bestimmen, daß $z = \varkappa x$ ist. Für dieses Element gilt

$$\varkappa x = \mathscr{A}y. \tag{1}$$

Daraus folgt $\varkappa \mathscr{A}^*x = \mathscr{A}^*\mathscr{A}y = |\varkappa|^2 y = \varkappa \bar{\varkappa} y$ oder

$$\bar{\varkappa} y = \mathscr{A}^*x. \tag{2}$$

Wenn wir jetzt y aus (2) in die Gleichung (1) einsetzen, ergibt sich

$$|\varkappa|^2 x = \mathscr{A}\mathscr{A}^*x, \tag{3}$$

und da $x \neq 0$ ist, sieht man, daß $|\varkappa|^2$ gleichzeitig ein Eigenwert von $\mathscr{A}\mathscr{A}^*$ ist. Wir haben den Eigenwert $|\varkappa|^2$ von $\mathscr{A}^*\mathscr{A}$ nicht ausgezeichnet, deshalb stellt jeder Eigenwert von $\mathscr{A}^*\mathscr{A}$ gleichzeitig auch einen Eigenwert von $\mathscr{A}\mathscr{A}^*$ dar. Wenn wir die Rolle der Operatoren $\mathscr{A}$ und $\mathscr{A}^*$ vertauschen, so ergibt sich, daß jeder Eigenwert von $\mathscr{A}\mathscr{A}^*$ auch Eigenwert von $\mathscr{A}^*\mathscr{A}$ ist. Also:

Die Operatoren $\mathscr{A}^*\mathscr{A}$ und $\mathscr{A}\mathscr{A}^*$ haben die gleichen Eigenwerte. (4)

Die nicht unbedingt eindeutig bestimmte Zahl $\varkappa$ heißt ein *Schmidtscher Eigenwert von $\mathscr{A}$* ($1/\varkappa$ eine *Schmidtsche charakteristische Zahl*), die in (1) bzw. (2) auftretenden Elemente x und y nennt man die zu $\varkappa$ gehörigen Schmidtschen Eigenelemente von $\mathscr{A}$. (Für die Schmidtschen Eigenwerte und Eigenelemente findet man in der Literatur auch die Namen *singuläre Werte* und *singuläre Elemente*.)

Wie schon erwähnt, sind die Schmidtschen Eigenwerte (und dann auch die Eigenelemente) nicht eindeutig bestimmt, nur das Quadrat der Absolutbeträge ist eindeutig definiert. Es gibt Autoren [wie z. B. JÖRGENS 1970], welche die positive Quadratwurzel von $|\varkappa|^2$ als Schmidtschen Eigenwert bezeichnen. Gewisse praktische Argumente sprechen dafür, eine beliebige Zahl $\varkappa$, deren Absolutquadrat ein Eigenwert von $\mathscr{A}^*\mathscr{A}$ ist, als einen Schmidtschen Eigenwert aufzufassen. In diesem Zusammenhang soll bemerkt werden, daß man die Elemente x und y derart bestimmen kann, daß die im Gleichungssystem (1) und (2) stehende Zahl $\varkappa$ *reell* (sogar auch positiv) ist.
Unsere bisherigen Überlegungen werden wir im folgenden Satz zusammenfassen:

Satz 1. *Ist $\mathscr{A} \neq 0$ ein vollstetiger Operator im Hilbertraum H, dann haben die zugeordneten Operatoren $\mathscr{A}^*\mathscr{A}$ und $\mathscr{A}\mathscr{A}^*$ die gleichen Eigenwerte. Ist $|\varkappa|^2$ ein solcher gemeinsamer Eigenwert und ist x ein Eigenelement von $\mathscr{A}\mathscr{A}^*$ und y ein Eigenelement von $\mathscr{A}^*\mathscr{A}$, dann befriedigt das Elementenpaar x, y das Gleichungssystem (1), (2).* ∎

Man sieht unmittelbar: Ist x, y ein zu $\varkappa$ gehöriges Schmidtsches Eigenelementensystem von $\mathscr{A}$, so ist y, x das zu $\bar\varkappa$ gehörige Schmidtsche Eigenelementensystem von $\mathscr{A}^*$.

Das geordnete System der Eigenwerte von $\mathscr{A}^*\mathscr{A}$ (oder $\mathscr{A}\mathscr{A}^*$) sei $|\varkappa_1|^2$, $|\varkappa_2|^2$, …, die zu $\varkappa_i$ gehörigen Schmidtschen Eigenelemente seien x_i, y_i (in der angegebenen Reihenfolge; $i = 1, 2, …$). Das System $\{x_i, y_i; \varkappa_i\}$ werden wir das *Schmidtsche System des Operators $\mathscr{A}$* nennen.

Da die Elementenfolge $\{x_i\}$ eine Eigenelementenfolge von $\mathscr{A}\mathscr{A}^*$ ist, können wir annehmen, daß dieses System orthonormiert ist. Das gleiche werden wir über $\{y_i\}$ voraussetzen.

Satz 2. *Es sei $\mathscr{A}$ ein vollstetiger Operator mit dem Schmidtschen System $\{x_k, y_k; \varkappa_k\}$. Für ein beliebiges Element y aus H gilt dann*

$$\mathscr{A}y = \sum_{(k)} \varkappa_k(y, y_k)\, x_k, \tag{5}$$

wobei im Fall von unendlich vielen Schmidtschen Eigenwerten die Reihe der Norm von H nach gegen $\mathscr{A}y$ konvergiert.

Beweis. Es gibt nach Satz 4; 3.2 zu jedem y aus H ein y_0 aus $N(\mathscr{A}^*\mathscr{A})$ derart, daß die Reihenentwicklung

$$y = y_0 + \sum_{(k)} (y, y_k)\, y_k$$

gilt. Wir wissen aber, daß nach (4; 3.3.1) die Beziehung $N(\mathscr{A}^*\mathscr{A}) = N(\mathscr{A})$ gilt, woraus $\mathscr{A}y_0 = 0$ folgt. Unter Berücksichtigung von (1) ist dann

$$\mathscr{A}y = \sum_{(k)} (y, y_k)\, \mathscr{A}y_k = \sum_{(k)} (y, y_k)\, \varkappa_k x_k. \;\; ∎$$

Wichtig ist die Bemerkung, daß die Umkehrung dieses Satzes ebenfalls gilt:

Satz 3. *Ein Operator $\mathscr{A} \in \mathfrak{B}(H, H)$ ist genau dann vollstetig, wenn für ihn eine Reihendarstellung der Gestalt (5) gilt mit zwei orthonormierten Elementenfolgen $\{x_k\}$ und $\{y_k\}$ und einer dem Absolutbetrage nach monoton abnehmenden, gegen null konvergierenden Zahlenfolge $\{\varkappa_k\}$ (falls $\mathscr{A}$ nicht endlichdimensional ist).*

Beweis. Jeder vollstetige Operator kann nach Satz 2 in der Gestalt (5) dargestellt werden.

Umgekehrt sei jetzt $\mathscr{A}$ ein Operator aus $\mathfrak{B}(H, H)$, für welchen die Darstellung (5) gilt. Ist (5) eine endliche Summe für jedes y aus H, dann ist $\mathscr{A}$ endlichdimensional, und es ist nichts weiter zu beweisen. Ist dagegen (5) eine unendliche Reihe, dann definiere man die folgenden endlichdimensionalen Operatoren:

$$\mathscr{A}_n y := \sum_{k=1}^{n} \varkappa_k(y, y_k)\, x_k \qquad (n = 1, 2, …; y \in H).$$

Es gilt

$$(\mathscr{A} - \mathscr{A}_n)\, y = \sum_{k=n+1}^{\infty} \varkappa_k (y, y_k)\, x_k \qquad (y \in H),$$

und wir haben nach der Besselschen Ungleichung

$$\|(\mathscr{A} - \mathscr{A}_n)\, y\|^2 = \sum_{k=n+1}^{\infty} |\varkappa_k|^2\, |(y, y_k)|^2 \leqq |\varkappa_{n+1}|^2 \sum_{k=n+1}^{\infty} |(y, y_k)|^2$$

$$\leqq |\varkappa_{n+1}|^2\, \|y\|^2,$$

woraus

$$\|\mathscr{A} - \mathscr{A}_n\|^2 \leqq |\varkappa_{n+1}|^2 \to 0 \qquad (n \to \infty)$$

folgt. $\mathscr{A}$ ist somit der starke Grenzwert einer endlichdimensionalen Folge von Operatoren und nach Satz 3; 2.9 vollstetig. ∎

Aus dem Beweis geht eine sehr wichtige weitere Tatsache hervor.

Bezeichnet $\mathfrak{B}(H)$ die Menge aller vollstetigen Operatoren und $\mathfrak{E}(H)$ die der endlichdimensionalen Operatoren, dann ist

$$\mathfrak{B}(H) = \overline{\mathfrak{E}(H)}. \tag{6}$$

Aus dem vorigen Beweis geht nämlich hervor, daß ein Operator $\mathscr{A} \in \mathfrak{B}(H)$ Grenzpunkt der dort angegebenen Folge $\{\mathscr{A}_n\} \subset \mathfrak{E}(H)$ ist, d. h., es gilt $\mathfrak{B}(H) \subset \overline{\mathfrak{E}(H)}$. Die entgegengesetzte Implikation ist im Satz 3; 2.9 enthalten.

3.4.2. Der Weyl-Changsche Vergleichungssatz

Es sei H ein separabler Hilbertraum und $\mathscr{A}$ ein kompakter linearer Operator in H. Es erhebt sich die Frage, welche Beziehung zwischen den üblichen und den Schmidtschen Eigenwerten besteht.

Wenn $\mathscr{A}$ normal ist, dann ist $|\lambda_n| = \varkappa_n$ $(n = 1, 2, \ldots)$, wobei λ_n die Eigenwerte von $\mathscr{A}$ und $\varkappa_n$ die positiven Schmidtschen Eigenwerte von $\mathscr{A}$ bedeuten. Was läßt sich behaupten, wenn $\mathscr{A}$ nicht normal ist?

Diese Frage soll nun beantwortet werden. Dazu müssen wir zwei Hilfssätze vorausschicken.

Hilfssatz 1. *Es sei $F(s)$ eine in dem Intervall $[\alpha, \beta]$ stetige, reelle, monoton nicht abnehmende und konvexe Funktion. Für die Zahlen $\gamma_j, \delta_j \in [\alpha, \beta]$ $(j = 1, 2, \ldots, n)$ sei*

$$\gamma_1 \geqq \gamma_2 \geqq \cdots \geqq \gamma_n \ und \ \sum_{j=1}^{m} \gamma_j \leqq \sum_{j=1}^{m} \delta_j \ f\ddot{u}r \ m = 1, 2, \ldots, n.$$

Behauptung: $\displaystyle \sum_{j=1}^{n} F(\gamma_j) \leqq \sum_{j=1}^{n} F(\delta_j).$

Beweis. Wir werden den Beweis nur für den Fall führen, daß F stetig differenzierbar ist [JÖRGENS 1970, p. 83]. Ein Beweis, in welchem die Differenzierbarkeit von F nicht benutzt ist, stammt von W. Bos [Bos 1964; PÓLYA 1950].

Die Ableitung $F'(s)$ ist in $[\alpha, \beta]$ stetig, nichtnegativ und monoton nicht abnehmend.

Für beliebige Zahlen $s, t \in [\alpha, \beta]$ ist

$$F(s) - F(t) = F'(\tau)\,(s - t)$$

mit τ zwischen s und t. Ist $t < s$, so ist $F'(\tau) \geqq F'(t)$ und daher

$$F(s) - F(t) \geqq F'(t)\,(s - t). \tag{1}$$

Ist dagegen $t > s$, so ist $F'(\tau) \leqq F'(t)$, und daher gilt auch in diesem Fall (1).

Mit Hilfe von (1) erhält man

$$\sum_{j=1}^{n} [F(\delta_j) - F(\gamma_i)] \geqq \sum_{j=1}^{n} (\delta_j - \gamma_j)\,F'(\gamma_j)$$

$$= \sum_{j=1}^{n} (\delta_j - \gamma_j)\,F'(\gamma_n)$$

$$+ \sum_{m=1}^{n-1} \sum_{j=1}^{m} (\delta_j - \gamma_j)\,[F'(\gamma_m) - F'(\gamma_{m+1})] \geqq 0,$$

da $\sum_{j=1}^{m} (\delta_j - \gamma_j) \geqq 0$ ist für $m = 1, 2, \ldots, n$ und $F'(\gamma_m) - F'(\gamma_{m+1}) \geqq 0$ für $m = 1,$ $2, \ldots, n-1$ nach Voraussetzung. ∎

Hilfssatz 2. *Es sei $\mathscr{A}$ ein vollstetiger nichtnegativer Operator in H und $\mathscr{P}$ der orthogonale Projektor von H auf einen abgeschlossenen Teilraum G von H. Dann ist der Operator $\mathscr{B} := \mathscr{P}\mathscr{A}\mathscr{P}$ ebenfalls vollstetig und nichtnegativ. Für die geordneten Folgen $\{\lambda_j\}$ bzw. $\{\tilde{\lambda}_j\}$ der Eigenwerte von $\mathscr{A}$ bzw. von $\mathscr{B}$ gilt*

$$\tilde{\lambda}_j \leqq \lambda_j \qquad (j = 1, 2, \ldots).$$

Beweis. Nach Satz 7; 2.9 ist auch $\mathscr{B}$ kompakt, und nach Satz 5; 3.3 ist $\mathscr{P}$ symmetrisch. Es gilt demzufolge für jedes Element x aus H

$$(\mathscr{B}x, x) = (\mathscr{P}\mathscr{A}\mathscr{P}x, x) = (\mathscr{A}\mathscr{P}x, \mathscr{P}x) \geqq 0,$$

da nach Voraussetzung $\mathscr{A}$ nichtnegativ ist. Es erwies sich, daß auch $\mathscr{B}$ nichtnegativ ist. Dann ist aber auf Grund von Satz 2; 3.3 sowohl $\mathscr{A}$ als auch $\mathscr{B}$ symmetrisch, und beide besitzen Eigenwerte, welche positiv sind.

Der Operator $\mathscr{B}$ bildet den Teilraum G in sich und das Orthogonalkomplement von G in das Nullelement ab. Deshalb gilt nach (6; 3.3.2) unter Beachtung von (5; 3.3.2)

$$\tilde{\lambda}_1 = \sup \{(\mathscr{B}x, x) \mid x \in G, \|x\| \leqq 1\}$$

und nach Satz 1; 3.3.2

$$\tilde{\lambda}_n = \inf \tilde{\lambda}(x_1, x_2, \ldots, x_{n-1})$$

$$= \inf \sup \{(\mathscr{B}x, x) \mid \|x\| \leqq 1, x \in G, (x, x_i) = 0, i = 1, 2, \ldots, n-1\}$$

$$(n > 1),$$

genommen über alle $x_1, x_2, \ldots, x_{n-1} \in G$. Für $x \in G$ ist aber, wie wir oben gesehen haben, $(\mathscr{A}x, x) = (\mathscr{B}x, x)$, und daher muß (nach Satz 2; 3.3.2)

$$\tilde{\lambda}_1 \leqq \sup \{(\mathscr{A}x, x) \mid \|x\| \leqq 1, x \in G\} = \lambda_1$$

gelten sowie

$$\tilde{\lambda}(\mathscr{P}y_1, \mathscr{P}y_2, \ldots, \mathscr{P}y_{n-1})$$
$$= \sup \{(\mathscr{A}x, x) \mid \|x\| \leqq 1, x \in G, (x, \mathscr{P}y_i) = (x, x_i) = 0, i = 1, 2, \ldots, n-1\}$$
$$\leqq \sup \{(\mathscr{A}x, x) \mid \|x\| \leqq 1, x \in G, (x, x_i) = 0, i = 1, 2, \ldots, n-1\}$$
$$= \lambda(x_1, x_2, \ldots, x_{n-1})$$

für alle $y_1, y_2, \ldots, y_{n-1}$ aus H, also

$$\tilde{\lambda}_n = \inf \{\tilde{\lambda}(\mathscr{P}y_1, \mathscr{P}y_2, \ldots, \mathscr{P}y_{n-1}) \mid y_i \in H\}$$
$$\leqq \inf \{\lambda(x_1, x_2, \ldots, x_{n-1}), x_i \in H\} = \lambda_n \qquad (n > 1). \ \blacksquare$$

Es sei jetzt G ein n-dimensionaler Teilraum von H, und es bedeute $u_1, u_2, \ldots, u_n$ eine orthonormale Basis von G. Für jeden Operator $\mathscr{A}$ in H ist dann

$$\mathscr{P}\mathscr{A}\mathscr{P}x = \sum_{i=1}^{n} \sum_{k=1}^{n} (\mathscr{A}u_i, u_k)(x, u_i) u_k \qquad (x \in H),$$

also

$$\mathscr{P}\mathscr{A}\mathscr{P}x = \sum_{k=1}^{n} f_k(x) u_k \qquad (x \in H)$$

mit Funktionalen f_k, definiert durch

$$f_k(x) = \sum_{i=1}^{n} (\mathscr{A}u_i, u_k)(x, u_i).$$

Wir wissen, daß die von null verschiedenen Eigenwerte von $\mathscr{P}\mathscr{A}\mathscr{P}$ Nullstellen des Polynoms

$$\det \left(\lambda \delta_{ik} - f_i(u_k)\right) = \det \left(\lambda \delta_{ik} - (\mathscr{A}u_k, u_i)\right)$$

sind, wobei die Ordnung jeder Nullstelle λ_0 gleich der algebraischen Vielfachheit des Eigenwertes λ_0 von $\mathscr{P}\mathscr{A}\mathscr{P}$ ist (δ_{ik} bedeutet das Kronecker-Symbol). Also gilt

$$\prod_{i=1}^{n} \tilde{\lambda}_i = \det [(\mathscr{A}u_i, u_k)]. \tag{2}$$

Unter Benutzung des Hilfssatzes 2 und der Beziehung (2) können wir einen eleganten Beweis eines sehr schönen Satzes von H. WEYL geben [WEYL 1949]. Der Satz lautet wie folgt:

Satz 1. *Es sei $\mathscr{A}$ ein symmetrischer, positiv definiter und vollstetiger Operator, definiert im Hilbertraum H. Die geordnete Folge seiner Eigenwerte sei $\{\lambda_n\}$, und $\{x_1, x_2, \ldots, x_n\}$ bedeute ein beliebiges n-Tupel von Elementen aus H. Es gilt*

$$\det [(\mathscr{A}x_i, x_j)] \leqq \lambda_1 \lambda_2 \cdots \lambda_n \det [(x_i, x_j)]. \tag{3}$$

Beweis. Wir wollen zuerst ein n-gliedriges orthonormiertes Elementensystem $\{u_1, u_2, \ldots, u_n\}$ betrachten. Nach Hilfssatz 2 und (2) gilt

$$\det [(\mathscr{A}u_i, u_j)] = \prod_{i=1}^{n} \tilde{\lambda}_i \leqq \prod_{i=1}^{n} \lambda_i, \tag{4}$$

wodurch (3) für solche speziellen Elementensysteme bewiesen ist.

Ist jetzt $\{x_1, x_2, \ldots, x_n\}$ ein beliebiges Elementensystem, dann setzen wir

$$x_i = \sum_{p=1}^{n} a_{pi} u_p \qquad (i = 1, 2, \ldots, n),$$

wobei a_{pi} $(i, p = 1, 2, \ldots, n)$ gewisse Zahlen sind. Die von diesen gebildete Matrix sei $\mathfrak{a}$. Dann ist einerseits

$$(x_i, x_j) = \sum_{p=1}^{n} a_{pi} \overline{a_{pj}}$$

und deswegen $\det [(x_i, x_j)] = |\det \mathfrak{a}|^2$. Wenn wir die Bezeichnung

$$c_{pq} = (\mathscr{A} u_p, u_q) \qquad (p, q = 1, 2, 3, \ldots, n)$$

einführen, dann ist andererseits

$$(\mathscr{A} x_i, x_j) = \sum_{p=1}^{n} \sum_{q=1}^{n} a_{pi} c_{pq} \overline{a_{pj}},$$

d. h.

$$\det [(\mathscr{A}_i, x_j)] = |\det \mathfrak{a}|^2 \det [(\mathscr{A} u_p, u_q)].$$

Deshalb ist auf Grund von (4)

$$\det [(\mathscr{A} x_i, x_j)] = |\det \mathfrak{a}|^2 \det [(\mathscr{A} u_p, u_q)]$$
$$\leqq |\det \mathfrak{a}|^2 \, \lambda_1 \lambda_2 \cdots \lambda_n = \lambda_1 \lambda_2 \cdots \lambda_n \det [(x_i, x_j)]. \quad \blacksquare$$

Wir wollen noch bemerken, daß in (3) das Gleichheitszeichen gilt, wenn $x_1, x_2, \ldots, x_n$ die zu $\lambda_1, \lambda_2, \ldots, \lambda_n$ gehörigen Eigenfunktionen bedeuten.

Wenn wir den Satz 1 auf den Operator $\mathscr{A}^* \mathscr{A}$ anwenden, dann ergibt sich sofort die Ungleichung

$$\det [(\mathscr{A} x_i, \mathscr{A} x_j)] \leqq |\varkappa_1|^2 \cdots |\varkappa_n|^2 \det [(x_i, x_j)], \tag{3'}$$

wobei $\varkappa_1, \ldots, \varkappa_n$ die ersten n Glieder eines Schmidtschen Eigenwertsystems sind und $\{x_1, \ldots, x_n\}$ wiederum ein beliebiges n-Tupel von Elementen aus H bedeutet.

Wir benötigen noch einen sehr allgemeinen Satz:

Hilfssatz 3. *Es sei X ein Banachraum und $\mathscr{A}$ ein Operator aus $\mathfrak{B}(X, X)$. Mit λ_0 bezeichnen wir einen Pol der Ordnung p der Resolvente von $\mathscr{A}$ mit endlichdimensionalem Residuum $\mathscr{P}$. Weiter sei $X_0 = R(\mathscr{P})$ von der Dimension n, und es sei*

$$m := \dim N (\lambda_0 \mathscr{E} - \mathscr{A}).$$

Dann gibt es eine Basis $\{x_{jk}\}$ $(k = 1, 2, \ldots, n_j; \, j = 1, 2, \ldots, m)$ von X_0 mit

$$(\mathscr{A} - \lambda \mathscr{E}) \, x_{jk} = \begin{cases} 0 & \text{für} \quad k = 1 \\ x_{j,k-1} & \text{für} \quad k = 2, \ldots, n_j. \end{cases} \tag{5}$$

Hierbei ist $\max\limits_{j=1,2,\ldots,m} n_j = p$ *und* $\sum\limits_{j=1}^{m} n_j = n$.

Beweis. Es sei $\mathscr{F} = \mathscr{A} - \lambda_0 \mathscr{E}$ und $Y_j = N(\mathscr{F}^j)$. Dann ist $Y_p = X_0$. Wenn $p > 1$ ist, so stellt Y_{p-1} einen echten Teilraum von X_p dar. Denn nach Satz 1; 1.5 ist $\mathscr{F}^{p-1}\mathscr{P} \neq 0$; es gibt folglich ein $x \in X$ mit $\mathscr{F}^{p-1}\mathscr{P}x \neq 0$, also $y = \mathscr{P}x \in Y_p$, aber $y \notin Y_{p-1}$. Es sei Z_p ein Teilraum von Y_p mit $Y_p = Y_{p-1} \oplus Z_p$. Wir setzen $Y_0 = \{0\}$ und behaupten, daß für $j = 1, 2, \ldots, p$ die Zerlegung

$$Y_j = Y_{j-1} \oplus Z_j \oplus \mathscr{F}Z_{j+1} \oplus \cdots \oplus \mathscr{F}^{p-j}Z_p \tag{6_j}$$

mit geeigneten Teilräumen Z_j von Y_j gilt, wobei jedoch $Z_j = \{0\}$ für $j < p$ nicht ausgeschlossen ist.

Wir werden die Zerlegung (6_j) mit vollständiger Induktion beweisen. Die Behauptung (6_j) ist für $j = p$ schon bewiesen. Wir nehmen also an, (6_j) ist für irgendein j richtig, und beweisen ihre Gültigkeit für $j - 1$.

Die Räume $Y_{j-2}, \mathscr{F}Z_j, \ldots, \mathscr{F}^{p-j+1}Z_p$ sind offene Teilräume von Y_{j-1}. Ist ein Element $y \in Y_{j-1}$ als Summe von Elementen aus diesen Teilräumen darstellbar, so ist diese Darstellung eindeutig, d. h., ist $y_0 + \sum\limits_{k=j}^{p} \mathscr{F}y_k = 0$ mit $y_0 \in Y_{j-2}$ und $y_k \in \mathscr{F}^{k-j}Z_k$ für $k = j, j + 1, \ldots, p$, so sind alle Summanden null. Denn nach (6_j) ist $y = \sum\limits_{k=j}^{p} y_k$ ein Element des Komplementärraumes von Y_{j-1} bezüglich Y_j, andererseits ist y in Y_{j-1} enthalten wegen $y_0 \in Y_{j-2}$. Also ist $y = 0$ und folglich $y_0 = 0$ und $y_j = y_{j+1} = \cdots = y_p = 0$ nach (6_j). Man kann also den Teilraum $Y_{j-2} \oplus \mathscr{F}Z_j \oplus \cdots \oplus \mathscr{F}^{p-j+1}Z_p$ von Y_{j-1} bilden und einen Komplementärraum Z_{j-1} finden (der auch trivial sein kann), so daß (6_{j-1}) gilt.

Zugleich ist bewiesen, daß dim $\mathscr{F}^{k-j+1}Z_k = $ dim $\mathscr{F}^{k-j}Z_k$ ist, denn aus $\mathscr{F}x_k = 0$ mit $x_k \in \mathscr{F}^{k-j}Z_k$ folgt $x_k = 0$.

Aus (6_j) erhält man die interessante Zerlegung

$$X_0 = Z_1 \oplus (Z_2 \oplus \mathscr{F}Z_2) \oplus \cdots \oplus (Z_p \oplus \mathscr{F}Z_p \oplus \cdots \oplus \mathscr{F}^{p-1}Z_p). \tag{7}$$

Wählt man nun Basiselemente x_{jp} von Z_p $(j = 1, 2, \ldots, m_p)$, so bilden $x_{j,p-k} = \mathscr{F}^k x_{jp}$ $(j = 1, 2, \ldots, m_p)$ eine Basis von $\mathscr{F}^k Z_p$ $(k = 1, 2, \ldots, p - 1)$. Ebenso wählt man eine Basis $x_{j,p-1}$ $(j = m_p + 1, \ldots, m_p + m_{p-1})$ von Z_{p-1} und erhält eine Basis $x_{j,p-1-k} = \mathscr{F}^k x_{j,p-1}$ von $\mathscr{F}^k Z_{p-1}$, usw. Setzt man nun $n_j = p$ für $j = 1, 2, \ldots, m_p$, $n_j = p - 1$ für $j = m_p + 1, \ldots, m_p + m_{p-1}$ usw. und $m = m_1 + m_2 + \cdots + m_p$, so hat man eine Basis von X_0 genau mit den Eigenschaften (5). ∎

Der bewiesene Satz hat die folgende Bedeutung: In jedem Eigenraum kann eine Basis derart gewählt werden, daß die Matrixdarstellung des Operators $\mathscr{A}$ in X_0 bezüglich dieser Basis die Jordansche Normalform hat.

Jetzt können wir das in der Einleitung dieses Abschnittes gestellte Problem lösen. Es gilt nämlich der folgende, fast gleichzeitig von H. WEYL [WEYL 1949] und S. H. CHANG [CHANG 1949, Th. 1] entdeckte Satz:

Satz 2. *Es sei $\mathscr{A}$ ein vollstetiger Operator im Hilbertraum H; ferner seien $\{\lambda_n\}$ und $\{\varkappa_n\}$ die geordneten Folgen der Eigenwerte bzw. der positiven Schmidtschen Eigenwerte von $\mathscr{A}$. Für jede positive Zahl α und $n = 1, 2, \ldots$ gilt dann*

$$\sum_{i=1}^{n} |\lambda_i|^\alpha \leq \sum_{i=1}^{n} \varkappa_i^\alpha. \tag{8}$$

Beweis. Es seien $\lambda^{(1)}$, $\lambda^{(2)}$, ... die voneinander und von null verschiedenen Eigenwerte von $\mathscr{A}$ und α_1, α_2, ... ihre Multiplizitäten. Die Numerierung sei so gewählt, daß $|\lambda^{(1)}| \geq |\lambda^{(2)}| \geq |\lambda^{(3)}| \geq \cdots$ ist. Zu jedem $\lambda^{(k)}$ gehört ein Eigenraum X_k mit der Dimension $\dim X_k = \alpha_k$ und nach Hilfssatz 3 eine Basis $x_j^{(k)}$ ($j = 1, 2, ..., \alpha_k$) mit

$$\mathscr{A} x_j^{(k)} = \lambda^{(k)} x_j^{(k)} - \varepsilon_j^{(k)} x_{j-1}^{(k)},$$

wobei $\varepsilon_j^{(k)}$ entweder null oder eins ist. Wir setzen nun

$$\lambda_j = \lambda^{(1)} \quad \text{und} \quad x_j = x_j^{(1)} \quad \text{für} \quad j = 1, 2, ..., \alpha_1,$$

$$\lambda_{\alpha_1+j} = \lambda^{(2)} \quad \text{und} \quad x_{\alpha_1+j} = x_j^{(2)} \quad \text{für} \quad j = 1, 2, ..., \alpha_2, \text{usw.}$$

$\{\lambda_j\}$ ist die geordnete Folge der Eigenwerte von $\mathscr{A}$, die Elemente x_j sind linear unabhängig, und es gilt

$$\mathscr{A} x_j = \lambda_j x_j - \varepsilon_j x_{j-1}$$

mit $\varepsilon_j = 0$ oder 1. Wir bilden nun Linearkombinationen $y_j = \sum\limits_{k=1}^{j} \beta_{jk} x_k$ mit $\beta_{jj} \neq 0$ derart, daß die Folge $\{y_j\}$ orthonormiert ist. Dann gilt für alle j

$$\mathscr{A} y_j = \lambda_j y_j + \sum_{k=1}^{j-1} \gamma_{jk} y_k \tag{9}$$

mit geeigneten Koeffizienten γ_{jk}. Für jedes n sei $L_n = L\{y_1, y_2, ..., y_n\}$, und $\mathscr{P}_n$ bedeute den orthogonalen Projektor von H auf L_n.

Wir betrachten jetzt den symmetrischen und positiv semidefiniten Operator $\mathscr{P}_n \mathscr{A}^* \mathscr{A} \mathscr{P}_n$, dessen geordnete Folge von Eigenwerten $\{\tilde{\lambda}_j\}$ sei. Wir wenden auf $\mathscr{A}^* \mathscr{A}$ die Beziehung (2) an:

$$\prod_{j=1}^{n} \tilde{\lambda}_j = \det \left[(\mathscr{A}^* \mathscr{A} y_j, y_k)\right] = \det \left[(\mathscr{A} y_j, \mathscr{A} y_k)\right].$$

Setzt man $\varrho_{jk} = \gamma_{jk}$ für $k < j$, $\varrho_{jj} = \lambda_j$ und $\varrho_{jk} = 0$ für $k > j$, so ist

$$\det [\varrho_{ij}] = \prod_{j=1}^{n} |\lambda_j|,$$

und aus (9) folgt

$$\prod_{j=1}^{n} \tilde{\lambda}_j = \det \left[\sum_{l=1}^{n} \varrho_{jl} \bar{\varrho}_{kl}\right] = |\det [\varrho_{jk}]|^2 = \prod_{j=1}^{n} |\lambda_j|^2.$$

Sind $\varkappa_1$, $\varkappa_2$, ... die positiven Schmidtschen Eigenwerte von $\mathscr{A}$ (in üblicher Reihenfolge aufgeschrieben), so gilt nach Hilfssatz 2

$$\tilde{\lambda}_j \leq \varkappa_j^2 \quad (j = 1, 2, ..., n).$$

Man hat also

$$\prod_{j=1}^{n} |\lambda_j| \leq \prod_{j=1}^{n} \varkappa_j \quad (n = 1, 2, ...). \tag{10}$$

Wenn wir im Hilfssatz 1

$$F(s) = e^{\alpha s} \quad (\alpha > 0),$$

$$\gamma_j = \log |\lambda_j|, \quad \delta_j = \log \varkappa_j \quad (j = 1, 2, ..., n)$$

setzen, so erhalten wir (8). ∎

Satz 3 [HORN 1950]. *Es seien $\mathscr{A}$ und $\mathscr{B}$ zwei vollstetige Operatoren, definiert im Hilbertraum H. Mit $\{\alpha_i\}$, $\{\beta_i\}$ und $\{\gamma_i\}$ sollen die Schmidtschen Eigenwertsysteme von $\mathscr{A}$, $\mathscr{B}$ bzw. $\mathscr{A}\mathscr{B}$ bezeichnet werden. Falls f eine beliebige konvexe und monoton wachsende Funktion ist, dann gilt*

$$\sum_{i=1}^{n} f(|\gamma_i|) \leqq \sum_{i=1}^{n} f(|\alpha_i \beta_i|) \quad (n = 1, 2, 3, \ldots). \tag{11}$$

Beweis. Es sei $\{y_1, y_2, \ldots\}$ ein orthonormiertes System von Schmidtschen Eigenelementen von $\mathscr{A}\mathscr{B}$. Dann gilt nach (3')

$$\begin{aligned} |\gamma_1|^2 \cdots |\gamma_n|^2 &= \det\left[(\mathscr{A}\mathscr{B}y_i, \mathscr{A}\mathscr{B}y_j)\right] \\ &\leqq |\alpha_1|^2 \cdots |\alpha_n|^2 \det\left[(\mathscr{B}y_i, \mathscr{B}y_j)\right] \\ &\leqq |\alpha_1|^2 \cdots |\alpha_n|^2 |\beta_1|^2 \cdots |\beta_n|^2 \quad (n = 1, 2, \ldots), \end{aligned} \tag{12}$$

und nach Hilfssatz 1 erhalten wir (11). ∎

3.5. Die Hilbert-Schmidtschen Operatoren

In 3.4.1. haben wir mit $\mathfrak{B} = \mathfrak{B}(H)$ die Menge aller in H definierten, vollstetigen Operatoren bezeichnet. Es sei $\mathscr{A} \in \mathfrak{B}(H)$, ein System Schmidtscher Eigenwerte dieses Operators soll mit $\{\varkappa_k\}$ bezeichnet werden. Wir betrachten den Ausdruck

$$S_\alpha(\mathscr{A}) = \left(\sum_{(k)} |\varkappa_k|^\alpha\right)^{\frac{1}{\alpha}}, \tag{1}$$

wobei α irgendeine nichtnegative Zahl ist. Jetzt wollen wir bei festem α alle diejenigen vollstetigen Operatoren betrachten, für welche (1) konvergent ist. Die Menge dieser Operatoren soll mit $\mathfrak{G}(H; \alpha)$ bezeichnet werden. Wenn $\beta > \alpha$ gilt, so ist, wie man leicht einsieht,

$$\mathfrak{G}(H; \alpha) \subseteqq \mathfrak{G}(H; \beta). \tag{2}$$

Für Operatoren mit endlich vielen Schmidtschen Eigenwerten ist diese Aussage trivial (dann gilt sogar das Gleichheitszeichen). Sind unendlich viele Schmidtsche Eigenwerte vorhanden und ist $\mathscr{A} \in \mathfrak{G}(H; \alpha)$, dann ist für dieses α die Reihe (1) konvergent, und da $\varkappa_k \searrow 0$ gilt, ist die Reihe erst recht für ein $\beta > \alpha$ konvergent. Es gilt somit $\mathscr{A} \in \mathfrak{G}(H; \beta)$.

Es ist interessant zu bemerken, daß

$$\bigcap_{\alpha > 0} \mathfrak{G}(H; \alpha) \subset \mathfrak{B}(H)$$

ist, und zwar ist diese Implikation echt. Um das zu zeigen, betrachten wir die Zahlenfolge

$$\varkappa_k := \frac{1}{\log(1 + k)} \quad (k = 1, 2, \ldots)$$

$(\varkappa_k \to 0)$ und irgendwelche orthonormierte Elementenfolgen $\{x_k\}$, $\{y_k\}$ aus H. Dann ist der Operator

$$\mathscr{C}x := \sum_{k=1}^{\infty} \varkappa_k(x, y_k)\, x_k$$

nach Satz 3; 3.4.1 vollstetig. Andererseits ist für beliebiges $\alpha > 0$

$$\sum_{k=1}^{\infty} \varkappa_k{}^{\alpha} = \sum_{k=1}^{\infty} \frac{1}{\big(\log\,(1+k)\big)^{\alpha}} = \infty,$$

d. h. $\mathscr{C} \in \mathfrak{B}(H)$, jedoch $\mathscr{C} \notin \bigcap_{(\alpha)} \mathfrak{G}(H;\alpha)$.

Die Operatoren der Klasse $\mathfrak{G}(H;2)$ spielen in den Anwendungen, insbesondere in der Theorie der Integralgleichungen, eine besonders wichtige Rolle. Wir nennen sie *Hilbert-Schmidt-Operatoren*. Diese Operatoren können wie folgt charakterisiert werden:

Satz 1. *Ein Operator $\mathscr{A} \in \mathfrak{B}(H, H)$ ist dann und nur dann ein Hilbert-Schmidt-Operator, wenn für jede orthonormierte Folge $\{z_k\}$ aus H*

$$\sum_{k=1}^{\infty} \|\mathscr{A} z_k\|^2 < \infty \tag{3}$$

gilt.

Beweis. *Notwendigkeit.* Es sei $\mathscr{A} \in \mathfrak{G}(H;2)$ und $\{z_k\}$ eine beliebige orthonormierte Elementenfolge in H. Nach $(5; 3.4.1)$ ist

$$\mathscr{A} z_k = \sum_{(i)} \varkappa_i(z_k, y_i)\, x_i \quad (k = 1, 2, \ldots),$$

so daß sich auf Grund der Besselschen Ungleichung

$$\sum_{k=1}^{\infty} \|\mathscr{A} z_k\|^2 = \sum_{k=1}^{\infty} \sum_{(i)} |\varkappa_i|^2\, |(z_k, y_i)|^2 = \sum_{(i)} |\varkappa_i|^2 \sum_{k=1}^{\infty} |(z_k, y_i)|^2$$
$$\leq \sum_{(i)} |\varkappa_i|^2 < \infty$$

ergibt. Hier bedeutet $\{x_i, y_i; \varkappa_i\}$ ein Schmidtsches System von $\mathscr{A}$.

Hinlänglichkeit. Ist (3) für jede orthonormierte Folge $\{z_k\}$ erfüllt, so ist nach $(1; 3.4.1)$

$$\sum_{i=1}^{\infty} \|\mathscr{A} y_i\|^2 = \sum_{i=1}^{\infty} |\varkappa_i|^2 < \infty. \;\blacksquare$$

Es muß darauf hingewiesen werden, daß die Summe auf der linken Seite von (3) *unabhängig* von der Wahl des orthonormierten Systems $\{z_k\}$ ist. Das ist die *Hilbert-Schmidtsche Norm* von $\mathscr{A}$.

Interessant und nützlich ist die folgende Charakterisierung [SCHATTEN 1950, 1960] von $\mathfrak{G}(H;1)$:

Satz 2. *Ein Operator $\mathscr{A} \in \mathfrak{B}(H)$ gehört genau dann zur Klasse $\mathfrak{G}(H;1)$, wenn er sich als Produkt*

$$\mathscr{A} = \mathscr{U}\mathscr{V} \tag{4}$$

zweier Hilbert-Schmidt-Operatoren darstellen läßt.

Beweis. Zuerst nehmen wir an, $\mathscr{A}$ ist das *Produkt von zwei Hilbert-Schmidt-Operatoren* $\mathscr{U}$ *und* $\mathscr{V}$. Mit $\mathscr{U}$ ist auch $\mathscr{U}^*$ aus $\mathfrak{G}(H;2)$. Ein Schmidtsches System von $\mathscr{A}$ sei $\{x_k, y_k; \varkappa_k\}$. Für zwei beliebige orthonormierte Elementensysteme $\{w_k\}$ und $\{z_k\}$ aus H gilt nach der Schwarzschen Ungleichung

$$|(\mathscr{A}w_k, z_k)| = |(\mathscr{U}\mathscr{V}w_k, z_k)| = |(\mathscr{V}w_k, \mathscr{U}^*z_k)| \leqq \|\mathscr{V}w_k\| \, \|\mathscr{U}^*z_k\|$$
$$(k = 1, 2, \ldots).$$

Somit folgt nach Satz 1 und nochmaliger Anwendung der Schwarzschen Ungleichung

$$\left(\sum_{k=1}^{\infty} |(\mathscr{A}w_k, z_k)|\right)^2 \leqq \sum_{k=1}^{\infty} \|\mathscr{V}w_k\|^2 \cdot \sum_{k=1}^{\infty} \|\mathscr{U}^*z_k\|^2 < \infty.$$

Setzt man hier $w_k = x_k$, $z_k = y_k$ ein $(k = 1, 2, \ldots)$, so ist $(\mathscr{A}x_k, y_k) = \varkappa_k$, woraus

$$\left(\sum_{k=1}^{\infty} |(\mathscr{A}x_k, y_k)|\right)^2 = \left(\sum_{k=1}^{\infty} |\varkappa_k|\right)^2 < \infty,$$

d. h. $\mathscr{A} \in \mathfrak{G}(H;1)$ folgt.

Zum Beweis der Umkehrung werde jetzt $\mathscr{A} \in \mathfrak{G}(H;1)$ angenommen. Man betrachte ein Schmidtsches System, bei welchem die $\varkappa_i$ positive Zahlen sind, und definiere

$$\mathscr{U}x := \sum_{k=1}^{\infty} \varkappa_k^{1/2}(x, x_k)\, x_k \qquad (x \in H),$$

$$\mathscr{V}x := \sum_{k=1}^{\infty} \varkappa_k^{1/2}(x, y_k)\, x_k \qquad (x \in H).$$

Da $\varkappa_k^{1/2} \searrow 0$ gilt, sind $\mathscr{U}$ und $\mathscr{V}$ nach Satz 3; 3.4.1 vollstetige Operatoren vom Hilbert-Schmidt-Typ (denn es ist $\sum_{(k)} \varkappa_k < \infty$). Ihr Produkt ergibt

$$\mathscr{U}\mathscr{V}x = \mathscr{U}(\mathscr{V}x) = \sum_{(k)} \varkappa_k^{1/2} \left(\sum_{(i)} \varkappa_i^{1/2}(x, y_i)\, x_i, x_k\right) x_k$$
$$= \sum_{(k)} \varkappa_k(x, y_k)\, x_k = \mathscr{A}x \qquad (x \in H).$$

Im Endergebnis ist $\mathscr{A} = \mathscr{U}\mathscr{V}$. ∎

Auch die Klasse $\mathfrak{G}(H;1)$ spielt eine ausgezeichnete Rolle in der Operatorentheorie, sie wird *Spurklasse* („trace class") genannt. Falls $\mathscr{A}$ dieser Klasse angehört, ist

$$\left|\sum_{k=1}^{\infty} \varkappa_k(x_k, y_k)\right| \leqq \sum_{k=1}^{\infty} |\varkappa_k| \, |(x_k, y_k)| \leqq \sum_{k=1}^{\infty} |\varkappa_k| \, \|x_k\| \, \|y_k\| = \sum_{k=1}^{\infty} |\varkappa_k| < \infty. \tag{5}$$

Den endlichen Wert

$$\sum_{k=1}^{\infty} \varkappa_k(x_k, y_k)$$

nennen wir die *Matrizenspur* von $\mathscr{A}$. Sie wird mit $\sigma_M(\mathscr{A})$ [COHRAN 1972, p. 238] bezeichnet. Falls also $\mathscr{A} \in \mathfrak{G}(H\,;\,1)$ ist, ergibt sich auf Grund von (1; 3.4)

$$\sigma_M(\mathscr{A}) = \sum_{k=1}^{\infty} \varkappa_k(x_k, y_k) = \sum_{k=1}^{\infty} (\mathscr{A}y_k, y_k). \tag{6}$$

Mehrere Autoren [SCHATTEN 1950, 1960; WEIDMANN 1965] haben die Operatoren der Klasse $\mathfrak{G}(H\,;\,1)$ mit den im Satz 2 bewiesenen Eigenschaften charakterisiert.

3.6.   Die verallgemeinerten Schmidtschen Eigenelemente

In 3.4 haben wir gezeigt, daß es möglich ist, jedem vollstetigen Operator in einem Hilbertraum (sogar auf unendlich viele Arten) ein Schmidtsches System zuzuordnen. Wir werden jetzt den Begriff der Schmidtschen Systeme derart verallgemeinern, daß damit auch nicht unbedingt vollstetige Operatoren charakterisiert werden können [SCHMEIDLER 1950; FENYÖ 1978, 1979].

Es sei auch diesmal H ein separabler (komplexer) Hilbertraum und $\mathscr{A} \neq 0$ ein Operator aus der Klasse $\mathfrak{B}(H, H)$.

Man wähle aus H ein beliebiges Element $x_1 \neq 0$ derart, daß

$$\big(x_1, N(\mathscr{A}^*)\big) = 0 \tag{1}$$

ist. (Sind $\mathfrak{A}$ und $\mathfrak{B}$ zwei Teilmengen in H, dann bedeutet $(\mathfrak{A}, \mathfrak{B}) = 0$, daß $(x, y) = 0$ ist für jedes x aus $\mathfrak{A}$ und jedes y aus $\mathfrak{B}$. Dementsprechend bedeutet $\big(x_1, N(\mathscr{A}^*)\big) = 0$, daß x_1 orthogonal zu jedem Element aus $N(\mathscr{A}^*)$ ist.) In (1) ist $\mathscr{A}^*$ der bezüglich des Skalarproduktes $(\cdot,\,\cdot)$ adjungierte Operator von $\mathscr{A}$. Aus (1) folgt $\mathscr{A}^*x_1 \neq 0$.

Nachdem wir x_1 derart ausgewählt haben, setzen wir

$$\mathscr{A}^*x_1 = \bar{\varkappa}_1 y_1 \tag{2}$$

mit $\|y_1\| = 1$. Offensichtlich ist $\varkappa_1 \neq 0$.

Nun zeigen wir, daß

$$\big(y_1, N(\mathscr{A})\big) = 0$$

ist. Ist nämlich $y_0 \in N(\mathscr{A})$, so gilt wegen (2)

$$0 = (\mathscr{A}y_0, x_1) = (y_0, \mathscr{A}^*x_1) = \varkappa_1(y_0, y_1),$$

und da $\varkappa_1 \neq 0$ ist, folgt $(y_0, y_1) = 0$.

Wir haben bisher die Elemente x_1, y_1 aus H und die Zahl $\varkappa_1$ festgelegt. Wir bestimmen jetzt außerdem eine weitere Zahl μ_1 und ein Element x_2 durch die folgende Definitionsgleichung:

$$\mathscr{A}y_1 - \varkappa_1 x_1 = \mu_1 x_2, \quad \|x_2\| = 1. \tag{3}$$

Jetzt können zwei Fälle auftreten:

a) $\mu_1 = 0$, dann ist (3) für x_2 keine Bestimmungsgleichung.

b) $\mu_1 \neq 0$, dann sind x_2 und μ_1 durch (3) definiert.

Wenn der Fall a) zutrifft, werden wir wieder zwei Unterfälle betrachten:

a_1) $N(\mathscr{A}^*) \oplus L(x_1) = H$, wobei $L(x_1)$ die lineare Hülle von x_1 ist. In diesem Fall brechen wir unser Verfahren ab.

a_2) $N(\mathscr{A}^*) \oplus L(x_1) \neq H$, dann kann man ein Element x_2 derart auswählen, daß $\|x_2\| = 1$ und $\big(x_2, N(\mathscr{A}^*) \oplus L(x_1)\big) = 0$ ist. Auf diese Weise soll anstelle von (3) das Element x_2 festgelegt werden.

Jetzt zeigen wir, daß im Fall b) für das durch (3) bestimmte Element x_2 die Beziehung

$$\big(x_2, N(\mathscr{A}^*) \oplus L(x_1)\big) = 0$$

gilt. Aus (2) ergibt sich nämlich

$$(\mathscr{A}^*x_1, y_1) = \bar{\varkappa}_1 \tag{4}$$

und aus (3)

$$(x_1, \mathscr{A}y_1) - \bar{\varkappa}_1 = \bar{\mu}_1(x_1, x_2). \tag{5}$$

Ein Vergleich von (4) und (5) zeigt, daß $(x_1, x_2) = 0$ gilt.

Ist andererseits $x_0 \in N(\mathscr{A}^*)$, dann gilt

$$(x_0, \mathscr{A}y_1) = (\mathscr{A}^*x_0, y_1) = 0.$$

Wegen $(x_0, x_1) = 0$ und $\mu_1 \neq 0$ erhalten wir jetzt nach skalarer Multiplikation von (3) mit x_0 die Beziehung $(x_0, x_2) = 0$.

Als nächstes bestimmen wir zu x_2 ein Element y_2 durch folgende Gleichung:

$$\mathscr{A}^*x_2 - \bar{\mu}_1 y_1 = \bar{\varkappa}_2 y_2, \quad \|y_2\| = 1$$

usw.

Unser Verfahren wollen wir jetzt ganz allgemein formulieren:

Satz 1. *Es sei* $\mathscr{A} \in \mathfrak{B}(H, H)$. *Ausgehend von einem beliebigen Element* $x_1 \in H$ *mit* $\|x_1\| = 1$ *und* $\big(x_1, N(\mathscr{A}^*)\big) = 0$ *bilden wir die Elementenfolgen* $\{x_1, x_2, \ldots\}$, $\{y_1, y_2, \ldots\}$ *und die Zahlenfolgen* $\{\varkappa_1, \varkappa_2, \ldots\}$, $\{\mu_1, \mu_2, \ldots\}$ *durch das folgende rekursive Verfahren:*

$$\mathscr{A}^*x_j - \bar{\mu}_{j-1} y_{j-1} = \bar{\varkappa}_j y_j, \quad \|y_j\| = 1 \tag{A_j}$$

($j = 1, 2, 3, \ldots; \mu_0 = 0$). *Falls* $\mu_{j-1} \neq 0$ *ist, soll* x_j *durch die Gleichung*

$$\mathscr{A}y_{j-1} - \varkappa_{j-1}x_{j-1} = \mu_{j-1}x_j, \quad \|x_j\| = 1 \tag{B_j}$$

destimmt werden. Ist jedoch für irgendein j *die Zahl* $\mu_{j-1} = 0$, *so wähle man* x_j *derart, baß* $\|x_j\| = 1$, $\big(x_j, N(\mathscr{A}^*)\big) = 0$, $(x_j, x_r) = 0$ $(r = 1, 2, \ldots, j-1)$ *gilt.*

Falls für irgendein j *die Beziehung* $N(\mathscr{A}^*) + L(x_1, x_2, \ldots, x_j) = H$ *gilt, brechen wir unser Verfahren ab.*

Die durch dieses Verfahren konstruierten Elementen- und Zahlenfolgen haben die folgenden Eigenschaften:

1^0 $\varkappa_j \neq 0, j = 1, 2, \ldots;$

2^0 $\{x_1, x_2, \ldots\}, \{y_1, y_2, \ldots\}$ *sind orthonormierte Systeme;*

3^0 $\big(x_j, N(\mathscr{A}^*)\big) = 0$, $\big(y_j, N(\mathscr{A})\big) = 0$ $(j = 1, 2, \ldots).$

Beweis. Wir führen ihn durch vollständige Induktion. Offensichtlich gelten die Behauptungen für $j = 1$. Wir nehmen an, die Elemente $\{x_1, x_2, \ldots, x_{j-1}\}$ und $\{y_1, y_2, \ldots, y_{j-1}\}$ sowie die Zahlen $\{\varkappa_1, \varkappa_2, \ldots, \varkappa_{j-1}\}$, $\{\mu_1, \mu_2, \ldots, \mu_{y-2}\}$ seien bestimmt und haben die Eigenschaften 1^0, 2^0, 3^0. Weiter setzen wir $N(\mathscr{A}^*) + L(x_1, x_2, \ldots, x_{j-1}) \neq H$ voraus (sonst brechen wir das Verfahren ab, und es bleibt nichts weiter zu beweisen).

Wir setzen x_{j-1}, y_{j-1} und $\varkappa_{j-1}$ in die linke Seite von (B_j) ein; es können zwei Fälle eintreten:

a) Die linke Seite von (B_j) ist das Nullelement. In diesem Fall setzen wir $\mu_{j-1} = 0$ und wählen x_j derart, daß

$$\|x_j\| = 1, \quad \big(x_j, N(\mathscr{A}^*)\big) = 0, \quad (x_j, x_r) = 0 \quad (r = 1, 2, \ldots, j-1)$$

gilt.

b) Die linke Seite von (B_j) ist vom Nullelement verschieden. Dann definiert diese unter der Bedingung $\|x_j\| = 1$ das Element x_j und die Zahl μ_{j-1}.

Wir zeigen jetzt die Gültigkeit von $\big(x_j, N(\mathscr{A}^*)\big) = 0$. Dazu bilden wir das Skalarprodukt beider Seiten von (B_j) mit einem beliebigen Element x_0 aus $N(\mathscr{A}^*)$:

$$(x_0, \mathscr{A}y_{j-1}) - \bar{\varkappa}_{j-1}(x_0, x_{j-1}) = \bar{\mu}_{j-1}(x_0, x_j).$$

Da $(x_0, \mathscr{A}y_{j-1}) = (\mathscr{A}^*x_0, y_{j-1}) = 0$ ist und das zweite Glied auf der linken Seite wegen der Induktionsannahme verschwindet, wird auch die rechte Seite null. Nach Voraussetzung ist $\mu_{j-1} \neq 0$, deshalb folgt $(x_0, x_j) = 0$.

Wir werden jetzt die Beziehung $(x_j, x_r) = 0$ $(r = 1, 2, \ldots, j-1)$ beweisen. Dazu multiplizieren wir beide Seiten von (B_j) skalar mit x_r $(1 \leqq r \leqq j-1)$:

$$(x_r, \mathscr{A}y_{j-1}) - \bar{\varkappa}_{j-1}(x_r, x_{j-1}) = \bar{\mu}_{j-1}(x_r, x_j). \tag{6}$$

Das zweite Glied auf der linken Seite verschwindet, wenn $r \leqq j-2$ ist (Induktionsannahme), und wir haben

$$(x_r, \mathscr{A}y_{j-1}) = \bar{\mu}_{j-1}(x_r, x_j) \quad (r = 1, 2, \ldots, j-2). \tag{7}$$

Jetzt bilden wir das Skalarprodukt beider Seiten von (A_r) mit y_{j-1}:

$$(\mathscr{A}^*x_r, y_{j-1}) - \bar{\mu}_{r-1}(y_{r-1}, y_{j-1}) = \bar{\varkappa}_r(y_r, y_{j-1}) \quad (r = 1, 2, \ldots, j-2). \tag{8}$$

Auch hier verschwindet wegen der Induktionsvoraussetzung das zweite Glied auf der linken Seite und ebenso das Glied auf der rechten Seite, wodurch sich

$$0 = (\mathscr{A}^*x_r, y_{j-1}) = (x_r, \mathscr{A}y_{j-1}) \quad (r = 1, 2, \ldots, j-2)$$

ergibt. Wenn wir dies mit (7) vergleichen, erhalten wir unter Berücksichtigung von $\mu_{j-1} \neq 0$ als Ergebnis $(x_r, x_j) = 0$ $(r = 1, 2, \ldots, j-2)$.

Ist jedoch $r = j-1$, dann wird aus (6)

$$(x_{j-1}, \mathscr{A}y_{j-1}) - \bar{\varkappa}_{j-1} = \bar{\mu}_{j-1}(x_{j-1}, x_j) \tag{9}$$

und aus (8)

$$(\mathscr{A}^*x_{j-1}, y_{j-1}) = \bar{\varkappa}_{j-1}. \tag{10}$$

Ein Vergleich von (9) und (10) ergibt $(x_{j-1}, x_j) = 0$, da $\mu_{j-1} \neq 0$ ist.

Wir werden jetzt die Behauptung 1^0 beweisen. Für $j = 1$ ist sie schon bewiesen. Wir setzen ihre Gültigkeit für $1, 2, \ldots, j-1$ voraus und zeigen, daß sie auch für j gilt. Den Beweis führen wir indirekt. Im Gegensatz zur Behauptung nehmen wir an, daß $\varkappa_j = 0$ ist. Dann erhalten wir aus (A_j)

$$\mathscr{A}^* x_j = \bar{\mu}_{j-1} y_{j-1}. \tag{11}$$

Da nach Induktionsannahme $\varkappa_{j-1} \neq 0$ ist, können wir aus (A_{j-1}) das Element y_{j-1} berechnen und in (11) einsetzen:

$$\mathscr{A}^*(\bar{\varkappa}_{j-1} x_j - \bar{\mu}_{j-1} x_{j-1}) = -\bar{\mu}_{j-1}\bar{\mu}_{j-2} y_{j-2}.$$

Man wiederholt dieses Verfahren derart, daß der Ausdruck von y_{j-2} aus (A_{j-2}) in die vorige Gleichung eingesetzt wird:

$$\mathscr{A}^*(\bar{\varkappa}_{j-2}\bar{\varkappa}_{j-1} x_j - \bar{\varkappa}_{j-2}\bar{\mu}_{j-1} x_{j-1} + \bar{\mu}_{j-1}\bar{\mu}_{j-2} x_{j-2}) = \bar{\mu}_{j-1}\bar{\mu}_{j-2}\bar{\mu}_{j-3} y_{j-3}.$$

In diese Gleichung soll der aus (A_{j-3}) entstehende Ausdruck von y_{j-3} eingesetzt werden usw. Beim vorletzten Schritt ergibt sich ein Ausdruck von der Gestalt

$$\mathscr{A}^*(\bar{\varkappa}_2\bar{\varkappa}_3 \cdots \bar{\varkappa}_{j-1} x_j + c'_1 x_{j-1} + \cdots + c'_{j-2} x_2) = b y_1,$$

wobei $c'_1, \ldots, c'_{j-2}, b$ gewisse Konstanten sind. Zum Schluß soll y_1 aus (2) ermittelt und in die letzte Gleichung eingesetzt werden, wodurch man zur Beziehung

$$\mathscr{A}^*(\bar{\varkappa}_1\bar{\varkappa}_2 \cdots \bar{\varkappa}_{j-1} x_j + c_1 x_{j-1} + c_2 x_{j-2} + \cdots + c_{j-1} x_1) = 0$$

gelangt. $c_1, c_2, \ldots, c_{j-1}$ sind Zahlen, welche nur von $\varkappa_1, \ldots \varkappa_{j-1}$ und $\mu_1, \ldots, \mu_{j-1}$ abhängen. Die soeben erhaltene Gleichung bedeutet, daß

$$\bar{\varkappa}_1\bar{\varkappa}_2 \cdots \bar{\varkappa}_{j-1} x_j + c_1 x_{j-1} + \cdots + c_{j-1} x_1 \in N(\mathscr{A}^*) \tag{12}$$

gilt, wobei mindestens der Koeffizient von x_j nicht verschwindet. Die in (12) enthaltene Linearkombination von $x_1, x_2, \ldots, x_j$ kann nicht das Nullelement sein, sonst würde sich durch Bildung des Skalarprodukts mit x_j die Gleichung $\varkappa_1\varkappa_2 \cdots \varkappa_{j-1} = 0$ ergeben, was der Induktionsannahme widerspricht. Andererseits steht (12) mit der Beziehung $(x_r, N(\mathscr{A}^*)) = 0$ $(r = 1, 2, \ldots, j)$ im Widerspruch, welcher aus der Voraussetzung $\varkappa_j = 0$ entstanden ist. Damit ist die Behauptung 1^0 bewiesen.

Wenn aber, wie eben bewiesen, $\varkappa_j \neq 0$ ist, kann man mit Hilfe von (A_j) die Größen x_j und y_j in der gewünschten Weise bestimmen.

Wir beweisen jetzt, daß $(y_j, N(\mathscr{A})) = 0$ ist. Wir bilden das Skalarprodukt von jedem Glied der Gleichung (A_j) mit einem beliebigen Element $y_0 \in N(\mathscr{A})$:

$$(\mathscr{A}^* x_j, y_0) - \bar{\mu}_{j-1}(y_{j-1}, y_0) = \bar{\varkappa}_j(y_j, y_0).$$

Nach der Induktionsannahme ist aber $(y_{j-1}, y_0) = 0$ und $(\mathscr{A}^* x_j, y_0) = (x_j, \mathscr{A} y_0) = 0$, wegen $\varkappa_j \neq 0$ also $(y_j, y_0) = 0$.

Zum Schluß beweisen wir $(y_j, y_r) = 0$ für $r = 1, 2, \ldots, j - 1$. Dazu bilden wir das Skalarprodukt beider Seiten der Gleichung (A_j) mit y_r $(r = 1, 2, \ldots, j - 1)$,

$$(y_r, \mathscr{A}^* x_j) - \mu_{j-1}(y_r, y_{j-1}) = \varkappa_j(y_r, y_j), \tag{13}$$

und bilden das Skalarprodukt von (B_{r+1}) mit x_j:

$$(\mathscr{A} y_r, x_j) - \varkappa_r(x_r, x_j) = \mu_r(x_{r+1}, x_j). \tag{14}$$

Ist jetzt $r \leq j - 2$, so folgt aus (13) und (14) unmittelbar $(y_r, y_j) = 0$ unter Berücksichtigung von $\varkappa_j \neq 0$. Wenn aber $r = j - 1$ ist, ergibt sich aus (13) und (14)

$$(y_{j-1}, \mathscr{A}^*x_j) - \mu_{j-1} = \varkappa_j(y_{j-1}, y_j)$$

und

$$(\mathscr{A}y_{j-1}, x_j) = \mu_{j-1}.$$

Daraus folgt $(y_{j-1}, y_j) = 0$. ∎

Es kann passieren, daß nach endlich vielen Schritten

$$N(\mathscr{A}^*) + L\{x_1, x_2, \ldots, x_n\} = H$$

eintritt; dann wird das Verfahren nach n Schritten beendet, und man ordnet dem Operator $\mathscr{A}$ zwei endliche Elementensysteme und zwei endliche Zahlenfolgen zu.

Wenn jedoch das Verfahren nach endlich vielen Schritten nicht abbricht, dann kann der Fall eintreten, daß *das Elementensystem* $\{x_1, x_2, \ldots\}$ *in* $N(\mathscr{A}^*)^\perp$ *vollständig ist*. Wir behaupten, daß *in diesem Fall auch das zugehörige System* $\{y_1, y_2, y_3, \ldots\}$ *in* $N(\mathscr{A})^\perp$ *vollständig ist*.

Diese Behauptung wird bewiesen, indem wir zeigen, daß aus $(y, y_j) = 0$ $(j = 1, 2, 3, \ldots)$ die Beziehung $y \in N(\mathscr{A})$ folgt.

Wir bilden das Skalarprodukt beider Seiten von (A_j) mit y:

$$(\mathscr{A}^*x_j, y) - \bar{\mu}_{j-1}(y_{j-1}, y) = \bar{\varkappa}_j(y_j, y) \quad (j = 1, 2, 3, \ldots),$$

woraus unter Berücksichtigung der Voraussetzung, die wir über y gemacht haben, die Gleichungen

$$(\mathscr{A}^*x_j, y) = (x_j, \mathscr{A}y) = 0 \quad (j = 1, 2, 3, \ldots)$$

folgen. Andererseits ist $\{x_j\}$ in $N(\mathscr{A}^*)^\perp$ vollständig, daher ergibt sich aus dem Vorhergehenden $\mathscr{A}y \in N(\mathscr{A}^*)$. Für ein beliebiges x_0 aus $N(\mathscr{A}^*)$ ist $(x_0, \mathscr{A}y) = (\mathscr{A}^*x_0, y) = 0$, also ist $\mathscr{A}y$ zu $N(\mathscr{A}^*)$ orthogonal, was zusammen mit $\mathscr{A}y \in N(\mathscr{A}^*)$ die Feststellung $\mathscr{A}y = 0$ mit sich bringt, d. h., y ist tatsächlich ein Element aus $N(\mathscr{A})$.

Da H separabel ist, können wir nach höchstens abzählbar unendlich vielen Schritten eine Basis $\{x_j\}$ für das Orthogonalkomplement von $N(\mathscr{A}^*)$ erhalten. Damit wird auch das entsprechende System $\{y_j\}$ vollständig in $N(\mathscr{A})^\perp$.

Wir werden die Elementenfolgen $\{x_j\}$ und $\{y_j\}$ *verallgemeinerte Schmidtsche Eigenelemente* und die Zahlenfolgen $\{\varkappa_j\}$ und $\{\mu_j\}$ *verallgemeinerte Schmidtsche Eigenwerte* nennen. Diese Benennung ist gerechtfertigt, weil beim Verschwinden der Zahlen μ_j die Beziehungen (A_j) und (B_{j+1}) folgende Gleichungen liefern:

$$\mathscr{A}^*x_j = \bar{\varkappa}_j y_j, \quad \mathscr{A}y_j = \varkappa_j x_j.$$

Diese stimmen mit den Gleichungen (1; 3.4.1) und (2; 3.4.1) überein, und die $\varkappa_j$ sind genau die Schmidtschen Eigenwerte von $\mathscr{A}$.

Das so bestimmte System $\{x_j, y_j; \varkappa_j, \mu_j\}$ soll das *verallgemeinerte Schmidtsche System des Operators* $\mathscr{A}$ heißen. Es können folgende Fälle unterschieden werden:

a) Die unendliche Zahlenfolge $\{\mu_j\}$ enthält nicht die Null, und die orthonormierte Elementenfolge $\{x_j\}$ ist in $N(\mathscr{A}^*)^\perp$ vollständig.

b) Die unendliche Zahlenfolge $\{\mu_j\}$ enthält nicht die Null, und die Elementenfolge $\{x_j\}$ ist in $N(\mathscr{A}^*)^\perp$ nicht vollständig.

Trifft der Fall b) zu, so wählen wir ein beliebiges Element x_1' mit $\|x_1'\| = 1$, $\left(x_1', N(\mathscr{A}^*)\right) = 0$, $(x_1', x_k) = 0$ $(k = 1, 2, \ldots)$ und beginnen unser Verfahren mit diesem x_1' von neuem. Die so entstehenden Elemente $x_1', x_2', \ldots$ nehmen wir zur Folge $x_1, x_2, \ldots$ hinzu. Dieses Verfahren setzen wir so lange fort, bis wir $\{x_1, x_2, \ldots\}$ zu einem in $N(\mathscr{A}^*)^\perp$ vollständigen System ergänzt haben. Das ist wegen der vorausgesetzten Separabilität des Raumes immer möglich. Damit haben wir den Fall a) erhalten.

c) Nach endlich vielen Schritten gelangen wir zu $\mu_j = 0$.

In diesem Fall werden wir die verallgemeinerten Schmidtschen Eigenelemente und Eigenwerte nach folgenden Gesichtspunkten ordnen: Man geht beim obigen Verfahren von einem Element $x_1^{(1)} \in H$ aus und bildet der Reihe nach die Elemente $x_2^{(1)}, x_3^{(1)}, \ldots;\ y_1^{(1)}, y_2^{(1)}, \ldots$ sowie die Zahlen $\varkappa_1^{(1)}, \varkappa_2^{(1)}, \ldots;\ \mu_1^{(1)}, \mu_2^{(1)}, \ldots$, so daß die Gleichungen (A_j) und (B_j) erfüllt sind. Nach j_1 Schritten wird $\mu_{j_1}^{(1)} = 0$; wir haben dann die endlichen Systeme

$$\{x_1^{(1)}, x_2^{(1)}, \ldots, x_{j_1-1}^{(1)}, x_{j_1}^{(1)}\}, \quad \{y_1^{(1)}, y_2^{(1)}, \ldots, y_{j_1}^{(1)}\},$$

$$\{\mu_1^{(1)}, \mu_2^{(1)}, \ldots, \mu_{j_1-1}^{(1)}, 0\}, \quad \{\varkappa_1^{(1)}, \varkappa_2^{(1)}, \ldots, \varkappa_{j_1}^{(1)}\}.$$

Ist die Bedingung für das Abbrechen des Verfahrens nicht erfüllt, so nehmen wir ein weiteres Element $x_1^{(2)}$ mit $\|x_1^{(2)}\| = 1$, $\left(x_1^{(2)}, N(\mathscr{A}^*)\right) = 0$, $(x_1^{(2)}, x_k^{(1)}) = 0$ $(k = 1, 2, \ldots, j_1)$ und setzen das Verfahren fort, bis wieder nach endlich vielen, etwa j_2, Schritten $\mu_{j_2}^{(2)} = 0$ wird. So ergeben sich folgende Abschnitte des verallgemeinerten Schmidtschen Systems:

$$\{x_1^{(2)}, x_2^{(2)}, \ldots, x_{j_2-1}^{(2)}, x_{j_2}^{(2)}\}, \quad \{y_1^{(2)}, y_2^{(2)}, \ldots, y_{j_2}^{(2)}\},$$

$$\{\mu_1^{(2)}, \mu_2^{(2)}, \ldots, \mu_{j_2-1}^{(2)}, 0\}, \quad \{\varkappa_1^{(2)}, \varkappa_2^{(2)}, \ldots, \varkappa_{j_2}^{(2)}\},$$

usw.

Eine ähnliche Einteilung in Abschnitte des verallgemeinerten Schmidtschen Systems werden wir auch im Fall b) durchführen, allerdings enthalten dann einige Abschnitte unendlich viele Glieder.

Wir setzen die einzelnen Abschnitte zusammen und erhalten das verallgemeinerte Schmidtsche System von $\mathscr{A}$, dessen Glieder wir, wie üblich, nach Umbezeichnung wieder durch

$$\{x_1, x_2, \ldots\}, \quad \{y_1, y_2, \ldots\}, \quad \{\varkappa_1, \varkappa_2, \ldots\}, \quad \{\mu_1, \mu_2, \ldots\}$$

kennzeichnen werden. Nun sei

$$a_{pq} := (x_p, \mathscr{A}y_q) \quad (p, q = 1, 2, \ldots),$$

und wir stellen auf Grund von (A_j) und (B_j) fest, daß die Gleichungen

$$a_{j,j-1} = (x_j, \mathscr{A}y_{j-1}) = \bar{\mu}_{j-1} \quad (j = 2, 3, \ldots),$$

$$a_{j,j} = (x_j, \mathscr{A}y_j) = \bar{\varkappa}_j (\neq 0) \quad (j = 1, 2, \ldots),$$

$$a_{p,q} = 0 \quad \text{für} \quad p - q \neq 0 \quad \text{und} \quad p - q \neq 1$$

gelten.

Weiter sei $\{\mathring{x}_1, \mathring{x}_2, \ldots\}$ eine beliebige orthonormierte Elementenbasis von $N(\mathscr{A}^*)$ und $\{\mathring{y}_1, \mathring{y}_2, \ldots\}$ eine entsprechende Basis für den Teilraum $N(\mathscr{A})$. Wir bemerken, daß

$$\mathring{a}_{p,q} := (\mathring{x}_p, \mathscr{A}\mathring{y}_q) = 0 \quad (p, q = 1, 2, \ldots)$$

gilt. Die derart gebildeten Zahlen werden wir in einer im allgemeinen unendlichen Matrix zusammenfassen:

$$\mathfrak{a} = \begin{bmatrix} \mathring{a}_{11} & \mathring{a}_{12} & \cdots \\ \mathring{a}_{21} & \mathring{a}_{22} & \cdots \\ \cdots & \cdots & \cdots \\ a_{11} & a_{12} & \cdots \\ a_{21} & a_{22} & \cdots \\ \cdots & \cdots & \cdots \end{bmatrix}$$

$\mathfrak{a}$ hat nach den obigen Feststellungen folgende explizite Gestalt:

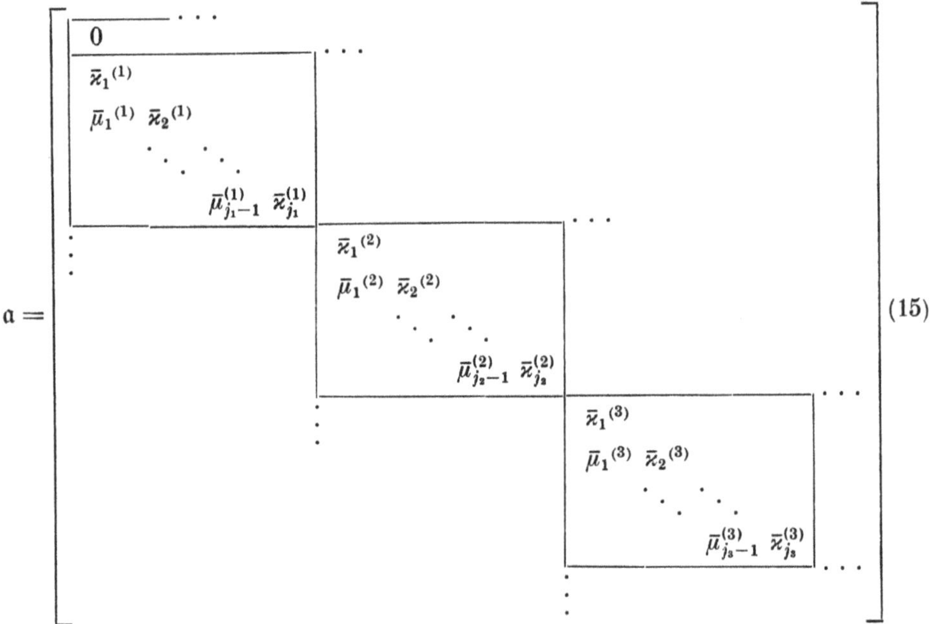

$$\tag{15}$$

Der obere rechteckige Block enthält Nullen, die den Elementen $\mathring{a}_{pq}$ entsprechen. An den nichtbezeichneten Stellen stehen ebenfalls Nullen. $\mathfrak{a}$ kann sowohl endliche als auch unendliche Bestandteile enthalten, und es kann gelegentlich passieren, daß $\mathfrak{a}$ aus einem einzigen unendlichen Bestandteil besteht. Unter Bestandteil verstehen wir einen quadratischen Block, in welchem sowohl in der Hauptdiagonale als auch parallel zu dieser unterhalb der Hauptdiagonale von Null verschiedene Zahlen stehen. Selbstverständlich können in $\mathfrak{a}$ auch eingliedrige Bestandteile vorkommen. Die Matrix (15) werden wir die dem Operator $\mathscr{A}$ *zugeordnete Matrix* nennen.

3.7. Eine Charakterisierung linearer beschränkter Operatoren

Die Voraussetzungen über H und $\mathscr{A}$ seien die gleichen wie in 3.6., und wir untersuchen die dem Operator $\mathscr{A}$ zugeordnete Matrix $\mathfrak{a}$ bezüglich eines verallgemeinerten Schmidtschen Systems.

Wir werden jetzt einen endlichen, jedoch nicht eingliedrigen Bestandteil betrachten, vorausgesetzt, daß ein solcher vorhanden ist:

$$\mathfrak{a}_n = \begin{bmatrix} \bar{\varkappa}_1^{(n)} \\ \bar{\mu}_1^{(n)} & \bar{\varkappa}_2^{(n)} \\ & \bar{\mu}_2^{(n)} & \bar{\varkappa}_3^{(n)} \\ & & \ddots & \ddots \\ & & & \bar{\mu}_{j_n-1}^{(n)} & \bar{\varkappa}_{j_n}^{(n)} \end{bmatrix} .$$

Die Matrix $\mathfrak{a}_n{}^*\mathfrak{a}_n$ ist eine hermitesche Matrix, wobei $\mathfrak{a}_n{}^*$ die zu $\mathfrak{a}_n$ transponierte Matrix bedeutet. Es existiert demzufolge, nach einem bekannten Satz der linearen Algebra, eine unitäre Matrix $\mathfrak{u}_n$, für welche

$$\mathfrak{u}_n{}^*\mathfrak{a}_n{}^*\mathfrak{a}_n\mathfrak{u}_n = \begin{bmatrix} p_1^{(n)} \\ & p_2^{(n)} \\ & & \ddots \\ & & & p_{j_n}^{(n)} \end{bmatrix} \tag{1}$$

ist, wobei $p_r^{(n)}$ die Eigenwerte von $\mathfrak{a}_n{}^*\mathfrak{a}_n$ bedeuten. Wir führen die Bezeichnung

$$\mathfrak{d}_n = \begin{bmatrix} \sqrt{p_1^{(n)}} \\ & \sqrt{p_2^{(n)}} \\ & & \ddots \\ & & & \sqrt{p_{j_n}^{(n)}} \end{bmatrix}$$

ein, dann ist

$$\mathfrak{d}_n{}^{-1} = \begin{bmatrix} \dfrac{1}{\sqrt{p_1^{(1)}}} \\ & \dfrac{1}{\sqrt{p_2^{(n)}}} \\ & & \ddots \\ & & & \dfrac{1}{\sqrt{p_{j_n}^{(n)}}} \end{bmatrix} .$$

Aus (1) folgt

$$\mathfrak{d}_n{}^{-1}\mathfrak{u}_n{}^*\mathfrak{a}_n{}^*\mathfrak{a}_n\mathfrak{u}_n\mathfrak{d}^{-1} = \mathfrak{e}_n,$$

wobei e_n die Einheitsmatrix der Ordnung j_n ist. Man setze

$$\mathfrak{v}_n := \mathfrak{a}_n \mathfrak{u}_n \mathfrak{d}_n^{-1}.$$

Für diese Matrix gilt

$$\mathfrak{v}_n{}^* \mathfrak{v}_n = e_n \tag{2}$$

und auch

$$\mathfrak{v}_n \mathfrak{v}_n{}^* = e_n, \tag{3}$$

da es sich hier um endliche Matrizen handelt. Die Matrix $\mathfrak{v}_n$ hat sich als unitär erwiesen, und es ist $\mathfrak{v}_n{}^* = \mathfrak{v}_n{}^{-1}$. Aus der Definition von $\mathfrak{v}_n$ folgt $\mathfrak{a}_n \mathfrak{u}_n = \mathfrak{v}_n \mathfrak{d}_n$ und

$$\mathfrak{v}_n{}^* \mathfrak{a}_n \mathfrak{u}_n = \mathfrak{d}_n. \tag{4}$$

Wir setzen jetzt

$$\tilde{x}_i{}^{(n)} = \sum_{r=1}^{j_n} \bar{v}_{r,i}^{(n)} x_r^{(n)}, \qquad \tilde{y}_h{}^{(n)} = \sum_{s=1}^{j_n} \bar{u}_{s,h}^{(n)} y_s^{(n)} \qquad (i, h = 1, 2, \ldots, j_n),$$

wobei $v_{r,i}^{(n)}$ die Elemente von $\mathfrak{v}_n$ und $u_{s,h}^{(n)}$ die Elemente von $\mathfrak{u}_n$ sind. Mit Hilfe von $\tilde{x}_i{}^{(n)}$, $\tilde{y}_h{}^{(n)}$ bilden wir unter Benutzung der Bezeichnungen aus 3.6. die folgenden Zahlen:

$$\begin{aligned}
b_{i,h}^{(n)} &= (\tilde{x}_i{}^{(n)}, \mathscr{A}\tilde{y}_h{}^{(n)}) = \left(\sum_{(r)} \bar{v}_{r,i}^{(n)} x_r^{(n)}, \sum_{(s)} \bar{u}_{s,h}^{(n)} \mathscr{A} y_s^{(n)} \right) \\
&= \sum_{(r)} \sum_{(s)} \bar{v}_{r,i}^{(n)} a_{r,s}^{(n)} u_{s,h}^{(n)} = (\mathfrak{v}_n{}^* \mathfrak{a}_n \mathfrak{u}_n)_{i,h} = (\mathfrak{d}_n)_{i,h} \\
&= \begin{cases} 0 & \text{für } i \neq h, \\ \sqrt{p_i^{(n)}} & \text{für } i = h. \end{cases}
\end{aligned}$$

Es gelten weiter die Beziehungen

$$\left(x_i^{(n)}, N(\mathscr{A}^*) \right) = 0; \quad (\tilde{x}_i{}^{(n)}, x_r^{(q)}) = 0 \quad (r = 1, 2, \ldots, j_q, \; q < n, \; i = 1, 2, \ldots, j_n),$$

$$\left(y_h^{(n)}, N(\mathscr{A}) \right) = 0; \quad (\tilde{y}_h{}^{(n)}, y_r^{(q)}) = 0 \quad (r = 1, 2, \ldots, j_q, \; q < n, \; h = 1, 2, \ldots, j_n).$$

Die Elementensysteme sind bereits orthonormiert, da $\mathfrak{u}_n$ und $\mathfrak{v}_n$ unitär sind.

Wenn also $\mathfrak{a}$ endliche, nicht eingliedrige Bestandteile hat, kann man bezüglich eines solchen Bestandteils durch eine geeignete unitäre Transformation zu solchen Elementensystemen übergehen, für welche die nichteingliedrigen endlichen Bestandteile von $\mathfrak{a}$ in eingliedrige übergehen. Wir haben somit folgendes bewiesen:

Satz 1. *Ist $\mathscr{A} \in \mathfrak{B}(H, H)$ (H ein separabler Hilbertraum), dann existieren zwei orthonormierte, in $N(\mathscr{A}^*)^\perp$ bzw. $N(\mathscr{A})^\perp$ vollständige Elementensysteme $\{x_n\}$ und $\{y_n\}$ derart, daß die Bestandteile der (im allgemeinen) unendlichen Matrix $\mathfrak{a} = [(x_n, \mathscr{A} y_m)]$ entweder eingliedrig oder unendlichgliedrig sind.* ∎

Genau wie bei den Schmidtschen Eigenwerten *kann man auch bei den verallgemeinerten Schmidtschen Systemen durch ein geeignetes Vorgehen erreichen, daß die nichtverschwindenden Zahlen $\varkappa_n$ reell sind.*

Ist nämlich, wenn man von x_1 ausgeht, $\varkappa_1$ nicht reell, dann nimmt man statt x_1 das Element $\dfrac{\varkappa_1}{|\varkappa_1|} x_1$ und sieht unmittelbar, daß der Koeffizient von y_1 in (2; 3.6) reell (sogar positiv) ist.

Aus $(A_j; 3.6)$ und $(B_j; 3.6)$ folgt

$$\mathscr{A}\mathscr{A}^*x_j = \bar{\mu}_{j-1}\varkappa_{j-1}x_{j-1} + (|\mu_{j-1}|^2 + |\varkappa_j|^2)\,x_j + \bar{\varkappa}_j\mu_j x_{j+1}$$
$$(j = 1, 2, 3, \ldots), \tag{A_j'}$$

$$\mathscr{A}^*\mathscr{A}y_{j-1} = \varkappa_{j-1}\bar{\mu}_{j-2}y_{j-2} + (|\varkappa_{j-1}|^2 + |\mu_{j-1}|^2)\,y_{j-1} + \mu_{j-1}\bar{\varkappa}_j y_j$$
$$(j = 2, 3, 4, \ldots; \mu_0 = \varkappa_0 = 0). \tag{B_j'}$$

Aus der Gleichung (A_j') ergibt sich

$$(x_{j-1}, \mathscr{A}\mathscr{A}^*x_j) = \bar{\mu}_{j-1}\varkappa_{j-1},$$
$$(x_j, \mathscr{A}\mathscr{A}^*x_j) = |\mu_{j-1}|^2 + |\varkappa_j|^2,$$
$$(x_{j+1}, \mathscr{A}\mathscr{A}^*x_j) = \bar{\varkappa}_j\mu_j.$$

Wenn wir jede dieser Gleichungen mit ihrer rechten Seite multiplizieren und anschließend addieren, so erhalten wir

$$(\mathscr{A}\mathscr{A}^*x_j, \mathscr{A}\mathscr{A}^*x_j) = \bar{\mu}_{j-1}^2\varkappa_{j-1}^2 + (|\mu_{j-1}|^2 + |\varkappa_j|^2)^2 + \mu_j^2\bar{\varkappa}_j^2 > 0 \tag{5}$$

$(j = 1, 2, 3, \ldots)$. Es sei jetzt $j = 1$, dann ist $\mu_1^2\bar{\varkappa}_1^2$ reell. Da aber $\varkappa_1$ reell ist, muß auch μ_1 reell sein.

Analog erhalten wir aus (B_j')

$$(y_{j-2}, \mathscr{A}^*\mathscr{A}y_{j-1}) = \varkappa_{j-1}\bar{\mu}_{j-2},$$
$$(y_{j-1}, \mathscr{A}^*\mathscr{A}y_{j-1}) = |\varkappa_{j-1}|^2 + |\mu_{j-1}|^2,$$
$$(y_j, \mathscr{A}^*\mathscr{A}y_{j-1}) = \mu_{j-1}\bar{\varkappa}_j.$$

Wenn wir diese Gleichungen der Reihe nach mit ihren rechten Seiten multiplizieren und anschließend addieren, ergibt sich

$$(\mathscr{A}^*\mathscr{A}y_{j-1}, \mathscr{A}^*\mathscr{A}y_{j-1}) = \varkappa_{j-1}^2\bar{\mu}_{j-2}^2 + (|\mu_{j-1}|^2 + |\varkappa_{j-1}|^2)^2 + \mu_{j-1}^2\bar{\varkappa}_j^2 > 0 \tag{6}$$

$(j = 2, 3, \ldots)$. Falls $j = 2$ ist, dann erweist sich $\mu_1^2\bar{\varkappa}_2^2$ als reell. Da aber μ_1^2 reell ist, folgt, daß auch $\varkappa_2^2$ reell ist; $\varkappa_2$ ist also reell oder rein imaginär.

Es ist nicht schwer zu erreichen, daß auch $\varkappa_2$ reell wird. Wenn nämlich $\varkappa_2$ nicht reell ist, so betrachten wir in $(A_2; 3.6)$ statt y_2 das Element iy_2, und sein Koeffizient wird in diesem Fall $-i\varkappa_2$, also eine reelle Zahl.

Wenn wir annehmen, daß $\varkappa_1, \varkappa_2, \ldots, \varkappa_{j-1}$ und $\mu_1^2, \mu_2^2, \ldots, \mu_{j-1}^2$ reell sind, dann ist nach (6) auch $\mu_{j-1}^2\bar{\varkappa}_j^2$ reell. Vorausgesetzt, daß $\mu_{j-1} \neq 0$ ist, erweist sich $\varkappa_j^2$ als reell. Dann kann man aber genau so wie oben aus $(A_j; 3.6)$ das Element y_j derart bestimmen, daß $\varkappa_j$ reell wird. Wenn wir das erreicht haben, dann ergibt sich, daß auch μ_j^2 reell ist. Damit haben wir unsere Behauptung bewiesen. ∎

Wir werden jetzt das verallgemeinerte Schmidtsche System zu einer gewissen Verallgemeinerung des Satzes 3; 3.4.1, welcher nur für vollstetige Operatoren gilt, benutzen. Der Satz, den wir nun formulieren möchten, ist zum zitierten Satz analog, bezieht sich jedoch auf lineare, beschränkte Operatoren.

Es sei $\{x_n, y_n; \varkappa_n, \mu_n\}$ ein verallgemeinertes Schmidtsches System von $\mathscr{A} \in \mathfrak{B}(H, H)$. Sollten die orthonormierten Elementensysteme $\{x_n\}$ und $\{y_n\}$ nicht vollständig sein, so werden diese mit orthonormierten Basen von $N(\mathscr{A}^*)$ bzw. von $N(\mathscr{A})$ zu vollständigen orthonormierten Elementensystemen ergänzt. Diese Basen von $N(\mathscr{A}^*)$ bzw. $N(\mathscr{A})$ werden wir mit $\{\mathring{x}_1, \mathring{x}_2, \ldots\}$ bzw. $\{\mathring{y}_1, \mathring{y}_2, \ldots\}$ bezeichnen.

Nun wählen wir ein beliebiges Element y aus H und entwickeln das Element $\mathscr{A}y \in H$ in eine nach den Elementen x_j fortschreitende Fourierreihe:

$$\mathscr{A}y = \sum_{(j)} \mathring{c}_j \mathring{x}_j + \sum_{(j)} c_j x_j, \tag{7}$$

wobei

$$\mathring{c}_j = (\mathscr{A}y, \mathring{x}_j) = (y, \mathscr{A}^*\mathring{x}_j) = 0 \quad (j = 1, 2, \ldots)$$

und

$$c_j = (\mathscr{A}y, x_j) \quad (j = 1, 2, \ldots)$$

ist. Die Reihe (7) konvergiert nach der Norm des Raumes H gegen $\mathscr{A}y$.

Wir werden unter Berücksichtigung von $(A_j; 3.6)$ den Ausdruck für c_j umformen:

$$c_j = (\mathscr{A}y, x_j) = (y, \mathscr{A}^*x_j) = (y, \bar{\mu}_{j-1}y_{j-1}) + (y, \bar{\varkappa}_j y_j)$$

$$= \varkappa_j \left[(y, y_j) + \frac{\mu_{j-1}}{\varkappa_j} (y, y_{j-1}) \right] \quad (j = 1, 2, 3, \ldots).$$

Damit nimmt (7) die Gestalt

$$\mathscr{A}y = \sum_{(j)} \varkappa_j \left(y, y_j + \frac{\bar{\mu}_{j-1}}{\bar{\varkappa}_j} y_{j-1} \right) x_j \tag{8}$$

an. Es gilt somit der folgende Satz [FENYÖ 1978].

Satz 2. *Jeder beschränkte lineare Operator $\mathscr{A}: H \to H$ im separablen Hilbertraum kann mit Hilfe eines verallgemeinerten Schmidtschen Systems $\{x_n, y_n; \varkappa_n, \mu_n\}$ in der Form (8) dargestellt werden.* ∎

Wir bemerken, daß ein wesentlicher Unterschied zum Satz 3; 3.4.1 besteht. Wenn wir nämlich die Operatorfolge

$$\mathscr{A}_n x := \sum_{j=1}^{n} \varkappa_j \left(y, y_j + \frac{\bar{\mu}_{j-1}}{\bar{\varkappa}_j} y_{j-1} \right) x_j \quad (n = 1, 2, 3, \ldots)$$

betrachten, dann konvergiert diese im allgemeinen nicht im Sinn der Operatorennorm gegen $\mathscr{A}$ (also nicht stark), sondern $\lim_{n\to\infty} \mathscr{A}_n = \mathscr{A}$ gilt im allgemeinen im Sinne der schwachen Konvergenz. Wenn die Zahlen $\varkappa_j$ gegen null streben (falls unendlich viele vorhanden sind) und das Elementensystem $\left\{ y_j + \dfrac{\bar{\mu}_{j-1}}{\bar{\varkappa}_j} y_{j-1} \right\}$ orthonormiert ist, dann gilt die Grenzwertbeziehung $\lim_{n\to\infty} \mathscr{A}_n = \mathscr{A}$ im Sinne der starken Konvergenz, wie das unmittelbar aus dem Beweis des Satzes 3; 3.4.1 ersichtlich ist. Unter diesen Bedingungen ist jedoch $\mu_j = 0$ $(j = 1, 2, 3, \ldots)$, und die Zahlen $\varkappa_j$ sind die Schmidtschen Eigenwerte. Man erhält wieder die Darstellung (5; 3.4.1). $\mathscr{A}$ ist dementsprechend ein vollstetiger Operator.

Auch die Umkehrung gilt: Falls $\mathscr{A}$ ein vollstetiger Operator ist, dann konvergieren die Zahlenfolgen $\{\varkappa_j\}$ und $\{\mu_j\}$ gegen null (angenommen natürlich, daß es sich um unendliche Folgen handelt). Ist $\mathscr{A}$ nämlich kompakt, so folgt daraus die Existenz einer unendlichen Indexmenge $J \subset I = \{1, 2, 3, \ldots\}$, für welche

$$\lim_{J \ni j \to \infty} \mathscr{A} y_j = \lim_{J \ni j \to \infty} (\varkappa_{j-1} x_{j-1} + \mu_{j-1} x_j) = x$$

vorhanden ist. Wegen der Stetigkeit des Skalarproduktes gilt

$$\lim_{J \ni j \to \infty} \varkappa_{j-1} = \lim_{J \ni j \to \infty} (x, x_{j-1}), \quad \lim_{J \ni j \to \infty} \mu_{j-1} = \lim_{J \ni j \to \infty} (x, x_j),$$

woraus sich

$$\lim_{J \ni j \to \infty} \varkappa_{j-1} = \lim_{J \ni j \to \infty} (x, x_{j-1}) = \lim_{J \ni j \to \infty} (x, x_j) = \lim_{J \ni j \to \infty} \mu_{j-1}$$

ergibt. x ist ein Element von H, deswegen gilt andererseits

$$\lim_{j \to \infty} (x, x_j) = 0.$$

Aus diesem Grund ist

$$\liminf_{j \to \infty} |\varkappa_j| = \liminf_{j \to \infty} |\mu_j| = 0.$$

Wir beweisen jetzt, daß die Folgen $\{\varkappa_j\}$ und $\{\mu_j\}$ gegen 0 streben.

Wenn $I = J$ ist, dann ist nichts zu beweisen. Wir nehmen an, daß $I - J = J'$ eine nichtleere unendliche Indexmenge ist.

Die Zahlenmengen $\{\varkappa_j\}$ und $\{\mu_j\}$ sind beschränkt, denn aus $(\mathbf{B}_j; 3.6)$ folgt

$$\|\mathscr{A}\|^2 \geqq \|\mathscr{A} y_{j-1}\|^2 = \|\varkappa_{j-1} x_{j-1} + \mu_{j-1} x_j\|^2 = |\varkappa_{j-1}|^2 + |\mu_{j-1}|^2,$$

also ist

$$|\varkappa_j| \leqq \|\mathscr{A}\|, \quad |\mu_j| \leqq \|\mathscr{A}\|.$$

Demzufolge enthält J' eine unendliche Teilfolge J'', für welche

$$\lim_{J'' \ni j \to \infty} \varkappa_j = a \neq 0 \quad \text{und} \quad \lim_{J'' \ni j \to \infty} \mu_j = b \neq 0$$

gilt. Wegen der Kompaktheit von $\mathscr{A}$ hat J'' wiederum eine unendliche Teilfolge J''', für welche

$$\lim_{J''' \ni j \to \infty} \mathscr{A} y_j$$

existiert. Dann muß aber aus den schon oben angeführten Gründen

$$\lim_{J''' \ni j \to \infty} \varkappa_j = \lim_{J''' \ni j \to \infty} \mu_j = 0$$

sein. Das widerspricht aber der Annahme $a \neq 0$ und $b \neq 0$. Also gilt $\varkappa_j \to 0$, $\mu_j \to 0$ $(j \to \infty)$.

Auch umgekehrt ist die Aussage richtig: Gelten die Beziehungen $\varkappa_j \to 0$, $\mu_j \to 0$ $(j \to \infty)$, dann ist $\mathscr{A}$ kompakt. Aus (8) folgt nämlich

$$\mathscr{A} y = \sum_{(j)} \varkappa_j (y, y_j) x_j + \sum_{(j)} \mu_{j-1} (y, y_{j-1}) x_j = \mathscr{A}_1 y + \mathscr{A}_2 y.$$

Man kann, wie wir gesehen haben, $\{x_j\}$ und $\{y_j\}$ derart bestimmen, daß $\varkappa_j$ reell und μ_j reell oder rein imaginär ist. Dann sind aber die Operatoren $\mathscr{A}_1$ und $\mathscr{A}_2$ nach Satz 3; 3.4.1 kompakt, so daß auch $\mathscr{A}$ kompakt ist.

Wir haben damit folgenden Satz bewiesen [FENYÖ 1978]:

Satz 3. *Ein linearer Operator $\mathscr{A} \in \mathfrak{B}(H, H)$ in einem separablen Hilbertraum ist genau dann kompakt, wenn die Folgen der verallgemeinerten Schmidtschen Eigenwerte (falls unendlich viele solche vorhanden sind) Nullfolgen bilden.* ∎

Aus diesem Satz folgt unmittelbar:

> *Wenn die verallgemeinerten Schmidtschen Eigenwerte eines beschränkten Operators dem Absolutbetrag nach über einer positiven Schranke bleiben, dann ist er nicht vollstetig.*   (9)

Es sei $\mathscr{A} \in \mathfrak{B}(H, H)$ ein *isometrischer Operator*, d. h., es gelte für alle $x, y \in H$

$$(\mathscr{A}x, \mathscr{A}y) = (x, y), \tag{10}$$

was mit

$$\mathscr{A}^*\mathscr{A} = \mathscr{A}\mathscr{A}^* = \mathscr{E} \tag{11}$$

äquivalent ist.

Wenn $R(\mathscr{A}) = H$ ist, dann gilt

$$\mathscr{A}^* = \mathscr{A}^{-1}, \tag{12}$$

und $\mathscr{A}$ wird *unitärer Operator* genannt.

Wir wählen jetzt ein beliebiges vollständiges orthonormiertes Elementensystem $\{x_1, x_2, \ldots\}$. Dann ist die Elementenfolge $y_k = \mathscr{A}x_k$ $(k = 1, 2, \ldots)$ wegen (10) ebenfalls orthonormiert:

$$(\mathscr{A}x_k, \mathscr{A}x_l) = (x_k, x_l) = \begin{cases} 0 & \text{für} \quad k \neq l, \\ 1 & \text{für} \quad k = l. \end{cases}$$

Dabei erweist sich $\{y_k\}$ auch als vollständig. Es gilt nämlich für ein beliebiges $y \in H$ mit $y = \mathscr{A}x$

$$\|x\|^2 = (x, x) = \sum_{k=1}^{\infty} |(x, x_k)|^2 = \sum_{k=1}^{\infty} |(\mathscr{A}x, \mathscr{A}x_k)|^2$$

$$= \sum_{k=1}^{\infty} |(y, y_k)|^2 = (\mathscr{A}x, \mathscr{A}x) = \|y\|^2.$$

Aus $\mathscr{A}x_j = y_j$ folgt auf Grund von (12) $x_j = \mathscr{A}^*y_j$ $(j = 1, 2, 3, \ldots)$, d. h., hier sind alle μ_j gleich 0 und $\varkappa_j$ gleich 1. Nach Satz 2 sehen wir, daß *also ein unitärer Operator zwar beschränkt, jedoch wegen (9) nicht vollstetig ist.*

Bildet man demzufolge nach (15; 3.6) die zugeordnete Matrix $\mathfrak{a}$ des unitären Operators $\mathscr{A}$, dann wird diese **genau die Einheitsmatrix $\mathfrak{e}$.**

Diese Eigenschaft charakterisiert die unitären Operatoren. Wenn nämlich $\mathfrak{a} = \mathfrak{e}$ ist, dann muß $\mu_j = 0$, $\varkappa_j = 1$ $(j = 1, 2, 3, \ldots)$ sein. Es gibt demzufolge nach $(A_j; 3.6)$ und $(B_j; 3.6)$ ein vollständiges orthonormiertes Elementensystem $\{x_1, x_2, x_3, \ldots\}$ derart, daß auch die Elemente $y_j := \mathscr{A}^*x_j$ $(j = 1, 2, 3, \ldots)$ ein vollständiges orthonormiertes Elementensystem bilden. Wir zeigen, daß diese Tatsache die Isometrie von $\mathscr{A}$ zur Folge hat. Man wählt x, y aus H beliebig, und da $\{x_j\}$ vollständig ist, kann man x und y in eine nach den Elementen $\{x_i\}$ fortschreitende Fourierreihe entwickeln:

$$x = \sum_{i=1}^{\infty} (x, x_i)\, x_i, \quad y = \sum_{i=1}^{\infty} (y, x_i)\, x_i. \tag{13}$$

Da $\mathscr{A}$ beschränkt, also auch stetig ist, gilt

$$\mathscr{A}x = \sum_{i=1}^{\infty} (x, x_i)\, y_i, \quad \mathscr{A}y = \sum_{i=1}^{\infty} (y, x_i)\, y_i. \tag{14}$$

Wegen der Vollständigkeit der Systeme $\{x_i\}$ und $\{y_i\}$ ergibt sich auf Grund der Parsevalschen Formel aus (13)

$$(x, y) = \sum_{i=1}^{\infty} (x, x_i)\, \overline{(y, x_i)}$$

und aus (14)

$$(\mathscr{A}x, \mathscr{A}y) = \sum_{i=1}^{\infty} (x, x_i)\, \overline{(y, x_i)},$$

womit die Beziehung (10) bewiesen ist. Damit erhalten wir folgenden Satz:

Satz 4. *Ein Operator $\mathscr{A} \in \mathfrak{B}(H, H)$ mit $R(\mathscr{A}) = H$ ist genau dann ein unitärer Operator, falls ein vollständiges orthonormiertes Elementensystem existiert derart, daß die zugeordnete Matrix in (15; 3.6) die Einheitsmatrix ist.* ∎

Wenn für einen Operator $\mathscr{A} \in \mathfrak{B}(H, H)$ nur eine der beiden Gleichungen (11) gilt, sagen wir, $\mathscr{A}$ ist ein *halbunitärer Operator*.
Wenn

$$\mathscr{A}^*\mathscr{A} = \mathscr{E} \tag{15}$$

ist, heißt $\mathscr{A}$ ein *linksunitärer* Operator; falls dagegen

$$\mathscr{A}\mathscr{A}^* = \mathscr{E} \tag{16}$$

heißt $\mathscr{A}$ ein *rechtsunitärer* Operator.

Ist $\mathscr{A}$ halbunitär, z. B. linksunitär, so ist $\mathscr{A}$ auch isometrisch, denn für beliebige x und y aus H gilt

$$(x, y) = (x, \mathscr{A}^*\mathscr{A}y) = (\mathscr{A}x, \mathscr{A}y).$$

Deshalb ergibt sich, daß auch das Elementensystem $y_k = \mathscr{A}^*x_k$ $(k = 1, 2, 3, \ldots)$ orthonormal ist, wie immer wir das vollständige orthonormale Elementensystem $\{x_1, x_2, \ldots\}$ im Raum H wählen.

Falls jetzt $\mathscr{A}$ rechtsunitär ist, ergibt sich wegen (16) $\mathscr{A}y_k = x_k$, d. h. $\mu_k = 0$ $(k = 1, 2, \ldots)$ und $\varkappa_k = 1$ $(k = 1, 2, \ldots)$. Wenn $y_0 \in N(\mathscr{A})$ ist, so gilt

$$(y_0, y_k) = (\mathscr{A}y_0, \mathscr{A}y_k) = 0.$$

Daraus folgt, daß y_k $(k = 1, 2, \ldots)$ zu $N(\mathscr{A})$ orthogonal ist. Da $\mathscr{A}$ nur eine ein-

11*

seitige Inverse hat, ist $N(\mathscr{A}) \neq \{0\}$. Die zugeordnete Matrix hat somit die Gestalt

$$
\mathfrak{a} = \begin{bmatrix} 0 & & & & \\ & 0 & & & \\ & & \ddots & & \\ & & & 1 & \\ & & & & 1 \\ & & & & & \ddots \end{bmatrix}. \tag{17}
$$

Genauso wie im vorangehenden Satz sieht man, daß die Matrix (17) einen halbunitären Operator charakterisiert:

Satz 5. *Ein Operator $\mathscr{A} \in \mathfrak{B}(H, H)$ mit $R(\mathscr{A}) = H$ ist genau dann halbunitär, falls seine zugeordnete Matrix bezüglich einer orthonormierten Basis für H die Gestalt* (17) *hat.* ∎

Es sei $\{y_n\}$ ein orthonormiertes Elementensystem in H und $\mathscr{A}$ ein linksunitärer (bzw. unitärer) Operator in H. *Dann sind die Elemente*

$$
x_n = \mathscr{A}y_n, \qquad n = 1, 2, \ldots, \tag{18}
$$

ebenfalls orthonormiert. Es ist nämlich

$$
(x_n, x_m) = (\mathscr{A}y_n, \mathscr{A}y_m) = (\mathscr{A}^*\mathscr{A}y_n, y_m) = (y_n, y_m) = \delta_{n,m} \quad (n, m = 1, 2, \ldots).
$$

Die gleiche Aussage gilt für rechtsunitäre Operatoren; dann bringt die Orthonormiertheit von $\{x_n\}$ die Orthonormiertheit von $y_n := \mathscr{A}^*x_n$ $(n = 1, 2, \ldots)$ mit sich.

3.8.   Matrizendarstellung von Operatoren im Hilbertraum

3.8.1.   Matrizendarstellung und vollstetige Bilinearformen

Es sei H irgendein separabler Hilbertraum und $\{x_1, x_2, \ldots, x_n, \ldots\}$ eine vollständige orthonormierte Basis von H. Wir betrachten den Operator $\mathscr{A} \in \mathfrak{B}(H, H)$. Unser Ziel ist es, eine gut zu handhabende Darstellung für $\mathscr{A}$ zu geben.

Es sei nun x ein beliebiges Element aus H, welches wir nach der obigen Basis in eine Fourierreihe

$$
x = \sum_{i=1}^{\infty} \gamma_i x_i \tag{1}
$$

entwickeln, wobei die Reihe der Norm des Raumes H nach gegen x konvergiert; γ_i sind die Fourierkoeffizienten:

$$
\gamma_i = (x, x_i) \quad (i = 1, 2, 3, \ldots). \tag{2}
$$

Wegen der Stetigkeit von $\mathscr{A}$ gilt

$$
y := \mathscr{A}x = \sum_{j=1}^{\infty} \gamma_j \mathscr{A}x_j. \tag{3}
$$

Wir stellen ferner noch folgende Reihenentwicklungen auf:

$$y = \sum_{i=1}^{\infty} \delta_i x_i \quad \left(\delta_i = (y, x_i); \; i = 1, 2, 3, \ldots\right),$$

$$\mathscr{A} x_j = \sum_{i=1}^{\infty} \alpha_{ij} x_i \quad \left(\alpha_{ij} = (\mathscr{A} x_j, x_i); \; i, j = 1, 2, 3, \ldots\right).$$

Wenn wir diese in (3) einsetzen und die entsprechenden Koeffizienten der linken und rechten Seite dieser Gleichung miteinander vergleichen, dann ergibt sich

$$\delta_i = \sum_{j=1}^{\infty} \alpha_{ij} \gamma_j \quad (i = 1, 2, \ldots). \tag{4}$$

Dabei wurden mit δ_i die Fourierkoeffizienten des Elementes y und mit α_{ij} die Fourierkoeffizienten des Elementes $\mathscr{A} x_j$ bezeichnet.

Die Folge der Fourierkoeffizienten des Elementes $y = \mathscr{A} x$ erhält man also aus der Folge der Fourierkoeffizienten des Elementes x durch eine Transformation mittels der unendlichen Matrix

$$\mathfrak{a} = \begin{bmatrix} \alpha_{11} & \alpha_{12} & \alpha_{13} & \cdots \\ \alpha_{21} & \alpha_{22} & \alpha_{23} & \cdots \\ \alpha_{31} & \alpha_{32} & \alpha_{33} & \cdots \\ \cdots\cdots\cdots\cdots\cdots\cdots \end{bmatrix}. \tag{5}$$

Damit haben wir gezeigt:

Der Operator $\mathscr{A} \in \mathfrak{B}(H, H)$ besitzt eine Matrizendarstellung (analog
zum endlichdimensionalen Fall). (6)

Wenn wir dem Element $x \in H$ die Folge seiner Fourierkoeffizienten $(\gamma_1, \gamma_2, \ldots)$ zuordnen, dann sieht man, daß $(\gamma_1, \gamma_2, \ldots) \in l^2$ und $\|x\| = \|(\gamma_1, \gamma_2, \gamma_3, \ldots)\|$ ist (wegen der Vollständigkeit).

Im Unterschied zum endlichdimensionalen Fall definiert jedoch *nicht jede* Matrix der Form (5) einen linearen Operator.

Satz 1. *Eine notwendige und hinreichende Bedingung dafür, daß eine Matrix von der Gestalt (5) einen linearen und beschränkten Operator $\mathscr{A} : H \to H$ darstellt, ist die Existenz einer Konstanten C mit der Eigenschaft, daß für alle $m, n = 1, 2, \ldots$ und beliebige Zahlen $\gamma_1, \gamma_2, \ldots, \gamma_n, \ldots$ die Ungleichung*

$$\sum_{i=1}^{n} \left| \sum_{j=1}^{m} \alpha_{ij} \gamma_j \right|^2 \leqq C^2 \sum_{j=1}^{m} |\gamma_j|^2 \tag{7}$$

gilt.

Beweis. *Notwendigkeit.* Wählen wir für x ein Element, dessen Fourierkoeffizienten vom $(m + 1)$-ten Glied an gleich null sind (also eine Linearkombination von $\{x_1, x_2, \ldots, x_m\}$), dann erhalten wir

$$\sum_{i=1}^{n} \left| \sum_{j=1}^{m} \alpha_{ij} \gamma_j \right|^2 \leqq \sum_{i=1}^{\infty} \left| \sum_{j=1}^{m} \alpha_{ij} \gamma_j \right|^2 = \|y\|^2 = \|\mathscr{A} x\|^2 \leqq \|\mathscr{A}\|^2 \|x\|^2 = \|\mathscr{A}\|^2 \sum_{j=1}^{m} |\gamma_j|^2,$$

d. h., die Ungleichung (7) ist für $C = \|\mathscr{A}\|^2$ erfüllt.

Hinlänglichkeit. Lassen wir in der Ungleichung (7) zuerst m und anschließend n gegen unendlich gehen, dann folgt

$$\|y\|^2 = \sum_{i=1}^{\infty} \left| \sum_{j=1}^{\infty} \alpha_{ij}\gamma_j \right|^2 \leqq C^2 \sum_{j=1}^{\infty} |\gamma_j|^2 = C^2 \|x\|^2,$$

d. h.

$$\|y\| = \|\mathscr{A}x\| \leqq C \|x\|,$$

also ist $\|\mathscr{A}\| \leqq C$. ∎

Das Kriterium (7) ist oft schwer anwendbar, denn es ist nicht immer leicht, die Existenz einer Zahl C, wie sie im Satz 1 gefordert wird, nachzuprüfen. Deshalb geben wir ein einfacheres, jedoch nur hinreichendes Kriterium an.

Satz 2. *Gilt*

$$\sum_{i=1}^{\infty} \sum_{k=1}^{\infty} |\alpha_{ik}|^2 < \infty, \tag{8}$$

dann definiert die Matrix (5) gemäß (4) einen beschränkten linearen Operator in H.

Beweis. Aus der Abschätzung

$$\|y\|^2 = \sum_{i=1}^{\infty} \left| \sum_{j=1}^{\infty} \alpha_{ij}\gamma_j \right|^2 \leqq \sum_{i=1}^{\infty} \sum_{j=1}^{\infty} |\alpha_{ij}|^2 \sum_{j=1}^{\infty} |\gamma_j|^2 = \sum_{i=1}^{\infty} \sum_{j=1}^{\infty} |\alpha_{ij}|^2 \|x\|^2$$

folgt die Beschränktheit von $\mathscr{A}$, und man sieht unmittelbar, daß

$$\|\mathscr{A}\|^2 \leqq \sum_{i=1}^{\infty} \sum_{j=1}^{\infty} |\alpha_{ij}|^2$$

gilt. ∎

Wir weisen noch darauf hin, daß die Matrizendarstellung des Operators $\mathscr{A}$ von der Wahl des Orthonormalsystems $\{x_1, x_2, \ldots\}$ abhängt. Bei einer Änderung desselben ändert sich auch die Matrix (5), die den gegebenen Operator darstellt. Die Behandlung der Frage, unter welchen Bedingungen zwei Matrizen der Form (5) ein und denselben Operator bestimmen, bereitet große Schwierigkeiten. Wir werden diesbezüglich nur einige für die Theorie der Integralgleichungen wichtige spezielle Probleme betrachten.

Einer unendlichen Matrix werden wir im Raum l^2 eine *Bilinearform*

$$\sum_{i=1}^{\infty} \sum_{j=1}^{\infty} \alpha_{ij}\delta_i\gamma_j \tag{9}$$

zuordnen, wobei $\delta = (\delta_1, \delta_2, \ldots)$ und $\gamma = (\gamma_1, \gamma_2, \ldots)$ Elemente aus l^2 sind.

Wir sagen: Die Matrix $[a_{ij}[$ bzw. die zugehörige Bilinearform von der Gestalt (9) heißt *stark beschränkt*, wenn eine von $\delta, \gamma \in l^2$ unabhängige positive Konstante M existiert, so daß

$$\left| \sum_{i=1}^{\infty} \sum_{j=1}^{\infty} \alpha_{ij}\delta_i\gamma_j \right| \leqq M \|\delta\| \|\gamma\|$$

gilt.

Wir werden jetzt einige für die künftigen Ausführungen nützliche Begriffe einführen.

Eine Folge von Elementen $\delta^{(n)} \in l^2$ ($n = 1, 2, \ldots$), also

$$\delta^{(n)} = (\delta_1^{(n)}, \delta_2^{(n)}, \ldots) \quad (n = 1, 2, 3, \ldots),$$

wird *schwach konvergent* gegen

$$\delta = (\delta_1, \delta_2, \ldots) \in l^2$$

genannt und mit $\delta^{(n)} \rightharpoonup \delta$ ($n \to \infty$) bezeichnet, falls

$$\lim_{n \to \infty} \delta_i^{(n)} = \delta_i \quad (i = 1, 2, 3, \ldots)$$

gilt.

Die Bilinearform (9) heißt *vollstetig*, wenn für beliebige, schwach konvergente Folgen $\delta^{(n)} \rightharpoonup \delta$, $\gamma^{(n)} \rightharpoonup \gamma$ die Beziehung

$$\lim_{n \to \infty} \sum_{i=1}^{\infty} \sum_{j=1}^{\infty} \alpha_{ij} \delta_i^{(n)} \gamma_j^{(n)} = \sum_{i=1}^{\infty} \sum_{j=1}^{\infty} \alpha_{ij} \delta_i \gamma_j$$

besteht. Das bedeutet: Eine Bilinearform von der Gestalt (9) ist vollstetig, wenn sie bezüglich der schwachen Konvergenz stetig ist.

Den Begriff der Vollstetigkeit übertragen wir auch auf unendliche Matrizen: Die unendliche Matrix (5) heißt *vollstetig*, wenn die mit ihren Elementen gebildete Bilinearform vollstetig ist.

Diese grundlegende Definition geht auf HILBERT zurück [HILBERT 1912].

Wir werden nun einige Haupteigenschaften vollstetiger Bilinearformen (bzw. Matrizen) beweisen.

Satz 3. *Jede vollstetige Bilinearform ist stark beschränkt.*

Beweis. Wir betrachten die Elemente $\delta = (\delta_1, \delta_2, \ldots)$ und $\gamma = (\gamma_1, \gamma_2, \ldots)$ aus l^2 mit $\|\delta\| \leqq 1$, $\|\gamma\| \leqq 1$. Wäre die Bilinearform nicht stark beschränkt, dann gäbe es zwei Folgen von Elementen $\delta^{(n)}, \gamma^{(n)} \in l^2$ mit $\|\delta^{(n)}\| \leqq 1$, $\|\gamma^{(n)}\| \leqq 1$, so daß

$$\left| \sum_{i=1}^{\infty} \sum_{j=1}^{\infty} \alpha_{ij} \delta_i^{(n)} \gamma_j^{(n)} \right|$$

über alle Grenzen wächst. Ferner könnte man zwei Teilfolgen $\delta^{(n_k)}$ und $\gamma^{(n_k)}$ derart bestimmen, daß für alle i und j die Grenzwerte $\lim_{k \to \infty} \delta_i^{(n_k)} = \delta_i$ und $\lim_{k \to \infty} \gamma_j^{(n_k)} = \gamma_j$ existieren und gleichzeitig

$$\sum_{i=1}^{\infty} |\delta_i|^2 \leqq 1, \quad \sum_{j=1}^{\infty} |\gamma_j|^2 \leqq 1$$

ist. Das widerspricht der geforderten Vollstetigkeit der Bilinearform. ∎

Wir überzeugen uns andererseits, daß *nicht jede stark beschränkte Bilinearform auch vollstetig ist*. Dazu nehme man die Einheitsmatrix

$$\mathfrak{e} = \begin{bmatrix} 1 & 0 & 0 & \ldots \\ 0 & 1 & 0 & \ldots \\ 0 & 0 & 1 & \ldots \\ \cdots\cdots\cdots\cdots \end{bmatrix}$$

her. Ihr ist die Bilinearform $\sum\limits_{i=1}^{\infty} \delta_i \gamma_i$ zugeordnet. Sie ist stark beschränkt, denn für $\|\delta\| \leqq 1$, $\|\gamma\| \leqq 1$ gilt nach der Schwarzschen Ungleichung

$$\left| \sum_{i=1}^{\infty} \delta_i \gamma_i \right|^2 \leqq \sum_{i=1}^{\infty} |\delta_i|^2 \sum_{i=1}^{\infty} |\gamma_i|^2 \leqq 1.$$

Wenn wir jetzt die nachstehend aufgeführten Elementenfolgen aus l^2 betrachten,

$$\delta^{(n)} = (\underbrace{0, 0, \ldots, 0, 1, 0, \ldots}_{n}), \qquad \gamma^{(n)} = (\underbrace{0, 0, \ldots, 0, 1, 0, \ldots}_{n})$$

$(n = 1, 2, \ldots)$, dann gilt $\delta^{(n)} \rightharpoonup 0$, $\gamma^{(n)} \rightharpoonup 0$ $(n \to \infty)$; dagegen ist aber

$$\lim_{n\to\infty} \sum_{i=1}^{\infty} \delta_i^{(n)} \gamma_i^{(n)} = \lim_{n\to\infty} 1 = 1.$$

Man kann natürlich die entsprechende Definition der Vollstetigkeit auch für Linearformen $\xi = \sum\limits_{i=1}^{\infty} \beta_i \xi_i$ aufstellen. Es zeigt sich dann wie oben:

Jede vollstetige Linearform ist beschränkt, aber umgekehrt ist auch jede beschränkte Linearform vollstetig. (10)

In der Tat ist ja für $\xi^{(n)} \in l^2$, $\xi \in l^2$ mit $\|\xi^{(n)}\| \leqq 1$, $\|\xi\| \leqq 1$ $(n = 1, 2, \ldots)$ stets

$$\sum_{i=1}^{\infty} \beta_i(\xi_i^{(n)} - \xi_i) = \sum_{i=1}^{m} \beta_i(\xi_i^{(n)} - \xi_i) + \sum_{i=m+1}^{\infty} \beta_i(\xi_i^{(n)} - \xi_i).$$

Der erste Teil der Summe rechts strebt für jedes feste m gegen null, wenn $\lim\limits_{n\to\infty} \xi_i^{(n)} = \xi_i$ $(i = 1, 2, \ldots)$ ist. Für den zweiten Teil gilt nach der Schwarzschen Ungleichung

$$\left| \sum_{i=m+1}^{\infty} \beta_i(\xi_i^{(n)} - \xi_i) \right|^2 \leqq \sum_{i=m+1}^{\infty} |\beta_i|^2 \sum_{i=m+1}^{\infty} |\xi_i^{(n)} - \xi_i|^2$$

$$\leqq 2 \left(\sum_{i=m+1}^{\infty} |\beta_i|^2 \right) \left(\sum_{i=m+1}^{\infty} |\xi_i^{(n)}|^2 + \sum_{i=m+1}^{\infty} |\xi_i|^2 \right). \qquad (11)$$

Wir machen andererseits Gebrauch davon, daß die betrachtete Linearform

$$\sum_{i=1}^{\infty} \beta_i \xi_i \qquad (\xi = \{\xi_i\} \in l^2)$$

beschränkt ist. Eine solche Linearform stellt jedoch ein lineares und beschränktes Funktional über dem Hilbertraum l^2 dar. Wir wissen nach dem Darstellungssatz linearer und stetiger Funktionale (siehe (8; 3.1.1)), daß unser Funktional in eindeutiger Weise ein Element $\varrho = (\varrho_1, \varrho_2, \ldots)$ in l^2 definiert, mit dessen Hilfe das Funktional in der Gestalt des Skalarprodukts (ϱ, ξ) geschrieben werden kann. Es gilt somit $(\beta, \xi) = (\varrho, \xi)$ für jedes ξ aus l^2. Wenn wir der Reihe nach für ξ die in l^2 enthaltenen Elemente $(1, 0, 0, \ldots)$, $(0, 1, 0, 0, \ldots)$, $(0, 0, 1, 0, \ldots)$, $\ldots$ einsetzen, erkennen wir, daß $\beta = \varrho$ gilt. Also ist β ein Element des Raumes l^2, so daß $\sum\limits_{i=m+1}^{\infty} |\beta_i|^2 \to 0$

für $m \to \infty$ gültig ist. Außerdem ist auch noch $\sum\limits_{i=m+1}^{\infty} |\xi_i^{(n)}|^2 \to 0$ bei beliebigem, aber festem n und $\sum\limits_{i=m+1}^{\infty} |\xi_i|^2 \to 0$ für $m \to \infty$ erfüllt. Die rechte Seite von (11) konvergiert gegen null, also erst recht die linke Seite. Damit ist die Behauptung (10) nachgewiesen. ∎

Der folgende Satz ist ein Spezialfall des allgemeineren Satzes 7; 2.9.

Satz 4. *Das Produkt einer vollstetigen mit einer beliebigen beschränkten unendlichen Matrix ist stets vollstetig.*

Beweis. Es sei etwa die Matrix $\mathfrak{a} = [\alpha_{ik}]$ vollstetig und die Matrix $\mathfrak{b} = [\beta_{kj}]$ beschränkt. Wir bilden

$$\sum_{i=1}^{\infty} \sum_{j=1}^{\infty} \xi_i \left(\sum_{k=1}^{\infty} \alpha_{ik}\beta_{kj} \right) \eta_j = \sum_{i=1}^{\infty} \sum_{k=1}^{\infty} \xi_i \alpha_{ik} \left(\sum_{j=1}^{\infty} \beta_{kj}\eta_j \right)$$

$$= \sum_{i=1}^{\infty} \sum_{k=1}^{\infty} \alpha_{ik}\xi_i\zeta_k \quad (\xi, \eta \in l^2)$$

mit

$$\zeta_k = \sum_{j=1}^{\infty} \beta_{kj}\eta_j \quad (k = 1, 2, \ldots).$$

Es sei $\{\eta^{(n)}\}$ eine Folge von Elementen in l^2, welche schwach gegen $\eta \in l^2$ konvergiert. ζ_k ist als eine beschränkte Linearform dargestellt, die nach (10) vollstetig ist, woraus die Konvergenz der Folge $\zeta_k^{(n)}$ gegen ζ_k für $n \to \infty$ ($k = 1, 2, 3, \ldots$) resultiert, wenn $\zeta_k^{(n)} = \sum\limits_{j=1}^{\infty} \beta_{kj}\eta_j^{(n)}$ ($k = 1, 2, \ldots$) gilt. Es sei $\{\xi^{(n)}\}$ eine weitere Elementenfolge in l^2 mit $\xi^{(n)} \rightharpoonup \xi$ ($n \to \infty$). Dann ist wegen der Vollstetigkeit von $\mathfrak{a}$

$$\sum_{i=1}^{\infty} \sum_{k=1}^{\infty} \alpha_{ik}\xi_i^{(n)}\zeta_k^{(n)} \to \sum_{i=1}^{\infty} \sum_{k=1}^{\infty} \alpha_{ik}\xi_i\zeta_k.$$

Also gilt auch

$$\sum_{i=1}^{\infty} \sum_{j=1}^{\infty} \xi_i^{(n)} \left(\sum_{k=1}^{\infty} \alpha_{ik}\beta_{kj} \right) \eta_j^{(n)} \to \sum_{i=1}^{\infty} \sum_{j=1}^{\infty} \xi_i \left(\sum_{k=1}^{\infty} \alpha_{ik}\beta_{kj} \right) \eta_j$$

für $n \to \infty$. Damit ist die Vollstetigkeit von $\mathfrak{ab}$ bewiesen. Genauso zeigt man die Vollstetigkeit von $\mathfrak{ba}$. ∎

Eine unendliche Matrix $\mathfrak{a}$ definiert eine Abbildung von l^2 in sich. Es erhebt sich in natürlicher Weise die folgende Frage: Falls die Matrix $\mathfrak{a}$ vollstetig ist, ist dann auch die durch sie erzeugte lineare Abbildung von l^2 in sich im Sinne von 2.9. vollstetig.

Um diese Frage beantworten zu können, werden wir noch eine Definition einführen, welche sich als sehr nützlich erweisen wird.

Ein linearer Operator $\mathscr{A} : l^2 \to l^2$ heißt *schwach vollstetig*, wenn er eine schwach konvergente Elementenfolge von l^2 in eine (stark) konvergente Elementenfolge von l^2 überführt. $\mathscr{A}$ ist also schwach vollstetig, wenn aus $x_n \rightharpoonup x$ die Beziehung $\mathscr{A}x_n \to \mathscr{A}x$ (im Sinne der Konvergenz nach der Norm des Raumes l^2) folgt.

Nun beantworten wir die gestellte Frage durch den folgenden Satz:

Satz 5. *Ein durch eine unendliche Matrix* $\mathfrak{a}$ *dargestellter Operator* $\mathscr{A}: l^2 \to l^2$ *ist dann und nur dann vollstetig im Sinn von 2.9., wenn die Matrix* $\mathfrak{a}$ *(bzw. die zu* $\mathfrak{a}$ *gehörige Bilinearform) vollstetig ist.*

Beweis. Den Beweis werden wir in mehreren Schritten durchführen. Wir zeigen zuerst, daß sich aus der Vollstetigkeit von $\mathscr{A}$ auch die Vollstetigkeit von $\mathfrak{a}$ ergibt. Weiter schließen wir aus der Vollstetigkeit von $\mathfrak{a}$ auf die schwache Vollstetigkeit von $\mathscr{A}$ und zeigen schließlich, daß daraus die Vollstetigkeit von $\mathscr{A}$ folgt. Anders ausgedrückt: Wir zeigen, daß die Definitionen der Vollstetigkeit von $\mathscr{A}$, der Vollstetigkeit von $\mathfrak{a}$ und der schwachen Vollstetigkeit von $\mathscr{A}$ äquivalent sind. Die Schritte des Beweises sind:

a) Angenommen, $\mathscr{A}$ ist vollstetig, dann schließen wir daraus auf die Vollstetigkeit von $\mathfrak{a}$. Es seien $\xi^{(n)} \rightharpoonup \xi$, $\eta^{(n)} \rightharpoonup \eta$ ($\xi^{(n)}, \eta^{(n)}, \xi, \eta \in l^2$; $n = 1, 2, \ldots$) schwach konvergente Folgen mit

$$\xi^{(n)} = (\xi_1^{(n)}, \xi_2^{(n)}, \ldots), \quad \eta^{(n)} = (\eta_1^{(n)}, \eta_2^{(n)}, \ldots),$$
$$\xi = (\xi_1, \xi_2, \ldots), \quad \eta = (\eta_1, \eta_2, \ldots).$$

Wir zeigen

$$\sum_{i=1}^{\infty} \sum_{j=1}^{\infty} \alpha_{ij} \xi_i^{(n)} \eta_j^{(n)} \to \sum_{i=1}^{\infty} \sum_{j=1}^{\infty} \alpha_{ij} \xi_i \eta_j \quad (n \to \infty).$$

Wir werden der Einfachheit halber folgende Schreibweise einführen:

$$\langle \xi, \eta \rangle = \sum_{i=1}^{\infty} \xi_i \eta_i \quad (\xi, \eta \in l^2).$$

Mit dieser Bezeichnung kann die Behauptung wie folgt formuliert werden:

$$\langle \xi^{(n)}, \mathfrak{a}\eta^{(n)} \rangle \to \langle \xi, \mathfrak{a}\eta \rangle \quad (n \to \infty).$$

Den Beweis führen wir indirekt. Wir setzen die Existenz einer positiven Zahl q voraus, für welche

$$|\langle \xi^{(n)}, \mathfrak{a}\eta^{(n)} \rangle - \langle \xi, \mathfrak{a}\eta \rangle| \geqq q > 0 \tag{12}$$

gilt für eine unendliche Folge von Indizes $n_1, n_2, n_3, \ldots$ Die Elementenfolge $\{\eta^{(n)}\}$ ist schwach konvergent gegen ein Element von l^2, demzufolge ist sie auch beschränkt (nach der Norm von l^2). Nach Voraussetzung ist $\mathscr{A}$ kompakt, deshalb hat $\mathscr{A}\eta^{(n_k)}$ eine in l^2 (stark) konvergente Teilfolge. Der Einfachheit halber nehmen wir an, daß schon $\{\mathscr{A}\eta^{(n_k)}\}$ diese Teilfolge ist. $\{\mathscr{A}\eta^{(n_k)}\}$ ist somit in l^2 konvergent. Andererseits aber folgt aus $\eta^{(n)} \rightharpoonup \eta$ die schwache Konvergenz $\mathscr{A}\eta^{(n)} \rightharpoonup \mathscr{A}\eta$, denn für ein beliebiges ζ aus l^2 ist

$$\langle \zeta, \mathscr{A}\eta^{(n)} \rangle = \langle \mathscr{A}^*\zeta, \eta^{(n)} \rangle \to \langle \mathscr{A}^*\zeta, \eta \rangle = \langle \zeta, \mathscr{A}\eta \rangle,$$

wobei $\mathscr{A}^*$ der adjungierte Operator von $\mathscr{A}$ bezüglich $\langle \cdot, \cdot \rangle$ ist. Diese Behauptung gilt auf Grund von (10), da $\langle \mathscr{A}^*\zeta, y \rangle$ als Linearform (bezüglich y) beschränkt ist. Wenn wir der Reihe nach für ζ die Vektoren $(0, 0, \ldots 0, 1, 0, \ldots)$ einsetzen, ergibt sich die Behauptung.

Wir wissen also zum einen, daß $\mathscr{A}\eta^{(n_k)} \rightharpoonup \mathscr{A}\eta$ gilt, und zum anderen, daß $\{\mathscr{A}\eta^{(n_k)}\}$ auch stark konvergiert. Daraus folgt wegen der Stetigkeit von $\langle\cdot,\cdot\rangle$

$$\lim_{n_k\to\infty} \mathscr{A}\eta^{(n_k)} = \mathscr{A}\eta$$

nach der Norm von l^2. Deswegen können wir schreiben

$$|\langle\xi^{(n_k)}, \mathscr{A}\eta^{(n_k)}\rangle - \langle\xi, \mathscr{A}\eta\rangle| = |\langle\xi^{(n_k)}, \mathscr{A}\eta^{(n_k)} - \mathscr{A}\eta\rangle + \langle\xi^{(n_k)} - \xi, \mathscr{A}\eta\rangle|$$

$$\leqq \|\xi^{(n_k)}\| \, \|\mathscr{A}\eta^{(n_k)} - \mathscr{A}\eta\| + |\langle\xi^{(n)} - \xi, \mathscr{A}\eta\rangle| \to 0 \qquad (k\to\infty). \tag{13}$$

In unserem Fall ist $\mathscr{A}\eta$ das gleiche wie $a\eta$, und nach (12) sollte die linke Seite von (13) nicht kleiner als die positive Zahl q sein. Dieser Widerspruch beweist unsere Behauptung.

b) Wir zeigen jetzt, daß aus der Vollstetigkeit von a die schwache Vollstetigkeit von $\mathscr{A}$ folgt. Es wurde unter a) gezeigt, daß aus $\eta^{(n)} \rightharpoonup \eta$ die Beziehung $\mathscr{A}\eta^{(n)} \rightharpoonup \mathscr{A}\eta$ folgt. Es sei nun

$$\zeta^{(n)} := \eta^{(n)} - \eta \rightharpoonup 0.$$

Daraus ergibt sich

$$\omega^{(n)} := \mathscr{A}\eta^{(n)} - \mathscr{A}\eta \rightharpoonup 0.$$

Deswegen erhalten wir

$$\|\mathscr{A}\eta^{(n)} - \mathscr{A}\eta\|^2 = \langle\mathscr{A}\zeta^{(n)}, \omega^{(n)}\rangle \to 0 \quad (n\to\infty),$$

was nichts anderes als die Normkonvergenz von $\mathscr{A}\eta^{(n)}$ gegen $\mathscr{A}\eta$ bedeutet.

c) Es sei $\{\zeta^{(n)}\}$ eine beliebige beschränkte Folge, also $\|\zeta^{(n)}\| \leqq C$, d. h.

$$\sum_{i=1}^{\infty} |\zeta_i^{(n)}|^2 \leqq C^2 \qquad (n = 1, 2, 3, \ldots),$$

woraus selbstverständlich

$$|\zeta_i^{(n)}| \leqq C \qquad (i, n = 1, 2, 3, \ldots)$$

folgt. Dann gibt es aber eine Teilfolge $\{n_k^{(1)}\}$ von $\{1, 2, 3, \ldots\}$, für welche $\{\zeta_1^{(n_k^{(1)})}\}$ konvergent ist. Wir betrachten jetzt die Zahlenfolge $\{\zeta_2^{(n_k^{(1)})}\}$, welche ebenfalls beschränkt ist und demzufolge eine unendliche konvergente Teilfolge, etwa $\{\zeta_2^{(n_k^{(2)})}\}$, hat usw. Auf diese Weise erhalten wir eine Folge von Teilfolgen $\{n_k^{(j)}\}$ von $\{1, 2, 3, \ldots\}$, von denen jede eine Teilfolge aller vorangehenden ist derart, daß für die j-te Teilfolge die ersten j Grenzwerte existieren. Betrachtet man die Diagonalfolge $n_1^{(1)}, n_2^{(2)}, \ldots,$ $n_j^{(j)}, \ldots$, so erkennt man, daß diese Folge eine Teilfolge sämtlicher Teilfolgen ist und daß daher für diese Folge sämtliche Grenzwerte

$$\lim_{j\to\infty} \zeta_p^{(n_j^{(j)})} \qquad (p = 1, 2, \ldots)$$

vorhanden sein müssen. Mit diesem sogenannten *Hilbertschen Auswahlverfahren* [HILBERT 1912] haben wir gezeigt, daß die beschränkte Elementenfolge $\{\zeta^{(n)}\}$ eine schwach konvergente Teilfolge, etwa $\{\xi^{(n)}\}$, besitzt.

Wir setzen jetzt voraus, daß $\mathscr{A}$ schwach vollstetig ist. In diesem Fall wird die vorige schwach konvergente Folge $\{\xi^{(n)}\}$ in die stark konvergente Folge $\{\mathscr{A}\xi^{(n)}\}$ transformiert. Dann ist aber

$$|\langle \xi^{(n)} - \xi^{(m)}, \mathfrak{a}(\xi^{(n)} - \xi^{(m)})\rangle| \leqq 2C \, \|\mathscr{A}\xi^{(n)} - \mathscr{A}\xi^{(m)}\| \to 0$$

für $n, m \to \infty$.

Wir haben also bewiesen: *Aus der schwachen Vollstetigkeit von $\mathscr{A}$ folgt, daß jede beschränkte Elementenfolge $\{\zeta^{(n)}\}$ aus l^2 eine unendliche Teilfolge $\{\xi^{(n)}\}$ besitzt, für welche*

$$\langle \xi^{(n)} - \xi^{(m)}, \mathfrak{a}(\xi^{(n)} - \xi^{(m)})\rangle \to 0 \quad (m, n \to \infty) \tag{14}$$

gilt.

d) Es soll schließlich gezeigt werden, daß aus (14) die Vollstetigkeit von $\mathscr{A}$ folgt. Wieder bezeichne $\{\zeta^{(n)}\}$ eine beschränkte Elementenfolge in l^2. Dann sind auch die Folgen

$$\zeta^{(1,n)} := \zeta^{(n)} + \mathscr{A}\zeta^{(n)}, \quad \zeta^{(2,n)} := \zeta^{(n)} - \mathscr{A}\zeta^{(n)},$$

$$\zeta^{(3,n)} := \zeta^{(n)} + i\mathscr{A}\zeta^{(n)}, \quad \zeta^{(4,n)} := \zeta^{(n)} - i\mathscr{A}\zeta^{(n)}$$

beschränkt (i bedeutet hier die imaginäre Einheit). Es existiert demnach eine Folge von Indizes $\{n_p\}$, so daß

$$\langle \zeta^{(r,n_p)} - \zeta^{(r,n_q)}, \mathscr{A}(\zeta^{(r,n_p)} - \zeta^{(r,n_q)})\rangle \to 0 \qquad (r = 1, 2, 3, 4) \tag{15}$$

für $p, q \to \infty$ gilt. Man setzt der Einfachheit halber

$$\xi^{(r,p)} := \zeta^{(r,n_p)}, \quad \xi^{(p)} := \zeta^{(n_p)}.$$

Mit dieser Bezeichnung gilt die folgende Identität:

$$\langle \xi^{(1,p)} - \xi^{(1,q)}, \mathscr{A}(\xi^{(1,p)} - \xi^{(1,q)})\rangle - \langle \xi^{(2,p)} - \xi^{(2,q)}, \mathscr{A}(\xi^{(2,p)} - \xi^{(2,q)})\rangle$$

$$+ i\langle \xi^{(3,p)} - \xi^{(3,q)}, \mathscr{A}(\xi^{(3,p)} - \xi^{(3,q)})\rangle - i\langle \xi^{(4,p)} - \xi^{(4,q)}, \mathscr{A}(\xi^{(4,p)} - \xi^{(4,q)})\rangle$$

$$= 4\langle \mathscr{A}(\xi^{(p)} - \xi^{(q)}), \mathscr{A}(\xi^{(p)} - \xi^{(q)})\rangle = 4 \, \|\mathscr{A}(\xi^{(p)} - \xi^{(q)})\|.$$

Somit folgt

$$\|\mathscr{A}\xi^{(p)} - \mathscr{A}\xi^{(q)}\|^2 \to 0 \quad (p, q \to \infty),$$

d. h., $\{\mathscr{A}\xi^{(p)}\}$ ist stark konvergent.

Wir sind von der beschränkten Folge $\{\zeta^{(n)}\}$ ausgegangen und haben eine konvergente Teilfolge von $\{\mathscr{A}\zeta^{(n)}\}$ gefunden; die Menge $\{\mathscr{A}\zeta^{(n)}\}$ erwies sich also als kompakt. ∎

Wir geben noch einmal die Schritte in unserem Beweis an: Vollstetigkeit von $\mathscr{A} \Rightarrow$ Vollstetigkeit der zu $\mathscr{A}$ gehörigen Bilinearform $\Rightarrow$ schwache Vollstetigkeit von $\mathscr{A} \Rightarrow$ die Eigenschaft (14) $\Rightarrow$ Vollstetigkeit von $\mathscr{A}$.

3.8.2. Matrizendarstellung von hermiteschen beschränkten Operatoren

Es sei wieder H ein separabler Hilbertraum (interessant sind die unendlichdimensionalen Räume, deshalb werden wir das voraussetzen) und $\mathscr{A} \in \mathfrak{B}(H, H)$ ($\neq 0$). Wenn $\mathscr{A}^*$ der adjungierte Operator von $\mathscr{A}$ bezüglich des Skalarproduktes des

Raumes H ist und wenn

$$\mathscr{A} = \mathscr{A}^*$$

gilt, dann sagen wir, $\mathscr{A}$ ist ein *hermitescher Operator* (oder auch *symmetrischer Operator*).

Es sei $\{\mathring{x}_1, \mathring{x}_2, \ldots\}$ eine orthonormierte Basis für den Raum $N(\mathscr{A}) = N(\mathscr{A}^*)$. Wir werden jetzt eine besondere orthonormierte, an den Operator $\mathscr{A}$ gebundene Basis von $H - N(\mathscr{A})$ bilden, deren Konstruktion ähnlich zu der in 3.6. beschriebenen ist, die jedoch den hermiteschen Charakter des Operators berücksichtigt.

Es sei $x_1 \in H$ mit $\big(x_1, N(\mathscr{A})\big) = 0$ und $\|x_1\| = 1$ (sonst beliebig). Wir setzen

$$(\mathscr{A}x_1, x_1) = a_1. \tag{1}$$

Die Zahl a_1 ist nach Satz 2; 3.3.1 reell.

Wir bestimmen jetzt ein weiteres Element $x_2 \in H$ durch die Gleichung

$$\mathscr{A}x_1 - a_1 x_1 = b_1 x_2. \tag{2}$$

Es können hier zwei Fälle auftreten:

a) $b_1 \neq 0$; dann ist (2) eine Definitionsgleichung für x_2, wobei wir x_2 als normiert annehmen. Wir behaupten, daß x_2 zu $N(\mathscr{A})$ und x_1 orthogonal ist. Wenn nämlich $\mathring{x} \in N(\mathscr{A})$ gilt, dann ist

$$\bar{b}_1(\mathring{x}, x_2) = (\mathring{x}, \mathscr{A}x_1) - a_1(\mathring{x}, x_1) = (\mathscr{A}\mathring{x}, x_1) - a_1(\mathring{x}, x_1) = 0,$$

und wegen $b_1 \neq 0$ erhalten wir $\big(x_2, N(\mathscr{A})\big) = 0$. Weiter ist

$$\bar{b}_1(x_1, x_2) = (x_1, \mathscr{A}x_1) - a_1(x_1, x_1) = a_1 - a_1 = 0,$$

wie behauptet wurde.

b) $b_1 = 0$; in diesem Fall ist $a_1 \neq 0$, sonst wäre $x_1 \in N(\mathscr{A})$ im Gegensatz zur Voraussetzung. Dann ist aber a_1 ein Eigenwert von $\mathscr{A}$ mit dem Eigenelement x_1. In diesem Fall ist (2) für x_2 nicht bestimmend. Jetzt können wieder zwei Unterfälle eintreten, entweder ist

b$_1$) $L(\mathring{x}_1, \mathring{x}_2, \ldots) \cup L(x_1)$ vollständig in H, dann brechen wir unser Verfahren ab, oder aber

b$_2$) $L(\mathring{x}_1, \mathring{x}_2, \ldots) \cup L(x_1)$ ist unvollständig in H, dann können wir ein Element x_2 wählen mit $\big(x_2, N(\mathscr{A})\big) = 0$, $(x_2, x_1) = 0$, $\|x_2\| = 1$ (sonst beliebig).

Als zweiten Schritt bilden wir

$$(\mathscr{A}x_2, x_2) = a_2 \tag{3}$$

(diese Zahl ist reell) und setzen

$$\mathscr{A}x_2 - \bar{b}_1 x_1 - a_2 x_2 = b_2 x_3. \tag{4}$$

Auch jetzt können wir zwei Fälle unterscheiden:

a) $b_2 \neq 0$; dann bestimmt (4) das Element x_3, welches wir als normiert betrachten können. Es wird wieder behauptet:

$$\big(x_3, N(\mathscr{A})\big) = 0, \quad (x_3, x_1) = 0, \quad (x_3, x_2) = 0.$$

Für $\mathring{x} \in N(\mathscr{A})$ ist nämlich die Beziehung $(\mathring{x}, \mathscr{A}x_2) - b_1(\mathring{x}, x_1) - a_2(\mathring{x}, x_2) = (\mathscr{A}\mathring{x}, x_2)$ $- b_1(\mathring{x}, x_1) - a_2(\mathring{x}, x_2) = 0 = b_2(\mathring{x}, x_3)$ gültig, und da $b_2 \neq 0$ ist, gilt $\big(x_3, N(\mathscr{A})\big) = 0$. Weiter erhalten wir $\bar{b}_2(x_1, x_3) = (x_1, \mathscr{A}x_2) - b_1(x_1, x_1) - a_2(x_1, x_2) = (\mathscr{A}x_1, x_2)$ $- b_1 = 0$, weil nach (2) $(\mathscr{A}x_1, x_2) - a_1(x_1, x_2) = (\mathscr{A}x_1, x_2) = b_1$ ist. Genauso läßt sich die Orthogonalität von x_3 zu x_2 beweisen.

b) Ist $b_2 = 0$, so läßt (4) das Element x_3 unbestimmt. Unter der Annahme, daß $L(\mathring{x}_1, \mathring{x}_2, \ldots) \cup L(x_1, x_2)$ in H nicht vollständig ist (andernfalls bricht das Verfahren ab), nimmt man ein $x_3 \in H$ orthogonal zu $N(\mathscr{A})$ und orthogonal zu x_1 und x_2 mit $\|x_3\| = 1$. In dieser Weise wird das Verfahren fortgesetzt. Für $k = 2, 3, \ldots, n - 1$ wird

$$\begin{aligned}
&\mathscr{A}x_{k-1} - \bar{b}_{k-2}x_{k-2} - a_{k-1}x_{k-1} = b_{k-1}x_k \quad (b_0 = 0), \\
&(\mathscr{A}x_k, x_k) = a_k, \quad (\mathscr{A}x_{k-1}, x_k) = b_{k-1}
\end{aligned} \tag{5_k}$$

gesetzt, und wir nehmen an, wir hätten bewiesen, daß x_k zu allen vorangehenden Elementen orthogonal ist, wobei jedesmal x_k als normiert angesehen werden kann. Der mögliche Fall $b_{k-1} = 0$ soll dadurch erledigt werden, daß irgendein zu allen vorangehenden Elementen orthogonales und normiertes Element x_k gewählt wird. Jetzt definieren wir in entsprechender Weise x_n durch die Gleichung (5_n) und behandeln den Fall $b_{n-1} = 0$ in der oben geschilderten Art. Es zeigt sich jetzt für $b_{n-1} \neq 0$, daß wieder $\big(x_n, N(\mathscr{A})\big) = 0$, $(x_n, x_k) = 0$ $(k = 1, 2, \ldots, n - 1)$ gilt. Dies folgt analog der obigen Vorgehensweise. Ferner wird auch wieder

$$(\mathscr{A}x_{n-1}, x_n) = b_{n-1} \tag{6}$$

und der reelle Wert

$$(\mathscr{A}x_n, x_n) = a_n$$

gesetzt. Somit kann das Verfahren beliebig oft wiederholt werden. Ein Ende wird nur erreicht, wenn das entstehende orthonormierte Elementensystem in H vollständig geworden ist. Ist dies auch nach Fortsetzung ins Unendliche nicht der Fall, so kann das Verfahren mit einem neuen Anfangselement wiederum angesetzt werden und so weiter. Da nicht mehr als abzählbar viele Schritte denkbar sind (wegen der Separabilität von H), muß nach höchstens abzählbar vielfacher Wiederholung die Vollständigkeit des Systems $\{\mathring{x}_k\} \cup \{x_k\}$ erreicht werden.

Nun bilden wir die zugeordnete Matrix mit dem soeben bestimmten Funktionensystem $\{\mathring{x}_k\} \cup \{x_k\}$, also die Matrix mit den Elementen

$$(\mathscr{A}x_k, x_l) \quad (l, k = 2, 3, 4, \ldots).$$

Sie wird die folgende Gestalt annehmen:

$$\mathfrak{a} = \begin{bmatrix} 0 & & & \\ & \mathfrak{k}_1 & & \\ & & \mathfrak{k}_2 & \\ & & & \ddots \end{bmatrix} \tag{7}$$

wobei die Bestandteile $\mathfrak{k}_j$ die folgende Form haben:

$$\mathfrak{k}_j = \begin{bmatrix} a_1{}^{(j)} & b_1{}^{(j)} & & \\ \bar{b}_1{}^{(j)} & a_2{}^{(j)} & b_2{}^{(j)} & \\ & \bar{b}_2{}^{(j)} & a_3{}^{(j)} & b_3{}^{(j)} \\ & & \ddots & \ddots & \ddots \end{bmatrix} \qquad (j = 1, 2, 3, \ldots). \tag{8}$$

Die nicht ausgeschriebenen Elemente sind gleich null. Die Diagonalelemente $a_k{}^{(j)}$ sind reell, $\mathfrak{k}_j$ selbst ist eine hermitesche Matrix. Die einzelnen Bestandteile $\mathfrak{k}_j$ $(j = 1, 2, 3, \ldots)$ haben wir so ausgesondert, daß $b_k{}^{(j)} \neq 0$ $(k = 1, 2, \ldots)$ ist. Die Anzahl der Bestandteile $\mathfrak{k}_j$ kann endlich oder unendlich sein, und jeder Bestandteil kann ebenfalls endlich oder unendlich viele Elemente enthalten. Wir nennen eine solche Matrix eine *Normalform* und ihre Bestandteile, die Jacobische Matrizen sind, *Normalbestandteile* der zugeordneten Matrix.

Jeder eingliedrige Jacobische Bestandteil $\mathfrak{k}_j = [a^{(j)}]$ liefert einen reellen *Eigenwert* von $\mathscr{A}$. Das zugehörige Element x_j, hergestellt durch das obige Verfahren, ist ein *Eigenelement* des Operators. Es gilt demnach

$$\mathscr{A} x_j = a^{(j)} x_j.$$

Nach einem bekannten Satz der linearen Algebra kann eine *endliche* hermitesche Matrix durch eine unitäre Transformation auf eine reelle Diagonalform zurückgeführt werden. Also genau wie beim Verfahren in 3.6. kann ein endlicher Bestandteil in eingliedrige Bestandteile aufgelöst werden.

Wir bilden nun das vollständige Elementensystem $\{\mathring{x}_1, \mathring{x}_2, \ldots, x_1, x_2, \ldots\}$, hergestellt durch das Verfahren (5_k). Es sei für ein beliebiges Element x aus H

$$y := \mathscr{A} x.$$

Wir werden y nach dem obigen Elementensystem in eine Fourierreihe entwickeln:

$$y = \mathring{\gamma}_1 \mathring{x}_1 + \mathring{\gamma}_2 \mathring{x}_2 + \cdots + \gamma_1 x_1 + \gamma_2 x_2 + \cdots.$$

Man sieht sofort, daß

$$\mathring{\gamma}_k = (y, \mathring{x}_k) = (\mathscr{A} x, \mathring{x}_k) = (x, \mathscr{A} \mathring{x}_k) = 0 \quad (k = 1, 2, 3, \ldots)$$

ist. Es bleibt also

$$y = \gamma_1 x_1 + \gamma_2 x_2 + \cdots.$$

Andererseits ist nach (5_{k+1})

$$\gamma_k = (y, x_k) = (\mathscr{A} x, x_k) = (x, \mathscr{A} x_k) = b_{k-1}(x, x_{k-1}) + a_k(x, x_k) + \bar{b}_k(x, x_{k+1}),$$

d. h.

$$y = \sum_{k=1}^{\infty} [b_{k-1}(x, x_{k-1}) + a_k(x, x_k) + \bar{b}_k(x, x_{k+1})] x_k$$

$$= \sum_{k=1}^{\infty} b_{k-1}(x, x_{k-1}) x_k + \sum_{k=1}^{\infty} a_k(x, x_k) x_k + \sum_{k=1}^{\infty} \bar{b}_k(x, x_{k+1}) x_k \quad (b_0 = 0). \tag{9}$$

Jede dieser Reihen ist nach der Norm von H konvergent, denn wegen der Beschränktheit von $\mathscr{A}$ gilt

$$|a_k| = |(\mathscr{A} x_k, x_k)| \leqq \|\mathscr{A} x_k\| \, \|x_k\| \leqq \|\mathscr{A}\|,$$

$$|b_k| = |(\mathscr{A} x_k, x_{k+1})| \leqq \|\mathscr{A} x_k\| \, \|x_{k+1}\| \leqq \|\mathscr{A}\|$$

$(k = 1, 2, \ldots)$. Daher ist

$$\sum_{k=1}^{\infty} |b_{k-1}|^2 \, |(x, x_k)|^2 \leqq \|\mathscr{A}\|^2 \sum_{k=1}^{\infty} |(x, x_k)|^2 \leqq \|\mathscr{A}\|^2 \, \|x\|^2,$$

$$\sum_{k=1}^{\infty} |a_k|^2 \, |(x, x_k)|^2 \leqq \|\mathscr{A}\|^2 \sum_{k=1}^{\infty} |(x, x_k)|^2 \leqq \|\mathscr{A}\|^2 \, \|x\|^2,$$

und genauso ist das mit der dritten Reihe. Jede der Reihen in (9) definiert einen beschränkten Operator:

$$\mathscr{A}_1 x := \sum_{k=1}^{\infty} b_{k-1}(x, x_{k-1}) \, x_k, \quad \mathscr{A}_2 x := \sum_{k=1}^{\infty} a_k(x, x_k) \, x_k,$$

$$\mathscr{A}_3 x := \sum_{k=1}^{\infty} \overline{b}_k(x, x_{k+1}) \, x_k.$$

Der Operator $\mathscr{A}_2$ ist ein hermitescher Operator mit den Eigenwerten a_k ($k = 1, 2, 3, \ldots$) (wenn $a_k \neq 0$ ist) und den Eigenelementen x_k. Falls $a_k \to 0$, $b_k \to 0$ ($k \to \infty$), dann sind die Operatoren $\mathscr{A}_i$ ($i = 1, 2, 3$) nach Satz 3; 3.4.1 vollstetig, und auch $\mathscr{A} = \mathscr{A}_1 + \mathscr{A}_2 + \mathscr{A}_3$ ist vollstetig. (Im zitierten Satz sind die Koeffizienten als reell vorausgesetzt worden. Ist das nicht der Fall, so zerlege man b_k in einen reellen und einen imaginären Teil. Wenn $b_k \to 0$ ($k \to \infty$), dann gilt dasselbe auch für diese beiden Teile.)

Wenn $|a_k| \geqq m > 0$ oder $|b_k| \geqq m > 0$ (oder wenn beides gilt) für $k \geqq N$, dann ist $\mathscr{A}$ gewiß nicht vollstetig. (10)

Es ist gerechtfertigt, die Elemente x_i *verallgemeinerte Eigenelemente* und das System von Zahlenfolgen $\{a_i\}$, $\{b_i\}$ *verallgemeinerte Eigenwerte* zu nennen. Das System $\{x_i; a_i, b_i\}$ bestimmt eindeutig den hermiteschen Operator $\mathscr{A}$. Es soll *verallgemeinertes Eigensystem* bzw., wenn $b_i = 0$ ($i = 1, 2, 3, \ldots$) gilt, einfach *Eigensystem* heißen.

3.8.3.   Weitere Sätze über Bilinearformen

Wir werden (insbesondere im Kapitel 10) einige weitere Begriffe und Eigenschaften über Bilinearformen benötigen, die wir an dieser Stelle besprechen möchten.

Eine unendliche Matrix $[\alpha_{m,n}]$ bzw. die zu ihr gehörige Bilinearform wird *beschränkt* genannt, falls eine Konstante M existiert derart, daß für beliebige endliche Zahlensysteme $(\xi_1, \xi_2, \ldots, \xi_p)$ und $(\eta_1, \eta_2, \ldots, \eta_q)$ die Ungleichung

$$\left| \sum_{m=1}^{p} \sum_{n=1}^{q} \alpha_{mn} \xi_m \eta_n \right|^2 \leqq M^2 \sum_{n=1}^{p} |\xi_m|^2 \sum_{n=1}^{q} |\eta_n|^2 \tag{1}$$

gilt. M ist von der Wahl der Zahlensysteme unabhängig. (Die starke Beschränktheit wurde bereits in 3.8.1. definiert.)

Wir zeigen zunächst:

Satz 1. *Eine Bilinearform ist genau dann beschränkt, wenn sie stark beschränkt ist.*

Beweis. Aus (1) folgt unmittelbar

$$\left|\sum_{n=1}^{q}\alpha_{mn}\eta_n\right|^2 \leq M^2 \sum_{n=1}^{q}|\eta_n|^2 \quad (m=1,2,\ldots),$$

denn man hat in (1) nur für ein festes m $\xi_m = 1$ und für die übrigen $\xi_k = 0$ $k \neq m$ zu setzen. Ähnlich ergibt sich die Beziehung

$$\left|\sum_{m=1}^{p}\alpha_{mn}\xi_m\right|^2 \leq M^2 \sum_{m=1}^{p}|\xi_m|^2 \quad (n=1,2,\ldots).$$

Ist also $\eta = (\eta_1, \eta_2, \ldots)$ ein Element des Raumes l^2, so ist $\sum_{n=1}^{\infty}\alpha_{mn}\eta_n$ sicher konvergent. Bildet man weiter

$$\sum_{m=1}^{p}\left(\sum_{n=1}^{\infty}\alpha_{mn}\eta_n\right)\xi_m,$$

so erkennt man für beliebige p und q

$$\left|\sum_{m=1}^{p}\left(\sum_{n=1}^{q}\alpha_{mn}\eta_n\right)\xi_m\right|^2 \leq M^2 \sum_{m=1}^{p}|\xi_m|^2 \sum_{n=1}^{q}|\eta_n|^2 \leq M^2 \|\eta\|^2 \sum_{m=1}^{p}|\xi_m|^2;$$

also ist

$$\left|\sum_{m=1}^{p}\left(\sum_{n=1}^{\infty}\alpha_{mn}\eta_n\right)\xi_m\right|^2 \leq M^2 \|\eta\|^2 \sum_{m=1}^{p}|\xi_m|^2. \tag{2}$$

Die auf der linken Seite von (2) stehende Linearform bezüglich $(\xi_1, \xi_2, \ldots, \xi_p)$ ist beschränkt. Nach (10; 3.8.1) ist sie gleichzeitig auch vollstetig. Mit $\xi = (\xi_1, \xi_2, \ldots) \in l^2$ und $\xi^{(p)} = (\xi_1, \xi_2, \ldots, \xi_p, 0, 0, \ldots)$ gilt $\xi^{(p)} \rightharpoonup \xi$ für $p \to \infty$, und deshalb ist

$$\left|\sum_{m=1}^{\infty}\left(\sum_{n=1}^{\infty}\alpha_{m,n}\eta_n\right)\xi_m\right|^2 \leq M^2 \|\xi\|^2 \|\eta\|^2.$$

Das gleiche ergibt sich, wenn man ξ und η miteinander vertauscht. Das ist noch nicht ganz die starke Beschränktheit der Bilinearform, wie sie in 3.8.1. definiert wurde. Die noch fehlende Ergänzung, daß nämlich

$$\sum_{m=1}^{\infty}\left(\sum_{n=1}^{\infty}\alpha_{mn}\eta_n\right)\xi_m = \sum_{n=1}^{\infty}\sum_{m=1}^{\infty}\alpha_{mn}\xi_m\eta_n \tag{3}$$

gilt, folgt aus dem anschließenden Satz.

Die Umkehrung der Behauptung ist trivial. Setzt man nämlich in (3) $\xi = (\xi_1, \ldots, \xi_p, 0, 0, \ldots)$, $\eta = (\eta_1, \eta_2, \ldots, \eta_p, 0, 0, \ldots)$, so ergibt sich (1). ■

Wir beweisen jetzt noch den Satz:

Satz 2. *Ist die mit der Matrix $[\alpha_{m,n}]$ gebildete Bilinearform beschränkt, so konvergiert*

$$\sum_{m=1}^{\infty}\sum_{n=1}^{\infty}\alpha_{mn}\xi_m\eta_n$$

für jedes $\xi, \eta \in l^2$ abschnittsweise, d. h., es existiert der Grenzwert

$$\lim_{p\to\infty} \sum_{m=1}^{p} \sum_{n=1}^{p} \alpha_{mn} \xi_m \eta_n.$$

Dieser Abschnittsgrenzwert ist gleich dem Summenwert bei zeilenweiser und bei spaltenweiser Summation. Diese Summen stimmen also ebenfalls überein.

Beweis. Wir bilden die Differenz

$$\sum_{m=1}^{p} \left(\sum_{n=1}^{\infty} \alpha_{mn}\eta_n \right) \xi_m - \sum_{m=1}^{p} \sum_{n=1}^{p} (\alpha_{mn}\eta_n) \xi_m = \sum_{m=1}^{p} \left(\sum_{n=p+1}^{\infty} \alpha_{mn}\eta_n \right) \xi_m.$$

Wenn wir in (2) für η den Vektor $(0, 0, \ldots, 0, \eta_{p+1}, \ldots)$ einsetzen, ergibt sich

$$\left| \sum_{m=1}^{p} \left(\sum_{n=p+1}^{\infty} \alpha_{mn}\eta_n \right) \xi_m \right|^2 \leq M^2 \sum_{m=1}^{p} |\xi_m|^2 \sum_{n=p+1}^{\infty} |\eta_n|^2.$$

Man kann also p derart wählen, daß die rechte Seite dieser Ungleichung $< \dfrac{\varepsilon}{2}$ wird, wobei $\varepsilon > 0$ eine im voraus gegebene Zahl ist. Andererseits kann man nach Satz 1 durch geeignete Wahl von p erreichen, daß

$$\left| \sum_{m=1}^{\infty} \left(\sum_{n=1}^{\infty} \alpha_{mn}\eta_n \right) \xi_m - \sum_{m=1}^{p} \left(\sum_{n=1}^{\infty} \alpha_{mn}\eta_n \right) \xi_m \right| < \frac{\varepsilon}{2}$$

ist; also gilt für hinreichend großes p

$$\left| \sum_{m=1}^{\infty} \left(\sum_{n=1}^{\infty} \alpha_{mn}\eta_n \right) \xi_m - \sum_{m=1}^{p} \left(\sum_{n=1}^{p} \alpha_{mn}\eta_n \right) \xi_m \right| < \varepsilon. \;\blacksquare$$

Da wir nun bewiesen haben, daß einerseits

$$\lim_{q\to\infty} \sum_{m=1}^{p} \sum_{n=1}^{q} \alpha_{mn}\xi_m\eta_n = \sum_{m=1}^{p} \left(\sum_{n=1}^{\infty} \alpha_{mn}\eta_n \right) \xi_m$$

und andererseits

$$\lim_{p\to\infty} \left(\sum_{m=1}^{p} \left(\sum_{n=1}^{\infty} \alpha_{mn}\eta_n \right) \xi_m - \sum_{m=1}^{p} \sum_{n=1}^{p} \alpha_{mn}\xi_m\eta_n \right) = 0$$

ist, folgt

$$\lim_{\substack{p\to\infty \\ q\to\infty}} \sum_{m=1}^{p} \sum_{n=1}^{q} \alpha_{mn}\xi_m\eta_n \; \lim_{p\to\infty} \sum_{m=1}^{p} \left(\sum_{n=1}^{\infty} \alpha_{mn}\eta_n \right) \xi_m = \lim_{p\to\infty} \sum_{m=1}^{p} \sum_{n=1}^{p} \alpha_{mn}\xi_m\eta_n$$

$$= \sum_{m=1}^{\infty} \sum_{n=1}^{\infty} \alpha_{mn}\xi_m\eta_n. \tag{4}$$

Mit dieser Bemerkung ist (3), d. h. die starke Beschränktheit, bewiesen und damit der Nachweis von Satz 1 erbracht.

3.9.   Spektraldarstellung linearer Operatoren

3.9.1.   Funktionen von selbstadjungierten beschränkten Operatoren. Die Spektraldarstellung

Es sei H ein Hilbertraum und $\mathscr{A} \in \mathfrak{B}(H, H)$. Wir sagen, M ist die *obere* und m die *untere Schranke* von $\mathscr{A}$, falls M die kleinste und m die größte reelle Zahl ist, für welche, wie immer man x aus H wählt,

$$m \, \|x\|^2 \leqq (\mathscr{A}x, x) \leqq M \, \|x\|^2 \tag{1}$$

gilt. Statt (1) kann man auch

$$m\mathscr{E} \leqq \mathscr{A} \leqq M\mathscr{E} \tag{2}$$

schreiben.

Von jetzt an soll $\mathscr{A}$ einen selbstadjungierten Operator bedeuten. Man kann jedem Polynom

$$p(\lambda) := a_0 + a_1\lambda + \cdots + a_n\lambda^n \quad (a_k \in \mathbb{R} \text{ oder } \mathbb{C}; \ k = 0, 1, \ldots, n)$$

einen selbstadjungierten Operator durch die Vorschrift

$$p(\mathscr{A}) := a_0\mathscr{E} + a_1\mathscr{A} + a_2\mathscr{A}^2 + \cdots + a_n\mathscr{A}^n$$

zuordnen. Die Zuordnung $p(\lambda) \mapsto p(\mathscr{A})$ ist offensichtlich homogen, additiv und multiplikativ, d. h., den Polynomen $\gamma p(\lambda)$, $p(\lambda) + q(\lambda)$, $p(\lambda)\, q(\lambda)$ (γ ist eine beliebige Konstante) entsprechen die selbstadjungierten Operatoren $\gamma p(\mathscr{A})$, $p(\mathscr{A}) + q(\mathscr{A})$, $p(\mathscr{A})\, q(\mathscr{A})$. Es kann weiter behauptet werden, daß $p(\lambda) \mapsto p(\mathscr{A})$ eine positive Zuordnung ist. Darunter verstehen wir folgendes: Es sei m die untere und M die obere Schranke von $\mathscr{A}$. Falls $p(\lambda) \geqq 0$ im Intervall (m, M) ist, gilt $p(\mathscr{A}) \geqq 0$.

Das kann man in folgender Weise einsehen: Man zerlegt das Polynom $p(\lambda)$ in Faktoren,

$$p(\lambda) = \alpha \prod_{(i)} (\lambda - \alpha_i) \prod_{(j)} (\beta_j - \lambda) \prod_{(k)} [(\lambda - \gamma_k)^2 + \delta_k^2],$$

wobei $\alpha \geqq 0$, $\alpha_i \leqq m$, $\beta_j \geqq M$ gilt. Im letzten Produkt stehen die Faktoren, welche den konjugiert komplexen Nullstellen oder den zwischen m und M liegenden reellen Nullstellen von gerader Multiplizität entsprechen. Dann sind aber $\mathscr{A} - \alpha_i\mathscr{E}$, $\beta_j\mathscr{E} - \mathscr{A}$, $(\mathscr{A} - \gamma_k\mathscr{E})^2 + \delta_k^2$ positiv semidefinit und vertauschbar, also ist nach Satz 8; 3.3.1 ihr Produkt nichtnegativ.

Wir fassen diese Eigenschaft noch etwas allgemeiner: Sind $p(\lambda)$ und $q(\lambda)$ Polynome mit $p(\lambda) \geqq q(\lambda)$ im Intervall (m, M) (die Bedeutungen von m und M sind die gleichen wie oben), dann gilt $p(\mathscr{A}) \geqq q(\mathscr{A})$.

Wir werden jetzt eine Zuordnung zwischen den Elementen einer Funktionenklasse, welche die Polynome enthält, und selbstadjungierten Operatoren definieren derart, daß diese Zuordnung die obigen Eigenschaften besitzt. Die Herleitung einer solchen Zuordnung erfolgt nach einem auf F. RIESZ zurückgehenden Gedankengang [F. RIESZ 1913, Chap. V; F. RIESZ 1934].

Es bezeichne $C^*[m, M]$ die Klasse aller in $[m, M]$ definierten, nichtnegativwertigen und stetigen oder aber von oben halbstetigen Funktionen. Ferner sei

$u(\lambda) \in C^*[m, M]$, dann gibt es bekanntlich eine Folge von Polynomen $p_n(\lambda)$, welche in $[m, M]$ monoton abnehmend gegen $u(\lambda)$ strebt. Man betrachte die Operatorenfolge $p_n(\mathscr{A})$ $(n = 1, 2, 3, \ldots)$. Diese ist nach den obigen Feststellungen monoton abnehmend und wegen $p_n(\lambda) \geqq 0$ $(n = 1, 2, 3, \ldots; \lambda \in [m, M])$ von unten durch den Nulloperator beschränkt. Daraus folgt nach Satz 6; 3.3.1, daß $p_n(\mathscr{A})$ gegen einen nichtnegativen Operator (schwach) konvergiert, den wir mit $u(\mathscr{A})$ bezeichnen werden.

Man kann leicht nachweisen, daß die Definition von $u(\mathscr{A})$ eindeutig, d. h. von der Wahl der Polynomfolge $p_n(\lambda)$ unabhängig ist. Sind nämlich $p_n(\lambda)$ und $q_n(\lambda)$ zwei monotone Polynomfolgen vom obigen Typ, welche gegen $u(\lambda)$ streben, dann kann man nach dem bekannten klassischen Satz von DINI zu jedem natürlichen r ein genügend großes s derart bestimmen, daß

$$p_s(\lambda) \leqq q_r(\lambda) + \frac{1}{r}, \quad q_s(\lambda) \leqq p_r(\lambda) + \frac{1}{r}, \quad \lambda \in [m, M],$$

gilt. Dann ist aber

$$p_s(\mathscr{A}) \leqq q_r(\mathscr{A}) + \frac{1}{r}\,\mathscr{E}, \quad q_s(\mathscr{A}) \leqq p_r(\mathscr{A}) + \frac{1}{r}\,\mathscr{E}.$$

Wenn man zum Grenzwert übergeht, wobei man zuerst $s \to \infty$ und dann $r \to \infty$ streben läßt, ergibt sich

$$\lim_{n \to \infty} p_n(\mathscr{A}) = \lim_{n \to \infty} q_n(\mathscr{A}).$$

Wir zeigen jetzt, daß die Zuordnung $C^*[m, M] \ni u(\lambda) \mapsto u(\mathscr{A})$ die oben geschilderten Eigenschaften der Zuordnung $p(\lambda) \mapsto p(\mathscr{A})$ besitzt.

Die Monotonie, d. h. aus $u_1(\lambda) \geqq u_2(\lambda)$ folgt $u_1(\mathscr{A}) \geqq u_2(\mathscr{A})$, ergibt sich unmittelbar aus der Approximation von $u_1(\lambda)$ bzw. $u_2(\lambda)$ durch Polynome $p_n(\lambda)$ bzw. $q_n(\lambda)$ mit $p_n(\lambda) \geqq q_n(\lambda)$. Ist $u(\lambda) \mapsto u(\mathscr{A})$, $v(\lambda) \mapsto v(\mathscr{A})$, dann gilt $\gamma u(\lambda) \mapsto \gamma u(\mathscr{A})$ $(\gamma \geqq 0)$, $u(\lambda) + v(\lambda) \mapsto u(\mathscr{A}) + v(\mathscr{A})$, $u(\lambda)\,v(\lambda) \mapsto u(\mathscr{A})\,v(\mathscr{A})$. Den Beweis dieser Eigenschaften überlassen wir dem Leser.

Mit $C^{**}[m, M]$ bezeichnen wir die Klasse derjenigen Funktionen, welche sich als Differenz zweier Funktionen aus $C^*[m, M]$ darstellen lassen. Man betrachtet die Abbildung

$$C^{**}[m, M] \ni z(\lambda) = u(\lambda) - v(\lambda) \mapsto z(\mathscr{A}) := u(\mathscr{A}) - v(\mathscr{A}),$$

wobei $u, v \in C^*[m, M]$ gilt. Auch die Eindeutigkeit, Homogenität, Multiplizität und Monotonie dieser Zuordnung kann der Leser leicht beweisen.

Unter den Operatoren von der Gestalt $u(\mathscr{A})$ mit $u \in C^*[m, M]$ finden wir auch die (topologischen) Projektoren. Ist nämlich $u(\lambda)$ eine Funktion mit Werten 0 und 1, dann gilt $u^2(\lambda) = u(\lambda)$. Somit ist $u(\mathscr{A})^2 = u(\mathscr{A})$. Ferner ist $u(\mathscr{A})$ auch beschränkt, d. h. stetig und selbstadjungiert.

Es soll insbesondere die Funktion

$$e_\lambda(t) = \begin{cases} 1 & \text{für } t \leqq \lambda, \\ 0 & \text{für } t > \lambda \end{cases}$$

betrachtet werden; sie gehört offensichtlich zur Klasse C_1. Demzufolge können wir $e_\lambda(t)$ einen Operator $\mathscr{P}_\lambda := e_\lambda(\mathscr{A})$ zuordnen. $\mathscr{P}_\lambda$ ist ein Projektor. Dieser hat die folgende Grundeigenschaft:

$$\mathscr{P}_\lambda \mathscr{P}_\mu = \mathscr{P}_\mu \mathscr{P}_\lambda = \mathscr{P}_\mu \quad \text{für} \quad \mu < \lambda. \tag{3}$$

Eigenschaft (3) folgt daraus, daß $e_\lambda(t)\, e_\mu(t) = e_\mu(t)$ für $\mu < \lambda$ ($t \in \mathbb{R}$) gilt. Dabei ist aus (3)

$$\mathscr{P}_\mu \leqq \mathscr{P}_\lambda \qquad (\mu < \lambda). \tag{4}$$

Weiter gilt

$$\mathscr{P}_\mu = 0 \quad \text{für} \quad \mu < m \quad \text{und} \quad \mathscr{P}_\mu = \mathscr{E} \quad \text{für} \quad \mu \geqq M, \tag{5}$$

wobei m die untere und M die obere Schranke von $\mathscr{A}$ bedeutet. Das ergibt sich daraus, daß im Intervall $m \leqq t \leqq M$ die Gleichungen $e_\mu(t) = 0$ für $\mu < m$ und $e_\mu(t) = 1$ für $\mu \geqq M$ gelten.

Wir zeigen ferner, daß $\mathscr{P}_\mu$ *als Funktion von μ rechtsseitig stetig ist.* $\tag{6}$

Um das zu beweisen, halten wir μ fest und betrachten eine Folge von Polynomen $p_n(\lambda)$, welche im Intervall $[m, M]$ monoton abnehmend gegen $e_\mu(\lambda)$ konvergiert derart, daß

$$p_n(\lambda) \geqq e_{\mu + \frac{1}{n}}(\lambda), \quad \lambda \in [m, M], \quad n = 1, 2, 3, \ldots,$$

ist. Dann verfügen wir über die folgenden Ungleichungen:

$$p_n(\mathscr{A}) \geqq \mathscr{P}_{\mu + \frac{1}{n}} \geqq \mathscr{P}_\mu.$$

Da $p_n(\mathscr{A}) \to \mathscr{P}_\mu$ ($n \to \infty$) strebt, folgt daraus $\lim_{n \to \infty} \mathscr{P}_{\mu + \frac{1}{n}} = \mathscr{P}_\mu$, also wegen der Monotonie von $\mathscr{P}_\mu$ (als Funktion von μ)

$$\mathscr{P}_{\mu + \varepsilon} \to \mathscr{P}_\mu \quad \text{für} \quad \varepsilon \to 0 + 0.$$

Es sei jetzt $u(t)$ eine beliebige, im Intervall $[m, M]$ definierte und dort stetige Funktion. Man bilde eine Zerlegung $\mu_0, \mu_1, \ldots, \mu_n$ des Intervalls,

$$\mu_0 = m < \mu_1 < \mu_2 < \cdots < \mu_n = M,$$

und t_k sei eine beliebige Stelle im Teilintervall (μ_{k-1}, μ_k). Die Funktion

$$z(t) := \sum_{k=1}^{n} u(t_k) \left(e_{\mu_k}(t) - e_{\mu_{k-1}}(t) \right)$$

ist ein Element der Funktionenklasse $C^{**}[m, M]$, und es gilt

$$z(t) = u(t_k) \quad \text{für} \quad t \in (\mu_{k-1}, \mu_k].$$

Es sei $\omega_k = \max_{t_1, t_2 \in [\mu_{k-1}, \mu_k]} |u(t_1) - u(t_2)|$ und $\omega = \max(\omega_1, \omega_2, \ldots, \omega_n)$. Dann gilt

$$|u(t) - z(t)| \leqq \omega.$$

Daraus folgt $\pm |u(\mathscr{A}) - z(\mathscr{A})| \leqq \omega \mathscr{E}$ oder $\|u(\mathscr{A}) - z(\mathscr{A})\| \leqq \omega$.

Lassen wir n über alle Grenzen wachsen derart, daß $\max(\mu_{k-1} - \mu_k) \to 0$ geht, dann wird auch ω gegen null streben, und die Operatorenfolge

$$z(\mathscr{A}) := \sum_{k=1}^{n} u(t_k)\,(\mathscr{P}_{\mu_k} - \mathscr{P}_{\mu_{k-1}})$$

konvergiert stark gegen $u(\mathscr{A})$. Da $\mathscr{P}_\mu$ konstant für $\mu \geq M$ und $\mu < m$ ist, können wir schreiben:

$$u(\mathscr{A}) = \int_{m-0}^{M} u(t)\,d\mathscr{P}_t. \tag{7}$$

Wenn wir auf die nicht sehr wesentliche Bedingung über die rechtsseitige Stetigkeit verzichten, kann man $\mathscr{P}_0 = 0$ setzen, und das Integral ist über das Intervall $[m, M]$ zu nehmen.

Formel (7) kann auch in einer anderen Gestalt aufgeschrieben werden: Sind x und y beliebige Elemente aus H, dann gilt

$$\bigl(u(\mathscr{A})\,x,\,y\bigr) = \int_{m-0}^{M} u(t)\,d(\mathscr{P}_t x,\,y). \tag{8}$$

Dieses Integral ist im Sinne von STIELTJES zu verstehen.

Nach dem bekannten Lebesgueschen Satz über die gliedweise Integration einer beschränkten und konvergenten Folge kann die Gültigkeit der Formel (8) auch auf Funktionen $u(t)$ aus der Klasse $C^*[m, M]$ und $C^{**}[m, M]$ erweitert werden. In diesem Fall ist die rechte Seite von (8) ein Stieltjes-Lebesguesches Integral.

Unsere bisherigen Resultate werden wir in einem grundlegenden Satz zusammenfassen. Der Satz stammt von D. HILBERT [HILBERT 1912], der obige Gedankengang geht auf F. RIESZ [F. RIESZ 1913, 1930] zurück. Zu den Darstellungen (7) bzw. (8) existiert eine umfangreiche Literatur [RIESZ — SZ.-NAGY 1965, p. 271].

Satz 1. *Es sei $\mathscr{A}$ ein selbstadjungierter Operator des Hilbertraumes H mit den Schranken m und M. Dann gibt es zu $\mathscr{A}$ eine Familie von Projektoren $\{\mathscr{P}_t\}$ $(t \in \mathscr{P})$, die sog. Spektralschar, welche die Eigenschaften*

a) $\mathscr{P}_s \leqq \mathscr{P}_t$ *bzw.* $\mathscr{P}_s\mathscr{P}_t = \mathscr{P}_t\mathscr{P}_s = \mathscr{P}_s$ *für* $s \leqq t$,

b) $\mathscr{P}_{t+0} = \mathscr{P}_t$,

c) $\mathscr{P}_t = 0$ *für* $t < m$, $\mathscr{P}_t = \mathscr{E}$ *für* $t \geqq M$ *und* $\mathscr{A} = \displaystyle\int_{m-0}^{M} t\,d\mathscr{P}_t$

besitzt. Für jedes feste t ist $\mathscr{P}_t$ der starke Grenzwert von Polynomen von $\mathscr{A}$. ▌

Ein wichtiger Zusatz ist die folgende Behauptung:

Satz 2. *Es sei $\mathscr{A}$ ein linearer Operator wie in Satz 1. Dann gibt es genau eine Spektralschar mit den Eigenschaften wie in Satz 1, und es gilt*

$$\mathscr{A}^n = \int_{m-0}^{M} t^n\,d\mathscr{P}_t \qquad (n = 0, 1, 2, 3, \ldots). \tag{9}$$

Beweis. Es bezeichne $\{\mathscr{P}_t\}$ eine Spektralschar mit den Eigenschaften a), b), c). Zuerst beweisen wir die Gültigkeit von (9). Es sei n eine natürliche ganze Zahl. Man betrachtet eine Zerlegung $\mu_0, \mu_1, \ldots, \mu_p$ des Intervalls $[m, M]$: $\mu_0 = m < \mu_1 < \mu_2$

$< \cdots < \mu_p = M$. Wegen der Eigenschaft a) sind die Projektoren $\mathscr{P}_{\mu_k} - \mathscr{P}_{\mu_{k-1}}$ paarweise orthogonal. Daraus folgt

$$\left[\sum_{k=1}^{p} t_k (\mathscr{P}_{\mu_k} - \mathscr{P}_{\mu_{k-1}}) \right]^n = \sum_{k=1}^{p} t_k{}^n (\mathscr{P}_{\mu_k} - \mathscr{P}_{\mu_{k-1}}),$$

und das bringt die Gültigkeit von (9) für $n = 2, 3, \ldots$ mit sich. Daraus schließen wir wiederum auf die Gültigkeit der Gleichung (8), wobei u eine stetige Funktion ist. Die Eindeutigkeit von $\mathscr{P}_\lambda$ ist aus (8) ersichtlich. Die linke Seite von (8) ist von der Schar $\{\mathscr{P}_t\}$ unabhängig. Die Theorie des Stieltjesschen Integrals lehrt, daß die Funktion $(\mathscr{P}_t x, y)$ in jedem Stetigkeitspunkt und für $m - 0$ und M bis auf eine additive Konstante bestimmt ist (s. etwa [RIESZ — SZ.-NAGY 1965, p. 111—112]). Da aber $(\mathscr{P}_t x, y)$ von rechts stetig ist und für $t = M$ den festen Wert (x, y) annimmt, ist $(\mathscr{P}_t x, y)$ überall eindeutig bestimmt. Andererseits aber durchlaufen x und y den Raum H, womit auch $\mathscr{P}_t$ eindeutig bestimmt ist. ∎

Es sei jetzt $\mathscr{A}$ ein selbstadjungierter (also normaler) vollstetiger Operator mit den Eigenwerten $\{\lambda_k\}$ und den Eigenelementen x_k. Dann gilt für jedes x aus H nach (9; 3.2) die Reihenentwicklung

$$\mathscr{A} x = \sum_{(k)} \lambda_k (x, x_k)\, x_k. \tag{10}$$

Es folgt andererseits aus (9) für einen beliebigen symmetrischen auf H definierten Operator

$$\mathscr{A} x = \int_{m-0}^{M} t\, d\mathscr{P}_t x. \tag{11}$$

Wir zeigen jetzt, daß (11) eine Verallgemeinerung von (10) ist. Man kann nämlich die Reihe (10) in Form eines Stieltjesschen Integrals darstellen, falls für $\mathscr{P}_t$ folgendes gesetzt wird:

$$\mathscr{P}_t x = \begin{cases} \sum_{\lambda_k \leq t} (x, x_k)\, x_k & \text{für} \quad t < 0, \\ x - \sum_{\lambda_k > t} (x, x_k)\, x_k & \text{für} \quad t \geq 0. \end{cases}$$

Man erkennt sofort, daß $\mathscr{P}_t$ in dem durch zwei aufeinanderfolgende Eigenwerte definierten Intervall konstant ist, den Wert 0 annimmt, falls t kleiner bleibt als der kleinste Eigenwert, und gleich $\mathscr{E}$ ist, falls t größer als der größte Eigenwert wird. Durchläuft t einen Eigenwert λ_k, dann hat $\mathscr{P}_t$ bei $t = \lambda_k$ einen Sprung, wobei $\mathscr{P}_{\lambda_k} - \mathscr{P}_{\lambda_k - 0}$ die Größe des Sprunges ist.

Da $\mathscr{P}_t = 0$ für $t < m$ und $\mathscr{P}_t = \mathscr{E}$ für $t \geq M$ ist, können wir statt (7) auch

$$u(\mathscr{A}) = \int_{-\infty}^{+\infty} u(t)\, d\mathscr{P}_t \tag{12}$$

schreiben. (Analoges gilt für die Integrale (8) und (9).)

In den folgenden Abschnitten werden wir die hier eingeführten Begriffe und Tatsachen auf selbstadjungierte Operatoren des Hilbertraumes l^2 anwenden. Diese werden nämlich eine besonders wichtige Rolle in der Theorie der Integralgleichungen spielen.

3.9.2.   Das Spektrum einer Diagonalmatrix

In diesem Abschnitt werden wir selbstadjungierte Operatoren aus $\mathfrak{B}(l^2, l^2)$ untersuchen, welche durch gewisse unendliche Matrizen dargestellt werden.

Die einfachsten Matrizen dieser Art haben folgende Gestalt:

$$\mathfrak{a} = \begin{bmatrix} 0 & \vdots & & & \\ \hline \cdot & a_1 & 0 & 0 & \cdots \\ \cdot & 0 & a_2 & 0 & \cdots \\ \cdot & 0 & 0 & a_3 & \cdots \\ \cdot & \vdots & \cdot & \cdot & \cdots \end{bmatrix}. \tag{1}$$

Dabei sind $a_1, a_2, a_3, \ldots$ reelle, von null verschiedene Zahlen. Oben links steht ein Block, in dem sämtliche Elemente 0 sind, genauso am oberen und linken Rand.

Die erste Frage ist, unter welchen Bedingungen die Matrix (1) eine beschränkte Abbildung von l^2 in sich darstellt. Um das zu klären, können wir von den Nullzeilen und Nullspalten absehen. (Der Einfachheit halber werden wir auch den durch (1) erzeugten Operator mit $\mathfrak{a}$ bezeichnen.)

Es sei $x \in l^2$, dann ist

$$y = (y_1, y_2, \ldots) = \mathfrak{a}x = (a_1 x_1, a_2 x_2, a_3 x_3, \ldots).$$

Da der Operator $\mathfrak{a}$ beschränkt sein soll, muß eine positive Konstante M existieren, so daß

$$\|y\|^2 = \|\mathfrak{a}x\|^2 = \|(a_1 x_1, a_2 x_2, \ldots)\|^2 = a_1{}^2 |x_1|^2 + a_2{}^2 |x_2|^2 + \cdots$$

$$\leqq M^2 \|x\|^2 = M^2(|x_1|^2 + |x_2|^2 + \cdots)$$

für *jeden* Vektor $x \in l^2$ gilt. Wenn wir für x den Einheitsvektor $e_j = \left(0, \ldots, 0, \overset{j}{1}, 0, \ldots \right)$ nehmen, ergibt sich

$$|a_j| \leqq M \quad (j = 1, 2, \ldots). \tag{2}$$

Ist (2) erfüllt, so stellt (1) trivialerweise einen beschränkten Operator dar. Wir haben damit bewiesen:

Satz 1. *Notwendig und hinreichend dafür, daß die Matrix $\mathfrak{a}$ mit reellen Diagonalelementen einen Operator aus $\mathfrak{B}(l^2, l^2)$ darstellt, ist die Beschränktheit der Zahlenfolge* $(a_1, a_2, \ldots)$. *Ist M eine Schranke der Folge, dann gilt* $\|\mathfrak{a}\| \leqq M$. ∎

Die Zahl $\lambda \neq 0$ gehört zur Resolventenmenge $\mathfrak{P}(\mathfrak{a})$ von $\mathfrak{a}$, falls $\lambda e - \mathfrak{a}$ eine eindeutige Inverse hat, d. h., falls das unendliche Gleichungssystem

$$(\lambda e - \mathfrak{a})\, x = f$$

für jedes Element f aus l^2 eine eindeutige Lösung $x \in l^2$ besitzt. (e bedeutet die Einheitsmatrix.)

Man setze $f = (f_1, f_2, \ldots, f_1, f_2, \ldots)$, wobei so viele Komponenten mit f_j bezeichnet sind, wie Nullzeilen in $\mathfrak{a}$ auftreten. Das vorige Gleichungssystem lautet dann, ausführlich ausgeschrieben,

$$\lambda \mathring{x}_j = \mathring{f}_j, \quad (\lambda - a_k)\, x_k = f_k \quad (j, k = 1, 2, \ldots),$$

woraus

$$\mathring{x}_j = \frac{1}{\lambda}\, \mathring{f}_j, \quad x_k = \frac{1}{\lambda - a_k}\, f_k \quad (j, k = 1, 2, \ldots) \tag{3}$$

folgt. Man sieht also: Notwendig und hinreichend für $\lambda \in \mathfrak{P}(\mathfrak{a})$ ist, daß $\lambda \neq 0$, $\lambda \neq a_k$ ($k = 1, 2, 3, \ldots$) gilt und λ kein Häufungspunkt der Folge $\{a_k\}$ ist.

Sind diese Bedingungen nämlich erfüllt, so hat unser Gleichungssystem tatsächlich genau eine Lösung aus dem Raum l^2. Die Eindeutigkeit der durch (3) festgelegten Zahlenfolge $x = (\mathring{x}_1, \mathring{x}_2, \ldots, x_1, x_2, \ldots)$ ist trivial. Es muß nur gezeigt werden, daß $x \in l^2$ gilt.

Da λ kein Häufungspunkt von $\{a_k\}$ und $\lambda \neq a_k$ ($k = 1, 2, 3, \ldots$) ist, gibt es eine Zahl $\varepsilon > 0$ so, daß $|\lambda - a_k| \geqq \varepsilon > 0$ ($k = 1, 2, 3, \ldots$) gilt, und man hat

$$\sum_{j=1}^{\infty} |\mathring{x}_j|^2 + \sum_{k=1}^{\infty} |x_k|^2 = \frac{1}{|\lambda|^2} \sum_{j=1}^{\infty} |\mathring{f}_j|^2 + \sum_{k=1}^{\infty} \frac{1}{|\lambda - a_k|^2} |f_k|^2$$

$$\leqq \frac{1}{|\lambda|^2} \sum_{j=1}^{\infty} |\mathring{f}_j|^2 + \frac{1}{\varepsilon^2} \sum_{k=1}^{\infty} |f_k|^2 < \infty.$$

Aus den bisherigen Ausführungen folgt, daß die Komplementärmenge von $\mathfrak{P}(\mathfrak{a})$, also die Spektralmenge $\mathfrak{S}(\mathfrak{a})$, aus dem Nullpunkt, aus den Punkten $\{a_k\}$ und ihren Häufungspunkten besteht. Es gilt also demnach

$$\mathfrak{S}(\mathfrak{a}) = \overline{\{0; (a_1, a_2, a_3, \ldots)\}}. \tag{4}$$

Die Zahlen a_k ($k = 1, 2, \ldots$) sind Eigenwerte. Die dazugehörigen Eigenvektoren sind von der Gestalt

$$x^{(k)} = (0, \ldots, 0, x_k, 0, \ldots) \quad (x_k \neq 0;\ k = 1, 2, 3, \ldots).$$

Es gilt also der folgende Satz:

Satz 2. *Der durch* (1) *dargestellte Operator hat ein Punktspektrum, welches durch* (4) *definiert ist. Die von null verschiedenen Diagonalelemente sind Eigenwerte des Operators.* ▮

Der Name *Punktspektrum* darf nicht darüber hinweg täuschen, daß möglicherweise eine ganze Strecke zum Spektrum gehören kann. Wenn z. B. $\{a_1, a_2, a_3, \ldots\}$ die Folge aller rationalen Zahlen eines endlichen Intervalls $[a, b]$ ist, dann stellt die Abschließung dieser Folge die ganze Strecke $[a, b]$ dar, die demnach zum Spektrum gehört. Trotzdem ist der Name „Punktspektrum" insofern berechtigt, als die einzelnen darin auftretenden Eigenwerte die besondere Bedeutung haben, daß für sie das homogene Gleichungssystem $(\lambda e - \mathfrak{a})\, x = 0$ von null verschiedene, zu l^2 gehörige Lösungen x hat, während das für die später (vgl. 3.9.3.) zu untersuchenden eigentlichen Streckenspektren nicht gilt.

3.9.3.   Spektraldarstellung einer endlichen Jacobischen Matrix

Wir betrachten zunächst eine endliche Jacobische Matrix

$$
\mathfrak{a}_n = \begin{bmatrix}
a_1 & b_1 & 0 & 0 & \ldots & & 0 \\
\bar{b}_1 & a_2 & b_2 & 0 & \ldots & & 0 \\
0 & \bar{b}_2 & a_3 & b_3 & \ldots & & 0 \\
\multicolumn{7}{c}{\dotfill} \\
0 & 0 & 0 & 0 & \ldots & \bar{b}_{n-1} & a_n
\end{bmatrix},
$$

$a_k \neq 0$, $b_k \neq 0$ ($k = 1, 2, \ldots, n$). Sie ist gleichzeitig eine hermitesche Matrix und besitzt daher n Eigenwerte, die sämtlich reell sind, etwa $\lambda_1{}^{(n)} \leqq \lambda_2{}^{(n)} \leqq \cdots \leqq \lambda_n{}^{(n)}$. Für diese λ_k Werte hat das homogene Gleichungssystem

$$
\sum_{k=1}^{n} \alpha_{jk}\xi_k = \lambda_p{}^{(n)}\xi_j \quad (j = 1, 2, \ldots, n; \ 1 \leqq p \leqq n) \tag{1}
$$

nichttriviale Lösungen ($\alpha_{kk} = a_k$, $\alpha_{k-1,k} = \bar{b}_{k-1}$, $\alpha_{k,k+1} = b_k$, $\alpha_{jk} = 0$ sonst). Ausführlich geschrieben lautet das Gleichungssystem

$$
\begin{aligned}
a_1\xi_1 + b_1\xi_2 &= \lambda_p{}^{(n)}\xi_1, \\
\bar{b}_1\xi_1 + a_2\xi_2 + b_2\xi_3 &= \lambda_p{}^{(n)}\xi_2, \\
&\quad\ \ \dotfill \\
\bar{b}_{n-1}\xi_{n-1} + a_n\xi_n &= \lambda_p{}^{(n)}\xi_n.
\end{aligned} \tag{2}
$$

Man sieht, daß die ersten $n - 1$ Gleichungen nach beliebiger Annahme von ξ_1 rekursiv aufgelöst werden können,

$$
\begin{aligned}
\xi_2 &= \frac{1}{b_1}\left(\lambda_p{}^{(n)} - a_1\right)\xi_1, \\[2mm]
\xi_3 &= \frac{1}{b_2}\left[\left(\lambda_p{}^{(n)} - a_2\right)\xi_2 - \bar{b}_1\xi_1\right], \\[2mm]
&\quad\ \ \dotfill \\[2mm]
\xi_n &= \frac{1}{b_{n-1}}\left[\left(\lambda_p{}^{(n)} - a_{n-1}\right)\xi_{n-1} - \bar{b}_{n-2}\xi_{n-2}\right],
\end{aligned} \tag{3}
$$

während die letzte Gleichung wegen des Verschwindens der Determinante von $\lambda_p{}^{(n)}e_n - \mathfrak{a}_n$ von selbst erfüllt sein muß (e_n ist die n-dimensionale Einheitsmatrix). Die Dimension der Mannigfaltigkeit der Lösungen ist somit für jedes $\lambda_p{}^{(n)}$ genau gleich 1, und daraus ergibt sich, daß die Eigenwerte $\lambda_1{}^{(n)} < \lambda_2{}^{(n)} < \cdots < \lambda_n{}^{(n)}$ alle voneinander verschieden sind, da bei einer hermiteschen Matrix die Gesamtzahl der verschiedenen linear unabhängigen Lösungsvektoren stets gleich n ist. Die Formeln (3) zeigen ferner, daß es gewisse Polynome $\Pi_1(\lambda) = 1$, $\Pi_2(\lambda)$, $\ldots$, $\Pi_n(\lambda)$ gibt, so daß

$$
\xi_1 = \gamma = \gamma\Pi_1(\lambda_p{}^{(n)}), \quad \xi_2 = \gamma\Pi_2(\lambda_p{}^{(n)}), \quad \ldots, \quad \xi_n = \gamma\Pi_n(\lambda_p{}^{(n)}) \tag{4}
$$

die Lösung von (1) bzw. (2) ist, wobei γ eine beliebige Konstante bedeutet. Man erkennt sofort, daß der Grad von $\Pi_k(\lambda)$ genau $k-1$ ist ($k = 1, 2, \ldots, n$).

Wir setzen

$$\sigma_n(\lambda) := \sum_{k=1}^{n} |\Pi_k(\lambda)|^2$$

und geben γ den Wert

$$\gamma = \frac{1}{\sqrt{\sigma_n(\lambda_p^{(n)})}}.$$

Wenn wir diesen Wert von γ in (4) einsetzen, ergibt sich ein zum Eigenwert $\lambda_p^{(n)}$ ($p = 1, 2, \ldots, n$) gehöriger normierter Lösungsvektor von (1) bzw. (2):

$$x_p^{(n)} = \left(\frac{\Pi_1(\lambda_p^{(n)})}{\sqrt{\sigma_n(\lambda_p^{(n)})}}, \frac{\Pi_2(\lambda_p^{(n)})}{\sqrt{\sigma_n(\lambda_p^{(n)})}}, \ldots, \frac{\Pi_n(\lambda_p^{(n)})}{\sqrt{\sigma_n(\lambda_p^{(n)})}} \right). \tag{5}$$

Überdies sind diese Vektoren zueinander orthogonal, wie das immer bei selbstadjungierten Operatoren der Fall ist. Die Orthogonalitätsrelationen lauten ausführlich geschrieben wie folgt:

$$\sum_{p=1}^{n} \frac{\Pi_j(\lambda_p^{(n)})}{\sqrt{\sigma_n(\lambda_p^{(n)})}} \frac{\overline{\Pi}_k(\lambda_p^{(n)})}{\sqrt{\sigma_n(\lambda_p^{(n)})}} = \begin{cases} 0 & \text{für} \quad j \neq k, \\ 1 & \text{für} \quad j = k, \end{cases} \tag{6}$$

$$\sum_{j=1}^{n} \frac{\Pi_j(\lambda_p^{(n)})}{\sqrt{\sigma_n(\lambda_p^{(n)})}} \frac{\overline{\Pi}_j(\lambda_q^{(n)})}{\sqrt{\sigma_n(\lambda_q^{(n)})}} = \begin{cases} 0 & \text{für} \quad p \neq q, \\ 1 & \text{für} \quad p = q. \end{cases} \tag{7}$$

Aus (1) folgt jetzt durch Multiplikation mit $\overline{\Pi}_i(\lambda_p^{(n)})/\sqrt{\sigma_n(\lambda_p^{(n)})}$ und bei anschließender Summation über p (eingesetzt die Lösung (5))

$$\sum_{p=1}^{n} \sum_{k=1}^{n} \alpha_{jk} \frac{\Pi_k(\lambda_p^{(n)})}{\sqrt{\sigma_n(\lambda_p^{(n)})}} \frac{\overline{\Pi}_i(\lambda_p^{(n)})}{\sqrt{\sigma_n(\lambda_p^{(n)})}} = \sum_{p=1}^{n} \lambda_p^{(n)} \frac{\Pi_j(\lambda_p^{(n)})}{\sqrt{\sigma_n(\lambda_p^{(n)})}} \frac{\overline{\Pi}_i(\lambda_p^{(n)})}{\sqrt{\sigma_n(\lambda_p^{(n)})}},$$

so daß man wegen (6)

$$\alpha_{jk} = \sum_{p=1}^{n} \lambda_p^{(n)} \frac{\Pi_j(\lambda_p^{(n)}) \overline{\Pi}_k(\lambda_p^{(n)})}{\sigma_n(\lambda_p^{(n)})} \qquad (j, k = 1, 2, \ldots, n) \tag{8}$$

erhält. Setzt man

$$e_n(\lambda) := \left[\frac{\Pi_j(\lambda) \overline{\Pi}_k(\lambda)}{\sigma_n(\lambda)} \right]_{j,k=1}^{n}, \tag{9}$$

so ist also nach (8)

$$\mathfrak{a}_n = \sum_{p=1}^{n} \lambda_p^{(n)} e_n(\lambda_p^{(n)}). \tag{10}$$

Es ist sofort zu erkennen, daß

$$\sum_{p=1}^{n} \mathfrak{e}_n(\lambda_p{}^{(n)}) = \mathfrak{e}_n \tag{11}$$

gilt. Bildet man nun das Quadrat der Matrix $\mathfrak{a}_n$, so erhält man für die Elemente von $\mathfrak{a}_n{}^2$

$$\alpha_{jk}^{(2)} := \sum_{r=1}^{n} \alpha_{jr}\alpha_{rk}$$

$$= \sum_{r=1}^{n} \sum_{p=1}^{n} \lambda_p{}^{(n)} \frac{\Pi_j(\lambda_p{}^{(n)})\,\overline{\Pi}_r(\lambda_p{}^{(n)})}{\sigma_n(\lambda_p{}^{(n)})} \sum_{q=1}^{n} \lambda_q{}^{(n)} \frac{\Pi_r(\lambda_q{}^{(n)})\,\overline{\Pi}_k(\lambda_q{}^{(n)})}{\sigma_n(\lambda_q{}^{(n)})},$$

also wegen (7)

$$\mathfrak{a}_n{}^2 = [\alpha_{jk}^{(2)}]_{j,k=1}^{n} = \left[\sum_{p=1}^{n} (\lambda_p{}^{(n)})^2 \frac{\Pi_j(\lambda_p{}^{(n)})\,\overline{\Pi}_k(\lambda_p{}^{(n)})}{\sigma_n(\lambda_p{}^{(n)})}\right]_{j,k=1}^{n}$$

$$= \sum_{p=1}^{n} (\lambda_p{}^{(n)})^2\, \mathfrak{e}_n(\lambda_p{}^{(n)}),$$

und durch vollständige Induktion für jedes natürliche m

$$\mathfrak{a}_n{}^m = \sum_{p=1}^{n} (\lambda_p{}^{(n)})^m\, \mathfrak{e}_n(\lambda_p{}^{(n)}) \quad (m = 0, 1, 2, \ldots). \tag{12}$$

Die Matrizen $\mathfrak{e}_n(\lambda)$ selbst genügen ferner den Gleichungen

$$\begin{aligned}
&\mathfrak{e}_n(\lambda_p{}^{(n)})\,\mathfrak{e}_n(\lambda_q{}^{(n)}) = 0 \quad \text{für} \quad p \neq q, \\
&\mathfrak{e}_n{}^2(\lambda_p{}^{(n)}) = \mathfrak{e}_n(\lambda_p{}^{(n)}),
\end{aligned} \tag{13}$$

wie aus (7) unmittelbar hervorgeht. Die Matrizen $\mathfrak{e}_n(\lambda_p{}^{(n)})$, $p = 1, 2, \ldots, n$, bilden also ein orthogonales System von Projektoren, und (10) ist demzufolge die Spektraldarstellung der Matrix $\mathfrak{a}_n$.

Die Matrix $\mathfrak{a}_n$ stellt einen beschränkten Operator von $\mathbb{R}^n$ in sich dar. Ist also $|\lambda| \geq \|\mathfrak{a}_n\|$, so ist nach (2; 1.3) die Neumannsche Reihe

$$\sum_{m=0}^{\infty} \lambda^{-m-1}\mathfrak{a}_n{}^m \qquad (\mathfrak{a}_n{}^0 = \mathfrak{e}_n)$$

nach der Operatorennorm konvergent und stellt die Resolvente von $\mathfrak{a}_n$ dar:

$$(\lambda\mathfrak{e}_n - \mathfrak{a}_n)^{-1} = \sum_{m=0}^{\infty} \lambda^{-m-1}\mathfrak{a}_n{}^m.$$

Nach (12) ergibt sich

$$(\lambda\mathfrak{e}_n - \mathfrak{a}_n)^{-1} = \sum_{m=0}^{\infty} \sum_{p=1}^{n} \lambda^{-m-1}(\lambda_p{}^{(n)})^m\, \mathfrak{e}_n(\lambda_p{}^{(n)})$$

$$= \sum_{p=1}^{n} \frac{1}{\lambda - \lambda_p{}^{(n)}}\, \mathfrak{e}_n(\lambda_p{}^{(n)}), \tag{14}$$

weil wegen

$$|\lambda| > \|\mathfrak{a}_n\| = \max_{p=1,2,\ldots,n} |\lambda_p^{(n)}| > |\lambda_p^{(n)}| \qquad (p = 1, 2, 3, \ldots, n)$$

die Ungleichung

$$\left|\frac{\lambda_p^{(n)}}{\lambda}\right| < 1 \qquad (p = 1, 2, \ldots, n)$$

erfüllt ist. Die Gleichung (14) ist eine Matrixdarstellung der Resolvente von $\mathfrak{a}_n$, und zwar ihre Spektraldarstellung. Die Beziehung (14) ist jedoch nicht nur für die Werte $\lambda : |\lambda| > \|\mathfrak{a}\|$ gültig, sondern auf Grund des Prinzips der analytischen Fortsetzung für alle Werte von λ, für welche $\lambda \neq \lambda_p^{(n)}$ $(p = 1, 2, \ldots, n)$ gilt. Man sieht also, daß

$$\mathfrak{P}(\mathfrak{a}_n) = \{\lambda \mid \lambda \in \mathbb{C}, \lambda \neq \lambda_p^{(n)}; \quad p = 1, 2, \ldots, n\} \tag{15}$$

und daher

$$\mathfrak{S}(\mathfrak{a}_n) = \{\lambda_1^{(n)}, \lambda_2^{(n)}, \ldots, \lambda_n^{(n)}\}. \tag{16}$$

3.9.4. Spektraldarstellung einer unendlichen Jacobischen Matrix mit einem Bestandteil

Wir werden jetzt zu dem für uns besonders wichtigen Fall übergehen, daß eine unendliche Matrix von der Gestalt

$$\mathfrak{a} = \begin{bmatrix} a_1 & b_1 & 0 & 0 & 0 & \ldots \\ \bar{b}_1 & a_2 & b_2 & 0 & 0 & \ldots \\ 0 & \bar{b}_2 & a_3 & b_3 & 0 & \ldots \\ 0 & 0 & \bar{b}_3 & a_4 & b_4 & \ldots \\ & & \ldots\ldots\ldots\ldots\ldots & & \end{bmatrix} \tag{1}$$

mit $a_k \neq 0$ reell, $b_k \neq 0$ beliebig $(k = 1, 2, 3, \ldots)$ vorliegt. Wir setzen voraus, daß $\mathfrak{a}$ *keine Eigenwerte* besitzt, d. h., daß das unendliche homogene Gleichungssystem

$$(\lambda e - \mathfrak{a})\, x = 0$$

für *jeden* Wert von λ in l^2 nur die Lösung $x = 0$ hat (e ist die unendlichdimensionale Einheitsmatrix). Auch hier stellen wir uns das Ziel, das Spektrum von $\mathfrak{a}$ zu bestimmen. Dazu betrachten wir den n-ten Abschnitt $\mathfrak{a}_n$ von (1), dessen Spektraldarstellung wir schon in 3.9.3. gefunden haben, und lassen jetzt n über alle Grenzen wachsen. Es seien $\lambda_1^{(n)} < \lambda_2^{(n)} < \cdots < \lambda_n^{(n)}$ die Eigenwerte von $\mathfrak{a}_n$. Wir werden zunächst feststellen, wie sich die Werte $\lambda_p^{(n)}$ $(p = 1, 2, \ldots, n)$ bei wachsendem n verhalten. Wir behaupten:

Satz 1. *Es gilt*

$$\lambda_1^{(n)} < \lambda_1^{(n-1)}, \quad \lambda_n^{(n)} > \lambda_{n-1}^{(n-1)} \quad (n = 2, 3, 4, \ldots).$$

In Worten bedeutet das: Das Eigenwertintervall des n-ten Abschnitts $\mathfrak{a}_n$ von (1) wächst mit wachsendem n nach unten und nach oben.

Beweis. Wir führen den Beweis durch vollständige Induktion. Die Behauptung läßt sich für $n = 2$ unmittelbar verifizieren. Es sei

$$D_n(\lambda) := \det\left(\mathfrak{a}_n - \lambda e_n\right) = \begin{vmatrix} a_1 - \lambda & b_1 & 0 & \ldots & 0 \\ \overline{b}_1 & a_2 - \lambda & b_2 & \ldots & 0 \\ 0 & \overline{b}_2 & a_3 - \lambda & \ldots & 0 \\ \hdotsfor{5} \\ 0 & 0 & 0 & \ldots \overline{b}_{n-1} & a_n - \lambda \end{vmatrix}.$$

Der Wert von

$$D_2(\lambda) = (a_1 - \lambda)(a_2 - \lambda) - |b_1|^2$$

für $\lambda = a_1$ ist dann $D_2(a_1) < 0$. Andererseits gilt aber $D_2(\lambda) \to +\infty$ für $\lambda \to \pm\infty$; daher liegen die Nullstellen von $D_2(\lambda)$ links und rechts von $\lambda_1^{(1)} = a_1$, d. h. $\lambda_1^{(2)} < \lambda_1^{(1)}$ und $\lambda_2^{(2)} > \lambda_1^{(1)}$, wie behauptet.

Wir nehmen nun an, die Behauptung sei bis zum Index $n - 1$ bewiesen. Dann findet man für $D_n(\lambda)$ auf Grund der Identität

$$D_n(\lambda) = D_{n-1}(\lambda)(a_n - \lambda) - |b_{n-1}|^2 D_{n-2}(\lambda) \quad (n = 1, 2, 3, \ldots)$$

(die übrigens auch erkennen läßt, daß zwei aufeinanderfolgende Determinanten D_{n-1}, D_n keine gemeinsame Nullstelle haben können) folgendes: Für alle Nullstellen von $D_{n-1}(\lambda)$ hat $D_n(\lambda)$ das entgegengesetzte Vorzeichen wie $D_{n-2}(\lambda)$. Für $\lambda \to \pm\infty$ haben aber $D_n(\lambda)$ und $D_{n-1}(\lambda)$ dasselbe Vorzeichen, nämlich $(-1)^n$ bzw. $+1$. Außerdem behält $D_{n-2}(\lambda)$ außerhalb des Nullstellenintervalls von $D_{n-1}(\lambda)$ nach der Induktionsvoraussetzung sein Vorzeichen bei. Also muß sowohl links von der kleinsten als auch rechts von der größten Nullstelle von $D_{n-1}(\lambda)$ noch eine Nullstelle von $D_n(\lambda)$ liegen. ∎

Satz 2. *Das Eigenwertintervall* $(\lambda_1^{(n)}, \lambda_n^{(n)})$ *von* $\mathfrak{a}_n$ *strebt mit* $n \to \infty$ *gegen ein festes endliches Grenzintervall* (α, β) *der unendlichen Jacobischen Matrix* $\mathfrak{a}$.

Beweis. Das Eigenwertintervall von $\mathfrak{a}_n$ fällt mit dem Nullstellenintervall von $D_n(\lambda)$ zusammen. Dieses aber bleibt bei wachsendem n beschränkt, denn aus

$$\lambda_p^{(n)} x_p^{(n)} = \mathfrak{a}_n x_p^{(n)} \quad \text{mit} \quad \|x_p^{(n)}\|_{\mathbb{R}^n} = 1$$

folgt

$$|\lambda_p^{(n)}| = |(x_p^{(n)}, \mathfrak{a}_n x_p^{(n)})| \leqq \|\mathfrak{a}_n\| \leqq \|\mathfrak{a}\| \quad (n = 1, 2, 3, \ldots).$$

Da aber nach Satz 1 die Folge $\{\lambda_1^{(n)}\}$ monoton abnehmend und die Folge $\{\lambda_n^{(n)}\}$ monoton wachsend ist, existieren die Grenzwerte $\alpha = \lim\limits_{n \to \infty} \lambda_1^{(n)}$ und $\beta = \lim\limits_{n \to \infty} \lambda_n^{(n)}$, und es gilt offensichtlich $\alpha \leqq \lambda_p^{(n)} \leqq \beta$ $(p = 1, 2, \ldots, n; n = 1, 2, 3, \ldots)$. ∎

Wir benutzen die Bezeichnungen aus 3.9.3. und bemerken, daß infolge der rekursiven Bauart der unendlichen Jacobischen Matrix bei wachsendem n die bereits bestimmten Polynome $\Pi_1(\lambda) = 1$, $\Pi_2(\lambda), \ldots, \Pi_n(\lambda)$ (vgl. (4; 3.9.3)) ungeändert bleiben und nur durch weitere Polynome ergänzt werden (d. h., wenn $\Pi_1(\lambda), \ldots, \Pi_n(\lambda)$ die durch $\mathfrak{a}_n$ bestimmten Polynome sind, so sind $\Pi_1(\lambda), \ldots, \Pi_n(\lambda), \Pi_{n+1}(\lambda)$ die zu $\mathfrak{a}_{n+1}$ gehörenden Polynome). Aus diesem Grund können wir in (8; 3.9.3) den Grenzübergang $n \to \infty$ vornehmen und erhalten für die Elemente unserer Matrix $\mathfrak{a}$

die Darstellung

$$\alpha_{jk} = \lim_{n \to \infty} \sum_{p=1}^{n} \lambda_p{}^{(n)} \frac{\Pi_j(\lambda_p{}^{(n)})\,\overline{\Pi}_k(\lambda_p{}^{(n)})}{\sigma_n(\lambda_p{}^{(n)})} \qquad (j, k = 1, 2, 3, \ldots); \tag{2}$$

genauso erhält man (nach (12; 3.9.3)) für die Elemente von $\mathfrak{a}^m$

$$\alpha_{jk}^{(m)} = \lim_{n \to \infty} \sum_{p=1}^{n} (\lambda_p{}^{(n)})^m \frac{\Pi_j(\lambda_p{}^{(n)})\,\overline{\Pi}_k(\lambda_p{}^{(n)})}{\sigma_n(\lambda_p{}^{(n)})} \qquad (j, k = 1, 2, 3, \ldots) \tag{3}$$

und aus (9; 3.9.3) und (11; 3.9.3)

$$e = \left[\lim_{n \to \infty} \sum_{p=1}^{n} \frac{\Pi_j(\lambda_p{}^{(n)})\,\overline{\Pi}_k(\lambda_p{}^{(n)})}{\sigma_n(\lambda_p{}^{(n)})} \right]_{j,k=1,2,3,\ldots}. \tag{4}$$

Um aus diesen Formeln weitere Schlüsse ziehen zu können, bemerken wir, daß $\lim_{n \to \infty} \sigma_n(\lambda) = \infty$ für jeden festen Wert von λ ist. Wäre dies nämlich für einen bestimmten Wert λ_0 nicht der Fall, so würde der Vektor

$$x_0{}^{(n)} = \left(\frac{\Pi_1(\lambda_0)}{\sqrt{\sigma_n(\lambda_0)}}, \frac{\Pi_2(\lambda_0)}{\sqrt{\sigma_n(\lambda_0)}}, \ldots, \frac{\Pi_n(\lambda_0)}{\sqrt{\sigma_n(\lambda_0)}} \right) \qquad (n = 1, 2, 3, \ldots)$$

für $n \to \infty$ gegen einen normierten Lösungsvektor x_0 des homogenen Gleichungssystems

$$(\lambda_0 e - \mathfrak{a})\, x = 0$$

streben, was auf Grund unserer Voraussetzung ausgeschlossen ist.

Wir führen folgende Funktionen ein:

$$\varrho_n(\lambda) = \begin{cases} 0 & \text{für} \quad \lambda \leqq \lambda_1{}^{(n)}, \\[2mm] \displaystyle\sum_{\lambda_p{}^{(n)} \leqq \lambda} \frac{1}{\sigma_n(\lambda_p{}^{(n)})} & \text{für} \quad \lambda_1{}^{(n)} < \lambda < \lambda_n{}^{(n)}, \\[2mm] 1 & \text{für} \quad \lambda \geqq \lambda_n{}^{(n)} \end{cases} \tag{5}$$

$(n = 1, 2, 3, \ldots)$. Zu dieser Definition bemerken wir, daß (4) für $j = k = 1$ die Gleichung

$$1 = \lim_{n \to \infty} \sum_{p=1}^{n} \frac{1}{\sigma_n(\lambda_p{}^{(n)})} \tag{6}$$

folgt. Man sieht sofort, daß $\varrho_n(\lambda)$ eine nichtabnehmende, nichtnegative Treppenfunktion ist. Mit ihrer Hilfe läßt sich (6; 3.9.3) auch wie folgt ausdrücken:

$$\int_{-\infty}^{+\infty} \Pi_j(\lambda)\,\overline{\Pi}_k(\lambda)\, d\varrho_n(\lambda) = \int_{\alpha}^{\beta} \Pi_j(\lambda)\,\overline{\Pi}_k(\lambda)\, d\varrho_n(\lambda)$$

$$= \begin{cases} 0 & \text{für} \quad j \neq k, \\ 1 & \text{für} \quad j = k, \end{cases} \tag{7}$$

wobei die Integrale im Sinne von STIELTJES zu verstehen sind.

Wir führen die folgenden Funktionen ein:

$$\beta_{jk}^{(n)}(\lambda) := \int_{-\infty}^{\lambda} \Pi_j(t)\, \overline{\Pi}_k(t)\, d\varrho_n(t)$$

$$= \sum_{\lambda_p^{(n)} \leq \lambda} \frac{\Pi_j(\lambda_p^{(n)})\, \overline{\Pi}_k(\lambda_p^{(n)})}{\sigma_n(\lambda_p^{(n)})} \qquad (j,\, k = 1,\, 2,\, 3,\, \ldots,\, n). \tag{8}$$

Für $j = k = 1$ folgt speziell (da $\Pi_1(\lambda) = 1$ ist)

$$\beta_{11}^{(n)}(\lambda) = \int_{-\infty}^{\lambda} d\varrho_n(t) = \varrho_n(\lambda). \tag{9}$$

Sämtliche Funktionen $\beta_{jk}^{(n)}$ sind bei festem j, k im Intervall (α, β) gleichmäßig beschränkt (auch bezüglich n), weil bei Berücksichtigung von (6)

$$|\beta_{jk}^{(n)}(\lambda)| = \left| \sum_{\lambda_p^{(n)} \leq \lambda} \frac{\Pi_j(\lambda_p^{(n)})\, \overline{\Pi}_k(\lambda_p^{(n)})}{\sigma_n(\lambda_p^{(n)})} \right|$$

$$\leq \sum_{\lambda_p^{(n)} \leq \lambda} \frac{|\Pi_j(\lambda_p^{(n)})|\, |\Pi_k(\lambda_p^{(n)})|}{\sigma_n(\lambda_p^{(n)})}$$

$$\leq M_j M_k \sum_{\lambda_p^{(n)} \leq \lambda} \frac{1}{\sigma_n(\lambda_p^{(n)})} \leq M_j M_k$$

für $n = 1, 2, \ldots$ und $\lambda \in (\alpha, \beta)$ gilt. Hier ist

$$M_j = \max_{\lambda \in [\alpha, \beta]} |\Pi_j(\lambda)| \qquad (j = 1, 2, \ldots).$$

Die Funktionen $\beta_{jk}^{(n)}(\lambda)$ *sind von beschränkter Variation (beschränkter Schwankung),* da wiederum

$$\int_{-\infty}^{+\infty} |d\beta_{jk}^{(n)}(\lambda)| = \int_{\alpha}^{\beta} |\Pi_j(\lambda)\, \Pi_k(\lambda)|\, d\varrho_n(\lambda) \leq M_j M_k \int_{\alpha}^{\beta} d\varrho_n(\lambda) = M_j M_k$$

ist.

Wir können jetzt den folgenden Satz beweisen:

Satz 3. *Bei festem j und k konvergiert eine Teilfolge $\{\beta_{jk}^{(n_r)}(\lambda)\}$ der unter (8) definierten Funktionen $\beta_{jk}^{(n)}(\lambda)$ für $n \to \infty$ f. ü. (fast überall) gegen eine Grenzfunktion $\beta_{ik}(\lambda)$, welche von beschränkter Schwankung ist.*

Beweis. Die rationalen Zahlen des Intervalls (α, β) sollen mit $\gamma_1, \gamma_2, \gamma_3, \ldots$ bezeichnet werden; j und k seien beliebige, jedoch feste natürliche Zahlen. Wir haben gesehen, daß

$$|\beta_{jk}^{(n)}(\lambda)| \leq M_j M_k \quad \left(\lambda \in (\alpha, \beta);\; n = 1, 2, 3, \ldots\right)$$

gilt, also ist auch

$$|\beta_{jk}^{(n)}(\gamma_1)| \leq M_j M_k \quad (n = 1, 2, 3, \ldots)$$

erfüllt. Die Zahlenfolge $\{1, 2, 3, \ldots\}$ hat somit eine unendliche Teilfolge $\{n_r^{(1)}\}$, für welche

$$\lim_{r \to \infty} \beta_{jk}^{(n_r^{(1)})}(\gamma_1) =: \beta_{jk}(\gamma_1)$$

existiert. Aber wegen der Beschränktheit von $\beta_{jk}^{(n)}(\lambda)$ ist auch

$$|\beta_{jk}^{(n_r^{(1)})}(\gamma_2)| \leq M_j M_k \quad (r = 1, 2, 3, \ldots).$$

Also hat $\{n_r^{(1)}\}$ eine unendliche Teilfolge, etwa $\{n_r^{(2)}\}$, für welche

$$\lim_{r \to \infty} \beta_{jk}^{(n_r^{(2)})}(\gamma_2) =: \beta_{jk}(\gamma_2)$$

vorhanden ist. So fahren wir weiter fort mit jedem rationalen Punkt des Intervalls (α, β).

Die Diagonalfolge

$$\{n_1^{(1)}, n_2^{(2)}, \ldots, n_r^{(r)}, \ldots\}$$

ist eine Teilfolge sämtlicher oben konstruierter Teilfolgen, daher müssen für diese Folge sämtliche Grenzwerte

$$\lim_{r \to \infty} \beta_{jk}^{(n_r^{(r)})}(\gamma_p) = \beta_{jk}(\gamma_p) \quad (p = 1, 2, 3, \ldots)$$

vorhanden sein. Es gibt also eine Grenzfunktion $\beta_{jk}(\lambda)$, die hiermit zunächst in allen rationalen Punkten des Intervalls definiert ist.

Wir werden die eben bestimmte Teilfolge $\{n_r^{(r)}\}$ von $\{1, 2, 3, \ldots\}$ kurz mit $\{n_r\}$ bezeichnen: $n_r = n_r^{(r)}$ $(r = 1, 2, \ldots)$. (Zwar hängt $n_r^{(r)}$ von j und k ab, diese Abhängigkeit ist jedoch unwesentlich, und der Einfachheit halber bezeichnen wir für beliebige j und k die Elemente der oben bestimmten Teilfolge mit n_r.)

Es sei jetzt wieder $j = k = 1$. Die entstehende Grenzfunktion ist also nach (9)

$$\lim_{r \to \infty} \beta_{11}^{(n_r)}(\lambda) = \beta_{11}(\lambda) =: \varrho(\lambda) \tag{10}$$

für jedes rationale $\lambda \in (\alpha, \beta)$. Auf Grund von (5) ist $\varrho(\lambda)$ eine nichtabnehmende Funktion, die von 0 bis 1 wächst, wenn λ zunächst die rationalen Punkte von α bis β durchläuft. Daraus folgt, daß $\varrho(\lambda)$ eine auf den rationalen Zahlen von (α, β) definierte Funktion von beschränkter Schwankung ist.

Es soll jetzt zunächst die Definition von $\beta_{11}(\lambda) = \varrho(\lambda)$ für alle λ fortgesetzt werden derart, daß die entstehende Funktion von beschränkter Variation ist.

Es sei $\lambda_0 \in (\alpha, \beta)$ irrational und $\{\gamma_p\}$ eine Folge von rationalen Zahlen, die von oben gegen λ_0 strebt. Dann existiert der Grenzwert von $\varrho(\gamma_p)$ (für $p \to \infty$) wegen der Monotonie von $\varrho(\lambda)$ an den rationalen Stellen. Es sei

$$\beta_{11}(\lambda_0) = \varrho(\lambda_0) := \lim_{p \to \infty} \varrho(\gamma_p).$$

Man sieht leicht ein, daß diese Definition eindeutig ist. Damit ist $\varrho(\lambda)$ im Intervall (α, β) definiert. Ferner soll $\varrho(\lambda) = 0$ für $\lambda \leq \alpha$ und $\varrho(\lambda) = 1$ für $\lambda \geq \beta$ gelten.

Die Funktion $\varrho(\lambda)$ ist derart definiert, daß sie von rechts stetig ist. Außerdem ist sie monoton, nicht abnehmend, kann also nur höchstens abzählbar viele Unstetigkeitsstellen haben, die nur Sprungstellen sein können. Daraus folgt, daß

$\beta_{11}(\lambda) = \varrho(\lambda)$ eine Funktion von beschränkter Variation ist. (Man kann sogar zeigen, daß $\varrho(\lambda)$ in jedem Punkt stetig ist [SCHMEIDLER 1950, p. 463].) Allerdings gilt die Grenzwertrelation (10) nicht nur in den rationalen Punkten, sondern in jeder Stetigkeitsstelle (also f. ü.). Das folgt daraus, daß in jeder noch so kleinen Umgebung einer Stetigkeitsstelle die Aussage (10) in jedem rationalen Punkt und daher auch in ihren Häufungspunkten gilt.

Für beliebige natürliche Zahlen j und k kann man den obigen Gedankengang wörtlich mit der Funktion $\beta_{jk}^{(n)}(\lambda)$ wiederholen. Allerdings ist dann die Funktion $\beta_{jk}^{(n)}(\lambda)$ im Intervall (α, β) nicht monoton, sondern nur von beschränkter Schwankung. Die entsprechenden Überlegungen ergeben dann, daß auch $\beta_{jk}(\lambda)$ als eine in allen rationalen Punkten definierte Funktion auf dieser Punktmenge von beschränkter Variation ist, so daß für eine geeignete Teilfolge $\{n_r\}$ von $\{1, 2, 3, \ldots\}$ (die allerdings von j und k abhängt) in jedem rationalen Punkt entsprechend (8) die Gleichung

$$\lim_{r \to \infty} \beta_{jk}^{(n_r)}(\lambda) = \lim_{r \to \infty} \int_{\alpha}^{\lambda} \Pi_j(t)\, \overline{\Pi}_k(t)\, d\varrho_{n_r}(t) = \beta_{jk}(\lambda) \tag{11}$$

gilt. Mittels des oben benutzten Auswahlverfahrens läßt sich nun wieder eine einzige Teilfolge $\{n_r\}$ der natürlichen Zahlenfolge bestimmen, für die sämtliche Gleichungen (11) für $j, k = 1, 2, 3, \ldots$ in allen rationalen Punkten von (α, β) gelten. Da jede Funktion von beschränkter Variation als die Differenz von zwei monotonen Funktionen darstellbar ist, läßt sich die Definition von $\beta_{jk}(\lambda)$ auch auf jede irrationale Zahl als der rechtsseitige Grenzwert von Funktionswerten an rationalen Stellen erweitern. Die derart auf (α, β) definierte Funktion ist von beschränkter Schwankung, hat also höchstens abzählbar viele Unstetigkeitsstellen, und es gilt in jedem Stetigkeitspunkt von $\beta_{jk}(\lambda)$ (also wieder f. ü.) die Beziehung (11). ∎

Wir beweisen jetzt, daß die Darstellung

$$\beta_{jk}(\lambda) = \int_{\alpha}^{\lambda} \Pi_j(t)\, \overline{\Pi}_k(t)\, d\varrho(t) \qquad (j, k = 1, 2, 3, \ldots) \tag{12}$$

gilt. Dazu bilden wir zunächst

$$\int_{\alpha}^{\lambda} \frac{d}{dt}\left(\Pi_j(t)\, \overline{\Pi}_k(t)\right) d\varrho_{n_r}(t),$$

wobei $\{n_r\}$ die im Satz 3 festgelegte unendliche Folge von natürlichen Zahlen ist. In diesem Integral ist der Integrand Lebesgue-integrierbar und überdies für alle n_r in (α, β) gleichmäßig beschränkt, so daß infolge des Lebesgueschen Satzes

$$\lim_{r \to \infty} \int_{\alpha}^{\lambda} \frac{d}{dt}\left(\Pi_j(t)\, \overline{\Pi}_k(t)\right) d\varrho_{n_r}(t) = \int_{\alpha}^{\lambda} \frac{d}{dt}\left(\Pi_j(t)\, \overline{\Pi}_k(t)\right) d\varrho(t)$$

gilt. Ist λ ein Stetigkeitspunkt von $\varrho(t)$, so ist nach (10)

$$\lim_{r \to \infty} \Pi_j(\lambda)\, \overline{\Pi}_k(\lambda)\, \varrho_{n_r}(\lambda) = \Pi_j(\lambda)\, \overline{\Pi}_k(\lambda)\, \varrho(\lambda).$$

Andererseits berücksichtigen wir, daß die partielle Integration folgendes liefert:

$$\int\limits_\alpha^\lambda \Pi_j(t)\,\overline{\Pi}_k(t)\,d\varrho_{n_r}(t) = [\Pi_j(t)\,\overline{\Pi}_k(t)\,\varrho_{n_r}(t)]_{t=\alpha}^\lambda - \int\limits_\alpha^\lambda \frac{d}{dt}\left(\Pi_j(t)\,\overline{\Pi}_k(t)\right)\varrho_{n_r}(t)\,dt,$$

$$\int\limits_\alpha^\lambda \Pi_j(t)\,\overline{\Pi}_k(t)\,d\varrho(t) = [\Pi_j(t)\,\overline{\Pi}_k(t)\,\varrho(t)]_{t=\alpha}^\lambda - \int\limits_\alpha^\lambda \frac{d}{dt}\left(\Pi_j(t)\,\overline{\Pi}_k(t)\right)\varrho(t)\,dt.$$

Wegen $\varrho(\alpha) = \varrho_{n_r}(\alpha) = 0$ $(r = 1, 2, 3, \ldots)$ und (11) folgt daraus die Behauptung (12) für jeden Stetigkeitspunkt (also wieder f. ü.) von $\varrho(t)$. Man kann aber (12) als Definition von $\beta_{jk}(\lambda)$ für jedes $\lambda \in (\alpha, \beta)$ benutzen, so daß $\beta_{jk}(\lambda)$ im ganzen Intervall (α, β) stetig definiert werden kann. Wieder soll $\beta_{jk}(\lambda) = 0$ für $\lambda < \alpha$ und $\beta_{jk}(\lambda) = 1$ für $\lambda > \beta$ gesetzt werden. Die hiermit gefundene unendliche Matrix

$$\mathfrak{e}(\lambda) := [\beta_{jk}(\lambda)]_{j,k=1}^\infty = \left[\int\limits_\alpha^\lambda \Pi_j(t)\,\overline{\Pi}_k(t)\,d\varrho(t)\right]_{j,k=1}^\infty \tag{13}$$

heißt die *Spektralmatrix* der gegebenen Jacobischen Matrix $\mathfrak{a}$. Sie definiert eine beschränkte, positiv definite, hermitesche Bilinearform für jedes λ aus (α, β).

Für diese Bilinearform, auch *Spektralform* genannt, gilt die Abschätzung

$$\left|\sum_{j=1}^n \sum_{k=1}^n \beta_{jk}(\lambda)\,\xi_j\overline{\eta}_k\right| = \left|\sum_{j=1}^n \sum_{k=1}^n \int\limits_\alpha^\lambda \Pi_j(t)\,\overline{\Pi}_k(t)\,d\varrho(t)\,\xi_j\overline{\eta}_k\right|$$

$$= \left|\int\limits_\alpha^\lambda \sum_{j=1}^n \Pi_j(t)\,\xi_j \sum_{k=1}^n \overline{\Pi}_k(t)\,\overline{\eta}_k\,d\varrho(t)\right|$$

$$\leqq \left(\int\limits_\alpha^\lambda \left|\sum_{j=1}^n \Pi_j(t)\,\xi_j\right|^2 d\varrho(t) \int\limits_\alpha^\lambda \left|\sum_{k=1}^n \Pi_k(t)\,\eta_k\right|^2 d\varrho(t)\right)^{1/2}$$

$$\leqq \left(\int\limits_\alpha^\beta \left|\sum_{j=1}^n \Pi_j(t)\,\xi_j\right|^2 d\varrho(t) \int\limits_\alpha^\beta \left|\sum_{k=1}^n \Pi_k(t)\,\eta_k\right|^2 d\varrho(t)\right)^{1/2}$$

$$= \left(\sum_{j=1}^n |\xi_j|^2 \sum_{k=1}^n |\eta_k|^2\right)^{1/2}, \tag{13'}$$

weil ja nach (7), (11) und (12)

$$\mathfrak{e} = \left[\lim_{r\to\infty} \int\limits_\alpha^\beta \Pi_j(t)\,\overline{\Pi}_k(t)\,d\varrho_{n_r}(t)\right]_{j,k=1}^\infty$$

$$= \left[\int\limits_\alpha^\beta \Pi_j(t)\,\overline{\Pi}_k(t)\,d\varrho(t)\right]_{j,k=1}^\infty = [\beta_{jk}(\lambda)]_{j,k=1}^\infty = [\delta_{jk}]_{j,k=1}^\infty$$

ist. Man sieht, daß die Zahl 1 eine obere Schranke für die Spektralform für jeden Wert von λ ist.

13*

Sehr wichtig ist das aus (13) folgende Ergebnis

$$e(\beta) = e = \int\limits_{-\infty}^{+\infty} de(\lambda). \tag{14}$$

Ebenso, wie bisher die Gleichungen (4) als Ausgangspunkt dienten, können wir nun weiterhin auch von (3) ausgehen. Indem wir anstelle des früheren Integranden $\Pi_j(t)\,\overline{\Pi}_k(t)\,d\varrho_{n_r}(t)$ jetzt den Integranden $t^m\Pi_j(t)\,\overline{\Pi}_k(t)\,d\varrho_{n_r}(t)$ verwenden, läßt sich auf dieselbe Art wie oben beweisen, daß die Gleichung

$$\alpha_{jk}^{(m)} = \lim_{r\to\infty} \int\limits_{\alpha}^{\beta} t^m\Pi_j(t)\,\overline{\Pi}_k(t)\,d\varrho_{n_r}(t) = \int\limits_{\alpha}^{\beta} t^m\Pi_j(t)\,\overline{\Pi}_k(t)\,d\varrho(t),$$

d. h.

$$\mathfrak{a}^m = \int\limits_{-\infty}^{+\infty} \lambda^m de(\lambda) \qquad (m = 0, 1, 2, \ldots) \tag{15}$$

gilt. Für $m = 0$ ergibt sich (14), und für $m = 1$ erhalten wir

$$\mathfrak{a} = \int\limits_{-\infty}^{+\infty} \lambda de(\lambda). \tag{16}$$

3.9.5. Eigenschaften der Spektralmatrix

Es sei wieder $\mathfrak{a}$ eine unendliche Jacobische Matrix von der Gestalt (1; 3.9.4) ohne Eigenwerte und $e(\lambda)$ ihre Spektralmatrix, wie wir sie in (13; 3.9.4) definiert haben. Wir zeigen jetzt den folgenden Satz:

Satz 1. *Unter den obigen Voraussetzungen ist die Spektralmatrix für jeden Wert von λ ein Projektor.*

Beweis. Aus (7; 3.9.3) folgt

$$\sum_{i=1}^{n} \sum_{\lambda_p{}^{(n)}\leq\lambda} \frac{\Pi_j(\lambda_p{}^{(n)})\,\overline{\Pi}_i(\lambda_p{}^{(n)})}{\sigma_n(\lambda_p{}^{(n)})} \sum_{\lambda_q{}^{(n)}\leq\lambda} \frac{\Pi_i(\lambda_q{}^{(n)})\,\overline{\Pi}_k(\lambda_q{}^{(n)})}{\sigma_n(\lambda_q{}^{(n)})}$$

$$= \sum_{\lambda_p{}^{(n)}\leq\lambda} \frac{\Pi_j(\lambda_p{}^{(n)})\,\overline{\Pi}_k(\lambda_p{}^{(n)})}{\sigma_n(\lambda_p{}^{(n)})}, \tag{1}$$

wobei $\lambda_p{}^{(n)}$ die geordneten Eigenwerte des n-ten Abschnitts $\mathfrak{a}_n$ von $\mathfrak{a}$ sind. Es sei $\{n_r\}$ diejenige Teilfolge der natürlichen ganzen Zahlen, welche im Satz 3; 3.9.4 vorkommt, und wir setzen $n = n_r$. Dann kann man wegen (8; 3.9.4) für (1) die Gleichung

$$\sum_{i=1}^{n_r} \int\limits_{\alpha}^{\lambda} \Pi_j(t)\,\overline{\Pi}_i(t)\,d\varrho_{n_r}(t) \int\limits_{\alpha}^{\lambda} \Pi_i(t)\,\overline{\Pi}_k(t)\,d\varrho_{n_r}(t) = \int\limits_{\alpha}^{\lambda} \Pi_j(t)\,\overline{\Pi}_k(t)\,d\varrho_{n_r}(t)$$

schreiben. Es soll der Grenzwert für $n_r \to \infty$ gebildet werden.

Wir werden zur Abkürzung unserer Formeln die Bezeichnungen (11; 3.9.4) verwenden.

Aus $(13'; 3.9.4)$ folgt

$$\sum_{j=1}^{n_r} \sum_{i=1}^{n_r} \beta_{ji}^{(n_r)}(\lambda)\, \xi_j \bar{\xi}_i \leqq \sum_{j=1}^{n_r} |\xi_j|^2 \leqq 1 \tag{2}$$

für jedes λ und n_r, falls $\xi := (\xi_1, \xi_2, \ldots)$ ein beliebiger Vektor mit $\|\xi\| \leqq 1$ aus l^2 ist. Da infolgedessen

$$\sum_{i=1}^{n_r} |\beta_{ji}^{(n_r)}(\lambda)|^2 \leqq 1, \quad \sum_{i=1}^{\infty} |\beta_{ji}(\lambda)|^2 \leqq 1,$$

$$\sum_{i=1}^{n_r} |\beta_{ik}^{(n_r)}(\lambda)|^2 \leqq 1, \quad \sum_{i=1}^{\infty} |\beta_{ik}(\lambda)|^2 \leqq 1$$

ist, können wir einen festen Index N angeben, so daß für alle $n_r \geqq N$

$$\sum_{i=1}^{n_r} \beta_{ji}^{(n_r)}(\lambda)\, \beta_{ik}^{(n_r)}(\lambda) - \sum_{i=1}^{\infty} \beta_{ji}(\lambda)\, \beta_{ik}(\lambda) = \sum_{i=1}^{N} \{\beta_{ji}^{(n_r)}(\lambda)\, \beta_{ik}^{(n_r)}(\lambda) - \beta_{ji}(\lambda)\, \beta_{ik}(\lambda)\}$$

$$+ \sum_{i=N+1}^{\infty} \{\beta_{ji}^{(n_r)}(\lambda)\, \beta_{ik}^{(n_r)}(\lambda) - \beta_{ji}(\lambda)\, \beta_{ik}(\lambda)\}$$

ist. Schätzt man hierin die letzte Summe mit Hilfe der Schwarzschen Ungleichung ab, so finden wir, daß sie für genügend großes N beliebig klein ist, wie groß auch r gewählt sein mag. In der ersten Summe der rechten Seite halten wir jetzt N fest und gehen mit r gegen unendlich. Dann folgt aus $(12; 3.9.4)$, daß auch dieses Glied gegen null geht, womit alles bewiesen ist. ∎

Aus diesem Satz ergibt sich sofort, daß $e(\lambda)$ genau die Spektralschar von $\mathfrak{a}$ und $(16; 3.9.4)$ die Spektraldarstellung von $\mathfrak{a}$ ist. Es gilt also nach Satz $1; 3.9.1$

$$e(\lambda)\, e(\mu) = e(\mu)\, e(\lambda) = e(\lambda) \quad \text{für} \quad \lambda \leqq \mu. \tag{3}$$

Anstelle von (1) können wir aus $(7; 3.9.3)$ auch die folgende Gleichung herleiten:

$$\sum_{j=1}^{n} \sum_{\lambda_p^{(n)} \leqq \lambda} \lambda_p^{(n)}\, \frac{\Pi_j(\lambda_p^{(n)})\, \overline{\Pi}_i(\lambda_p^{(n)})}{\sigma_n(\lambda_p^{(n)})} \sum_{\lambda_q^{(n)} \leqq \lambda} \frac{\Pi_i(\lambda_q^{(n)})\, \overline{\Pi}_k(\lambda_q^{(n)})}{\sigma_n(\lambda_q^{(n)})}$$

$$= \sum_{\lambda_p^{(n)} \leqq \lambda} \frac{\lambda_p^{(n)}\, \Pi_j(\lambda_p^{(n)})\, \overline{\Pi}_k(\lambda_p^{(n)})}{\sigma_n(\lambda_p^{(n)})}.$$

Die Durchführung des Grenzüberganges genauso wie oben liefert dann

$$\mathfrak{a}e(\lambda) = e(\lambda)\, \mathfrak{a} =: \mathfrak{a}(\lambda) = \left[\int_\alpha^\lambda t\Pi_j(t)\, \overline{\Pi}_k(t)\, d\varrho(t) \right]_{j,k=1}^{\infty}. \tag{4}$$

Ferner ist

$$(\mathfrak{a} - \lambda e)\, e(\lambda) = \left[\int_\alpha^\lambda (t - \lambda)\, \Pi_j(t)\, \overline{\Pi}_k(t)\, d\varrho(t) \right]_{j,k=1}^{\infty} \tag{5}$$

ein negativer hermitescher Operator in l^2, weil $t - \lambda \leqq 0$ $(\alpha \leqq t \leqq \lambda)$ ist. Entsprechend ist die Matrix

$$(\mathfrak{a} - \lambda\mathfrak{e})\,(\mathfrak{e} - \mathfrak{e}(\lambda)) = \left[\int\limits_{\alpha}^{\beta}(t - \lambda)\,\Pi_j(t)\,\overline{\Pi}_k(t)\,d\varrho(t) - \int\limits_{\alpha}^{\lambda}(t - \lambda)\,\Pi_j(t)\,\overline{\Pi}_k(t)\,d\varrho(t)\right]_{j,k=1}^{\infty}$$

$$= \left[\int\limits_{\lambda}^{\beta}(t - \lambda)\,\Pi_j(t)\,\overline{\Pi}_k(t)\,d\varrho(t)\right]_{j,k=1}^{\infty} \tag{6}$$

wegen $t - \lambda \geqq 0$ positiv definit.

Ebenso ist stets

$$\mathfrak{e}(\lambda_2) - \mathfrak{e}(\lambda_1) = \left[\int\limits_{\lambda_1}^{\lambda_2}\Pi_j(t)\,\overline{\Pi}_k(t)\,d\varrho(t)\right]_{j,k=1}^{\infty} \qquad (\lambda_1 \leqq \lambda_2) \tag{7}$$

positiv definit. Aus $\mathfrak{e}(\lambda_2) - \mathfrak{e}(\lambda_1) = 0$ folgt für $j = k = 1$ speziell

$$\int\limits_{\lambda_1}^{\lambda_2}d\varrho(\lambda) = \varrho(\lambda_2) - \varrho(\lambda_1) = 0,$$

und da $\varrho(\lambda)$ nicht abnimmt, gilt $\varrho(\lambda) = \mathrm{const}$ für $\lambda_1 \leqq \lambda \leqq \lambda_2$.

Es ist klar, daß ein solcher Wert λ, in dessen Umgebung $\varrho(\lambda)$ konstant ist, samt dieser Umgebung zu den auftretenden Stieltjesschen Integralen keinen Beitrag liefert. Wir wollen demnach unter dem *reduzierten Spektrum* von $\mathfrak{a}$ nicht wie bisher das ganze Intervall (α, β) verstehen, sondern das Intervall (α, β) mit Ausnahme derjenigen offenen Teilintervalle, in welchen $\varrho(\lambda)$ konstant ist. Diese Ausnahmeintervalle können sich nicht überdecken, es gibt demzufolge höchstens abzählbar viele Ausnahmeintervalle. *Das reduzierte Spektrum $\mathfrak{s}(\mathfrak{a})$ von $\mathfrak{a}$ besteht dann aus der Menge der restlichen Punkte und ist eine abgeschlossene und in sich dichte, d. h. eine perfekte Punktmenge.* Wir behaupten:

Satz 2. *Jeder Wert λ_0, der nicht zu $\mathfrak{s}(\mathfrak{a})$ gehört, hat die Eigenschaft, daß $(\lambda_0\mathfrak{e} - \mathfrak{a})^{-1}$ existiert, und umgekehrt ist immer, wenn $(\lambda_0\mathfrak{e} - \mathfrak{a})^{-1}$ vorhanden ist, $\lambda_0 \notin \mathfrak{s}(\mathfrak{a})$.*

Beweis. Es sei zunächst $\lambda_0 \notin \mathfrak{s}(\mathfrak{a})$. Wir gehen auf die Gleichung (14; 3.9.3) zurück, die wir mit $\lambda = \lambda_0$ für die Werte $n = n_r$ betrachten. Wir können sie wieder in der Form

$$(\lambda_0\mathfrak{e}_{n_r} - \mathfrak{a}_{n_r})^{-1} = \left[\sum_{p=1}^{n_r}\frac{\Pi_j(\lambda_p^{(n_r)})\,\overline{\Pi}_k(\lambda_p^{(n_r)})}{(\lambda_0 - \lambda_p^{(n_r)})\,\sigma_n(\lambda_p^{(n_r)})}\right]_{j,k=1}^{\infty}$$

$$= \left[\int\limits_{\alpha}^{\beta}\frac{1}{\lambda_0 - t}\,\Pi_j(t)\,\overline{\Pi}_k(t)\,d\varrho_{n_r}(t)\right]_{j,k=1}^{\infty}$$

schreiben. Die Funktion

$$\frac{1}{\lambda_0 - \lambda}\,\Pi_j(t)\,\overline{\Pi}_k(t)$$

ist auf der Menge $\mathfrak{s}(\mathfrak{a})$ stetig und beschränkt und hat dort eine Ableitung. Dieselbe

Schlußweise wie früher führt uns zum Ergebnis

$$\mathfrak{r} := \lim_{r\to\infty} (\lambda_0 e_{n_r} - \mathfrak{a}_{n_r})^{-1} = \left[\int_\alpha^\beta \frac{1}{\lambda_0 - t}\, \Pi_j(t)\, \overline{\Pi}_k(t)\, d\varrho(t)\right]_{j,k=1}^\infty .$$

Diese Matrix ist beschränkt, denn es gilt

$$\left|\sum_{j=1}^n \sum_{k=1}^n \int_\alpha^\beta \frac{\Pi_j(t)\,\overline{\Pi}_k(t)}{\lambda_0 - t}\, d\varrho(t)\, \xi_j \overline{\eta}_k\right| = \left|\int_\alpha^\beta \frac{1}{\lambda_0 - t} \sum_{j=1}^n \sum_{k=1}^n \Pi_j(t)\, \overline{\Pi}_k(t)\, \xi_j \overline{\eta}_k d\varrho(t)\right|$$

$$\leqq \left|\int_\alpha^\beta \frac{1}{\lambda_0 - t} \left|\sum_{j=1}^n \Pi_j(t)\, \xi_j \sum_{k=1}^n \overline{\Pi}_k(t)\, \overline{\eta}_k\right| d\varrho(t)\right|$$

$$\leqq \frac{1}{\delta} \int_\alpha^\beta \left|\sum_{j=1}^n \Pi_j(t)\, \xi_j\right| \left|\sum_{k=1}^n \overline{\Pi}_k(t)\, \overline{\eta}_k\right| d\varrho(t)$$

$$\leqq \frac{1}{\delta} \left(\int_\alpha^\beta \left|\sum_{j=1}^n \Pi_j(t)\, \xi_j\right|^2 d\varrho(t)\right)^{1/2}$$

$$\times \left(\int_\alpha^\beta \left|\sum_{k=1}^n \Pi_k(t)\, \eta_k\right|^2 d\varrho(t)\right)^{1/2}$$

$$= \frac{1}{\delta} \left(\sum_{j=1}^n |\xi_j|^2\right)^{1/2} \left(\sum_{k=1}^n |\eta_k|^2\right)^{1/2},$$

wenn $|\lambda_0 - \lambda| \geqq \delta$ für ein λ in $\mathfrak{s}(\mathfrak{a})$ ist. Die Rechnung liefert dann

$$(\lambda_0 e - \mathfrak{a})\, \mathfrak{r} = \lim_{r\to\infty} (\lambda_0 e_{n_r} - \mathfrak{a}_{n_r})(\lambda_0 e_{n_r} - \mathfrak{a}_{n_r})^{-1} = \lim_{r\to\infty} e_{n_r} = e = \mathfrak{r}(\lambda_0 e - \mathfrak{a}).$$

Also ist $\mathfrak{r} = (\lambda_0 e - \mathfrak{a})^{-1}$ die gesuchte beschränkte Inverse.

Umgekehrt sei jetzt λ_0 eine Stelle, für die $(\lambda_0 e - \mathfrak{a})^{-1}$ existiert und beschränkt ist. Ist λ_0 komplex, so ist selbstverständlich $\lambda_0 \notin \mathfrak{s}(\mathfrak{a})$ erfüllt; ist λ_0 aber reell, so behaupten wir ebenfalls, daß λ_0 nicht zu $\mathfrak{s}(\mathfrak{a})$ gehört. Das beweisen wir, indem wir zeigen, daß λ_0 eine Umgebung hat, in welcher $\varrho(\lambda)$ konstant ist.

Sind nämlich λ_1 und λ_2 zwei reelle Nachbarwerte von λ_0 mit $\lambda_1 < \lambda_0 < \lambda_2$, so gilt nach (4) und (13; 3.9.4.)

$$\mathfrak{a}e(\lambda_1) = \int_\alpha^{\lambda_1} t\, de(t), \quad \mathfrak{a}e(\lambda_2) = \int_\alpha^{\lambda_2} t\, de(t),$$

$$\mathfrak{a}\big(e(\lambda_2) - e(\lambda_1)\big) = \int_{\lambda_1}^{\lambda_2} t\, de(t).$$

Somit erhalten wir

$$(\lambda_0 e - \mathfrak{a})\big(e(\lambda_2) - e(\lambda_1)\big) = \int_{\lambda_1}^{\lambda_2} (\lambda_0 - t)\, de(t),$$

woraus

$$e(\lambda_2) - e(\lambda_1) = (\lambda_0 e - \mathfrak{a})^{-1} \int\limits_{\lambda_1}^{\lambda_2} (\lambda_0 - t)\, de(t)$$

folgt.

Es sei $\|(\lambda_0 e - \mathfrak{a})^{-1}\| \leq M$, dann ist nach der letzten Gleichung

$$\|e(\lambda_2) - e(\lambda_1)\| \leq M(\lambda_2 - \lambda_1)\, \|e(\lambda_2) - e(\lambda_1)\|.$$

Wenn $\|e(\lambda_1) - e(\lambda_2)\| \neq 0$ ist, ergibt sich $1 \leq M(\lambda_2 - \lambda_1)$. Da aber $\lambda_2 - \lambda_1$ so klein gewählt werden kann, daß $1 > M(\lambda_2 - \lambda_1)$ ist, führt diese Annahme zu einem Widerspruch. Also muß $e(\lambda_2) - e(\lambda_1) = 0$ sein, und mit der Bemerkung im Anschluß an (7) folgt $\varrho(\lambda) = \text{const}$ in $\lambda_1 \leq \lambda \leq \lambda_2$. ∎

Wir merken noch an, daß wir, falls $\lambda_0 \notin \mathfrak{s}(\mathfrak{a})$ ist, für $(\lambda_0 e - \mathfrak{a})^{-1}$ die Darstellung

$$(\lambda_0 e - \mathfrak{a})^{-1} = \left[\int\limits_{\alpha}^{\beta} \frac{\Pi_j(t)\, \overline{\Pi}_k(t)}{\lambda_0 - t}\, d\varrho(t) \right]_{j,k=1}^{\infty} \tag{8}$$

gezeigt haben.

Der Gleichung (4) entnehmen wir für den Vektor $x(\lambda) \in l^2$ mit den Komponenten

$$\int\limits_{\alpha}^{\lambda} \Pi_j(t)\, d\varrho(t) \qquad (j = 1, 2, 3, \ldots),$$

der die erste Spalte der Matrix $e(\lambda)$ darstellt $\big(\Pi_1(t) = 1\big)$,

$$\mathfrak{a}x(\lambda) = \int\limits_{\alpha}^{\lambda} t\, dx(t), \quad \text{d. h.} \quad \mathfrak{a}\, dx(\lambda) = \lambda\, dx(\lambda)$$

oder

$$(\lambda e - \mathfrak{a})\, dx(\lambda) = 0.$$

Es existiert somit für das homogene Gleichungssystem

$$(\lambda e - \mathfrak{a})\, x = 0,$$

falls $\lambda \in \mathfrak{s}(\mathfrak{a})$ ist, eine *Differentiallösung* $dx(\lambda)$ mit den Komponenten $\Pi_j(\lambda)\, d\varrho(\lambda)$ $(j = 1, 2, 3, \ldots)$, deren Integral

$$\left[\int\limits_{\alpha}^{\lambda} \Pi_j(t)\, d\varrho(t) \right]_{j=1}^{\infty} = x(\lambda)$$

einen Vektor darstellt.

Falls $\varrho(\lambda)$ eine Ableitung $\varrho'(\lambda)$ in (α, β) besitzt, ist auch der Vektor mit den endlichen Komponenten $\Pi_j(\lambda)\, \varrho'(\lambda)$ $(j = 1, 2, 3, \ldots)$ eine Lösung der homogenen Gleichung, der jedoch kein Element aus l^2 darstellt, weil $\sum\limits_{j=1}^{\infty} |\Pi_j(\lambda)|^2$ nicht konvergiert. $\tag{9}$

3.9.6. Spektraldarstellung einer beliebigen unendlichen Jacobischen Matrix

Wir werden jetzt eine beliebige unendliche Jacobische Matrix $\mathfrak{a}$ in der Normalform, wie wir sie in (7; 3.8.2) festgelegt haben, betrachten:

$$\mathfrak{a} = \begin{bmatrix} 0 & & & \\ \hline & \mathfrak{f}_1 & & \\ & & \mathfrak{f}_2 & \\ & & & \ddots \end{bmatrix} ; \tag{1}$$

dabei mögen die einzelnen Bestandteile die Form (8; 3.8.2) haben. Wie in 3.8.2 festgestellt wurde, können die endlichen Bestandteile durch eingliedrige ersetzt werden. Wir nehmen an, daß dies in der Darstellung von $\mathfrak{a}$ berücksichtigt ist. Die Matrix $\mathfrak{a}$ besteht also aus eingliedrigen und unendlichgliedrigen Bestandteilen. (Den Fall, daß keine unendlichgliedrigen Bestandteile vorhanden sind, haben wir schon in 3.9.2. erledigt.)

Die Spektralmatrix von $\mathfrak{f}_j$ sei $e_j(\lambda)$. Falls $\mathfrak{f}_j$ eingliedrig ist und nur aus $a_j \neq 0$ besteht, so ist

$$e_j(\lambda) = \begin{cases} 0 & \text{für} \quad \lambda < a_j, \\ 1 & \text{für} \quad \lambda \geqq a_j \end{cases}$$

(eindimensionale Null- bzw. Einheitsmatrix) und entsprechend

$$e_0(\lambda) = \begin{cases} 0 & \text{für} \quad \lambda < 0, \\ e_0 & \text{für} \quad \lambda \geqq 0, \end{cases}$$

wobei 0 bzw. e_0 die Null- bzw. Einheitsmatrix bedeuten mit so vielen Zeilen und Spalten, wie Nullzeilen und Nullspalten in $\mathfrak{a}$ enthalten sind. Ist aber $\mathfrak{f}_j$ ein unendlicher Bestandteil, dann ist $e_j(\lambda)$ unter (13; 3.9.4) definiert. Mit Hilfe dieser Matrizen können wir die *Spektralmatrix von* $\mathfrak{a}$ wie folgt definieren:

$$\mathfrak{g}(\lambda) = \begin{bmatrix} e_0(\lambda) & & & \\ & e_1(\lambda) & & \\ & & e_2(\lambda) & \\ & & & \ddots \end{bmatrix} . \tag{2}$$

Satz 1. *Die Spektralmatrix* $\mathfrak{g}(\lambda)$ *einer in Normalform gegebenen unendlichen Jacobischen Matrix hat die folgenden charakteristischen Eigenschaften:*

I. *Es existiert ein endliches Intervall* (α, β), *so daß*

$$\mathfrak{g}(\lambda) = 0 \quad \text{für} \quad \lambda < \alpha \quad \text{und} \quad \mathfrak{g}(\lambda) = e \quad \text{für} \quad \lambda > \beta$$

ist.

II. *Sind* λ *und* μ *zwei reelle Parameterwerte mit* $\lambda \leqq \mu$, *so gilt*

$$\mathfrak{g}(\lambda)\,\mathfrak{g}(\mu) = \mathfrak{g}(\mu)\,\mathfrak{g}(\lambda) = \mathfrak{g}(\lambda) \qquad (\lambda \leqq \mu).$$

III. *Die Matrix* $(\lambda e - \mathfrak{a})\,\mathfrak{g}(\lambda)$ *definiert einen positiv semidefiniten und die Matrix* $(\lambda e - \mathfrak{a})\,\big(e - \mathfrak{g}(\lambda)\big)$ *einen negativen selbstadjungierten Operator von* l^2 *in sich. Ferner ist* $\mathfrak{g}(\lambda)$ *mit* $\mathfrak{a}$ *vertauschbar.*

Beweis. I. Offensichtlich ist $\|\mathfrak{k}_j\| \leqq \|\mathfrak{a}\|$ ($j = 0, 1, 2, \ldots$). Auf Grund des Beweises von Satz 2; 3.9.4 fallen *alle* Eigenwerte der endlichen Abschnitte von $\mathfrak{k}_j$ in das Intervall $(-\|\mathfrak{a}\|, \|\mathfrak{a}\|)$, falls $\mathfrak{k}_j$ ein unendlicher Bestandteil ist. Ist aber $\mathfrak{k}_j = a_j$ eingliedrig, so ist a_j ein Eigenwert, und es gilt

$$|a_j| = |(x_j, \mathfrak{a}x_j)| \leqq \|\mathfrak{a}\|,$$

wobei x_j ein zu a_j gehöriges Eigenelement ist. Daher ist das nach Satz 2; 3.9.4 definierte Grenzintervall (α_j, β_j) von $\mathfrak{k}_j$ in $(-\|\mathfrak{a}\|, \|\mathfrak{a}\|)$ enthalten, woraus folgt, daß

$$\bigcup_{j=1}^{\infty} (\alpha_j, \beta_j) = (\alpha, \beta)$$

endlich ist. Das Verhalten von $\mathfrak{g}(\lambda)$ außerhalb von (α, β) ergibt sich aus den entsprechenden Eigenschaften der Matrizen $e_j(\lambda)$.

II. Es gilt

$$\mathfrak{g}(\lambda)\,\mathfrak{g}(\mu) = \begin{bmatrix} e_0(\lambda)\,e_0(\mu) & & & \\ & e_1(\lambda)\,e_1(\mu) & & \\ & & e_2(\lambda)\,e_2(\mu) & \\ & & & \ddots \end{bmatrix},$$

woraus auf Grund von (3; 3.9.5) die Behauptung folgt.

III. Dies ergibt sich unmittelbar aus (5; 3.9.5) und (6; 3.9.5). ∎

Man sieht sofort ein, daß die Eigenschaften I, II und III bei einer unitären Transformation unverändert bleiben. Genauer:

Ist $\mathfrak{u}$ *eine unitäre Matrix, d. h.*

$$\mathfrak{u}^*\mathfrak{u} = \mathfrak{u}\mathfrak{u}^* = \mathfrak{e}$$

und $\qquad\qquad\qquad\qquad\qquad\qquad\qquad\qquad\qquad\qquad\qquad\qquad\qquad$ (3)

$$\mathfrak{b} = \mathfrak{u}^*\mathfrak{a}\mathfrak{u}, \quad \mathfrak{h}(\lambda) = \mathfrak{u}^*\mathfrak{g}(\lambda)\,\mathfrak{u},$$

dann hat $\mathfrak{h}(\lambda)$ *bezüglich* $\mathfrak{b}$ *die Eigenschaften* I, II *und* III.

Die Matrix $\mathfrak{h}(\lambda)$ ist die *Spektralmatrix* von $\mathfrak{b}$.

Diese Bemerkung hat in Zusammenhang mit Integralgleichungen (allgemeiner: mit Operatorengleichungen) eine große Bedeutung. Wir sind in 3.8.2. auf Jacobische Matrizen in Zusammenhang mit beschränkten, hermiteschen Operatoren im Hilbertraum gestoßen, indem die unendliche Jacobische Matrix als die zugeordnete Matrix („Kernmatrix") eines solchen Operators unter Verwendung eines besonderen orthonormierten Elementensystems aufgetreten ist. Gehen wir von diesen speziellen orthonormierten Elementensystem auf ein anderes, beliebig gewähltes über, so transformiert sich die zugeordnete Matrix durch eine unitäre Matrix (vgl. 3.7.). Wir gewinnen ihre Spektralmatrix, wenn wir die Spektralmatrix der ursprünglichen Matrix durch eine unitäre Ähnlichkeitsabbildung transformieren. Mit andern Worten:

Die Haupteigenschaften der Spektralmatrix bleiben unabhängig davon, mit welchem orthonormierten Elementensystem die zugeordnete Matrix aufgestellt wurde. $\qquad\qquad$ (4)

Wie wir sehen werden, ist der folgende Satz von besonderer Wichtigkeit:

Satz 2. *Es sei $\mathfrak{a}$ eine unendliche Jacobische Matrix und $\mathfrak{e}(\lambda)$ eine Schar von selbstadjungierten Matrizen mit den Eigenschaften I, II, III im Satz 1. Dann gelten folgende Zusammenhänge:*

$$\mathfrak{a}^m = \int\limits_{-\infty}^{\infty} \lambda^m d\mathfrak{e}(\lambda) \quad (m = 0, 1, 2, \ldots),$$

$$\mathfrak{a}\mathfrak{e}(\lambda) = \mathfrak{e}(\lambda)\,\mathfrak{a} = \int\limits_{-\infty}^{\lambda} t\, d\mathfrak{e}(t)$$

sowie

$$(\lambda\mathfrak{e} - \mathfrak{a})^{-1} = \int\limits_{-\infty}^{+\infty} \frac{1}{\lambda_0 - \lambda}\, d\mathfrak{e}(\lambda),$$

falls λ eine komplexe Zahl ist oder wenn λ reell ist und in einem Intervall $\lambda_1 < \lambda < \lambda_2$ liegt, für das $\mathfrak{e}(\lambda_1) = \mathfrak{e}(\lambda) = \mathfrak{e}(\lambda_2)$ ist.

Es soll betont werden, daß $\mathfrak{e}(\lambda)$ hier nicht unbedingt die unter (2) definierte Spektralmatrix von $\mathfrak{a}$ sein muß, sondern $\mathfrak{e}(\lambda)$ kann eine beliebige Schar mit den Eigenschaften I, II, III sein. Das war der Grund, weswegen wir in Satz 1 die genannten Eigenschaften als charakteristisch bezeichnet haben.

Beweis. Wir stellen zunächst fest, daß $\mathfrak{e}(\lambda)$ beschränkt ist. In der Tat ist zunächst nach der Eigenschaft II

$$\mathfrak{e}^2(\lambda) = \mathfrak{e}(\lambda),$$

$\mathfrak{e}(\lambda)$ ist also idempotent. Es sei $x_n \in \mathbb{R}^n$ (genauer: x_n eingebettet in $l^2 : x_n = (\xi_1, \ldots, \xi_n, 0, 0, \ldots)$); dann ist wegen der Selbstadjungiertheit und der Idempotenz

$$\big(x_n, \mathfrak{e}(\lambda)\, x_n\big) = \|\mathfrak{e}(\lambda)\, x_n\|^2 \geqq 0.$$

Aber auch $\mathfrak{e}(\lambda) - \mathfrak{e}(\mu)$ ist idempotent, denn auf Grund von II erhalten wir

$$\big(\mathfrak{e}(\mu) - \mathfrak{e}(\lambda)\big)^2 = \mathfrak{e}^2(\lambda) - 2\mathfrak{e}(\lambda)\,\mathfrak{e}(\mu) + \mathfrak{e}^2(\mu) = \mathfrak{e}(\mu) - \mathfrak{e}(\lambda) \quad \text{für} \quad \lambda \leqq \mu.$$

Also gilt nach der obigen Bemerkung

$$\big(x_n, [\mathfrak{e}(\mu) - \mathfrak{e}(\lambda)]\, x_n\big) \geqq 0, \quad \lambda \leqq \mu,$$

und daher

$$\big(x_n, \mathfrak{e}(\lambda)\, x_n\big) \geqq \big(x_n, \mathfrak{e}(\mu)\, x_n\big) \quad (\lambda < \mu;\ n = 1, 2, \ldots).$$

Das bedeutet, daß $\big(x_n, \mathfrak{e}(\lambda)\, x_n\big)$ mit wachsendem λ abnimmt. Andererseits ist aber nach der Eigenschaft I für genügend großes λ stets

$$\big(x_n, \mathfrak{e}(\lambda)\, y_n\big) \leqq \|x_n\| \cdot \|y_n\| \quad (n = 1, 2, \ldots),$$

für beliebige Vektoren $x_n = (\xi_1, \ldots, \xi_n, 0, 0, \ldots)$, $y_n = (\eta_1, \ldots, \eta_n, 0, 0, \ldots)$. Sind x_n, y_n endliche Abschnitte von l^2-Vektoren, so ist die Beschränktheit nachgewiesen.

Zur Gewinnung der Spektraldarstellung betrachten wir nun eine Zerlegung des Intervalls $[\alpha, \beta]$

$$\alpha = \lambda_0 < \lambda_1 < \lambda_2 < \cdots < \lambda_n = \beta$$

und setzen

$$e(\lambda_k) - e(\lambda_{k-1}) = \Delta_k \qquad (k = 1, 2, 3, \ldots, n).$$

Dann ist

$$\Delta_k{}^2 = \Delta_k, \quad \Delta_j \Delta_k = \Delta_k \Delta_j = 0 \quad (j \neq k), \quad \sum_{k=1}^{n} \Delta_k = e.$$

Wir bilden ferner

$$(\lambda_k e - \mathfrak{a}) \big(e(\lambda_k) - e(\lambda_{k-1})\big) = (\lambda_k e - \mathfrak{a}) \Delta_k.$$

Die zugehörige hermitesche Form ist positiv definit, denn aus der Eigenschaft III folgt für $\Delta_k x$ $(x \in l^2)$, daß

$$0 \leqq \big(\Delta_k x, e(\lambda_k) (\lambda_k e - \mathfrak{a}) \Delta_k x\big) = \big(x, \Delta_k e(\lambda_k) (\lambda_k e - \mathfrak{a}) \Delta_k x\big)$$

ist. Hieraus folgt wegen der Vertauschbarkeit der Faktoren und wegen $\Delta_k{}^2 = \Delta_k$ und $e(\lambda_k) \Delta_k = \Delta_k$ die Ungleichung $\big(x, (\lambda_k e - \mathfrak{a}) \Delta_k x\big) \geq 0$. Entsprechend beweist man $\big(x, (\lambda_{k-1} e - \mathfrak{a}) \Delta_k x\big) \leq 0$. Man erhält schließlich

$$\left(x, \sum_{k=1}^{n} \lambda_{k-1} \Delta_k x\right) \leqq (x, \mathfrak{a}x) \leqq \left(x, \sum_{k=1}^{n} \lambda_k \Delta_k x\right).$$

In dieser Ungleichung wollen wir zur Grenze für $n \to \infty$ übergehen, wobei $\delta := \max (\lambda_k - \lambda_{k-1}) \to 0$. Ist nun $\lambda^{(k)}$ irgendein Wert im Intervall $(\lambda_{k-1}, \lambda_k)$, so ist für ein $x \in l^2$, $\|x\| = 1$, da Δ_k positiv semidefinit ist,

$$-\delta \leqq \left(x, \sum_{k=1}^{n} (\lambda_{k-1} - \lambda^{(k)}) \Delta_k x\right) \leqq \left(x, \left(\mathfrak{a} - \sum_{k=1}^{n} \lambda^{(k)} \Delta_k\right) x\right)$$

$$\leqq \left(x, \sum_{k=1}^{n} (\lambda_k - \lambda^{(k)}) \Delta_k x\right) \leqq \delta.$$

Hieraus folgt für $n \to \infty$

$$(x, \mathfrak{a}x) = \left(x, \lim_{n \to \infty} \sum_{k=1}^{n} \lambda^{(k)} \Delta_k x\right) = \left(x, \int_\alpha^\beta \lambda\, de(\lambda)\, x\right) = \left(x, \int_{-\infty}^{+\infty} \lambda\, de(\lambda)\, x\right)$$

oder

$$\mathfrak{a} = \int_{-\infty}^{+\infty} \lambda\, de(\lambda).$$

Ganz entsprechend beweist man auch die restlichen Behauptungen des Satzes. ∎

Satz 3. *Ist λ_0 eine reelle Zahl, für welche $(\lambda_0 e - \mathfrak{a})^{-1}$ existiert, so gibt es eine Umgebung von λ_0, in welcher $e(\lambda)$ konstant ist.*

Beweis. Wie früher seien λ_1 und λ_2 zwei reelle Nachbarstellen von λ_0 mit $\lambda_1 < \lambda_0 < \lambda_2$. Es ist

$$\mathfrak{a}e(\lambda_i) = \int\limits_{\alpha}^{\lambda_i} t\,de(t) \qquad (i = 1, 2)\,.$$

Daraus folgt

$$\mathfrak{a}\big(e(\lambda_1) - e(\lambda_2)\big) = \int\limits_{\lambda_1}^{\lambda_2} t\,de(t)$$

und weiter

$$(\lambda e - \mathfrak{a})\big(e(\lambda_2) - e(\lambda_1)\big) = \int\limits_{\lambda_1}^{\lambda_2} (\lambda - t)\,de(t)\,,$$

daher wird

$$e(\lambda_2) - e(\lambda_1) = (\lambda e - \mathfrak{a})^{-1} \int\limits_{\lambda_1}^{\lambda_2} (\lambda - t)\,de(t)\,.$$

Jetzt wiederholen wir wörtlich die Schlußweise am Ende des Beweises vom Satz 2; 3.9.5. ∎

Aus den bisherigen Überlegungen ergibt sich ein sehr nützlicher Satz:

Satz 4. *Es sei $\mathfrak{a}$ eine positiv definite beschränkte (unendliche) hermitesche Matrix. $\mathfrak{a}^{-1}$ existiert genau dann, wenn die Zahlenfolge $m_n := \min\limits_{\|\xi\|_{\mathbb{R}^n} = 1} (\xi, \mathfrak{a}_n\xi)$ einen Grenzwert $m > 0$ besitzt, wobei $\mathfrak{a}_n$ der n-te Abschnitt von $\mathfrak{a}$ ist.*

Beweis. Wir können $\mathfrak{a}$ schon von vornherein als eine auf Normalform transformierte Matrix mit lauter eingliedrigen und unendlichen Jacobischen Bestandteilen voraussetzen.

Zunächst bemerken wir, daß der Grenzwert $m = \lim\limits_{n\to\infty} m_n$ existiert. Denn nach Satz 2; 3.3.2 ist m_n der kleinste Eigenwert von $\mathfrak{a}_n$, und nach Satz 1; 3.9.4 gilt $m_n > m_{n+1} > 0$. Satz 2; 3.9.4 sichert, daß die Eigenwerte eines festen Bestandteils der Matrizen $\mathfrak{a}_n$ mit $n \to \infty$ in einem Grenzintervall liegen. Andererseits aber sind diese Grenzintervalle für die gesamte Matrix $\mathfrak{a}$ wegen ihrer Beschränktheit in einem einzigen Grenzintervall enthalten, welches wegen der Voraussetzung $m > 0$ rechts von m liegt. Demzufolge hat der Nullpunkt eine Umgebung, welche gewiß nicht zur reduzierten Spektralmenge von $\mathfrak{a}$ gehört. Dann existiert aber nach Satz 2; 3.9.5 für jedes λ in dieser Umgebung des Ursprungs die beschränkte Inverse von $\lambda e - \mathfrak{a}$. Da $\lambda = 0$ auch in dieser Umgebung ist, existiert also auch $\mathfrak{a}^{-1}$.

Umgekehrt: Ist $\mathfrak{a}^{-1}$ vorhanden, dann ist $0 \notin \mathfrak{s}(\mathfrak{a})$. Also gibt es ein $\delta > 0$, so daß alle reziproken Abschnittseigenwerte, die ja sämtlich positiv sind, und ebenso die sämtlichen Minima der Abschnittsbilinearformen oberhalb $\delta > 0$ liegen. Daher ist auch $\lim\limits_{n\to\infty} m_n = m \geqq \delta > 0$. ∎

3.10. Symmetrisierbare Operatoren

Es sei wieder H irgendein Hilbertraum und $\mathscr{A} : H \to H$ ein vollstetiger Operator. Wir sagen: $\mathscr{A}$ ist *links symmetrisierbar*, falls ein positiv semidefiniter selbstadjungierter Operator $\mathscr{G}$ vorhanden ist derart, daß

$$\mathscr{M} := \mathscr{G}\mathscr{A} \neq 0 \tag{1}$$

und $\mathscr{M}$ selbstadjungiert ist.

Falls es einen Operator $\mathscr{H}$ mit den gleichen Eigenschaften wie $\mathscr{G}$ gibt, so daß $\mathscr{A}\mathscr{H} \neq 0$ und selbstadjungiert ist, dann sagen wir, $\mathscr{A}$ ist *rechts symmetrisierbar*. Falls $\mathscr{A}$ links und rechts symmetrisierbar ist, so heißt $\mathscr{A}$ *zweiseitig symmetrisierbar*. Wenn wir im folgenden über symmetrisierbare Operatoren sprechen, dann meinen wir damit der Einfachheit halber immer links symmetrisierbare Operatoren. Es ist nämlich selbstverständlich, daß alles, was für links symmetrisierbare Operatoren gilt, auch für rechts symmetrisierbare Operatoren richtig ist. $\mathscr{G}$ wird *symmetrisierender Operator* genannt.

Um die wichtigsten Eigenschaften der symmetrisierbaren Operatoren feststellen zu können, schicken wir einen Hilfssatz voraus, welcher auch in der Theorie der Integralgleichungen eine Rolle spielt.

Hilfssatz 1. *Ist $\mathscr{A}$ ein durch $\mathscr{G}$ symmetrisierbarer Operator, dann ist auch jede Potenz von $\mathscr{A}$ durch $\mathscr{G}$ symmetrisierbar.*

Beweis. Es sei wie in (1) $\mathscr{M} = \mathscr{G}\mathscr{A}$, ferner $\mathscr{M}^{(n)} = \mathscr{G}\mathscr{A}^n$ $(n = 2, 3, 4, \ldots)$. Zu beweisen ist, daß $\mathscr{M}^{(n)}$ selbstadjungierte Operatoren sind. Die Behauptung ist nach Definition für $n = 1$ richtig. Wir nehmen an, daß sie für irgendein $n - 1$ gültig ist. $\mathscr{M}^{(n-1)} = \mathscr{G}\mathscr{A}^{n-1}$ ist symmetrisch. Zu beweisen ist die Selbstadjungiertheit von $\mathscr{M}^{(n)} = \mathscr{M}^{(n-1)}\mathscr{A}$. Es gilt

$$\mathscr{M}^{(n)} = \mathscr{M}^{(n-1)}\mathscr{A} = \mathscr{M}^{(n-1)*}\mathscr{A} = (\mathscr{G}\mathscr{A}^{n-1})^*\,\mathscr{A} = (\mathscr{A}^{n-1})^*\,\mathscr{G}^*\mathscr{A}$$
$$= (\mathscr{A}^{n-1})^*\,\mathscr{G}\mathscr{A} = (\mathscr{A}^{n-1})^*\,\mathscr{M},$$

woraus

$$\mathscr{M}^{(n)*} = \big((\mathscr{A}^{n-1})^*\,\mathscr{M}\big)^* = \mathscr{M}^*\mathscr{A}^{n-1} = \mathscr{M}\mathscr{A}^{n-1} = \mathscr{G}\mathscr{A}\mathscr{A}^{n-1} = \mathscr{G}\mathscr{A}^n = \mathscr{M}^{(n)}$$

folgt. ∎

Es sei bemerkt, daß hier nur die Selbstadjungiertheit von $\mathscr{M}$ benutzt wurde und die Vollstetigkeit von $\mathscr{A}$ keine Rolle spielt.

Und nun beweisen wir eine sehr interessante und wichtige Ungleichung [REID 1951].

Satz 1. *Ist $\mathscr{A}$ ein durch $\mathscr{G}$ symmetrisierbarer Operator, so gilt*

$$|(x, \mathscr{G}\mathscr{A}x)| \leq \|\mathscr{A}\|\,(x, \mathscr{G}x) \qquad (x \in H). \tag{2}$$

Mit andern Worten: Die Operatoren $\|\mathscr{A}\|\,\mathscr{G} \pm \mathscr{G}\mathscr{A}$ sind positiv semidefinit.

Beweis. Zum Beweis benötigen wir die (früher schon erwähnte) verallgemeinerte Schwarzsche Ungleichung:

$$|(x, \mathscr{G}y)| \leq (x, \mathscr{G}x)^{1/2}\,(y, \mathscr{G}y)^{1/2} \qquad (x, y \in H). \tag{3}$$

Da $\mathscr{G}$ und $\mathscr{G}\mathscr{A}$ selbstadjungiert sind, folgt unter Berücksichtigung des Hilfssatzes 1

$$(\mathscr{A}^m x, \mathscr{G}\mathscr{A}^n x) = (\mathscr{G}\mathscr{A}^{n+m} x, x) = (x, \mathscr{G}\mathscr{A}^{n+m} x) \qquad (x \in H)$$

$(n, m = 0, 1, 2, \ldots; \mathscr{A}^0 = \mathscr{E})$. Also gilt nach (3) mit $y = \mathscr{A}^n x$

$$|(\mathscr{G}\mathscr{A}^n x, x)| \leqq (\mathscr{G}x, x)^{\frac{1}{2}} (\mathscr{G}\mathscr{A}^n x, \mathscr{A}^n x)^{\frac{1}{2}}$$

$$= \|\mathscr{A}\|^{\frac{n}{2}} (\mathscr{G}x, x)^{\frac{1}{2}} \|\mathscr{A}\|^{-\frac{n}{2}} (\mathscr{G}\mathscr{A}^n x, \mathscr{A}^n x)^{\frac{1}{2}}$$

$$= [\|\mathscr{A}\|^n (\mathscr{G}x, x)]^{\frac{1}{2}} [\|\mathscr{A}\|^{-n} (x, \mathscr{G}\mathscr{A}^{2n} x)]^{\frac{1}{2}}$$

$$= [\|\mathscr{A}\|^n (\mathscr{G}x, x)]^{\frac{1}{2}} [\|\mathscr{A}\|^{-n} (\mathscr{G}\mathscr{A}^{2n} x, x)]^{\frac{1}{2}}$$

$$\leqq \frac{1}{2} [\|\mathscr{A}\|^n (\mathscr{G}x, x) + \|\mathscr{A}\|^{-n} (\mathscr{G}\mathscr{A}^{2n} x, x)] \qquad (4)$$

$$(x \in H; n = 1, 2, \ldots).$$

Es sei nun $n = 1$; dann gilt

$$0 \leqq |(\mathscr{G}\mathscr{A} x, x)| \leqq \frac{1}{2} \|\mathscr{A}\| (\mathscr{G}x, x) + \frac{1}{2} \|\mathscr{A}\|^{-1} (\mathscr{G}\mathscr{A}^2 x, x).$$

Durch nochmalige Anwendung von (4) erhalten wir

$$0 \leqq |(\mathscr{G}\mathscr{A} x, x)| \leqq \frac{1}{2} \|\mathscr{A}\| (\mathscr{G}x, x) + \frac{1}{2} \|\mathscr{A}\|^{-1} (\mathscr{G}\mathscr{A}^2 x, x)$$

$$\leqq \frac{1}{2} \|\mathscr{A}\| (\mathscr{G}x, x) + \frac{1}{2} \|\mathscr{A}\|^{-1} \left[\frac{1}{2} \|\mathscr{A}\|^2 (\mathscr{G}x, x) + \frac{1}{2} \|\mathscr{A}\|^{-2} (\mathscr{G}\mathscr{A}^4 x, x) \right]$$

$$= \|\mathscr{A}\| (\mathscr{G}x, x) \left(\frac{1}{2} + \frac{1}{4} \right) + \frac{1}{4} \|\mathscr{A}\|^{1-4} (\mathscr{G}\mathscr{A}^4 x, x).$$

Jetzt ziehen wir wieder (4) für $n = 4$, nachher für $n = 8, 16, \ldots$ heran, und es ergibt sich

$$0 \leqq |(\mathscr{G}\mathscr{A} x, x)| \leqq \|\mathscr{A}\| (\mathscr{G}x, x) \sum_{k=1}^{n} \frac{1}{2^k} + \frac{1}{2^n} \|\mathscr{A}\|^{1-2^n} (\mathscr{G}\mathscr{A}^{2^n} x, x)$$

$$\leqq \|\mathscr{A}\| (\mathscr{G}x, x) \sum_{k=1}^{n} \frac{1}{2^k} + \frac{1}{2^n} \|\mathscr{A}\|^{1-2^n} \|\mathscr{G}\| \|\mathscr{A}\|^{2^n} \|x\|^2$$

$$= \|\mathscr{A}\| (\mathscr{G}x, x) \sum_{k=1}^{n} \frac{1}{2^k} + \frac{\|x\|^2}{2^n} \|\mathscr{G}\| \|\mathscr{A}\| \qquad (n = 1, 2, 3, \ldots).$$

Wenn $n \to \infty$ strebt, ergibt sich daraus (2). ∎

Im Beweis des Satzes 1 haben wir keinen Gebrauch von der Vollständigkeit von H und von der Vollstetigkeit von $\mathscr{A}$ gemacht, demzufolge ist dieser Satz auch für nicht vollstetige Operatoren in unitären Räumen gültig.

Und nun kommen wir zur wichtigsten Eigenschaft der symmetrisierbaren Operatoren:

Satz 2. *Ist $\mathscr{A}$ ein vollstetiger symmetrisierbarer Operator, so hat $\mathscr{A}$ einen von null verschiedenen Eigenwert.*

Beweis. Da $\mathscr{G}\mathscr{A} \neq 0$ selbstadjungiert ist, gibt es gewiß ein x aus H mit

$$(x, \mathscr{G}\mathscr{A}x) \neq 0. \tag{5}$$

Das kann man wie folgt einsehen: Wäre ein solches Element aus H nicht vorhanden, dann wäre nach der verallgemeinerten Schwarzschen Ungleichung für zwei beliebige Elemente x und y aus H

$$0 \leq |(x, \mathscr{G}\mathscr{A}y)|^2 \leq (x, \mathscr{G}\mathscr{A}x)\,(y, \mathscr{G}\mathscr{A}y) = 0,$$

d. h. $(x, \mathscr{G}\mathscr{A}y) = 0$. Diese Aussage bedeutet, daß H auf $R(\mathscr{G}\mathscr{A})$ orthogonal ist. Jetzt benutzen wir die Tatsache, daß H ein Hilbertraum, d. h. ein vollständiger Raum ist. Danach muß $R(\mathscr{G}\mathscr{A}) = \{0\}$ sein im Widerspruch zu $\mathscr{G}\mathscr{A} \neq 0$. Wir können also x derart bestimmen, daß (5) erfüllt wird. Unter dieser Voraussetzung gilt nach (2) auch $(x, \mathscr{G}x) > 0$. Es ist keine Einschränkung der Allgemeinheit, wenn $(x, \mathscr{G}x) = 1$ angenommen wird. Wenn wir die Menge

$$\mathfrak{N} := \{x \mid x \in H, \quad (x, \mathscr{G}x) = 1\}$$

betrachten, dann gilt auf Grund von (2) für jedes x aus $\mathfrak{N}$

$$0 \leq |(x, \mathscr{G}\mathscr{A}x)| \leq \|\mathscr{A}\|,$$

woraus die Existenz des Supremums λ_0 von $|(x, \mathscr{G}\mathscr{A}x)|$ auf der Menge $\mathfrak{N}$ folgt. Es gibt deshalb eine Elementenfolge x_n aus $\mathfrak{N}$, so daß $\lim_{n\to\infty} |(x_n, \mathscr{G}\mathscr{A}x_n)| = \lambda_0$ gilt. Sind unendlich viele $x_n \in \mathfrak{N}$ vorhanden, für welche $(x_n, \mathscr{G}\mathscr{A}x_n) \geq 0$ ist, so werden wir diese Teilfolge von $\{x_n\}$ herausgreifen und durch Umnumerierung $\lim_{n\to\infty} (x_n, \mathscr{G}\mathscr{A}x_n) = \lambda_0$ schreiben. Sollten nicht unendlich viele solche Elemente existieren, so nehme man statt $\mathscr{A}$ den Operator $-\mathscr{A}$ und schließt in ähnlicher Weise wie nachfolgend im erstgenannten Fall. Es ist jetzt $\mathscr{G}(\lambda_0\mathscr{E} - \mathscr{A}) \geq 0$ auf $\mathfrak{N}$, weil für ein beliebiges $x \in \mathfrak{N}$

$$\big(\mathscr{G}(\lambda_0\mathscr{E} - \mathscr{A})\,x, x\big) = \lambda_0(\mathscr{G}x, x) - (\mathscr{G}\mathscr{A}x, x) = \lambda_0 - (\mathscr{G}\mathscr{A}x, x) \geq 0$$

gilt.

Man sieht leicht ein, daß $\mathscr{G}(\lambda_0\mathscr{E} - \mathscr{A})$ auf dem ganzen Raum H ein positiv semidefiniter Operator ist. Es sei nämlich $x \in H$ beliebig. Zwei Fälle können auftreten:

a) $(x, \mathscr{G}x) = 0$. Dann folgt aus (2) sofort $(x, \mathscr{G}\mathscr{A}x) = 0$, und daher ist auch $\big(x, \mathscr{G}(\lambda_0\mathscr{E} - \mathscr{A})\,x\big) = 0$.

b) $(x, \mathscr{G}x) \neq 0$. Dann gibt es eine geeignete Zahl $c > 0$ derart, daß $\dfrac{x}{c} \in \mathfrak{N}$ ist. Das Skalarprodukt $\left(\dfrac{x}{c}, \mathscr{G}(\lambda_0\mathscr{E} - \mathscr{A})\,\dfrac{x}{c}\right)$ ist dann positiv, und nach Multiplizieren mit c^2 ergibt sich

$$\big(x, \mathscr{G}(\lambda_0\mathscr{E} - \mathscr{A})\,x\big) \geq 0 \qquad (x \in H). \tag{6}$$

Wir zeigen jetzt, daß λ_0 ein Eigenwert von $\mathscr{A}$ ist. Wir führen den Beweis indirekt. Angenommen, λ_0 ist kein Eigenwert von $\mathscr{A}$. Dann hat $\lambda_0\mathscr{E} - \mathscr{A}$ eine eindeutige beschränkte Inverse $(\lambda_0\mathscr{E} - \mathscr{A})^{-1} = \mathscr{R}(\lambda_0)$. Da $\mathscr{G}(\lambda_0\mathscr{E} - \mathscr{A})$ selbstadjungiert ist, gilt das Gleiche auch für $\mathscr{G}\mathscr{R}(\lambda_0)$. (Offensichtlich ist diese Aussage richtig, falls $|\lambda|$ hinreichend groß ist, denn mit $\mathscr{A}$ sind nach Hilfssatz 1 sämtliche Potenzen von $\mathscr{A}$ durch $\mathscr{G}$ symmetrisierbar und daher auch $\mathscr{R}(\lambda)$. Auf Grund des Prinzips der analytischen Fortsetzung gilt dies für alle λ aus $\mathfrak{P}(\mathscr{A})$, also auch für λ_0.) Wir setzen

$$y_n = \mathscr{R}(\lambda_0)\, x_n \qquad (n = 1, 2, \ldots),$$

wobei $\{x_n\}$ die weiter oben eingeführte Elementenfolge ist. Dann folgt

$$x_n = (\lambda_0\mathscr{E} - \mathscr{A})\, y_n \qquad (n = 1, 2, \ldots)$$

und somit

$$1 = (x_n, \mathscr{G}x_n) = \big(x_n, \mathscr{G}(\lambda_0\mathscr{E} - \mathscr{A})\, y_n\big) = \big(y_n, \mathscr{G}(\lambda_0\mathscr{E} - \mathscr{A})\, x_n\big).$$

Weiter ist auf Grund von (2)

$$0 \leq \big(y_n, \mathscr{G}(\lambda_0\mathscr{E} - \mathscr{A})\, y_n\big) = \big(\mathscr{R}(\lambda_0)\, x_n, \mathscr{G}x_n\big) = \big(x_n, \mathscr{G}\mathscr{R}(\lambda_0)\, x_n\big)$$
$$\leq \|\mathscr{R}(\lambda_0)\|\, (x_n, \mathscr{G}x_n) = \|\mathscr{R}(\lambda_0)\|.$$

Offensichtlich ist $\|\mathscr{R}(\lambda_0)\| \neq 0$, und wir setzen

$$z_n := x_n - \frac{1}{\|\mathscr{R}(\lambda_0)\|}\, y_n \qquad (n = 1, 2, \ldots).$$

Wegen der vorherigen Beziehungen gilt

$$\big(z_n, \mathscr{G}(\lambda_0\mathscr{E} - \mathscr{A})\, z_n\big) = \big(x_n, \mathscr{G}(\lambda_0\mathscr{E} - \mathscr{A})\, x_n\big) - \frac{2}{\|\mathscr{R}(\lambda_0)\|}$$
$$+ \frac{1}{\|\mathscr{R}(\lambda_0)\|^2}\, \big(y_n, \mathscr{G}(\lambda_0\mathscr{E} - \mathscr{A})\, y_n\big)$$
$$\leq \big(x_n, \mathscr{G}(\lambda_0\mathscr{E} - \mathscr{A})\, x_n\big) - \frac{1}{\|\mathscr{R}(\lambda_0)\|}.$$

Andererseits ist

$$\big(x_n, \mathscr{G}(\lambda_0\mathscr{E} - \mathscr{A})\, x_n\big) = \lambda_0(x_n, \mathscr{G}x_n) - (x_n, \mathscr{G}\mathscr{A}x_n)$$
$$= \lambda_0 - (x_n, \mathscr{G}\mathscr{A}x_n) \to 0 \qquad \text{für} \quad n \to \infty;$$

deshalb ist für hinreichend großes n

$$\big(z_n, \mathscr{G}(\lambda_0\mathscr{E} - \mathscr{A})\, z_n\big) \leq \big(x_n, \mathscr{G}(\lambda_0\mathscr{E} - \mathscr{A})\, x_n\big) - \frac{1}{\|\mathscr{R}(\lambda_0)\|} < 0.$$

Dieses Ergebnis widerspricht der Ungleichung (6); λ_0 ist somit ein Eigenwert von $\mathscr{A}$. ∎

Der hier geschilderte Beweis stammt von W. T. REID [REID 1951]. Es ist zu bemerken, daß die Vollstetigkeit von $\mathscr{A}$ an der Stelle (und nur dort) benutzt worden ist, wo wir behauptet haben, daß $\lambda_0\mathscr{E} - \mathscr{A}$ eine eindeutige, beschränkte Inverse hat, wenn $\lambda_0(\neq 0)$ kein Eigenwert von $\mathscr{A}$ ist.

Satz 3. *Es sei $\mathscr{A}$ durch $\mathscr{G}$ symmetrisierbar, und x sei ein zum Eigenwert $\lambda \neq 0$ gehöriges Eigenelement von $\mathscr{A}$. Dann ist*

$$y = \mathscr{G}x \tag{7}$$

ein zum Eigenwert λ gehöriges Eigenelement von $\mathscr{A}^*$, falls $\mathscr{G}x \neq 0$ ist.

Beweis. Aus $\lambda x = \mathscr{A}x$ $(\lambda \neq 0)$ folgt

$$\lambda y = \lambda \mathscr{G}x = \mathscr{G}\mathscr{A}x = \mathscr{M}x.$$

$\mathscr{M}$ ist selbstadjungiert, deswegen gilt

$$\mathscr{M} = \mathscr{M}^* = \mathscr{A}^*\mathscr{G}^* = \mathscr{A}^*\mathscr{G}$$

und somit

$$\lambda y = \mathscr{A}^*\mathscr{G}x = \mathscr{A}^*y. \ \blacksquare$$

Satz 4. *$\mathscr{A}$ sei durch $\mathscr{G}$ symmetrisierbar, λ_1, λ_2 seien zwei (von null verschiedene) Eigenwerte von $\mathscr{A}$ mit $\lambda_1 \neq \bar{\lambda}_2$ und x_1 und x_2 zwei zugehörige Eigenelemente.*
Behauptung:

$$(\mathscr{G}x_1, x_2) = (\mathscr{G}\mathscr{A}x_1, x_2) = 0. \tag{8}$$

Beweis. Aus $\lambda_1 x_1 = \mathscr{A}x_1$ und $\lambda_2 x_2 = \mathscr{A}x_2$ folgt

$$\lambda_1(\mathscr{G}x_1, x_2) = (\mathscr{G}\mathscr{A}x_1, x_2) = (x_1, \mathscr{G}\mathscr{A}x_2) = \bar{\lambda}_2(x_1, \mathscr{G}x_2) = \bar{\lambda}_2(\mathscr{G}x_1, x_2),$$

woraus nach Berücksichtigung von $\lambda_1 \neq \bar{\lambda}_2$ die Behauptung (8) folgt. $\blacksquare$

Ein weiterer Begriff, den wir hier kurz erwähnen werden, geht ursprünglich für Integraloperatoren auf MERCER [HELLINGER—TOEPLITZ 1928, p. 1549] zurück und wurde für Hilberträume von W. T. REID [REID 1951] ausgearbeitet.

Wir sagen, der vollstetige Operator $\mathscr{A}$ ist durch $\mathscr{G} \geqq 0$ *vollständig symmetrisierbar*, falls er durch $\mathscr{G}$ symmetrisierbar ist und falls für jedes Eigenelement x von $\mathscr{A}$, welches zu einem von null verschiedenen Eigenwert gehört, $\mathscr{G}x \neq 0$ gilt. Ist $\mathscr{A}$ durch einen positiv (oder negativ) *definiten* (und daher natürlich selbstadjungierten) Operator $\mathscr{G}$ symmetrisierbar, so ist $\mathscr{A}$ offensichtlich vollständig symmetrisierbar.

Die symmetrisierbaren Operatoren spielen in der Theorie der Integralgleichungen und Systemen von Integralgleichungen eine große Rolle. Auf symmetrisierbare Operatoren kommen wir später (in 8.6.) noch zurück. Dort werden wir auch weitere Eigenschaften der vollständig symmetrisierbaren Operatoren besprechen.

3.11. Von einem Parameter analytisch abhängige Operatoren

Es sei H ein separabler Hilbertraum und $\mathscr{S}$ ein in H definierter linearer Operator. Eins der wichtigsten Probleme der Theorie der linearen Operatoren ist die Aufsuchung derjenigen (reellen oder komplexen) Zahlen μ, für welche der Operator $\mathscr{E} - \mu\mathscr{S}$ eine eindeutige Inverse besitzt. Eine natürliche Verallgemeinerung dieses Problems ist das folgende: Man betrachtet die Abbildung $\mathscr{A}(\mu)\colon \mathbb{C} \to \mathfrak{B}(H, H)$

und fragt nach denjenigen Zahlen μ, für welche $\mathscr{E} + \mathscr{A}(\mu)$ eine eindeutige Inverse besitzt. Ist $\mathscr{A}(\mu) = -\mu\mathscr{S}$, so ergibt sich als spezieller Fall das weiter oben schon öfter betrachtete Problem.

Es wird angenommen, daß μ in einem zusammenhängenden Gebiet Ω der komplexen Zahlenebene variiert und daß jedem μ aus Ω ein vollstetiger Operator $\mathscr{A}(\mu)$ zugeordnet wird. Es sei weiter vorausgesetzt, daß der Operator $\mathscr{A}(\mu)$ vom Parameter μ analytisch abhängt, d. h.

$$\mathscr{A}(\mu) = \sum_{j=0}^{\infty} \mathscr{C}_j \mu^j \qquad (\mu \in \Omega), \tag{1}$$

wobei $\mathscr{C}_j$ $(j = 0, 1, 2, \ldots)$ vollstetige Operatoren in H sind und die Potenzreihe auf der rechten Seite von (1) für alle Werte μ aus Ω nach der Operatorennorm konvergiert.

Wir sagen, daß μ einen *regulären Punkt* von $\mathscr{A}(\cdot)$ darstellt, falls $[\mathscr{E} + \mathscr{A}(\mu)]^{-1}$ vorhanden und vollstetig ist. Jeder nichtreguläre Punkt wird *verallgemeinerte charakteristische Zahl* genannt.

Es gilt nun der Satz [FENYÖ 1978 (a)]:

Satz 1. *Es sei Ω ein zusammenhängendes Gebiet in der komplexen Zahlenebene und $\mathscr{A}(\mu)$ eine analytische vollstetige Operatorfunktion. Dann sind die folgenden Fälle möglich: a) Die verallgemeinerten charakteristischen Zahlen haben keinen endlichen Häufungspunkt; b) jede Zahl aus Ω ist eine verallgemeinerte charakteristische Zahl.*

Beweis. Wir haben nur folgendes nachzuweisen: Wenn die verallgemeinerten charakteristischen Zahlen einen endlichen Häufungspunkt in Ω haben, dann ist jeder Punkt von Ω eine verallgemeinerte charakteristische Zahl.

Wir nehmen an, μ_0 wäre ein solcher Häufungspunkt. Es sei ε beliebig aus $0 < \varepsilon < 1$, und wir wählen

$$\mathscr{A}_n(\mu) := \sum_{j=0}^{n} \mathscr{C}_j \mu^j$$

derart, daß

$$\|\mathscr{A}(\mu_0) - \mathscr{A}_n(\mu_0)\| < \frac{\varepsilon}{2}$$

ist. Laut Voraussetzung sind die Operatoren $\mathscr{C}_j$ $(j = 0, 1, 2, \ldots)$ vollstetig; deswegen ist jedes $\mathscr{C}_j$ nach (6; 3.4) Grenzwert einer Folge von endlichdimensionalen Operatoren Es gibt somit zu jedem $\mathscr{C}_j$ einen endlichdimensionalen Operator $\overset{\circ}{\mathscr{C}}_j$, der so beschaffen ist, daß

$$\|\mathscr{C}_j - \overset{\circ}{\mathscr{C}}_j\| < \frac{\varepsilon}{2\varrho} \qquad (j = 0, 1, 2, \ldots, n)$$

mit

$$\varrho = \sum_{j=0}^{n} |\mu_0|^j$$

ist. Es sei

$$\overset{\circ}{\mathscr{A}}_n(\mu) := \sum_{j=0}^{n} \overset{\circ}{\mathscr{C}}_j \mu^j,$$

14*

dann gilt die folgende Abschätzung

$$\|\mathscr{A}_n(\mu_0) - \overset{\circ}{\mathscr{A}}_n(\mu_0)\| < \frac{\varepsilon}{2\varrho} \sum_{j=0}^{n} |\mu_0|^j = \frac{\varepsilon}{2}.$$

Wir erhalten daher

$$\|\mathscr{A}(\mu_0) - \overset{\circ}{\mathscr{A}}_n(\mu_0)\| \leqq \|\mathscr{A}(\mu_0) - \mathscr{A}_n(\mu_0)\| + \|\mathscr{A}_n(\mu_0) - \overset{\circ}{\mathscr{A}}_n(\mu_0)\| < \varepsilon < 1.$$

Die in Ω definierte Funktion $\|\mathscr{A}(\mu) - \overset{\circ}{\mathscr{A}}_n(\mu)\|$ ist offensichtlich stetig, μ_0 hat somit eine Kreisumgebung $U(\mu_0)$, in welcher

$$\|\mathscr{A}(\mu) - \overset{\circ}{\mathscr{A}}_n(\mu)\| < \varepsilon < 1 \qquad \big(\mu \in U(\mu_0)\big)$$

gilt. Dann ist aber nach Satz 6; 2.3

$$[\mathscr{E} + \mathscr{A}(\mu) - \overset{\circ}{\mathscr{A}}_n(\mu)]^{-1} =: \mathscr{B}(\mu) \in \mathfrak{B}(H, H) \qquad \big(\mu \in U(\mu_0)\big),$$

mit anderen Worten: Für jedes im voraus gegebene Element z aus H gibt es ein eindeutig bestimmtes Element $x \in H$ mit

$$x + [\mathscr{A}(\mu) - \overset{\circ}{\mathscr{A}}_n(\mu)]\, x = z \qquad \big(\mu \in U(\mu_0)\big)$$

oder

$$x = \mathscr{B}(\mu)\, z \qquad \big(\mu \in U(\mu_0)\big).$$

Wir betrachten nun die Gleichung

$$x + \mathscr{A}(\mu)\, x = y \qquad \big(\mu \in U(\mu_0)\big) \tag{2}$$

für ein gegebenes, jedoch beliebiges y (aus H). Diese Gleichung läßt sich wie folgt umschreiben:

$$x + [\mathscr{A}(\mu) - \overset{\circ}{\mathscr{A}}_n(\mu)]\, x + \overset{\circ}{\mathscr{A}}_n(\mu)\, x = y \qquad \big(\mu \in U(\mu_0)\big),$$

und wenn wir $z := x + [\mathscr{A}(\mu) - \overset{\circ}{\mathscr{A}}_n(\mu)]\, x$ setzen, dann ist

$$x = \mathscr{B}(\mu)\, z. \tag{3}$$

Diesen Ausdruck führen wir in (2) ein und erhalten

$$z + \overset{\circ}{\mathscr{A}}_n(\mu)\, \mathscr{B}(\mu)\, z = y \qquad \big(\mu \in U(\mu_0)\big). \tag{4}$$

Es ist klar, daß (4) mit (2) äquivalent ist, denn jeder Schritt, welcher von (2) zu (4) führt, ist umkehrbar.

$\overset{\circ}{\mathscr{A}}_n(\mu)$ ist eine Linearkombination von endlichdimensionalen Operatoren und also selbst ein endlichdimensionaler Operator. Wir wissen aber, daß die Menge aller endlichdimensionalen Operatoren ein Ideal der Algebra der vollstetigen Operatoren ist (Satz 6; 2.9), deshalb ist $\overset{\circ}{\mathscr{A}}_n(\mu)\, \mathscr{B}(\mu)$ von endlicher Dimension $\big($für $\mu \in U(\mu_0)\big)$.

Das Ziel der folgenden Überlegungen ist, die Gleichung (4) in ein gewöhnliches algebraisches Gleichungssystem zu übertragen. Dazu wird ein Verfahren verwendet, von dem in der Theorie der Integralgleichungen oft Gebrauch gemacht wird.

Es sei $X_j = R(\overset{\circ}{\mathscr{C}}_j)$ $(j = 0, 1, 2, \ldots, n)$, und wir bilden die lineare Hülle dieser Bildräume, welche wir mit X bezeichnen werden. Da alle X_j endlichdimensional sind, ist X ein endlichdimensionaler Teilraum von H.

Es sei $\{x_1, x_2, \ldots, x_N\}$ eine orthonormierte Basis von X. Für jedes x aus H gilt dann

$$\overset{\circ}{\mathscr{C}}_j x = \sum_{k=1}^{N} \alpha_{jk}(x)\, x_k \qquad (j = 0, 1, 2, \ldots, n),\tag{5}$$

wobei $\alpha_{jk}(x)$ lineare, beschränkte, auf H definierte Funktionale sind.

Analog definieren wir $Y_j := R(\overset{\circ}{\mathscr{C}}_j{}^*)$, wobei $\overset{\circ}{\mathscr{C}}_j{}^*$ der in bezug auf das Skalarprodukt $(\cdot,\cdot)$ gebildete adjungierter Operator von $\overset{\circ}{\mathscr{C}}_j$ ist. Genau wie oben bilden wir aus den Räumen Y_j den endlichdimensionalen Teilraum Y, dessen Basis $\{y_1, y_2, \ldots, y_N\}$ sei.

Aus (5) folgt

$$\alpha_{jk}(x) = (x_k, \overset{\circ}{\mathscr{C}}_j x) = (\overset{\circ}{\mathscr{C}}_j{}^* x_k, x) \qquad (j = 0, 1, \ldots, n;\ k = 1, 2, \ldots, N),$$

und da $\overset{\circ}{\mathscr{C}}_j{}^* x_k \in R(\overset{\circ}{\mathscr{C}}_j{}^*)$ ist, können wir

$$\overset{\circ}{\mathscr{C}}_j{}^* x_k = \sum_{r=1}^{N} \varkappa_{jkr} y_r$$

schreiben. Hierbei sind die Konstanten $\varkappa_{jkr}$ eindeutig bestimmt. Wir erhalten

$$\alpha_{jk}(x) = \sum_{r=1}^{N} \varkappa_{jkr}(y_r, x) \qquad (j = 0, 1, 2, \ldots, n;\ k = 1, 2, \ldots, N),$$

und somit lautet die explizite Gestalt des Operators aus (4)

$$\overset{\circ}{\mathscr{A}}_n(\mu)\, \mathscr{B}(\mu)\, z = \sum_{j=0}^{n} \sum_{k=1}^{N} \sum_{r=1}^{N} \varkappa_{jkr} \mu^j (y_r, x)\, x_k = \sum_{k=1}^{N} \sum_{r=1}^{N} \beta_{kr}(\mu)\, (y_r, x)\, x_k\tag{6}$$

mit

$$\beta_{kr}(\mu) = \sum_{j=0}^{n} \varkappa_{jkr} \mu^j \qquad (k, r = 1, 2, \ldots, N).$$

Aus (3) und (6) folgt weiter

$$\begin{aligned}
\overset{\circ}{\mathscr{A}}_n(\mu)\, \mathscr{B}(\mu)\, z &= \sum_{k=1}^{N} \sum_{r=1}^{N} \beta_{kr}(\mu)\, \big(y_r, \mathscr{B}(\mu)\, z\big)\, x_k \\
&= \sum_{k=1}^{N} \sum_{r=1}^{N} \beta_{kr}(\mu)\, \big(\mathscr{B}^*(\mu)\, y_r, z\big)\, x_k \\
&= \sum_{k=1}^{N} \sum_{r=1}^{N} \beta_{kr}(\mu)\, \big(v_r(\mu), z\big)\, x_k,
\end{aligned}\tag{7}$$

wobei

$$v_r(\mu) := \mathscr{B}^*(\mu)\, y_r \in H \qquad \big(\mu \in U(\mu_0);\ r = 1, 2, \ldots, N\big)$$

ist. Da $\mathscr{B}^{-1}(\mu) = \mathscr{E} + \mathscr{A}(\mu) - \overset{\circ}{\mathscr{A}}_n(\mu)$ existiert, ist auch $\mathscr{B}^*(\mu)$ beschränkt invertierbar, woraus die lineare Unabhängigkeit der Elemente $v_r(\mu)$ folgt (denn $\{y_r\}$ ist ebenfalls ein linear unabhängiges Elementensystem). Wir setzen

$$p_r = \big(v_r(\mu), z\big) \qquad (r = 1, 2, \ldots, N),$$

und bei Berücksichtigung von (6) erhält (4) schließlich folgende Gestalt:

$$z + \sum_{k=1}^{N} \sum_{r=1}^{N} \beta_{kr}(\mu)\, p_r x_k = y. \tag{8}$$

Wenn wir das Skalarprodukt beider Seiten mit $v_s(\mu)$ $(s = 1, 2, \ldots, N)$ bilden, erhalten wir ein Gleichungssystem zur Bestimmung der Koeffizienten $p_1, p_2, \ldots, p_N$:

$$p_s + \sum_{k=1}^{N} \sum_{r=1}^{N} \beta_{kr}(\mu)\, \big(v_s(\mu), x_k\big)\, p_r = \big(v_s(\mu), y\big).$$

Mit den Bezeichnungen

$$\sum_{k=1}^{N} \beta_{kr}(\mu)\, \big(v_s(\mu), x_k\big) = c_{sr}(\mu) \qquad (s, r = 1, 2, \ldots, N),$$

$$\big(v_s(\mu), y\big) = g_s(\mu)$$

nimmt das System die Gestalt

$$p_s + \sum_{r=1}^{N} c_{sr}(\mu)\, p_r = g_s(\mu) \qquad \big(\mu \in U(\mu_0);\, s = 1, 2, \ldots, N\big) \tag{9}$$

an.

Falls (4) eine Lösung z hat, dann ist, wie man leicht sieht, das Zahlensystem

$$p_s = \big(v_s(\mu), z\big) \qquad (s = 1, 2, \ldots, N)$$

eine Lösung von (9). Umgekehrt erzeugt jede Lösung $p_1, p_2, \ldots, p_N$ von (9) die nach (8) definierte Lösung

$$z = y - \sum_{k=1}^{N} \sum_{r=1}^{N} \beta_{kr}(\mu)\, p_r x_k$$

der Gleichung (4). Das bedeutet aber, daß die Gleichung (4) eine eindeutig bestimmte Lösung (für jedes y aus H) hat, wenn (9) eindeutig auflösbar ist. Wir erinnern daran, daß die Elemente $v_1(\mu), \ldots, v_N(\mu)$ für jedes μ aus $U(\mu_0)$ linear unabhängig sind; deswegen können die Zahlenwerte $g_s(\mu)$ $(s = 1, 2, \ldots, N)$ beliebig sein, entsprechend der beliebigen Wahl von y. Daraus folgt, daß (9) genau dann eindeutig auflösbar für beliebiges y aus H ist, wenn μ keine Nullstelle der Determinante

$$D(\mu) = \begin{vmatrix} 1 + c_{11}(\mu) & c_{12}(\mu) & \cdots & c_{1N}(\mu) \\ c_2(\mu) & 1 + c_{22}(\mu) & \cdots & c_{2N}(\mu) \\ \hdotsfor{4} \\ c_{N1}(\mu) & c_{N2}(\mu) & \cdots & 1 + c_{NN}(\mu) \end{vmatrix} \tag{10}$$

im Bereich $U(\mu_0)$ ist.

Aus der Definition von $\mathscr{B}(\mu)$ folgt nach (7; 2.3)

$$\mathscr{B}(\mu) = \sum_{k=0}^{\infty} (-1)^k\, [\mathscr{A}(\mu) - \mathscr{A}_n(\mu)]^k. \tag{11}$$

Jedes Glied dieser Potenzreihe ist analytisch, die Reihe selbst konvergiert gleichmäßig in $U(\mu_0)$ (bezüglich der Operatorennorm), denn es ist

$$\|[\mathscr{A}(\mu) - \mathscr{A}_n(\mu)]^k\| \leqq \varepsilon^k$$

gleichmäßig bezüglich μ in $U(\mu_0)$. Deshalb ist $\mathscr{B}(\mu)$ analytisch. Genauso schließen wir, daß auch $\mathscr{B}^*(\mu)$ analytisch in $U(\mu_0)$ ist, aus diesem Grund erweist sich $v_r(\mu)$ ebenfalls als analytisch, und daraus folgt die Analytizität von $\big(v_s(\mu), z_k\big)$ im Bereich $U(\mu_0)$. Andererseits sind $\beta_{kr}(\mu)$ Polynome, daher sind auch die Koeffizienten $c_{sr}(\mu)$ analytisch, woraus im Endergebnis die Analytizität von $D(\mu)$ in $U(\mu_0)$ folgt.

Falls nun $\tilde{\mu}$ eine verallgemeinerte charakteristische Zahl von $\mathscr{A}(\mu)$ ist, dann muß $D(\tilde{\mu}) = 0$ sein. Andernfalls hätte (9) nämlich für jedes y aus H eine eindeutig bestimmte Lösung, und das ist gleichbedeutend damit, daß auch (4) und somit (2) eindeutig für jedes $y \in H$ auflösbar ist, und $\tilde{\mu}$ wäre somit keine verallgemeinerte charakteristische Zahl.

Über μ_0 hatten wir vorausgesetzt, daß dieser Wert ein endlicher Häufungspunkt der verallgemeinerten charakteristischen Zahlen ist. Dann ist aber μ_0 gleichzeitig ein Häufungspunkt der Nullstellen der analytischen Funktion $D(\mu)$ in $U(\mu_0)$, woraus $D(\mu) = 0$ für jedes μ aus $U(\mu_0)$ folgt. Da andererseits Ω zusammenhängend ist, verschwindet $D(\mu)$ nach dem Prinzip der analytischen Fortsetzung im ganzen Gebiet Ω, also ist jeder Punkt von Ω eine verallgemeinerte charakteristische Zahl von $\mathscr{A}(\mu)$. ∎

3.12. Eigenwert- und Eigenelementbestimmung mittels des Newtonschen Iterationsverfahrens

Zur Lösung von nichtlinearen Gleichungen $P(x) = 0$ stammt von NEWTON ein wohlbekanntes und in zahlreichen Fällen sehr gut brauchbares Verfahren. Diese Iterationsmethode wurde von L. W. KANTOROWITSCH [KANTOROWITSCH 1949] auf den Fall übertragen, daß P eine Abbildung von einem Banachraum X in einen anderen Banachraum Y bedeutet. Diese Methode kann, wie wir sehen werden, auf zahlreiche Probleme bezüglich Operatoren in Hilberträumen und insbesondere auch auf Integralgleichungen angewendet werden.

Es seien nun X und Y zwei Banachräume und $P: X \to Y$ (nicht unbedingt linear).

Man sagt, P ist im Punkt x_0 *im Fréchetschen Sinn differenzierbar*, wenn ein linearer Operator $P'(x_0): X \to Y$ existiert derart, daß

$$\|P(x_0 + \Delta x) - P(x_0) - P'(x_0)\,\Delta x\|_Y = o(\|\Delta x\|_X) \tag{1}$$

für $\|\Delta x\|_X \to 0$ ist. $P'(x_0)$ ist also ein linearer Operator, welcher jedoch (i. a. in nichtlinearer Weise) von x_0 abhängt. $P'(x_0)\,\Delta x$ in (1) bedeutet, daß wir den linearen Operator $P'(x_0)$ auf das Element $\Delta x \in X$ angewendet haben. Den Operator $P'(x_0)$ nennen wir die *Fréchetsche Ableitung* von P an der Stelle x_0.

Hat P an der Stelle x_0 eine Fréchetsche Ableitung (nachfolgend nur als Ableitung bezeichnet), dann ist P offensichtlich stetig.

Wir setzen voraus, daß $P'(x)$ an jeder Stelle einer Teilmenge X_0 von X vorhanden ist und einen beschränkten Operator darstellt. Dann gilt

$$P' : X_0 \to \mathfrak{B}(X, Y).$$

Es kann passieren, daß P' an der Stelle x_0 wieder eine Ableitung im vorigen Sinne besitzt; diese werden wir mit $P''(x_0)$ bezeichnen. $P''(x_0)$ ist, wie man sofort sieht, eine in X definierte Bilinearform.

Falls $P(x)$ linear ist, gilt wegen

$$P(x_0 + \Delta x) - P(x_0) = P\Delta x,$$

daß $P'(x_0) = P$ unabhängig von der Stelle x_0 ist; die Ableitung eines linearen Operators ist also an jeder Stelle der Operator selbst. Daraus folgt unmittelbar, daß die zweite Ableitung eines linearen Operators der Nulloperator ist.

Es sei nun P ein (i. a. nichtlinearer) Operator $P : X \to Y$. Das Ziel der folgenden Untersuchungen ist die Lösung der Gleichung

$$P(x) = 0. \tag{2}$$

Satz 1. *Über den Operator P setzen wir voraus, daß er in der Umgebung einer Stelle x_0 zweimal differenzierbar ist. Es soll ferner gelten:*

a) *Der inverse Operator von $P'(x_0)$ existiere, und $P'(x_0)^{-1}$ soll eine endliche Norm besitzen.*

b) *Die zweite Ableitung $P''(x)$ existiere in einer gewissen (durch (3) definierten) Umgebung von x_0, und dort sei $\|P''(x)\| \leqq K$, wobei K eine positive Konstante ist.*

c) *Es gelte die folgende Ungleichung:*

$$0 < h_0 = \|P'(x_0)^{-1}\| \, \|P'(x_0)^{-1} P(x_0)\| \, K < \frac{1}{2}.$$

Unter diesen Voraussetzungen hat die Gleichung (2) in der schon genannten Umgebung von x_0 eine Lösung x^*, für die

$$\|x^* - x_0\| \leqq \frac{1 - \sqrt{1 - 2h_0}}{h_0} \, \|P'(x_0)^{-1} P(x_0)\| \tag{3}$$

gilt. Das Newtonsche Verfahren

$$x_{n+1} = x_n - P'(x_n)^{-1} P(x_n) \qquad (n = 0, 1, 2, \ldots) \tag{4}$$

liefert eine gegen x^* konvergierende Elementenfolge. Die Konvergenzgeschwindigkeit ist durch die Abschätzung

$$\|x_n - x^*\| \leqq \frac{1}{2^{n-1}} (2h_0)^{2^n - 1} \|P'(x_0)^{-1} P(x_0)\|$$

gegeben.

So wichtig dieser Satz auch ist, wir müssen hier auf seinen Beweis verzichten, da er weit über den Rahmen dieses Buches hinausführen würde. Der Beweis selbst ist nicht schwer, man benötigt jedoch einige Hilfssätze aus der Theorie der Fréchetschen Ableitung. Aus diesem Grund verweisen wir auf die schon zitierte Originalliteratur.

Den Satz 1 können wir zur Bestimmung von Eigenwerten und Eigenelementen eines Operators verwenden.

Es sei H ein reeller Hilbertraum und $\mathscr{A}$ ein in diesem Raum definierter linearer vollstetiger und selbstadjungierter Operator von H in H. Die Aufgabe besteht darin, *gleichzeitig* Zahlen λ und von null verschiedene Elemente x aus H derart zu bestimmen, daß

$$\lambda x - \mathscr{A}x = (\lambda \mathscr{E} - \mathscr{A})x = 0 \tag{5}$$

gilt. Ist λ schon bekannt, dann ist die Bestimmung von x ein lineares Problem. Aber die *gleichzeitige Bestimmung* von λ und x ist kein lineares Problem mehr.

Das Element x soll von null verschieden sein. Man kann also voraussetzen, daß x auf eins normiert ist, d. h., es gilt $(x, x) = \|x\|^2 = 1$.

Unsere Aufgabe kann jetzt auch wie folgt formuliert werden: Es sollen eine Zahl λ und ein Element x aus H derart bestimmt werden, daß das Gleichungssystem

$$\mathscr{A}x - \lambda x = 0,$$
$$\frac{1}{2}[(x, x) - 1] = 0 \tag{6}$$

erfüllt ist.

Es wird sich nun als zweckmäßig erweisen, einen Banachraum X wie folgt zu definieren: Die Grundmenge sei $H \times \mathbb{R}$, ihre Elemente wollen wir mit $\binom{x}{\lambda}$ $(x \in H,$ $\lambda \in \mathbb{R})$ bezeichnen. Die Addition und die Multiplikation mit einer Zahl sollen definiert werden durch

$$\binom{x_1}{\lambda_1} + \binom{x_2}{\lambda_2} = \binom{x_1 + x_2}{\lambda_1 + \lambda_2}, \quad c\binom{x}{\lambda} = \binom{cx}{c\lambda}.$$

In dem so entstandenen Vektorraum führen wir die Norm

$$\left\|\binom{x}{\lambda}\right\| = \sqrt{(x, x) + \lambda^2} = \sqrt{\|x\|^2 + \lambda^2}$$

ein. Man kann sich leicht überzeugen, daß dieser letzte Ausdruck tatsächlich eine Norm ist. Die Vollständigkeit von X ergibt sich aus

$$\left\|\binom{x_1}{\lambda_1} - \binom{x_2}{\lambda_2}\right\| = \left\|\binom{x_1 - x_2}{\lambda_1 - \lambda_2}\right\| = \sqrt{\|x_1 - x_2\|^2 + (\lambda_1 - \lambda_2)^2}.$$

Ist hier die rechte Seite kleiner als ε, dann folgt $\|x_1 - x_2\| < \varepsilon$ und $|\lambda_1 - \lambda_2| < \varepsilon$. Aber H und $\mathbb{R}$ sind vollständige Räume, daher ist auch X vollständig.

Wir wollen nun in diesem Banachraum X den folgenden *nichtlinearen* Operator betrachten:

$$P\binom{x}{\lambda} = \begin{pmatrix} \mathscr{A}x - \lambda x \\ \frac{1}{2}[(x, x) - 1] \end{pmatrix}. \tag{7}$$

Die Auflösung der Aufgabe (6) ist gleichwertig mit der Lösung der Gleichung

$$P\binom{x}{\lambda} = 0. \tag{8}$$

Zur Lösung von (8) werden wir den Satz 1 benutzen. Dazu haben wir zunächst nachzuweisen, daß P an der Stelle $\begin{pmatrix} x \\ \lambda \end{pmatrix}$ differenzierbar ist.

Es sei $\Delta x \in H$ und $\Delta \lambda \in \mathbb{R}$, dann gilt

$$P\begin{pmatrix} x + \Delta x \\ \lambda + \Delta \lambda \end{pmatrix} = \begin{pmatrix} \mathscr{A}x + \mathscr{A}\Delta x - x\Delta\lambda - \lambda\Delta x - \lambda x - \Delta\lambda\Delta x \\ \dfrac{1}{2}(x, x) + (x, \Delta x) + \dfrac{1}{2}(\Delta x, \Delta x) - \dfrac{1}{2} \end{pmatrix},$$

und wir erhalten

$$P\begin{pmatrix} x + \Delta x \\ \lambda + \Delta\lambda \end{pmatrix} - P\begin{pmatrix} x \\ \lambda \end{pmatrix} = \begin{pmatrix} (\mathscr{A} - \lambda\mathscr{E})\Delta x - x\Delta\lambda - \Delta\lambda\Delta x \\ (x, \Delta x) + \dfrac{1}{2}(\Delta x, \Delta x) \end{pmatrix}.$$

Daraus folgt

$$P'\begin{pmatrix} x \\ \lambda \end{pmatrix}\begin{pmatrix} \Delta x \\ \Delta\lambda \end{pmatrix} = \begin{pmatrix} (\mathscr{A} - \lambda\mathscr{E})\Delta x - x\Delta\lambda \\ (x, \Delta x) \end{pmatrix}.$$

Es gilt nämlich

$$\left\| P\begin{pmatrix} x + \Delta x \\ \lambda + \Delta\lambda \end{pmatrix} - P\begin{pmatrix} x \\ \lambda \end{pmatrix} - P'\begin{pmatrix} x \\ \lambda \end{pmatrix}\begin{pmatrix} \Delta x \\ \Delta\lambda \end{pmatrix} \right\|$$

$$= \left\| \begin{pmatrix} -\Delta\lambda\Delta x \\ \dfrac{1}{2}(\Delta x, \Delta x) \end{pmatrix} \right\| = \sqrt{(\Delta\lambda)^2(\Delta x, \Delta x) + \dfrac{1}{4}(\Delta x, \Delta x)^2}$$

$$\leqq \|\Delta x\| \sqrt{(\Delta x, \Delta x) + (\Delta\lambda)^2} = \|\Delta x\| \left\| \begin{pmatrix} \Delta x \\ \Delta\lambda \end{pmatrix} \right\| = o\left(\left\| \begin{pmatrix} \Delta x \\ \Delta\lambda \end{pmatrix} \right\| \right),$$

da mit $\left\| \begin{pmatrix} \Delta x \\ \Delta\lambda \end{pmatrix} \right\|$ auch $\|\Delta x\|$ gegen null strebt.

Auch die zweite Ableitung von P ist vorhanden: Es sei $\Delta y \in H$ und $\Delta\mu \in \mathbb{R}$; dann gilt

$$\left[P'\begin{pmatrix} x + \Delta y \\ \lambda + \Delta\mu \end{pmatrix} - P'\begin{pmatrix} x \\ \lambda \end{pmatrix} \right]\begin{pmatrix} \Delta x \\ \Delta\lambda \end{pmatrix}$$

$$= \begin{pmatrix} (\mathscr{A} - (\lambda + \Delta\mu)\mathscr{E})\Delta x - (x + \Delta y)\Delta\lambda \\ (x + \Delta y, \Delta x) \end{pmatrix} - \begin{pmatrix} (\mathscr{A} - \lambda\mathscr{E})\Delta x - x\Delta\lambda \\ (x, \Delta x) \end{pmatrix}$$

$$= \begin{pmatrix} -\Delta\mu\Delta x - \Delta\lambda\Delta y \\ (\Delta y, \Delta\lambda) \end{pmatrix}.$$

Diese Differenz hängt nicht von $\begin{pmatrix} x \\ \lambda \end{pmatrix}$ ab, ist also eine „Konstante". Deswegen setzen wir

$$P''\begin{pmatrix} x \\ \lambda \end{pmatrix}\begin{pmatrix} \Delta x \\ \Delta\lambda \end{pmatrix}\begin{pmatrix} \Delta y \\ \Delta\mu \end{pmatrix} = \begin{pmatrix} -\Delta\mu\Delta x - \Delta\lambda\Delta y \\ (\Delta y, \Delta x) \end{pmatrix}.$$

Das Anfangselement in X sei $\begin{pmatrix} x_0 \\ \lambda_0 \end{pmatrix}$, und wir können voraussetzen, daß λ_0 kein Eigenwert ist. (Sonst hätten wir nichts mehr zu tun.) Dann ist

$$P'\begin{pmatrix} x_0 \\ \lambda_0 \end{pmatrix}\begin{pmatrix} \Delta x \\ \Delta \lambda \end{pmatrix} = \begin{pmatrix} (\mathscr{A} - \lambda_0\mathscr{E})\,\Delta x - x_0\Delta\lambda \\ (x_0, \Delta x) \end{pmatrix}.$$

Es seien $y \in H$ und $\mu \in \mathbb{R}$ beliebig gewählt, und man setze

$$(\mathscr{A} - \lambda_0\mathscr{E})\,\Delta x - x_0\Delta\lambda = y, \qquad (x_0, \Delta x) = \mu. \tag{9}$$

Auf Grund unserer Voraussetzung folgt aus der ersten Gleichung

$$\Delta x = -(\lambda_0\mathscr{E} - \mathscr{A})^{-1}\,y - \Delta\lambda(\lambda_0\mathscr{E} - \mathscr{A})^{-1}\,x_0.$$

Wenn wir dieses Element in die zweite Gleichung von (9) einsetzen, ergibt sich

$$-(x_0, \mathscr{R}_{\lambda_0}y) - \Delta\lambda(x_0, \mathscr{R}_{\lambda_0}x_0) = \mu,$$

wobei $\mathscr{R}_{\lambda_0}$ die Resolvente von $\mathscr{A}$ an der Stelle λ_0 ist. Wenn wir ferner annehmen, daß $(x_0, \mathscr{R}_{\lambda_0}x_0) \neq 0$ ist, dann läßt sich $\Delta\lambda$ aus dieser letzten Gleichung in eindeutiger Weise ausrechnen und damit auch Δx.

Unter unseren Voraussetzungen hat also $P'\begin{pmatrix} x_0 \\ \lambda_0 \end{pmatrix}$ eine eindeutige Inverse, und es gilt

$$\begin{pmatrix} \Delta x \\ \Delta \lambda \end{pmatrix} = P'\begin{pmatrix} x_0 \\ \lambda_0 \end{pmatrix}^{-1}\begin{pmatrix} y \\ \mu \end{pmatrix}.$$

Die Norm der zweiten Ableitung kann auch leicht abgeschätzt werden:

$$\left\| P''\begin{pmatrix} x_0 \\ \lambda_0 \end{pmatrix}\begin{pmatrix} \Delta x \\ \Delta \lambda \end{pmatrix}\begin{pmatrix} \Delta y \\ \Delta \mu \end{pmatrix} \right\|^2 = \left\| \begin{pmatrix} -\Delta\mu\Delta x - \Delta y\Delta\lambda \\ (\Delta y, \Delta x) \end{pmatrix} \right\|^2$$

$$= (\Delta y, \Delta x)^2 + (\Delta\mu\Delta x + \Delta y\Delta\lambda, \Delta\mu\Delta x + \Delta y\Delta\lambda)$$

$$\leqq \|\Delta y\|^2\,\|\Delta x\|^2 + (\Delta\mu)^2\,\|\Delta x\|^2 + (\Delta\lambda)^2\,\|\Delta y\|^2$$

$$+ 2\,|\Delta\mu|\,|\Delta\lambda|\,\|\Delta x\|\,\|\Delta y\|$$

$$\leqq \|\Delta y\|^2\,\|\Delta x\|^2 + (\Delta\mu)^2 + \|\Delta x\|^2 + (\Delta\lambda)^2\,\|\Delta y\|^2$$

$$+ 2\,\frac{(\Delta\mu)^2 + (\Delta\lambda)^2}{2}\,\frac{\|\Delta y\|^2 + \|\Delta x\|^2}{2}$$

$$\leqq \frac{3}{2}\,\left(\|\Delta x\|^2 + (\Delta\lambda)^2\right)\left(\|\Delta y\|^2 + (\Delta\mu)^2\right)$$

$$= \frac{3}{2}\,\left\| \begin{pmatrix} \Delta x \\ \Delta \lambda \end{pmatrix} \right\|^2 \left\| \begin{pmatrix} \Delta y \\ \Delta \mu \end{pmatrix} \right\|^2.$$

Daraus folgt $\left\| P''\begin{pmatrix} x_0 \\ \lambda_0 \end{pmatrix} \right\| \leqq \sqrt{\dfrac{3}{2}}$ (unabhängig von x_0 und λ_0).

Falls $\begin{pmatrix} x_0 \\ \lambda_0 \end{pmatrix}$ so beschaffen sind, daß

$$h_0 = \sqrt{\frac{3}{2}}\,\left\| P'\begin{pmatrix} x_0 \\ \lambda_0 \end{pmatrix}^{-1} \right\|\,\left\| P'\begin{pmatrix} x_0 \\ \lambda_0 \end{pmatrix}^{-1}P\begin{pmatrix} x_0 \\ \lambda_0 \end{pmatrix} \right\| < \frac{1}{2} \tag{10}$$

gilt, dann ist das Verfahren

$$\begin{pmatrix} x_{n+1} \\ \lambda_{n+1} \end{pmatrix} = \begin{pmatrix} x_n \\ \lambda_n \end{pmatrix} - P' \begin{pmatrix} x_n \\ \lambda_n \end{pmatrix}^{-1} P \begin{pmatrix} x_n \\ \lambda_n \end{pmatrix}$$

konvergent, und man hat $\lambda_n \to \lambda$, $x_n \to x$, wobei λ ein Eigenwert von $\mathscr{A}$ ist und x ein zu λ gehöriges Eigenelement bedeutet. Wenn bewiesen werden kann, daß ein Element $x_0 \in H$ und eine Zahl λ_0 existieren, so daß (10) und $(x_0, \mathscr{R}_{\lambda_0} x_0) \neq 0$ erfüllt sind, dann folgt daraus bereits, daß $\mathscr{A}$ einen Eigenwert besitzt.

Bis jetzt wurde von $\mathscr{A}$ nur die Linearität des Operators benötigt. Jetzt sei der Operator $\mathscr{A}$ zusätzlich selbstadjungiert. Seine verschiedenen Eigenwerte sollen mit $\lambda^*, \lambda_1, \lambda_2, \ldots$ bezeichnet werden und derart numeriert sein, daß λ_1 der zu λ^* am nächsten stehende Eigenwert ist. Alle Eigenwerte sind reelle Zahlen. $x^*, x_1, x_2, \ldots$ sollen die entsprechenden Eigenelemente von $\mathscr{A}$ sein, und wir nehmen an, daß dieses System von Eigenelementen ein vollständiges orthonormiertes Elementsystem ist.

Es seien y und Δx beliebige Elemente aus H und μ eine beliebige reelle Zahl. Wir entwickeln y und Δx in eine nach den Eigenelementen von $\mathscr{A}$ fortschreitende Fourierreihe:

$$y = \alpha_0 x^* + \sum_{n=1}^{\infty} \alpha_n x_n, \quad x = \beta_0 x^* + \sum_{n=1}^{\infty} \beta_n x_n.$$

Wir setzen diese Entwicklungen in die erste Gleichung (9) mit $x_0 = x^*$, $\lambda_0 = \lambda^*$ ein,

$$\sum_{n=1}^{\infty} \beta_n (\lambda_n - \lambda^*) x_n - x^* \Delta \lambda = \alpha_0 x^* + \sum_{n=1}^{\infty} \alpha_n x_n,$$

und es sei $\beta_0 = \mu$. Derart folgt

$$-\Delta \lambda = \alpha_0, \quad \beta_n = \frac{1}{\lambda_n - \lambda^*} \alpha_n.$$

Wir wollen $\left\| P' \begin{pmatrix} x^* \\ \lambda^* \end{pmatrix}^{-1} \right\|$ abschätzen. Es ist

$$\left\| P' \begin{pmatrix} x^* \\ \lambda^* \end{pmatrix}^{-1} \begin{pmatrix} y \\ \mu \end{pmatrix} \right\| = \left\| \begin{pmatrix} \Delta x \\ \Delta \lambda \end{pmatrix} \right\|^2 = \|\Delta x\|^2 + (\Delta \lambda)^2$$

$$= \alpha_0^2 + \sum_{n=0}^{\infty} \beta_n^2 = \alpha_0^2 + \mu^2 + \sum_{n=1}^{\infty} \frac{1}{(\lambda_n - \lambda^*)^2} \alpha_n^2$$

$$\leq \mu^2 + \max\left(1, \frac{1}{(\lambda_1 - \lambda^*)^2}\right) \sum_{n=0}^{\infty} \alpha_n^2$$

$$= \mu^2 + \max\left(1, \frac{1}{(\lambda_1 - \lambda^*)^2}\right) \|y\|^2$$

$$\leq \max\left(1, \frac{1}{(\lambda_1 - \lambda^*)^2}\right) (\mu^2 + \|y\|^2)$$

$$= \max\left(1, \frac{1}{(\lambda_1 - \lambda^*)^2}\right) \left\| \begin{pmatrix} y \\ \mu \end{pmatrix} \right\|^2,$$

woraus

$$\left\| P' \begin{pmatrix} x^* \\ \lambda^* \end{pmatrix}^{-1} \right\| \leq \max\left(1, \frac{1}{(\lambda_1 - \lambda^*)^2}\right)$$

folgt. Wenn wir als Ausgangselement ein Element $\begin{pmatrix} x_0 \\ \lambda_0 \end{pmatrix} \in X$ wählen derart, daß

$$\left\| P' \begin{pmatrix} x_0 \\ \lambda_0 \end{pmatrix}^{-1} \right\| \leq \max\left(1, \frac{1}{(\lambda_1 - \lambda_0)^2}\right)$$

und ferner nach (10)

$$\sqrt{\frac{3}{2}} \max\left(1, \frac{1}{(\lambda_1 - \lambda_0)^2}\right) \left\| P \begin{pmatrix} x_0 \\ \lambda_0 \end{pmatrix} \right\| < \frac{1}{2}$$

gilt, dann konvergiert das Newtonsche Verfahren gegen das Eigenelement x^* bzw. den Eigenwert λ^*.

3.13. Über die extremale Lösung von Gleichungen

Es seien X und Y zwei Hilberträume (beide gleichzeitig über $\mathbb{R}$ oder $\mathbb{C}$), $\mathscr{A}$ ein linearer und beschränkter Operator von X in Y und $\mathscr{A}^*$ sein adjungierter Operator (wie dieser in 2.5.2. definiert wurde). Eine *virtuelle Lösung* der Gleichung

$$\mathscr{A}x = y \qquad (y \in Y) \tag{1}$$

ist ein Element x aus X, für welches

$$\|\mathscr{A}x - y\| = \min_{u \in X} \|\mathscr{A}u - y\| \tag{2}$$

gilt (falls ein solches existiert). Wenn unter den virtuellen Lösungen eine, etwa x_0, mit kleinster Norm existiert, so heißt x_0 eine *extremale Lösung* von (1). Für eine solche gilt also $\|x_0\| \leq \|x\|$, wobei x eine beliebige virtuelle Lösung bedeutet. Falls (1) auflösbar ist, so ist jede Lösung auch eine virtuelle Lösung. Unser Ziel ist, ein Verfahren zur Bestimmung einer extremalen Lösung anzugeben.

Es sei $\mathscr{P}$ der (topologische) Orthogonalprojektor von X auf $N(\mathscr{A})^\perp$ und $\mathscr{Q}$ derjenige Projektor, welcher Y auf $N(\mathscr{A})^{*\perp}$ projiziert. Neben (1) werden wir gleichzeitig die der Gleichung (1) zugeordnete Gleichung

$$\mathscr{A}x = \mathscr{Q}y \qquad (y \in Y) \tag{3}$$

wie in 2.5.2. betrachten. Genau wie im genannten Abschnitt bilden wir die Menge

$$\mathfrak{M}_y = \{x \mid x \in X, \mathscr{A}x = \mathscr{Q}y\} \tag{4}$$

und mit ihrer Hilfe die verallgemeinerte topologische Inverse $\mathscr{A}^+$ von $\mathscr{A}$ (welche explizit in (10; 2.5.2) angegeben ist). Aus der Definition von $\mathscr{A}^+$ mit Hilfe der Menge $\mathfrak{M}_y$ geht sofort hervor, daß für die extremale Lösung x_0 von (1) die Darstellung

$$x_0 = \mathscr{A}^+ y \tag{5}$$

gilt.

Wir werden folgenden Satz beweisen [FENYÖ 1974]:

Satz 1. *Das Element x ist genau dann eine virtuelle Lösung von (1), falls*

$$\mathscr{A}^*\mathscr{A}x = \mathscr{A}^*y \tag{6}$$

erfüllt ist.

Beweis. Es bezeichne $\widetilde{\mathfrak{M}}_y$ die Menge aller Lösungen von (6) (bei festem y). Wir zeigen zuerst, daß $\widetilde{\mathfrak{M}}_y = \mathfrak{M}_y$ für jedes y aus $R(\mathscr{A}) \oplus R(\mathscr{A})^\perp$ ist. Es sei nämlich zunächst $x \in \mathfrak{M}_y$; dann gilt

$$\mathscr{A}^*\mathscr{A}x = \mathscr{A}^*\mathscr{Q}y. \tag{7}$$

Andererseits ist $y = y' + y''$ mit $y' \in R(\mathscr{A})$, $y'' \in R(\mathscr{A})^\perp \subset N(\mathscr{A}^*)$, deshalb folgt

$$\mathscr{A}^*y = \mathscr{A}^*(y' + y'') = \mathscr{A}^*\mathscr{Q}y + \mathscr{A}^*y'' = \mathscr{A}^*\mathscr{Q}y.$$

Ein Vergleich mit (7) gibt $\mathscr{A}^*\mathscr{A}x = \mathscr{A}^*y$, also ist $\mathfrak{M}_y \subset \widetilde{\mathfrak{M}}_y$.

Umgekehrt sei jetzt $x \in \widetilde{\mathfrak{M}}_y$, d. h., es gilt

$$\mathscr{A}^*\mathscr{A}x = \mathscr{A}^*y = \mathscr{A}^*\mathscr{Q}y,$$

woraus die Beziehung $\mathscr{A}^*(\mathscr{A}x - \mathscr{Q}y) = 0$ folgt. Das bedeutet, daß $\mathscr{A}x - \mathscr{Q}y$ zu $N(\mathscr{A}^*)$ gehören muß. Andererseits gehört aber $\mathscr{A}x - \mathscr{Q}y$ wegen der Definition von $\mathscr{Q}$ zu $N(\mathscr{A}^*)^\perp$; also ist $\mathscr{A}x - \mathscr{Q}y \in N(\mathscr{A}^*)^\perp \cap N(\mathscr{A}^*) = \{0\}$, d. h. $\mathscr{A}x - \mathscr{Q}y = 0$. Somit ist $x \in \mathfrak{M}_y$, und das bedeutet $\widetilde{\mathfrak{M}}_y \subset \mathfrak{M}_y$.

Nachdem wir die Gleichheit der Mengen $\mathfrak{M}_y$ und $\widetilde{\mathfrak{M}}_y$ gezeigt haben, können wir die Behauptung des Satzes leicht beweisen. Denn ist x eine Lösung von (6), dann ist, wie wir gesehen haben, $x \in \mathfrak{M}_y$, d. h. $\mathscr{A}x \in N(\mathscr{A}^*)$. Das bedeutet unter Berücksichtigung der Definition von $\mathscr{Q}$, daß der Abstand von y zu $N(\mathscr{A}^*)^\perp$ genau $\|\mathscr{A}x - y\|$ $= \min\limits_{u \in X} \|\mathscr{A}u - y\|$ ist.

Aber auch die Umkehrung ist richtig: Ist x eine extremale Lösung von (1), so ist $\|\mathscr{A}x - y\|$ der Abstand von y zu $\overline{R(\mathscr{A})} = N(\mathscr{A}^*)^\perp$. Dieser Abstand ergibt sich, wenn wir die Entfernung von y zu $\mathscr{Q}y$ bilden, d. h. $\mathscr{A}x = \mathscr{Q}y$. Dann gilt aber auch $\mathscr{A}^*\mathscr{A}x = \mathscr{A}^*y$. ∎

Um ein iteratives Verfahren zur Bestimmung einer extremalen Lösung beschreiben zu können, müssen wir einige auch für sich genommen wichtige Hilfssätze vorausschicken.

Hilfssatz 1. *Es sei H ein Hilbertraum und $\mathscr{X}$ irgendein linearer, beschränkter und selbstadjungierter Operator von H in sich. Man definiert für ein beliebiges $\beta > 0$ den Operator $\mathscr{B} := \mathscr{E} - \beta\mathscr{X}$. Behauptung: $\|\mathscr{B}\| < 1$ gilt genau dann, wenn $\mathscr{X}$ positiv definit ist und β die Ungleichung*

$$0 < \beta < \frac{2}{\|\mathscr{X}\|} \tag{8}$$

erfüllt [PETRYSHYN 1967; ALTMAN 1959].

Beweis. a) Zuerst nehmen wir an, daß $\|\mathscr{B}\| = b < 1$ ist.

Wir wählen ein $\varepsilon > 0$ derart, daß $\|\mathscr{B}\| < b + \varepsilon < 1$ gilt. Da auch $\mathscr{B}$ selbstadjungiert ist, gilt

$$\|\mathscr{B}\| = \sup_{x \neq 0} \frac{|(\mathscr{B}x, x)|}{(x, x)}.$$

Daher ist

$$-(b + \varepsilon) < \frac{(\mathscr{B}x, x)}{(x, x)} < x + \varepsilon \qquad (x \neq 0, x \in H),$$

woraus

$$\frac{1 + b + \varepsilon}{\beta} \geqq \frac{(\mathscr{K}x, x)}{(x, x)} > \frac{1 - (b + \varepsilon)}{\beta} > 0 \qquad (x \neq 0)$$

folgt. Aus diesen Ungleichungen erkennt man, daß $(\mathscr{K}x, x) \geqq 0$ ist und β die Bedingung (8) erfüllt.

b) Wir setzen jetzt voraus, daß $\mathscr{K}$ positiv definit ist und für β die Ungleichung (8) gilt. Es existieren zwei positive Konstanten m und M mit

$$m(x, x) \leqq (\mathscr{K}x, x) \leqq M(x, x) \qquad (x \in H, \|\mathscr{K}\| = M). \tag{9}$$

Es sei weiter

$$m(\mathscr{B}) := \inf_{\|x\|=1} (\mathscr{B}x, x), \qquad M(\mathscr{B}) := \sup_{\|x\|=1} (\mathscr{B}x, x).$$

Man schließt aus (9), daß $m(\mathscr{B}) = 1 - \beta M$ und $M(\mathscr{B}) = 1 - \beta m$ gilt. Wie bekannt, ist $\|\mathscr{B}\| = \max\big(|m(\mathscr{B})|, |M(\mathscr{B})|\big)$, wonach $\|\mathscr{B}\| < 1$ nur dann erfüllt ist, falls die Ungleichungen $|m(\mathscr{B})| < 1$ und $|M(\mathscr{B})| < 1$ gelten. Daraus ergibt sich, daß $\|\mathscr{B}\| < 1$ nur dann gilt, wenn (8) erfüllt ist. Das aber haben wir vorausgesetzt. ∎

Hilfssatz 2. *Für den in Hilfssatz 1 definierten Operator $\mathscr{B}$ gilt genau dann $\mathscr{B}^n \to 0$ für $n \to \infty$ (in der Operatorennorm), wenn $\mathscr{K}$ positiv definit ist und β die Bedingung (8) erfüllt.*

Beweis. a) Ist $\mathscr{K}$ positiv definit und gilt (8), dann ist $\|\mathscr{B}\| < 1$ nach Hilfssatz 1, also folgt $\|\mathscr{B}^n\| \leqq \|\mathscr{B}\|^n \to 0$ $(n \to \infty)$.

b) Wir setzen jetzt voraus, daß $\|\mathscr{B}^n\| \to 0$ $(n \to \infty)$ ist. Wegen $\|\mathscr{B}^{2p}\| \leqq \|\mathscr{B}\|^{2p} \to 0$ $(p \to \infty)$, muß $\|\mathscr{B}\| < 1$ sein. Wiederum nach Hilfssatz 1 ist $\mathscr{K}$ positiv definit, und es gilt (8). ∎

Hilfssatz 3 [PETRYSHYN 1967]. *Die Bezeichnungen und Voraussetzungen seien die gleichen wie in Hilfssatz 1. Es sei zusätzlich $N(\mathscr{K}) \neq \{0\}$. Die Operatorenfolge $\mathscr{B}^n$ konvergiert der Operatorennorm nach genau dann gegen einen Operator $\mathscr{P}$, wenn $\mathscr{K}_1 := \mathscr{K}|N(\mathscr{K})^\perp$ positiv definit ist und für β die Ungleichung (8) erfüllt ist. Im Fall der Konvergenz gilt die Fehlerabschätzung*

$$\|\mathscr{B}^n - \mathscr{P}\| \leqq \|\mathscr{B}_1\|^n \qquad (n = 1, 2, 3, \ldots), \tag{10}$$

wobei $\mathscr{B}_1 := \mathscr{E} - \beta \mathscr{K}_1$ ist. Man erhält die schnellste Konvergenz für

$$\beta = \frac{2}{m_1 + M_1} \tag{11}$$

mit

$$m_1 = \inf_{\|x\|=1} (\mathscr{K}_1 x, x), \quad M_1 = \sup_{\|x\|=1} (\mathscr{K}_1 x, x) = \sup_{\|x\|=1} (\mathscr{K} x, x).$$

Für ein β wie in (11) ist

$$\|\mathscr{B}^n - \mathscr{P}\| \leqq \left(\frac{M_1 - m_1}{M_1 + m_1}\right)^n \quad (n = 1, 2, 3, \ldots). \tag{12}$$

Beweis. a) Da $\mathscr{B}$ selbstadjungiert ist und $\mathscr{B}^n x \to \mathscr{P} x$ gleichmäßig konvergiert, folgt $\|\mathscr{B}\| < 1$ und $\|\mathscr{P}\| \leqq 1$. Wegen

$$(\mathscr{B}^{2p} x, y) = (\mathscr{B}^p x, \mathscr{B}^p y) = (x, \mathscr{B}^{2p} y) \quad (x, y \in H)$$

ist $\mathscr{P}^* = \mathscr{P}$ und $\mathscr{P}^2 = \mathscr{P}$, d. h., $\mathscr{P}$ ist ein (topologischer) orthogonaler Projektor. Auf Grund von

$$\mathscr{P} \mathscr{B} x = \lim_{n \to \infty} \mathscr{B}^{n+1} x = \mathscr{P} x = \mathscr{B} \mathscr{P} x \quad (x \in H)$$

gilt $\mathscr{P} = \mathscr{P} \mathscr{B} = \mathscr{B} \mathscr{P}$, also ist $R(\mathscr{P}) = N(\mathscr{E} - \mathscr{B}) = N(\mathscr{K})$ und $N(\mathscr{P}) = N(\mathscr{K})^\perp$. Man sieht, daß $\mathscr{B}_1$ ein selbstadjungierter Operator im Teilraum $N(\mathscr{K})^\perp$ ist. Ferner ist $\mathscr{B}_2 := \mathscr{B} \,|\, N(\mathscr{K}) = \mathscr{E}$. Wenn man $x \in H$ zerlegt, so ist $x = x' + x''$ mit $x' \in N(\mathscr{K})^\perp$, $x'' \in N(\mathscr{K})$ und

$$\mathscr{B}^n x = \mathscr{B}_1^{\,n} x' + \mathscr{B}_2^{\,n} x'' = \mathscr{B}_1^{\,n} x' + x'' = \mathscr{B}_1^{\,n} x' + \mathscr{P} x.$$

Dabei haben wir $x' = y$, und deswegen gilt

$$\|\mathscr{B}^n x - \mathscr{P} x\| = \|\mathscr{B}_1^{\,n} x'\| = \|\mathscr{B}_1^{\,n} y\|. \tag{13}$$

Unter der Voraussetzung $\|\mathscr{B}^n x - \mathscr{P} x\| \to 0$ $(n \to \infty)$ gleichmäßig folgt aus (13) die Beziehung $\|\mathscr{B}_1^{\,n} y\| \to 0$. Deshalb ist $\mathscr{K}_1$ nach Hilfssatz 2 positiv definit, und β genügt (8).

b) Wir werden jetzt voraussetzen, daß $\mathscr{K}_1$ positiv definit ist und β in dem durch (8) bestimmten Intervall liegt. Dann ist nach Hilfssatz 1 zunächst $\|\mathscr{B}_1\| < 1$. Es sei $\mathscr{P} := H \to N(\mathscr{K})$ der (topologische) Orthogonalprojektor. Genau wie oben gilt

$$\|\mathscr{B}^n x - \mathscr{P} x\| = \|\mathscr{B}_1^{\,n} x'\| \leqq \|\mathscr{B}_1^{\,n}\| \, \|x'\| \leqq \|\mathscr{B}_1\|^n \, \|x\| \quad (x \in H).$$

Die rechte Seite strebt gegen null, also konvergiert $\mathscr{B}^n$ der Norm nach gegen $\mathscr{P}$.

Die Abschätzung (10) folgt aus (13) und die Abschätzung (12) aus der Tatsache, daß im Fall der Konvergenz $m_1 > 0$ ist und bekanntlich [z. B. MOORE 1920] $\|\mathscr{B}_1\|$ seinen kleinsten Wert annimmt, falls β dem Wert (11) gleich ist. Das Minimum ist genau $\dfrac{M_1 - m_1}{M_1 + m_1}$. $\blacksquare$

Hilfssatz 4. *Es seien X und Y Hilberträume, $\mathscr{A} \in \mathfrak{B}(X, Y)$, $N(\mathscr{A}) \neq \{0\}$. Man definiert für irgendeine positive Zahl β*

$$\mathscr{B} := \mathscr{E} - \beta \mathscr{A}^* \mathscr{A}.$$

Die Normkonvergenz von $\mathscr{B}^n$ $(n = 1, 2, 3, \ldots)$ gegen einen Operator $\mathscr{P}$ erfolgt genau dann, wenn $R(\mathscr{A})$ abgeschlossen ist und

$$0 < \beta < \frac{2}{\|\mathscr{A}\|^2} \tag{14}$$

gilt. Man erhält die schnellste Konvergenz für

$$\beta = \frac{2}{\gamma^2 + \|\mathscr{A}\|^2}, \tag{15}$$

und die Fehlerabschätzung lautet

$$\|\mathscr{B}^n - \mathscr{P}\| \leqq \left(\frac{\|\mathscr{A}\|^2 - \gamma^2}{\|\mathscr{A}\|^2 + \gamma^2} \right)^n \qquad (n = 1, 2, 3, \ldots). \tag{16}$$

Dabei bedeutet γ die in (9; 2.5.2) definierte Zahl [PETRYSHYN 1967].

Beweis. Es sei $\mathscr{K} := \mathscr{A}^* \mathscr{A}$ und $\mathscr{K}_1 := \mathscr{K} | N(\mathscr{A})^\perp$. $\mathscr{K}$ ist selbstadjungiert in X und $\|\mathscr{K}\| = \|\mathscr{A}^* \mathscr{A}\| = \|\mathscr{A}\|^2$, $N(\mathscr{K}) = N(\mathscr{A}) = N(\mathscr{E} - \mathscr{B})$. Aus Hilfssatz 3 folgt $\mathscr{B}^n = (\mathscr{E} - \beta \mathscr{A}^* \mathscr{A})^n \to \mathscr{P}$ $(n \to \infty)$ bezüglich der Operatorennorm genau dann, wenn $\mathscr{K}_1$ positiv definit in $N(\mathscr{A})^\perp$ ist und für β die Ungleichung (14) gilt. Andererseits folgt aus den Definitionen von $m(\mathscr{K}_1)$ und $\gamma = \gamma(\mathscr{A})$

$$\begin{aligned} m(\mathscr{K}_1) &= \inf \{(\mathscr{K} x, x); \|x\| = 1, x \in N(\mathscr{A})^\perp\} \\ &= \inf \{\|\mathscr{A} x\|^2; \|x\| = 1, x \in N(\mathscr{A})^\perp\} = \gamma^2. \end{aligned} \tag{17}$$

Man sieht also, daß $m(\mathscr{K}_1)$ genau dann positiv ist, wenn $\gamma > 0$ ist. Nach Satz 3; 2.5.2 ist aber diese letzte Behauptung gleichwertig damit, daß $\mathscr{K}_1$ positiv definit auf $N(\mathscr{A})^\perp$ genau dann ist, falls $R(\mathscr{A})$ abgeschlossen ist. Aus $M_1 = M(\mathscr{K}) = \|\mathscr{A}\|^2$ und (17) folgt die Fehlerabschätzung (16) entsprechend (12) für ein β wie in (15). Das folgt aus Hilfssatz 3. ∎

Satz 2. *Es seien wieder X und Y Hilberträume (beide über $\mathbb{R}$ oder über $\mathbb{C}$) und $\mathscr{A} \in \mathfrak{B}(X, Y)$, so daß $R(\mathscr{A})$ abgeschlossen ist und $N(\mathscr{A}) \neq \{0\}$. Mit x_0 bezeichnen wir ein beliebiges Element aus X. Wir bilden mit $0 < \beta < \dfrac{2}{\|\mathscr{A}\|^2}$ die Folge von Elementen:*

$$x_n = (\mathscr{E} - \beta \mathscr{A}^* \mathscr{A}) x_{n-1} + \beta \mathscr{A}^* y \qquad (n = 1, 2, 3, \ldots). \tag{18}$$

Diese Elementenfolge konvergiert in X, und der Grenzwert ist eine virtuelle Lösung von (1). Dabei kann dieses Grenzelement explizit dargestellt werden durch

$$\lim_{n \to \infty} x_n = \mathscr{A}^+ y + \mathscr{P} x_0, \tag{19}$$

wobei $\mathscr{P} = \lim_{n \to \infty} (\mathscr{E} - \beta \mathscr{A}^* \mathscr{A})^n$ ist. Wenn zusätzlich $x_0 \in N(\mathscr{A})^\perp$ gilt, liefert (19) *eine extremale Lösung von* (1). *Ist β gleich dem Wert* (15), *so gilt folgende Fehlerabschätzung:*

$$\|\mathscr{A}^+ y + \mathscr{P}x_0 - x_n\| \leq \left(\frac{\|\mathscr{A}\|^2 - \gamma^2}{\|\mathscr{A}\|^2 + \gamma^2}\right)^n \|x_0 - \mathscr{A}^+ y\|. \tag{20}$$

In (20) *ist* $\gamma = \gamma(\mathscr{A})$ *die in* (9; 2.5.2) *definierte Zahl* [FENYÖ 1974].

Beweis. Die Existenz von $\mathscr{P}$ ist durch den Hilfssatz 4 gesichert.

Es sei $y \in Y$, dann folgt nach der Definition von $\mathscr{Q}$, daß $y - \mathscr{Q}y \in N(\mathscr{A}^*)$ ist. Wir wissen (vgl. (11; 2.5.2)), daß $\mathscr{Q} = \mathscr{A}\mathscr{A}^+$ gilt; deswegen ist $y - \mathscr{A}\mathscr{A}^+ y \in N(\mathscr{A}^*)$, was mit $\mathscr{A}^*(y - \mathscr{A}\mathscr{A}^+ y) = \mathscr{A}^* y - \mathscr{A}^* \mathscr{A}\mathscr{A}^+ y = 0$ gleichbedeutend ist. Aus diesem Grund kann also (18) wie folgt umgeschrieben werden,

$$x_n = (\mathscr{E} - \beta\mathscr{A}^*\mathscr{A}) x_{n-1} + \beta\mathscr{A}^*\mathscr{A}\mathscr{A}^+ y \qquad (n = 1, 2, 3, \ldots),$$

woraus

$$x_n - \mathscr{A}^+ y = (\mathscr{E} - \beta\mathscr{A}^*\mathscr{A}) x_{n-1} + \beta\mathscr{A}^*\mathscr{A}\mathscr{A}^+ y - \mathscr{A}^+ y$$

$$= (\mathscr{E} - \beta\mathscr{A}^*\mathscr{A})(x_{n-1} - \mathscr{A}^+ y) = (\mathscr{E} - \beta\mathscr{A}^*\mathscr{A})^n (x_0 - \mathscr{A}^+ y) \tag{21}$$

folgt. Hier muß bemerkt werden, daß wegen der Abgeschlossenheit von $R(\mathscr{A})$ die verallgemeinerte topologische Inverse $\mathscr{A}^+$ vorhanden ist.

Um den Grenzwert der Elementenfolge in Form von (21) bestimmen zu können, ziehen wir den Hilfssatz 4 heran. Auf Grund dieses Hilfssatzes ist

$$\lim_{n \to \infty} (x_n - \mathscr{A}^+ y) = \mathscr{P}(x_0 - \mathscr{A}^+ y) = \mathscr{P}x_0,$$

weil wegen $\mathscr{A}^+ y \in R(\mathscr{A}^*)$ unter Berücksichtigung der Bedeutung von $\mathscr{P}$ (vgl. den Beweis von Hilfssatz 3) $\mathscr{P}\mathscr{A}^+ y = 0$ ist.

Man sieht also, daß

$$x := \lim_{n \to \infty} x_n = \mathscr{A}^+ y + \mathscr{P}x_0 \tag{22}$$

ist. Aus der Rekursionsformel (18) erkennt man sofort, daß das in (22) definierte Element x der Gleichung (6) genügt und nach Satz 1 eine virtuelle Lösung von (1) ist.

Gilt für das Ausgangselement $x_0 \in N(\mathscr{A})^\perp$, dann ist $\mathscr{P}x_0 = 0$, und $x = \mathscr{A}^+ y$ stellt nach (5) eine extremale Lösung von (1) dar. Die Behauptung (20) ist eine unmittelbare Folge des Hilfssatzes 4. ∎

Um den Grenzwert von $(\mathscr{E} - \beta\mathscr{A}^*\mathscr{A})^\perp$ sichern zu können, mußte die Abgeschlossenheit von $R(\mathscr{A})$ vorausgesetzt werden. Dieser Grenzwert existiert auch dann, wenn $R(\mathscr{A})$ nicht abgeschlossen ist, obwohl in diesem Fall nur die punktweise Konvergenz gesichert werden kann. Nach einem Satz von SHOWALTER und BEN-ISRAEL [SHOWALTER — BEN-ISRAEL 1970] gibt es einen linearen und beschränkten Operator $\mathscr{P}$ mit

$$\lim_{n \to \infty} (\mathscr{E} - \beta\mathscr{A}^*\mathscr{A})^n x = \mathscr{P}x \quad \text{für alle} \quad x \in X, \tag{23}$$

falls

$$0 < \beta < \frac{2}{\|\mathscr{A}\|^2} \tag{24}$$

gilt. Aus dieser Behauptung folgt unmittelbar der Satz:

Satz 3. *Es seien X und Y Hilberträume (beide entweder über $\mathbb{R}$ oder über $\mathbb{C}$) und $\mathscr{A} \in \mathfrak{B}(X, Y)$ jetzt braucht aber $R(\mathscr{A})$ nicht unbedingt abgeschlossen zu sein. Das Iterationsverfahren (18) konvergiert in X gegen $\mathscr{A}^+ y$ für jedes $y \in D(\mathscr{A}^+) = R(\mathscr{A}) \oplus R(\mathscr{A})^\perp$, wenn das Ausgangselement $x_0 = 0$ ist. Nach (5) ist der Grenzwert $\mathscr{A}^+ y$ eine extremale Lösung von (1).*

Beweis. Wir formen (18) zu (21) um, und es ergibt sich aus dieser Gleichung für $x_0 = 0$ und $n \to \infty$

$$\lim_{n \to \infty} (x_n - \mathscr{A}^+ y) = -\mathscr{P}\mathscr{A}^+ y = 0. \quad\blacksquare$$

In der zitierten Arbeit von SHOWALTER und BEN-ISRAEL findet man auch eine Fehlerabschätzung, auf welche wir hier nicht eingehen möchten. Der Satz 3 ist in gewisser Hinsicht eine Verallgemeinerung eines bekannten Satzes über nichtnegative Operatoren von H. BIALY [BIALY 1959].

Erwähnenswert ist eine weitere Konsequenz des Satzes 2 bzw. des Iterationsverfahrens (18) [BEN-ISRAEL — CHARNES 1963; PETRYSHYN 1963]:

Satz 4. *Es seien die Voraussetzungen des Satzes 2 bezüglich $\mathscr{A} \in \mathfrak{B}(X, Y)$ erfüllt. Dann ist*

$$\mathscr{A}^+ = \beta \sum_{n=0}^{\infty} (\mathscr{E} - \beta\mathscr{A}^*\mathscr{A})^n \mathscr{A}^*, \qquad 0 < \beta < \frac{2}{\|\mathscr{A}\|^2}, \tag{25}$$

wobei die Reihe der Norm nach konvergent ist.

Beweis. In (18) sei das Ausgangselement x_0 gleich 0. Dann ist

$$x_n = \mathscr{B}^{n-1}(\beta\mathscr{A}^* y) + \mathscr{B}^{n-2}(\beta\mathscr{A}^* y) + \cdots + \beta\mathscr{A}^* y$$
$$= \beta(\mathscr{B}^{n-1} + \mathscr{B}^{n-2} + \cdots + \mathscr{E})\mathscr{A}^* y$$

mit $\mathscr{B} := \mathscr{E} - \beta\mathscr{A}^*\mathscr{A}$. Nach (19) ist der Grenzwert für $n \to \infty$ das Element $\mathscr{A}^+ y$, also ist die Gültigkeit von (25) für jedes $y \in D(\mathscr{A}^+)$ bewiesen. Die Konvergenz ist bezüglich y gleichmäßig, denn aus (21) folgt

$$\|x_n - \mathscr{A}^+ y\| = \|\mathscr{B}^n \mathscr{A}^+ y\| \leq \|\mathscr{B}^n \mathscr{A}^+\| \, \|y\|,$$

d. h.

$$\left\| \beta \sum_{k=0}^{n-1} \mathscr{B}^k \mathscr{A}^* - \mathscr{A}^+ \right\| \leq \|\mathscr{B}^n \mathscr{A}^+\| \to 0 \qquad (n \to \infty). \quad\blacksquare$$

Auch dann, wenn die Bedingung der Abgeschlossenheit von $R(\mathscr{A})$ nicht erfüllt ist, gilt die Reihendarstellung (25), jedoch konvergiert die Reihe nicht der Norm nach (gleichmäßig), sondern nur punktweise, wie unmittelbar aus (23) und (24) ersichtlich ist.

Wir gehen jetzt zu vollstetigen Operatoren von X in Y über (X und Y sind wieder Hilberträume über $\mathbb{R}$ bzw. $\mathbb{C}$), welche für uns von besonderer Wichtigkeit sind.

Mit Hilfe der verallgemeinerten Inversen beweisen wir den folgenden auch für sich genommen wichtigen Satz:

Hilfssatz 5. *Es sei $\mathcal{A} \in \mathfrak{B}(X, Y)$ ein vollstetiger Operator. Sein Wertebereich $R(\mathcal{A})$ ist genau dann abgeschlossen, wenn er endlichdimensional ist.*

Beweis. Ist $R(\mathcal{A})$ endlichdimensional, so ist $R(\mathcal{A})$ sicher abgeschlossen.

Setzen wir nun voraus, daß $R(\mathcal{A})$ abgeschlossen ist, dann ist die topologische verallgemeinerte Inverse $\mathcal{A}^+$ beschränkt und für jedes y aus Y erklärt, wie wir oben schon gesehen haben. Der Operator $\mathcal{A}\mathcal{A}^+$ ist das Produkt eines vollstetigen Operators mit einem beschränkten Operator, also selbst vollstetig. Andererseits gilt nach (11; 2.5.2) $\mathcal{A}\mathcal{A}^+ = \mathcal{Q}$. Deshalb ist $\mathcal{Q}\,|\,R(\mathcal{A}) = \mathcal{E}\,|\,R(\mathcal{A})$ vollstetig, also ist $R(\mathcal{A})$ von endlicher Dimension. ∎

Aus den Darstellungen von 2.5.2. und den Aussagen über virtuelle bzw. extremale Lösungen folgt unmittelbar der anschließende äußerst wichtige Satz:

Satz 5. *Es sei $\mathcal{A} \in \mathfrak{B}(H, H)$ ein vollstetiger Operator (H ist ein Hilbertraum). Dann gilt:*

a) Für $\lambda \neq 0$ hat der Operator $\lambda\mathcal{E} - \mathcal{A}$ eine beschränkte topologische verallgemeinerte Inverse $(\lambda\mathcal{E} - \mathcal{A})^+$, welche auf ganz H definiert ist, und $\mathring{x} := (\lambda\mathcal{E} - \mathcal{A})^+ y$ ist die einzige extremale Lösung von

$$(\lambda\mathcal{E} - \mathcal{A})\, x = y \tag{26}$$

für jedes $y \in H$. Ist zusätzlich $y \in R(\lambda\mathcal{E} - \mathcal{A})$ ($\lambda \neq 0$) erfüllt, so ist $\mathring{x}$ die einzige Lösung von (26) mit kleinster Norm. Mit $\lambda \in \mathfrak{P}(\mathcal{A})$ gilt $(\lambda\mathcal{E} - \mathcal{A})^{-1} = (\lambda\mathcal{E} - \mathcal{A})^+$, und $\mathring{x}$ liefert die einzige (echte) Lösung von (26) für jedes $y \in H$.

b) $\mathcal{A}^+$ existiert und ist auf $R(\mathcal{A}) \oplus R(\mathcal{A})^\perp$ definiert. $\mathcal{A}^+$ ist nur dann beschränkt, wenn $\dim R(\mathcal{A}) < \infty$ gilt. Die Gleichung

$$\mathcal{A} x = y \tag{27}$$

hat eine virtuelle Lösung $x = \mathcal{A}^+ y$ für $y \in D(\mathcal{A}^+)$. ∎

Bemerkung. Die verallgemeinerte topologische Inverse eines Operators $\mathcal{A}$ aus $\mathfrak{B}(X, Y)$ kann man auch dann definieren, wenn X und Y keine Hilberträume, sondern Banachräume sind. Unter einer topologischen Inverse verstehen wir auf Grund der Definition aus 2.5.2. einen linearen Operator $\mathcal{A}^+ : Y \to X$, für welchen die Beziehungen

$$\mathcal{A}^+\mathcal{A} = \mathcal{P}, \quad \mathcal{A}\mathcal{A}^+ = \mathcal{Q}, \quad \mathcal{A}^+\mathcal{A}\mathcal{A}^+ = \mathcal{A}^+$$

gelten (vgl. (11; 2.5.2) und (13; 2.5.2)). $\mathcal{P}$ und $\mathcal{Q}$ bedeuten hier topologische Projektoren, d. h. idempotente und stetige Operatoren von $X \to X$ bzw. $Y \to Y$. *In diesem Fall jedoch kann man nicht mehr garantieren, daß $\mathcal{A}^+ y$ die extremale Lösung der Gleichung $\mathcal{A} x = y$ ist.*

4. Integraloperatoren

4.1. Maße und Integrale

In den kommenden Ausführungen werden wir in gewissen Funktionenräumen Operatoren untersuchen, welche durch Integrale erzeugt sind. Dazu muß natürlich vereinbart werden, was wir unter einem Integral verstehen. Das Ziel dieses Abschnitts ist genau die Klärung dieser Frage. Dazu müssen wir jedoch, um das Verständnis zu erleichtern, die wichtigsten Begriffe und Tatsachen der Maßtheorie vorausschicken.

Die in diesen Abschnitten vorkommenden Sätze bilden im engeren Sinne des Wortes nicht den Gegenstand des Buches, und die Kenntnis dieser Aussagen wird beim Leser vorausgesetzt. Hier soll eine knappe Zusammenfassung stehen, deswegen werden wir auf Beweise verzichten und den Leser auf die diesbezügliche Literatur aufmerksam machen [BAUER 1968; CHOQUET 1969; HALMOS 1956; RIESZ — SZ.-NAGY 1965; HEWITT—STROMBERG 1965; SCHULZE—WILDENHAIN 1977].

4.1.1. Maße

Es sei Δ eine Menge (von beliebiger Natur), und es bezeichne 2^Δ die Gesamtheit aller Teilmengen von Δ.

$\mathfrak{A} \subseteq 2^\Delta$ heißt eine (Mengen-) *Algebra* (manchmal auch *Feld*), falls $\Delta \subset \mathfrak{A}$ ist und $\mathfrak{A}$ bezüglich endlicher Vereinigung und Komplementbildung abgeschlossen ist. 2^Δ selbst ist eine Algebra. Wenn $\mathfrak{A}$ zusätzlich bezüglich abzählbar unendlich vieler Vereinigungen abgeschlossen ist, so heißt $\mathfrak{A}$ eine *σ-Algebra*.

Der Durchschnitt abzählbar unendlich vieler Mengen einer σ-Algebra ist ebenfalls eine Menge dieser σ-Algebra.

2^Δ ist nicht nur ein Beispiel für eine Algebra, sondern sogar für eine σ-Algebra.

Es läßt sich auch leicht beweisen, daß der Durchschnitt von σ-Algebren wieder eine σ-Algebra ist.

Es sei $\mathfrak{Y} \subset 2^\Delta$ ein beliebiges Mengensystem. Die kleinste σ-Algebra, welche $\mathfrak{Y}$ enthält, wird die durch $\mathfrak{Y}$ *erzeugte (generierte) σ-Algebra* genannt und mit $\mathfrak{A}(\mathfrak{Y})$ bezeichnet. Jedes nichtleere Mengensystem aus 2^Δ erzeugt eine σ-Algebra.

Wir wollen uns auf die Grundmenge $\Delta = \mathbb{R}^n$ beschränken. Es sei O die Menge aller offenen Teilmengen in $\mathbb{R}^n$. Die Mengen von $\mathfrak{A}(O)$, also die Mengen der kleinsten σ-Algebra, welche die offenen Mengen von $\mathbb{R}^n$ enthalten, heißen die *Borel-Mengen* in $\mathbb{R}^n$.

Es bezeichne $\mathbf{J}^n$ die Menge aller halboffenen Intervalle in $\mathbb{R}^n$, d. h.

$$\mathbf{J}^n = \{(\xi_1, \xi_2, \ldots, \xi_n) \mid \alpha_j < \xi_j \leqq \beta_j, \quad j = 1, 2, \ldots, n, \quad \alpha_j, \beta_j \in \mathbb{R}\}.$$

Es gilt die wichtige Aussage:

$$\mathfrak{A}(O) = \mathfrak{A}(\mathbf{J}^n).$$

Aus dem bisherigen folgt: Jede offene und jede abgeschlossene Menge von $\mathbb{R}^n$ ist eine Borel-Menge.

Es sei nun $\overline{\mathbb{R}} = \mathbb{R} \cup \{+\infty\} \cup \{-\infty\}$. In $\overline{\mathbb{R}}$ werden wir die folgenden Operationen einführen, falls $\alpha, \beta, \gamma \in \mathbb{R}$, $\beta > 0$, $\gamma < 0$ sind:

$$(+\infty) + (+\infty) = +\infty, \quad (-\infty) + (-\infty) = -\infty,$$
$$(+\infty) + \alpha = \alpha + (+\infty) = +\infty;$$
$$(-\infty) + \alpha = \alpha + (-\infty) = -\infty, \quad (+\infty)(+\infty) = (-\infty)(-\infty) = +\infty,$$
$$(+\infty)(-\infty) = (-\infty)(+\infty) = -\infty;$$
$$(+\infty)\beta = \beta(+\infty) = +\infty, \quad (-\infty)\beta = \beta(-\infty) = -\infty,$$
$$(+\infty)\gamma = \gamma(+\infty) = -\infty;$$
$$(-\infty)\gamma = \gamma(-\infty) = +\infty.$$

Die Operationen $(+\infty)(-\infty)$, $0(\pm\infty)$, $(+\infty) + (-\infty)$ werden nicht definiert.

Es sei φ eine Mengenfunktion, und für $\mathfrak{Y} \subseteq 2^{\Delta}$ werde $\varphi: \mathfrak{Y} \to \overline{\mathbb{R}}$ σ-*additiv* genannt, falls der Definitionsbereich von φ eine σ-Algebra $\mathfrak{A}$ ist und

$$\varphi(\emptyset) = 0,$$

$$\varphi\left(\bigcup_{j=1}^{\infty} A_j\right) = \sum_{j=1}^{\infty} \varphi(A_j), \text{ falls } A_j \in \mathfrak{A}, \; A_j \cap A_k = \emptyset \; (j \neq k; j, k = 1, 2, 3, \ldots)$$

gilt.

Diese Definition hat nur dann einen Sinn, falls φ nicht zugleich die Werte $+\infty$ und $-\infty$ annehmen kann.

Eine σ-additive nichtnegativwertige Mengenfunktion heißt ein σ-*Maß* (genauer: ein σ-additives Maß). Wir werden auch (falls die Gefahr einer Verwechslung nicht vorhanden ist) für σ-Maß kurz den Ausdruck *Maß* verwenden. Ist ν ein σ-Maß und A eine meßbare Menge, dann werden wir das Maß von A (genauer: das ν-Maß von A) mit $\nu(A)$ bezeichnen.

Ein wichtiges Beispiel dazu: Es sei wieder $\mathfrak{A}(O)$ die σ-Algebra aller Borel-Mengen in $\mathbb{R}^n$. Ferner sei $s_0 \in \mathbb{R}^n$ ein fester Punkt. Man setze

$$\delta_{s_0}(A) = \begin{cases} 1 & \text{für} \quad s_0 \in A, \\ 0 & \text{sonst} \end{cases} \qquad A \in \mathfrak{A}(O).$$

δ_{s_0} heißt das *auf den Punkt s_0 konzentrierte Dirac-Delta-Maß.*

Wichtig ist zu bemerken, daß $\nu\left(\bigcup_{(j)} A_j\right) \leqq \sum_{(j)} \nu(A_j)$ gilt, falls ν ein σ-Maß ist.

Es sei ν ein Maß. Wenn für eine Menge A das Maß $\nu(A) = 0$ ist, dann heißt A eine *Menge vom ν-Maß null* oder kurz *vom Maß null.*

Das Maß ν heißt *vollständig*, wenn jede Teilmenge einer Menge vom Maß null auch eine Menge vom Maß null ist.

Der Kürze halber werden wir die Mengen vom Maß null *Nullmengen* nennen und im folgenden nur vollständige Maße betrachten.

Ein Maß v wird als *σ-endlich* bezeichnet, wenn ein höchstens abzählbar unendliches Mengensystem $\{A_j\}$ mit $v(A_j) < \infty$ $(j = 1, 2, 3, \ldots)$ und $\bigcup\limits_{j=1}^{\infty} A_j = \Delta$ existiert.

Es werde jetzt eine Funktion $v^*: 2^\Delta \to \overline{\mathbb{R}}$ mit den folgenden Eigenschaften betrachtet:

$1^0.$ $v^*(\emptyset) = 0.$

$2^0.$ Aus $A_1 \subset A_2$ folgt $v^*(A_1) \leq v^*(A_2)$ (v^* ist monoton).

$3^0.$ $v^* \left(\bigcup\limits_{j=1}^{\infty} A_j \right) \leq \sum\limits_{j=1}^{\infty} v^*(A_j)$ (v^* ist subadditiv).

Aus 1^0 und 2^0 folgt $v^*(A) \geq 0$ $(A \in 2^\Delta)$.

Eine Funktion v^* mit den Eigenschaften 1^0, 2^0, 3^0 heißt ein *äußeres Maß*. Eine Menge $A \subseteq \Delta$ heißt *v^*-meßbar*, falls für jede Menge $B \in 2^\Delta$ die Gleichung

$$v^*(A) = v^*(A \cap B) + v^*(A \cap B^c)$$

gilt. Wichtig ist die folgende Tatsache: $\mathfrak{M}$ sei die Menge aller v^*-meßbaren Mengen

$$\mathfrak{M} = \{A \mid A \subseteq \Delta : v^*(A) = v^*(A \cap B) + v^*(A \cap B^c), B \in 2^\Delta\};$$

dann gilt:

Satz 1. $\mathfrak{M}$ *ist eine σ-Algebra. Die Einschränkung von v^* auf $\mathfrak{M}$ ist ein σ-additives, vollständiges positives Maß auf $\mathfrak{M}$.* ∎

Es sei I irgendein Intervall von $\mathbb{R}^n$:

$$I = \{(\xi_1, \xi_2, \ldots, \xi_n) \mid \alpha_j < \xi_j \leq \beta_j, \quad j = 1, 2, \ldots, n\}.$$

Den *Inhalt von I* definieren wir durch

$$|I| = \prod_{j=1}^{n} (\beta_j - \alpha_j).$$

Es sei $\{I_p; p = 1, 2, \ldots\}$ eine Intervallüberdeckung der Menge Δ, d. h. $\Delta \subseteq \bigcup\limits_{(p)} I_p$. Dann ist $\inf\limits_{(p)} \sum |I_p|$ das *äußere Jordan-Maß* von Δ. Ist $\{i_p; p = 1, 2, 3, \ldots\}$ eine Familie von Intervallen, welche durch Δ überdeckt ist, d. h. $\bigcup\limits_{(p)} i_p \subseteq \Delta$, so heißt die Zahl $\sup\limits_{(p)} \sum\limits_{(p)} |i_p|$ das *innere Jordan-Maß* von Δ. Gilt

$$\inf_{(p)} \sum_{(p)} |I_p| = \sup_{(p)} \sum_{(p)} |i_p|,$$

so sagen wir, die Menge Δ ist *Jordan-meßbar* und der obige gemeinsame Wert das *Jordan-Maß* von Δ. Das Jordan-Maß werden wir mit $J(\Delta)$ bezeichnen. Man kann zeigen: Eine Menge $\Delta \subset \mathbb{R}^n$ ist genau dann Jordan-meßbar, falls Δ beschränkt ist (d. h., es existiert ein Intervall I mit $\Delta \subset I$) und die Menge $\partial\Delta$ ihrer Randpunkte eine Jordan-Nullmenge bilden: $J(\partial\Delta) = 0$.

Eine nichtleere Familie (oder ein System) von Mengen heißt ein *Mengenring*, falls mit zwei Mengen der Familie auch ihre Vereinigung und die Differenz zur

Familie gehören. Eine Mengenfunktion φ, deren Definitionsbereich ein Mengenring $\mathfrak{G}$ ist, für welchen

$$\varphi\left(\bigcup_{j=1}^{\infty} A_j\right) = \sum_{j=1}^{\infty} \varphi(A_j)$$

gilt, falls $\{A_j\}$ eine Mengenfolge aus $\mathfrak{G}$ mit $A_p \cap A_q = \emptyset$ $(p \neq q)$ und $\bigcup_{j=1}^{\infty} A_j \in \mathfrak{G}$ ist, heißt $\varkappa$-additiv. Falls der Wertebereich einer $\varkappa$-additiven Funktion in $\overline{\mathbb{R}}_+$ liegt, heißt sie ein $\varkappa$-*Maß*. Es gilt nun: Die Menge aller Jordan-meßbaren Mengen in $\mathbb{R}^n$ bildet einen Ring, und auf ihm ist das Jordan-Maß ein $\varkappa$-Maß.

Grundlegend für die weiteren Ausführungen ist der folgende Satz:

Satz 2 (Carathéodory-Hahnscher Fortsetzungssatz). *Es sei auf dem Mengenring $\mathfrak{G}$ ein $\varkappa$-Maß μ gegeben. Die Grundmenge, auf welcher $\mathfrak{G}$ definiert ist, sei Δ, und A sei eine beliebige Teilmenge von Δ. Angenommen, A kann durch höchstens abzählbar unendlich viele Mengen $\{\mathfrak{Z}_j\}$ überdeckt werden, d. h.*

$$A \subset \bigcup_{j=1}^{\infty} \mathfrak{Z}_j, \quad \mathfrak{Z}_j \in \mathfrak{G}, \quad j = 1, 2, 3, \ldots;$$

dann sei

$$\mu^*(A) := \inf \sum_{j=1}^{\infty} \mu(\mathfrak{Z}_j).$$

Falls dagegen eine solche Überdeckung nicht existiert, setzen wir

$$\mu^*(A) = +\infty.$$

Behauptungen:

a) μ^* *ist ein äußeres Maß.*

b) *Jede Menge* $A \subset \mathfrak{G}$ *ist* μ^*-*meßbar.*

c) *Die Einschränkung von* μ^* *auf den Mengenring* $\mathfrak{G}$ *ist* μ. ∎

Wir wollen nun den Mengenring aller Jordan-meßbaren Teilmengen von $\mathbb{R}^n$ und auf diesen das Jordanmaß J betrachten. Nach Satz 2 kann man zu diesem Maß ein äußeres Maß J^* konstruieren, welches wir als *Lebesguesches äußeres Maß* bezeichnen werden (genau so wie im Satz 1 dem Maß μ das äußere Maß μ^* zugeordnet wurde). Die Menge aller J^*-meßbaren Mengen bildet nach Satz 1 eine σ-Algebra, und die Einschränkung dieser auf die J^*-meßbaren Mengen definiert ein σ-additives, vollständiges Maß (Satz 1), welches wir *Lebesguesches Maß* nennen und mit d bezeichnen werden.

Es soll jetzt ein weiteres wichtiges Maß betrachtet werden. Es sei Ω ein offenes Intervall auf $\mathbb{R}$ und g eine auf Ω definierte monoton wachsende Funktion. Wir bezeichnen mit $\mathfrak{G}$ diejenige Klasse von Mengen, welche die folgende Eigenschaft besitzt: Es ist $A \in \mathfrak{G}$ genau dann, wenn A als Vereinigung endlich vieler von oben abgeschlossener Intervalle darstellbar ist, deren Endpunkte in Ω liegen und die Stetigkeitsstellen von g sind. Man kann zeigen, daß $\mathfrak{G}$ ein Mengenring ist.

Satz 3. *Es sei Ω ein offenes Intervall von $\mathbb{R}$, g eine in Ω definierte monotone Funktion und $\mathfrak{G}$ der oben definierte Mengenring. $A \in \mathfrak{G}$ besitzt eine Zerlegung (nach der Definition von $\mathfrak{G}$) von der Gestalt*

$$A = \bigcup_{j=1}^{n} (\alpha_j, \beta_j),$$

wobei α_j, β_j $(j = 1, 2, \ldots, n)$ zu Ω gehören und Stetigkeitsstellen von g sind. Dann ist

$$\tau(A) := \sum_{j=1}^{n} [g(\beta_j) - g(\alpha_j)]$$

ein $\varkappa$-Maß. ∎

Wir gehen jetzt von dem im Satz 3 definierten $\varkappa$-Maß τ aus und konstruieren zu diesem nach Satz 2 das äußere Maß τ^*. Dieses werden wir *Lebesgue-Stieltjessches äußeres Maß* nennen. Zu diesem Maß bilden wir nach Satz 1 das σ-Maß g. Wir nennen es das *durch g erzeugte Lebesgue-Stieltjessche Maß*.

Im eindimensionalen Fall ist das Lebesguesche Maß ein Sonderfall des Lebesgue-Stieltjesschen Maßes $\big(\Omega = \mathbb{R}; g(s) = s\big)$.

Es sei $\mathfrak{A}$ eine σ-Algebra von Teilmengen von Δ. Ein Mengensystem $\mathfrak{T} \subseteq \mathfrak{A}$ heißt ein *σ-Ideal in $\mathfrak{A}$*, falls mit jeder Menge A jede Teilmenge von A zu $\mathfrak{T}$ gehört und die abzählbare Vereinigung von Elementen von $\mathfrak{T}$ ebenfalls zu $\mathfrak{T}$ gehört. Beispielsweise ist das System der abzählbaren Mengen ein σ-Ideal in der σ-Algebra $\mathfrak{A}(O)$ der Borelschen Mengen.

Es sei Δ irgendeine Menge und $\mathfrak{T} \subseteq 2^\Delta$ ein σ-Ideal. Gilt eine Aussage mit eventueller Ausnahme einer Menge aus $\mathfrak{T}$, so sagen wir, die Aussage gilt *$\mathfrak{T}$-fast überall*, und benutzen dafür die Abkürzung $\mathfrak{T}$-f. ü. Ist v ein Maß auf einer σ-Algebra $\mathfrak{A} \subseteq 2^\Delta$, dann ist das Mengensystem

$$\mathfrak{T}_v = \{A \mid A \in \mathfrak{A}, \quad v(A) = 0\}$$

ein σ-Ideal. Statt $\mathfrak{T}_v$-fast überall sprechen wir dann auch von *v-fast überall* (v-f. ü.).

Ein Maß v heißt auf einer Menge $A \in \mathfrak{A}$ *konzentriert*, falls $A^c \in \mathfrak{T}_v$ gilt. In diesem Fall sagen wir auch, daß der *Träger vom Maß v* in A liegt, in Zeichen: $\mathrm{Tr}\, v \subseteq A$. Die kleinste abgeschlossene Menge A, für welche die obige Inklusion gilt, d. h. die kleinste abgeschlossene Menge, auf welcher v konzentriert ist, heißt der *Träger* von v.

Es sei Δ irgendeine Menge in $\mathbb{R}^n$ und $f : \Delta \to \overline{\mathbb{R}}$. Wir sagen, die Funktion f ist v-meßbar, falls die folgenden Teilmengen von Δ,

$$\{s \mid s \in \Delta, \quad f(s) \geqq \alpha\}, \tag{1}$$

für jedes $\alpha \in \mathbb{R}$ meßbar sind (nach dem gewählten Maß v). Die unter (1) definierten Mengen heißen die *Niveaumengen* von f. Es sei also auf Δ eine σ-Algebra gegeben und auf dieser ein Maß v. Wenn die Niveaumengen der Funktion f Elemente der gegebenen σ-Algebra sind, dann heißt f eine *meßbare Funktion* (ausführlicher: *v-meßbare Funktion*).

Es sei $A \subset \Delta$ eine feste Teilmenge, ihre *charakteristische Funktion* sei

$$\chi_A(s) = \begin{cases} 1 & \text{für} \quad s \in A, \\ 0 & \text{sonst.} \end{cases}$$

Man sieht, daß χ_A genau dann meßbar ist, wenn A meßbar ist. Denn es ist

$$\{s \mid s \in \varDelta, \quad \chi_A(s) \geqq \alpha\} = \begin{cases} \varDelta & \text{für} \quad \alpha < 0, \\ A & \text{für} \quad 0 \leqq \alpha < 1, \\ \varnothing & \text{für} \quad \alpha \geqq 1. \end{cases}$$

Es wird noch folgender Satz benötigt:

Satz 4. *Ist f eine meßbare Funktion bezüglich eines Maßes, das über der σ-Algebra $\mathfrak{A}$ erklärt ist, dann gilt*

$$f^{-1}(B) \in \mathfrak{A}, \tag{2}$$

wobei B eine beliebige Borelmenge der reellen Zahlen ist. ∎

Es sei $\varDelta$ ein *σ-kompaktes Gebiet*, d. h. die Vereinigung von höchstens abzählbar vielen kompakten Mengen. Wir bilden jetzt auf $\varDelta$ die Borelmengen $\mathfrak{A}(O)$. Ein Maß ν auf $\mathfrak{A}(O)$ heißt *Borel-Maß*, falls es auf jeder kompakten Teilmenge von $\varDelta$ endlich ist. Das *Borel-Maß* ν heißt *regulär*, falls für jede offene Teilmenge $O \subseteqq \varDelta$

$$\nu(O) = \sup \{\nu(A) \mid A \subseteqq O, \ A \text{ kompakt}\} \tag{3}$$

gilt.

Es sei $\varDelta$ irgendeine Grundmenge, $\mathfrak{A}$ eine σ-Algebra ihrer Teilmengen und ν ein vollständiges Maß über $\mathfrak{A}$. Das Tripel $(\varDelta, \mathfrak{A}, \nu)$ heißt ein *Maßraum*. In Zukunft werden wir der Kürze halber oft nur die Grundmenge $\varDelta$ und das Maß ν wählen; darunter soll jedoch stets ein Maßraum verstanden werden.

Nun wollen wir zwei Maßräume $(\varDelta, \mathfrak{A}, \nu)$ und $(\varOmega, \mathfrak{B}, \mu)$ betrachten. Unter $\mathfrak{A} \otimes \mathfrak{B}$ werden wir die kleinste σ-Algebra von Teilmengen der Menge $\varDelta \times \varOmega$ verstehen, welche alle Mengen von der Gestalt $A \times B$ mit $A \in \mathfrak{A}$, $B \in \mathfrak{B}$ enthalten. Die Mengen $A \times B$ $(A \in \mathfrak{A}, B \in \mathfrak{B})$ nennen wir *meßbare Rechtecke*. Auf $\mathfrak{A} \times \mathfrak{B}$ werden wir das Maß $\nu \otimes \mu$ für alle meßbaren Rechtecke wie folgt erklären:

$$(\nu \otimes \mu) (A \times B) = \nu(A) \mu(B) \quad (A \in \mathfrak{A}, B \in \mathfrak{B}). \tag{4}$$

Das Maß $\nu \otimes \mu$ heißt das *tensorielle Produkt* seiner Faktoren. (Wir werden dabei $\nu(A) \mu(B) = 0$ setzen, falls einer der Faktoren verschwindet, auch dann, wenn der andere Faktor ∞ ist.) Den Maßraum $(\varDelta \times \varOmega, \mathfrak{A} \times \mathfrak{B}, \nu \otimes \mu)$ nennen wir den *Produktraum*. Man kann beweisen, daß der Produktraum σ-endlich ist, falls die Faktoren σ-endlich sind [s. Hewitt — Stromberg 1965]. Ist $E \in \mathfrak{A} \times \mathfrak{B}$ beliebig, so gilt

$$(\nu \otimes \mu) (E) = \inf_{\substack{A_i \in \mathfrak{A} \\ B_j \in \mathfrak{B}}} \sum \nu(A_i) \mu(B_j), \tag{5}$$

wobei $\{A_i \times B_j\}$ eine abzählbare meßbare Rechtecküberdeckung von E ist, d. h.

$$E \subset \bigcup_{i,j=1}^{\infty} A_i \times B_j.$$

Dabei braucht der Produktraum nicht vollständig zu sein. Wenn ein Produktraum nicht vollständig ist, so kann er immer zu einem vollständigen Maßraum ergänzt werden (ein Vervollständigungsverfahren findet man z. B. in [Hewitt — Stromberg 1965; § 21, Absatz 14]). Das Wesen dieses Vervollständigungsverfahrens liegt, grob formuliert, in der Vereinigung der $\nu \otimes \mu$-Nullmengen mit den Mengen $\mathfrak{A} \otimes \mathfrak{B}$. Unter dem Produktraum werden wir von jetzt an immer einen σ-endlichen und vollständigen Maßraum wie oben verstehen.

Es sei beispielsweise $\Delta = \mathbb{R}^n$, $\Omega = \mathbb{R}^m$ und $\mathfrak{A}_i$ $(i = n, m)$ die Menge aller Jordan-meßbaren Teilmengen von $\mathfrak{A} \times \mathfrak{B}$ sowie J_i das i-dimensionale Jordan-Maß $(i = n, m)$. Dann ist

$$(\mathbb{R}^n \times \mathbb{R}^m, \mathfrak{A}_n \times \mathfrak{A}_m, J_n \times J_m) = (\mathbb{R}^{n+m}, \mathfrak{A}_{n+m}, J_{n+m}). \tag{6}$$

Wie üblich werden wir die *symmetrische Differenz* von zwei Mengen Γ und Ω mit $\Gamma \triangle \Omega$ bezeichnen; sie ist wie folgt definiert:

$$\Gamma \triangle \Omega = (\Gamma \cup \Omega) - (\Gamma \cap \Omega).$$

Es sei $(\Gamma \times \Omega, \mathfrak{A} \times \mathfrak{B}, \nu \otimes \mu)$ ein Produktraum. Es gibt zu jedem $\varepsilon > 0$ und $E \in \mathfrak{A} \times \mathfrak{B}$ mit $(\nu \otimes \mu)(E) < \infty$ endlich viele disjunkte meßbare Rechtecke $A_j \times B_j$ $\big(\nu(A_j) < \infty, \mu(B_j) < \infty, j = 1, 2, \ldots, k\big)$ derart, daß

$$(\nu \otimes \mu)\left(E \triangle \bigcup_{j=1}^{k} (A_j \times B_j)\right) < \varepsilon \tag{7}$$

ist.

4.1.2. Integrale

Es sei Δ eine Menge, $\mathfrak{A}$ eine σ-Algebra von Teilmengen von Δ und ν ein Maß auf $\mathfrak{A}$.

Unter einer positiven *Treppenfunktion* f verstehen wir eine auf Δ definierte nichtnegativwertige, ν-meßbare Funktion, welche nur endlich viele Werte annimmt. Die Klasse der positiven Treppenfunktionen wollen wir mit $\mathfrak{C}$ bezeichnen.

Es sei $x \in \mathfrak{C}$, und die Werte, welche durch x angenommen werden, bezeichnen wir mit $\alpha_1, \alpha_2, \ldots, \alpha_n$. Da x nach Definition meßbar ist, sind die Mengen (vgl. Satz 4; 4.1.1)

$$A_j = x^{-1}(\alpha_j), \quad j = 1, 2, \ldots, n,$$

Elemente der Algebra $\mathfrak{A}$ (also ν-meßbar). Offensichtlich gilt

$$x = \sum_{j=1}^{n} \alpha_j \chi_{A_j}, \tag{1}$$

wobei χ_{A_j} die charakteristische Funktion der Menge A_j ist $(j = 1, 2, \ldots, n)$. Man sieht auch sofort ein, daß $A_p \cap A_q = \emptyset$ und $\Delta = \bigcup_{j=1}^{n} A_j$ gilt, wenn $\alpha_p \neq \alpha_q$ $(p \neq q; p, q = 1, 2, \ldots, n)$ ist.

Die Darstellung (1) heißt eine *kanonische Darstellung* der positiven Treppenfunktion. Aus unseren Darlegungen folgt, daß jede Funktion aus $\mathfrak{C}$ eine kanonische Darstellung besitzt.

Eine Funktion $x \in \mathfrak{C}$ kann auch mehrere kanonische Darstellungen besitzen. Dazu betrachte man endlich viele paarweise disjunkte Mengen aus $\mathfrak{A}$, auf welchen x konstant bleibt und deren Vereinigung Δ ist. Dann gilt

$$x = \sum_{j=1}^{m} \beta_j \chi_{B_j},$$

wobei B_j $(j = 1, 2, \ldots, m)$ die oben beschriebenen Mengen sind und x auf B_j den Wert β_j annimmt (hier braucht $\beta_p \neq \beta_q$, $p \neq q$ nicht zu gelten).

Satz 1. *Es sei $x \in \mathfrak{C}$, und x besitze die beiden kanonischen Darstellungen*

$$x = \sum_{j=1}^{n} \alpha_j \chi_{A_j} = \sum_{k=1}^{m} \beta_k \chi_{B_k}.$$

Dann gilt

$$\sum_{j=1}^{n} \alpha_j \nu(A_j) = \sum_{k=1}^{m} \beta_k \nu(B_k), \tag{2}$$

d. h., die Summe (2) ist unabhängig von der kanonischen Darstellung. ∎

Eine wichtige Bemerkung ist, daß mit $x, y \in \mathfrak{C}$ auch $x \pm y$, xy, αx, $\max(x, y)$, $\min(x, y)$ zu $\mathfrak{C}$ gehören, falls $\alpha \in \mathbb{R}_+$ ist.

Es besitze nun $x \in \mathfrak{C}$ die kanonische Darstellung $x = \sum_{j=1}^{n} \alpha_j \chi_{A_j}$. Dann heißt die Summe

$$\sum_{j=1}^{n} \alpha_j \nu(A_j)$$

(welche nach Satz 1 von der kanonischen Darstellung unabhängig ist) das *Integral* von x bezüglich des Maßes ν über Δ; es wird durch

$$\int_{\Delta} x(t) \, d\nu(t) \quad \text{oder kurz} \quad \int_{\Delta} x \, d\nu$$

bezeichnet, also

$$\int_{\Delta} x \, d\nu = \int_{\Delta} x(t) \, d\nu(t) = \sum_{j=1}^{n} \alpha_j \nu(A_j). \tag{3}$$

Die Haupteigenschaften, welche man leicht nachweisen kann, sind die folgenden:

a) Ist $A \in \mathfrak{A}$, dann gilt $\int_{\Delta} \chi_A(t) \, d\nu(t) = \nu(A)$.

b) $\int_{\Delta} \alpha x(t) \, d\nu(t) = \alpha \int_{\Delta} x(t) \, d\nu(t), \quad x \in \mathfrak{C}, \quad \alpha \in \mathbb{R}_+.$

c) $\int_{\Delta} \big(x(t) + y(t)\big) \, d\nu(t) = \int_{\Delta} x(t) \, d\nu(t) + \int_{\Delta} y(t) \, d\nu(t), \quad x, y \in \mathfrak{C}.$

d) Sind $x, y \in \mathfrak{C}$ und $x(t) \leq y(t)$ $(t \in \Delta)$, dann gilt $\int_{\Delta} x \, d\nu \leq \int_{\Delta} y \, d\nu$.

Grundlegend für die späteren Definitionen sind die folgenden Sätze:

Satz 2. *Es seien $\{x_k\}$ und $\{y_k\}$ zwei monoton wachsende Funktionenfolgen aus der Klasse $\mathfrak{C}$ mit $\lim_{k \to \infty} x_k = \lim_{k \to \infty} y_k$ auf Δ. Dann gilt*

$$\lim_{k \to \infty} \int_{\Delta} x_k \, d\nu = \lim_{k \to \infty} \int_{\Delta} y_k \, d\nu. \ \blacksquare$$

Wir bezeichnen mit $\mathfrak{C}^*$ diejenige Klasse von nichtnegativwertigen Funktionen x, definiert auf Δ, zu welchen es eine monoton wachsende Folge $\{x_k\}$ von Funktionen aus $\mathfrak{C}$ gibt mit

$$\lim_{k\to\infty} x_k(t) = x(t) \qquad (t \in \Delta).$$

Ist $x \in \mathfrak{C}^*$, dann definieren wir das *Integral* nach dem Maß ν über Δ wie folgt:

$$\int_\Delta x(t)\, d\nu(t) = \int_\Delta x\, d\nu := \lim_{k\to\infty} \int_\Delta x_k\, d\nu. \tag{4}$$

Aus Satz 2 folgt, daß diese Definition insofern eindeutig ist, als das Integral von x unabhängig von der gegen x konvergierenden Folge ist. Offensichtlich gilt $\mathfrak{C} \subset \mathfrak{C}^*$. Ist $x \in \mathfrak{C}$, so liefert (4) das in (3) definierte Integral. Für das Integral von Funktionen aus $\mathfrak{C}^*$ gelten ebenfalls die Grundeigenschaften b), c) und d).

Satz 3 (BEPPO LEVI). *Es sei $\{x_k\}$ eine monoton wachsende Folge von $\mathfrak{C}^*$-Funktionen. Dann gelten die Beziehungen*

$$\lim_{k\to\infty} x_k \in \mathfrak{C}^* \quad und \quad \int_\Delta \left(\lim_{k\to\infty} x_k\right) d\nu = \lim_{k\to\infty} \int_\Delta x_k\, d\nu. \;\blacksquare$$

Eine andere Gestalt des Beppo-Levischen Satzes ist der folgende: Es sei $x_k \in \mathfrak{C}^*$ $(k = 1, 2, 3, \ldots)$; dann ist

$$\sum_{k=1}^\infty x_k \in \mathfrak{C}^* \quad und \quad \int_\Delta \left(\sum_{k=1}^\infty x_k\right) d\nu = \sum_{k=1}^\infty \int_\Delta x_k\, d\nu.$$

Auch die folgenden Behauptungen sind von Bedeutung.

Satz 4. *Es sei $x \in \mathfrak{C}^*$ mit $\int_\Delta x(t)\, d\nu(t) = 0$. Dann gibt es eine meßbare Menge $A \subset \Delta$, für welche $\nu(A) = 0$ gilt und x auf $\Delta - A$ verschwindet.*

Satz 5. *Ist $x = 0$ ν-f. ü., dann ist*

$$\int_\Delta x\, d\nu = 0.$$

Satz 6. *$\mathfrak{C}^*$ ist genau die Klasse aller auf Δ definierten nichtnegativwertigen und ν-meßbaren Funktionen.* $\blacksquare$

Eine meßbare nichtnegative Funktion heißt *integrierbar*, wenn das unter (4) definierte Integral einen endlichen Wert hat.

Um den Begriff das Integrals auf einer weiteren Klasse von Funktionen definieren zu können, wollen wir den sogenannten positiven und negativen Teil einer Funktion einführen.

Es sei x irgendeine auf Δ erklärte Funktion. Dann werden die Funktionen

$$x^+(t) = \sup\big(x(t), 0\big), \quad x^-(t) = \sup\big(-x(t), 0\big) \qquad (t \in \Delta)$$

als der *positive* bzw. *negative Teil* von x bezeichnet. Dieses sind nichtnegativwertige Funktionen. Die Funktion x ist meßbar, wenn x^+ und x^- meßbar sind, und das

Integral von x wird durch

$$\int\limits_\Delta x(t)\,dv(t) := \int\limits_\Delta x^+(t)\,dv(t) - \int\limits_\Delta x^-(t)\,dv(t) \tag{5}$$

definiert, wobei die auf der rechten Seite von (5) stehenden Integrale nicht mit demselben Vorzeichen unendlich werden dürfen. Falls

$$\int\limits_\Delta x^+ dv < \infty, \quad \int\limits_\Delta x^- dv < \infty$$

gilt, dann sagen wir, x ist über Δ nach dem Maß v *integrierbar*.

Die Menge aller über Δ nach dem Maß v integrierbaren Funktionen werden wir mit $L(\Delta, v)$ bezeichnen $\big($manchmal auch mit $L^1(\Delta, v)\big)$.

Man kann leicht nachweisen, daß für das in (5) definierte Integral die Eigenschaften b), c), d) gelten. $L^1(\Delta, v)$ ist somit ein linearer Raum.

Da $|x| = x^+ + x^-$ ist, folgt, daß mit $x \in L(\Delta, v)$ auch $|x| \in L(\Delta, v)$ ist. Dabei stellt

$$\|x\|_L = \|x\|_{L^1} := \int\limits_\Delta |x|\,dv \tag{6}$$

eine Norm auf $L(\Delta, v)$ dar.

Satz 7. $L(\Delta, v)$ *mit der Norm* (6) *ist ein Banachraum. Zu bemerken ist ferner die wichtige Ungleichung*

$$\left| \int\limits_\Delta x\,dv \right| \leqq \int\limits_\Delta |x|\,dv. \; \blacksquare \tag{7}$$

In der Theorie der Integralgleichungen wird oft der folgende Satz verwendet:

Satz 8 (LEBESGUE). *Es sei der Maßraum* $(\Delta, \mathfrak{A}, v)$ *gegeben. Sind die Funktionen* x_k *auf* Δ *definiert und meßbar* $(k = 1, 2, 3, \ldots)$, *gilt* $|x_k| \leqq y$, *ist* y *über* Δ *nach* v *integrierbar sowie* $\lim x_k = y$ *(punktweise) erfüllt, dann ist auch* y *integrierbar, und es gilt*

$$\int\limits_\Delta y\,dv = \lim_{k \to \infty} \int\limits_\Delta x_k\,dv. \; \blacksquare$$

Wir wollen noch einige Schlußbemerkungen machen.

a) Wenn die Funktion x über $\Delta \in \mathbb{R}^n$ Riemann-integrierbar ist und Δ beschränkt ist, dann ist x auch nach dem Lebesgue-Maß integrierbar, und das Riemann-Integral ist mit dem nach dem Lebesgueschen Maß gebildeten Integral gleich.

b) Es sei $\Delta \in \mathbb{R}$ ein offenes Intervall, in welchem die monoton wachsende Funktion g gegeben ist (an den Intervallenden sei g von rechts bzw. von links stetig). Wenn das Riemann-Stieltjessche Integral $\int\limits_\Delta x(t)\,dg(t)$ vorhanden ist, dann gilt

$$\int\limits_\Delta x(t)\,dg(t) = \int\limits_\Delta x\,dv,$$

wobei v das durch g erzeugte Lebesgue-Stieltjessche Maß ist (was wir der Kürze halber auch mit dg bezeichnen werden).

Der folgende Satz spielt auch eine wichtige Rolle in der Theorie der Integralgleichungen:

Satz 9 (FUBINI-TONELLI). *Eine auf $\mathfrak{A} \times \mathfrak{B}$ Borel-meßbare Funktion $K : \Delta \times \Omega \to \overline{\mathbb{R}}$
ist genau dann $\nu \otimes \mu$-integrierbar, wenn eines der beiden iterierten Integrale*

$$\int_{\Delta} \left[\int_{\Omega} |K(s, t)| \, d\mu(t) \right] d\nu(s) \quad oder \quad \int_{\Omega} \left[\int_{\Delta} |K(s, t)| \, d\nu(s) \right] d\mu(t)$$

endlich ist. In diesem Fall gilt

$$\int_{\Delta \times \Omega} K(s, t) \, d(\nu \otimes \mu)\,(s, t) = \int_{\Delta} \left[\int_{\Omega} K(s, t) \, d\mu(t) \right] d\nu(s)$$
$$= \int_{\Omega} \left[\int_{\Delta} K(s, t) \, d\nu(s) \right] d\mu(t) .$$

Wir werden für $d(\nu \otimes \mu)\,(s, t)$ oft der Kürze halber einfach $d\nu(s) \, d\mu(t)$ schreiben. ∎

Es sei $x : \Delta \to \mathbb{C}$ irgendeine Funktion. Der *Träger einer stetigen Funktion* ist die
abgeschlossene Menge

$$\mathrm{Tr}\, x := \overline{\{s \mid s \in \Delta, x(s) \neq 0\}} .$$

Daraus folgt, daß $(\mathrm{Tr}\, x)^C$ die größte offene Menge darstellt, auf welcher x den Wert 0
annimmt.

Wir bezeichnen mit $C_0(\Delta, \mathbb{R})$ den Raum aller in Δ definierten und stetigen reellen
Funktionen mit kompaktem Träger. Eine lineare und beschränkte Abbildung

$$m : C_0(\Delta, \mathbb{R}) \to \mathbb{R}$$

(Funktional) heißt ein *positives Radon-Maß*, falls aus $x \geq 0 \; \big(x \in C_0(\Delta, \mathbb{R})\big)$ die Ungleichung $m(x) \geq 0$ folgt.

Satz 10 (F. RIESZ). *Zu jedem positiven Radon-Maß m existiert ein reguläres Borel-
Maß ν mit*

$$m(x) = \int_{\Delta} x \, d\nu \quad für\ alle \quad x \in C_0(\Delta, \mathbb{R}) .$$ ∎

Ein wichtiges Beispiel für ein Radon-Maß ist das *Riemann-Maß*. Es wird durch

$$\nu_1(x) = \int_{\Delta} x(t) \, dt, \quad x \in C_0(\Delta, \mathbb{R}),$$

oder, etwas allgemeiner, durch

$$\nu_r(x) = \int_{\Delta} x(t) \, r(t) \, dt, \quad x \in C_0(\Delta, \mathbb{R}),$$

erklärt, wobei $r(t)$ eine auf Δ definierte, gegebene positive Funktion ist.

Man überzeugt sich leicht von folgender Tatsache: Wenn Δ meßbar ist mit dem
Maß ν, dann ist $x(t) = 1$ $(t \in \Delta)$ integrierbar, und es gilt

$$\int_{\Delta} d\nu = \nu(\Delta) ;$$

$\nu(\Delta)$ werden wir auch manchmal mit $\|\nu\|$ bezeichnen.

4.1.3. Das Kurzweil-Perronsche Integral

Wir werden einen weiteren Integralbegriff benötigen, welcher im Charakter etwas von den bisherigen abweicht.

Es sei $[a, b]$ $(-\infty < a < b < \infty)$ ein endliches und abgeschlossenes Intervall und $p : [a, b] \to \mathbb{R}_+$ eine gegebene Funktion. Die endliche Zahlenmenge

$$\{\alpha_0, \tau_1, \alpha_1, \ldots, \tau_n, \alpha_n\}$$

besitze folgende Eigenschaften:

$$a = \alpha_0 < \alpha_1 < \cdots < \alpha_n = b, \tag{1}$$

$$\alpha_{j-1} \leqq \tau_j \leqq \alpha_j \qquad (j = 1, 2, 3, \ldots, n), \tag{2}$$

$$|\alpha_j - \tau_j| \leqq p(\tau_j), \quad |\alpha_{j-1} - \tau_j| \leqq p(\tau_j). \tag{3}$$

Die Menge aller Unterteilungen von $[a, b]$ mit den Eigenschaften (1), (2) und (3) werden wir mit $\mathfrak{C}(p)$ bezeichnen. Man kann beweisen, daß $\mathfrak{C}(p) \neq \emptyset$ ist, wie immer man auch p wählt [KURZWEIL 1957, Lemma 1.1.1]. Man betrachte zunächst zwei Funktionen $f : [a, b] \to \mathbb{R}$ und $g : [a, b] \to \mathbb{R}$ und bilde den Ausdruck

$$K(\mathfrak{C}) = \sum_{j=1}^{n} f(\tau_j) \big(g(\alpha_j) - g(\alpha_{j-1}) \big),$$

wobei $\mathfrak{C} \in \mathfrak{C}(p)$ ist. Wir sagen, *f ist im Sinn von Kurzweil integrierbar bezüglich g*, falls eine Zahl I existiert, so daß es zu jedem $\varepsilon > 0$ eine Funktion $p : [a, b] \to \mathbb{R}_+$ gibt mit $|K(\mathfrak{C}) - I| < \varepsilon$ für jedes $\mathfrak{C}$ aus $\mathfrak{C}(p)$. Die Zahl I (falls sie vorhanden ist) heißt das *Kurzweilsche Integral von f bezüglich g*. Man kann beweisen [SCHWABIK 1972], daß der eben eingeführte Integralbegriff mit dem Perron-Stieltjesschen Integral (s. etwa [SAKS 1937]) identisch ist, falls g von beschränkter Variation ist. (Das Riemann-Stieltjessche, Lebesguesche und Perronsche Integral sind Spezialfälle des Kurzweilschen Integrals.) Das Kurzweilsche Integral werden wir mit $\int_a^b f \, dg$ bezeichnen.

Wir werden jetzt einige für die späteren Ausführungen wichtige Eigenschaften des Kurzweilschen Integrals aufzählen.

1^0. Existiert $\int_a^b f \, dg$, dann existieren auch $\int_a^b \lambda f \, dg$ und $\int_a^b f \, d(\lambda g)$ $(\lambda \in \mathbb{C})$, und es gilt

$$\int_a^b \lambda f \, dg = \lambda \int_a^b f \, dg, \qquad \int_a^b f \, d(\lambda g) = \lambda \int_a^b f \, dg.$$

2^0. $\int_a^b (f_1 + f_2) \, dg = \int_a^b f_1 \, dg + \int_a^b f_2 \, dg; \qquad \int_a^b f \, d(g_1 + g_2) = \int_a^b f \, dg_1 + \int_a^b f \, dg_2,$

vorausgesetzt, daß $\int_a^b f_i \, dg$ und $\int_a^b f \, dg_i$ existieren $(i = 1, 2)$.

Existiert $\int_a^b f \, dg$ und ist $[c, d] \subset [a, b]$, dann existiert auch $\int_c^d f \, dg$, und es gilt

$3^0. \quad \int_a^b f \, dg = \int_a^c f \, dg + \int_c^b f \, dg, \quad a < c < b.$

$4^0.$ Wenn $\int_a^b f \, dg$ existiert und $c \in [a, b]$ ist, dann gilt

$$\lim_{[a,b] \ni t \to c} \left[\int_a^t f \, dg - f(c) \, \big(g(t) - g(c) \big) \right] = \int_a^c f \, dg.$$

[KURZWEIL 1957, Th. 1.3.5.].

$5^0.$ Existiert $\int_a^b f \, dg$ und ist g von beschränkter Variation, so gilt

$$\left| \int_a^b f \, dg \right| \leq \sup_{t \in [a,b]} |f(t)| \bigvee_a^b g$$

[SCHWABIK — TVRDÝ — VEJVODA 1979, p. 35].

$6^0.$ Sind beide Funktionen f und g von beschränkter Variation, dann existiert $\int_a^b f \, dg$.

$7^0.$ Es sei $K : [a, b] \times [a, b] \to \mathbb{R}$ eine beschränkte Kernfunktion mit $\bigvee_a^b K(\cdot, t) < \infty$, $\bigvee_a^b K(s, \cdot) < \infty$ für jedes $s, t \in [a, b]$. Für beliebige Funktionen f und g von beschränkter Variation in $[a, b]$ gilt

$$\int_a^b \left(\int_a^b K(s, t) \, dg(t) \right) df(s) = \int_a^b \left(\int_a^b K(s, t) \, df(s) \right) dg(t),$$

und diese iterierten Integrale existieren.

$8^0.$ Es sei $K : [a, b] \times [a, b] \to \mathbb{R}$ eine beschränkte Kernfunktion mit $\bigvee_a^b K(s, \cdot) < \infty$ und $\bigvee_a^b K(\cdot, t) < \infty$ für jedes $s, t \in [a, b]$, und f und g seien Funktionen von beschränkter Variation. Mit den Bezeichnungen

$$\Delta^- g(t) = g(t) - g(t - 0) \quad \text{und} \quad \Delta^+ g(t) = g(t + 0) - g(t)$$

gilt

$$\int_a^b \left(\int_a^t K(s, t) \, df(s) \right) dg(t) = \int_a^b \left(\int_s^b K(s, t) \, dg(t) \right) df(s)$$

$$+ \sum_{t_i \in (a,b]} \Delta^- g(t_i) \, K(t_i, t_i) \, \Delta^- f(t_i)$$

$$- \sum_{t_j \in [a,b)} \Delta^+ g(t_j) \, K(t_j, t_j) \, \Delta^+ f(t_j).$$

Da f und g von beschränkter Variation sind, gibt es höchstens abzählbar unendlich viele Stellen t_i, für welche $\Delta^- g$, $\Delta^+ g$, $\Delta^- f$, $\Delta^+ f$ nicht verschwinden. Die Summierungen beziehen sich auf diese Stellen.

9^0. Die Regel der partiellen Integration lautet wie folgt [KURZWEIL 1958, Th. 4.33]: Es seien f und g Funktionen von beschränkter Variation in $[a, b]$; dann gilt

$$\int_a^b f \, dg + \int_a^b g \, df = [f(t)\, g(t)]_a^b - \sum_{t_i \in [a,b)} \Delta^+ f(t_i)\, \Delta^+ g(t_i) + \sum_{t_j \in (a,b]} \Delta^- f(t_j)\, \Delta^- g(t_j),$$

wobei die Operatoren Δ^+ und Δ^- sowie die Stellen t_i die gleiche Bedeutung haben wie in 8^0.

10^0. Der Zusammenhang zwischen dem Lebesgue-Stieltjesschen und Perron-Stieltjesschen Integral ist durch folgende Formel dargestellt [SCHWABIK — TVRDÝ — VEJVODA 1979, p. 48, Th. 4.34]:
Es sei $g : [a, b] \to \mathbb{R}$ von beschränkter Variation in $[a, b]$ und $f : [a, b] \to \mathbb{R}$ eine Funktion derart, daß das Lebesgue-Stieltjessche Integral $\int_{(a,b)} f \, dg$ existiert. Dann existiert auch das Perron-Stieltjessche Integral $\int_a^b f \, dg$, und es gilt

$$\int_a^b f \, dg = \int_{(a,b)} f \, dg + f(a)\, \Delta^+ g(a) + f(b)\, \Delta^- g(b).$$

Wenn f von beschränkter Variation ist und $g(t) = g(a) + \int_a^t h(u)\, du$ mit $h \in L\big((a, b), d\big)$ (d ist das Lebesguesche Maß), dann gilt

$$\int_a^b f \, dg = \int_a^b f(t)\, h(t) \, dt,$$

wobei auf der rechten Seite das Lebesguesche Integral steht.

11^0. Es sei $K : [a, b] \times [a, b] \to \mathbb{R}$ eine Kernfunktion mit folgenden Eigenschaften: $K(\cdot, t)$ ist meßbar für jedes $t \in [a, b]$, $\chi(s) := K(s, a) + \bigvee_a^b K(s, \cdot) < \infty$ für fast alle $s \in [a, b]$, $\chi \in L^p\big((a, b), d\big)$, $1 \le p < \infty$. Dann ist

$$y(s) := \int_a^b K(s, t)\, x(t) \, dt, \quad s \in [a, b],$$

definiert für jedes $x \in L^q\big((a, b), d\big)$, $q = p/(p - 1)$ für $p > 1$ und $q = \infty$ für $p = 1$. Die Funktion y ist von beschränkter Variation in $[a, b]$.
Wenn $x \in C([a, b], \mathbb{R})$ oder von beschränkter Variation ist, dann ist

$$y(s) := \int_a^b d_t[K(s, t)]\, x(t)$$

f. ü. in $[a, b]$ definiert und ist eine Funktion aus $L^p\big((a, b), d\big)$.

12^0 [CAMERON — MARTIN 1941]. Die Kernfunktion K erfülle die Bedingungen von 11^0. Für $x \in L^q\big((a, b), d\big)$ ($q = p/(p - 1)$ für $p > 1$, $q = \infty$ für $p = 1$) und jede

Funktion $y \in C([a, b], \mathbb{R})$ (oder von beschränkter Variation) existieren die Integrale

$$\int\limits_a^b \left(\int\limits_a^b d_t K(s, t)\, y(t) \right) x(s)\, ds, \quad \int\limits_a^b y(t)\, d_t \left[\int\limits_a^b K(s, t)\, x(t)\, dt \right],$$

und ihre Werte sind einander gleich.

13⁰. Es seien $f, g : [a, b] \to \mathbb{R}$ Funktionen von beschränkter Variation, und $\{f_n\}$ sei eine Folge von Funktionen von beschränkter Variation in $[a, b]$, für welche punktweise $\lim\limits_{n \to \infty} f_n(t) = f(t)$ $(t \in [a, b])$ ist. Außerdem sei $|f_n(t)| \leq C < \infty$ $(n = 1, 2, 3, \ldots; t \in [a, b])$. Dann existieren die Integrale $\int\limits_a^b f_n\, dg$ und $\int\limits_a^b f\, dg$, und es gilt

$$\lim\limits_{n \to \infty} \int\limits_a^b f_n\, dg = \int\limits_a^b f\, dg.$$

4.2. Integraloperatoren im Raum der stetigen Funktionen

Den Begriff der Integraloperatoren haben wir schon in 2.12. kennengelernt. Wir werden jetzt einige besonders wichtige Integraloperatoren im einzelnen beschreiben.

Es sei $(\varDelta, \mathfrak{A}, \nu)$ ein Maßraum, wobei $\varDelta$ eine gegebene Teilmenge von $\mathbb{R}^n$ ist, und X irgendein auf $\varDelta$ definierter Funktionenraum.

Als *Kernfunktion* oder *Kern* des Operators wird eine Funktion $K : \varDelta \times \varDelta \to \mathbb{C}$ bezeichnet, für die das Integral

$$\int\limits_\varDelta K(s, t)\, x(t)\, d\nu(t) \tag{1}$$

für jedes $x \in X$ und $s \in \varDelta$ existiert und eine Funktion eines Funktionenraumes Y darstellt. Wir sagen dann, (1) definiert einen *Integraloperator* $\mathscr{K} : X \to Y$, dessen Kern K ist.

Wir werden jetzt über den Kern $K : \varDelta \times \varDelta \to \mathbb{C}$ die folgenden Voraussetzungen machen:

a) $K(s, \cdot)$ ist für jeden Wert von $s \in \varDelta$ integrierbar und

$$M := \sup\limits_{s \in \varDelta} \int\limits_\varDelta |K(s, t)|\, d\nu(t) < \infty. \tag{2}$$

b) Zu jedem $\varepsilon > 0$ existiert ein $\delta = \delta(\varepsilon; s) > 0$, so daß

$$\int\limits_\varDelta |K(s', t) - K(s, t)|\, d\nu(t) < \varepsilon \tag{3}$$

für alle $s, s' \in \varDelta$ mit $\|s - s'\|_{\mathbb{R}^n} < \delta(\varepsilon; s)$ ist.

Wir bezeichnen mit $C_m(\varDelta, \mathbb{C})$ (kürzer $C_m(\varDelta)$) den linearen Raum aller auf $\varDelta$ erklärten, dort stetigen und beschränkten Funktionen mit der Norm

$$\|x\|_{C_m} = \sup\limits_{t \in \varDelta} |x(t)|.$$

16*

Satz 1. *Der durch* (1) *definierte Integraloperator* $\mathscr{K}$, *dessen Kern die Eigenschaften* (2) *und* (3) *hat, stellt einen beschränkten Operator von* $C_m(\varDelta)$ *in sich dar, d. h.*

$$\mathscr{K} \in \mathfrak{B}\big(C_m(\varDelta),\, C_m(\varDelta)\big).$$

Beweis. Es seien s, s' Punkte aus $\varDelta$ wie in (3); dann gilt

$$|(\mathscr{K}x)\,(s') - (\mathscr{K}x)\,(s)| \leqq \|x\|_{C_m} \int_{\varDelta} |K(s',\,t) - K(s,\,t)|\,d\nu(t), \tag{4}$$

woraus die Stetigkeit (jedoch nicht die gleichmäßige Stetigkeit) von $\mathscr{K}x$ folgt. Aus (2) ergibt sich

$$|(\mathscr{K}x)\,(s)| \leqq M\,\|x\|_{C_m}, \tag{5}$$

also ist $\mathscr{K}x \in C_m(\varDelta)$, und man sieht sofort

$$\|\mathscr{K}x\|_{C_m} \leqq M\,\|x\|_{C_m}, \qquad x \in C_m(\varDelta).$$

Somit folgt

$$\|\mathscr{K}\| \leqq M.\ \blacksquare \tag{6}$$

Bemerkung. Wenn der Kern im Kompaktum $\varDelta \times \varDelta$ stetig ist, dann gilt in (6) statt $\leqq$ das Gleichheitszeichen. In diesem Fall ist die Bedingung b) automatisch erfüllt.

Wir werden jetzt die Bedingung (3) durch eine andere ersetzen, welche unter Umständen sehr günstig anwendbar ist. Dazu müssen wir aber einiges vorausschicken.

Es sei $C_0^\infty(\varDelta, \mathbb{R})$ der lineare Raum aller auf $\varDelta$ definierten, beliebig oft stetig differenzierbaren Funktionen, deren Träger eine kompakte Teilmenge von $\varDelta$ ist. Es sei eine abzählbare Überdeckung von $\varDelta$ durch Gebiete $\varOmega_1, \varOmega_2, \ldots, \varOmega_m, \ldots$ aus $\mathfrak{A}$ gegeben, die in dem Sinne lokal-endlich ist, daß jeder Punkt von $\varDelta$ nur von einer endlichen Anzahl der Mengen $\{\varOmega_k\}$ überdeckt wird. Weiter seien Funktionen z_1, $z_2, \ldots, z_m, \ldots$ aus der Klasse $C_0^\infty(\varDelta, \mathbb{R})$ vorhanden, die die folgenden Bedingungen erfüllen:

$1^0.\ 0 \leqq z_k(s) \leqq 1 \qquad (k = 1, 2, 3, \ldots;\ s \in \varDelta), \tag{7}$

$2^0.\ \mathrm{Tr}\ z_k \subset \varOmega_k \qquad (k = 1, 2, \ldots), \tag{8}$

$3^0.\ \displaystyle\sum_{k=1}^{\infty} z_k(s) = 1, \qquad s \in \varDelta. \tag{9}$

In der Reihe (9) sind wegen (8) nur endlich viele Glieder von null verschieden. Ein System von Funktionen $\{z_k\}$, wie oben angegeben, heißt eine *Zerlegung der Einheit bezüglich der Überdeckung* $\{\varOmega_k\}$. Über die Existenz einer Zerlegung der Einheit s. etwa [GELFAND — SCHILOW 1960, p. 143; FENYÖ — FREY 1969, p. 157].

Satz 2. *Es sei* $K : \varDelta \times \varDelta \to \mathbb{C}$ *ein in* s *und* t *stetiger Kern, für welchen außer* (2) *noch die folgende Bedingung gilt: Zu jedem* $\varepsilon > 0$ *und zu jeder kompakten Teilmenge* $\varGamma$ *von* $\varDelta$ *existiert eine Funktion* $y \in C_0(\varDelta, \mathbb{C})$ *derart, daß*

$$\int_{\varDelta} |K(s,\,t)|\,|1 - y(t)|\,d\nu(t) < \varepsilon \quad \textit{für alle}\ \ s \in \varGamma. \tag{10}$$

Behauptung: Die Bedingungen (2), (3) *einerseits und* (2), (10) *andererseits sind miteinander äquivalent.*

Beweis. a) Es soll angenommen werden, daß K den Bedingungen (2) und (10) genügt. $\eta > 0$ bedeute eine im voraus gegebene Zahl, ferner sei $y \in C_0(\Delta, \mathbb{C})$ und Γ eine relativ kompakte Menge, so daß (10) für $\varepsilon = \dfrac{\eta}{4}$ erfüllt ist. s_0 sei ein beliebiger Punkt im Innern von Γ, und wir betrachten eine Kugel $K_\varrho(s_0)$, die ganz in Γ liegt. Dann gilt

$$
\begin{aligned}
\int_\Delta |K(s_0, t) - K(s, t)| \, d\nu(t) = \int_\Delta \big| &\big(K(s_0, t) - K(s, t)\big) y(t) \\
&+ K(s_0, t)\big(1 - y(t)\big) - K(s, t)\big(1 - y(t)\big) \big| \, d\nu(t) \\
\leqq \int_\Delta &|K(s_0, t) - K(s, t)| \, |y(t)| \, d\nu(t) \\
+ \int_\Delta &|K(s_0, t)| \, |1 - y(t)| \, d\nu(t) \\
+ \int_\Delta &|K(s, t)| \, |1 - y(t)| \, d\nu(t) \quad \big(s \in K_\varrho(s_0)\big). \quad (11)
\end{aligned}
$$

Da $\operatorname{Tr} y \subset \Gamma$ kompakt ist, können wir ϱ derart wählen, daß

$$
|K(s_0, t) - K(s, t)| \, |y(t)| \leqq \frac{\eta}{2 \, |\Gamma|}
$$

für jedes $t \in \Delta$ und $s \in K_\varrho(s_0)$ gilt, wobei

$$
|\Gamma| = \int_\Gamma d\nu(t)
$$

gesetzt wurde. Dann ist aber

$$
\int_\Delta |K(s_0, t) - K(s, t)| \, |y(t)| \, d\nu(t) \leqq \frac{\eta}{2}.
$$

Andererseits gilt nach Voraussetzung

$$
\int_\Delta |K(s_0, t)| \, |1 - y(t)| \, d\nu(t) \leqq \frac{\eta}{4}, \quad \int_\Delta |K(s, t)| \, |1 - y(t)| \, d\nu(t) \leqq \frac{\eta}{4}
$$

$\big(s \in K_\varrho(s_0)\big)$; daher ist nach (10)

$$
\int_\Delta |K(s_0, t) - K(s, t)| \, d\nu(t) < \eta
$$

für alle $s_0 \in \Delta$ und $s \in \Delta$ mit $\|s_0 - s\| < \varrho$ (man sieht, daß ϱ i. a. von der Wahl von η und von s_0 abhängt!). Das entspricht der Aussage (3).

b) Wir setzen jetzt voraus, daß (3) erfüllt ist. Es sei Γ eine kompakte Teilmenge von Δ und $\eta > 0$ eine im voraus gegebene Zahl. Dann gilt (3) mit $\varepsilon = \dfrac{\eta}{2}$ und $\delta = \delta\left(\dfrac{\eta}{2}, s\right)$, wobei jetzt s die kompakte Menge Γ durchläuft. Die Familie von Mengen

$\{\varDelta \cap K_\varrho(s)\}_{s\in\varGamma}$ ist eine offene Überdeckung von $\varGamma$. Wegen der Kompaktheit von $\varGamma$ gibt es endlich viele Punkte, etwa $s_1, s_2, \ldots, s_m$, in $\varGamma$, so daß

$$\{\varDelta \cap K_{\delta_i}(s_i)\}_{i=1}^{m} \quad \left(\delta_i = \delta\left(\frac{\eta}{2}\, s_i\right), \quad i = 1, 2, \ldots, m\right)$$

eine endliche Überdeckung von $\varGamma$ liefert. Dann ist

$$\int\limits_{\varDelta} |K(s, t) - K(s_i, t)|\, d\nu(t) < \frac{\eta}{2} \qquad (s \in \varGamma;\ i = 1, 2, \ldots, m). \tag{12}$$

Es sei $\{z_k(t)\}$ eine Zerlegung der Einheit bezüglich einer Überdeckung von $\varDelta$, und man setzt

$$y_r(t) := \sum_{k=1}^{r} z_k(t) \qquad (t \in \varDelta;\ r = 1, 2, 3, \ldots).$$

Dann sind die $y_r(t) \in C_0^{\infty}(\varDelta)$ auch Funktionen aus $C_0(\varDelta)$. Dabei ist wegen (7)

$$0 \leqq y_r(t) \leqq 1 \qquad (t \in \varDelta;\ r = 1, 2, 3, \ldots)$$

und wegen (9)

$$\lim_{r\to\infty} \int\limits_{\varDelta} |K(s_i, t)|\, \big(1 - y_r(t)\big)\, d\nu(t) = 0 \qquad (i = 1, 2, \ldots, m).$$

Wir können r also derart wählen, daß

$$\int\limits_{\varDelta} |K(s_i, t)|\, \big(1 - y_r(t)\big)\, d\nu(t) < \frac{\eta}{2} \qquad (i = 1, 2, \ldots, m)$$

gilt.

Es sei $y(t) := y_r(t)$ $(t \in \varDelta)$, wobei unter r der eben gewählte Index zu verstehen ist. Es folgt

$$0 \leqq \int\limits_{\varDelta} |K(s, t)|\, \big(1 - y(t)\big)\, d\nu(t)$$

$$\leqq \int\limits_{\varDelta} |K(s, t) - K(s_i, t)|\, d\nu(t) + \int\limits_{\varDelta} |K(s_i, t)|\, \big(1 - y(t)\big)\, d\nu(t) < \eta \quad (s \in \varGamma).\ \blacksquare$$

Demzufolge gilt:

> *Jeder Kern K, welcher den Bedingungen des Satzes 2 genügt, erzeugt einen linearen und beschränkten Operator von $C_m(\varDelta)$ in sich.* $\tag{13}$

Als eine sehr wichtige Anwendung von Satz 2 zeigen wir:

Satz 3. *Jede auf $\mathbb{R}^n$ definierte, stetige Funktion k, für welche*

$$\int\limits_{\mathbb{R}^n} |k(t)|\, dt < \infty$$

gilt, erzeugt einen Faltungsoperator $\mathscr{K} \in \mathfrak{B}\big(C_m(\mathbb{R}^n),\, C_m(\mathbb{R}^n)\big)$ durch die Vorschrift

$$(\mathscr{K}x)\, (s) := \int\limits_{\mathbb{R}^n} k(s - t)\, x(t)\, dt. \tag{14}$$

Beweis. Es muß nur nachgewiesen werden, daß $\mathscr{K}x$ stetig ist $\left(x \in C_m(\mathbb{R}^n)\right)$. Es sei Γ eine kompakte Teilmenge von $\mathbb{R}^n$, und man bestimmt die Kugel $K_\varrho(0)$ derart, daß $\Gamma \subset K_\varrho(0)$ gilt. Für ein $p > 0$ setzen wir

$$y_p(s) := \left\{ \begin{array}{ll} 1 & \text{für} \quad \|s\| \leqq p \\ 1 + p - \|s\| & \text{für} \quad p \leqq \|s\| \leqq p + 1 \\ 0 & \text{für} \quad \|s\| \geqq p + 1 \end{array} \right\} \in C_0(\mathbb{R}^n).$$

Für jedes $s \in \Gamma$ gilt

$$0 \leqq \int\limits_{\mathbb{R}^n} |k(s - t)| \left(1 - y_p(t)\right) dt \leqq \int\limits_{\|t\| \geqq p} |k(s - t)| \, dt \leqq \int\limits_{\|t\| \geqq p - \varrho} |k(t)| \, dt \to 0$$

für $p \to \infty$. Die Bedingungen des Satzes 2 sind erfüllt, und nach (13) gilt die Behauptung. ∎

Wir werden jetzt die Frage untersuchen, unter welchen Voraussetzungen das Integral (1) einen vollstetigen Operator darstellt. Darauf bezieht sich der nachfolgende Satz.

Satz 4. *Die Kernfunktion* $K : \Delta \times \Delta \to \mathbb{C}$ *genüge der Bedingung* (2) *und der Bedingung* (3) *gleichmäßig, d. h. zu jedem* $\varepsilon > 0$ *existiert ein* $\delta = \delta(\varepsilon)$ *(von s unabhängig!) so, daß*

$$\int\limits_{\Delta} |K(s', t) - K(s, t)| \, d\nu(t) < \varepsilon \tag{3'}$$

für alle $s, s' \in \Delta$ *mit* $\|s - s'\|_{\mathbb{R}^n} < \delta(\varepsilon)$. *Dann erzeugt K einen vollstetigen Operator $\mathscr{K}$ von $C_m(\Delta)$ in sich.*

Beweis. Es braucht nur noch die Kompaktheit von $\mathscr{K}$ gezeigt werden. Die gleichmäßige Beschränktheit der Funktionen der Einheitskugel in $C_m(\Delta)$ ergibt sich aus (5) und die gleichgradige Stetigkeit aus (4), bei Beachtung von (3'). Dann ergibt sich die Kompaktheit des Bildes der Einheitskugel nach dem Satz von ARZELÀ — ASCOLI. ∎

Ist der Kern auf der kompakten Menge $\Delta \times \Delta$ stetig, dann sind die Bedingungen (2) und (3') (wegen der gleichmäßigen Stetigkeit von K) automatisch erfüllt, und nach Satz 4 gilt:

> *Ein stetiger Kern auf einer kompakten Menge erzeugt einen vollstetigen Integraloperator von $C(\Delta)$ in sich.* (15)

Ein weiteres Kriterium für die Vollstetigkeit von (1) lautet:

Satz 5. *Es sei K eine Kernfunktion mit den Voraussetzungen* (2) *und* (3). *Zusätzlich soll die folgende Eigenschaft gelten: Zu jedem* $\varepsilon > 0$ *gibt es eine kompakte Teilmenge* $\Gamma(\varepsilon)$ *von Δ so, daß*

$$\int\limits_{\Delta} |K(s, t)| \, d\nu(t) < \varepsilon \quad \text{für jedes} \quad s \in \Delta - \Gamma(\varepsilon). \tag{16}$$

Behauptung: Der durch einen solchen Kern erzeugte Integraloperator ist vollstetig.

Beweis. Auch hier braucht nur die Kompaktheit von $\mathscr{K}$ nachgewiesen zu werden. Es sei $K_1(0)$ die Einheitskugel in $C_m(\varDelta)$. Die gleichmäßige Beschränktheit der Funktionen aus $\mathscr{K}K_1(0)$ folgt wiederum unmittelbar aus (5). Wir werden jetzt die gleichgradige Stetigkeit der Funktionen aus $\mathscr{K}K_1(0)$ zeigen. Dazu nehmen wir ein $x \in K_1(0)$ und eine Zahl $\varepsilon > 0$. Zu ε bestimmen wir ein $\delta(\varepsilon, s)$ nach (3), wobei s jetzt die in Satz (5) definierte kompakte Menge $\varGamma$ durchläuft. Man betrachte jetzt in $\mathbb{R}^n$ die Kugeln $K_{\delta(\varepsilon,s)}(s)$; diese liefern eine Überdeckung von $\varGamma$ durch offene Mengen. Wenn s jetzt alle rationalen Punkte von $\varGamma$ durchläuft, erhalten wir eine abzählbare Überdeckung von $\varGamma$. Da aber $\varGamma$ kompakt ist, gibt es endlich viele Punkte, etwa s_1, s_2, ..., $s_m \in \varGamma$, so daß $\bigcup\limits_{i=1}^{m} K_{\delta_i}(s_i) \supseteq \varGamma$ ist $\left(\delta_i = \delta(\varepsilon, s_i), \ i = 1, 2, \ldots, m\right)$. Dann ist nach (3)

$$\int\limits_{\varDelta} |K(s', t) - K(s, t)| \, d\nu(t) < 2\varepsilon \tag{17}$$

für alle s, s' mit $\|s - s'\|_{\mathbb{R}^n} < \delta(\varepsilon) = \min\limits_{i=1,2,\ldots,m} \delta_i$, wo immer sich auch s in $\varGamma$ befindet. Deswegen ist

$$|(\mathscr{K}x)(s') - (\mathscr{K}x)(s)| \leqq \int\limits_{\varDelta} |K(s', t) - K(s, t)| \, d\nu(t) < 2\varepsilon$$

für jedes $s \in \varGamma$ und s' mit $\|s - s'\| < \delta(\varepsilon)$. Ist andererseits $s, s' \in \varDelta - \varGamma$, dann gilt nach (16) ebenfalls

$$|(\mathscr{K}x)(s') - (\mathscr{K}x)(s)| \leqq \int\limits_{\varDelta} |K(s', t)| \, d\nu(t) + \int\limits_{\varDelta} |K(s, t)| \, d\nu(t) < 2\varepsilon.$$

Damit ist die Gleichgradigkeit der Stetigkeit gezeigt, somit folgt die Behauptung wieder nach dem Satz von ARZELÀ — ASCOLI. ∎

Eine weitere grundlegende Frage ist die, inwieweit der Kern den Integraloperator eindeutig bestimmt. Darauf bezieht sich der folgende Satz.

Satz 6. *Es sei X irgendein linearer Funktionenraum, bestehend aus ν-integrierbaren Funktionen über der Menge $\varDelta$. Von der Kernfunktion $K : \varDelta \times \varDelta \to \mathbb{C}$ setzen wir voraus, daß $K(s, \cdot) \in X$ für jedes s bis auf eine Menge vom ν-Maß null (abgekürzt: ν-fast überall bzw. ν-f. ü.). Wenn der Kern K einen Integraloperator $\mathscr{K} : X \to X$ erzeugt, so ist dieser Kern eindeutig durch den Operator bestimmt.*

Beweis. Angenommen, die Kerne K_1 und K_2 erzeugen denselben Operator $\mathscr{K}$, so erzeugt $K_1 - K_2$ den Nulloperator, d. h., für jede Funktion $x \in X$ gilt

$$\int\limits_{\varDelta} (K_1 - K_2)(s, t)\, x(t) \, d\nu(t) = 0 \qquad (s, t \in \varDelta).$$

Wenn man $x(t) = (\overline{K}_1 - \overline{K}_2)(s, t)$ für ein festes $s \in \varDelta$ setzt, so ergibt sich

$$\int\limits_{\varDelta} |K_1 - K_2|^2 (s, t) \, d\nu = 0,$$

woraus $K_1(s, t) = K_2(s, t)$ (ν-f. ü.) folgt. Das gilt für jedes $s \in \varDelta$. ∎

Weitere Charakterisierungen von Integraloperatoren findet man in [ZABREYKO u. a. 1975, p. 91; RIESZ — Sz.-NAGY 1965, p. 221].

4.2.1. Transponierte und endlichdimensionale Integraloperatoren im Raum der stetigen Funktionen

Es sei wieder $(\Delta, \mathfrak{A}, \nu)$ ein Maßraum, wobei Δ eine beliebige Teilmenge von $\mathbb{R}^n$ ist; ν braucht auf Δ nicht beschränkt zu sein.

Man betrachtet den linearen Raum

$$C_I(\Delta) := \left\{ x \mid x \in C(\Delta) : \int_\Delta |x(t)|\, d\nu(t) < \infty \right\} \tag{1}$$

mit der Norm

$$\|x\|_L := \int_\Delta |x|\, d\nu. \tag{2}$$

Der Raum $C_I(\Delta)$ ist ein normierter Raum, jedoch ist er nicht vollständig. Wir definieren auf $C_m(\Delta) \cap C_I(\Delta) = C_1(\Delta)$ die folgende Norm:

$$\|x\|_1 :\equiv \|x\|_{C_1} := \max \left(\|x\|_{C_m}, \|x\|_L \right). \tag{3}$$

Satz 1. *Der normierte Funktionenraum $C_1(\Delta)$ ist vollständig.*

Beweis. Es sei $\{x_k\}$ eine Cauchyfolge in $C_1(\Delta)$. Da $\|\cdot\|_{C_m} \leqq \|\cdot\|_1$ gilt, ist $\{x_n\}$ gleichzeitig auch eine Cauchyfolge in $C_m(\Delta)$, und da $C_m(\Delta)$ vollständig ist, gibt es ein $x \in C_m(\Delta)$ mit $x = \lim_{k \to \infty} x_k$ (nach der C-Norm). Es sei $\{z_k\}$ eine Zerlegung der Einheit auf Δ (wobei die Überdeckungsmengen der Algebra $\mathfrak{A}$ angehören). Dann ist für alle natürlichen Zahlen p und q

$$\int_\Delta |x_q| \sum_{j=1}^p z_j d\nu \leqq \lim_{p \to \infty} \int_\Delta |x_q| \sum_{j=1}^p z_j d\nu = \|x_q\|_L \leqq \|x_q\|_1 \leqq c,$$

wobei c eine von p und q unabhängige Konstante ist (weil jede Cauchyfolge beschränkt ist). Bei festgehaltenem p ergibt sich durch den Grenzübergang $q \to \infty$

$$\int_\Delta |x| \sum_{j=1}^p z_j d\nu \leqq c \qquad (p = 1, 2, 3, \ldots)$$

und daher

$$\int_\Delta |x| \sum_{j=1}^\infty z_j d\nu = \int_\Delta |x|\, d\nu = \|x\|_L \leqq c.$$

Das Element x liegt also in $C_1(\Delta)$. Es sei nun $\varepsilon > 0$ im voraus gegeben, dann gibt es ein $N = N(\varepsilon)$ mit

$$\|x_k - x_i\|_1 < \varepsilon \qquad \left(k, i \geqq N(\varepsilon) \right),$$

woraus

$$\int_\Delta |x_k - x_i| \sum_{j=1}^\infty z_j d\nu \leqq \|x_k - x_i\|_L$$
$$\leqq \|x_k - x_i\|_1 < \varepsilon \qquad (i, k > N(\varepsilon);\ p = 1, 2, \ldots)$$

folgt. Lassen wir i gegen ∞ streben, so ergibt sich

$$\int_\Delta |x_k - x| \sum_{j=1}^p z_j d\nu < \varepsilon \qquad (k > N(\varepsilon);\ p = 1, 2, 3, \ldots)$$

und somit für $p \to \infty$

$$\int\limits_{\Delta} |x_k - x|\, dv = \|x_k - x\|_L \qquad \big(k > N(\varepsilon)\big).$$

Die bisherigen Überlegungen haben uns zu $\|x_k - x\|_L < \varepsilon$ und $\|x_k - x\|_{C_m} < \varepsilon$ $\big(k > N(\varepsilon)\big)$ geführt, woraus unmittelbar $\|x_k - x\|_1 < \varepsilon$ $\big(k > N(\varepsilon)\big)$ folgt. ∎

Auf $C_1(\Delta) \times C_1(\Delta)$, $C_m(\Delta) \times C_1(\Delta)$, $C_1(\Delta) \times C_m(\Delta)$ hat das Funktional

$$\langle x, y \rangle := \int\limits_{\Delta} x(t)\, y(t)\, dv(t) \tag{4}$$

einen Sinn, und wir können den folgenden Satz aussprechen:

Satz 2. $\langle C_1(\Delta), C_1(\Delta)\rangle$, $\langle C_m(\Delta), C_1(\Delta)\rangle$ *und* $\langle C_1(\Delta), C_m(\Delta)\rangle$ *sind mit* (4) *Dualsysteme.*

Beweis. Wir zeigen die Behauptung zuerst für $\langle C_m(\Delta), C_1(\Delta)\rangle$, Ist $x \in C_m(\Delta)$, $y \in C_1(\Delta)$, dann ist

$$|\langle x, y \rangle| \leq \|x\|_{C_m} \int\limits_{\Delta} |y|\, dv = \|x\|_{C_m} \|y\|_L \leq \|x\|_{C_m} \|y\|_1, \tag{5}$$

und $\langle \cdot, \cdot \rangle$ stellt eine beschränkte Bilinearform dar.

Ist für irgendein $x_0 \in C_m(\Delta)$ und jedes $y \in C_1(\Delta)$ die Gleichung $\langle x_0, y \rangle = 0$, erfüllt, so bilde man wieder eine Zerlegung der Einheit auf Δ (wie im Beweis von Satz 1) und setze

$$y_p := \sum_{j=1}^{p} z_j \overline{x}_0 \in C_1(\Delta) \qquad (p = 1, 2, 3, \ldots).$$

Dann ist

$$\langle x_0, y_p \rangle = \int\limits_{\Delta} \sum_{j=1}^{p} z_j\, |x_0|^2\, dv = 0,$$

woraus $\sum\limits_{j=1}^{p} z_j\, |x_0|^2 = |x_0|^2 \sum\limits_{j=1}^{p} z_j = 0$ folgt. Läßt man $p \to \infty$ streben, so ergibt sich $x_0 = 0$.

Ist aber $y_0 \in C_1(\Delta)$ und gilt für jedes $x \in C_m(\Delta)$ die Beziehung $\langle x, y_0 \rangle = 0$, so kann man $x = \overline{y}_0$ setzen. Das ergibt $\langle \overline{y}_0, y_0 \rangle = \int\limits_{\Delta} |y_0|^2\, dv = 0$, woraus auf Grund der Stetigkeit von y_0 das identische Verschwinden dieser Funktion folgt.

Da $\langle x, y \rangle = \langle y, x \rangle$ ist, folgt die Behauptung für $\langle C_1(\Delta), C_m(\Delta)\rangle$ und genauso für $\langle C_1(\Delta), C_1(\Delta)\rangle$. ∎

Bemerkung. $\langle C_m(\Delta), C_m(\Delta)\rangle$ ist nicht notwendig ein Dualsystem, da (4) auf $C_m(\Delta) \times C_m(\Delta)$ nicht definiert zu sein braucht. Ist aber Δ eine v-endliche Menge, dann ist auch $\langle C_m(\Delta), C_m(\Delta)\rangle$ ein Dualsystem, wovon sich der Leser leicht überzeugen kann.

Als eine weitere Frage wollen wir untersuchen, unter welchen Bedingungen der Kern

$$K^{\mathsf{T}}(s, t) = K(t, s) \qquad (s, t \in \Delta) \tag{6}$$

den bezüglich $\langle \cdot, \cdot \rangle$ dargestellten transponierten Operator $\mathscr{K}^{\mathsf{T}}$ von $\mathscr{K}$ erzeugt, wobei $\mathscr{K}$ der durch K definierte Integraloperator ist. Diese Frage wird durch die folgende Behauptung beantwortet:

Satz 3. *Wenn $K : \varDelta \times \varDelta \to \mathbb{C}$ und der in (6) definierte Kern K^{T} den Bedingungen der Sätze 1; 4.2 oder 2; 4.2 genügen, dann sind $\mathscr{K}$ und $\mathscr{K}^{\mathsf{T}}$ in bezug auf die Dualsysteme $\langle C_m(\varDelta), C_1(\varDelta) \rangle$, $\langle C_1(\varDelta), C_m(\varDelta) \rangle$ zueinander transponiert in dem Sinne, daß*

$$\langle \mathscr{K}x, y \rangle = \langle x, \mathscr{K}^{\mathsf{T}}y \rangle \tag{7}$$

für jedes Paar $(x, y) \in C_m(\varDelta) \times C_1(\varDelta)$ und $C_1(\varDelta) \times C_m(\varDelta)$ gilt. Dabei sind $\mathscr{K}$ und $\mathscr{K}^{\mathsf{T}}$ die durch die Kerne K bzw. K^{T} erzeugten Integraloperatoren.

Bemerkung. Wenn $\varDelta$ kompakt oder ν-endlich ist, dann ist die Behauptung von Satz 3 trivial.

Beweis. Aus den Voraussetzungen folgt, daß die Funktionen

$$k(s) := \int\limits_{\varDelta} |K(s, t)| \, d\nu(t),$$

$$k^{\mathsf{T}}(s) = \int\limits_{\varDelta} |K(t, s)| \, d\nu(t) \qquad (s \in \varDelta) \tag{8}$$

existieren. Es sei wieder $\{z_k\}$ eine Zerlegung der Einheit auf $\varDelta$ wie oben. Dann gilt

$$k(s) = \lim_{p \to \infty} \int\limits_{\varDelta} |K(s, t)| \sum_{j=1}^{p} z_j(t) \, d\nu(t),$$

$$k^{\mathsf{T}}(s) = \lim_{p \to \infty} \int\limits_{\varDelta} |K(t, s)| \sum_{j=1}^{p} z_j(t) \, d\nu(t). \tag{8'}$$

Die Konvergenz in (8') ist auf jeder kompakten Teilmenge von $\varDelta$ gleichmäßig, denn es gilt

$$0 \leqq k(s) - \int\limits_{\varDelta} |K(s, t)| \sum_{j=1}^{p} z_j(t) \, d\nu(t) = \int\limits_{\varDelta} |K(s, t)| \left(1 - \sum_{j=1}^{p} z_j(t)\right) d\nu(t). \tag{9}$$

Die rechte Seite von (9) konvergiert auf jeder kompakten Teilmenge von $\varDelta$ gleichmäßig gegen null, wie wir das im Beweis des Satzes 2; 4.2 (Teil b)) nachgewiesen haben.

Für eine beliebige Funktion $x \in C_m(\varDelta)$ setzen wir

$$x_p := \sum_{j=1}^{p} z_j x \qquad (p = 1, 2, 3, \ldots).$$

Dann gilt

$$\lim_{p \to \infty} \mathscr{K}x_p = \mathscr{K}x, \tag{10}$$

und auch hier ist die Konvergenz auf jeder kompakten Teilmenge von $\varDelta$ gleichmäßig. Das sieht man wie folgt ein:

$$0 \leqq |(\mathscr{K}x)(s) - (\mathscr{K}x_p)(s)| \leqq \|x\|_{C_m} \int\limits_{\varDelta} |K(s, t)| \left(1 - \sum_{j=1}^{p} z_j(t)\right) d\nu(t). \tag{11}$$

Die rechte Seite von (11) strebt wie in (9) gleichmäßig gegen null auf jeder kompakten Teilmenge von $\varDelta$.

Aus (10) folgt nun für jede Funktion $y \in C_1(\varDelta)$

$$\lim_{p\to\infty} \langle \mathscr{K} x_p, y \rangle = \langle \mathscr{K} x, y \rangle. \tag{12}$$

Es sei nämlich

$$y_q := \sum_{j=1}^{q} z_j y \qquad (q = 1, 2, 3, \ldots),$$

dann ist

$$\|y - y_q\|_L \to 0 \quad \text{für} \quad q \to \infty,$$

und daher folgt nach (11) und (2; 4.2)

$$|\langle \mathscr{K} x_p - \mathscr{K} x, y - y_q \rangle| \leqq 2M \|x\|_{C_m} \|y - y_q\| < \frac{\varepsilon}{2} \tag{13}$$

$$(q > Q(\varepsilon); p = 1, 2, 3, \ldots).$$

Auf Grund von (10) kann man p wegen $y_q \in C_0(\varDelta)$ so groß wählen, daß

$$|\langle \mathscr{K} x_p - \mathscr{K} x, y_q \rangle| < \frac{\varepsilon}{2} \qquad \big(q > Q(\varepsilon), p > P(\varepsilon)\big) \tag{14}$$

gilt. Aus (13) und (14) ergibt sich (12).

Andererseits ist

$$|\langle (\mathscr{K} x_p)(s), \sum_{j=1}^{r} z_j(s) \rangle| \leqq \int_{\varDelta} |(\mathscr{K} x_p)(s)| \sum_{j=1}^{r} z_j(s)\, d\nu(s)$$

$$\leqq \int_{\varDelta} \left[\int_{\varDelta} |K(s, t)|\, |x_p(t)|\, d\nu(t) \right] \sum_{j=1}^{r} z_j(s)\, d\nu(s) \tag{15}$$

$$(p, r = 1, 2, 3, \ldots).$$

Es sei

$$\varGamma := \mathrm{Tr} \sum_{j=1}^{\max(p,r)} z_j(s).$$

$\varGamma$ ist kompakt, und der Integrand auf der rechten Seite von (15) verschwindet außerhalb von $\varGamma \times \varGamma$. Auf dieser Menge ist aber ν beschränkt, und deswegen darf man in (15) die Reihenfolge der Integrationen vertauschen. Man hat also für die rechte Seite von (15)

$$\int_{\varDelta} \left[\int_{\varDelta} |K(s, t)| \sum_{j=1}^{r} z_j(s)\, d\nu(s) \right] |x_p(t)|\, d\nu(t). \tag{16}$$

Wegen (8') (und der gleichmäßigen Konvergenz!) folgt

$$\lim_{r\to\infty} \int_{\varDelta} \left[\int_{\varDelta} |K(s, t)| \sum_{j=1}^{r} z_j(s)\, d\nu(s) \right] |x_p(t)|\, d\nu(t)$$

$$= \int_{\varDelta} k^{\mathsf{T}}(t)\, |x_p(t)|\, d\nu(t) \qquad (p = 1, 2, 3, \ldots).$$

Ist $x \in C_1(\varDelta)$, so sieht man aus (15) und (16)

$$|\langle \mathscr{K} x_p, 1 \rangle| \leqq \int\limits_{\varDelta} k^{\mathsf{T}}(t)\, |x_p(t)|\, d\nu(t) \leqq M^{\mathsf{T}}\, \|x_p\|_L,$$

wobei

$$M^{\mathsf{T}} := \sup_{s \in \varDelta} \int\limits_{\varDelta} |K(t, s)|\, d\nu(t) = \sup_{s \in \varDelta} \int\limits_{\varDelta} |K^{\mathsf{T}}(s, t)|\, d\nu(t)$$

ist. Wir erhalten also $\mathscr{K} x_p \in C_I(\varDelta)$ und daher auch $\mathscr{K} x \in C_I(\varDelta)$ mit

$$\|\mathscr{K} x\|_1 \leqq M^{\mathsf{T}}\, \|x\|_1 . \tag{17}$$

Die Beziehung (12) besagt, daß das Funktional $\langle \mathscr{K} x, y \rangle$ für $x \in C_m(\varDelta)$ und $y \in C_I(\varDelta)$ einen Sinn hat. Das Gleiche gilt selbstverständlich auch für $x \in C_I(\varDelta)$ und $y \in C_m(\varDelta)$ Nach (5; 4.2) gilt außerdem

$$\|\mathscr{K} x\|_1 \leqq M\, \|x\|_1 \tag{18}$$

(wobei M in (2; 4.2) definiert ist).

Wir kommen nun zum eigentlichen Beweis der Behauptung von Satz 3. Für beliebige natürliche Zahlen p und q gilt in trivialer Weise

$$\langle \mathscr{K} x_p, y_q \rangle = \langle x_p, \mathscr{K}^{\mathsf{T}} y_q \rangle \tag{19}$$

für $x \in C_m(\varDelta)$, $y \in C_I(\varDelta)$. Für $q \to \infty$ gilt $\|y_q - y\|_L \to 0$, und wendet man (18) auf $\mathscr{K}^{\mathsf{T}}$ an, so ergibt sich deshalb

$$\|\mathscr{K}^{\mathsf{T}} y_q - \mathscr{K}^{\mathsf{T}} y\|_1 = \|\mathscr{K}^{\mathsf{T}}(y_q - y)\|_1 \leqq M^{\mathsf{T}}\, \|y_q - y\|_1 \to 0 \qquad (q \to \infty).$$

Mit Berücksichtigung von (5) gilt dann

$$|\langle x_p, \mathscr{K}^{\mathsf{T}} y_q - \mathscr{K}^{\mathsf{T}} y \rangle| \leqq \|x\|_{C_m} \|\mathscr{K}^{\mathsf{T}} y_q - \mathscr{K}^{\mathsf{T}} y\|_1 \to 0 \qquad (q \to \infty),$$

woraus

$$\lim_{q \to \infty} \langle x_p, \mathscr{K}^{\mathsf{T}} y_q \rangle = \langle x_p, \mathscr{K}^{\mathsf{T}} y \rangle \qquad (p = 1, 2, 3, \ldots) \tag{20}$$

folgt. Man hat demzufolge auf Grund von (19)

$$\langle \mathscr{K} x_p, y \rangle = \langle x_p, \mathscr{K}^{\mathsf{T}} y \rangle \qquad (p = 1, 2, 3, \ldots). \tag{21}$$

Lassen wir jetzt p über alle Grenzen wachsen, dann ergibt sich unter Berücksichtigung von (12)

$$\langle \mathscr{K} x, y \rangle = \langle x, \mathscr{K}^{\mathsf{T}} y \rangle . \ \blacksquare$$

Wenn wir wie in 2.12. den Operatorenraum $\mathfrak{A}\big(C_1(\varDelta), C_1(\varDelta)\big)$ betrachten und die Operatornorm wie dort durch $\|\mathscr{K}\|_{\mathfrak{A}(C_1, C_1)} := \max\left(\|\mathscr{K}\|, \|\mathscr{K}^{\mathsf{T}}\|\right)$ definieren, dann sieht man aus (17) und (18), daß die Abschätzung $\|\mathscr{K}\|_{\mathfrak{A}(C_1, C_1)} \leqq \max(M, M^{\mathsf{T}})$ gilt.

Wir werden jetzt einige Aussagen über endlichdimensionale Operatoren im Operatorenraum $\mathfrak{A}\big(C_1(\varDelta),\, C_1(\varDelta)\big)$ machen. Es sei $\mathscr{B}$ ein endlichdimensionaler Operator dieses Raumes. Dann folgt nach Satz 2; 2.12, daß er die folgende Gestalt hat:

$$(\mathscr{B}x)\,(s) = \sum_{j=1}^{m} \langle x,\, y_j \rangle \, x_j(s) = \int_{\varDelta} \left[\sum_{j=1}^{m} x_j(s)\, y_j(t) \right] x(t)\, d\nu(t). \tag{22}$$

(22) gilt für jede Funktion $x \in C_m(\varDelta)$, und die Funktionen $x_j(s)$, $y_j(s)$ aus $C_1(\varDelta)$ sind die definierenden Funktionen von $\mathscr{B}$. Ein solcher Operator ist demzufolge immer ein Integraloperator mit dem Kern

$$B(s,\,t) = \sum_{j=1}^{m} x_j(s)\, y_j(t) \qquad (s,\,t \in \varDelta). \tag{23}$$

Ein Kern der Gestalt (23) wird in der Literatur oft als ein *ausgearteter Kern* (manchmal auch *algebraischer Kern*) bezeichnet.

Man kann den Operator $\mathscr{B}$ von (22) mit Hilfe des tensoriellen Produktes zweier Funktionen wie folgt aufschreiben:

$$\mathscr{B} = \sum_{j=1}^{m} x_j \otimes y_j. \tag{24}$$

Wir wissen außerdem, daß ein endlichdimensionaler Operator vollstetig ist. Wir haben also den folgenden Satz bewiesen:

Satz 4. *Ein Operator* $\mathscr{B} \in \mathfrak{A}\big(C_1(\varDelta),\, C_1(\varDelta)\big)$ *ist genau dann endlichdimensional, falls er von der Gestalt* (24) *ist, wobei* x_j, y_j *Funktionen aus* $C_1(\varDelta)$ *sind* $(j = 1, 2, \ldots, m)$. $\mathscr{B}$ *ist ein vollstetiger Integraloperator mit einem Kern von der Form* (23). ∎

Wir werden diesen Abschnitt mit einer wichtigen Bemerkung schließen. Wir nehmen jetzt an, daß $\varDelta$ beschränkt und abgeschlossen ist.

Es sei $\mathfrak{E}(\varDelta)$ der lineare Raum aller endlichdimensionalen Operatoren aus dem Raum $\mathfrak{A}\big(C(\varDelta),\, C(\varDelta)\big)$, $\mathfrak{U}(\varDelta)$ sei der Raum aller Integraloperatoren aus $\mathfrak{A}\big(C(\varDelta),\, C(\varDelta)\big)$, die durch einen stetigen Kern erzeugt werden, und $\overline{\mathfrak{E}(\varDelta)}$ bezeichne die Abschließung von $\mathfrak{E}(\varDelta)$ nach der Operatorennorm in $\mathfrak{A}\big(C(\varDelta),\, C(\varDelta)\big)$. Dann gilt

$$\mathfrak{E}(\varDelta) \subset \mathfrak{U}(\varDelta) \subset \overline{\mathfrak{E}(\varDelta)}. \tag{25}$$

Die erste Inklusion ist trivialerweise richtig und echt. Die zweite Inklusion folgt unmittelbar aus dem Weierstraßschen Approximationssatz. Es sei nämlich K der Kern eines Integraloperators $\mathscr{K}$ aus $\mathfrak{A}\big(C(\varDelta),\, C(\varDelta)\big)$, dann kann K in $\varDelta$ durch Polynome gleichmäßig mit beliebiger Genauigkeit approximiert werden. Ein solches approximierendes Polynom für $K(s,\,t)$ sei $P(s,\,t)$, und den dadurch erzeugten Operator bezeichnen wir mit $\mathscr{P}$. Dann ist nach (6; 4.2)

$$\|\mathscr{K} - \mathscr{P}\| \leqq \max_{s \in \varDelta} \int_{\varDelta} |K(s,\,t) - P(s,\,t)|\, d\nu(t),$$

und die rechte Seite kann beliebig klein gemacht werden. Andererseits ist aber $\mathscr{P}$ von endlicher Dimension, also gilt $\mathscr{K} \in \overline{\mathfrak{E}(\varDelta)}$. Diese Implikation ist echt. Das sieht man wie folgt ein: Wir nehmen $\varDelta = \left[-\dfrac{\pi}{2}, \dfrac{\pi}{2}\right]$ an und betrachten die folgenden Kerne:

$$B_m(s, t) := \sum_{k=1}^{m} \frac{\sin ks \cos kt}{k} \qquad (m = 1, 2, 3, \ldots).$$

Die entsprechenden Operatoren $\mathscr{B}_m$ sind in $\mathfrak{E}(\varDelta)$ $(m = 1, 2, \ldots)$ enthalten. Wir definieren durch

$$(\mathscr{A}x)(s) := \sum_{k=1}^{\infty} \frac{1}{k} \int_{-\frac{\pi}{2}}^{\frac{\pi}{2}} x(t) \cos kt \, dt \, \sin ks \qquad (s \in \varDelta) \tag{26}$$

einen linearen Operator für jedes $x \in C(\varDelta)$. Die Reihe auf der rechten Seite ist gleichmäßig (und absolut) konvergent, deshalb ist $\mathscr{A}x \in C(\varDelta)$. Ferner ist $\mathscr{A}$ beschränkt, denn es gilt

$$\|\mathscr{A}x\|_C \leq \left(\sum_{p=0}^{\infty} \frac{1}{(2p+1)^2}\right) \|x\|_C .$$

$\mathscr{A}$ ist offenbar der starke Grenzwert der Folge $\{\mathscr{B}_m\}$, denn wir erhalten

$$\|\mathscr{A}x - \mathscr{B}_m x\| = \|(\mathscr{A} - \mathscr{B}_m)\, x\| = \left\| \sum_{k=m+1}^{\infty} \frac{1}{k} \int_{-\frac{\pi}{2}}^{\frac{\pi}{2}} x(t) \cos kt \, dt \, \sin ks \right\|$$

$$\leq \left(\sum_{k=m+1}^{\infty} \frac{1}{k^2}\right) \|x\|,$$

woraus

$$\|\mathscr{A} - \mathscr{B}_m\| \leq \sum_{k=m+1}^{\infty} \frac{1}{k^2} \to 0 \qquad (m \to \infty)$$

folgt. Andererseits aber ist $\mathscr{A} \notin \mathfrak{U}\left(\left[-\dfrac{\pi}{2}, \dfrac{\pi}{2}\right]\right)$, weil die Summe der Reihe

$$\sum_{k=1}^{\infty} \frac{\sin ks \cos kt}{k}$$

kein stetiger Kern in $\left[-\dfrac{\pi}{2}, \dfrac{\pi}{2}\right] \times \left[-\dfrac{\pi}{2}, \dfrac{\pi}{2}\right]$ ist.

4.3. Integraloperatoren mit Diagonalkernen

In diesem Abschnitt werden wir Integraloperatoren untersuchen, welche den Raum $C(\varDelta)$ in sich abbilden und i. a. durch gewisse unstetige Kerne erzeugt werden.

Es sei diesmal $\varDelta$ ein beschränktes und abgeschlossenes Gebiet des $\mathbb{R}^n$. Die Kernfunktion $K(s, t)$ sei auf $\varDelta \times \varDelta - \{(s, t) \mid (s, t) \in \varDelta \times \varDelta, s = t\}$ definiert und in jedem Punkt dieses Bereichs stetig. Um das Verhalten von K auf der Diagonalen $s = t$

$(s, t \in \Delta)$ charakterisieren zu können, führen wir die folgende, vom positiven Parameter ε abhängige Funktion $h_\varepsilon(\tau)$ ein:

$$
h_\varepsilon(\tau) = \begin{cases}
0 & \text{für} \quad 0 \leqq \tau \leqq \dfrac{\varepsilon}{2}, \\[2mm]
\dfrac{2}{\varepsilon}\,\tau - 1 & \text{für} \quad \dfrac{\varepsilon}{2} \leqq \tau \leqq \varepsilon < 1, \\[2mm]
1 & \text{für} \quad \tau \geqq \varepsilon;
\end{cases}
\tag{1}
$$

$h_\varepsilon(\tau)$ ist eine auf $[0, \infty)$ definierte, nichtnegative, stetige Funktion. Wir setzen

$$
K_\varepsilon(s, t) := h_\varepsilon(\|s - t\|)\, K(s, t) \qquad (s, t \in \Delta; s \neq t),
\tag{2}
$$

$$
K_\varepsilon^{\mathsf{T}}(s, t) := K_\varepsilon(t, s)
$$

(wobei $\|\cdot\|$ hier die euklidische Norm in $\mathbb{R}^n$ ist); ferner sei

$$
k_\varepsilon(s) := \int\limits_\Delta |K_\varepsilon(s, t)|\, d\nu(t) \qquad (s \in \Delta)
\tag{3}
$$

und

$$
k_\varepsilon^{\mathsf{T}}(s) := \int\limits_\Delta |K_\varepsilon(t, s)|\, d\nu(t) \qquad (s \in \Delta).
\tag{4}
$$

Kerne $K(s, t)$ der obigen Gestalt, für welche die Grenzwerte

$$
\lim_{\varepsilon \to 0} k_\varepsilon(s) =: k(s), \qquad \lim_{\varepsilon \to 0} k_\varepsilon^{\mathsf{T}}(s) =: k^{\mathsf{T}}(s) \quad (s \in \Delta)
\tag{5}
$$

gleichmäßig auf Δ vorhanden sind, werden *Diagonalkerne* genannt. Es wird natürlich vorausgesetzt, daß die Integrale (3) und (4) für alle $s \in \Delta$ existieren und daß K_ε auf die Diagonale $s = t$ stetig fortsetzbar ist. Daraus ergibt sich, daß k_ε und $k_\varepsilon^{\mathsf{T}}$ auf Δ stetig sind. Die durch K_ε und $K_\varepsilon^{\mathsf{T}}$ erzeugten Integraloperatoren werden wir mit $\mathscr{K}_\varepsilon$ bzw. $\mathscr{K}_\varepsilon^{\mathsf{T}}$ bezeichnen.

Satz 1. *Es sei K ein Diagonalkern, definiert in einem beschränkten und abgeschlossenen Gebiet Δ. Dann konvergiert der durch den Kern (2) definierte Integraloperator $\mathscr{K}_\varepsilon$ nach der Operatornorm gegen einen Operator $\mathscr{K}: C(\Delta) \to C(\Delta)$ aus der Klasse $\overline{\mathfrak{E}(\Delta)}$. Der transponierte Kern K^{T} erzeugt den zu $\mathscr{K}$ transponierten Operator $\mathscr{K}^{\mathsf{T}}$. Es gilt ferner*

$$
\|\mathscr{K}\| = \max_{s \in \Delta} |k(s)|, \qquad \|\mathscr{K}^{\mathsf{T}}\| = \max_{s \in \Delta} |k^{\mathsf{T}}(s)|.
\tag{6}
$$

Der Diagonalkern $K(s, t)$ ist für alle $s, t \in \Delta$, $s \neq t$, durch den Operator eindeutig bestimmt. Mit zwei Diagonalkernen ist auch eine beliebige Linearkombination dieser Kerne ein Diagonalkern, der einen Operator erzeugt, welcher die entsprechende Linearkombination aus den durch die Diagonalkerne erzeugten Operatoren darstellt.

Beweis. Aus (1) folgt

$$
h_\varepsilon(\tau) \leqq h_{\varepsilon'}(\tau) \quad \text{für} \quad 0 < \varepsilon < \varepsilon', \ \tau \in [0, \infty).
$$

Für $0 < \varepsilon < \varepsilon' < 1$ ergibt sich dann

$$
\begin{aligned}
|K_{\varepsilon'}(s, t) - K_\varepsilon(s, t)| &= \big(h_{\varepsilon'}(\|s - t\|) - h_\varepsilon(\|s - t\|)\big)\, |K(s, t)| \\
&= |K_{\varepsilon'}(s, t)| - |K_\varepsilon(s, t)| \qquad (s, t \in \Delta).
\end{aligned}
$$

Unter Berücksichtigung von $(6; 4.2)$ und (3) gilt

$$\|\mathscr{K}_{\varepsilon'} - \mathscr{K}_{\varepsilon}\| \leqq \max_{s \in \Delta} |k_{\varepsilon'}(s) - k_{\varepsilon}(s)| \qquad (\varepsilon' < \varepsilon). \tag{7}$$

Analog leitet man die Ungleichung (7) auch für den Fall $\varepsilon < \varepsilon'$ ab. (5) liefert nun die Tatsache, daß

$$\|\mathscr{K}_{\varepsilon'} - \mathscr{K}_{\varepsilon}\| \to 0 \quad \text{für} \quad \varepsilon, \varepsilon' \to 0$$

ist. Der lineare Raum $\mathfrak{B}\big(C(\Delta), C(\Delta)\big)$ ist vollständig, deshalb ist $\mathscr{K}_{\varepsilon}$ für $\varepsilon \to 0$ normkonvergent. In gleicher Weise beweist man, daß auch $\mathscr{K}_{\varepsilon}^{\mathsf{T}}$ normkonvergent ist. Die Operatoren $\mathscr{K}_{\varepsilon}$ gehören zur Klasse $\mathfrak{U}(\Delta)$ (vgl. 4.2.1.), also nach $(25; 4.2.1)$ auch zu $\overline{\mathfrak{E}(\Delta)}$. $\overline{\mathfrak{E}(\Delta)}$ ist jedoch in bezug auf den Grenzübergang abgeschlossen, daher liegt auch $\mathscr{K}$ in $\overline{\mathfrak{E}(\Delta)}$, wie behauptet wurde.

Auf Grund von $(6; 4.2)$ und (3) ist

$$\|\mathscr{K}_{\varepsilon}\| \leqq \max_{s \in \Delta} k_{\varepsilon}(s) = \|k_{\varepsilon}\|_C \qquad (0 < \varepsilon < 1).$$

Anderseits ist $k_{\varepsilon} \to k$ im Raum $C(\Delta)$, daher gilt

$$\|\mathscr{K}\| = \lim_{\varepsilon \to 0} \|\mathscr{K}_{\varepsilon}\| = \lim_{\varepsilon \to 0} \|k_{\varepsilon}\|_C = \|k\|_C = \max_{s \in \Delta} k(s).$$

Wir haben somit die erste Behauptung in (6) bewiesen. Genauso beweist man auch die zweite Aussage.

Wir werden jetzt die eindeutige Bestimmtheit von K durch $\mathscr{K}$ beweisen.

Falls $\mathscr{K} = 0$ ist, gilt nach (6) $k(s) = 0$ $(s \in \Delta)$, und wegen $0 \leqq k_{\varepsilon}(s) \leqq k(s)$ $(s \in \Delta, 0 < \varepsilon < 1)$ ist auch $k_{\varepsilon}(s) = 0$ im Gebiet Δ. Aus dem gleichen Grund gilt $k_{\varepsilon}^{\mathsf{T}}(s) = 0$ $(s \in \Delta)$. Dann ist jedoch nach (3) und (4) $K_{\varepsilon}(s, t) = 0$ $(s, t \in \Delta, 0 \leqq \varepsilon < 1)$ und somit auf Grund von (2) auch $K(s, t) = 0$ $(s, t \in \Delta; s \neq t)$. $\blacksquare$

Eine wesentliche Aussage des Satzes 1 ist, daß jeder Diagonalkern K einen Operator $\mathscr{K}$ aus $\overline{\mathfrak{E}(\Delta)}$ definiert. Dieser ist für eine beliebige $C(\Delta)$-Funktion x durch

$$(\mathscr{K}x)(s) = \lim_{\varepsilon \to 0} \int_{\Delta} K_{\varepsilon}(s, t)\, x(t)\, d\nu(t) \tag{8}$$

definiert. Der Satz 1 rechtfertigt folgende Schreibweise:

$$(\mathscr{K}x)(s) = \int_{\Delta} K(s, t)\, x(t)\, d\nu(t). \tag{9}$$

Das Integral auf der rechten Seite von (9) wird durch den Grenzwert (8) definiert.

Wir werden über ν die folgende zusätzliche Voraussetzung machen: Es sei $\{\Delta_{\varepsilon}\}_{\varepsilon > 0}$ eine Familie von Teilmengen von Δ derart, daß $J(\Delta_{\varepsilon}) \to 0$ für $\varepsilon \to 0$ (vgl. 4.1.1.). Dann soll

$$\|\nu(\Delta_{\varepsilon})\| \to 0 \quad \text{für} \quad \varepsilon \to 0 \tag{10}$$

gelten (Bezeichnung in 4.1.2.). Wenn ν die Eigenschaft (10) hat, folgt daraus

$$\lim_{\varepsilon \to 0} \int_{\Delta} \big(1 - h_{\varepsilon}(\|t\|)\big)\, d\nu(t) = 0. \tag{11}$$

(11) kann auch dann gelten, falls (10) nicht erfüllt ist. Wieder sei $K_\varepsilon(t_0)$ das Kugelgebiet in $\mathbb{R}^n$ mit dem Mittelpunkt in t_0 und dem Radius ε. Ist t_0 ein fester innerer Punkt in Δ, so bedeute f eine beliebige ν-integrierbare Funktion in $\Delta - K_\varepsilon(t_0)$ für *jedes* genügend kleine $\varepsilon > 0$, für das $K_\varepsilon(t_0) \subset \Delta$ ist. Wenn

$$\lim_{0 < \varepsilon \to 0} \int_{\Delta - K_\varepsilon(t_0)} f(t)\, d\nu(t)$$

existiert, so sagen wir, daß der *Cauchysche Hauptwert* des Integrals $\int_\Delta f(t)\, d\nu(t)$ vorhanden ist. Wir bezeichnen den Hauptwert einfachheitshalber mit dem üblichen Integralzeichen. (Eine detaillierte Untersuchung des Integrals im Sinn des Cauchyschen Hauptwertes für $n = 1$ und für die Funktionalklasse $L^p(\Delta)$ $(p > 0)$ s. etwa in [TITCHMARSH 1937, p. 132 und p. 144].)

Wir werden jetzt das Integral (9) mit Hilfe des Cauchyschen Hauptwertes deuten. Es sei

$$K^{(\varepsilon)}(s, t) = \begin{cases} K(s, t) & \text{für} \quad s, t \in \Delta \quad \text{mit} \quad \|s - t\| > \varepsilon, \\ 0 & \text{für} \quad s, t \in \Delta \quad \text{mit} \quad \|s - t\| \leqq \varepsilon \end{cases} \qquad (\varepsilon > 0).$$

Da

$$K_\varepsilon(s, t) - K^{(\varepsilon)}(s, t) = 0 \quad \text{für} \quad \|s - t\| > \varepsilon$$

gilt, ist für ein beliebiges $x \in C(\Delta)$

$$\int_\Delta [K_\varepsilon(s, t) - K^{(\varepsilon)}(s, t)]\, x(t)\, d\nu(t) = \int_{\Delta \cap \{\|s-t\| \leqq \varepsilon\}} h_\varepsilon(\|s - t\|)\, K(s, t)\, x(t)\, d\nu(t).$$

Hat das Maß ν die Eigenschaft (10), dann konvergiert das Integral auf der rechten Seite gleichmäßig gegen null für $\varepsilon \to 0$. Der Integrand ist nämlich wegen seiner Stetigkeit beschränkt, und es ist $J(\Delta \cap \{\|s - t\| \leqq \varepsilon\}) \to 0$ für $\varepsilon \to 0$. Daraus folgt

$$\lim_{0 < \varepsilon \to 0} \int_\Delta K_\varepsilon(s, t)\, x(t)\, d\nu(t) = \lim_{0 < \varepsilon \to 0} \int_\Delta K^{(\varepsilon)}(s, t)\, x(t)\, d\nu(t)$$
$$= \lim_{0 < \varepsilon \to 0} \int_{\Delta - K_\varepsilon(s)} K(s, t)\, x(t)\, d\nu(t) = \int_\Delta K(s, t)\, x(t)\, d\nu(t),$$

wobei das Integral auf der rechten Seite im Sinne des Cauchyschen Hauptwertes zu verstehen ist.

Das Ergebnis der bisherigen Überlegungen soll im folgenden Satz formuliert werden:

Satz 2. *Ist $\Delta \subset \mathbb{R}^n$ ein beschränktes und abgeschlossenes Gebiet und ν ein auf Δ definiertes positives Maß, welches die Eigenschaft (10) besitzt, dann ist der durch die Beziehung (8) definierte Operator $\mathscr{K}$ in Form von (9) darstellbar, wobei das Integralzeichen den Cauchyschen Hauptwert bezeichnet.* ∎

Es erhebt sich in natürlicher Weise die Frage, ob ein auf $\Delta \times \Delta$ definierter und überall stetiger Kern K ein Diagonalkern ist. Diese Frage wird durch den Satz 3 beantwortet:

Satz 3. *Es sei Δ ein beschränktes und abgeschlossenes Gebiet und ν ein positives Maß auf Δ mit der Eigenschaft (10). Dann ist jeder auf $\Delta \times \Delta - \{(s, t) \in \Delta \times \Delta, s = t\}$ stetige und auf $\Delta \times \Delta$ beschränkte Kern ein Diagonalkern, welcher den Operator (8) (bzw. (9)) erzeugt.*

Beweis. Es sei $|K(s, t)| \leq M$ $(s, t \in \Delta)$, dann ist für $0 < \varepsilon' < \varepsilon$

$$0 \leq k_{\varepsilon'}(s) - k_\varepsilon(s) \leq M \int_\Delta \left(h_{\varepsilon'}(\|s - t\|) - h_\varepsilon(\|s - t\|) \right) d\nu(t) \to 0 \qquad (\varepsilon, \varepsilon' \to 0)$$

wegen (11). Das bedeutet, daß $\{k_\varepsilon(s)\}$ in Δ gleichmäßig konvergent $(\varepsilon \to 0)$ ist, woraus die Diagonalkerngestalt von K folgt.

Auch die Darstellung (8) läßt sich leicht zeigen. Es sei $x \in C(\Delta)$, dann ist

$$\left| \int_\Delta \left(K(s, t) - K_\varepsilon(s, t) \right) x(t) \, d\nu(t) \right| \leq \int_\Delta |K(s, t) - K_\varepsilon(s, t)| \, |x(t)| \, d\nu(t)$$

$$\leq M \|x\|_C \int_\Delta [1 - h_\varepsilon(\|s - t\|)] \, d\nu(t),$$

womit wegen (11) alles bewiesen ist. ∎

Aus Satz 3 geht sofort hervor, daß *jeder auf* $\Delta \times \Delta$ *stetige Kern ein Diagonalkern ist*.

Einen wichtigen Sonderfall bilden die *Volterraschen Kerne*. Es sei diesmal $\Delta = [0, a] \subset \mathbb{R}$ $(a > 0)$. Der Kern $V(s, t)$ ist auf $\Delta \times \Delta$ definiert derart, daß V eine beliebige stetige Funktion für $0 \leq t \leq s \leq a$ darstellt und für $0 \leq s \leq t \leq a$ gleich null ist. ν sei diesmal das Riemannsche Maß. Nach Satz 3 ist V ein Diagonalkern, welcher den Operator

$$(\mathscr{V}x)(s) := \int_0^s V(s, t) \, x(t) \, dt \qquad (0 \leq s \leq a, x \in C[0, a]) \tag{12}$$

erzeugt. Er wird *Volterrascher Operator* genannt.

Ein weiterer wichtiger Diagonalkern ist der folgende: Es sei Δ eine beschränkte und abgeschlossene jordanmeßbare Teilmenge von $\mathbb{R}^n$. Das Maß $\nu(t)$ werde durch eine auf Δ erklärte integrierbare und nichtnegative Funktion $p(t)$ erzeugt. $K(s, t)$ sei ein in $\Delta \times \Delta - \{(s, t) \in \Delta \times \Delta, s = t\}$ stetiger Kern mit

$$|K(s, t)| \leq M \|s - t\|^{\alpha - n} \qquad (M, \alpha > 0). \tag{13}$$

Behauptet wird, daß ein Kern der Gestalt (13) ein Diagonalkern ist. Es sei $0 < \varepsilon' < \varepsilon$; dann erhalten wir

$$0 \leq \int_\Delta \left(h_{\varepsilon'}(\|s - t\|) - h_\varepsilon(\|s - t\|) \right) |K(s, t)| \, p(t) \, dt$$

$$\leq M \int_{\frac{1}{2}\varepsilon' \leq \|s - t\| \leq \varepsilon} \|s - t\|^{\alpha - n} p(t) \, dt \leq M \frac{\omega_n}{\alpha} \varepsilon^\alpha \|p\|,$$

wobei $\omega_n = \dfrac{2\pi^{\frac{n}{2}}}{\Gamma\left(\dfrac{n}{2}\right)}$ die Oberfläche der n-dimensionalen Einheitskugel ist. Daraus folgt die erste Beziehung in (5). Analog sieht man auch die Gültigkeit der zweiten Gleichung in (5) ein. Damit ist die Behauptung bewiesen.

Beispielsweise sei Δ die Oberfläche der Einheitskugel von $\mathbb{R}^3$ und

$$K(s, t) = \frac{1}{2\pi} \frac{1}{\|s - t\|_{\mathbb{R}^3}} \qquad (s \neq t). \tag{14}$$

17*

Wir setzen

$$dv = \sin\vartheta\, d\vartheta\, d\varphi,$$

wobei ϑ, φ die Polarwinkel in $\mathbb{R}^3$ sind $\big((\vartheta, \varphi) = t\big)$. In diesem Fall ist der Operator

$$(\mathscr{K}x)\,(s) = \frac{1}{2\pi}\int\limits_{\varDelta}\frac{x(t)}{\|s - t\|}\,dv(t) \qquad \big(x \in C(\varDelta)\big) \tag{15}$$

das Potential einer einfachen Belegung mit der Quellenstärke $x(t)$.

Wir geben noch ein weiteres Beispiel: Es sei $\varDelta = [0, a] \subset \mathbb{R}$ $(a > 0)$, $p(t) = 1$, $t \in \varDelta$, und $K(s, t)$ sei in $[0, a] \times [0, a]$ stetig. Wir betrachten den Kern

$$A(s, t) := \begin{cases} \dfrac{K(s, t)}{\|s - t\|^{\alpha}} & \text{für} \quad 0 \leqq t \leqq s \leqq a, \\[2ex] 0 & \text{für} \quad 0 \leqq s \leqq t \leqq a, \end{cases} \tag{16}$$

wobei $0 < \alpha < 1$ ist. Es ist leicht zu zeigen, daß A ein Diagonalkern ist. Er wird *Abelscher Kern* genannt. Der durch ihn erzeugte Abelsche Integraloperator $\mathscr{A}$ spielt in zahlreichen Anwendungen eine wichtige Rolle.

Man kann die Überlegungen, welche wir oben durchgeführt haben, auch auf den Fall übertragen, daß $\varDelta$ eine beliebige, nicht notwendig kompakte Menge ist.

Der Kern $K : \varDelta \times \varDelta - \{(s, t)\mid s = t\} \to \mathbb{C}$ heißt *Diagonalkern*, wenn für jedes hinreichend kleine $\varepsilon > 0$ die in (2) definierte Kernfunktion K_ε den Bedingungen des Satzes 1; 4.2 oder (was das gleiche ist) des Satzes 2; 4.2 genügt.

Satz 4. *Es sei K ein Diagonalkern. Dann konvergiert $\mathscr{K}_\varepsilon$ in der Operatorennorm gegen einen Operator $\mathscr{K} \in \mathfrak{B}\big(C_m(\varDelta), C_m(\varDelta)\big)$. Der Kern $K^{\mathsf{T}}(s, t) = K(t, s)$ mit (s, t) aus $\varDelta \times \varDelta - \{(s, t)\mid s = t\}$ erzeugt den bezüglich $\langle C_m(\varDelta), C_1(\varDelta)\rangle$ oder $\langle C_1(\varDelta), C_m(\varDelta)\rangle$ oder $\langle C_1(\varDelta), C_1(\varDelta)\rangle$ transponierten Operator $\mathscr{K}^{\mathsf{T}}$ von $\mathscr{K}$. Dabei ist der Operator $\mathscr{K}$ durch den Kern eindeutig bestimmt. Die durch Diagonalkerne erzeugten Operatoren bilden einen linearen Raum.* ∎

Den Beweis überlassen wir dem Leser.

Es muß aber im Zusammenhang mit Satz 4 darauf hingewiesen werden, daß *ein auf $\varDelta \times \varDelta$ stetiger Kern nicht unbedingt ein Diagonalkern ist*, falls $\varDelta$ nicht kompakt ist. Im Beweis von Satz 3 wurde nämlich benutzt, daß der Kern beschränkt ist; ein stetiger Kern über einer nichtkompakten Menge braucht aber nicht beschränkt zu sein.

Satz 5. *Es sei $\mathscr{K}$ ein durch einen Diagonalkern erzeugter Operator. Nehmen wir an, daß zu jedem $\varepsilon > 0$ eine kompakte Teilmenge $\Gamma(\varepsilon)$ von $\varDelta$ derart existiert, daß $0 \leqq k(s) < \varepsilon$, $0 \leqq k^{\mathsf{T}}(s) < \varepsilon$ für alle $s \in \varDelta - \Gamma(\varepsilon)$ gilt, wobei*

$$k(s) = \lim_{\varepsilon\to 0} k_\varepsilon(s), \qquad k^{\mathsf{T}}(s) = \lim_{\varepsilon\to 0} k_\varepsilon^{\mathsf{T}}(s) \qquad (s \in \varDelta) \tag{17}$$

ist, so sind $\mathscr{K}$ und $\mathscr{K}^{\mathsf{T}}$ vollstetige Operatoren von $C_m(\varDelta)$ in sich.

Beweis. Wenn K ein stetiger Kern ist, welcher den obigen Bedingungen genügt, dann ist die Behauptung eine unmittelbare Folge von Satz 5; 4.2. Ist dagegen K

ein Diagonalkern, dann folgt aus (17), daß $k_\delta(s) < \varepsilon$ und $k_\delta{}^\mathsf{T}(s) < \varepsilon$ $\left(s \in \Delta - \Gamma(\varepsilon)\right)$ für hinreichend kleines $\delta > 0$ ist. Das hat zur Konsequenz, daß $\mathscr{K}_\delta$ und $\mathscr{K}_\delta{}^\mathsf{T}$ den Bedingungen des Satzes 5; 4.2 genügen, d. h., $\mathscr{K}_\delta$ und $\mathscr{K}_\delta{}^\mathsf{T}$ sind kompakt. $\mathscr{K}$ und $\mathscr{K}^\mathsf{T}$ sind die gleichmäßigen (starken) Grenzwerte von $\mathscr{K}_\delta$ bzw. $\mathscr{K}_\delta{}^\mathsf{T}$ für $\delta \to 0$, womit alles bewiesen ist. ∎

Satz 6. *Ist der Operator* $\mathscr{K} \in \mathfrak{A}\left(C_m(\Delta), C_m(\Delta)\right)$ *kompakt, dann ist er auch im Raum* $C_1(\Delta)$ *kompakt.*

Beweis. Es sei $y \in C_1(\Delta)$ beliebig. Mit dieser Funktion bilden wir das Funktional

$$g(x) := \langle x, y \rangle, \quad x \in C_m(\Delta),$$

wobei g linear und beschränkt, also ein Element des Dualraumes $C_m'(\Delta)$ ist. Man weiß, daß die Zuordnung $y \mapsto g$ isometrisch ist, denn es gilt $\|g\| = \|y\|_L$. Für unseren Operator $\mathscr{K}$ ist

$$\langle \mathscr{K} x, y \rangle = \langle x, \mathscr{K}^\mathsf{T} y \rangle, \quad x \in C_m(\Delta), y \in C_1(\Delta),$$

deswegen können wir

$$g(\mathscr{K} x) = (\mathscr{K}' g)(x)$$

schreiben, wobei $\mathscr{K}'$ der zu $\mathscr{K}$ duale Operator ist. Das bedeutet $\mathscr{K}^\mathsf{T} y = \mathscr{K}' g$ und somit

$$\|\mathscr{K}^\mathsf{T} y\|_L = \|\mathscr{K}' g\| \quad \left(y \in C_1(\Delta)\right). \tag{18}$$

Nun sei $\{y_p\}$ in $C_1(\Delta)$ eine Folge mit $\|y_p\|_1 \leq 1$ $(p = 1, 2, 3, \ldots)$; dann gilt auch $\|y_p\|_{C_m} \leq 1$ $(p = 1, 2, 3, \ldots)$. Da nach Voraussetzung $\mathscr{K}^\mathsf{T}$ kompakt ist, gibt es eine Teilfolge $\{y_{p_j}\}$, so daß $\{\mathscr{K}^\mathsf{T} y_{p_j}\}$ nach der C-Norm konvergent ist. Es gilt $\|g_{p_j}\| = \|y_{p_j}\|_L \leq 1$. Mit $\mathscr{K}$ ist bekanntlich auch $\mathscr{K}'$ kompakt (s. 2.9.); deshalb enthält $\{y_{p_j}\}$ eine Teilfolge, etwa $\{y_{q_j}\}$, so daß $\{\mathscr{K}' g_{q_j}\}$ in $C_m'(\Delta)$ konvergiert. Nach (18) konvergiert auch $\{\mathscr{K}^\mathsf{T} y_{q_j}\}$ der Norm $\|\cdot\|_L$ nach. Da aber diese Folge ebenfalls nach $\|\cdot\|_{C_m}$ konvergiert, ist sie auch im Raum $C_1(\Delta)$ konvergent. Also ist $\mathscr{K}^\mathsf{T}$ kompakt im Raum $C_1(\Delta)$. Da andererseits $(\mathscr{K}^\mathsf{T})^\mathsf{T} = \mathscr{K}$ ist, findet man nach diesem Ergebnis, daß auch $\mathscr{K}$ in $C_1(\Delta)$ kompakt ist. ∎

4.3.1. Faltung von Diagonalkernen

Es sei $\Delta \subset \mathbb{R}^n$ ein abgeschlossenes und beschränktes Gebiet. Wenn $K(s, t)$ und $L(s, t)$ zwei in $\Delta \times \Delta$ definierte und dort stetige Kerne sind, welche die Integraloperatoren $\mathscr{K}$ und $\mathscr{L}$ in $C(\Delta)$ erzeugen, dann ist offensichtlich $\mathscr{K}\mathscr{L}$ ebenfalls ein in $C(\Delta)$ definierter Integraloperator mit dem Kern

$$M(s, t) = \int_\Delta K(s, r) L(r, t) \, d\nu(r) \quad (s, t \in \Delta). \tag{1}$$

Von der Richtigkeit dieser Aussage kann sich jeder leicht überzeugen.

Das Integral (1) nennen wir die *Faltung* der Kerne K und L. Ganz allgemein: Sind $\mathscr{A} : X \to Y$ und $\mathscr{B} : Y \to Z$ Integraloperatoren und ist auch $\mathscr{B}\mathscr{A} : X \to Z$ ein Integraloperator, dann heißt der Kern von $\mathscr{B}\mathscr{A}$ die *Faltung* der entsprechenden Kerne B und A (dabei ist die Reihenfolge wichtig).

Im folgenden Satz werden wir die Faltung von Diagonalkernen untersuchen.

Satz 1. $\Delta \subset \mathbb{R}^n$ *sei ein endliches und abgeschlossenes Gebiet und ν ein auf Δ definiertes positives Maß mit der Eigenschaft* (10; 4.3). *K und L seien zwei Diagonalkerne, welche die Operatoren $\mathscr{K}$ und $\mathscr{L}$ (im Raum $C(\Delta)$) erzeugen. Dann ist $\mathscr{M} := \mathscr{K}\mathscr{L}$ ein in $C(\Delta)$ erklärter Integraloperator, welcher durch den Diagonalkern*

$$M(s, t) = \lim_{\varepsilon, \varepsilon' \to 0} \int_\Delta K_\varepsilon(s, r)\, L_{\varepsilon'}(r, t)\, d\nu(r) \qquad (s, t \in \Delta;\; s \neq t) \tag{2}$$

erzeugt ist. Die Konvergenz ist in jedem abgeschlossenen Teilgebiet von $\Delta \times \Delta - \{(s, t) \mid s, t \in \Delta, s = t\}$ gleichmäßig.

(Zu den in (2) benutzten Bezeichnungen vgl. 4.3.)

Beweis. Es sei $\eta > 0$ im voraus gegeben, und wir zeigen, daß der Grenzwert (2) in $\Delta \times \Delta \cap \{s, t \in \Delta, \|s - t\| \geq \eta\}$ gleichmäßig vorhanden ist.

Wir wählen δ aus dem Intervall $0 < \delta < \dfrac{\eta}{2}$ und schreiben

$$\int_\Delta K_\varepsilon(s, r)\, L_{\varepsilon'}(r, t)\, d\nu(r) = \int_\Delta h_\delta(\|s - r\|)\, K_\varepsilon(s, r)\, L_{\varepsilon'}(r, t)\, d\nu(r)$$
$$+ \int_\Delta K_\varepsilon(s, r)\, \big(1 - h_\delta(\|s - r\|)\big)\, L_{\varepsilon'}(r, t)\, d\nu(r). \tag{3}$$

Es sei weiter $0 < \varepsilon < \dfrac{\delta}{2}$; dann ist im ersten Integral auf der rechten Seite von (3) die Funktion $h_\delta(\|s - r\|)\, K_\varepsilon(s, r)$ in beiden Variablen stetig und von ε unabhängig, nämlich $K_\delta(s, r)$. Für $\varepsilon, \varepsilon_1 < \dfrac{\delta}{2}$ und $0 < \varepsilon_1' < \varepsilon'$ gilt

$$0 \leq \int_\Delta h_\delta(\|s - r\|)\, K_\varepsilon(s, r)\, L_{\varepsilon'}(r, t)\, d\nu(r) - \int_\Delta h_\delta(\|s - r\|)\, K_{\varepsilon_1}(s, r)\, L_{\varepsilon_1'}(r, t)\, d\nu(r)$$
$$\leq \int_\Delta |K_\delta(s, r)|\, [|L_{\varepsilon'}(r, t)| - |L_{\varepsilon_1'}(r, t)|]\, d\nu(r) \leq c_\delta[l_{\varepsilon'}^{\mathsf{T}}(t) - l_{\varepsilon_1'}^{\mathsf{T}}(t)], \tag{4}$$

wobei c_δ eine obere Schranke von $|K_\delta(s, t)|$ auf $\Delta \times \Delta$ ist. (Die Bezeichnung in (4) entspricht (4; 4.3) mit L anstelle von K und l anstelle von k.)

Da $L(s, t)$ ein Diagonalkern ist, strebt die rechte Seite von (4) gleichmäßig gegen null für $\varepsilon', \varepsilon_1' \to 0$.

Wir werden jetzt das zweite Integral auf der rechten Seite (3) betrachten. Nach der Definition von h_δ (vgl. (1; 4.3)) ist

$$\mathrm{Tr}\,[1 - h_\delta(\|s - r\|)] \subset \{(s, r) \mid s, r \in \Delta, \|s - r\| \leq \delta\}.$$

Für die Vektoren s, r mit $\|s - r\| \leq \delta$ gilt aber

$$\|r - t\| \geq \|s - t\| - \|s - r\| \geq \eta - \delta \geq \dfrac{\eta}{2}.$$

Daraus folgt, daß $[1 - h_\delta(\|s - r\|)]\, L_{\varepsilon'}(r, t)$ stetig bezüglich s, r, t und unabhängig von ε' ist. Ist nämlich $\varepsilon' < \dfrac{\delta}{2}$, so ist dieser Ausdruck gleich $[1 - h_\delta(\|s - r\|)]\, L_\delta(r, t)$.

Es sei jetzt $\varepsilon < \varepsilon_1$ und ε', $\varepsilon_1' < \dfrac{\delta}{2}$. Dann gilt

$$0 \leq \left| \int_{\Delta} K_{\varepsilon}(s, r) \left[1 - h_{\delta}(\|s - r\|)\right] L_{\varepsilon'}(r, t) \, d\nu(t) \right.$$

$$\left. - \int_{\Delta} K_{\varepsilon_1}(s, r) \left[1 - h_{\delta}(\|s - r\|)\right] L_{\varepsilon_1'}(r, t) \, d\nu(t) \right|$$

$$\leq \int_{\Delta} \left[|K_{\varepsilon}(s, r)| - |K_{\varepsilon_1}(s, r)|\right] |L_{\delta}(r, t)| \, d\nu(r) \leq c_{\delta}' \big(k_{\varepsilon}(s) - k_{\varepsilon_1}(s)\big). \tag{5}$$

Hier bedeutet c_{δ}' eine obere Schranke von $|L_{\delta}(r, t)|$. Da aber auch K ein Diagonalkern ist, strebt die rechte Seite von (5) gleichmäßig in Δ gegen null.

Mit (4) und (5) ist die Existenz des mit $M(s, t)$ bezeichneten Grenzwertes (2) bewiesen. Wir zeigen im nächsten Schritt, daß $M(s, t)$ ein Diagonalkern ist.

Die Stetigkeit von $M(s, t)$ für $s \neq t$ folgt aus (4) und (5). Wir haben nur die Eigenschaft (5; 4.3) zu beweisen. Es sei $0 < \xi < \xi' \leq \dfrac{\delta}{4}$; dann gilt

$$\int_{\Delta} \left[h_{\xi}(\|s - t\|) - h_{\xi'}(\|s - t\|)\right] \left| \int_{\Delta} K_{\varepsilon}(s, r) \, L_{\varepsilon'}(r, t) \, d\nu(r) \right| \, d\nu(t)$$

$$\leq \int_{\Delta} |K_{\varepsilon}(s, r)| \left[h_{\delta}(\|s - r\|) + 1 - h_{\delta}(\|s - r\|)\right]$$

$$\times \int_{\Delta} \left[h_{\xi}(\|s - t\|) - h_{\xi'}(\|s - t\|)\right] |L_{\varepsilon'}(r, t)| \, d\nu(t) \, d\nu(r).$$

Dabei ist

$$\mathrm{Tr} \left[h_{\xi}(\|s - t\|) - h_{\xi'}(\|s - t\|)\right] L_{\varepsilon'}(r, t) \subset \{t \mid t \in \Delta \, ; \, \|s - t\| \leq \varepsilon'\}.$$

Für $\|s - t\| \leq \varepsilon'$ ist

$$|h_{\delta}(\|s - r\|) \, L_{\varepsilon'}(r, t)| \leq h_{\delta}(\|s - t\|) \, |L(r, t)| \leq c_{\delta}'',$$

denn für $\|s - r\| > \dfrac{\delta}{2}$ gilt $\|r - t\| \geq \|r - s\| - \|s - t\| \geq \dfrac{\delta}{2} - \xi' \geq \dfrac{\delta}{4}$. Somit haben wir

$$\int_{\Delta} \left[h_{\xi}(\|s - t\|) - h_{\xi'}(\|s - t\|)\right] \left| \int_{\Delta} K_{\varepsilon}(s, r) \, L_{\varepsilon'}(r, t) \, d\nu(r) \right| \, d\nu(t)$$

$$\leq \int_{\Delta} |K_{\varepsilon}(s, r)| \, (1 - h_{\delta}(\|s - r\|) \, l_{\varepsilon'}(r) \, d\nu(r)$$

$$+ c_{\delta}'' \int_{\Delta} |K_{\varepsilon}(s, r)| \, d\nu(r) \int_{\Delta} \left[h_{\xi}(\|s - t\|) - h_{\xi'}(\|s - t\|)\right] d\nu(t) \tag{6}$$

$$\leq c_{\delta}'' \|\mathscr{K}\| \int_{\Delta} \left[h_{\xi}(\|s - t\|) - h_{\xi'}(\|s - t\|)\right] d\nu(t) + \|\mathscr{L}\| \, \|\mathscr{K} - \mathscr{K}_{\delta}\|$$

für $\xi \leq \dfrac{\delta}{2}$. Aus (2) folgt

$$M_{\xi}(s, t) = \lim_{\varepsilon, \varepsilon' \to 0} h_{\xi}(\|s - t\|) \int_{\Delta} K_{\varepsilon}(s, r) \, L_{\varepsilon'}(r, t) \, d\nu(r) \tag{7}$$

gleichmäßig bezüglich $s, t \in \Delta$ für jedes $0 < \xi < 1$. Damit schließen wir aus (6)

$$0 \leqq m_\xi(s) - m_{\xi'}(s) = \int_\Delta [h_\xi(\|s - t\|) - h_{\xi'}(\|s - t\|)]\, |M(s, t)|\, d\nu(t)$$

$$\leqq c_\delta''\|\mathcal{K}\| \int_\Delta [h_\xi(\|s - t\|) - h_{\xi'}(\|s - t\|)]\, d\nu(t) + \|\mathcal{L}\|\, \|\mathcal{K} - \mathcal{K}_\delta\|.$$

Es sei $\lambda > 0$ gegeben, und man wähle $\delta > 0$ so klein, daß $\|\mathcal{L}\|\,\|\mathcal{K} - \mathcal{K}_\delta\| < \dfrac{\lambda}{2}$ ist.
Danach halten wir δ fest und wählen ξ_0' so klein, daß einerseits $\xi_0' \leqq \dfrac{\delta}{4}$ ist und andererseits

$$c_\delta''\|\mathcal{K}\| \int_\Delta [h_\xi(\|s - t\|) - h_{\xi'}(\|s - t\|)]\, d\nu(t) < \frac{\lambda}{2}$$

wird für alle $s \in \Delta$ und $0 < \xi < \xi' \leqq \xi_0'$. Das ist wegen der vorausgesetzten Eigenschaft (10; 4.3) für ν möglich. Es folgt $0 \leqq m_\xi(s) - m_{\xi'}(s) < \lambda$ für alle s, d. h., die erste Relation von (5; 4.3) ist für $M(s, t)$ bewiesen. Die zweite Beziehung von (5; 4.3) kann man in ähnlicher Weise nachprüfen. ∎

Als Beispiel wollen wir den unter (14; 4.3) aufgeführten Kern mit dem dort eingeführten Maß betrachten und seinen zweiten iterierten Kern bilden:

$$\frac{1}{4\pi^2} \int_{K_1(0)} \frac{1}{\|s - r\|\,\|r - t\|}\, d\nu(r). \tag{8}$$

Es handelt sich um einen Diagonalkern, der also für $s \neq t$ stetig ist, wobei $K_1(0)$ die Einheitskugel des dreidimensionalen Raumes bedeutet [FENYÖ 1953, Hilfssatz 2].

Auch ein Kern von der Gestalt

$$K(s, t) = \frac{A(s, t)}{\|s - t\|^\beta} \qquad (s \neq t;\, s, t \in \mathbb{R}^n,\, 0 < \beta < n) \tag{9}$$

soll betrachtet werden. Als Maß nehmen wir diesmal das Riemansche Maß. $A(s, t)$ bedeutet hier eine über $\Delta \times \Delta$ Riemann-integrierbare, beschränkte Funktion.

Dieser Kern gehört offensichtlich zum Typ (13; 4.3), denn wenn $\alpha = n - \beta > 0$ ist, gilt $\|s - t\|^{-\beta} = \|s - t\|^{\alpha - n}$, und deshalb ist

$$|K(s, t)| = \frac{A(s, t)}{\|s - t\|^\beta} \leqq M\,\|s - t\|^{\alpha - n};$$

M ist eine obere Schranke von $|A(s, t)|$ in $\Delta \times \Delta$. Daraus folgt, daß $K(s, t)$ ein Diagonalkern ist. Er wird in der Theorie der Integralgleichungen sehr oft als *schwach singulärer Kern* bezeichnet und spielt in den Anwendungen eine große Rolle (vgl. z. B. [MICHLIN 1949, § 10]).

Es seien

$$K(s, t) = \frac{A_1(s, t)}{\|s - t\|^\alpha}, \qquad L(s, t) = \frac{A_2(s, t)}{\|s - t\|^\beta} \qquad (s \neq t)$$

zwei schwach singuläre Kerne mit $0 \leqq \alpha < n$, $0 \leqq \beta < n$ und in $\Delta \times \Delta$ gegebenen stetigen Kernen A_1 und A_2. Dann ist nach Satz 1

$$M(s, t) = \int_\Delta K(s, r)\, L(r, t)\, dr \qquad (s \neq t)$$

ein Diagonalkern. Wir wollen für diese Faltung eine wichtige Abschätzung beweisen. Es ist jedoch möglich, das Problem etwas allgemeiner zu fassen, indem wir Diagonalkerne $K(s, t)$ und $L(s, t)$ betrachten, für die die Ungleichungen

$$|K(s, t)| \leqq \frac{M_1}{\|s - t\|^\alpha}, \qquad |L(s, t)| \leqq \frac{M_2}{\|s - t\|^\beta} \tag{10}$$

mit $\alpha, \beta < n$ $(s, t \in \Delta)$ erfüllt sind. Dann stellt auch die Faltung $M(s, t)$ dieser Kerne einen Diagonalkern dar:

Satz 2. *Es seien $K(s, t)$ und $L(s, t)$ zwei Diagonalkerne, für welche die Bedingungen (10) gelten. Δ sei ein beschränktes und abgeschlossenes Gebiet in $\mathbb{R}^n$. Dann gilt für die Faltung $M(s, t)$ von $K(s, t)$ und $L(s, t)$ folgende Abschätzung:*

$$|M(s, t)| \leqq \begin{cases} C & \text{für} \quad \alpha + \beta < n, \\ C \left|\log \left(\gamma \|s - t\|\right)\right| & \text{für} \quad \alpha + \beta = n, \\ \dfrac{C}{\|s - t\|^{\alpha + \beta - n}} & \text{für} \quad \alpha + \beta > n \end{cases} \tag{11}$$

$(s, t \in \Delta)$, wobei C und γ positive, von s und t unabhängige Konstanten sind.

Beweis. Es sei $d = d(\Delta)$ der Durchmesser von Δ. Dann gilt

$$|M(s, t)| \leqq M_1 M_2 \int\limits_\Delta \frac{dr}{\|s - r\|^\alpha \|r - t\|^\beta} \leqq M_1 M_2 \int\limits_{\|s-r\| \leqq d} \frac{dr}{\|s - r\|^\alpha \|r - t\|^\beta}. \tag{12}$$

Wenn $\alpha + \beta < n$ ist, konvergiert das letzte Integral gleichmäßig bezüglich s und t und stellt somit eine in $\Delta \times \Delta$ stetige und gleichzeitig beschränkte Funktion dar. Damit ist die erste Behauptung in (11) bewiesen.

Wir betrachten jetzt den Fall $\alpha + \beta > n$ und wählen dazu ein neues Koordinatensystem. Der Ursprung dieses Koordinatensystems liege im Punkt s, und die erste Koordinatenachse führen wir durch den Punkt t, so daß die erste Koordinate von t eine positive Zahl ist. Wenn jetzt $\|s - t\| = u$ ist, dann wird $s = (0, 0, \ldots, 0)$ und $t = (u, 0, \ldots, 0)$ sein.

Die Koordinaten von r seien $r_1, r_2, \ldots, r_n$. Es gilt

$$\|s - r\|^2 = \sum_{k=1}^n r_k{}^2, \quad \|r - t\|^2 = (r_1 - u)^2 + \sum_{k=2}^n r_k{}^2.$$

Im Integral (12) führen wir die Substitution $r_k = u v_k$ $(k = 1, 2, \ldots, n)$ ein. Dann geht die Abschätzung (12) über in

$$|M(s, t)| \leqq \frac{M_1 M_2}{u^{\alpha + \beta - n}} \int\limits_{\|v\| \leqq \frac{d}{u}} \frac{dv}{\|v\|^\alpha \left[(v_1 - 1)^2 + \sum\limits_{k=2}^n v_k{}^2\right]^{\beta/2}}. \tag{13}$$

Durch Einführung von Polarkoordinaten wird $dv = \varrho^{n-1} d\varrho \, d\omega_\varphi$, wobei $d\omega_\varphi$ das Oberflächendifferential auf der Einheitskugel im Punkt φ bedeutet und $\varrho = \|v\|$ ist. Wir verfügen ferner über folgende Abschätzung: Es gilt

$$(v_1 - 1)^2 + \sum_{k=2}^{n} v_k^2 = \varrho^2 - 2v_1 + 1 \geqq (\varrho - 1)^2,$$

da $v_1 < \sqrt{v_1^2 + \cdots + v_n^2} = \varrho$ ist. Ist $\varrho > 2$, dann gilt offensichtlich $(\varrho - 1)^2 > \dfrac{1}{4}\,\varrho^2$ und demzufolge

$$(v_1 - 1)^2 + \sum_{k=2}^{n} v_k^2 > (\varrho - 1)^2 > \frac{1}{4}\,\varrho^2 \qquad (\varrho > 2). \tag{14}$$

Wir werden in (13) das Integrationsgebiet $\|v\| = \varrho \leqq \dfrac{d}{u}$ in zwei Teile zerlegen: $\left\{\varrho \leqq \dfrac{d}{u}\right\} = \{\varrho \leqq 2\} \cup \left\{2 < \varrho \leqq \dfrac{d}{u}\right\}$ (falls $\dfrac{d}{u} \leqq 2$ ist, vergrößern wir die rechte Seite von (13), indem wir auf das Integrationsgebiet $\varrho \leqq 2$ erweitern). Unter Verwendung von (14) können wir schreiben:

$$|M(s,t)| \leqq \frac{M_1 M_2}{u^{\alpha + \beta - n}} \left\{ \int_{\varrho \leqq 2} \frac{\varrho^{n-1-\alpha} d\varrho\, d\omega_\varphi}{\left[(v_1 - 1)^2 + \sum_{k=2}^{n} v_k^2 \right]^{\beta/2}} + 2^\beta \int_{2 < \varrho \leqq \frac{d}{u}} \varrho^{n-1-\alpha-\beta} d\varrho\, d\omega_\varphi \right\}. \tag{15}$$

Das erste Integral auf der rechten Seite von (15) ist eine feste, von u nicht abhängige Zahl. Dagegen gilt für das zweite Integral, falls $\alpha + \beta - n > 0$ ist,

$$2^\beta \int_{2 < \varrho \leqq \frac{d}{u}} \varrho^{n-1-\alpha-\beta} d\varrho\, d\omega_\varphi = 2^\beta \Omega_n \int_2^{\frac{d}{u}} \varrho^{n-1-\alpha-\beta} d\varrho$$

$$\leqq 2^\beta \Omega_n \int_2^{\infty} \varrho^{n-1-\alpha-\beta} d\varrho = \frac{2^{n-\alpha} \Omega_n}{\alpha + \beta - n},$$

wobei Ω_n die Oberfläche der Einheitskugel im Raum $\mathbb{R}^n$ ist. Dieses Ergebnis liefert eine von s und t (in unserem Fall auch von u) unabhängige Konstante als obere und dementsprechend ist nach (15) Schranke,

$$|M(s,t)| \leqq \frac{C}{u^{\alpha+\beta-n}} = \frac{C}{\|s - t\|^{\alpha+\beta-n}} \qquad (\alpha + \beta - n > 0).$$

Damit ist (11) auch für diesen Fall bewiesen.

Es sei schließlich $\alpha + \beta = n$, dann gehen wir ebenfalls von (15) aus. Das erste Integral auf der rechten Seite ist wieder eine Konstante C', während das zweite Integral den Wert

$$2^\beta \int_{2 < \varrho \leqq \frac{d}{u}} \varrho^{-1} d\varrho\, d\omega_\varphi = 2^\beta \Omega_n \int_2^{\frac{d}{u}} \frac{d\varrho}{\varrho} = 2^\beta \Omega_n \log \frac{d}{2u}$$

$$= 2^\beta \Omega_n \left(\log \frac{d}{2} + \log \frac{1}{u} \right) = C'' + C''' \log \frac{1}{u}$$

annimmt, wobei C'' und C''' Konstanten sind. Es ist also

$$|M(s, t)| \leqq C' + C'' + C''' \, |\log u| = C \log (\gamma \, \|s - t\|).$$

Damit haben wir den Satz bewiesen. ∎

Aus Satz 2 folgt unmittelbar:

Satz 3. *Ist Δ ein beschränktes und abgeschlossenes Gebiet in $\mathbb{R}^n$ und $K(s, t)$ ein Diagonalkern, für welchen eine Abschätzung von der Gestalt (10) in $\Delta \times \Delta$ gilt, dann sind die iterierten Kerne von $K(s, t)$ von genügend hoher Ordnung im Gebiet $\Delta \times \Delta$ beschränkt.*

Beweis. Aus Satz 2 folgt

$$|K_2(s, t)| < \begin{cases} C_2 & \text{für} \quad 2\alpha < n, \\[2ex] \dfrac{C_2}{\|s - t\|^{2\alpha - n}} & \text{für} \quad 2\alpha > n. \end{cases}$$

Gilt die erste Abschätzung, so ist alles schon bewiesen. Gilt aber der zweite Fall, dann ist nach Satz 2

$$|K_3(s, t)| < \begin{cases} C_3 & \text{für} \quad \alpha + 2\alpha - n = 3\alpha - n < n, \\[2ex] \dfrac{C_3}{\|s - t\|^{3\alpha - n}} & \text{für} \quad \alpha + 2\alpha - n = 3\alpha - n > n. \end{cases}$$

Durch vollständige Induktion sieht man sofort

$$|K_p(s, t)| < \begin{cases} C_p & \text{für} \quad p\alpha < (p - 1)\, n, \\[2ex] \dfrac{C_p}{\|s - t\|^{p\alpha - n}} & \text{für} \quad p\alpha > (p - 1)\, n \end{cases} \qquad (p = 2, 3, \ldots).$$

Wenn also $p > \dfrac{n}{n - \alpha}$ ist, erweist sich $K_p(s, t)$ in $\Delta \times \Delta$ als beschränkt. ∎

Wir werden nun ein weiteres sehr wichtiges Beispiel betrachten. Es sei diesmal $\Delta = [0, 1]$, und unter ν verstehen wir das Riemannsche Maß. Wir betrachten den Kern

$$K(s, t) = \begin{cases} \dfrac{(t - s)^{\alpha - 1}}{\Gamma(\alpha)} \, A(s, t) & \text{für} \quad 0 \leqq t \leqq s \leqq 1, \\[2ex] 0 & \text{für} \quad 0 \leqq s \leqq t \leqq 1, \end{cases} \tag{16}$$

wobei α irgendeine positive Zahl und $A(s, t)$ eine in $[0, 1] \times [0, 1]$ stetige Funktion bedeutet. Es besteht kein Zweifel, daß $K(s, t)$ ein Diagonalkern ist, für welchen eine Abschätzung von der Gestalt (10) gilt.

Es sei nun $L(s, t)$ ein zweiter Kern von der gleichen Struktur, d. h. ($\beta > 0$):

$$L(s, t) = \begin{cases} \dfrac{(t - s)^{\beta - 1}}{\Gamma(\beta)} \, B(s, t) & \text{für} \quad 0 \leqq t \leqq s \leqq 1, \\[2ex] 0 & \text{für} \quad 0 \leqq s \leqq t \leqq 1. \end{cases} \tag{16'}$$

Wir werden jetzt die Faltung dieser beiden Kerne berechnen:

$$M(s, t) = \int\limits_0^1 K(s, r)\, L(r, t)\, dr = \int\limits_s^t \frac{(r - s)^{\alpha-1}}{\Gamma(\alpha)}\, A(s, r)\, \frac{(t - r)^{\beta-1}}{\Gamma(\beta)}\, B(r, t)\, dr$$

für $0 \leq t \leq s \leq 1$ und $M(s, t) = 0$ für $0 \leq s \leq t \leq 1$.

Wir führen im Integral eine neue Variable τ durch $r - s = (t - s)\,\tau$ ein. Es ergibt sich für $t \leq s$

$$M(s, t) = \frac{(t - s)^{\alpha+\beta-1}}{\Gamma(\alpha)\,\Gamma(\beta)} \int\limits_0^1 \tau^{\alpha-1}(1 - \tau)^{\beta-1} A\big(s, s + (t - s)\,\tau\big)\, B\big(s + (t - s)\,\tau, t\big)\, d\tau .$$

Wenn wir die Bezeichnung

$$C(s, t) = \frac{\Gamma(\alpha + \beta)}{\Gamma(\alpha)\,\Gamma(\beta)} \int\limits_0^1 \tau^{\alpha-1}(1 - \tau)^{\beta-1}\, A\big(s, s + (t - s)\,\tau\big)\, B\big(s + (t - s)\,\tau, t\big)\, d\tau$$

benutzen, so ergibt sich

$$M(s, t) = \begin{cases} \dfrac{(t - s)^{\alpha+\beta-1}}{\Gamma(\alpha + \beta)}\, C(s, t) & \text{für} \quad t \leq s, \\[2ex] 0 & \text{für} \quad s \leq t. \end{cases} \tag{17}$$

Die Faltung von zwei Kernen der Gestalt (16) ist wieder ein Kern vom gleichen Typ.

Dieses Ergebnis ist auch dann richtig, wenn α und β beliebige, von $0, -1, -2, \dots$ verschiedene Zahlen mit $\alpha + \beta \neq 0, -1, -2, \dots$ sind.

Wenn wir die bekannte Eulersche Beziehung

$$\int\limits_0^1 \tau^{\alpha-1}(1 - \tau)^{\beta-1}\, d\tau = \frac{\Gamma(\alpha)\,\Gamma(\beta)}{\Gamma(\alpha + \beta)} \qquad (\alpha, \beta > 0)$$

(siehe [MAGNUS — OBERHETTINGER 1948, Kap. 1]) beachten, dann sieht man sofort, daß

$$C(s, s) = A(s, s)\, B(s, s)$$

gilt. Das besagt:

> *Wenn wir in der Definition (16) und (16') der Kerne K und L voraus-*
> *setzen, daß $A(s, s) \neq 0$ und $B(s, s) \neq 0$ gilt, dann hat auch die Fal-*   (18)
> *tung (17) diese Eigenschaft.*

Das spielt in einer interessanten Klasse von Integralgleichungen eine Rolle [VOL-TERRA — PÉRÈS 1924, p. 10—11].

Man kann aus (17) noch eine weitere Schlußfolgerung ziehen.

Wenn wir voraussetzen, daß $A(s, t) = B(s, t) = 1$ für $s, t \in [0, 1]$ gilt, dann ergibt sich

$$M(s, t) = \frac{(t - s)^{\alpha+\beta-1}}{\Gamma(\alpha + \beta)} \qquad (t \leq s), \tag{19}$$

da offensichtlich auch $C(s, t) = 1$ für $s, t \in [0, 1]$ gilt.

Diese Formel kann unter Benutzung des Integraloperators $\mathscr{K}_\alpha$ mit dem Kern $(\alpha > 0)$

$$K_\alpha(s, t) = \begin{cases} \dfrac{(t - s)^{\alpha-1}}{\Gamma(\alpha)} & \text{für} \quad 0 \leqq t \leqq s \leqq 1, \\[2mm] 0 & \text{für} \quad 0 \leqq s \leqq t \leqq 1 \end{cases}$$

auch als

$$\mathscr{K}_\alpha \mathscr{K}_\beta = \mathscr{K}_{\alpha+\beta} \tag{20}$$

gedeutet werden, d. h., die Menge der Integraloperatoren $\{\mathscr{K}_\alpha\}$ bilden eine Halbgruppe. Die Operatoren $\mathscr{K}_\alpha$ spielen in der Theorie der Abelschen Integralgleichungen eine Rolle [FENYÖ 1973, p. 71].

4.3.2. Der Levi-Operator

Wir werden jetzt den folgenden Integraloperator mit einem Diagonalkern betrachten:

$$(\mathscr{K}_r x)(s) := \int\limits_{\|t\|<r} K(s, t)\, \frac{(s - t)^\beta}{\|s - t\|^{n-\alpha}}\, x(t)\, dt \qquad (r > 0,\ \alpha > 0), \tag{1}$$

wobei $s \in \mathbb{R}^n$ ist. Das Integral erstreckt sich über die n-dimensionale Kugel vom Radius r. Die Eigenschaften der Kernfunktion $K(s, t)$ werden später noch genauer beschrieben. β bedeutet einen n-dimensionalen *Multiindex* (einen Vektor mit nichtnegativen ganzzahligen Komponenten), und es ist

$$(s - t)^\beta = \prod_{k=1}^{n} (s_k - t_k)^{\beta_k}. \tag{2}$$

Dabei setzen wir wie üblich $|\beta| = \beta_1 + \beta_2 + \cdots + \beta_n$. Hier bedeutet $\|\cdot\|$ die euklidische Norm. Den Definitionsbereich des Operators $\mathscr{K}_r$ werden wir später genau festlegen, aber schon jetzt kann gesagt werden, daß $\mathscr{K}_r$ eine lineare und beschränkte (also auch stetige) Abbildung von $C(\|t\| < r)$ in sich definiert, falls $K(s, t)$ für $\|s\| \leqq r$, $\|t\| \leqq r$ stetig ist und $|\beta| + \alpha > 0$ gilt.

Der Operator (1) wird *Levi-Operator* ([LEVI 1907; HOPF 1931]) genannt. Wenn r variiert, so ergibt sich eine Familie von Levi-Operatoren. Für unsere Zwecke sind solche Familien von Levi-Operatoren von Bedeutung, bei welchen r ein Intervall $[0, r_0]$ $(r_0 > 0)$ durchläuft.

Um funktionentheoretische Methoden zur Lösung gewisser Integralgleichungen anwenden zu können, werden wir auch solche Vektorenvariablen betrachten, deren Komponenten komplexe Zahlen, also Elemente des Raumes $\mathbb{C}^n$ sind. Um diese Vektoren von den Vektoren s, t des Raumes $\mathbb{R}^n$ unterscheiden zu können, werden wir für diese die Bezeichnung $\tilde{s}, \tilde{t}$ usw. verwenden. Die Fortsetzungen der Funktionen K und x usw. in den Raum $\mathbb{C}^n \times \mathbb{C}^n$ bzw. $\mathbb{C}^n$ werden wir mit $\tilde{K}$ und $\tilde{x}$ usw. bezeichnen. Es sei in $\mathbb{C}^n$ für $0 < \vartheta < 1$ der folgende Bereich definiert:

$$\Delta_r(\vartheta) := \{\tilde{t} \mid \tilde{t} \in \mathbb{C}^n : \|\operatorname{Im} \tilde{t}\| < \vartheta(r - \|\operatorname{Re} \tilde{t}\|),\ \|\operatorname{Re} \tilde{t}\| < r\}. \tag{3}$$

Dieser wird in unseren Ausführungen eine wesentliche Rolle spielen.

$\mathfrak{B}_r(\vartheta)$ sei der Raum aller in $\varDelta_r(\vartheta)$ definierten beschränkten analytischen Funktionen, in welchem die Norm

$$\|\bar{x}\| = \sup_{\bar{t}\,\in\,\varDelta_r(\vartheta)} |\bar{x}(\bar{t})| \qquad \left(\bar{x} \in \mathfrak{B}_r(\vartheta)\right)$$

eingeführt ist. Mit dieser Norm ist $\mathfrak{B}_r(\vartheta)$ ein Banachraum.

Wir gehen nun etwas näher auf den Kern $K(s, t)$ ein. An $K(s, t)$ stellen wir die *Bedingung*

B_r: $\quad K(s, t)$ besitzt in einer gewissen Umgebung des Raumes $\mathbb{R}^n \times \mathbb{R}^n$, welche die Abschließung der Menge $\varDelta_r(\vartheta) \times \varDelta_r(\vartheta)$ für ein gewisses ϑ enthält, eine analytische Fortsetzung $\tilde{K}(\bar{s}, \bar{t})$.

Wenn K der Bedingung B_{r_0} für irgendein $r_0 > 0$ genügt, dann erfüllt sie auch die Bedingung B_r für $r < r_0$. Falls $K(s, t)$ eine reelle lokalanalytische Funktion im Punkt $s = 0$, $t = 0$ ist, dann genügt sie der Bedingung B_r für hinreichend kleines r.

Die Fortsetzung des Quadrates der euklidischen Norm $\|\cdot\|$ ins Komplexe werden wir mit $a(\cdot)$ bezeichnen, d. h.

$$a(\bar{t}) = \sum_{k=1}^{n} \bar{t}_k{}^2, \tag{4}$$

wobei $\bar{t}_k$ $(k = 1, 2, \ldots, n)$ die Komponenten von $\bar{t}$ sind.

Um die für unsere Zwecke wichtigsten Eigenschaften des Levi-Operators herleiten zu können, benötigen wir einige Hilfssätze.

Hilfssatz 1. $\varDelta_r(\vartheta)$ *ist eine konvexe Menge.*

Den Beweis überlassen wir dem Leser. ∎

Hilfssatz 2. *Es sei $\bar{t} \in \varDelta_r(\vartheta)$ und $p \in \mathbb{R}^n$ mit $\|p\| \geqq r$. Dann gilt*

$$|a(p - \bar{t})| \geqq \operatorname{Re} a(p - \bar{t}) > (1 - \vartheta^2)\, \|p - \operatorname{Re}\bar{t}\|^2.$$

Beweis. Die erste Ungleichung ist trivial, so daß nur die zweite Ungleichung bewiesen werden muß. Aus $\bar{t} \in \varDelta_r(\vartheta)$ folgt nach (3)

$$\|\operatorname{Im}\bar{t}\| < \vartheta(r - \|\operatorname{Re}\bar{t}\|),$$

also

$$\|\operatorname{Im}\bar{t}\| < \vartheta(\|p\| - \|\operatorname{Re}\bar{t}\|) < \vartheta\,\|p - \operatorname{Re}\bar{t}\|.$$

Daraus ergibt sich weiter

$$\operatorname{Re} a(p - \bar{t}) = \|p - \operatorname{Re}\bar{t}\|^2 - \|\operatorname{Im}\bar{t}\|^2$$
$$> \|p - \operatorname{Re}\bar{t}\|^2 - \vartheta^2\,\|p - \operatorname{Re}\bar{t}\|^2 = (1 - \vartheta^2)\,\|p - \operatorname{Re}\bar{t}\|^2. \ \blacksquare$$

Hilfssatz 3. *Falls $\bar{t} \in \varDelta_r(\vartheta)$ und $p \in \mathbb{R}^n$ mit $\|p\| \geqq r$ ist, dann ist für jede reelle Zahl γ die Funktion $a^\gamma(p - \bar{t})$ eine analytische Funktion von $\bar{t}$, welche für $\bar{t} = t$ reelle Funktionswerte annimmt.*

Beweis. Im Hilfssatz 2 wurde gezeigt, daß unter unsern Bedingungen $\operatorname{Re} a(p - \bar{t}) > 0$ ist, also reduziert sich diese Aussage für $\bar{t} = t$ auf $a(p - t) = \|p - t\|^2 > 0$, und eine beliebige reelle Potenz von $a(p - t)$ bleibt reell. ∎

Wir werden das innere Produkt von zwei Vektoren $\tilde{s}, \tilde{t} \in \mathbb{C}^n$ wie üblich durch

$$\langle \tilde{s}, \tilde{t} \rangle = \sum_{k=1}^{n} \tilde{s}_k \tilde{t}_k.$$

definieren.

Hilfssatz 4. *Für $\tilde{t} \in \Delta_r(\vartheta)$ und $p \in \mathbb{R}^n$ mit $\|p\| = r$ gilt*

$$|\langle p, p - \tilde{t} \rangle| < (1 + \vartheta) \langle p, p - \operatorname{Re} \tilde{t} \rangle.$$

Beweis. Es ist

$$\langle p, p - \tilde{t} \rangle = \langle p, p - \operatorname{Re} \tilde{t} \rangle - i\langle p, \operatorname{Im} \tilde{t} \rangle.$$

Deshalb genügt es zu zeigen, daß

$$|\langle p, \operatorname{Im} \tilde{t} \rangle| < \vartheta \langle p, p - \operatorname{Re} \tilde{t} \rangle \tag{5}$$

gilt. Offensichtlich ist für jeden Vektor $v \in \mathbb{R}^n$ mit $\|v\| < \|p\|$ die Ungleichung

$$\langle p, p - v \rangle = \|p\|^2 - \langle p, v \rangle > 0 \tag{6}$$

erfüllt. Es sei nun $v = \operatorname{Re} \tilde{t} \pm \dfrac{1}{\vartheta} \operatorname{Im} \tilde{t}$. Dann ist nach (3)

$$\|v\| \leqq \|\operatorname{Re} \tilde{t}\| + \frac{1}{\vartheta} \|\operatorname{Im} \tilde{t}\| < \|\operatorname{Re} \tilde{t}\| + r - \|\operatorname{Re} \tilde{t}\| = r = \|p\|.$$

Der gewählte Vektor genügt also der obigen Bedingung, und es gilt demzufolge nach (6)

$$\left\langle p, p - \left(\operatorname{Re} \tilde{t} \pm \frac{1}{\vartheta} \operatorname{Im} \tilde{t}\right)\right\rangle > 0$$

oder

$$\langle p, p - \operatorname{Re} \tilde{t} \rangle > \pm \frac{1}{\vartheta} \langle p, \operatorname{Im} \tilde{t} \rangle.$$

Hieraus folgt sofort (5). ∎

Hilfssatz 5. *Es sei $\tilde{t} \in \Delta_r(\vartheta)$, $p \in \mathbb{R}^n$ mit $\|p\| \geqq r$ und β ein n-dimensionaler Multiindex. Behauptung:*

$$|(p - \tilde{t})^\beta| < (1 + \vartheta)^{|\beta|} \|p - \operatorname{Re} \tilde{t}\|^{|\beta|}.$$

(Die Bedeutung der linken Seite ist in (2) erklärt.)

Beweis. Es gilt

$$|p_k - \tilde{t}_k| \leqq |p_k - \operatorname{Re} \tilde{t}_k| + |\operatorname{Im} \tilde{t}_k|$$
$$\leqq \|p - \operatorname{Re} \tilde{t}\| + \|\operatorname{Im} \tilde{t}\| \qquad (k = 1, 2, 3, \ldots, n)$$

und nach (3)

$$\|\operatorname{Im} \tilde{t}\| < \vartheta(r - \|\operatorname{Re} \tilde{t}\|) \leqq \vartheta(\|p\| - \|\operatorname{Re} \tilde{t}\|) \leqq \vartheta \|p - \operatorname{Re} \tilde{t}\|.$$

Wir erhalten also

$$|p_k - \tilde{t}_k| < (1 + \vartheta) \|p - \operatorname{Re} \tilde{t}\| \qquad (k = 1, 2, \ldots, n),$$

woraus die Behauptung unmittelbar folgt. ∎

Der folgende Satz [KAHANE 1965] wird sich bei der Auflösung gewisser schwach singulärer Integralgleichungen als sehr nützlich erweisen.

Satz 1. *Es sei $K(s, t)$ eine Kernfunktion, welche für irgendeine positive Zahl r_0 der Bedingung B_{r_0} genügt. Weiter sei $\alpha + |\beta| > 0$, wobei α und β die im Levi-Operator (1) auftretenden Exponenten sind. Dann hat der Levi-Operator (1), betrachtet als lineare stetige Abbildung von $C(\|t\| \leq r)$ in sich, eine komplexe analytische Erweiterung (bezeichnet mit $\mathscr{K}_r^C$), welche den Funktionenraum $\mathfrak{B}_r(\vartheta)$ in sich stetig abbildet. Es gilt weiter $\|\mathscr{K}_r^C\| \to 0$ für $r \to 0$.*

Beweis. Es sei p ein Vektor auf der Kugeloberfläche $\|t\| \leq r$ und $s \in \mathbb{R}^n$ irgendein Vektor im Inneren dieser Kugel. Die Verbindungsstrecke von s nach p hat die Parameterdarstellung

$$t = s + \tau(p - s) \qquad (0 < \tau < 1). \tag{7}$$

Die Koordinaten der n-dimensionalen Kugeloberfläche seien $\varphi = (\varphi_1, \varphi_2, \ldots, \varphi_{n-1})$ (es sind dies die n-dimensionalen Polarwinkel), und der Vektor p habe die Parameterdarstellung $p = p(\varphi)$ ($\|p\| = r$). Wenn die Parameter τ und φ alle möglichen Werte annehmen, dann beschreibt t alle Vektoren der obigen Kugel. Also kann durch

$$t = t(\tau, \varphi) = s + \tau\big(p(\varphi) - s\big) \tag{8}$$

jeder Punkt der obigen Kugel dargestellt werden, selbstverständlich bei festgehaltenem s. Man kann also auf Grund von (8) anstelle des Vektors t den Vektor (τ, φ) $= (\tau, \varphi_1, \varphi_2, \ldots, \varphi_{n-1})$ betrachten, wobei τ das Intervall $(0, 1)$ und φ die Oberfläche Ω_n der n-dimensionalen Einheitskugel durchläuft. Im Integral (1) werden wir diesen Variablenübergang vollziehen, so daß die entsprechende Jacobische Determinante $\partial(t)/\partial(\tau, \varphi)$ berechnet werden muß. Wir zeigen:

$$\frac{\partial(t)}{\partial(\tau, \varphi)} \, d\tau d\varphi = \tau^{n-1} \langle p, p - s \rangle \, r^{n-2} d\omega_\varphi d\tau, \tag{9}$$

wobei $d\omega_\varphi$ das Oberflächendifferential der Einheitskugel im Punkt φ bedeutet. Man erkennt sofort

$$\frac{\partial(t)}{\partial(\tau, \varphi)} = \tau^{n-1} \det\left(p - s, \frac{\partial p}{\partial \varphi_1}, \ldots, \frac{\partial p}{\partial \varphi_{n-1}}\right) = \tau^{n-1} \langle p - s, v \rangle.$$

Hier bedeutet v denjenigen Vektor, dessen Komponenten die zur ersten Spalte gehörigen Unterdeterminanten der obigen Determinante sind. Der Vektor v ist zur Kugeloberfläche $\|p\| = r$ orthogonal. Es gibt deswegen eine Zahl η, so daß $v = \eta p$ gilt. Daraus folgt

$$\frac{\partial(t)}{\partial(\tau, \varphi)} \, d\tau d\varphi = \tau^{n-1} \eta \langle p - s, p \rangle \, d\tau d\varphi. \tag{10}$$

Wir zeigen jetzt, daß $\eta d\varphi = r^{n-2} \, d\omega_\varphi$ gilt, womit die Formel (9) bewiesen ist.

Man setze in (10) $s = 0$. Dann gilt, weil η von s unabhängig ist,

$$\left.\frac{\partial(t)}{\partial(\tau, \varphi)}\right|_{s=0} \, d\tau d\varphi = \tau^{n-1} \eta \, \|p\|^2 \, d\tau d\varphi = \tau^{n-1} \eta r^2 d\tau d\varphi. \tag{11}$$

Wenn aber $s = 0$ ist, ergibt sich nach (8)

$$t = \tau p(\varphi),$$

d. h.

$$\|t\| = \tau \, \|p(\varphi)\| = \tau r < r.$$

Der Übergang von t auf (τ, φ) bedeutet somit den Übergang auf Polarkoordinaten, verbunden mit einer Dehnung um den Betrag r. Daher ist die linke Seite von (11) das Produkt von r^n mit dem Volumendifferential, ausgedrückt in Polarkoordinaten, d. h. $r^n \tau^{n-1} d\tau d\omega_\varphi$, woraus die Behauptung folgt.

Wir kommen jetzt auf den Levi-Operator (1) zurück und setzen statt der Integrationsvariablen t die neue Variable (τ, φ) ein:

$$(\mathscr{K}_r x)(s) = \int\limits_{\|t\|<r} K(s, t) \, \frac{(s-t)^\beta}{\|s-t\|^{n-\alpha}} \, x(t) \, dt$$

$$= \int\limits_{0<\tau<1} \int\limits_{\varphi\in\Omega_n} \tau^{\alpha+|\beta|-1} K\big(s, s + \tau(p-s)\big) \frac{(p-s)^\beta}{\|p-s\|^{n-\alpha}} \, x\big(s + \tau(p-s)\big)$$

$$\times \langle p, p-s \rangle \, r^{n-2} d\omega_\varphi d\tau. \tag{12}$$

Es sei r eine beliebige Zahl mit $0 < r \leqq r_0$. Da nach Voraussetzung der Kern K die Eigenschaft B_{r_0} hat, gilt die Eigenschaft B_r erst recht. Es soll weiter vorausgesetzt werden, daß $x(t)$ eine analytische Fortsetzung $\tilde{x}(\tilde{t})$ in $\Delta_r(\vartheta)$ besitzt und diese zur Klasse $\mathfrak{B}_r(\vartheta)$ gehört.

Wir werden jetzt in (12) für s formal $\tilde{s}$ einsetzen und beachten, daß nach (4) die Fortsetzung von $\|p-s\|^2$ ins Komplexe die Funktion $a(p - \tilde{s})$ ist. Wir gelangen so zum Ausdruck

$$\int\limits_{0<\tau<1} \int\limits_{\varphi\in\Omega_n} \tau^{\alpha+|\beta|-1} K\big(s, \tilde{s} + \tau(p-\tilde{s})\big) \frac{(p-\tilde{s})^\beta}{a^{\frac{n-\alpha}{2}}(p-\tilde{s})}$$

$$\times x\big(\tilde{s} + \tau(p-\tilde{s})\big) \langle p, p-\tilde{s} \rangle \, r^{n-2} d\omega_\varphi d\tau. \tag{13}$$

Wir haben jetzt nachzuweisen, daß dieser Ausdruck sinnvoll ist und eine in $\Delta_r(\vartheta)$ analytische Funktion bestimmt.

Nach Hilfssatz 1 ist $\Delta_r(\vartheta)$ konvex, deswegen liegt mit $\tilde{s}$ auch $\tilde{s} + \tau(p-\tilde{s})$ $(0 < \tau < 1)$ in $\Delta_r(\vartheta)$. Dann sind die Funktionen $K\big(\tilde{s}, \tilde{s} + \tau(p-\tilde{s})\big) = \tilde{K}\big(\tilde{s}, \tilde{s} + \tau(p-\tilde{s})\big)$ und $x\big(\tilde{s} + \tau(p-\tilde{s})\big) = \tilde{x}\big(\tilde{s} + \tau(p-\tilde{s})\big)$ im Integranden nach den Voraussetzungen des Satzes 1 sinnvolle Ausdrücke. Nach Hilfssatz 3 hat auch $a^{\frac{n-\alpha}{2}}(p-\tilde{s})$ einen Sinn und ist eine wohlbestimmte analytische Funktion.

Jetzt zeigen wir, daß (13) in $\Delta_r(\vartheta)$ eine analytische Funktion definiert.

In (13) verändert sich τ von 0 bis 1. Es sei nun $\delta > 0$, und wir lassen vorläufig τ nur im Intervall $(\delta, 1 - \delta)$ variieren. Das derart bestimmte Integral, welches (13) entspricht, werden wir mit $I_\delta(\tilde{s})$ bezeichnen. $I_\delta(\tilde{s})$ ist eine analytische Funktion auf dem Gebiet $\Delta_r(\vartheta)$. Da andererseits K der Bedingung B_r genügt und $x \in \mathfrak{B}_r(\vartheta)$ ist, stellt $\tilde{K}\big(\tilde{s}, \tilde{s} + \tau(p-\tilde{s})\big) \tilde{x}\big(\tilde{s} + \tau(p-\tilde{s})\big)$ eine beschränkte analytische Funktion im Integrationsbereich des Integrals (13) dar. Nach Hilfssatz 2 ist $a(p - \tilde{s}) \neq 0$ $\left(\tilde{s} \in \Delta_r(\vartheta)\right)$ und $\|p\| = r$, deshalb ist auch $\left[a^{\frac{n-\alpha}{2}}(p - \tilde{s})\right]^{-1}$ beschränkt, falls $\tilde{s}$ aus einer kompakten Teilmenge von $\Delta_r(\vartheta)$ ist. Unter dieser Voraussetzung kann der Absolutbetrag des Integranden in (13) durch $C\tau^{\alpha+|\beta|-1}$ abgeschätzt werden, wobei C eine Konstante ist. Da aber nach Voraussetzung $\alpha + |\beta| > 0$ ist, konvergiert $I_\delta(\tilde{s})$ auf jeder kompakten Teilmenge von $\Delta_r(\vartheta)$ gleichmäßig gegen das Integral (13), also definiert (13) eine analytische Funktion.

Wir können demnach das Integral (13) als einen auf dem Funktionenraum $\mathfrak{B}_r(\vartheta)$ definierten Integraloperator $\mathscr{K}_r^C$ auffassen, dessen Wertebereich eine Teilmenge aller auf $\Delta_r(\vartheta)$ definierten Funktionen ist.

Wir zeigen jetzt, daß $\mathscr{K}_r^C x$ $\left(x \in \mathfrak{B}_r(\vartheta)\right)$ eine in $\Delta_r(\vartheta)$ beschränkte Funktion ist. Dazu benötigen wir die folgenden Abschätzungen, die in den Hilfssätzen 2, 4 und 5 bewiesen wurden:

$$|a(p - \tilde{s})| > (1 - \vartheta^2)\,\|p - \mathrm{Re}\,\tilde{s}\|^2, \qquad \tilde{s} \in \Delta_r(\vartheta),\ \|p\| = r;$$

$$|\langle p, p - \tilde{s}\rangle| < (1 + \vartheta)\,\langle p, p - \mathrm{Re}\,\tilde{s}\rangle, \quad \tilde{s} \in \Delta_r(\vartheta),\ \|p\| = r;$$

$$|(p - \tilde{s})^\beta| < (1 + \vartheta)^{|\beta|}\,\|p - \mathrm{Re}\,\tilde{s}\|^{|\beta|}, \quad \tilde{s} \in \Delta_r(\vartheta),\ \|p\| = r.$$

Auf Grund dieser Ungleichungen ist für $x \in \mathfrak{B}_r(\vartheta)$ und $\tilde{s} \in \Delta_r(\vartheta)$

$$
\begin{aligned}
|(\mathscr{K}_r^C x)\,(\tilde{s})| &= \left| \int\limits_{0<\tau<1} \int\limits_{\varphi\in\Omega_n} \tau^{\alpha+|\beta|-1}\tilde{K}\big(\tilde{s},\, \tilde{s} + \tau(p - \tilde{s})\big) \right.\\
&\qquad \left. \times \frac{(p - \tilde{s})^\beta}{a^{\frac{n-\alpha}{n}}(p - \tilde{s})}\, x\big(\tilde{s} + \tau(p - \tilde{s})\big)\,\langle p, p - \tilde{s}\rangle\, r^{n-2}d\omega_\varphi d\tau \right|\\
&\leq \frac{(1 + \vartheta)^{|\beta|+1}}{(1 - \vartheta^2)^{\frac{n-\alpha}{2}}}\, M\,\|x\| \int\limits_{0<\tau<1} \int\limits_{\varphi\in\Omega_n} \frac{\tau^{\alpha+|\beta|-1}}{\|p - \mathrm{Re}\,\tilde{s}\|^{n-(\alpha+|\beta|)}}\\
&\qquad \times \langle p, p - \mathrm{Re}\,\tilde{s}\rangle\, r^{n-2}d\omega_\varphi d\tau,
\end{aligned}
\tag{14}
$$

wobei M eine obere Schranke für $|\tilde{K}(\tilde{s}, \tilde{t})|$ auf $\Delta_r(\vartheta) \times \Delta_r(\vartheta)$ ist. $\|x\|$ bedeutet die Norm von x im Raum $\mathfrak{B}_r(\vartheta)$.

Jetzt zeigen wir, daß das Integral auf der rechten Seite von (14) in $\Delta_r(\vartheta)$ beschränkt ist. Zu diesem Zweck werden wir von den Variablen (τ, φ) wiederauf die Integrationsvariable t entsprechend der Formel (7) übergehen, wobei in (7) anstelle von s jetzt der reelle Vektor $\mathrm{Re}\,\tilde{s}$ eingesetzt wird. Dadurch nimmt das Integral die Gestalt

$$\int\limits_{\|t\|<r} \frac{dt}{\|t - \mathrm{Re}\,\tilde{s}\|^{n-(\alpha+|\beta|)}} \tag{15}$$

an. Da $\alpha + |\beta| > 0$ gilt, hat dieses Integral einen Sinn, und nach einer (in der Potentialtheorie üblichen) Überlegung ist (15) bezüglich $\mathrm{Re}\,\tilde{s}$ stetig. Andererseits folgt aus $\tilde{s} \in \varDelta_r(\vartheta)$, daß $\|\mathrm{Re}\,\tilde{s}\| < r$ ist, also hat (15) die Schranke

$$N(r) = \max_{\substack{\|s\| \le r}} \int\limits_{\|t\| < r} \frac{dt}{\|t - s\|^{n-(\alpha+|\beta|)}}.\tag{16}$$

Damit ist die Beschränktheit von $\mathscr{K}_r{}^C x$ im Gebiet $\varDelta_r(\vartheta)$ bewiesen. Wir haben also $\mathscr{K}_r{}^C x \in \mathfrak{B}_r(\vartheta)$ und $\|\mathscr{K}_r{}^C x\| = \sup_{\tilde{s} \in \varDelta_r(\vartheta)} (\mathscr{K}_r{}^C x)\,(\tilde{s})$. Aus (14) folgt

$$\|\mathscr{K}_r{}^C x\| \le \frac{(1 + \vartheta)^{|\beta|+1}}{(1 - \vartheta^2)^{\frac{n-\alpha}{2}}}\, M N(r)\, \|x\|,$$

und die Abbildung $\mathscr{K}_r{}^C\colon \mathfrak{B}_r(\vartheta) \to \mathfrak{B}_r(\vartheta)$ ist beschränkt, also auch stetig.

Schließlich bemerken wir, daß $N(r) \to 0$ für $r \to \infty$ strebt, was unmittelbar aus (16) folgt. ∎

Eine wichtige Anwendung hat auch die folgende Behauptung (vgl. 5.10.) [KAHANE 1965]:

Satz 2. *$K(s, t)$ genüge der Bedingung* $\mathbf{B}_{r_0}$, *und es sei* $x \in C(\|t\| \le r_0)$ $(r_0 > 0)$. *Dann hat*

$$(\mathscr{K}_{r_0} x)\,(s) - (\mathscr{K}_r x)\,(s) = \int\limits_{r < \|t\| < r_0} K(s, t)\, \frac{(s - t)^\beta}{\|s - t\|^{n-\alpha}}\, x(t)\, dt$$

für jedes r *mit* $0 < r < r_0$ *eine komplexe analytische Fortsetzung, welche zu* $\mathfrak{B}_r(\vartheta)$ *gehört.*

Beweis. Man betrachte den Ausdruck

$$I(\tilde{s}) := \int\limits_{r < \|t\| < r_0} \tilde{K}(\tilde{s}, t)\, \frac{(\tilde{s} - t)^\beta}{a^{\frac{n-\alpha}{2}}(\tilde{s} - t)}\, x(t)\, dt,\tag{17}$$

wobei $\tilde{s} \in \varDelta_r(\vartheta)$ ist. Nach Hilfssatz 2 ist $a^{\frac{n-\alpha}{2}}(\tilde{s} - t)$ definiert und analytisch. Offensichtlich ist die Bildung der Ableitung nach $\tilde{s}_p$ $(p = 1, 2, \ldots, n)$ unter dem Integralzeichen gestattet, woraus folgt, daß $I(\tilde{s})$ im Gebiet $\varDelta_r(\vartheta)$ analytisch ist.

Die Beschränktheit von $I(\tilde{s})$ ergibt sich unmittelbar aus Hilfssatz 2 und Hilfssatz 5, wonach

$$|a(\tilde{s} - t)| > (1 - \vartheta^2)\, \|\mathrm{Re}\,\tilde{s} - t\|^2, \quad \tilde{s} \in \varDelta_r(\vartheta),\ \|t\| \ge r,\tag{18}$$

und

$$|(\tilde{s} - t)^\beta| < (1 + \vartheta)^{|\beta|}\, \|\mathrm{Re}\,\tilde{s} - t\|^{|\beta|}, \quad s \in \varDelta_r(\vartheta),\ \|t\| > r,\tag{19}$$

gilt. Unter Beachtung dieser Abschätzungen ergibt sich aus (17)

$$I(\tilde{s}) \le cM\, \frac{(1 + \vartheta)^{|\beta|}}{(1 - \vartheta^2)^{\frac{n-\alpha}{2}}} \int\limits_{r < \|t\| < r_0} \frac{dt}{\|\mathrm{Re}\,\tilde{s} - t\|^{n-(\alpha+|\beta|)}},$$

wobei $|\tilde{K}(\tilde{s}, t)| \le M$ und $\|x\| \le c$ ist. Da das Integral auf der rechten Seite bezüglich $\tilde{s} \in \varDelta_r(\vartheta)$ stetig ist, ist es beschränkt. ∎

18*

4.3.3.   Faltung von speziellen Levi-Operatoren

Es wird hier eine Reihe von Sätzen bewiesen, welche sich später als sehr nützlich erweisen werden.

Satz 1. *Es seien α und β positive Zahlen mit*

$$\alpha + \beta < n. \tag{1}$$

Dann gilt für $s \neq t$

$$\int_{\mathbb{R}^n} \frac{dz}{\|s - z\|^{n-\alpha} \|z - t\|^{n-\beta}} = c(\alpha, \beta)\, \frac{1}{\|s - t\|^{n-(\alpha+\beta)}}, \tag{2}$$

wobei $c(\alpha, \beta)$ eine stetige Funktion von α und β im Bereich (1) ist.

Beweis. Wir führen anstelle von z die neue Variable $u = z - s$ ein, wodurch aus der linken Seite von (2)

$$F := \int_{\mathbb{R}^n} \frac{dz}{\|s - z\|^{n-\alpha} \|z - t\|^{n-\beta}} = \int_{\mathbb{R}^n} \frac{du}{\|u\|^{n-\alpha} \|s - t + u\|^{n-\beta}}$$

wird. Eine nochmalige Variablentransformation $v = \dfrac{1}{\|s - t\|}\, u$ führt zu

$$F = \frac{1}{\|s - t\|^{n-(\alpha+\beta)}} \int_{\mathbb{R}^n} \frac{dv}{\|v\|^{n-\alpha} \left\| \dfrac{s - t}{\|s - t\|} + v \right\|^{n-\beta}}.$$

Schließlich soll jetzt eine Rotation durchgeführt werden, welche den Einheitsvektor $\dfrac{s - t}{\|s - t\|}$ in einen festen Einheitsvektor e des Raumes $\mathbb{R}^n$ überführt. Die so entstehende neue Variable wollen wir mit w bezeichnen. Da eine Rotation die Abstände und Volumina unverändert läßt, ergibt sich

$$F = \frac{1}{\|s - t\|^{n-(\alpha+\beta)}} \int_{\mathbb{R}^n} \frac{dw}{\|w\|^{n-\alpha} \|e + w\|^{n-\beta}}.$$

Wenn wir

$$c(\alpha, \beta) = \int_{\mathbb{R}^n} \frac{dw}{\|w\|^{n-\alpha} \|e + w\|^{n-\beta}}$$

setzen, sieht man sofort die Gültigkeit der Behauptung. ∎

Satz 2. *Es seien wieder α und β positive Zahlen mit*

$$\alpha + \beta < n - 1 \tag{3}$$

Dann gilt für $s \neq t$

$$\int_{\mathbb{R}^n} \frac{(z_k - t_k)\, dz}{\|s - z\|^{n-\alpha} \|z - t\|^{n-\beta}} = h(\alpha, \beta)\, \frac{s_k - t_k}{\|s - t\|^{n-(\alpha+\beta)}} \quad (k = 1, 2, \ldots, n), \tag{4}$$

wobei $h(\alpha, \beta)$ eine im Bereich (3) stetige Funktion ist mit stetigen Randwerten auf der Geraden $\alpha + \beta = n - 1$. Die Bedeutungen von s_k und t_k sind (2; 4.3.2) zu entnehmen.
Der Beweis beruht auf folgendem Lemma:

Hilfssatz 1. *Es gilt für $s \neq t$*

$$\int\limits_{\mathbb{R}^n} \frac{(z_k - t_k)\,dz}{\|s - z\|^{n-\alpha}\,\|z - t\|^{n-\beta}} = \frac{\beta}{\alpha + \beta}\,(s_k - t_k) \int\limits_{\mathbb{R}^n} \frac{dz}{\|s - z\|^{n-\alpha}\,\|z - t\|^{n-\beta}}, \qquad (5)$$

wobei α und β der Bedingung (3) genügen $(k = 1, 2, \ldots, n)$.

Beweis. Durch partielle Integration ergibt sich

$$\int\limits_{\mathbb{R}^n} \frac{\partial}{\partial z_k}\left[\frac{1}{\|s - z\|^{n-\alpha-2}}\right] \nabla_z^2 \left[\frac{1}{\|z - t\|^{n-\beta-2}}\right] dz$$

$$= -\int\limits_{\mathbb{R}^n} \nabla_z^2\left[\frac{1}{\|s - z\|^{n-\alpha-2}}\right] \frac{\partial}{\partial z_k}\left[\frac{1}{\|z - t\|^{n-\beta-2}}\right] dz.$$

Die ausintegrierten Teile verschwinden wegen der Voraussetzung (3). Wenn wir die Differentiationen explizit berechnen, erhält die obige Identität folgende Gestalt:

$$\int\limits_{\mathbb{R}^n} \frac{(\alpha + 2 - n)\,(z_k - s_k)}{\|z - s\|^{n-\alpha}}\,\frac{(\beta + 2 - n)}{\|z - t\|^{n-\beta}}\,dz$$

$$= -\int\limits_{\mathbb{R}^n} \frac{(\alpha + 2 - n)\,\alpha}{\|z - s\|^{n-\alpha}}\,\frac{(\beta + 2 - n)\,(z_k - t_k)}{\|z - t\|^{n-\beta}}\,dt,$$

woraus

$$\alpha \int\limits_{\mathbb{R}^n} \frac{(z_k - t_k)\,dz}{\|s - z\|^{n-\alpha}\,\|z - t\|^{n-\beta}} = \beta \int\limits_{\mathbb{R}^n} \frac{(s_k - z_k)\,dz}{\|s - z\|^{n-\alpha}\,\|z - t\|^{n-\beta}} \qquad (6)$$

folgt, vorausgesetzt, daß $\alpha + 2 - n \neq 0$ und $\beta + 2 - n \neq 0$ ist. Wären aber diese Bedingungen nicht erfüllt, so kann dennoch die Gültigkeit von (6) aus Stetigkeitsüberlegungen heraus behauptet werden. Wenn wir jetzt auf beiden Seiten von (6) das Glied

$$\beta \int\limits_{\mathbb{R}^u} \frac{(z_k - t_k)\,dz}{\|s - z\|^{n-\alpha}\,\|z - t\|^{n-\beta}}$$

addieren, ergibt sich (5). ∎

Beweis von Satz 2. Wir wenden den Satz 1 auf das Integral auf der rechten Seite von (5) an und sehen sofort, daß

$$h(\alpha, \beta) = \frac{\beta}{\alpha + \beta}\,c(\alpha, \beta)$$

ist, woraus die Behauptung des Satzes folgt. ∎

Satz 3. *Es seien α und β positive Zahlen mit der Eigenschaft* (1). *Dann gilt*

$$\int\limits_{\|z\|<r} \frac{dz}{\|s-z\|^{n-\alpha}\,\|z-t\|^{n-\beta}} = \frac{c(\alpha,\beta)}{\|s-t\|^{n-(\alpha+\beta)}} + A(s,t), \tag{7}$$

wobei $c(\alpha,\beta)$ die im Satz 1 definierte Funktion ist. Die Funktion $A(s,t)$ ist so beschaffen, daß

$$\int\limits_{\|t\|<r} A(s,t)\,x(t)\,dt$$

im Bereich $\|s\| < r$ für eine beliebige Funktion x aus $C(\|t\| < r)$ analytisch ist.

Beweis. Aus (2) ergibt sich

$$\int\limits_{\|z\|<r} \frac{dz}{\|s-z\|^{n-\alpha}\,\|z-t\|^{n-\beta}} = \int\limits_{\mathbb{R}^n} \frac{dz}{\|s-z\|^{n-\alpha}\,\|z-t\|^{n-\beta}} - \int\limits_{\|z\|\geq r} \frac{dz}{\|s-z\|^{n-\alpha}\,\|z-t\|^{n-\beta}}$$

$$= \frac{c(\alpha,\beta)}{\|s-t\|^{n-(\alpha+\beta)}} + A(s,t)$$

mit

$$A(s,t) = -\int\limits_{\|z\|\geq r} \frac{dz}{\|s-z\|^{n-\alpha}\,\|z-t\|^{n-\beta}}.$$

$A(s,t)$ ist wegen der entsprechenden Eigenschaft des Integranden offensichtlich analytisch im Bereich $\Delta_r \times \Delta_r$ $(\Delta_r = \{s \mid s \in \mathbb{R}^n,\ \|s\| < r\})$. Es sei nun $x \in C(\Delta_r)$, und wir gehen von den reellen Variablen auf die komplexen Veränderlichen über (wir werden hier dieselben Bezeichnungen verwenden, welche in 4.3.2. eingeführt wurden). Es folgt

$$\tilde{A}(\tilde{s},t) = -\int\limits_{\|z\|>r} \frac{dz}{a^{\frac{n-\alpha}{2}}(\tilde{s}-z)\,\|z-t\|^{n-\beta}},$$

wobei a die in (4; 4.3.2) definierte Funktion ist. Wir erhalten

$$\frac{\partial}{\partial s_k} A(\tilde{s},t) = -\int\limits_{\|z\|>r} \frac{(\alpha-n)\,(\tilde{s}_k-z_k)\,dz}{a^{\frac{n-\alpha+2}{2}}(\tilde{s}-z)\,\|z-t\|^{n-\beta}}.$$

Beide Funktionen sind bezüglich $\tilde{s}$ und t stetig in $\Delta_r(\vartheta) \times \Delta_r$; dabei ist $\Delta_r(\vartheta)$ wieder der in (3; 4.3.2) definierte Bereich. Um das einzusehen, zerlegen wir die hier auftretenden Integrale in folgender Weise:

$$\int\limits_{\|z\|\geq r} = \int\limits_{r<\|z\|<r+\varepsilon} + \int\limits_{\|z\|>r+\varepsilon}. \tag{8}$$

Nach Hilfssatz 2; 4.3.2. ist

$$|a(\tilde{s}-z)| > (1-\vartheta^2)\,\|\operatorname{Re}\tilde{s}-t\|^2, \quad \tilde{s} \in \Delta_r(\vartheta),\ \|t\| \geq r;$$

zusammen mit (1) wird dadurch gesichert, daß das zweite Integral auf der rechten Seite von (8) für $\tilde{s} \in \varDelta_r(\vartheta)$ und $\|t\| \leqq r$ absolut und gleichmäßig existiert. Daher definiert dieses Integral eine in $\tilde{s}$ und t stetige Funktion.

Was das erste Integral auf der rechten Seite von (8) anbelangt, so ist es nach einer in der Potentialtheorie (s. etwa [COURANT — HILBERT 1962, p. 246—247]) gebräuchlichen Argumentation ebenfalls eine stetige Funktion, falls $\tilde{s}$ in einem kompakten Teilgebiet von $\varDelta_r(\vartheta)$ und $t \in \mathbb{R}^n$ variiert. Daraus folgt aber, daß $\tilde{\mathscr{A}} x$ in $\varDelta_r(\vartheta)$ analytisch ist; also gilt dasselbe auch für die Einschränkung auf reelle Werte von s. ∎

Satz 4. *Es seien α und β positive Zahlen mit $\alpha + \beta \leqq n - 1$. Dann gilt*

$$\int\limits_{\|z\|<r} \frac{(z_k - t_k)\, dz}{\|s - z\|^{n-\alpha}\, \|z - t\|^{n-\beta}} = h(\alpha, \beta)\, \frac{s_k - t_k}{\|s - t\|^{n-(\alpha+\beta)}} + B_k(s, t)$$

$$(k = 1, 2, \ldots, n),$$

wobei $h(\alpha, \beta)$ die in Satz 2 definierte stetige Funktion ist. Das Integral

$$\int\limits_{\|t\|<r} B_k(s, t)\, x(t)\, dt, \quad \|s\| < r, \tag{9}$$

ist analytisch für jede Funktion x aus $C(\varDelta_r)$.

Beweis. Falls $\alpha + \beta < n - 1$ ist, kann man den Beweis von Satz 3 wörtlich wiederholen unter Berufung auf Satz 2:

$$\int\limits_{\varDelta_r} \frac{(z_k - t_k)\, dz}{\|s - z\|^{n-\alpha}\, \|z - t\|^{n-\beta}} = \int\limits_{\mathbb{R}^n} \frac{(z_k - t_k)\, dz}{\|s - z\|^{n-\alpha}\, \|z - t\|^{n-\beta}}$$

$$- \int\limits_{\|z\|>r} \frac{(z_k - t_k)\, dz}{\|s - z\|^{n-\alpha}\, \|z - t\|^{n-\beta}}$$

$$= h(\alpha, \beta)\, \frac{s_k - t_k}{\|s - t\|^{n-(\alpha+\beta)}} + B_k(s, t) \tag{10}$$

mit

$$B_k(s, t) = -\int\limits_{\|z\|>r} \frac{(z_k - t_k)\, dz}{\|s - z\|^{n-\alpha}\, \|z - t\|^{n-\beta}}. \tag{11}$$

Die Eigenschaft (9) läßt sich auch genau so beweisen wie die entsprechende Eigenschaft von $A(s, t)$ in Satz 3.

Der obige Gedankengang scheitert aber, falls $\alpha + \beta = n - 1$ ist, da dann die rechte Seite von (10) divergent wird. Wir wollen einen Weg zum Beweis des Satzes angeben, falls für die Exponenten α_0 und β_0 die Beziehung $\alpha_0 + \beta_0 = n - 1$ gilt. Es seien α und β positive Exponenten mit $\alpha + \beta < n - 1$, und wir lassen $\alpha \to \alpha_0$, $\beta \to \beta_0$ streben. Diese Tatsache werden wir kurz mit $(\alpha, \beta) \to (\alpha_0, \beta_0)$ bezeichnen. Nachdem wir schon wissen, daß für (α, β) der angegebene Satz richtig ist, können wir jetzt mit Hilfe eines Grenzüberganges die Behauptung auch für (α_0, β_0) nachweisen.

Aus Satz 2 ist bekannt, daß $h(\alpha, \beta)$ im Bereich $\alpha + \beta \leqq n - 1$ $(\alpha > 0, \beta > 0)$ stetig ist. Es existiert also ein Grenzwert $h_0 = h(\alpha_0, \beta_0)$ für $(\alpha, \beta) \to (\alpha_0, \beta_0)$. Die linke Seite von (10) hat sicher einen Grenzwert bei dem geschilderten Grenzübergang. Das gleiche gilt für den Ausdruck (11), dessen Grenzwert wir mit $B_k^{(0)}(s, t)$ bezeichnen wollen. Es gilt somit

$$\int\limits_{\|z\| < r} \frac{(z_k - t_k)\, dz}{\|s - z\|^{n - \alpha_0}\, \|z - t\|^{n - \beta_0}} = h_0 \frac{s_k - t_k}{\|s - t\|} + B_k^{(0)}(s, t) \qquad (k = 1, 2, \ldots, n).$$

Es bleibt also nur zu zeigen, daß

$$\int\limits_{\|t\| < r} B_k^{(0)}(s, t)\, x(t)\, dt, \quad \|s\| < r,$$

analytisch ist für $x \in C(\varDelta_r)$. Den Beweis erbringen wir, indem gezeigt wird, daß die Ableitungen

$$\frac{\partial B_k^{(0)}(s, t)}{\partial s_l} \qquad (k, l = 1, 2, \ldots, n)$$

existieren und daß

$$\int\limits_{\|t\| < r} \frac{\partial}{\partial s_l} B_k^{(0)}(s, t)\, x(t)\, dt$$

in der offenen Kugel $\|s\| < r$ analytisch ist.

Für $\alpha + \beta < n - 1$ ergibt sich direkt aus (11)

$$\frac{\partial B_k(s, t)}{\partial s_l} = - \int\limits_{\|z\| > r} \frac{(z_k - t_k)\,(\alpha - n)\,(s_l - z_l)\, dz}{\|s - z\|^{n - \alpha + 2}\, \|z - t\|^{n - \beta}}.$$

Wir gehen jetzt mit $(\alpha, \beta) \to (\alpha_0, \beta_0)$ zur Grenze über. Das Integral auf der rechten Seite strebt im Bereich $\|s\| \leqq r - \varepsilon$, $\|t\| \leqq r - \varepsilon$ $(\varepsilon > 0)$ gleichmäßig gegen das entsprechende Integral mit den Parametern α_0, β_0. (Das so gewonnene Integral konvergiert im Unendlichen gewiß, da $\alpha_0 + \beta_0 = n - 1$ ist.) Daraus folgt, daß die Grenzfunktion $B_k^{(0)}(s, t)$ ebenfalls Ableitungen besitzt, die sich dadurch ergeben, daß im obigen Integral für α und β einfach α_0, β_0 eingesetzt wird. Mit der gleichen Begründung wie im vorangehenden Satz ergibt sich die Analytizität von

$$\int\limits_{\|t\| < r} \frac{\partial}{\partial s_l} B_k^{(0)}(s, t)\, x(t)\, dt \qquad (k, l = 1, 2, \ldots, n)$$

im Kugelbereich $\|s\| < r$. $\blacksquare$

Falls $x \in C_0^2$ ist (d. h., x ist eine Funktion aus C^2 mit kompaktem Träger), gilt

$$\nabla^2 \int\limits_{\mathbb{R}^n} \frac{x(t)}{\|s - t\|^{n - \alpha}}\, dt = \int\limits_{\mathbb{R}^n} \frac{\nabla^2 x(t)}{\|s - t\|^{n - \alpha}}\, dt, \qquad \alpha > 0.$$

Diese Formel wird auf den Fall eines Kugelbereiches $\|t\| < r$ als Integrationsbereich übertragen:

Satz 5. *Es sei $x \in C^2(\Delta_r)$ und $\alpha > 0$. Dann gilt*

$$\nabla^2 \int\limits_{\Delta_r} \frac{x(t)}{\|s - t\|^{n-\alpha}}\, dt = \int\limits_{\Delta_r} \frac{\nabla^2 x(t)}{\|s - t\|^{n-\alpha}}\, dt + H_r(s),$$

wobei $H_r(s)$ in der Kugel $\|s\| < r$ analytisch ist.

Beweis. Nach der bekannten Greenschen Formel ist

$$\nabla^2 \int\limits_{\|t\|<r} \frac{x(t)}{\|s - t\|^{n-\alpha}}\, dt = \int\limits_{\|t\|<r} \frac{\nabla^2 x(t)}{\|s - t\|^{n-\alpha}}\, dt$$
$$+ \int\limits_{\|t\|=r} x(t) \left[\sum_{k=1}^{n} \frac{\partial}{\partial s_k} \frac{1}{\|s - t\|^{n-\alpha}} \frac{t_k}{r} \right] d\omega$$
$$- \int\limits_{\|t\|=r} \frac{1}{\|s - t\|^{n-\alpha}} \left[\sum_{k=1}^{n} \frac{\partial}{\partial t_k} x(t) \frac{t_k}{r} \right] d\omega \quad (\|s\| < r). \quad (12)$$

Das Differential $d\omega$ bedeutet hier das Oberflächendifferential auf der Kugel $\|t\| = r$. Aus (12) ist ersichtlich, daß die Summe der letzten beiden Integrale, also $H_r(s)$, analytisch ist. ∎

4.4. Integraloperatoren mit Hadamard-Integralen

Es sei jetzt $n = 1$, und der Einfachheit halber betrachten wir das Intervall $\Delta = [-1, 1]$. $K(s, t)\colon \Delta \times \Delta \to \mathbb{C}$ soll eine Kernfunktion mit folgenden Eigenschaften sein:

1^0. $K(s, t)$ ist in $\Delta \times \Delta$ stetig.

2^0. $K(s, t)$ kann nach jeder Variablen $(k - 1)$-mal stetig differenziert werden (wobei k eine beliebige feste natürliche Zahl ist).

3^0. Jede ihrer Ableitungen $\mathscr{D}_1^p \mathscr{D}_2^q K$ $(p, q = 0, 1, \ldots, k - 1)$ sollen einer Lipschitzbedingung

$$|\mathscr{D}_1^p \mathscr{D}_2^q K(s', t') - \mathscr{D}_1^p \mathscr{D}_2^q K(s, t)| \leqq \gamma'_{pq}(|s' - s|^\beta + |t' - t|^\alpha) \quad (1)$$

für $s, s', t, t' \in \Delta$ genügen. Hierbei ist γ'_{pq} eine positive Konstante, und α, β sind positive Exponenten mit

$$2\alpha \leqq \beta < 1. \quad (2)$$

Offenbar gilt

$$|\mathscr{D}_1^p \mathscr{D}_2^q K| \leqq \gamma''_{pq}, \quad (3)$$

wobei γ''_{pq} eine positive Konstante ist.

Wir führen die Bezeichnung

$$\gamma := \max_{p,q=0,1,\ldots,k-1} (\gamma'_{pq}, \gamma''_{pq})$$

ein und ersetzen die Konstanten auf der rechten Seite von (1) und (3) durch γ.

Wir werden jetzt einen linearen Operator mit Hilfe eines Kerns definieren, der den Bedingungen 1^0 bis 3^0 genügt. Er soll in einem mit $X_\alpha^{(k)}$ bezeichneten Banachraum erklärt sein, der aus allen in Δ definierten und dort mindestens $(k-1)$mal stetig differenzierbaren Funktionen besteht, für welche

$$|x^{(p)}(s') - x^{(p)}(s)| \le \delta |s' - s|^\alpha \qquad (p = 0, 1, \ldots, k-1) \tag{4}$$

($s', s \in \Delta$) gilt (α ist hier der gleiche Exponent wie in (1)). δ bedeutet eine von s, s' unabhängige Konstante, die jedoch von der Funktion $x \in X$ abhängt. (Es bedeutet offensichtlich keine Einschränkung der Allgemeinheit, wenn wir voraussetzen, daß δ nicht von p abhängt.)

Die algebraischen Operationen in $X_\alpha^{(k)}$ sollen in üblicher Weise erklärt werden, und wir führen die folgende Norm ein:

$$\|x\|_{X_\alpha^{(k)}} = \sum_{p=0}^{k-1} \max_{t \in \Delta} |x^{(p)}(t)| + \sup_{t,t' \in \Delta} \frac{|x^{(k-1)}(t') - x^{(k-1)}(t)|}{|t' - t|^\alpha}. \tag{5}$$

Man kann beweisen [NAAS — SCHMIDT 1961; WIENER 1962], daß $\|\cdot\|_{X_\alpha^{(k)}}$ tatsächlich eine Norm ist, mit welcher der Raum $X_\alpha^{(k)}$ ein vollständiger Raum wird.

Wir werden in $X_\alpha^{(k)}$ den folgenden Operator definieren (wobei wir das Riemannsche Maß benutzen);

$$(\mathscr{W}x)\,(s) := \text{P.F.} \int_{-1}^{1} \frac{K(s,t)}{t^k}\, x(t)\, dt \tag{6}$$

($x \in X_\alpha^{(k)}$), wobei P.F., wie in der Literatur üblich, den endlichen Teil („partie fini") des Integrals bedeutet [NAAS — SCHMIDT 1961]. Dieser wird (für unseren Fall) wie folgt definiert:

$$\text{P.F.} \int_{-1}^{1} \frac{K(s,t)}{t^k}\, x(t)\, dt = \frac{1}{(k-1)!} \sum_{p=0}^{k-1} \binom{k-1}{p} \int_{-1}^{1} \mathscr{D}_2^{k-1-p} K(s,t)\, \frac{x^{(p)}(t)}{t}\, dt$$

$$- \sum_{p=0}^{k-2} \frac{(k-p-2)!}{(k-1)!} \sum_{q=0}^{p} \binom{p}{q} [\mathscr{D}_2^{p-q} K(s,1)\, x^{(q)}(1)$$

$$+ (-1)^{k-p}\, \mathscr{D}_2^{p-q} K(s,-1)\, x^{(q)}(-1)]. \tag{7}$$

Die uneigentlichen Integrale auf der rechten Seite von (7) sollen als Cauchysche Hauptwerte verstanden werden. Der in (6) definierte Operator $\mathscr{W}$ ist offensichtlich linear. Integrale dieser Art heißen auch *Hadamard-Integrale*.

Wir zeigen jetzt, daß sein Wertebereich in $X_\alpha^{(k)}$ liegt. Es sei

$$\Phi(s) := \int_{-1}^{1} \mathscr{D}_2^{k-1-p} K(s,t)\, \frac{x^{(p)}(t)}{t}\, dt;$$

dann ist

$$\Phi^{(q)}(s) = \int_{-1}^{1} \mathscr{D}_1{}^q \mathscr{D}_2{}^{k-1-p} K(s, t) \,\frac{x^{(p)}(t)}{t}\, dt \qquad (p, q = 0, 1, \ldots, k-1).$$

Führt man unter Beachtung von $\displaystyle\int_{-|h|}^{+|h|} \frac{dt}{t} = 0 \;(h \neq 0)$ die Zerlegung

$$\begin{aligned}
\Phi^{(q)}(s+h) - \Phi^{(q)}(s) &= \int_{-1}^{-|h|} [\mathscr{D}_1{}^q \mathscr{D}_2{}^{k-1-p} K(s+h, t) - \mathscr{D}_1{}^q \mathscr{D}_2{}^{k-1-p} K(s, t)] \frac{x^{(p)}(t)}{t}\, dt \\[2mm]
&+ \int_{|h|}^{1} [\mathscr{D}_1{}^q \mathscr{D}_2{}^{k-1-p} K(s+h, t) - \mathscr{D}_1{}^q \mathscr{D}_2{}^{k-1-p} K(s, t)] \frac{x^{(p)}(t)}{t}\, dt \\[2mm]
&+ \int_{-|h|}^{|h|} [\mathscr{D}_1{}^q \mathscr{D}_2{}^{k-1-p} K(s+h, t) - \mathscr{D}_1{}^q \mathscr{D}_2{}^{k-1-p} K(s+h, 0)] \frac{x^{(p)}(t)}{t}\, dt \\[2mm]
&- \int_{-|h|}^{|h|} [\mathscr{D}_1{}^q \mathscr{D}_2{}^{k-1-p} K(s, t) - \mathscr{D}_1{}^q \mathscr{D}_2{}^{k-1-p} K(s, 0)] \frac{x^{(p)}(t)}{t} \\[2mm]
&+ \mathscr{D}_1{}^q \mathscr{D}_2{}^{k-1-p} K(s+h, 0) \int_{-|h|}^{+|h|} \frac{x^{(p)}(t) - x^{(p)}(0)}{t}\, dt \\[2mm]
&- \mathscr{D}_1{}^q \mathscr{D}_2{}^{k-1-p} K(s, 0) \int_{-|h|}^{|h|} \frac{x^{(p)}(t) - x^{(p)}(0)}{t}\, dt
\end{aligned}$$

durch, so folgt unter Beachtung von (1), (3), (4) und $|x^{(p)}(t)| \leqq w$ $(p = 0, 1, \ldots, k-1;\, t \in \varDelta)$

$$|\Phi^{(q)}(s+h) - \Phi^{(q)}(s)| \leqq 2\gamma w\, |h|^\beta \log \frac{1}{|h|} + 4\gamma w\, \frac{1}{\alpha}\, |h|^\alpha + 4\gamma\delta\, \frac{1}{\alpha}\, |h|^\alpha.$$

Auf Grund von (2) ist $\alpha \leqq \beta - \alpha$, und somit gilt $|h|^{\beta-\alpha} \leqq |h|^\alpha$ und $\log \dfrac{1}{|h|} < \dfrac{1}{\alpha}\, \dfrac{1}{|h|^\alpha}$. Es folgt

$$|\Phi^{(q)}(s+h) - \Phi^{(q)}(s)| \leqq 2\gamma w\, |h|^{\beta-\alpha}|\, |h|^\alpha \log \frac{1}{|h|} + 4\gamma\, \frac{w+\delta}{\alpha}\, |h|^\alpha$$

$$= \delta'|h|^\alpha \qquad (q = 0, 1, 2, \ldots, k-1),$$

d. h. $\Phi \in X_\alpha^{(k)}$.

Wenn wir $x^{(p)}(t) = 1 \;(t \in \varDelta)$ setzen, erhalten wir

$$\left| \int_{-1}^{1} [\mathscr{D}_1{}^q \mathscr{D}_2{}^{k-1-p} K(s+h, t) - \mathscr{D}_1{}^q \mathscr{D}_2{}^{k-1-p} K(s, t)] \frac{dt}{t} \right| \leqq \delta''\, |h|^\alpha. \tag{8}$$

Damit haben wir gezeigt, daß $R(\mathscr{W}) \subset X_\alpha^{(k)}$ gilt.

Wir sagen, daß die Kernfunktion $K(s, t)$ den über $X_\alpha^{(k)}$ definierten Operator $\mathscr{W}$ erzeugt, und wir können folgenden Satz formulieren.

Satz 1. *Jede Kernfunktion $K(s, t)$, welche den Bedingungen $1°$ bis $3°$ genügt, erzeugt eine lineare und beschränkte, durch die Vorschrift (6) definierte Abbildung des Banachraumes $X_\alpha^{(k)}$ in sich.*

Beweis. Es bleibt nur zu beweisen, daß $\mathscr{W}$ beschränkt ist. Für $q = 0, 1, 2, \ldots,$ $k - 1$ ist nach (7)

$$(\mathscr{W}x)^{(q)}(s) = \frac{1}{(k-1)!} \sum_{p=0}^{k-1} \binom{k-1}{p} \int_{-1}^{1} \mathscr{D}_1^q \mathscr{D}_2^{k-1-p} K(s, t) \frac{x^{(p)}(t)}{t}\, dt$$
$$- \sum_{p=0}^{k-2} \frac{(k-p-2)!}{(k-1)!} \sum_{r=0}^{p} \binom{p}{r} [\mathscr{D}_1^q \mathscr{D}_2^{p-r} K(s, 1)\, x^{(r)}(1)$$
$$+ (-1)^{k-p} \mathscr{D}_1^q \mathscr{D}_2^{p-r} K(s, -1)\, x^{(r)}(-1)]. \tag{9}$$

Es wird die folgende Zerlegung durchgeführt:

$$\int_{-1}^{1} \mathscr{D}_1^q \mathscr{D}_2^{k-1-p} K(s, t) \frac{x^{(p)}(t)}{t}\, dt = \int_{-1}^{1} \frac{\mathscr{D}_1^q \mathscr{D}_2^{k-1-p} K(s, t) - \mathscr{D}_1^q \mathscr{D}_2^{k-1-p} K(s, 0)}{t}\, x^{(p)}(t)\, dt$$
$$+ \mathscr{D}_1^q \mathscr{D}_2^{k-1-p} K(s, 0) \int_{-1}^{1} \frac{x^{(p)}(t) - x^{(p)}(0)}{t}\, dt. \tag{10}$$

Bei dieser Zerlegung wurde wieder berücksichtigt, daß $\int_{-1}^{+1} \frac{dt}{t} = 0$ ist.

Das erste Glied auf das rechten Seite von (10) schätzen wir auf Grund von (1) wie folgt ab:

$$\left| \int_{-1}^{1} \frac{\mathscr{D}_1^q \mathscr{D}_2^{k-1-p} K(s, t) - \mathscr{D}_1^q \mathscr{D}_2^{k-1-p} K(s, 0)}{t}\, x^{(p)}(t)\, dt \right|$$
$$\leq \int_{-1}^{1} \frac{|\mathscr{D}_1^q \mathscr{D}_2^{k-1-p} K(s, t) - \mathscr{D}_1^q \mathscr{D}_2^{k-1-p} K(s, 0)|}{|t|}\, |x^{(p)}(t)|\, dt$$
$$\leq \gamma \int_{-1}^{1} \frac{|t|^\alpha}{|t|}\, |x^{(p)}(t)|\, dt \leq \frac{2\gamma}{\alpha} \max_{t \in \Delta} |x^{(p)}(t)| \leq \frac{2\gamma}{\alpha}\, \|x\|_{X_\alpha^{(k)}}. \tag{11}$$

Es wurde beachtet, daß wegen (5)

$$\max_{t \in \Delta} |x^{(p)}(t)| \leq \|x\|_{X_\alpha^{(k)}}$$

ist ($p = 0, 1, 2, \ldots, k - 1$).

Was den zweiten Teil der rechten Seite von (10) betrifft, so können wir ihn wie folgt abschätzen:

Für $p = 0, 1, 2, \ldots, k - 2$ gilt nach dem Mittelwertsatz der Differentialrechnung

$$\left| \int\limits_{-1}^{1} \frac{x^{(p)}(t) - x^{(p)}(0)}{t}\, dt \right| \leq \int\limits_{-1}^{1} |x^{(p+1)}(\bar{t})|\, dt \leq 2 \max_{t \in \Delta} |x^{(p+1)}(t)| \leq 2 \|x\|_{X_\alpha{}^{(k)}}. \tag{12}$$

Wenn wir für $p = k - 1$ berücksichtigen, daß nach (5)

$$|x^{(k-1)}(t + h) - x^{(k-1)}(t)| \leq \|x\|_{X_\alpha{}^{(k)}} |h|^\alpha$$

gilt, so ergibt sich

$$\left| \int\limits_{-1}^{1} \frac{x^{(k-1)}(t) - x^{(k-1)}(0)}{t}\, dt \right| \leq \|x\|_{X_\alpha{}^{(k)}} \int\limits_{-1}^{1} \frac{|t|^\alpha}{|t|}\, dt = \frac{2}{\alpha} \|x\|_{X_\alpha{}^{(k)}}.$$

Wir können also mit (2) und (3) folgendes behaupten:

$$\left| \mathscr{D}_1{}^q \mathscr{D}_2{}^{k-1-p} K(s, 0) \int\limits_{-1}^{1} \frac{x^{(p)}(s) - x^{(p)}(0)}{t}\, dt \right| \leq 2\gamma \frac{1}{\alpha} \|x\| \tag{13}$$

$(\|\cdot\|_{X_\alpha{}^{(k)}} = \|\cdot\|)$ für $p = 0, 1, 2, \ldots, k - 1$.

Jetzt erhalten wir nach (9) folgende Abschätzung für $(\mathscr{W}x)^{(q)}$:

$$|(\mathscr{W}x)^{(q)}(s)| \leq \frac{2\gamma}{(k - 1)!} \left[\frac{2}{\alpha} \sum_{p=0}^{k-1} \binom{k - 1}{p} + \sum_{p=0}^{k-2} (k - p - 2)! \sum_{r=0}^{p} \binom{p}{r} \right] \|x\|$$

$$= \eta_1 \|x\| \qquad (q = 0, 1, \ldots, k - 1). \tag{14}$$

Man sieht, daß η_1 von x unabhängig ist.

Um die Norm der Funktion $\mathscr{W}x \in X_\alpha{}^{(k)}$ abschätzen zu können, benötigen wir noch eine Abschätzung für

$$(\mathscr{W}x)^{(k-1)}(s + h) - (\mathscr{W}x)^{(k-1)}(s)$$

$$= \frac{1}{(k - 1)!} \sum_{p=0}^{k-1} \binom{k - 1}{p} \int\limits_{-1}^{1} \frac{\mathscr{D}_1{}^{k-1} \mathscr{D}_2{}^{k-1-p} K(s + h, t) - \mathscr{D}_1{}^{k-1} \mathscr{D}_2{}^{k-1-p} K(s, t)}{t}\, x^{(p)}(t)\, dt$$

$$- \sum_{p=0}^{k-2} \frac{(k - p - 2)!}{(k - 1)!} \sum_{r=0}^{p} \binom{p}{r} \left\{ [\mathscr{D}_1{}^{k-1} \mathscr{D}_2{}^{p-r} K(s + h, 1) - \mathscr{D}_1{}^{k-1} \mathscr{D}_2{}^{p-r} K(s, t)]\, x^{(r)}(1) \right.$$

$$\left. + (-1)^{k-p} [\mathscr{D}_1{}^{k-1} \mathscr{D}_2{}^{p-r} K(s + h, -1) - \mathscr{D}_1{}^{k-1} \mathscr{D}_2{}^{p-r} K(s, -1)]\, x^{(r)}(-1) \right\}. \tag{15}$$

Das Integral auf der rechten Seite von (15) wird unter Berücksichtigung von (8) wie folgt abgeschätzt:

$$\left| \int_{-1}^{1} \frac{\mathscr{D}_1^{k-1}\mathscr{D}_2^{k-1-p}K(s+h,t) - \mathscr{D}_1^{k-1}\mathscr{D}_2^{k-1-p}K(s,t)}{t}\, x^{(p)}(t)\, dt \right|$$

$$\leq \int_{-1}^{1} \frac{|\mathscr{D}_1^{k-1}\mathscr{D}_2^{k-1-p}K(s+h,t) - \mathscr{D}_1^{k-1}\mathscr{D}_2^{k-1-p}K(s,t)|}{t}\, |x^{(p)}(t) - x^{(p)}(0)|\, dt$$

$$+ \, |x^{(p)}(0)| \int_{-1}^{1} \frac{|\mathscr{D}_1^{k-1}\mathscr{D}_2^{k-1-p}K(s+h,t) - \mathscr{D}_1^{k-1}\mathscr{D}_2^{k-1-p}K(s,t)|}{t}\, dt$$

$$\leq 2\delta'' \, \|x\| \, |h|^\alpha + \delta'' \, |h|^\alpha \, \|x\| = 3\delta'' \, |h|^\alpha \, \|x\|. \tag{16}$$

Die Konstante $3\delta''$ ist wiederum von x unabhängig.

Wir kommen auf (15) zurück und erhalten (nach (3))

$$|(\mathscr{W}x)^{(k-1)}(s+h) - (\mathscr{W}x)^{(k-1)}(s)|$$

$$\leq \left[\frac{3\delta''}{(k-1)!} \sum_{p=0}^{k-1} \binom{k-1}{p} + \frac{4\gamma}{(k-1)!} \sum_{p=0}^{k-2} (k-p-2)! \sum_{r=0}^{p} \binom{p}{r} \right] |h|^\alpha \, \|x\|$$

$$= \eta_2 \, |h|^\alpha \, \|x\|, \tag{17}$$

wobei wieder hervorzuheben ist, daß η_2 nicht von x abhängt. Auf Grund von (5) ist wegen (14) und (17) schließlich

$$\|\mathscr{W}x\|_{X_\alpha^{(k)}} \leq (k\eta_1 + \eta_2)\, \|x\|_{X_\alpha^{(k)}} = \eta \, \|x\|_{X_\alpha^{(k)}}.$$

Die Konstanten hängen nicht von x ab, und es gilt $\|\mathscr{W}\| \leq \eta$. ∎

Es ist sofort erkennbar, daß $K(\cdot, t)$ für jeden Wert von t ($\in \varDelta$) als Funktion von s der Klasse $X_\alpha^{(k)}$ angehört (wenn wir in (1) die Konstante β durch α ersetzen, so bleibt (1) richtig wegen $0 < \alpha < \beta$), und ebenso ist für jedes feste s ($\in \varDelta$) auch $K(s, \cdot) \in X_\alpha^{(k)}$. Daraus ergibt sich, daß der durch den Kern

$$K_2(s,t) = \mathrm{P.F.} \int_{-1}^{1} \frac{K(s,\tau)\, K(\tau,t)}{\tau^k}\, d\tau$$

erzeugte Integraloperator $\mathscr{W}^2$ von der entsprechenden Art wie (6) die gleichen Eigenschaften wie $\mathscr{W}$ hat. Dasselbe gilt auch für alle höheren Iterierten.

4.5. Integraloperatoren in L^p-Räumen

4.5.1. Integraloperatoren in $\mathfrak{B}(L^p, L^q)$

Es sei $\varDelta \subset \mathbb{R}^n$ irgendeine Menge und $(\varDelta, \mathfrak{A}, \nu)$ ein Maßraum. Mit L^p (oder ausführlicher $L^p(\varDelta) = L^p(\varDelta, \nu)$, $p > 0$) bezeichnen wir den linearen Raum aller auf $\varDelta$ definierten Funktionen x, für welche

$$\int_\varDelta |x(t)|^p\, d\nu(t) < \infty$$

ist. In diesem Raum werden zwei Funktionen x_1 und x_2 als gleich betrachtet, wenn

$$\nu\big(\{t \mid t \in \Delta : x_1(t) \neq x_2(t)\}\big) = 0$$

gilt (d. h. $x_1(t) = x_2(t)$ für ν-f. ü.). L^p ist genaugenommen der lineare Raum derjenigen Äquivalenzklassen, wo in jeder Klasse einander gleiche Funktionen (im obigen Sinn) enthalten sind. Eine Funktion $x \in L^p$ ist ein Repräsentant ihrer Klasse. In L^p führen wir die folgende Norm ein:

$$\|x\|_{L^p} = \left(\int\limits_{\Delta} |x|^p \, d\nu \right)^{\frac{1}{p}}, \qquad 0 < p < \infty,$$

bzw. für $p = \infty$

$$\|x\|_{L^\infty} = \inf \{c \mid c \in \mathbb{R}_+ : |x(t)| \leqq c \quad \nu\text{-f. ü.}\} = \operatorname*{Vrai\,max}_{t \in \Delta} |x(t)| < \infty.$$

Für L^1 werden wir einfach L schreiben. Es ist bekannt (s. etwa [HEWITT — STROMBERG 1965, § 15, Abschn. 11, und § 20, Abschn. 14]), daß L^p ($p \in [1, \infty)$) mit der obigen Norm ein Banachraum ist. Die Räume L^p heißen *Lebesgue-Räume*. In unseren weiteren Ausführungen wird immer $1 \leqq p \leqq \infty$ vorausgesetzt werden. Die Zahlen $p, q \in [1, \infty)$, für welche $\dfrac{1}{p} + \dfrac{1}{q} = 1$ gilt, werden *zugeordnete Zahlen* und die entsprechenden Lebesgue-Räume L^p, L^q *zugeordnete Räume* genannt. Falls L^p, L^q zugeordnete Räume sind und $x \in L^p$, $y \in L^q$, dann liegt das Produkt xy in L, und es gilt die *Höldersche Ungleichung*

$$\int\limits_{\Delta} |xy| \, d\nu \leqq \|x\|_{L^p} \|y\|_{L^q}$$

(s. etwa [KANTOROWITSCH — AKILOW 1964, p. 51]). Für $p = q = 2$ geht die Höldersche Ungleichung in die *Schwarzsche Ungleichung* über. In diesem speziellen Fall existiert

$$(x, y) := \int\limits_{\Delta} x\overline{y} \, d\nu$$

für jedes Paar $x, y \in L^2$ und bildet in L^2 ein Skalarprodukt. Mit diesem Skalarprodukt ist L^2 ein Hilbertraum.

Wir werden jetzt zwei Maßräume $(\Delta, \mathfrak{A}, \nu)$ und $(\Omega, \mathfrak{B}, \mu)$ $(\Delta \subset \mathbb{R}^n, \Omega \subset \mathbb{R}^m)$ betrachten sowie zwei beliebige Zahlen $p, q \in [1, \infty]$. K bedeute eine Kernfunktion mit folgenden Eigenschaften:

1^0. K ist $\mu \otimes \nu$-meßbar über $\Omega \times \Delta$. \hfill (1)

2^0. Für jede Funktion $x \in L^p(\Delta, \nu)$ gibt es eine μ-Nullmenge μ_x (diese kann von der Wahl der Funktion x abhängen), so daß $K(s, \cdot)\, x(\cdot)$ ν-integrierbar über Δ für alle $s \in \Omega - \mu_x$ ist. \hfill (2)

3^0. Die Funktion

$$(\mathscr{K}x)(s) = \begin{cases} \int\limits_{\Delta} K(s, t)\, x(t)\, d\nu(t) & \text{für} \quad s \in \Omega - \mu_x, \\[2mm] 0 & \text{für} \quad s \in \mu_x \end{cases} \tag{3}$$

ist ein Element von $L^q(\Omega, \mu)$.

Der Kern K definiert (erzeugt) nach der Vorschrift (3) einen Integraloperator $\mathscr{K}: L^p \to L^q$.

Satz 1. *Für den durch den Kern K mit den Eigenschaften (1), (2), (3) erzeugten Integraloperator $\mathscr{K}$ gilt $\mathscr{K} \in \mathfrak{B}\big(L^p(\Delta, \nu), L^q(\Omega, \mu)\big)$.*

Beweis. Die Linearität von $\mathscr{K}$ ist trivial. Wir brauchen nur die Beschränktheit zu zeigen.

Es sei $\{x_n\} \subset L^p(\Delta, \nu)$ mit $x_n \to x \in L^p(\Delta, \nu)$ $(n \to \infty)$ (nach der L^p-Norm). Aus der Theorie der Lebesgue-Räume ist bekannt (z. B. [HEWITT — STROMBERG 1965, § 13, Abschn. 11]), daß diese Folge eine Teilfolge, etwa $\{x_{n_k}\}$, mit folgenden Eigenschaften enthält:

a) $x_{n_k} \to x$ ν-f. ü. (punktweise) für $k \to \infty$;

b) $|x_{n_k}(t)| \leqq a(x)$ ν-f. ü. auf Δ, wobei $a \in L^p(\Delta, \nu)$ ist,

c) $\mathscr{K} x_{n_k} \to y$ μ-f. ü. auf Ω (punktweise) für $k \to \infty$.

Demzufolge existiert eine μ-Nullmenge, bezeichnet mit μ_0, für welche

$$\lim_{k \to \infty} \int_\Delta K(s, t)\, x_{n_k}(t)\, d\nu(t) = y(s) \quad \text{für alle} \quad s \in \Omega - \mu_0$$

und

$$\int_\Delta |K(s, t)|\, a(t)\, d\nu(t) < \infty, \quad s \in \Omega - \mu_0,$$

gilt. Dabei ist

$$K(s, \cdot)\, x_{n_k}(\cdot) \to K(s, \cdot)\, x(\cdot), \qquad s \in \Omega - \mu_0, \quad \nu\text{-f. ü.},$$
$$|K(s, \cdot)\, x_{n_k}(\cdot)| \leqq |K(s, \cdot)|\, a(\cdot), \quad s \in \Omega - \mu_0, \quad \nu\text{-f. ü.},$$
$$k = 1, 2, 3, \dots$$

Nach dem Lebesgueschen Satz (Satz 8; 4.1.2) folgt daraus

$$\lim_{k \to \infty} \int_\Delta K(s, t)\, x_{n_k}(t)\, d\nu(t) = \int_\Delta K(s, t)\, x(t)\, d\nu(t) \quad \mu\text{-f. ü.},$$

und auf Grund des Satzes vom abgeschlossenen Graphen (Satz 3; 2.3) ist $\mathscr{K}$ beschränkt. ∎

Die Klasse derjenigen Kerne, welche den Bedingungen (1), (2) und (3) genügen, werden wir mit $\mathfrak{Z}_{p,q}(\Delta, \nu; \Omega, \mu)$ bezeichnen [ZAANEN 1953, Kap. 9, § 7, und Kap. 13, § 3]. Auch für die Klasse der durch diese Kerne erzeugten Operatoren werden wir das gleiche Symbol verwenden. Wir wollen zwei Kerne aus $\mathfrak{Z}_{p,q}(\Delta, \nu; \Omega, \mu)$ als identisch betrachten, wenn die Kernfunktionen $\mu \otimes \nu$-f. ü. übereinstimmen. Wenn wir ganz streng vorgehen, so ist $\mathfrak{Z}_{p,q}(\Delta, \nu; \Omega, \mu)$ wieder eine Menge von Äquivalenzklassen, und jede Klasse enthält in sich im vorigen Sinn identische Kernfunktionen. Wenn wir einen Kern aus $\mathfrak{Z}_{p,q}(\Delta, \nu; \Omega, \mu)$ betrachten, dann verstehen wir darunter eine Äquivalenzklasse, vertreten durch einen ihrer Repräsentanten.

Satz 2 [ZAANEN 1953, Kap. 9, § 7]. *Es gilt $K \in \mathfrak{Z}_{p,q}(\Delta, \nu; \Omega, \mu)$ genau dann, wenn für alle $x \in L^p(\Delta, \nu)$ und $y \in L^{q'}(\Omega, \mu)$*

$$\int_{\Omega \times \Delta} |y(s)\, K(s, t)\, x(t)|\, d(\mu \otimes \nu)\,(s, t) < \infty \tag{4}$$

mit $\dfrac{1}{q} + \dfrac{1}{q'} = 1$ $(p, q \in [1, \infty))$ erfüllt ist.

Den Beweis bringen wir hier nicht. Er befindet sich bei [ZAANEN 1953]. ∎

Die Menge $\mathfrak{Z}_{pq}(\varDelta, \nu; \varOmega, \mu)$ ist offensichtlich ein linearer Raum über dem komplexen Zahlenkörper. Aus (4) folgt

$$\|K\|_{p,q} := \sup_{\substack{\|x\|_{L^p}\leqq 1 \\ \|y\|_{L^{q'}}\leqq 1}} \int_{\varOmega\times\varDelta} |y(s)\, K(s, t)\, x(t)|\, d(\mu \otimes \nu)\, (s, t) < \infty. \tag{5}$$

Man kann sich leicht überzeugen, daß $\|\cdot\|_{p,q}$ eine Norm in $\mathfrak{Z}_{p,q}(\varDelta, \nu; \varOmega, \mu)$ ist:

$$\mathfrak{Z}_{p,q}(\varDelta, \nu; \varOmega, \mu) \text{ stellt mit der Norm (5) einen Banachraum dar} \tag{6}$$
[ZAANEN 1953, Kap. 13, § 3].

Man bildet wieder zu jedem Kern $K \in \mathfrak{Z}_{p,q}(\varDelta, \nu; \varOmega, \mu)$ den transponierten Kern

$$K^{\mathsf{T}}(s, t) = K(t, s) \qquad (s \in \varOmega, t \in \varDelta); \tag{7}$$

dann gilt der folgende Satz:

Satz 3. *Ist* $K \in \mathfrak{Z}_{p,q}(\varDelta, \nu; \varOmega, \mu)$, *so ist der in* (7) *definierte Kern* K^{T} *aus* $\mathfrak{Z}_{q',p'}(\varOmega, \mu; \varDelta, \nu)$ $\left(\dfrac{1}{p} + \dfrac{1}{p'} = 1, \dfrac{1}{q} + \dfrac{1}{q'} = 1\right)$. *Ferner gilt*

$$\|K\|_{p,q} = \|K^{\mathsf{T}}\|_{q',p'}. \tag{8}$$

Die Behauptungen ergeben sich unmittelbar aus (4) und (5).

Satz 4. *Wenn* $p \in [1, \infty)$ *und* $\dfrac{1}{p} + \dfrac{1}{p'} = 1$ *ist, dann stellt* $\langle L^p, L^{p'}\rangle$ *mit der Bilinearform*

$$\langle x, y\rangle = \int_{\varDelta} xy\, d\nu \quad (x \in L^p, y \in L^{p'})$$

ein Dualsystem dar.

Beweis. Nach der Hölderschen Ungleichung ist $\langle \cdot, \cdot\rangle$ beschränkt. Das Funktional

$$f(x) = \langle x, y\rangle$$

ist bei vorgegebenem festem $y \in L^{p'}$ linear und stetig und hat bekanntermaßen die Norm

$$\|f\| = \|y\|_{L^{p'}} = \sup_{\|x\|_{L^p}\leqq 1} \left|\int_{\varDelta} xy\, d\nu\right|. \tag{9}$$

Ist jetzt für irgendein $y_0 \in L^{p'}$

$$f(x) = \langle x, y_0\rangle = 0 \quad (x \in L^p),$$

so ist nach (9) $\|y_0\|_{L^{p'}} = 0$, woraus $y_0 = 0$ folgt. Analog ergibt sich $x_0 = 0$, falls $\langle x_0, y\rangle$ für jedes $y \in L^{p'}$ verschwindet. ∎

Aus diesem Beweis geht hervor, daß $L^{p'}(\varDelta, \nu) = L^p(\varDelta, \nu)'$ (der Dualraum) ist. Dementsprechend ist $\langle L^p, L^{p'}\rangle$ das „natürliche Dualsystem" im Sinn von 2.12.

Man erkennt auch gleich, daß nach dem Fubini-Tonellischen Satz (Satz 9; 4.1.2)

$$\langle \mathscr{K}x, y\rangle = \langle x, \mathscr{K}^{\mathsf{T}}y\rangle \quad \text{für jedes} \quad x \in L^p, y \in L^{q'} \tag{10}$$

ist, wobei der Kern K zu $\mathfrak{Z}_{p,q}(\varDelta, \nu; \varOmega, \mu)$ gehört. Für Operatoren dieser Klasse ist $\mathscr{K}^{\mathsf{T}}$ mit dem dualen Operator $\mathscr{K}'$ identisch.

Falls $p = q = 2$, $\varOmega = \varDelta$ und $\mu = \nu$ ist, wird der duale Operator $\mathscr{K}'$ von $\mathscr{K} \in \mathfrak{Z}_{2,2}(\varDelta, \nu; \varDelta, \nu)$ bezüglich des Skalarproduktes in $L^2(\varDelta, \nu)$ durch den Kern

$$K'(s, t) = \overline{K(t, s)} \quad \text{(f. ü. in } \varDelta \times \varDelta)$$

erzeugt, denn nach dem Fubini-Tonellischen Satz gilt

$$(\mathscr{K}x, y) = (x, \mathscr{K}'y), \quad x, y \in L^2(\varDelta, \nu).$$

Der adjungierte Operator ist hier auch gleich dem dualen Operator.

In bezug auf die Faltung zweier solcher Operatoren gilt der Satz:

Satz 5. *Ist $\mathscr{K} \in \mathfrak{Z}_{p,q}(\varDelta, \nu; \varOmega, \mu)$, $\mathscr{L} \in \mathfrak{Z}_{q,r}(\varGamma, \tau; \varDelta, \nu)$, dann ist*

$$M(s, t) := \int\limits_{\varDelta} K(s, u)\, L(u, t)\, d\nu(u) \in \mathfrak{Z}_{p,r}(\varGamma, \tau; \varOmega, \mu),$$

und es gilt

$$\|M\|_{p,r} \leq \|K\|_{p,q}\, \|L\|_{q,r}.$$

Beweis. Wegen $\mathscr{K} \in \mathfrak{Z}_{p,q}(\varDelta, \nu; \varOmega, \mu)$ folgt, daß $|K|$ ebenfalls einen linearen Operator $|\mathscr{K}|$ von $L^p(\varDelta, \nu)$ in $L^q(\varOmega, \mu)$ definiert. Dabei gilt die Abschätzung

$$\||\mathscr{K}|(x)\|_{L^q} \leq \||\,|\mathscr{K}|\,\|| \, \|x\|_{L^p},$$

wobei $\||\,|\mathscr{K}|\,\||$ die übliche Operatorennorm des Operators $|\mathscr{K}|$ ist. Die Beziehung (4), der Fubini-Tonellische Satz und die Höldersche Ungleichung führen uns zur Abschätzung

$$\int\limits_{\varOmega \times \varDelta} |y(s)\, K(s, t)\, x(t)|\, d(\mu \otimes \nu)\, (s, t) = \int\limits_{\varOmega} |y(s)| \left(|\mathscr{K}|\, (|x|)\right)(s)\, d\mu(s)$$

$$\leq \||\,|\mathscr{K}|\,\|| \, \|x\|_{L^p}\, \|y\|_{L^{q'}} \quad \left(x \in L^p(\varDelta, \nu), y \in L^{q'}(\varOmega, \mu)\right) \tag{11}$$

$\left(\dfrac{1}{q} + \dfrac{1}{q'} = 1\right)$. Auf Grund von (5) ist

$$\|K\|_{p,q} = \sup_{\substack{\|x\|_{L^p} \leq 1 \\ \|y\|_{L^{q'}} \leq 1}} \int\limits_{\varOmega \times \varDelta} |y(s)\, K(s, t)\, x(t)|\, d(\mu \otimes \nu)\, (s, t) \leq \||\,|\mathscr{K}|\,\||,$$

also

$$\|K\|_{p,q} \leq \||\,|\mathscr{K}|\,\||. \tag{12}$$

Andererseits ist wegen (9)

$$\||\mathscr{K}|\,(x)\|_{L^q} \leq \||\mathscr{K}|\,(|x|)\|_{L^q} = \sup_{\|y\|_{L^{q'}} \leq 1} \int\limits_{\varOmega} |y(s)| \left(|\mathscr{K}|\, (|x|)\right)(s)\, d\mu(s)$$

$$\leq \|K\|_{p,q} \quad (x \in L^p(\varDelta, \nu), \|x\|_{L^p} \leq 1).$$

Daher erhalten wir

$$\||\,|\mathscr{K}|\,\|| \leq \|K\|_{p,q}. \tag{13}$$

(12) und (13) haben zur Folge

$$\|\mathscr{K}\| \leqq \|\,|\mathscr{K}|\,\| = \|K\|_{p,q}. \tag{14}$$

Nun sei $z \in L^r(\Gamma, \tau)$, $y \in L^{q'}(\Omega, \mu)$, dann haben wir auf Grund von (14)

$$\int\limits_{\Omega} |y(s)| \left\{ \int\limits_{\Delta} |K(s,\,u)| \left[\int\limits_{\Gamma} |L(u,\,t)|\,|z(t)|\;d\tau(t) \right] d\nu(u) \right\} d\mu(s)$$

$$\leqq \|K\|_{p,q}\,\|L\|_{q,r}\,\|y\|_{L^{q'}}\,\|z\|_{L^r}.$$

Der Fubini-Tonellische Satz sichert die Existenz des Integrals

$$\int\limits_{\Omega \times \Gamma} y(s)\,\{K(s,\,u)\,L(u,\,t)\,d\nu(u)\}\,z(t)\,d(\mu \otimes \tau)\,(s,\,t).$$

Mit anderen Worten: Die Funktion $y(s)\,M(s,\,t)\,z(t)$ erweist sich als $\mu \otimes \tau$-integrierbar
ür alle $y \in L^{q'}(\Omega, \mu)$, $z \in L^r(\Gamma, \tau)$. Es gilt sogar

$$\int\limits_{\Omega \times \Gamma} |y(s)\,M(s,\,t)\,z(t)|\;d(\mu \otimes \nu)\,(s,\,t) \leqq \|K\|_{p,q}\,\|L\|_{q,r}\,\|y\|_{L^{q'}}\,\|z\|_{L^r}.$$

Also schließen wir auf Grund von Satz 2, daß $M \in \mathfrak{Z}_{p,r}(\Gamma, \tau; \Omega, \mu)$ ist. Ferner gilt

$$\|M\|_{p,r} \leqq \|K\|_{p,q}\,\|L\|_{q,r}.$$

Schließlich ist nach dem Fubini-Tonellischen Satz $\mathscr{M}z = \mathscr{K}\mathscr{L}z$ für jedes $z \in L^r(\Gamma, \tau)$. ∎

Zum Schluß soll noch eine Klasse von Integraloperatoren erwähnt werden, welche
in den jüngsten Untersuchungen eine Rolle spielt.

Wir sagen, der Integraloperator $\mathscr{K}_0$ ist von der Klasse Π, falls für jede nichtnegative Funktion x aus $D(\mathscr{K}_0)$ die Beziehung $\mathscr{K}_0 x \geqq 0$ gilt. Der Integraloperator $\mathscr{K}$
heißt *regulär*, falls ein Integraloperator $\mathscr{K}_0$ aus Π existiert, so daß

$$|\mathscr{K}x| \leqq \mathscr{K}_0\,|x|, \quad x \in D(\mathscr{K}), \tag{15}$$

gilt.

Wir nehmen jetzt an, daß das Gebiet Δ beschränkt und abgeschlossen ist. Wichtig
ist die folgende Aussage [ZABREYKO u. a. 1975, p. 90]:

Satz 6. *Jeder reguläre Integraloperator aus $L^p(\Delta)$ in $L^q(\Delta)$ (bzw. in $C_m(\Delta)$) ist stetig.*

4.5.2.   Kompakte Integraloperatoren in $\mathfrak{B}(L^p,\,L^q)$

Wir wollen jetzt eine besonders wichtige Teilmenge von $\mathfrak{Z}_{p,q}(\Delta, \nu; \Omega, \mu)$ definieren.
Es sollen solche Integraloperatoren betrachtet werden, deren Kerne den Bedin-
gungen (1), (2) und (3) in 4.5.1. genügen und die zusätzlich noch folgende Eigenschaft haben:

$$k(s) := \|K(s,\,\cdot)\|_{L^{p'}} < \infty \quad \mu\text{-f. ü. in } \Omega \text{ und} \quad k(s) \in L^q(\Omega, \mu) \tag{1}$$

$\left(\dfrac{1}{p} + \dfrac{1}{p'} = 1,\, p,\, q \in [1,\,\infty) \right)$. Die Menge dieser Kerne werden wir mit $\mathfrak{H}_{p,q}(\Delta, \nu; \Omega, \mu)$
bezeichnen und in ihr die Norm

$$\|K\| := |K|_{p,q} := \left(\int\limits_{\Omega} \left[\int\limits_{\Delta} |K(s,\,t)|^{p'}\,d\nu(t) \right]^{q/p'} d\mu(s) \right)^{1/q} = \|k(s)\|_{L^q} \tag{2}$$

einführen $\left(p, q \in [1, \infty); \dfrac{1}{p} + \dfrac{1}{p'} = 1\right)$. Für $p = 1$ und $q = \infty$ legen wir fest:

$$\|K\| := |K|_{1,\infty} = \inf\{c \mid c \in \mathbb{R}_+ : |K(s, t)| \leq c \quad \mu \otimes \nu\text{-f. ü.}\}. \tag{2'}$$

(Für den Funktionenraum $L^p(\mathbb{R}; J)$ wurden Operatoren von dieser Art zuerst von HILLE und TAMARKIN [HILLE — TAMARKIN 1934] untersucht.)

Aus der Hölderschen Ungleichung folgt

$$\left|\int\limits_{\Omega} y(s) \left(\int\limits_{\Delta} K(s, t)\, x(t)\, d\nu(t)\right) d\mu(s)\right| \leq \|x\|_{L^p} \int\limits_{\Omega} k(s)\, |y(s)|\, d\mu(s) \tag{3}$$

$$\leq \|x\|_{L^p} \|y\|_{L^{q'}} \|k\|_{L^q} = \|K\|\, \|x\|_{L^p} \|y\|_{L^{q'}}$$

für alle $x \in L^p(\Delta, \nu)$, $y \in L^q(\Omega, \mu)$.

Bei Berücksichtigung von $(5; 4.5.1)$ ergibt sich

$$\|K\|_{p,q} \leq |K|_{p,q} = \|K\|. \tag{4}$$

Weiter ergibt sich nach $(8; 4.5.1)$

$$\|K^{\mathsf{T}}\|_{q',p'} \leq |K|_{p,q}. \tag{4'}$$

Ersetzt man K durch K^{T}, so erhalten wir

$$\|K\|_{p,q} \leq |K^{\mathsf{T}}|_{q',p'}. \tag{4''}$$

Man kann beweisen [JÖRGENS 1970, p. 169, Satz 11.5], daß $\mathfrak{H}_{p,q}(\Delta, \nu; \Omega, \mu)$ mit der Norm (2) ein Banachraum ist. Setzt man $p' = q$, so ist

$$|K|_{q',q} = \left(\int\limits_{\Omega} \left[\int\limits_{\Delta} |K(s, t)|^q\, d\nu(t)\right] d\mu(t)\right)^{1/q}$$

$$= \left(\int\limits_{\Omega \times \Delta} |K(s, t)|^q\, d(\mu \otimes \nu)\, (s, t)\right)^{1/q} = \|K\|_{L^q(\Omega \times \Delta; \mu \otimes \nu)}, \tag{5}$$

woraus folgt, daß $\mathfrak{H}_{q',q}(\Delta, \nu; \Omega, \mu)$ ein vollständiger Raum ist $\big(q \in [1, \infty)\big)$. Für $q = q' = 2$ ergibt sich als Sonderfall der Hilbertraum $\mathfrak{H}_{2,2}(\Delta, \nu; \Omega, \mu)$ mit dem mit der Norm $|\cdot|_{2,2}$ verträglichen Skalarprodukt

$$(K, L) := \int\limits_{\Omega \times \Delta} K(s, t)\, \bar{L}(s, t)\, d(\mu \otimes \nu)\, (s, t) \tag{6}$$

$$\big(K, L \in \mathfrak{H}_{2,2}(\Delta, \nu; \Omega, \mu)\big).$$

Die Operatoren aus $\mathfrak{H}_{2,2}(\Delta, \nu; \Omega, \mu)$ heißen *Hilbert-Schmidt-Operatoren*. Sie spielen, wie wir sehen werden, eine wichtige Rolle in der Theorie der Integralgleichungen. Wir setzen zur Abkürzung $\mathfrak{H}_2(\Delta, \nu) := \mathfrak{H}_{2,2}(\Delta, \nu; \Delta, \nu)$.

Satz 1. *Es sei* $\mathscr{K} \in \mathfrak{H}_{p,q}(\Delta, \nu; \Omega, \mu)$ $\big(p \in [1, \infty), q \in (1, \infty]\big)$, *und* $\{K_n\}$ *sei eine Folge von* $\mu \otimes \nu$-*meßbaren Funktionen mit*

$$|K_n(s, t)| \leq |K(s, t)| \quad \mu \otimes \nu\text{-f. ü.} \quad (n = 1, 2, 3, \ldots),$$

$$K_n(s, t) \to K(s, t) \quad \mu \otimes \nu\text{-f. ü.} \quad (n \to \infty).$$

Dann ist $\mathcal{K}_n \in \mathfrak{H}_{p,q}(\varDelta, \nu; \varOmega, \mu)$ $(n = 1, 2, 3, \ldots)$, und es gilt

$$|K_n - K|_{p,q} \to 0 \quad (n \to \infty).$$

Beweis. $\mathcal{K}_n \in \mathfrak{H}_{p,q}(\varDelta, \nu; \varOmega, \mu)$ ergibt sich unmittelbar aus den Voraussetzungen. Andererseits folgt aus den Vorgaben

$$|K_n(s, t) - K(s, t)| \leqq 2\,|K(s, t)| \quad \mu \otimes \nu\text{-f. ü.} \quad (n = 1, 2, 3, \ldots)$$

und

$$|K_n(s, t) - K(s, t)| \to 0 \quad \mu \otimes \nu\text{-f. ü.} \quad (n \to \infty).$$

Die gleichen Aussagen gelten auch bei festem s als Funktion von t ν-f. ü. für μ-f. alle s-Werte [HEWITT — STROMBERG 1965, § 21, Abschn. 15]. Somit gilt nach dem Lebesgueschen Satz

$$\lim_{n \to \infty} [|K_n(s, t) - K(s, t)|^{p'}\, d\nu(t)]^{q/p'} = 0 \quad \mu\text{-f. ü.} \quad \left(\frac{1}{p} + \frac{1}{p'} = 1\right).$$

Da

$$\left[\int_{\varDelta} |K_n(s, t) - K(s, t)|^{p'}\, d\nu(t)\right]^{q/p'} \leqq 2^q \left[\int_{\varDelta} |K(s, t)|^{p'}\, d\nu(t)\right]^{q/p'}$$

μ-f. ü. $(n = 1, 2, 3, \ldots)$ gilt, ist

$$\left[\int_{\varDelta} |K_n(s, t) - K(s, t)|^{p'}\, d\nu(t)\right]^{q/p'}$$

μ-integrierbar $(n = 1, 2, 3, \ldots)$. Durch nochmalige Anwendung des Lebesgueschen Satzes ergibt sich die zweite Behauptung von Satz 1. ∎

Der eben bewiesene Satz dient zum Beweis der folgenden wichtigen Aussage:

Satz 2. *Der Operator $\mathcal{K} \in \mathfrak{H}_{p,q}(\varDelta, \nu; \varOmega, \mu)$ $(p \in [1, \infty), q \in (1, \infty])$ ist vollstetig.*

Beweis. Es braucht nur die Kompaktheit bewiesen werden. Das zeigen wir in mehreren Schritten.

a) Wir betrachten die Maßräume $(\varDelta, \mathfrak{A}, \nu)$ und $(\varOmega, \mathfrak{B}, \mu)$ und setzen jetzt voraus daß $p' \leqq q$ $\left(\dfrac{1}{p} + \dfrac{1}{p'} = 1\right)$ ist. $\{\varOmega_j\}$ und $\{\varDelta_j\}$ seien abzählbare Überdeckungen von $\varOmega$ bzw. $\varDelta$, d. h.

$$\varOmega_j \in \mathfrak{B}, \mu(\varOmega_j) < \infty\ (j = 1, 2, 3, \ldots), \quad \bigcup_{j=1}^{\infty} \varOmega_j = \varOmega;$$

$$\varDelta_j \in \mathfrak{A}, \nu(\varDelta_j) < \infty\ (j = 1, 2, 3, \ldots), \quad \bigcup_{j=1}^{\infty} \varDelta_j = \varDelta.$$

Mit Hilfe dieser Überdeckungen definieren wir die Folge von Kernen

$$K_m(s, t) = \begin{cases} K(s, t) & \text{für} \quad (s, t) \in \bigcup_{j=1}^{m} \varOmega_j \times \bigcup_{j=1}^{m} \varDelta_j, \\ 0 & \text{sonst in} \quad \varOmega \times \varDelta \end{cases} \tag{7}$$

$(m = 1, 2, 3, \ldots)$. Diese Kerne genügen den Voraussetzungen des Satzes 1; daher gilt

$$K_m(s, t) \in \mathfrak{H}_{p,q}(\Delta, \nu; \Omega, \mu) \quad (m = 1, 2, 3, \ldots),$$
$$|K_m - K|_{p,q} \to 0 \quad (k \to \infty). \tag{8}$$

Wir halten jetzt m fest und approximieren K_m mit einer Folge von Treppenfunktionen der Gestalt

$$T_i^{(m)} = \sum_{j=1}^{i} \alpha_{mj} \chi_{mj} \qquad (\chi_{mj} \text{ ist die charakteristische Funktion von } \Gamma_{mj})$$

$$\text{mit} \quad \Gamma_{mj} \subset \bigcup_{r=1}^{m} \Omega_r \times \bigcup_{r=1}^{m} \Delta_r \quad (j = 1, 2, \ldots, i; \, i = 1, 2, 3, \ldots)$$

(Γ_{mj} sind $\mu \otimes \nu$-meßbar), für welche gilt:

$$|T_i^{(m)}(s, t)| \leqq |K_m(s, t)| \quad (i = 1, 2, 3, \ldots),$$
$$T_i^{(m)}(s, t) \to K_m(s, t) \quad (i \to \infty) \quad \mu \otimes \nu\text{-f. ü.}$$

Daß die Wahl einer solchen Folge von Treppenfunktionen möglich ist, setzen wir als bekannt voraus (s. etwa [HEWITT — STROMBERG 1965, § 11, Abschn. 15]). Dann folgt aber aus Satz 1, daß $T_i^{(m)} \in \mathfrak{H}_{p,q}(\Delta, \nu; \Omega, \mu)$ und

$$|T_i^{(m)} - K_m|_{p,q} \to 0 \, (i \to \infty), \quad m = 1, 2, 3, \ldots \tag{9}$$

Schließlich approximieren wir $T_i^{(m)}$ mit sog. *Rechtecktreppenfunktionen* $^l T_i^{(m)}(s, t)$ bei festem m und i. Das sind Treppenfunktionen von der Gestalt

$$^l T_i^{(m)}(s, t) := \sum_{h=1}^{l} \beta_h \chi_{\omega_h \times \delta_h},$$

wobei $\omega_h \in \mathfrak{B}, \delta_h \in \mathfrak{A} \; (h = 1, 2, 3, \ldots), \omega_h \times \delta_h \cap \omega_{h'} \times \delta_{h'} = \emptyset$ für $h \neq h' \left(\mu(\omega_h) < \infty, \right.$ $\nu(\delta_h) < \infty)$. Diese wählen wir derart, daß

$$|^l T_i^{(m)} - T_i^{(m)}|_{p,q} \to 0 \, (l \to \infty), \quad i, m = 1, 2, 3, \ldots \tag{10}$$

Nehmen wir für einen Augenblick an, daß eine Folge von Rechtecktreppenfunktionen mit den obigen Eigenschaften existiert. Auf den Beweis dieser Aussage kommen wir noch zurück.

Es sei nun $\varepsilon > 0$ im voraus nach Belieben gegeben. Dann gilt für hinreichend großes m nach (8)

$$|K_m - K|_{p,q} < \frac{\varepsilon}{2}.$$

Wir halten jetzt m fest und wählen i hinreichend groß, so daß nach (9)

$$|T_i^{(m)} - K_m|_{p,q} < \frac{\varepsilon}{3}$$

gilt. Schließlich ist für hinreichend großes l bei festem i und m nach (10)

$$|^l T_i^{(m)} - T_i^{(m)}|_{p,q} < \frac{\varepsilon}{3}.$$

Somit erhalten wir für hinreichend großes m, i und l

$$|^l T_i^{(m)} - K|_{p,q} < \varepsilon.$$

Daraus ergibt sich bei Berücksichtigung von (4) und (14; 4.5.1)

$$\|\mathscr{K} - {}^l\mathscr{T}_i^{(m)}\|_{p,q} < \varepsilon, \quad m, i, l > N(\varepsilon). \tag{11}$$

Andererseits aber ist $^l\mathscr{T}_i^{(m)}$ ein endlichdimensionaler Operator, denn für eine beliebige Funktion $x \in L^p(\varDelta, \nu)$ ist $^l\mathscr{T}_i^{(m)}x$ eine endliche Linearkombination von charakteristischen Funktionen χ_{ω_h}. Demzufolge ist $^l\mathscr{T}_i^{(m)}$ kompakt, und nach (11) erweist sich $\mathscr{K}$ als der Grenzwert einer Folge von vollstetigen Operatoren. Demzufolge ist $\mathscr{K}$ vollstetig. (Bei dieser Schlußweise wurde auch der Satz 1; 4.5.1 berücksichtigt.)

b) Wir zeigen jetzt, daß die Approximation (10) möglich ist. Um die Übersicht zu erleichtern, halten wir uns nicht mehr an die bisherigen Bezeichnungen und betrachten eine Treppenfunktion von der Gestalt

$$T = \sum_{(j)} \alpha_j \chi_{\varGamma_j},$$

wobei α_j von null verschiedene Zahlen bedeuten und $\varGamma_j \subset \tilde{\varOmega} \times \tilde{\varDelta}$ $(j = 1, 2, 3, \ldots)$ und $\tilde{\varOmega} \subset \varOmega$, $\tilde{\varDelta} \subset \varDelta$ mit $\mu(\tilde{\varOmega}) < \infty$, $\nu(\tilde{\varDelta}) < \infty$ ist. Die obige Summe erstreckt sich über endlich viele Summanden. Deshalb genügt es zu zeigen, daß die Treppenfunktion $T := \chi_\varGamma$ mit $\varGamma \subset \tilde{\varOmega} \times \tilde{\varDelta}$ durch Rechtecktreppenfunktionen im Sinn von (10) approximiert werden kann.

Nach (7; 4.1.1) gibt es zu jedem $\varepsilon > 0$ endlich viele meßbare Rechtecke $\varOmega_j \times \varDelta_j$ $(\varOmega_j \in \mathfrak{B}, \varDelta_j \in \mathfrak{A}, \mu(\varOmega_j) < \infty, \nu(\varDelta_j) < \infty, j = 1, 2, \ldots)$ derart, daß

$$(\mu \otimes \nu)\left(\varGamma \triangle \bigcup_{j=1}^{m} (\varOmega_j \times \varDelta_j)\right) < \varepsilon$$

ist. Wir dürfen $\varDelta_j \subset \tilde{\varDelta}$ $(j = 1, 2, \ldots, m)$ voraussetzen. Man setzt

$$^l T(s, t) := \sum_{j=1}^{1} \chi_{\varOmega_j}(s)\, \chi_{\varDelta_j}(t) \quad \big((s, t) \in \varOmega \times \varDelta\big),$$

dann gilt

$$\int_\varDelta |\chi_\varGamma(s, t) - {}^l T(s, t)|\, d\nu(t) \leqq \nu(\tilde{\varDelta}) \quad (s \in \tilde{\varOmega}).$$

Daher wird

$$|\chi_\varGamma - {}^l T|_{p,q} = \left(\int_\varOmega \left[\int_\varDelta |\chi_\varGamma(s, t) - {}^l T(s, t)|^{p'}\, d\nu(t)\right]^{q/p'} d\mu(s)\right)^{1/q}$$

$$\leqq \big(\nu(\tilde{\varDelta})^{q/p'-1}\, \|\chi_\varGamma - {}^l T\|_L\big)^{1/q} \leqq \nu(\tilde{\varDelta})^{\frac{1}{p'} - \frac{1}{q}}\, \varepsilon^{1/q}.$$

In diesem Schritt machen wir von der Voraussetzung $p' \leqq q$ Gebrauch, da $\nu(\tilde{\varDelta})$ unter Umständen auch den Wert 0 annehmen kann.

c) Es sei jetzt $p' \geqq q$. Von K gehen wir über auf den transponierten Kern K^T. Dann gehört der Kern K^T nach Satz 3; 4.5.1 zu $\mathfrak{Z}_{q',p'}(\varOmega, \mu; \varDelta, \nu)$, und hier gilt

$p \leq q'$. Das ist aber genau der Fall a) bezüglich K^{T}. Man kann deshalb K^{T} durch Treppenfunktionen T^{T}, die kompakte Operatoren darstellen, derart approximieren, daß $|K^{\mathsf{T}} - T^{\mathsf{T}}|_{q',p'} < \varepsilon$ ist. Hieraus folgt nach (4'') $\|K - T\|_{p,q}$, und das bringt genau wie im Fall a) die Kompaktheit mit sich. ∎

Der bewiesene Satz gilt im allgemeinen nicht für $p = 1$ und $q = \infty$, wie man an Hand eines Beispiels zeigen kann [JÖRGENS 1970, p. 172, Aufgabe 11.8].

Es wurde dagegen bewiesen [SUNDER 1977(a)], daß K unter den Voraussetzungen $K \in \mathfrak{Z}_{2,1}(\varDelta, \nu; \varDelta, \nu)$ und $\nu(\varDelta) < \infty$ einen vollstetigen Integraloperator $\mathscr{K}: L^2(\varDelta, \nu) \to L(\varDelta, \nu)$ darstellt. Auch zu erwähnen ist die interessante Tatsache [SUNDER 1977(a)], daß ein Operator $\mathscr{A} \in \mathfrak{B}\big(L^2(\varDelta, \nu), L^2(\varDelta, \nu)\big)$ genau dann ein Hilbert-Schmidt-Operator ist, wenn $\mathscr{U}^*\mathscr{A}\mathscr{U}$ ein Integraloperator aus der Klasse $\mathfrak{Z}_{2,2}(\varDelta, \nu; \varDelta, \nu)$ für *jeden* unitären Operator $\mathscr{U}$ in $L^2(\varDelta, \nu)$ ist.

Satz 3. *Der Kern K des Operators $\mathscr{K} \in \mathfrak{H}_2(\varDelta, \nu)$ soll die zusätzlichen Eigenschaften besitzen:*

1^0. *Zu jedem $\varepsilon > 0$ gibt es ein $\delta = \delta(\varepsilon) > 0$ mit*

$$\int_{\varDelta} |K(s', t) - K(s, t)|^2 \, d\nu(t) < \varepsilon \tag{12}$$

für $s, s' \in \varDelta$ und $\|s - s'\|_{\mathbb{R}^n} < \delta(\varepsilon)$.

2^0. $\displaystyle \int_{\varDelta} |K(s, t)|^2 \, d\nu(t) \leq M < \infty \quad (s \in \varDelta).$ \tag{13}

Dann gilt $\mathscr{K} \in \mathfrak{B}\big(L^2(\varDelta, \nu), C(\varDelta, \mathbb{C})\big)$, und $\mathscr{K}$ ist vollstetig.

Beweis. Zuerst zeigen wir, daß $R(\mathscr{K}) \subset C(\varDelta, \mathbb{C})$ ist. Es sei $x \in L^2(\varDelta, \nu)$; dann gilt nach der Schwarzschen Ungleichung

$$|(\mathscr{K}x)(s') - (\mathscr{K}x)(s)|^2 \leq \int_{\varDelta} |K(s', t) - K(s, t)|^2 \, d\nu(t) \int_{\varDelta} |x(t)|^2 \, d\nu(t)$$

$$\leq \varepsilon \|x\|_{L^2}^2 \quad \text{für} \quad s, s' \in \varDelta \quad \text{und} \quad \|s - s'\|_{\mathbb{R}^n} < \delta(\varepsilon). \tag{14}$$

Man erkennt auch, daß die Abschätzung bezüglich s gleichmäßig erfüllt ist; also ist $\mathscr{K}x \in C(\varDelta, \mathbb{C})$. Die Beschränktheit von $\mathscr{K}$ folgt aus dem Beweis von Satz 1; 4.5.1.

Die Kompaktheit von $\mathscr{K}$ beweisen wir mit Hilfe des Satzes von ARZELÀ-ASCOLI. Für Funktionen $x \in L^2$ mit $\|x\|_{L^2} \leq 1$ gilt

$$|(\mathscr{K}x)(s)|^2 \leq \int_{\varDelta} |K(s, t)|^2 \, d\nu(t) \int_{\varDelta} |x|^2 \, d\nu \leq M.$$

Andererseits zeigt (14) die gleichgradige Stetigkeit der Funktionen $\mathscr{K}x$ mit $x \in L^2$, $\|x\|_{L^2} \leq 1$. ∎

Ist die Bedingung (12) erfüllt, so sagen wir, daß der Kern K *im Mittel gleichmäßig stetig* ist. Wenn für einen Punkt $s \in \varDelta$ die Beziehung

$$\lim_{s' \to s} \int_{\varDelta} |K(s', t) - K(s, t)|^2 \, d\nu(t) = 0$$

gilt, dann ist K im Punkt s *im Mittel stetig*. Ist K in jedem Punkt von $\varDelta$ im Mittel stetig, so ist K (punktweise) im Bereich $\varDelta$ im Mittel stetig.

Der folgende Satz wird sich als sehr nützlich erweisen:

Satz 4. *Es sei $\Delta \subset \mathbb{R}^n$ ein beschränktes und abgeschlossenes Gebiet, der Kern K sei in Δ punktweise im Mittel stetig, und*

$$k(s) := \int\limits_{\Delta} |K(s, t)|^2 \, d\nu(t)$$

soll in jedem Punkt s $(\in \Delta)$ endlich sein, ohne identisch zu verschwinden. Dann ist $K \in \mathfrak{H}_2(\Delta, \nu)$, und $k(s)$ ist in Δ stetig; es existiert eine von s unabhängige Zahl M, für welche $0 \leq k(s) \leq M$ gilt.

Beweis. Es sei s_0 ein beliebiger, jedoch festgehaltener Punkt aus Δ und $\varepsilon > 0$ eine im voraus gegebene Zahl. Dann ist

$$|k(s) - k(s_0)| = \left| \int\limits_{\Delta} \big(|K(s, t)| - |K(s_0, t)|\big) \big(|K(s, t)| + |K(s_0, t)|\big) \, d\nu(t) \right|$$

$$\leq \int\limits_{\Delta} |K(s, t) - K(s_0, t)| \big(|K(s, t)| + |K(s_0, t)|\big) \, d\nu(t)$$

$$\leq \left(\int\limits_{\Delta} |K(s, t) - K(s_0, t)|^2 \, d\nu(t) \right)^{1/2}$$

$$\times \left(\int\limits_{\Delta} \big(|K(s, t)| + |K(s_0, t)|\big)^2 \, d\nu(t) \right)^{1/2}.$$

Weiter ist nach der Schwarzschen Ungleichung

$$\int\limits_{\Delta} |K(s, t) \, K(s_0, t)| \, d\nu(t) \leq \left(\int\limits_{\Delta} |K(s, t)|^2 \, d\nu(t) \right)^{1/2} \left(\int\limits_{\Delta} |K(s_0, t)|^2 \, d\nu(t) \right)^{1/2}$$

$$= k(s)^{1/2} \, k(s_0)^{1/2},$$

und deshalb können wir

$$\int\limits_{\Delta} [|K(s, t)| + |K(s_0, t)|]^2 \, d\nu(t) = k(s) + k(s_0) + 2 \int\limits_{\Delta} |K(s, t) \, K(s_0, t)| \, d\nu(t)$$

$$\leq \big(k(s)^{1/2} + k(s_0)^{1/2}\big)^2$$

schreiben. Die rechte Seite dieser Ungleichung ist endlich. Man wählt jetzt $\|s - s_0\|$ schon so klein, daß

$$\int\limits_{\Delta} |K(s, t) - K(s_0, t)|^2 \, d\nu(t) \leq \frac{\varepsilon^2}{\big(k(s)^{1/2} + k(s_0)^{1/2}\big)^2}$$

ist. (Man kann s so bestimmen, daß der Nenner auf der rechten Seite nicht null ist.) Man wählt $|k(s) - k(s_0)| < \varepsilon$, und somit erweist sich $k(s)$ in jedem Punkt von Δ als stetig. Die im beschränkten abgeschlossenen Gebiet Δ punktweise stetige Funktion $k(s)$ ist dort auch gleichmäßig stetig und somit über Δ integrierbar. Also folgt

$$\int\limits_{\Delta} k(s) \, d\nu(s) = \int\limits_{\Delta \times \Delta} |K(s, t)|^p \, d\nu(s) \, d\nu(t) < \infty,$$

woraus sich $K \in \mathfrak{H}_2(\Delta, \nu)$ ergibt. Aus der gleichmäßigen Stetigkeit im abgeschlossenen Gebiet Δ folgt auch $k(s) \leq M$. ∎

Genauso, wie aus der punktweisen Stetigkeit die gleichmäßige Stetigkeit in $\varDelta$ folgt, ergibt sich nach dem Heine-Borelschen Satz auch, daß K im Mittel gleichmäßig stetig ist.

Zum Schluß dieses Abschnitts werden wir noch einen Darstellungssatz für endlichdimensionale Operatoren formulieren und beweisen:

Satz 5. *Der lineare beschränkte Operator $\mathscr{K}$ von $L^p(\varDelta, \nu)$ in $L^q(\varOmega, \mu)$ ist genau dann von endlicher Dimension, wenn es Funktionen $x_1, x_2, \ldots, x_k$ aus $L^{p'}(\varDelta, \nu)$ und $y_1, y_2, \ldots, y_k$ aus $L^q(\varOmega, \mu)$ gibt, so daß $\mathscr{K}$ die Gestalt*

$$\mathscr{K}x = \sum_{j=1}^{k} \langle x, x_j \rangle\, y_j \tag{15}$$

hat. Ein solcher Operator ist ein Integraloperator aus $\mathfrak{H}_{p,q}(\varDelta, \nu; \varOmega, \mu)$.

Beweis. Offensichtlich ist der Integraloperator (15) endlichdimensional.

Wenn umgekehrt $\mathscr{K}$ von der Dimension k ist, dann sei $\{y_1, y_2, \ldots, y_k\}$ eine Basis für $R(\mathscr{K}) \subset L^q(\varOmega, \mu)$. Daher ist für ein $x \in L^p(\varDelta, \nu)$

$$\mathscr{K}x = \sum_{j=1}^{k} \lambda_j(x)\, y_j, \tag{16}$$

wobei die Koeffizienten $\lambda_j(x)$ Funktionale über dem Raum $L^p(\varDelta, \nu)$ sind ($j = 1, 2, 3, \ldots, k$).

Nun wählen wir die Funktionale $\{u_1, u_2, \ldots, u_k\}$ aus $\big(L^q(\varOmega, \mu)\big)'$ derart, daß

$$u_i(y_j) = \begin{cases} 1 & \text{für} \quad i = j, \\ 0 & \text{für} \quad i \neq j \end{cases}$$

gilt. Nach dem Hahn-Banachschen Satz ist das immer möglich. Dann ergibt sich aus (16) $u_i(\mathscr{K}x) = \lambda_i(x)$. Hieraus folgt die Beschränktheit von $\lambda_i(x)$:

$$|\lambda_i(x)| \leq \|u_i\|\, \|\mathscr{K}\|\, \|x\|_{L^p}.$$

Demnach ist $\lambda_i \in \big(L^p(\varDelta, \nu)\big)' = L^{p'}(\varDelta, \nu)$, und wir wissen, daß die Darstellung $\lambda_i(x) = \langle x, x_i \rangle$ mit einem geeigneten $x_i \in L^{p'}(\varDelta, \nu)$ gilt. Wenn wir dies in (16) einsetzen, ergibt sich (15).

Der Kern von $\mathscr{K}$ ist offensichtlich

$$K(s, t) = \sum_{j=1}^{k} x_j(s)\, y_j(t) \qquad \mu \otimes \nu\text{-f. ü.}$$

Er genügt den Voraussetzungen 1^0, 2^0 und 3^0 in 4.5.1. und der Bedingung (1), liegt also in $\mathfrak{H}_{p,q}(\varDelta, \nu; \varOmega, \mu)$. ∎

Ein Sonderfall ergibt sich, wenn $p = q = 2$ und $\varOmega = \varDelta$, $\mu = \nu$ ist. In diesem Fall ist $\big(L^2(\varDelta, \nu)\big)' = L^2(\varDelta, \nu)$, und wir können eine orthonormierte Basis $\{y_1, y_2, \ldots, y_n\}$ in $R(\mathscr{K})$ wählen, woraus die Darstellung (15) sofort folgt.

Wenn wir die Orthogonalität der Basiselemente $\{y_j\}$ im Sinne des Skalarprodukts des Raumes verstehen, dann ist (15) durch

$$\mathscr{K}x = \sum_{j=1}^{k} (x, x_j)\, y_j \tag{17}$$

zu ersetzen.

Es sei jetzt Δ beschränkt. Für eine beliebige, über Δ definierte Funktion x führen wir den Operator $\mathscr{P}_\Omega$ durch die Vorschrift $(\mathscr{P}_\Omega x)(s) = \chi_\Omega(s)\, x(s)$ $(s \in \Delta)$ ein, wobei Ω eine beliebige Teilmenge von Δ und $\chi_\Omega(s)$ ihre charakteristische Funktion ist. Es gilt folgender Satz [ZABREYKO u. a. 1975, p. 93]:

Satz 6. *Es sei $K\colon \Delta \times \Delta \to \mathbb{C}$ ein meßbarer Kern, welcher einen Integraloperator von $L^p(\Delta)$ in $L^q(\Delta)$ darstellt. Eine der folgenden Bedingungen sei erfüllt:*

a) $1 \leqq p \leqq \infty$, $1 \leqq q < \infty$, $p > q$, $\mathscr{K}$ *sei regulär* (Def. s. (15; 4.5.1));

b) $1 < p \leqq \infty$, $1 \leqq q < \infty$, $p < q$, $\mathscr{K}$ *sei regulär und*

$$\lim_{|\Omega|+|\Omega'|\to 0} \|\mathscr{P}_\Omega \mathscr{K} \mathscr{P}_{\Omega'}\|_{\mathfrak{B}(L^p,L^q)} = 0;$$

c) $p > 1$, $q < \infty$ *und*

$$\lim_{|\Omega|\to 0} \|\mathscr{P}_\Omega \mathscr{K}\|_{\mathfrak{B}(L^p,L^q)} = \lim_{|\Omega|\to 0} \|\mathscr{K} \mathscr{P}_\Omega\|_{\mathfrak{B}(L^p,L^q)} = 0.$$

Dann ist $\mathscr{K}$ vollstetig. ∎

Weitere wichtige Ergebnisse über Integraloperatoren in L^p-Räumen findet man in den folgenden Arbeiten: [ZABREYKO u. a. 1975, Kap. V; ZABREYKO 1966; KANTOROWITSCH — WULICH — PINSKER 1950; KRASNOSELSKII — ZABREYKO — PUSTYLNIK — SOBOLEWSKII 1976; KANTOROWITSCH 1956; HALMOS 1978; KOROTKOV 1974; SUNDER 1977 (a); WEIDMANN 1970; HALMOS — SUNDER 1978].

4.5.3. Relativ gleichmäßige Konvergenz von $\mathfrak{H}_2(\Delta, \nu)$-Kernen

In den späteren Betrachtungen benötigen wir eine Verallgemeinerung der gleichmäßigen Konvergenz, die wir als *relativ gleichmäßige Konvergenz* bezeichnen [SMITHIES 1965, p. 23—26]. Dieser Begriff führt zu wesentlichen Eigenschaften der $\mathfrak{H}_2(\Delta, \nu)$-Kerne.

Es sei $\{x_n\}$ eine Funktionenfolge aus $L^2(\Delta, \nu)$ $(= L^2)$. Wir sagen, diese Folge konvergiert *relativ gleichmäßig gegen x*, falls eine nichtnegative L^2-Funktion $p(t)$ $(t \in \Delta)$ existiert derart, daß zu jedem $\varepsilon > 0$ eine positive Zahl $N = N(\varepsilon)$ bestimmt werden kann, so daß

$$|x_n(t) - x(t)| < \varepsilon p(t) \quad \text{für} \quad n > N(\varepsilon) \quad (t \in \Delta) \tag{1}$$

gilt. Aus dieser Definition folgt $|x(t)| \leqq |x_n(t)| + \varepsilon p(t)$ $\big(n \geqq N(\varepsilon), t \in \Delta\big)$, und wir sehen, daß die Grenzfunktion ebenfalls zum Funktionenraum L^2 gehört. Aus der relativ gleichmäßigen Konvergenz von $\{x_n\}$ gegen x folgt die punktweise Konvergenz. Eine unendliche Reihe von Funktionen aus L^2 konvergiert relativ gleichmäßig, wenn die Folge ihrer Partialsummen relativ gleichmäßig im obigen Sinn konvergiert. Schließlich ist die Reihe $\sum\limits_{k=1}^{\infty} y_k(t)$ $(y_k \in L^2, k = 1, 2, 3, \ldots)$ *relativ gleichmäßig absolut konvergent*, falls die Reihe $\sum\limits_{k=1}^{\infty} |y_k(t)|$ relativ gleichmäßig konvergent ist.

Wir fassen die wichtigsten Eigenschaften der relativ gleichmäßig konvergenten Folgen als Satz zusammen:

Satz 1. 1^0. *Notwendig und hinreichend, daß eine Folge von Funktionen* $\{x_n\}$ $(x_n \in L^2,$ $n = 1, 2, 3, \ldots)$ *relativ gleichmäßig konvergiert, ist die Existenz einer nichtnegativen Funktion* $p(t) \in L^2$ $(t \in \Delta)$, *so daß für jedes* $\varepsilon > 0$ *eine positive Zahl* $N(\varepsilon)$ *bestimmt werden kann mit*

$$|x_n(t) - x_{n+k}(t)| < \varepsilon p(t), \quad n > N(\varepsilon), t \in \Delta, \tag{2}$$

wobei k eine beliebige nichtnegative ganze Zahl ist.

2^0. *Gilt* $\lim\limits_{n \to \infty} x_n(t) = x(t)$ *relativ gleichmäßig, so ist*

$$\lim_{n \to \infty} (x_n, y) = (x, y) \tag{3}$$

für jede Funktion $y \in L^2$, *wobei* $(\cdot, \cdot)$ *das Skalarprodukt in L^2 bedeutet. (Aus der relativ gleichmäßigen Konvergenz folgt also die schwache Konvergenz.)*

3^0. *Es sei* $\{K_n\}$ *eine Folge von Kernfunktionen aus der Klasse* $\mathfrak{H}_2(\Delta, \nu)$. *Diese Folge ist relativ gleichmäßig gegen K konvergent, falls es eine nichtnegative Kernfunktion P aus* $\mathfrak{H}_2(\Delta, \nu)$ *gibt, so daß für jedes* $\varepsilon > 0$ *ein* $N(\varepsilon) > 0$ *bestimmt werden kann mit*

$$|K_n(s, t) - K(s, t)| < \varepsilon P(s, t) \quad \big(n > N(\varepsilon); s, t \in \Delta\big). \tag{4}$$

Behauptung: Der Kern $K(s, t)$ gehört der Klasse $\mathfrak{H}_2(\Delta, \nu)$ *an.*

4^0. *Die Folge von Kernfunktionen* $\{K_n\}$ $\big($*aus* $\mathfrak{H}_2(\Delta, \nu)\big)$ *ist genau dann relativ gleichmäßig konvergent, falls es eine nichtnegative Kernfunktion* $P \in \mathfrak{H}_2(\Delta, \nu)$ *gibt derart, daß zu einer beliebigen Zahl* $\varepsilon > 0$ *eine Zahl* $N(\varepsilon) > 0$ *bestimmt werden kann mit*

$$|K_n(s, t) - K_{n+k}(s, t)| < \varepsilon P(s, t) \quad \big(n > N(\varepsilon); s, t \in \Delta\big), \tag{5}$$

wobei k eine beliebige nichtnegative ganze Zahl ist.

5^0. *Ist* $\lim\limits_{n \to \infty} K_n = K$ $\big(K_n \in \mathfrak{H}_2(\Delta, \nu), n = 1, 2, 3, \ldots\big)$ *relativ gleichmäßig, dann gilt für eine beliebige Funktion* $x \in L^2$

$$\lim_{n \to \infty} (\mathscr{K}_n x)(s) = (\mathscr{K} x)(s) \quad (s \in \Delta)$$

relativ gleichmäßig. $(\mathscr{K}_n, \mathscr{K}$ *sind die entsprechenden Integraloperatoren.)*

6^0. *Ist* $\lim\limits_{n \to \infty} K_n = K$ *(relativ gleichmäßig;* $K_n \in \mathfrak{H}_2(\Delta, \nu), n = 1, 2, 3, \ldots)$ *und* $M \in \mathfrak{H}_2(\Delta, \nu)$ *beliebig, dann gelten die Beziehungen*

$$\lim_{n \to \infty} \int_{\Delta} M(s, r) K_n(r, t) \, d\nu(r) = \int_{\Delta} M(s, r) K(r, t) \, d\nu(r),$$

$$\lim_{n \to \infty} \int_{\Delta} K(s, r) M(r, t) \, d\nu(r) = \int_{\Delta} K(s, r) M(r, t) \, d\nu(r)$$

relativ gleichmäßig.

Beweis. 1^0. Die Notwendigkeit der Bedingung (2) ist trivial. Die Hinlänglichkeit sieht man leicht ein, wenn man beachtet, daß $\{x_n(t)\}$ für jedes $t \in \Delta$ eine Cauchyfolge ist. Man kann also in (2) unter dem Absolutbetragzeichen k gegen ∞ laufen lassen, wodurch $|x_n(t) - x(t)| < \varepsilon p(t)$ $\big(n > N(\varepsilon)\big)$ für jedes $t \in \Delta$ entsteht. Das aber ist mit (1) identisch.

2^0. $|(x_n, y) - (x, y)| = |(x_n - x, y)|$

$$\leqq \|x_n - x\| \, \|y\| = \left[\int_\Delta |x_n(t) - x(t)|^2 \, d\nu(t) \right]^{1/2} \|y\|$$

$$\leqq \varepsilon \left[\int_\Delta p(t)^2 \, d\nu(t) \right]^{1/2} \|y\| \quad \text{für} \quad n > N(\varepsilon).$$

3^0. Hier ist nur zu beweisen, daß die Funktionen

$$\int_\Delta |K(s, t)|^2 \, d\nu(t) \quad \text{und} \quad \int_\Delta |K(s, t)|^2 \, d\nu(s)$$

meßbar sind. Das kann man mit Hilfe der Minkowskischen Ungleichung (siehe z. B. [KANTOROWITSCH—AKILOW 1964, p. 54]) leicht einsehen:

$$\left| \left[\int_\Delta |K_n(s, t)|^2 \, d\nu(t) \right]^{1/2} - \left[\int_\Delta |K(s, t)|^2 \, d\nu(t) \right]^{1/2} \right| \leqq [\,|K_n(s, t) - K(s, t)|^2 \, d\nu(t)]^{1/2}$$

$$\leqq \varepsilon \left[\int_\Delta P(s, t)^2 \, d\nu(t) \right]^{1/2}$$

für $n > N(\varepsilon)$, $s \in \Delta$. Deshalb gilt

$$\lim_{n \to \infty} \int_\Delta |K_n(s, t)|^2 \, d\nu(t) = \int_\Delta |K(s, t)|^2 \, d\nu(t) \quad (s \in \Delta),$$

woraus die Meßbarkeit von $\int_\Delta |K(s, t)|^2 \, d\nu(t)$ folgt.

4^0. Der Beweis verläuft genau wie in 1^0.

5^0. Ist n genügend groß, so ergibt sich

$$\left| \int_\Delta K_n(s, t) \, x(t) \, d\nu(t) - K(s, t) \, x(t) \, d\nu(t) \right| \leqq \int_\Delta |K_n(s, t) - K(s, t)| \, x(t) \, d\nu(t)$$

$$\leqq \varepsilon \int_\Delta P(s, t) \, |x(t)| \, d\nu(t).$$

Die rechte Seite ist eine nichtnegative L^2-Funktion.

6^0 wird wörtlich wie 5^0 bewiesen. ∎

Man kann die Behauptungen des Satzes 1 auch ohne weiteres auf Reihen übertragen. Vollständigkeitshalber wollen wir unsere diesbezüglichen Behauptungen in Form eines Satzes formulieren:

Satz 2. 1^0. *Die Reihe $\sum\limits_{k=1}^{\infty} x_k$ ist genau dann relativ gleichmäßig absolut konvergent, falls eine nichtnegative Funktion $p \in L^2$ existiert, so daß für ein beliebiges $\varepsilon > 0$ ein*

$N(\varepsilon) > 0$ *derart bestimmt werden kann, daß*

$$\sum_{k=n}^{n+m} |x_k(t)| < \varepsilon p(t), \quad n > N(\varepsilon), t \in \Delta,$$

für jede nichtnegative ganze Zahl m gilt.

2⁰. *Ist*

$$\sum_{k=1}^{\infty} x_k(t) = x(t)$$

relativ gleichmäßig absolut konvergent, dann ist für jede Funktion $y \in L^2$

$$\sum_{k=1}^{\infty} (x_k, y) = (x, y),$$

wobei diese letzte Reihe absolut konvergent ist.

3⁰. *Gilt*

$$\sum_{n=1}^{\infty} K_n(s, t) = K(s, t),$$

wobei die aus $\mathfrak{H}_2(\Delta, \nu)$*-Kernfunktionen gebildete Reihe relativ gleichmäßig absolut konvergiert, dann ist*

$$\sum_{n=0}^{\infty} (\mathscr{K}_n x)(s) = (\mathscr{K}x)(s)$$

für jede Funktion $x \in L^2$ *relativ gleichmäßig absolut konvergent.*

4⁰. *Ist die Voraussetzung von* 3⁰ *erfüllt, dann ist*

$$\sum_{n=1}^{\infty} \int_\Delta K_n(s, r)\, M(r, t)\, d\nu(r) \quad bzw. \quad \sum_{n=1}^{\infty} \int_\Delta M(s, r)\, K_n(r, t)\, d\nu(r)$$

relativ gleichmäßig absolut konvergent, wobei $M \in \mathfrak{H}_2(\Delta, \nu)$ *ist.*

Den Beweis überlassen wir dem Leser. ∎

Kann man für p in (1) eine stetige Funktion wählen, so erhält man als Spezialfall die *quasigleichmäßige* Konvergenz, das bedeutet, die Folge $\{x_n\}$ ist auf jedem kompakten Teilgebiet von Δ gleichmäßig konvergent. Ist Δ selbst kompakt und kann man $p(t)$ als stetig wählen, so geht die relativ gleichmäßige Konvergenz in die gleichmäßige Konvergenz über.

Die große Bedeutung des Begriffs der relativ gleichmäßigen Konvergenz erkennt man, wenn man seine Beziehung zu der Konvergenz in $L^2(\Delta, \nu)$ betrachtet. Wenn x_n ν-f. ü. konvergent gegen x ist, dann folgt daraus noch nicht, daß $\lim_{n\to\infty} x_n = x$ in L^2 liegt $(x_n \in L^2)$. Es gilt dagegen folgendes:

Satz 3. *Ist die Funktionenfolge* $\{x_n\}$ *aus* L^2 *gegen* x *relativ gleichmäßig konvergent, so ist auch* $\|x_n - x\|_{L^2} \to 0$ $(n \to \infty)$ *gültig.*

Beweis. Aus $|x_n(t) - x(t)| < \varepsilon p(t)$ $\big(n > N(\varepsilon), t \in \Delta\big)$ folgt nämlich

$$\|x_n - x\|_{L^2} < \varepsilon \, \|p\|_{L^2}, \quad n > N(\varepsilon). \quad ∎$$

4.6. Fredholm-Stieltjessche Integraloperatoren

1°. Es sei $\Delta = [a, b]$ $(a < b)$ ein endliches und beschränktes Intervall, und der lineare Raum aller Funktionen von beschränkter Variation in Δ sei $V(\Delta)$. In diesem Raum führen wir die Norm

$$\|x\| = \|x\|_V = |x(a)| + \bigvee_a^b x \tag{1}$$

ein, wobei $\bigvee_a^b x$ die totale Variation von x über Δ ist. Bekanntlich ist $V(\Delta)$ mit der Norm (1) ein Banachraum (s. etwa [HILDEBRANDT 1963, II.8.6]).

Zu unseren Ausführungen benötigen wir den Hellyschen Auswahlsatz (s. etwa [NATANSON 1955—1960]), den wir zur Erinnerung hier formulieren:

Satz 1. *Man betrachte eine unendliche Familie von gleichmäßig beschränkten Funktionen aus* $V(\Delta)$ *mit* $|x(t)| \leq M$, $\bigvee_a^b x \leq M$ *für jedes* $t \in \Delta$ *und jedes* x *aus der Familie.*

Dann enthält die Familie dieser Funktionen eine unendliche Folge $\{x_n\}$, *so daß* $\lim_{n \to \infty} x_n(t) = x(t)$ *punktweise in* Δ *existiert, wobei die Grenzfunktion* x *auch dem Raum* $V(\Delta)$ *angehört.* ∎

Wir werden zwei Typen von Integraloperatoren im Raum $V(\Delta)$ betrachten.

a) Es sei $K : \Delta^2 \to \bar{\mathbb{R}}$ eine Kernfunktion. Wir zerlegen Δ durch die Punkte $s_0, s_1,$ ..., s_m bzw. durch $t_0, t_1, ..., t_n$ in Teilintervalle, wobei

$$a = s_0 < s_1 < \cdots < s_m = b, \quad a = t_0 < t_1 < \cdots < t_n = b \tag{2}$$

ist. Wir setzen

$$\Delta_{11}K(s_i, t_j) := K(s_{i+1}, t_{j+1}) - K(s_{i+1}, t_j) - K(s_i, t_{j+1}) + K(s_i, t_j).$$

K heißt (im Sinn von VITALI) von beschränkter Variation, falls

$$\sum_{j=0}^{m-1} \sum_{j=0}^{n-1} \Delta_{11}K(s_i, t_j) \leqq M < \infty, \tag{3}$$

wobei M eine positive, von den Zerlegungen (2) unabhängige Konstante ist. Das Supremum der linken Seite von (3) werden wir mit $V_{\Delta^2}K$ bezeichnen.

Wir setzen ferner voraus, daß $K(a, \cdot) \in V(\Delta)$ gilt. (In 6.14.2. werden wir eine Klasse $\mathfrak{M}$ von Kernen betrachten; die von uns jetzt eingeführten Kerne gehören ebenfalls zur Klasse $\mathfrak{M}$.)

Um unseren späteren Gedankengang nicht zu stören, schicken wir folgendes Lemma voraus:

Hilfssatz 1. *Genügt der Kern* K *den obigen Bedingungen, dann gilt*

$$\bigvee_a^b K(s, \cdot) \leqq V_{\Delta^2}K + \bigvee_a^b K(a, \cdot) \quad (s \in \Delta). \tag{4}$$

Eine ähnliche Behauptung gilt auch für $\bigvee\limits_a^b K(\cdot, t)$, falls statt $K(a, \cdot) \in V(\varDelta)$ die Bedingung $K(\cdot, b) \in V(\varDelta)$ gilt.

Beweis. Bedeuten t_j die Stellen wie in (2), so gilt

$$
\begin{aligned}
|K(s, t_{j+1}) - K(s, t_j)| &\leqq |K(s, t_{j+1}) - K(s, t_j) - K(a, t_{j+1}) + K(a, t_j) \\
&\quad + K(a, t_{j+1}) - K(a, t_j)| \\
&\leqq |K(s, t_{j+1}) - K(s, t_j) - K(a, t_{j+1}) + K(a, t_j)| \\
&\quad + |K(a, t_{j+1}) - K(a, t_j)| \\
&\leqq |\varDelta_{11} K(s, t_j)| + |K(a, t_{j+1}) - K(a, t_j)|,
\end{aligned}
$$

woraus sofort (4) folgt. ∎

Aus diesem Hilfssatz folgt unmittelbar, daß $K(s, \cdot)$ zu $V(\varDelta)$ gehört; deswegen existiert nach 6^0 in 4.1.3. das Perron-Stieltjessche Integral $\int\limits_a^b d_t[K(s, t)]\, x(t)$ für jede Funktion $x \in V(\varDelta)$. Dieses Integral definiert also einen Integraloperator $\mathscr{K}$ in $V(\varDelta)$:

$$
(\mathscr{K}x)\,(s) = \int\limits_a^b d_t[K(s, t)]\, x(t). \tag{5}
$$

Um den Wertebereich von $\mathscr{K}$ feststellen zu können, müssen wir einen weiteren Hilfssatz vorausschicken:

Hilfssatz 2. *Es sei K eine Kernfunktion, welche den obigen Bedingungen genügt. Dann gelten für eine beliebige Funktion $x \in V(\varDelta)$ folgende Abschätzungen:*

$$
\left| \int\limits_a^b d_t[K(s, t)]\, x(t) \right| \leqq \int\limits_a^b d_t \left[\bigvee\limits_a^t K(s, \cdot) \right] |x(t)| \leqq \sup_{t \in \varDelta} |x(t)| \bigvee\limits_a^b K(s, \cdot) \quad (s \in \varDelta), \tag{6}
$$

$$
\bigvee\limits_a^b \int\limits_a^b d_t[K(\cdot, t)]\, x(t) \leqq \int\limits_a^b |x(t)|\, d\omega(t) \leqq \sup_{t \in \varDelta} |x(t)|\, V_{\varDelta^2}K, \tag{7}
$$

wobei $\omega \colon \varDelta \to \mathbb{R}$ die folgende Funktion ist:

$$
\omega(t) = V_{\varDelta_t^2}K, \quad t \in (a, b], \; \omega(a) = 0.
$$

Hier bedeutet $\varDelta_t^2$ das Gebiet $[a, b] \times [a, t]$.

Der Beweis würde zu weit führen, deshalb verweisen wir auf das Buch [SCHWABIK — TVRDÝ — VEJVODA 1979, p. 64, Th. 18]. ∎

Nach der Abschätzung (7) ist $\mathscr{K}x \in V(\varDelta)$; $\mathscr{K}$ *stellt also eine Abbildung von $V(\varDelta)$ in sich dar.*

Wir beweisen nun folgendes:

Satz 2. *Der in (5) definierte Integraloperator ist linear und beschränkt, vorausgesetzt, daß der Kern den Bedingungen $V_{\varDelta^2}K < \infty$, $K(a, \cdot) \in V(\varDelta)$ genügt. Es gilt somit $\mathscr{K} \in \mathfrak{B}\big(V(\varDelta), V(\varDelta)\big)$.*

Beweis. Die Linearität ist trivial. Es sei $x \in V(\Delta)$, dann gilt nach (6), (7) und (1)

$$\|\mathscr{K}x\|_V = \left| \int_a^b d_t[K(a, t)]\, x(t) \right| + \bigvee_a^b \int_a^b d_t[K(s, t)]\, x(t)$$

$$\leq \sup_{t \in \Delta} |x(t)| \left[\bigvee_a^b K(a, \cdot) + V_{\Delta^2}K \right] \leq \left[\bigvee_a^b K(a, \cdot) + V_{\Delta^2}K \right] \left(|x(a)| + \bigvee_a^b x \right)$$

$$= \left[\bigvee_a^b K(a, \cdot) + V_{\Delta^2}K \right] \|x\|_V . \quad\blacksquare$$

Aus dem bewiesenen Satz ergibt sich

$$\|\mathscr{K}\| \leq \bigvee_a^b K(a, \cdot) + V_{\Delta^2}K . \tag{8}$$

Es erhebt sich die Frage, inwieweit der Kern K den Integraloperator $\mathscr{K}$ bestimmt. Darauf bezieht sich folgender Satz:

Satz 3. *Es seien K_1 und K_2 zwei Kernfunktionen, welche den Bedingungen des Satzes 2 genügen. Hat $L := K_1 - K_2$ die Eigenschaften*

$$L(s, t + 0) = L(s, t - 0) = L(s, b - 0) = L(s, a + 0) = L(s, b) = L(s, a) \tag{9}$$

für jedes $s \in \Delta$ und $t \in \operatorname{int} \Delta$, so gilt $\mathscr{K}_1 = \mathscr{K}_2$ im Funktionenraum $V(\Delta)$.

Beweis. Offensichtlich genügt der Kern L den Voraussetzungen des Satzes 2. Es sei (9) erfüllt; dann gilt für eine beliebige Funktion $x \in V(\Delta)$ auf Grund von (6)

$$0 \leq \left| \int_a^b d_t[L(s, t)]\, x(t) \right| \leq \sup_{t \in \Delta} |x(t)| \bigvee_a^b L(s, \cdot) . \quad\blacksquare$$

Aus dieser Behauptung folgt sofort [SCHWABIK — TVRDÝ — VEJVODA 1979, p. 76]:

Satz 4. *Es sei K ein Kern wie im Satz 2. Mit Hilfe von K bilde man den Kern $\tilde{K}$ durch folgende Vorschrift:*

$$\tilde{K}(s, t) = K(s, t + 0) - K(s, a) \quad \textit{für} \quad s \in \Delta, t \in \operatorname{int}\Delta,$$
$$\tilde{K}(s, a) = 0, \quad \tilde{K}(s, b) = K(s, b) - K(s, a).$$

Behauptung: $\mathscr{K} = \tilde{\mathscr{K}}$.

Beweis. Ein direktes Rechnen zeigt, daß $L := \tilde{K} - K$ den Bedingungen (9) genügt. Das Nachprüfen, daß auch

$$V_{\Delta^2}L < \infty, \quad L(a, \cdot) \in V(\Delta) \tag{10}$$

gilt, überlassen wir dem Leser. $\quad\blacksquare$

Wir bemerken, daß man, ohne die Allgemeinheit einzuschränken, nach Satz 4

$$K(s, t + 0) = K(s, t) \quad \text{für} \quad s \in \Delta, t \in \operatorname{int}\Delta, \tag{11}$$

$$K(s, a) = 0 \qquad \text{für} \quad s \in \Delta \tag{12}$$

annehmen kann. Man sieht leicht ein, daß die Bedingung (11) durch $K(s, t - 0)$ $= K(s, t)$ $(s \in \Delta, t \in \operatorname{int} \Delta)$ ersetzt werden kann.

Grundlegend ist folgende Behauptung:

Satz 5. *Es sei* $K \colon \Delta^2 \to \mathbb{R}$ *eine Kernfunktion, welche die Bedingungen* (10) *befriedigt. Dann definiert* (5) *einen linearen und vollstetigen Operator, welcher* $V(\Delta)$ *in sich abbildet.*

Beweis. Wir haben nur die Kompaktheit von $\mathcal{K}$ zu beweisen. Es sei $\{x_n\}$ eine beliebige beschränkte Funktionenfolge in $V(\Delta)$, d. h., es gelte $\|x_n\|_V \leqq C < \infty$ für $n = 1, 2, 3, \ldots$ Nach dem Hellyschen Auswahlsatz (Satz 1) enthält $\{x_n\}$ eine Teilfolge, welche wir nach geeigneter Umnumerierung wieder mit $\{x_n\}$ bezeichnen und für welche $\lim_{n \to \infty} x_n(t) = x(t)$ punktweise für jedes $t \in \Delta$ gilt. Wir werden beweisen, daß für diese Teilfolge $\mathcal{K} x_n \to \mathcal{K} x$ gilt im Raum $V(\Delta)$, womit die Kompaktheit von $\mathcal{K}$ bewiesen ist.

Wir setzen $z_n := x_n - x$ $(n = 1, 2, 3, \ldots)$ und stellen fest, daß einerseits $z_n \in V(\Delta)$, andererseits $\|z_n\|_V \leqq \|x_n\|_V + \|x\|_V \leqq C + \|x\|_V$ $(n = 1, 2, 3, \ldots)$ ist, d. h., die Funktionenfolge $\{z_n\}$ ist in $V(\Delta)$ beschränkt. Dabei gilt $\lim_{n \to \infty} z_n(t) = 0$ für jedes $t \in \Delta$ (punktweise). Nach der Ungleichung (7) ist für $n = 1, 2, 3, \ldots$

$$\bigvee_{a}^{b} \int_{a}^{b} d_t[K(\cdot, t)] z_n(t) \leqq \int_{a}^{b} |z_n(t)| \, d\omega(t), \tag{13}$$

wobei ω die im Hilfssatz 2 definierte nichtabnehmende Funktion bedeutet. Daher existiert nach 6⁰ in 4.1.3. das Integral auf der rechten Seite von (13), und es gilt nach 13⁰ in 4.1.3. die Beziehung

$$\lim_{n \to \infty} \int_{a}^{b} |z_n(t)| \, d\omega(t) = 0,$$

woraus nach (13)

$$\lim_{n \to \infty} \bigvee_{a}^{b} \left(\int_{a}^{b} d_t[K(\cdot, t)] x_n(t) - \int_{a}^{b} d_t[K(\cdot, t)] x(t) \right) = 0 \tag{14}$$

folgt. Auf Grund der Ungleichung (6) gilt

$$\left| \int_{a}^{b} d_t[K(a, t)] z_n(t) \right| \leqq \int_{a}^{b} d_t \left[\bigvee_{a}^{b} K(a, \cdot) \right] |z_n(t)|,$$

woraus man nach gleicher Argumentation wie oben

$$\lim_{n \to \infty} \left| \int_{a}^{b} d_t[K(a, t)] x_n(t) - \int_{a}^{b} d_t[K(a, t)] x(t) \right| = 0 \tag{15}$$

erhält. Es sei

$$y(s) := \int_{a}^{b} d_t[K(s, t)] x(t), \quad s \in \Delta;$$

dann ist $y \in V(\varDelta)$ nach Satz 2. Wegen (14) und (15) gilt

$$\lim_{n \to \infty} \|\mathscr{K}x_n - y\|_V = \lim_{n \to \infty} \left[|(\mathscr{K}x_n)(a) - y(a)| + \bigvee_a^b (\mathscr{K}x_n - y) \right] = 0,$$

d. h., $\mathscr{K}x_n$ konvergiert in $V(\varDelta)$. $\blacksquare$

b) Über die Kernfunktion $L : \varDelta^2 \to \mathbb{R}$ setzen wir jetzt voraus, daß

$$V_{\varDelta^2}L < \infty, \quad L(a, \cdot) \in V(\varDelta), \quad L(\cdot, a) \in V(\varDelta) \tag{16}$$

ist. Dann ist nach Hilfssatz 1 $\bigvee_a^b L(\cdot, t) \in V(\varDelta)$. Also existiert nach 6^0 in 4.1.3. das Integral $\int_a^b L(s, t)\, dx(t)$ für jedes $x \in V(\varDelta)$ und $t \in \varDelta$. Wir können also den Integraloperator $\mathscr{L}$ definieren:

$$(\mathscr{L}x)(t) := \int_a^b L(s, t)\, dx(s), \quad x \in V(\varDelta), t \in \varDelta. \tag{17}$$

Nun zeigen wir, daß $y := \mathscr{L}x \in V(\varDelta)$ ist. Dazu bilden wir eine Zerlegung von $\varDelta$ wie in (2) und haben nach 5^0 in 4.1.3., wenn wir $\varDelta_j^2 = [a, b] \times [t_{j-1}, t_j]$ setzen,

$$|y(t_j) - y(t_{j+1})| = \left| \int_a^b [L(s, t_j) - L(s, t_{j-1})]\, dx(s) \right|$$

$$\leqq \sup_{s \in \varDelta} |L(s, t_j) - L(s, t_{j-1})| \bigvee_a^b x$$

$$\leqq [V_{\varDelta_j}L + |L(a, t_j) - L(a, t_{j-1})|] \bigvee_a^b x,$$

weil

$$|L(s, t_j) - L(s, t_{j-1})| \leqq |L(s, t_j) - L(s, t_{j-1}) - L(a, t_j) + L(a, t_{j-1})|$$
$$+ |L(a, t_j) - L(a, t_{j-1})|$$
$$\leqq V_{\varDelta_j}L + |L(a, t_j) - L(a, t_{j-1})|$$

ist. Wir haben also

$$\sum_{j=0}^{n-1} |y(t_j) - y(t_{j-1})| \leqq \sum_{j=0}^{n-1} [V_{\varDelta_j}L + |L(a, t_j) - L(a, t_{j-1})|] \bigvee_a^b x$$

$$\leqq \left[V_{\varDelta^2}L + \bigvee_a^b L(a, \cdot) \right] \bigvee_a^b x \leqq \left[V_{\varDelta^2}L + \bigvee_a^b L(a, \cdot) \right] \|x\|_V,$$

woraus $y \in V(\varDelta)$ folgt. Man sieht sogar, daß $\mathscr{L}$ beschränkt ist, und es gilt

$$\|\mathscr{L}\| \leqq V_{\varDelta^2}L + \bigvee_a^b L(a, \cdot). \tag{18}$$

Das Ergebnis unseres Gedankenganges ist folgende Behauptung:

Satz 6. *Ist* $L : \varDelta^2 \to \mathbb{R}$ *eine Kernfunktion, welche den Bedingungen* (16) *genügt, dann bildet der in* (17) *definierte Integraloperator* $\mathscr{L}$ *den Funktionenraum* $V(\varDelta)$ *in sich ab; dieser ist beschränkt, und für die Norm in* $\mathfrak{B}(V(\varDelta), V(\varDelta))$ *gilt* (18). $\blacksquare$

20*

Es gilt ferner

Satz 7. *Unter den Bedingungen* (16) *ist $\mathscr{L}$ vollstetig.*

Wir bringen den Beweis hier nicht; er verläuft analog wie der des Satzes 5 (s. den Beweis in [SCHWABIK — TVRDÝ — VEJVODA 1979, p. 82]). ∎

2⁰. Wir werden neben dem Banachraum $V(\varDelta)$ den vollständigen Teilraum $V_0(\varDelta)$ betrachten:

$$V_0(\varDelta) = \{x \mid x \in V(\varDelta),\, x(a) = 0,\, x \text{ an jeder Stelle von } \varDelta \text{ rechtsseitig stetig}\}.$$

Die durch $V(\varDelta)$ in $V_0(\varDelta)$ induzierte Norm ist $\|x\|_{V_0} = \bigvee_a^b x$. Mit der Bilinearform

$$\langle x, y \rangle = \int_a^b x\,dy, \quad x \in V(\varDelta),\, y \in V_0(\varDelta), \tag{19}$$

bilden die Räume $V(\varDelta)$ und $V_0(\varDelta)$, wie man unmittelbar prüft, ein Dualsystem. Wenn wir wie im Satz 4 den Kern K durch den Kern $\tilde{K}$, welcher den Bedingungen (10) genügt, ersetzen, dann ist $\mathscr{K} = \tilde{\mathscr{K}}$, wobei $\mathscr{K}$ bzw. $\tilde{\mathscr{K}}$ der durch (5) auf $V(\varDelta)$ definierte Integraloperator ist. Dabei genügt $\tilde{\mathscr{K}}$ auch (16), und man hat

$$\langle \mathscr{K}x, y \rangle = \left\langle \int_a^b d_t[\tilde{K}(\cdot, t)]\, x(t), y \right\rangle = \left\langle x, \int_a^b \tilde{K}(s, \cdot)\, dy(s) \right\rangle$$

$\big(x \in V(\varDelta),\, y \in V_0(\varDelta)\big)$. Demzufolge gilt

Satz 8. *Der in* (17) *definierte Operator mit dem Kern $\tilde{K}$ (anstelle von L) ist der duale Operator des in* (5) *definierten Operators.*

Wir haben hier folgende, zu 12⁰ in 4.1.3. analoge Eigenschaft des Kurzweilschen Integrals benutzt:

Besitzt $K\colon \varDelta^2 \to \mathbb{R}$ die Eigenschaften (16), dann gilt für jedes Paar $x, y \in V(\varDelta)$ die Gleichung

$$\int_a^b \left(\int_a^b d_t[K(s, t)]\, x(t) \right) dy(s) = \int_a^b d_t \left(\int_a^b K(s, t)\, dy(s) \right) x(t).$$

Die Integrale auf beiden Seiten existieren [SCHWABIK — TVRDÝ — VEJVODA 1979, p. 67, Th. 6.2.]. ∎

Die Ergebnisse dieses Abschnittes kann man ohne Schwierigkeiten auf Kerne $K\colon \varDelta^2 \to M_n$ und Funktionen $x\colon \varDelta \to \mathbb{R}$ erweitern, wobei M_n der lineare Raum aller quadratischen $n \times n$-Matrizen ist. Dazu vgl. das öfters zitierte Buch von SCHWABIK — TVRDÝ — VEJVODA.

Literaturverzeichnis

ALTMAN, M. 1959: Approximation Methods in Functional Analysis. Lecture Notes. Calif. Inst. Technology.

BANACH, S. 1923: Fund. Math. 4, 7—33.

BANACH, S. 1932: Théorie des opérations linéaires. Warszawa.

BAUER, H. 1968: Wahrscheinlichkeitstheorie und Grundzüge der Maßtheorie. Berlin.

BEN-ISRAEL, A. — CHARNES, A. 1963: SIAM J. 11, 667—699.

BERG, L. 1956: Math. Nachr. 15, 339—352.

BEUTLER, F. J. 1965: J. Math. Anal. Appl. 10, 451—470.

BIALY, H. 1959: Arch. Rat. Mech. Anal. 4, 166—176.

BLISS, G. A. 1938: Trans. Amer. Math. Soc. 44, 413—428.

BOHNENBLUST, H. F. — SOBCZYK, A. 1938: Bull. Amer. Math. Soc. 44, 91—93.

BOS, W. 1964: Math. Ann. 157, 276—277.

BOULLION, T. L. — ODELL, P. L. 1971: Generalized Inverse Matrices. New York.

BOURBAKI, N. 1953: Espaces vectoriels topologiques. Eléments de Mathématique. Livre V, Tome I. Paris.

CAMERON, R. H. — MARTIN, W. T. 1941: Bull. Amer. Math. Soc. 47, 121—126.

CHANG, S. H. 1949: Trans. Amer. Math. Soc. 67, 351—367.

CHOQUET, G. 1969: Lectures on Analysis. I—II—III. New York—Amsterdam.

COCHRAN, J. A. 1972: The Analysis of Linear Integral Equations. New York.

COURANT, R. 1919: Gött. Nachr., 255—264.

COURANT, R. 1920: Math. Z. 7, 1—57.

COURANT, R. 1922: ZAMM 2, 258—278.

COURANT, R. — HILBERT, D. 1962: Methods of Mathematical Physics II. New York.

DEUTSCH, E. 1971: Linear Algebra and Applications 4, 313—322.

FAN, K. 1949: Proc. Nat. Acad. Sci. USA 35, 652—655.

FENYÖ, I. S. 1953 (a): Publ. Math. 3, 71—80.

FENYÖ, I. S. 1973: Integralgleichungen. Budapest (ungarisch).

FENYÖ, I. S. 1974: Wiss. Z. Univ. Rostock 23, 629—632.

FENYÖ, I. S. 1978 (a): On operators in Hilbert space depending analytically on a parameter. In: General Inequalities. Basel.

FENYÖ, I. S. 1978 (b): Publ. Math. Debrecen 25, 123—137.

FENYÖ, I. S. 1979: Ber. Math.-stat. Sekt. Forsch. Zentrum Graz, Nr. 117, 1—15.

FENYÖ, I. S. — FREY, T. 1969: Modern Mathematical Methods in Technology. Amsterdam—London.

GELFAND, I. M. — SCHILOW, G. E. 1960: Verallgemeinerte Funktionen. Bd. I. Berlin (Übersetzung aus dem Russischen).

HAHN, H. 1927: J. reine angew. Math. 157, 214—224.

HALMOS, P. R. 1956: Measure Theory. New York.

HALMOS, P. R. 1958: Finite Dimensional Vector Spaces. 2nd ed., Princeton.

HALMOS, P. R. 1978: Integral Operators. In: Hilbert Space Operators, Lectures Notes in Math. 693, Berlin—Heidelberg—New York, p. 1—16.

HALMOS, P. R. — SUNDER, V. S. 1978: Bounded Integral Operators in L^2-spaces. Berlin—Heidelberg—New York.

HELLINGER, E. — TOEPLITZ, O. 1910: Math. Ann. 69, 289—330.

HELLINGER, E. — TOEPLITZ, O. 1928: Integralgleichungen und Gleichungen mit unendlich vielen Unbekannten. Leipzig—Berlin.

HEWITT, E. — STROMBERG, K. 1965: Real and Abstract Analysis. Berlin—Heidelberg—New York.

HILBERT, D. 1912: Grundzüge einer allgemeinen Theorie der linearen Integralgleichungen. Leipzig.

HILDEBRANDT, T. H. 1963: Introduction to the Theory of Integration. New York—London.

HILLE, E. — TAMARKIN, J. D. 1934: Ann. of Math. **35**, 443—455.

HIRZEBRUCH, F. — SCHARLAU, W. 1971: — Einführung in die Funktionalanalysis. Mannheim—Wien—Zürich.

HOPF, E. 1931: Math. Z. **34**, 191—233.

HORN, A. 1950: Proc. Nat. Acad. Sci. USA **36**, 374—375.

JÖRGENS, K. 1970: Lineare Integraloperatoren. Stuttgart.

KAHANE, CH. 1965: Comm. Pure Appl. Math. **18**, 593—628.

KANTOROWITSCH, L. W. 1949: Trudy mat. inst. Steklowa **28**, 104—144 (russisch).

KANTOROWITSCH, L. W. 1956: Usp. Mat. Nauk **11**: 6, 99—116 (russisch).

KANTOROWITSCH, L. W. — AKILOW, G. P. 1964: Funktionalanalysis in normierten Räumen. Berlin (Übersetzung aus dem Russischen).

KANTOROWITSCH, L. W. — WULICH, B. S. — PINSKER, A. G. 1950: Funktionalanalysis in halbnormierten Räumen. Moskau (russisch).

KOROTKOV, V. B. 1974: Math. Notes Acad. Sci. USSR **16**, 1137—1140.

KRASNOSELSKII, M. A. — ZABREYKO, P. P. — PUSTYLNIK, E. I. — SOBOLEWSKII, P. E. 1976: Integraloperatoren in Räumen summierbarer Funktionen. Moskau (russisch).

KURZWEIL, J. 1957: Czech. Math. J. **7** (82), 418—449.

KURZWEIL, J. 1958: Czech. Math. J. **8** (83), 356—359.

LEVI, E. E. 1907: Rend. Circ. Mat. Palermo **24**, 275—317.

MAGNUS, W. — OBERHETTINGER, F. 1948: Formeln und Sätze für die speziellen Funktionen der Mathematischen Physik. 2. Aufl., Berlin—Göttingen—Heidelberg.

MICHLIN, S. G. 1949: Integralgleichungen und ihre Anwendungen. Moskau (russisch).

MOORE, E. H. 1920: Bull. Amer. Math. Soc. **26**, 394—395.

NAAS, J. — SCHMIDT, H. L. 1961: Mathematisches Wörterbuch. Berlin.

NASHED, M. Z. — VOTRUBA, G. F. 1976: In: Generalized Inverses and Applications. New York—San Francisco—London p, 1—109.

NATANSON, I. P. 1955—1960: Theory of Functions of a Real Variable. I—II. New York (Übersetzung aus dem Russischen).

NEUMARK, M. A. 1959: Normierte Algebren. Berlin (Übersetzung aus dem Russischen).

PETRYSHYN, W. V. 1963: Math. Comp. **17**, 1—10.

PETRYSHYN, W. V. 1967: J. Math. Anal. Appl. **18**, 417—439.

PIETSCH, A. 1960 (a): Math. Nachr. **21**, 347—369.

PÓLYA, G. 1950: Proc. Nat. Acad. Sci. USA **35**, 408—411.

RAIKOV, D. A. 1965: Vector Spaces. Groningen (Übersetzung aus dem Russischen).

RAO, C. R. — MITRA, S. K. 1971: Generalized Inverse of Matrices and its Applications. New York.

REID, W. T. 1931: Trans. Amer. Math. Soc. **33**, 475—485.

REID, W. T. 1951: Duke Math. J. **18**, 41—56.

RELLICH, F. 1934: Math. Ann. **110**, 342—356.

RIESZ, F. 1913: Equations linéaires à une infinité d'inconnues. Paris.

RIESZ, F. 1918: Acta Math. **41**, 71—78.

RIESZ, F. 1930: Acta Sci. Math. Szeged **5**, 23—54.

RIESZ, F. 1934: Acta Sci. Math. Szeged **7**, 34—38.

RIESZ, F. — Sz. NAGY, B. 1965: Leçons d'analyse fonctionnelle. 4. éd., Paris—Budapest.

SAKS, S. 1937: Theory of the Integral. Warszawa—Lwów.

SCHATTEN, R. 1950: A Theory of Cross-Spaces. Princeton.

SCHATTEN, R. 1960: Norm Ideals of Completely Continuous Operators. Berlin—Göttingen—Heidelberg.

SCHMEIDLER, W. 1950: Integralgleichungen mit Anwendungen in Physik und Technik. Leipzig.

SCHULZE, B. W. — WILDENHAIN, G. 1977: Methoden der Potentialtheorie für elliptische Differentialgleichungen beliebiger Ordnung. Berlin/Basel.

SCHWABIK, S. 1973: Mat.-fyz. Časopis 97, 297—330.

SCHWABIK, S. — TVRDÝ, M. — VEJVODA, O. 1979: Differential and Integral Equations. Praha.

SHOWALTER, D. W. — BEN-ISRAEL, A. 1970: Atti Lincei 48, 184—194.

SMITHIES, F. 1965: Integral Equations. Cambridge.

SUNDER, V. S. 1977(a): Characterisation for Integral Operators. Indiana Univ. Diss.

SZ.-NAGY, B. 1938: Proc. Nat. Acad. Sci. USA 24, 559—560.

SZ.-NAGY, B. 1942: Spektraldarstellung linearer Transformationen des Hilbertschen Raumes. Berlin.

TAYLOR, A. E. 1958: Introduction to Functional Analysis. New York.

TITCHMARSH, E. C. 1937: Introduction to the Theory of Fourier-Integrals. Oxford.

VISSER, C. 1937: Proc. Acad. Amsterdam 40, 270—272.

VOLTERRA, V. — PÉRÈS, J. 1924: Leçons sur la composition et les fonctions permutables. Paris.

VOTRUBA, G. F. 1963: Generalized Inverses and Singular Equations in Functional Analysis. Doct. Diss. Univ. Michigan, Ann Arbor (Mich.).

WECKEN, F. J. 1935: Math. Ann. 110, 722—725.

WEIDMANN, J. 1965: Math. Ann. 158, 69—78.

WEIDMANN, J. 1970: Carlemanoperatoren. Manuscripta Math. 2, 1—38.

WENDLAND, W. 1967: Math. Z. 101, 61—64.

WEYL, H. 1911: Gött. Nachr., 110—117.

WEYL, H. 1915: Rend. Circ. Mat. Palermo 39, 1—49.

WEYL, H. 1949: Proc. Nat. Acad. Sci. USA 35, 408—411.

WIENER, K. 1962: Wiss. Z. Martin-Luther-Univ. Halle-Wittenberg 11, 567—580.

WILKINS, E. J. 1944: Duke Math. J. 11, 155—166.

ZAANEN, A. C. 1950: Acta Math. 83, 197—248.

ZAANEN, A. C. 1953: Linear Aanalysis. New York.

ZABREYKO, P. P. 1966: Nichtlineare Integralgleichungen. Trudy Sem. Funkt. Anal. Voroneš 8 (russ.).

ZABREYKO, P. P. — KOSHELEV, A. I. — KRASNOSELSKII, M. A. — MICHLIN, S. G. — RAKOVSHIK, L. S. — STETSENKO, V. YA. 1975: Integral Equations — A Reference Text. Leyden.

Die asymptotische Darstellung der Eigenfunktionen — 8.11. Weitere Abschätzungsmethoden für Eigenwerte und Eigenfunktionen hermitescher Kerne — 8.12. Über Eigenfunktionen von differenzierbaren Kernen, die nur von $s-t$ abhängen — 8.13. Von einem Parameter analytisch abhängende Kerne

9. Theorie der nichtsymmetrischen Integraloperatoren

9.1. Die Schmidtschen Eigenwerte und Eigenfunktionen — 9.2. Reihenentwicklungssätze — 9.3. Normale Kerne — 9.4. Nukleare Integraloperatoren — 9.5. Weitere Eigenschaften der Schmidtschen Eigenwerte — 9.6. Das asymptotische Verhalten der Schmidtschen Eigenwerte

Inhalt von Band 3

gleichungen mit trigonometrischem Kern — 14.5. Zweifache Integralgleichungen mit Besselschem Kern — 14.6. Dreifache Integralgleichungen

15. Singuläre Integralgleichungen mit einem Cauchykern

15.1. Eigenschaften der Integrale vom Cauchytyp — 15.2. Singuläre Integralgleichungen mit Cauchykern und das Hilbertsche Problem — 15.3. Abstrakte singuläre Operatoren und Gleichungen

16. Weitere spezielle Typen von Integralgleichungen

16.1. Integralgleichungen dritter Art — 16.2. Fredholmsche Integralgleichungen, die mit Hilfe Volterrascher Integralgleichungen auflösbar sind — 16.3. Verallgemeinerte Abelsche Integralgleichungen mit äußeren und inneren Koeffizienten — 16.4. Weitere Typen spezieller Integralgleichungen

Inhalt von Band 4

Bezeichnungen

Für Operatoren werden große Buchstaben in Schreibschrift, für die Kerne der Integraloperatoren meistens große kursive Buchstaben verwendet. Die wichtigsten, öfter verwendeten Bezeichnungen sind:

$\alpha(\mathscr{A})$: 2.2., Bd. 1 (Nullzahl des Operators $\mathscr{A}$)

$\mathfrak{A}(\mathfrak{Y})$: 4.1.1., Bd. 1 (durch $\mathfrak{Y}$ erzeugte σ-Algebra)

$\mathfrak{A}(O)$: 4.1.1., Bd. 1 (die σ-Algebra der Borel-Mengen)

$\mathbf{A}$: 5.8.3., Bd. 2 $\left(= \left\{ x \mid x \in L^2(\mathbb{R}_+, d); \int_0^\infty \int_0^\infty e^{-st} |x(t)| \, dt \, ds < \infty \right\} \right)$

$\mathfrak{B}(X, Y)$: 2.2., Bd. 1 (der lineare Raum der beschränkten Operatoren von X in Y)

$\beta(\mathscr{A})$: 2.7., Bd. 1 (Defekt des Operators $\mathscr{A}$)

B_r-Bedingung: 4.3.2., Bd. 1

$\mathfrak{B}_r(\vartheta)$: 4.3.2., Bd. 1

$\mathfrak{B}_p$: 6.8., Bd. 2 (Klasse derjenigen Kerne, deren $(p + 1)$-te Iterierte beschränkt und stetig sind)

$\mathbb{C}$: Menge der endlichen komplexen Zahlen und die offene komplexe Zahlenebene

$\mathbb{C}^n = \mathbb{C} \times \mathbb{C} \times \cdots \times \mathbb{C}$

$\overline{\mathbb{C}} = \mathbb{C} \cup \{\infty\}$

$\mathbb{C}_\pm$: 12.3., Bd. 3 $(= \{s \mid s \in \mathbb{C}, \quad \operatorname{Im} s \gtrless 0\})$

$\overline{\mathbb{C}}_\pm$: 12.3., Bd. 3 $(= \{s \mid s \in \mathbb{C}, \quad \operatorname{Im} s \gtreqless 0\})$

C: 13.2.5., Bd. 3 (Eulersche Konstante)

$C(*, \cdot)$: 4.2., Bd. 1 (Raum der stetigen Funktionen in $*$ mit Werten in $\cdot$)

$C_m(*) = C_m(*, \cdot)$: 4.2., Bd. 1 (Raum der in $*$ stetigen und beschränkten Funktionen mit Werten in $\cdot$)

$C_0(*, \cdot)$: 4.1.2., Bd. 1 (Raum der in $*$ stetigen Funktionen mit Werten in $\cdot$ und kompaktem Träger)

$C_0^\infty(*, \mathbb{R}) = C_0^\infty$: 4.2., Bd. 1 (Raum der beliebig oft differenzierbaren Funktionen in $*$ mit reellen Werten und kompaktem Träger)

$C^\infty(*, \mathbb{R}) = C^\infty(*) = C^\infty$: 11.1.1., Bd. 3 (Raum der beliebig oft differenzierbaren reellen Funktionen)

$C^*[m, M]$: 3.9.1., Bd. 1 $(= \{x \mid x \in C([m, M], \mathbb{R}); \ x \geq 0$ oder von oben halbstetige Funktionen$\})$

$C^{**}[m, M]$: 3.9.1., Bd. 1 $(= \{x \mid x = x_1 - x_2; x_1, x_2, \in C^*[m, M]\})$

$C_I(\cdot)$: 4.2.1., Bd. 1 $\left(= \left\{ x \mid x \in C(\cdot, \mathbb{R}), \int |x(t)| \, d\nu(t) < \infty \right\} \right)$

$C_1(\cdot)$: 4.2.1., Bd. 1 $\left(= C_m(\cdot) \cap C_l(\cdot)\right)$

$C^{m-1}_{L^2}(\mathbb{R})$: 12.6., Bd. 3 $\left(= \{x \mid \exists\, x', x'', \ldots, x^{(m-1)}; x^{(m-1)} \in C(\mathbb{R}, \mathbb{R}),\right.$
$$\left. x^{(p)} \in L^2(\mathbb{R}, d), \, p = 0, 1, \ldots, m-1\}\right)$$

$C^m(\cdot, \cdot)$: m-mal stetig differenzierbare Funktionen

$\triangle$: 4.1.1., Bd. 1 (symmetrische Differenz von Mengen)

d: 4.2.1. und 4.2.2., Bd. 1 (Lebesguesches und Lebesgue-Stieltjessches Maß)

$D^{[p]}(\cdot)$: 6.8., Bd. 2 (Fredholmsche Determinante von $\mathscr{K}^{p-1}$)

$D(\cdot)$: 2.1., Bd. 1 (Definitionsbereich von $\cdot$)

D: 11.1.1., Bd. 3 (Grundraum der Distributionen)

D': 11.1., Bd. 3 (Raum der Distributionen)

$d_p \nu(s)$: 6.7., Bd. 2 $\left(= d(\nu \otimes \nu \otimes \cdots \otimes \nu)\,(s_1, s_2, \ldots, s_p)\right)$

$\mathfrak{E}(\cdot)$: 3.4., Bd. 1 (Raum der endlichdimensionalen Operatoren auf $\cdot$)

e: 3.7., Bd. 1 (Einheitsmatrix)

$\mathscr{E}$: 2.2., Bd. 1 (Identitätsoperator)

$\mathbb{E}$: 11.5., Bd. 3 $\left(= \left\{x \mid x \in L_{\text{loc}}(\mathbb{R}_+), \exists\, \xi : \xi \in \bar{\mathbb{R}}, \int\limits_0^\infty |x(t)|\, e^{-\xi t}\, dt < \infty\right\}\right)$

$\mathbb{E}_+$: 11.6., Bd. 3

$\mathbb{E}_-$: 11.6., Bd. 3

$\mathbb{E}_{\mathrm{II}}$: 11.6., Bd. 3

$\overline{\mathfrak{E}}(\cdot)$: 4.2.1., Bd. 1

f. ü.: 4.1.1., Bd. 1 = (fast überall)

$\mathfrak{F}(\cdot)$: 2.11., Bd. 1 (Menge aller Fredholmpunkte von $\cdot$)

$\mathscr{F}$: 11.3., Bd. 3 (Fourier-Transformation)

$\mathfrak{G}(\cdot)$: 2.3., Bd. 1 (Graph des Operators $\cdot$)

$\mathfrak{G}(\cdot, \alpha)$: 3.5., Bd. 1 $\left(= \{A \mid A \in \mathfrak{Y}(\cdot), S_\alpha(A) < \infty\}\right)$

$\mathscr{H}_\nu$: 14.2., Bd. 3 (Hankel-Transformation)

$\mathfrak{H}_{p,q}(\varDelta, \nu; \varOmega, \mu)$: 4.5.2., Bd. 1

$\mathfrak{H}_p(\varDelta, \nu) = \mathfrak{H}_{p,p}(\varDelta, \nu; \varDelta, \nu)$: 4.5.2., Bd. 1

$\mathfrak{H}_2(\varDelta, \nu)$: 4.5.2., Bd. 1 (Hilbert-Schmidt-Operatoren)

$H_k(\cdot)$: 5.8.2., Bd. 2 (Hermitesche Polynome)

h_k: 5.8.2., Bd. 2 (Hermitesche Funktionen)

$H_\pm$: 12.5., Bd. 3

I: 13.4.1., Bd. 3 $\left(I(s, t) = 1, t \leq s; I(s, t) = 0, s < t\right)$

$\mathscr{I}_{\eta, \alpha}$: 14.2., Bd. 3 (Erdélyi-Koberscher Operator)

$J(\cdot)$: 4.1.1., Bd 1 (Jordansches Maß von $\cdot$)

$\mathbf{J}^n$: 4.1.1., Bd. 1 (Intervall in $\mathbb{R}^n$)

$\varkappa = \varkappa(\cdot)$: 2.7., Bd. 1 (Index des Operators $\cdot$)

$\mathscr{K}_{\eta, \alpha}$: 14.2., Bd. 3 (Erdélyi-Koberscher Operator)

l^p: 3.8., Bd. 1 $\left(= \{(\xi_1, \xi_2, \ldots) \mid \sum |\xi_k|^p < \infty\}\right)$

$L^p = L^p(\varDelta, \nu)$ $\left(= \left\{x \mid \int\limits_\varDelta |x(t)|^p\, d\nu(t) < \infty\right\}\right)$

$L(\mathbb{R}) = L^1(\mathbb{R}, d)$: 11.3.2., Bd. 3

$L = L(\varDelta) = L(\varDelta, \nu) = L^1(\varDelta, \nu)$: 4.2.1., Bd. 1

$L_{(1)}(a, b)$: 11.3.2., Bd. 3

$\mathscr{L}(\mu; \cdot) = \mathscr{L}_\mu$: 5.2., Bd. 2 (lösender Operator von $\cdot$)

$l_\mu = l(\mu; \cdot)$: 1.3., Bd. 1 (lösendes Element von $\cdot$)

$l_n(\cdot)$: 5.8.3., Bd. 2 (Laguerresche Funktionen)

$\mathfrak{M}$: 6.14.2., Bd. 2 (Hardy-Krausesche Klasse von Funktionen von beschränkter Variation)

$\mathfrak{M}(\cdot)$: 13.4.1., Bd. 3 (Menge der mit $\cdot$ vertauschbaren Volterraschen Kerne)

M: 13.4.4., Bd. 3 (Mikusińskischer Quotientenkörper)

$\mathfrak{S}(\cdot)$: 1.3. und 2.11., Bd. 1 (Spektrum, Spektralmenge)

$\hat{\mathfrak{S}}(\cdot)$: 1.5., Bd. 1 (reduzierte Spektralmenge von $\cdot$)

$\mathfrak{s}(\cdot)$: 3.9.5., Bd. 1 (reduzierte Spektralmenge der unendlichen Matrix $\cdot$)

$\mathfrak{S}_p(\cdot)$: 2.11., Bd. 1 (Punktspektrum von $\cdot$)

$\mathfrak{S}_e(\cdot)$: 2.11., Bd. 1 (wesentliches Spektrum von $\cdot$)

$\mathfrak{S}_r(\cdot)$: 2.11., Bd. 1 (Restspektrum von $\cdot$)

$\mathfrak{S}_c(\cdot)$: 2.11., Bd. 1 (kontinuierliches Spektrum von $\cdot$)

$S_\alpha(\cdot)$: 3.5., Bd. 1 $\left(= (\sum |\varkappa_k|^\alpha)^{1/\alpha}\right)$

$\sigma_M(\cdot)$: 3.5., Bd. 1 (Matrixspur)

$S(\mathbb{R}^n) = S$: 11.1.1., Bd. 3 (Raum der schnell abklingenden Funktionen)

$S'(\mathbb{R}^n) = S'$: 11.1.2., Bd. 3 (Dualraum von S)

$\mathscr{S}_{\eta,\alpha}$: 14.2., Bd. 3 (verallgemeinerte Hankel-Transformation)

$\mathfrak{T}$-f. ü.: 4.1.1., Bd. 1 ($\mathfrak{T}$-fast überall)

Tr$\cdot$: 4.1.1. und 4.1.2., Bd. 1 (Träger von $\cdot$)

$\mathscr{T}$: 13.4.3., Bd. 3 $\left(\mathscr{T}: \mathfrak{M}(I) \to \mathfrak{M}(\cdot)\right)$

$\mathfrak{U}(\cdot)$: 4.2.1., Bd. 1 (durch stetige Kerne erzeugte Integraloperatoren in $\cdot$)

$\mathfrak{V}(\cdot)$: 3.4., Bd. 1 (vollstetige Operatoren auf $\cdot$)

$\mathfrak{V}$: 12.2., Bd. 3

$V(\cdot)$: 4.6., Bd. 1 (Raum der Funktionen von beschränkter Variation in $\cdot$)

$\overset{b}{\underset{a}{\bigvee}}$: 4.6., Bd. 1 (totale Variation)

$V_0(\cdot)$: 4.6., Bd. 1 $\left(= \{x \mid x \in V(\varDelta), x(a) = 0\}\right)$

$\mathfrak{W}$: 12.2., Bd. 3 (Wiener-Algebra)

$\mathfrak{Z}_{p,q}(\varDelta, \nu; \Omega, \mu)$: 4.5.1., Bd. 1

Z: 11.1.1., Bd. 3 (Grundraum der Ultradistributionen)

Z': 11.1.1., Bd. 3 (Ultradistribution)

Symbole

$*^C$	Komplementärmenge (z. B. Ω^C)	
$\cdot/\cdot$	1.2., Bd. 1	(Quotientenraum)
$\dotplus$	2.4., Bd. 1	(algebraische Komplementärbildung)
$\otimes$	4.1.1., Bd. 1	
$\|\cdot\|$	4.1.2., Bd. 1	(Norm eines Maßes, z. B. $\|\nu\|$)
$\|\cdot\|_1$	4.2.1., Bd. 1	($\|\cdot\|_1 = \|\cdot\|_{C_1}$)
$\oplus$	2.4., Bd. 1	(Topologische Komplementärbildung)
$\cdot^\perp$	2.4., Bd. 1	(Orthogonalkomplement)
$\cdot^b$	2.5.1., Bd 1	(algebraische verallgemeinerte Inverse)
$\cdot^+ = \cdot^+_{\mathscr{P},\mathscr{Q}}$	2.5.2., Bd. 1	(topologische verallgemeinerte Inverse)
$\rightharpoonup$	3.8., Bd. 1	(punktweise Konvergenz)
$\langle\cdot,\cdot\rangle$	4.2.1., Bd. 1	
$\cdot\|_{p,q}$	4.5.2., Bd. 1	
$\|\cdot\|$	4.5.2., Bd. 1	(Operatorennorm in $\mathfrak{Z}_{p,q}(\Delta, \nu; \Omega, \mu)$)
$\cdot\|*$	2.1., Bd. 1	(Einschränkung des Operators $\cdot$ auf $*$)
$\blacksquare$	Ende eines Beweises	
$:=$	Definition	

Namen- und Sachverzeichnis

21*

MIX
Papier aus verantwortungsvollen Quellen
Paper from responsible sources
FSC® C105338

FSC
www.fsc.org

If you have any concerns about our products,
you can contact us on
ProductSafety@springernature.com

In case Publisher is established outside the EU,
the EU authorized representative is:
**Springer Nature Customer Service Center GmbH
Europaplatz 3, 69115 Heidelberg, Germany**

Printed by Libri Plureos GmbH
in Hamburg, Germany